结构有限元分析基础及ANSYS应用

黄维平　杨永春　陈常龙　编著

中国铁道出版社

2017年·北　京

内容简介

本书的第一篇以9章的篇幅比较详尽地介绍了有限元分析的理论基础与数值方法，包括微分方程的近似解法、弹性力学变分原理、弹性力学有限元方法、结构力学有限元方法和非线性问题的有限元方法，并着重介绍了单元及其位移函数的性质，以及各类单元的插值函数构造方法。第二篇则以大型通用有限元软件ANSYS(16.0版)为例介绍了结构有限元分析的程序实现方法，重点介绍了结构静力分析和动力分析的方法，包括模态分析方法、瞬态动力分析方法和谱分析方法，介绍了上述分析方法的软件操作步骤及参数设置方法，并给出了人机对话的算例。书的最后一章介绍了结构分析常用单元的功能、适用条件和使用方法。

本书可作为工程结构等相关学科的教材，也可供从事工程结构相关专业的设计、研究人员参考。

图书在版编目(CIP)数据

结构有限元分析基础及ANSYS应用/黄维平，杨永春，陈常龙编著.—北京：中国铁道出版社，2017.3

ISBN 978-7-113-22736-4

Ⅰ.①结… Ⅱ.①黄… ②杨… ③陈… Ⅲ.①结构分析—有限元分析—应用软件 Ⅳ.①O342-39

中国版本图书馆CIP数据核字(2017)第005316号

书　　名：结构有限元分析基础及ANSYS应用
作　　者：黄维平　杨永春　陈常龙

策　　划：陈小刚
责任编辑：黎　琳　陶赛赛　　**编辑部电话：**010-51873065
封面设计：郑春鹏
责任校对：焦桂荣
责任印制：陆　宁　高春晓

出版发行：中国铁道出版社(100054，北京市西城区右安门西街8号)
网　　址：http://www.tdpress.com
印　　刷：中国铁道出版社印刷厂
版　　次：2017年3月第1版　2017年3月第1次印刷
开　　本：787 mm×1 092 mm　1/16　印张：23　字数：562千
书　　号：ISBN 978-7-113-22736-4
定　　价：59.00元

前　言

随着有限元理论与方法的不断完善及计算机技术的突飞猛进，通用和专业有限元软件的功能越来越强大，有限元方法已经成为结构领域不可或缺甚至赖以生存的工具，其精准程度甚至被冠以数值实验室的美誉。虽然它还不能也不可能完全取代物理模型试验，但它已在很大程度上替代了部分模型试验，被广泛应用于土木建筑、航空航天、机械制造、水利水电和海洋工程等领域，成为工程设计和科学研究不可或缺的工具。

三十多年前，人们还主要靠个人编程来完成结构的有限元分析。很多学者花费了大量时间和精力致力于计算程序的开发，以便于完成自己的科学研究。为提高程序的计算精度和计算速度，他们不仅需要掌握有限元的知识和相关的数学方法，还需要具备运用计算机语言编程的能力。

商用有限元软件的出现为用户节省了个人编程的大量时间和精力，对有限元方法的普及起到了重要的作用。除特殊问题外，一般的结构设计分析问题都已经有了相应的有限元软件。而且，软件的应用也随着视窗操作系统的出现而变得越来越方便。用户甚至可以通过人机对话的方式完成一个大型结构的有限元分析，而不需要人工划分网格并编制输入文件来完成结构分析。

但也正是商用软件的出现，使用户对有限元方法的理论和编程技巧越来越生疏。尽管大多数情况下，这并不影响软件的使用，但面对软件给出的“答案”却很难作出合理的解释，甚至不知“答案”的正确与否，即便是正确的“答案”也很难作出计算误差的判断。同时，随着商用有限元软件的普及，介绍有限元理论的书籍越来越少，介绍编程方法和技巧的书籍更是凤毛麟角。笔者在多年的教学及科研实践中，深切地感受到用好商用有限元软件对有限元知识的依赖程度之高，要想随心所欲地用好这个工具，必须对有限元方法有一个比较全面的了解，理解和掌握其中的基本理论与方法。鉴于此，将自己授课的体会和科研的经验整理成书，以为读者提供有益的参考。

为了更好地实现理论与实践的结合，书的第一篇比较详尽地介绍了有限元分析的理论基础与数值方法，第二篇则以大型有限元软件 ANSYS(16.0 版)为例介绍了结构有限元分析的程序实现方法。读者可通过第一篇的阅读更好地了解 ANSYS 的结构分析功能及单元适用条件，掌握 ANSYS 各种结构分析功能的理论基础与方法特点，为精准地使用 ANSYS 进行结构设计分析打下良好的基础。

本书具体内容如下：

第 1 章从微分方程的近似解法引出有限元方法所依赖的理论基础，主要内容包括：微分方程的近似解法、变分原理与里兹方法和弹性力学变分原理。

第 2 章介绍了广义变分原理，主要内容包括：约束变分原理、弹性力学广义变分原理和弹性力学修正变分原理。

第 3 章为弹性力学有限元法，介绍了单元刚度矩阵及荷载向量的构造、系统矩阵及有限元方程的形成、边界条件的引入和方程的求解以及单元应力计算。

第 4 章为杆系结构的有限元方法，介绍了杆和梁单元的插值函数及刚度矩阵、桁架与刚架结构的坐标变换等。

第 5 章为平板弯曲问题的有限元方法，介绍了薄板的基本方程，不同类型板单元的插值函数构造以及应力杂交板单元。

第 6 章为单元与插值函数构造，介绍了弹性力学和结构力学的各种类型单元及其插值函数构造，包括：一维的杆和梁单元、二维的三角形和四边形单元、三维的六面体和四面体单元，最后，简单介绍了等参单元的概念。

第 7 章介绍了轴对称壳单元，主要内容包括：基于薄壳理论的轴对称壳单元、平移和转角独立插值的轴对称壳单元和轴对称超参数壳体单元。

第 8 章介绍了一般壳体单元，主要内容包括：平板壳体单元和超参数壳体单元。

第 9 章为非线性问题的有限元方法。首先，介绍了 ANSYS 软件采用的主要非线性方程的解法，包括：迭代法、牛顿—拉夫森方法和增量法。然后，分别介绍了几何非线性问题和材料非线性问题，并重点介绍了弹塑性问题的求解方法。

第 10 章和第 11 章分别为 ANSYS 软件的结构静力和结构动力分析部分，主要介绍了软件的静力和动力分析功能和方法，并以 Windows 操作系统的 ANSYS 16.0 版本为例分别介绍了结构静力和结构动力分析的步骤，并通过算例演示了结构静力和结构动力分析（模态分析）的软件操作步骤。

第 12 章介绍了 ANSYS 软件结构分析的常用单元，包括一维单元中的杆和梁单元、二维单元中的平面三角形和四边形单元、三维单元中的六面体和四面体单元以及板壳单元，内容包括单元的几何形状、局部坐标系统及结点参数的定义，以及单元的位移函数与功能。

由于笔者对有限元理论的理解还不够准确全面，对 ANSYS 还缺乏深入的了解，书中一定存在一些阐述不准确、不到位的内容，还请读者多提宝贵意见。

作　者

2016 年 10 月于青岛

目　录

第一篇　结构有限元分析基础

第二篇 ANSYS 结构分析应用

第一篇　结构有限元分析基础

第1章　预备知识

1.1　概　　述

随着人类社会的发展，工程结构变得越来越复杂，不仅是几何形状越来越复杂，荷载等环境条件也越来越复杂。这些工程结构的物理场通常是以微分方程表示的，这意味着，人们要获得这些结构的物理力学性质，就必须能够求解这些微分方程。由于结构形状的复杂，这些微分方程的边界条件变得十分复杂，而荷载和环境条件的复杂又使得微分方程的非齐次项变得十分复杂，从而使解析法和传统的近似解法已无力解决这些复杂的问题。有限单元法正是在这样的需求下诞生的，先驱们在微分方程近似解法的基础上创造出了有限元方法，因此，要想准确地理解有限元方法的精髓，需要对有限元方法的基础知识有一个基本的了解，这也可以为进一步用好有限元方法打下良好的基础。为此，本章将对有限元方法的基础知识作简单的介绍。

1.2　基本概念

1.2.1　有限单元法的基本思想

有限单元法是一种数学方法，是求解微分方程的数值方法。因此，有限单元法的应用非常广泛，只要是能够用微分方程来描述的场问题，理论上都可以采用有限单元法来求解。而对于弹性体的力学问题，有限单元法更是一种主要的求解方法和手段。

有限单元法的基本思想是用有限个简单的函数来拟合一个任意复杂的函数，即将函数的定义域划分为若干个小的子域(单元)，在每个小子域(单元)上设定一个简单的函数来代替原函数在子域(单元)上的分布，如线性函数。只要子域(单元)足够小，则由若干个线性函数组合成的连续函数即可近似地代表满足微分方程的原函数。该思想可用计算机绘制曲线的方法来比拟，计算机绘制任何形式的曲线均是采用无数(有限)条直线来完成的，当每条直线都足够短时，我们在屏幕上看到的就是一条连续的光滑曲线。这与有限单元法有相同的性质，当子域(单元)趋于一个点时(有限单元法的极限状态)，有限单元法可以任意精确地逼近精确解。

当然，有限单元法远比计算机绘图更灵活，计算机绘图只能在两点之间用直线连接，而有限单元法的子域(单元)函数可以是线性的，也可以是非线性的，如二次函数或更高阶函数。如同数值积分一样，在两个积分点内可采用常数(矩形公式)、线性插值(梯形公式)、二次以上插值(辛普森公式或 Cotes 公式)，随着插值函数阶数的提高，积分子区间可以增大。当然，在有限单元法中，随着子域（单元）内函数连续性的提高，子域（单元）的尺寸也可以随之适当增大。这样，有限单元法就解决了微分方程求解的两大难题——原函数的寻找和复杂边界的处理。

因此，有限单元法的基本思想可用一句话概括——用有限个子域（单元）内的简单函数来拟合微分方程定义域内的任意复杂函数。那么，这些子域内的简单函数是如何连接起来而能够模拟原物理场的性质呢？这也是有限元方法的一个标志——单元边界上的节点，即子域通过边界上的节点实现相互的"数值"连接。而这些"节点数值"构成了有限元方程的未知量，因此，称其为微分方程的数值方法。

有限单元法基本思想的提出可追溯到 1943 年，R. Courant 第一次尝试应用定义在三角形子域上的连续函数和最小位能原理相结合求解圣维南（St. Venant）扭转问题。一些应用数学家、物理学家和工程师由于各种原因都涉足过有限单元法的概念，但是，直到 20 世纪 50 年代末，有限元方法仍不为大多数人所熟知。进入 60 年代后，随着电子计算机的广泛应用，有限单元法才得到了快速发展，直至今天，该方法已经成为科学研究和工程建设不可缺少的手段。

现代有限单元法的第一次成功尝试，是将刚架位移法推广到弹性力学平面问题。Turner 和 Clough 等人在分析飞机结构时，第一次给出了用三角形单元求得平面应力问题的正确解答，从此开创了利用电子计算机求解复杂平面弹性力学问题的先河。1960 年，Clough 进一步研究了用有限单元法求解弹性力学平面问题，并命名为"有限单元法"。

1.2.2 变分与微分

变分与微分是两个不同的概念，微分是函数自变量增量引起的函数增量的线性主部，用字母 d 来表示。如函数 $y=f(x)$ 的微分表示为 $\mathrm{d}y=f'(x)\mathrm{d}x$，它与函数自变量的增量 $\mathrm{d}x$ 有关，它是一个函数变化率的度量，如图 1.1 所示。变分与自变量的增量无关，它是一族函数之间的函数值的差值度量，用字母 δ 表示。如一族函数 $y=f(\alpha_0,\alpha_1,\cdots,\alpha_n,x)$ 的变分为：

$$\delta y=\frac{\partial f}{\partial \alpha_0}\delta\alpha_0+\frac{\partial f}{\partial \alpha_1}\delta\alpha_1+\cdots+\frac{\partial f}{\partial \alpha_n}\delta\alpha_n \tag{1.2.1}$$

在虚位移原理中，虚位移也是用符号 δ 来表示的。这并不是巧合，是因为变分与虚位移具有相同的性质——任意性。虚位移是任意的，变分也是任意的。变分是对一族函数所作的一种数学运算，而微分是对一个函数所作的一种数学运算。

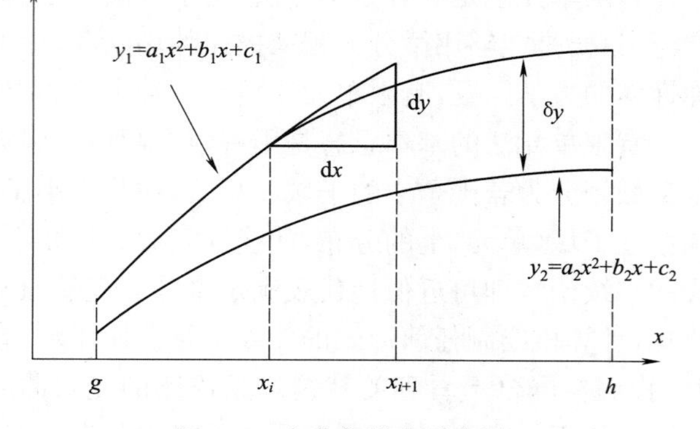

图 1.1 变分与微分示意图

例如，对于函数 $y=x^2+6x+3$，它的微分为 $\mathrm{d}y=(2x+6)\mathrm{d}x$，而它的变分 $\delta y=0$。对于一族函数 $y=ax^2+bx+c$，a、b 和 c 为待定常数，它的微分为 $\mathrm{d}y=(2ax+b)\mathrm{d}x$，而它的变分为 $\delta y=x^2\delta a+x\delta b+\delta c$，$y=x^2+6x+3$ 只是这一族函数中的一个特定函数。

从上面的例子中可以看到，变分是对函数中的系数所作的一种数学运算，而不是对函数自变量的数学运算，这是变分与微分的不同之处，但变分与微分的运算方法相同。例如，对于函数 $y=\sin(x^2+a^2)$，它的微分为 $\mathrm{d}y=2x\cos(x^2+a^2)\mathrm{d}x$，而它的变分为 $\delta y=2a\cdot\cos(x^2+a^2)\delta a$。

1.2.3 微分方程的等效积分

工程中很多问题都是以微分方程及其边界条件的形式提出来的，如热传导问题：

$$\frac{\partial}{\partial x}\left(k\frac{\partial \phi}{\partial x}\right)+\frac{\partial}{\partial y}\left(k\frac{\partial \phi}{\partial y}\right)+Q=0 \qquad (\text{在域 }\Omega\text{ 内}) \qquad (1.2.2)$$

$$\phi-\overline{\phi}=0 \qquad (\text{在边界 }\Gamma_{\phi}\text{ 上}) \qquad (1.2.3a)$$

$$k\frac{\partial \phi}{\partial n}-\overline{q}=0 \qquad (\text{在边界 }\Gamma_{q}\text{ 上}) \qquad (1.2.3b)$$

式中 ϕ——温度场函数；

k——热传导系数；

Q——热源；

n——边界的外法线；

Γ_{ϕ}——给定温度的边界；

Γ_{q}——给定热流的边界。

对于弹性力学问题，其平衡方程为：

$$\left.\begin{aligned}&\frac{\partial \sigma_x}{\partial x}+\frac{\partial \tau_{yx}}{\partial y}+\frac{\partial \tau_{zx}}{\partial z}+f_x=0\\&\frac{\partial \tau_{xy}}{\partial x}+\frac{\partial \sigma_y}{\partial y}+\frac{\partial \tau_{zy}}{\partial z}+f_y=0\\&\frac{\partial \tau_{xz}}{\partial x}+\frac{\partial \tau_{yz}}{\partial y}+\frac{\partial \sigma_z}{\partial z}+f_z=0\end{aligned}\right. \qquad (\text{在域 }\Omega\text{ 内}) \qquad (1.2.4)$$

其边界条件也分为两类，一类是位移边界条件：

$$\left.\begin{aligned}&u-\overline{u}=0\\&v-\overline{v}=0\\&w-\overline{w}=0\end{aligned}\right. \qquad (\text{在边界 }\Gamma_{u}\text{ 上}) \qquad (1.2.5a)$$

另一类是应力边界条件：

$$\left.\begin{aligned}&\sigma_x n_x+\tau_{yx}n_y+\tau_{zx}n_z=\overline{T}_x\\&\tau_{xy}n_x+\sigma_y n_y+\tau_{zy}n_z=\overline{T}_y\\&\tau_{xz}n_x+\tau_{yz}n_y+\sigma_z n_z=\overline{T}_z\end{aligned}\right. \qquad (\text{在边界 }\Gamma_{\sigma}\text{ 上}) \qquad (1.2.5b)$$

为了便于说明问题，将式(1.2.2)～式(1.2.5)统一表示为：

$$\boldsymbol{A}(\boldsymbol{u})=\begin{Bmatrix}A_1(\boldsymbol{u})\\A_2(\boldsymbol{u})\\\vdots\end{Bmatrix}=0 \qquad (\text{在域 }\Omega\text{ 内}) \qquad (1.2.6)$$

$$\boldsymbol{B}(\boldsymbol{u})=\begin{Bmatrix}B_1(\boldsymbol{u})\\B_2(\boldsymbol{u})\\\vdots\end{Bmatrix}=0 \qquad (\text{在边界 }\Gamma\text{ 上}) \qquad (1.2.7)$$

对于标量场问题，式(1.2.6)是一个方程，$\boldsymbol{u}$ 为标量场函数，如热传导问题[式(1.2.2)]的温度场函数 ϕ。而对于矢量场问题，式(1.2.6)是一个方程组，$\boldsymbol{u}$ 为矢量场函数，如弹性力学问题[式(1.2.4)]的应力函数 $\{\sigma\}$。

微分方程的求解过程是一个构造原函数的过程，这个原函数在域内要满足微分方程式(1.2.6)，在边界上要满足边界条件式(1.2.7)。一般而言，要构造一个严格满足微分方程及其边界条件的连续函数是十分困难的，有时甚至是不可能的。当精确求解不可能时，人们不得不求助于近似解法，即构造一个函数使其在域内近似满足微分方程、在边界上满足边界条件。

微分方程的边界条件包括强制边界和自然边界。所谓强制边界条件，是指那些场函数及其导数在边界上为给定值的边界条件，如力学问题中给定位移或变形的边界条件[式(1.2.5a)]，热传导问题中给定温度的边界条件[式(1.2.3a)]。而自然边界条则是指那些通过某种物理条件建立起来的场函数的导数与物理现象的关系构成的边界条件，如力学问题中的力边界条件[式(1.2.5b)]，热传导问题中的热流边界条件[式(1.2.3b)]。对于强制边界条件，构造的场函数必须严格满足，而对于自然边界条件则可以不严格满足。那么，这个近似的程度如何控制呢？人们自然联想到了统计学中的平均概念，即令构造的连续函数在积分的意义上使微分方程和边界条件得到满足：

$$\int_{\Omega}\boldsymbol{A}(\boldsymbol{u})\mathrm{d}\Omega = 0 \qquad \int_{\Gamma}\boldsymbol{B}(\boldsymbol{u})\mathrm{d}\Gamma = 0 \tag{1.2.8}$$

当式(1.2.6)和式(1.2.7)成立时，式(1.2.8)必成立，即：

$$\begin{aligned}\boldsymbol{A}(\boldsymbol{u}) = 0 &\Rightarrow \int_{\Omega}\boldsymbol{A}(\boldsymbol{u})\mathrm{d}\Omega = 0\\ \boldsymbol{B}(\boldsymbol{u}) = 0 &\Rightarrow \int_{\Gamma}\boldsymbol{B}(\boldsymbol{u})\mathrm{d}\Gamma = 0\end{aligned} \tag{1.2.9}$$

但是，式(1.2.8)成立并不能保证式(1.2.6)和式(1.2.7)一定成立。也就是说，满足式(1.2.8)的函数 $\boldsymbol{u}$ 并不一定满足式(1.2.6)和式(1.2.7)。为此，对式(1.2.8)作适当的改进，将原被积函数乘一个任意的权函数 $\boldsymbol{v}$ 和 $\boldsymbol{w}$，即：

$$\int_{\Omega}\boldsymbol{v}^{\mathrm{T}}\boldsymbol{A}(\boldsymbol{u})\mathrm{d}\Omega = 0 \qquad \int_{\Gamma}\boldsymbol{w}^{\mathrm{T}}\boldsymbol{B}(\boldsymbol{u})\mathrm{d}\Gamma = 0 \tag{1.2.10}$$

由于权函数 $\boldsymbol{v} \neq 0, \boldsymbol{w} \neq 0$，因此，满足式(1.2.10)与满足微分方程式(1.2.6)及其边界条件式(1.2.7)等效，即：

$$\begin{aligned}\boldsymbol{A}(\boldsymbol{u}) = 0 &\Leftrightarrow \int_{\Omega}\boldsymbol{v}^{\mathrm{T}}\boldsymbol{A}(\boldsymbol{u})\mathrm{d}\Omega = 0\\ \boldsymbol{B}(\boldsymbol{u}) = 0 &\Leftrightarrow \int_{\Gamma}\boldsymbol{w}^{\mathrm{T}}\boldsymbol{B}(\boldsymbol{u})\mathrm{d}\Gamma = 0\end{aligned} \tag{1.2.11}$$

上式成立的条件除 $\boldsymbol{v} \neq 0, \boldsymbol{w} \neq 0$ 外，$\boldsymbol{v}$ 和 $\boldsymbol{w}$ 也不等于常数，否则，式(1.2.10)与式(1.2.8)是相同的。

将式(1.2.10)的两式相加得：

$$\int_{\Omega}\boldsymbol{v}^{\mathrm{T}}\boldsymbol{A}(\boldsymbol{u})\mathrm{d}\Omega + \int_{\Gamma}\boldsymbol{w}^{\mathrm{T}}\boldsymbol{B}(\boldsymbol{u})\mathrm{d}\Gamma = 0 \tag{1.2.12}$$

式(1.2.12)即为微分方程及其边界条件的等效积分。由于强制边界条件在构造场函数时已满足，即 $\boldsymbol{B}_f(\boldsymbol{u}) = 0$[$\boldsymbol{B}_f(\boldsymbol{u})$ 表示强制表界条件]。因此，式(1.2.12)的第二个积分为自然边界条件的积分。

对于等效积分而言，权函数的任意性是式(1.2.11)即式(1.2.12)成立的必要条件。同时，权函数的形式也决定了解的近似程度。

1.2.4 等效积分的“弱”形式

等效积分式(1.2.12)中，若微分方程是 $2m$ 阶的，则函数 $\boldsymbol{u}$ 是 $2m-1$ 阶连续的，而对权函数的连续性要求则只要是可积的，即可以是具有有限个第一类间断点的不连续函数。因此，在建立微分方程的等效积分时，构造原函数的困难要远远大于权函数的构造。为了降低构造原函数的难度，我们可以对式(1.2.12)第一个积分进行 m 次分部积分，而对第二个积分进行 $m-1$ 次分部积分，即：

$$\int_{\Omega} \boldsymbol{C}^{\mathrm{T}}(\boldsymbol{v})\boldsymbol{D}(\boldsymbol{u})\mathrm{d}\Omega + \int_{\Gamma} \boldsymbol{E}^{\mathrm{T}}(\boldsymbol{w})\boldsymbol{F}(\boldsymbol{u})\mathrm{d}\Gamma + \mathrm{b.t.}(\boldsymbol{u},\boldsymbol{g}) = 0 \tag{1.2.13}$$

式中：$\boldsymbol{C}$、$\boldsymbol{D}$、$\boldsymbol{E}$ 和 $\boldsymbol{F}$ 为 m 阶微分算子，$\mathrm{b.t.}(\boldsymbol{u},\boldsymbol{g})$ 是分部积分产生的边界积分项，其中，$\boldsymbol{g}$ 为边界条件中的给定函数。后面我们将证明，通过选择适当的权函数，这 $2m-1$ 项之和为零，即 $\mathrm{b.t.}(\boldsymbol{u},\boldsymbol{g})=0$。因此，式(1.2.13)可简化为：

$$\int_{\Omega} \boldsymbol{C}^{\mathrm{T}}(\boldsymbol{v})\boldsymbol{D}(\boldsymbol{u})\mathrm{d}\Omega + \int_{\Gamma} \boldsymbol{E}^{\mathrm{T}}(\boldsymbol{w})\boldsymbol{F}(\boldsymbol{u})\mathrm{d}\Gamma = 0 \tag{1.2.14}$$

式(1.2.14)称为微分方程及其边界条件等效积分的“弱”形式，微分方程 $\boldsymbol{A}(\boldsymbol{u})$ 的求导次数由 $2m$ 降低为 m，从而降低了对原函数 $\boldsymbol{u}$ 的连续性要求。当然，在降低对函数 $\boldsymbol{u}$ 的连续性要求同时，权函数 $\boldsymbol{v}$ 由 0 阶导数提高至 m 阶导数，因此，对权函数 $\boldsymbol{v}$ 的连续性要求提高了 $m-1$。这意味着，经过分部积分，对原函数的连续性要求与对权函数的连续性要求是相同的。因此，对权函数连续性要求的提高并没有增加问题的难度，因为，构造原函数和构造权函数具有相同的难度，但降低了对原函数的连续性要求却可以大大降低原问题求解的难度。

下面以 Euler-Bernoulli 梁的弯曲问题为例来证明 $\mathrm{b.t.}(\boldsymbol{u},\boldsymbol{g})=0$。由 Euler-Bernoulli 梁的弯曲微分方程：

$$EI\frac{\mathrm{d}^4 y}{\mathrm{d}x^2}=q \tag{1.2.15}$$

和边界条件：

$$y=\bar{y},\theta=\frac{\mathrm{d}y}{\mathrm{d}x}=\bar{\theta},\ M=EI\frac{\mathrm{d}^2 y}{\mathrm{d}x^2}=\overline{M},\ N=EI\frac{\mathrm{d}^3 y}{\mathrm{d}x^3}=\overline{N} \tag{1.2.16}$$

可得梁弯曲问题的等效积分：

$$\begin{aligned}&\int_{l} \boldsymbol{v}\left(EI\frac{\mathrm{d}^4 y}{\mathrm{d}x^4}-q\right)\mathrm{d}x + w_1\left(EI\frac{\mathrm{d}^3 y}{\mathrm{d}x^3}-\overline{N}\right)\Bigg|_0^l + \\ &w_2\left(EI\frac{\mathrm{d}^2 y}{\mathrm{d}x^2}-\overline{M}\right)\Bigg|_0^l + w_3\left(\frac{\mathrm{d}y}{\mathrm{d}x}-\bar{\theta}\right)\Bigg|_0^l + w_4(y-\bar{y})\big|_0^l = 0\end{aligned} \tag{1.2.17}$$

式中：$y-\bar{y}$ 和 $\dfrac{\mathrm{d}y}{\mathrm{d}x}-\bar{\theta}$ 两项分别为挠度和转角边界条件，在梁弯曲问题中属于强制边界条件，在构造场函数时必须严格满足，即：$y-\bar{y}=0$ 和 $\dfrac{\mathrm{d}y}{\mathrm{d}x}-\bar{\theta}=0$。因此，式(1.2.17)可简化为：

$$\int_{l} \boldsymbol{v}\left(EI\frac{\mathrm{d}^4 y}{\mathrm{d}x^4}-q\right)\mathrm{d}x + w_1\left(EI\frac{\mathrm{d}^3 y}{\mathrm{d}x^3}-\overline{N}\right)\Bigg|_0^l + w_2\left(EI\frac{\mathrm{d}^2 y}{\mathrm{d}x^2}-\overline{M}\right)\Bigg|_0^l = 0 \tag{1.2.18}$$

式中：$EI\dfrac{\mathrm{d}^2 y}{\mathrm{d}x^2}-\overline{M}$ 和 $EI\dfrac{\mathrm{d}^3 y}{\mathrm{d}x^3}-\overline{N}$ 为梁弯曲问题的自然边界条件，是建立在弯矩和剪力平衡条

件基础上的。

对上式的第一项进行两次分部积分得：

$$\int_l v \frac{\mathrm{d}^4 y}{\mathrm{d}x^4}\mathrm{d}x = \int_l \frac{\mathrm{d}^2 v}{\mathrm{d}x^2}\frac{\mathrm{d}^2 y}{\mathrm{d}x^2}\mathrm{d}x + v\frac{\mathrm{d}^3 y}{\mathrm{d}x^3}\bigg|_0^l - \frac{\mathrm{d}v}{\mathrm{d}x}\frac{\mathrm{d}^2 y}{\mathrm{d}x^2}\bigg|_0^l \tag{1.2.19}$$

由此可得：$\mathrm{b.t.}(u,v) = v\frac{\mathrm{d}^3 y}{\mathrm{d}x^3}\Big|_0^l - \frac{\mathrm{d}v}{\mathrm{d}x}\frac{\mathrm{d}^2 y}{\mathrm{d}x^2}\Big|_0^l$。

将式(1.2.19)代入式(1.2.18)得：

$$\begin{aligned}&\int_l\left(EI\frac{\mathrm{d}^2 v}{\mathrm{d}x^2}\frac{\mathrm{d}^2 y}{\mathrm{d}x^2} - q\right)\mathrm{d}x + EIv\frac{\mathrm{d}^3 y}{\mathrm{d}x^3}\bigg|_0^l - \\ &EI\frac{\mathrm{d}v}{\mathrm{d}x}\frac{\mathrm{d}^2 y}{\mathrm{d}x^2}\bigg|_0^l + w_1\left(EI\frac{\mathrm{d}^3 y}{\mathrm{d}x^3} - \overline{N}\right)\bigg|_0^l + w_2\left(EI\frac{\mathrm{d}^2 y}{\mathrm{d}x^2} - \overline{M}\right)\bigg|_0^l = 0\end{aligned} \tag{1.2.20}$$

由式(1.2.20)可知，如果权函数 w_1 和 w_2 满足：

$$w_1 = -v,\quad w_2 = \frac{\mathrm{d}v}{\mathrm{d}x} \tag{1.2.21}$$

则式(1.2.20)可简化为：

$$\int_l\left(EI\frac{\mathrm{d}^2 v}{\mathrm{d}x^2}\frac{\mathrm{d}^2 y}{\mathrm{d}x^2} - q\right)\mathrm{d}x + v\,\overline{N}\,|_0^l - \frac{\mathrm{d}v}{\mathrm{d}x}\overline{M}\bigg|_0^l = 0 \tag{1.2.22}$$

至此，我们证明了：选择适当的权函数可以消除微分方程的等效积分在分部积分过程中产生的边界项，从而得到式(1.2.14)的“弱”形式。

同时，上述推导过程也给出了边界条件的等效积分形式和权函数的构造方法。由式(1.2.18)可知，边界条件的积分仅包括自然边界条件的积分。对于一个 $2m$ 阶的微分方程，$0\sim(m-1)$ 阶导数的边界条件为强制边界条件，$m\sim(2m-1)$ 阶导数的边界条件为自然边界条件。如上述的梁弯曲问题中，$m=2$，因此，0 阶导数项（梁的挠度）和 1 阶导数项（梁的转角）的边界条件为强制边界条件，而 2 阶导数项（弯矩边界条件）和 3 阶导数项（剪力边界条件）的边界条件为自然边界条件。

对于边界条件等效积分的权函数的选择方法则可表示为，按照导数阶数由低至高的排列顺序：

$$w_1 = -v,\ w_2 = \frac{\mathrm{d}v}{\mathrm{d}x},\ \cdots,\ w_i = (-1)^i\frac{\mathrm{d}^{i-1}v}{\mathrm{d}x^{i-1}}\qquad (i = 1,2,\cdots,2m) \tag{1.2.23}$$

由式(1.2.23)可知，微分方程及其边界条件的等效积分只需构造微分方程等效积分的权函数，即可求得全部权函数。

例 1.2.1 试求二维热传导问题的等效积分“弱”形式。

解：由式(1.2.2)和式(1.2.3b)可得二维热传导问题的等效积分：

$$\int_\Omega v\left[\frac{\partial}{\partial x}\left(k\frac{\partial\phi}{\partial x}\right) + \frac{\partial}{\partial y}\left(k\frac{\partial\phi}{\partial y}\right) + Q\right]\mathrm{d}x\mathrm{d}y + \int_{\Gamma_q} w\left(k\frac{\partial\phi}{\partial n} - \bar{q}\right)\mathrm{d}\Gamma = 0 \tag{a}$$

对式(a)的第一个积分的前两项进行一次分部积分得：

$$\begin{aligned}&\int_\Omega v\frac{\partial}{\partial x}\left(k\frac{\partial\phi}{\partial x}\right)\mathrm{d}x\mathrm{d}y = -\int_\Omega\frac{\partial v}{\partial x}\left(k\frac{\partial\phi}{\partial x}\right)\mathrm{d}x\mathrm{d}y + \oint_\Gamma v\left(k\frac{\partial\phi}{\partial x}\right)n_x\mathrm{d}\Gamma\\ &\int_\Omega v\frac{\partial}{\partial y}\left(k\frac{\partial\phi}{\partial y}\right)\mathrm{d}x\mathrm{d}y = -\int_\Omega\frac{\partial v}{\partial y}\left(k\frac{\partial\phi}{\partial y}\right)\mathrm{d}x\mathrm{d}y + \oint_\Gamma v\left(k\frac{\partial\phi}{\partial y}\right)n_y\mathrm{d}\Gamma\end{aligned} \tag{b}$$

式中：n_x, n_y 为边界外法线的方向余弦。

将式(b)代入式(a)得：

$$\begin{aligned}&\int_{\Omega}\left(k\frac{\partial v}{\partial x}\frac{\partial \phi}{\partial x}+k\frac{\partial v}{\partial y}\frac{\partial \phi}{\partial y}-vQ\right)\mathrm{d}x\mathrm{d}y-\\&\oint_{\Gamma}vk\left(\frac{\partial \phi}{\partial x}n_x+\frac{\partial \phi}{\partial y}n_y\right)\mathrm{d}\Gamma-\int_{\Gamma_q}w\left(k\frac{\partial \phi}{\partial n}-\bar{q}\right)\mathrm{d}\Gamma=0\end{aligned} \tag{c}$$

上式中，$\frac{\partial \phi}{\partial x}n_x+\frac{\partial \phi}{\partial y}n_y=\frac{\partial \phi}{\partial n}$为场函数在边界上的法向导数。

由于权函数的任意性，可令 $w=-v$，则式(c)可进一步表示为：

$$\int_{\Omega}k\,\nabla^{\mathrm{T}}v\,\nabla\phi\,\mathrm{d}x\mathrm{d}y-\int_{\Omega}v\boldsymbol{Q}\mathrm{d}x\mathrm{d}y-\int_{\Gamma_q}v\,\bar{q}\,\mathrm{d}\Gamma-\int_{\Gamma_\phi}vk\frac{\partial \phi}{\partial n}\mathrm{d}\Gamma=0 \tag{d}$$

式中：

$$\nabla=\begin{Bmatrix}\dfrac{\partial}{\partial x}\\[2mm]\dfrac{\partial}{\partial y}\end{Bmatrix} \tag{e}$$

1.3 微分方程的近似解法

微分方程的求解方法是构造一个满足强制边界条件的近似解 $\tilde{\boldsymbol{u}}$，然后代入微分方程 $\boldsymbol{A}(\tilde{\boldsymbol{u}})$ 检验近似解是否使微分方程和边界条件得到满足。如果：

$$\boldsymbol{A}(\tilde{\boldsymbol{u}})=0 \quad （在域\ \Omega\ 内） \tag{1.3.1}$$

$$\boldsymbol{B}(\tilde{\boldsymbol{u}})=0 \quad （在边界\ \Gamma\ 上） \tag{1.3.2}$$

则 $\tilde{\boldsymbol{u}}=\boldsymbol{u}$ 就是微分方程的解。但一般情况下，我们很难找到微分方程的精确解 $\boldsymbol{u}$，近似解 $\tilde{\boldsymbol{u}}$ 仅仅是精确解 $\boldsymbol{u}$ 的一个近似函数，即 $\tilde{\boldsymbol{u}}\approx\boldsymbol{u}$，从而使微分方程在域内或边界条件在边界上不处处为零(可能仅仅在某些点上等于零)：

$$\boldsymbol{A}(\tilde{\boldsymbol{u}})=\boldsymbol{R}\neq 0 \quad （在域\ \Omega\ 内） \tag{1.3.3}$$

$$\boldsymbol{B}(\tilde{\boldsymbol{u}})=\boldsymbol{R}'\neq 0 \quad （在边界\ \Gamma\ 上） \tag{1.3.4}$$

式中：$\boldsymbol{R}$ 和 $\boldsymbol{R}'$ 称为“残差”或“余量”，它们分别是域内 Ω 和边界 Γ 上的函数。

为了提高解的精度，就解的精度而言，我们希望“残差”$\boldsymbol{R}$ 和 $\boldsymbol{R}'$ 是均值为零而方差尽可能小的连续函数，即：

$$\begin{aligned}\overline{\boldsymbol{R}}&=\int_{\Omega}\boldsymbol{R}\mathrm{d}\Omega=\int_{\Omega}\boldsymbol{A}(\tilde{\boldsymbol{u}})\mathrm{d}\Omega=0\\\overline{\boldsymbol{R}}'&=\int_{\Gamma}\boldsymbol{R}'\mathrm{d}\Gamma=\int_{\Gamma}\boldsymbol{B}(\tilde{\boldsymbol{u}})\mathrm{d}\Gamma=0\end{aligned} \tag{1.3.5}$$

$$\begin{aligned}&\int_{\Omega}\boldsymbol{R}^{\mathrm{T}}\boldsymbol{R}\mathrm{d}\Omega=\int_{\Omega}\boldsymbol{A}(\tilde{\boldsymbol{u}})^{\mathrm{T}}\boldsymbol{A}(\tilde{\boldsymbol{u}})\mathrm{d}\Omega=0\\&\int_{\Gamma}\boldsymbol{R}'^{\mathrm{T}}\boldsymbol{R}'\mathrm{d}\Gamma=\int_{\Gamma}\boldsymbol{B}(\tilde{\boldsymbol{u}})^{\mathrm{T}}\boldsymbol{B}(\tilde{\boldsymbol{u}})\mathrm{d}\Gamma=0\end{aligned} \tag{1.3.6}$$

与式(1.2.9)和式(1.2.10)比较可知，上述对“残差”的要求与微分方程的等效积分是等价的。式(1.3.6)与式(1.2.10)不同的仅仅是权函数的形式，即式(1.3.6)给定了权函数——微分方程及其边界条件，而式(1.2.10)则为一般的表达式。因此，可以利用微分方程和边界条件的等效积分概念来求解微分方程的近似解 $\tilde{\boldsymbol{u}}$。由于等效积分的被积函数是由权函数和微分方程或边界条件的“余量”构成的，即：

$$\begin{aligned}\int_{\Omega}\boldsymbol{v}^{\mathrm{T}}\boldsymbol{R}\mathrm{d}\Omega &= \int_{\Omega}\boldsymbol{v}^{\mathrm{T}}\boldsymbol{A}(\tilde{\boldsymbol{u}})\mathrm{d}\Omega = 0 \\ \int_{\Gamma}\boldsymbol{w}^{\mathrm{T}}\boldsymbol{R}'\mathrm{d}\Gamma &= \int_{\Gamma}\boldsymbol{w}^{\mathrm{T}}\boldsymbol{B}(\tilde{\boldsymbol{u}})\mathrm{d}\Gamma = 0\end{aligned} \tag{1.3.7}$$

因此，也称其为“加权余量法”。

加权余量法首先要构造近似解，由式(1.3.7)可知，近似解在满足强制边界条件的基础上，应使微分方程的余量尽可能小。由于任何形式的函数都可以用级数来模拟，所以，通常用级数来构造近似解，即：

$$\tilde{\boldsymbol{u}}=\boldsymbol{N}\cdot\boldsymbol{a} \tag{1.3.8}$$

式中：$\boldsymbol{N}$ 为场函数自变量的确定函数，称为试探函数矩阵，$\boldsymbol{a}$ 为待定参数向量。

将式(1.3.8)代入式(1.3.7)得：

$$\begin{aligned}\int_{\Omega}\boldsymbol{v}^{\mathrm{T}}\boldsymbol{R}\mathrm{d}\Omega &= \int_{\Omega}\boldsymbol{v}^{\mathrm{T}}\boldsymbol{A}(\boldsymbol{Na})\mathrm{d}\Omega = 0 \\ \int_{\Gamma}\boldsymbol{w}^{\mathrm{T}}\boldsymbol{R}'\mathrm{d}\Gamma &= \int_{\Gamma}\boldsymbol{w}^{\mathrm{T}}\boldsymbol{B}(\boldsymbol{Na})\mathrm{d}\Gamma = 0\end{aligned} \tag{1.3.9}$$

由式(1.3.9)可以看出，等效积分得到的是一组关于待定参数的代数方程组，解此方程组即可得到微分方程的近似解。同时，式(1.3.9)还表明，对于同样的近似解，微分方程的等效积分将取决于权函数的形式。因此，基于不同的权函数就会产生不同的加权余量法。下面介绍几种常用的加权余量法。

1.3.1 配点法

配点法的基本思想是强制微分方程和边界条件的“余量”在域内和边界的若干点上等于零，其权函数可表示为：

$$\begin{aligned}\boldsymbol{v} &= \delta(x-x_i) \qquad x_i\in\Omega \\ \boldsymbol{w} &= \delta(x-x_j) \qquad x_j\in\Gamma\end{aligned} \tag{1.3.10}$$

式中：$x_i, x_j (i,j=1,2,3)$分别为域内和边界上的配点，这里采用了坐标的张量表达形式。将式(1.3.10)代入式(1.3.9)并注意到 $\delta(x)$函数的性质

$$\int_{x_i-\varepsilon}^{x_i+\varepsilon}\delta(x-x_i)\mathrm{d}x = 1 \tag{1.3.11}$$

得：

$$\begin{aligned}\int_{\Omega}[\delta(x-x_i)]^{\mathrm{T}}\boldsymbol{A}(\boldsymbol{Na})\mathrm{d}\Omega &= \boldsymbol{A}[\boldsymbol{N}(x_i)\boldsymbol{a}] = 0 \\ \int_{\Gamma}[\delta(x-x_j)]^{\mathrm{T}}\boldsymbol{B}(\boldsymbol{Na})\mathrm{d}\Gamma &= \boldsymbol{B}[\boldsymbol{N}(x_j)\boldsymbol{a}] = 0\end{aligned} \tag{1.3.12}$$

由式(1.3.12)可知，配点法的实质就是在选定点 x_i, x_j 处令微分方程和边界条件等于零，使得“余量”的绝对值不会偏离零点太远。同时，式(1.3.12)也表明，权函数和微分方程是同阶的向量函数，而配点的数量则取决于待定参数的数量或近似解的项数。因为方程的数量应与待定参数(方程的未知量)的数量相等。

例 1.3.1 试用配点法求解微分方程：

$$\frac{\mathrm{d}^2u}{\mathrm{d}x^2}+u+x=0 \tag{a}$$

其边界条件为：

$$\begin{aligned} x=0,\quad u=0 \\ x=1,\quad u=0 \end{aligned} \tag{b}$$

解：该微分方程只有强制边界条件，因此，式(1.3.12)的第二式是自动满足的，只需计算微分方程的等效积分。根据边界条件式(b)，构造如下的近似解：

$$\tilde{u}=x(1-x)(a_1+a_2x+a_3x^2+\cdots+a_nx^{n-1}) \tag{c}$$

取一项近似解：

$$\tilde{u}=a_1x(1-x) \tag{d}$$

代入式(a)得一项近似解的微分方程“余量”：

$$R_{(1)}=-2a_1+a_1x(1-x)+x \tag{e}$$

取 $x=1/2$ 为配点，代入式(1.3.12)的第一式得：

$$R_{(1)}\left(\frac{1}{2}\right)=-\frac{7}{4}a_1+\frac{1}{2}=0 \tag{f}$$

由式(f)解得：

$$a_1=0.2857 \tag{g}$$

由此可得一项近似解：

$$\tilde{u}=0.2857x(1-x) \tag{h}$$

例 1.3.2 取两项近似解重做例 1.3.1。

解：由例 1.3.1 的式(c)可得两项近似解：

$$\tilde{u}=a_1x(1-x)+a_2x^2(1-x) \tag{a}$$

代入例 1.3.1 的式(a)得两项近似解的“余量”：

$$R_{(2)}=a_1(x-x^2-2)+a_2(2-6x+x^2-x^3)+x \tag{b}$$

由于两项解有两个待定参数，因此，取 $x=1/3$ 和 $x=2/3$ 两个配点。将两个配点分别代入式(1.3.12)的第一式得：

$$\begin{aligned} R_{(2)}\left(\frac{1}{2}\right)=-\frac{16}{9}a_1+\frac{2}{27}a_2+\frac{1}{3}=0 \\ R_{(2)}\left(\frac{2}{3}\right)=-\frac{16}{9}a_1-\frac{50}{27}a_2+\frac{2}{3}=0 \end{aligned} \tag{c}$$

由式(c)解得：

$$a_1=0.1948,\quad a_2=0.1731 \tag{d}$$

由此可得两项近似解：

$$\tilde{u}=x(1-x)(0.1948+0.1731x) \tag{e}$$

1.3.2 子域法

子域法的基本思想是将求解域分为若干个子域（子域的数量等于近似解的待定参数个数），每个子域上的权函数为 1，即：

$$\boldsymbol{v}_i=\boldsymbol{w}_i=I \qquad (\text{在 } \Omega_i \text{ 或 } \Gamma_i \text{ 内}) \tag{1.3.13}$$

$$\boldsymbol{v}_i=\boldsymbol{w}_i=0 \qquad (\text{在 } \Omega_i \text{ 或 } \Gamma_i \text{ 外}) \tag{1.3.14}$$

将式(1.3.13)和式(1.3.14)代入式(1.3.9)得:

$$\begin{aligned}&\int_{\Omega_i} \boldsymbol{A}(\boldsymbol{Na})\mathrm{d}\Omega = 0\\&\int_{\Gamma_i} \boldsymbol{B}(\boldsymbol{Na})\mathrm{d}\Gamma = 0\end{aligned} \tag{1.3.15}$$

即微分方程和边界条件在子域上的积分等于零。

例 1.3.3 取一项近似解,用子域法重做例 1.3.1。

解:一项近似解有一个待定参数,因此,仅需一个方程,故取一个子域[0,1],则在全域上 $v_1 = 1$。将例 1.3.1 的式(e)代入式(1.3.15)的第一式得:

$$\int_0^1 R_{(1)}\mathrm{d}x = \int_0^1 [a_1(x - x^2 - 2) + x]\mathrm{d}x = -\frac{11}{6}a_1 + \frac{1}{2} = 0 \tag{a}$$

由式(a)解得:

$$a_1 = 0.2727 \tag{b}$$

由此可得子域法的一项近似解:

$$\tilde{u} = 0.2727x(1 - x) \tag{c}$$

例 1.3.4 取两项近似解,用子域法重做例 1.3.1。

解:两项近似解有两个待定参数,因此,需两个方程,故取两个子域,子域一为 $0 \leqslant x \leqslant 1/2$,子域二为 $1/2 \leqslant x \leqslant 1$。则权函数可表示为:

$$v_1 = 1, \quad v_2 = 0 \quad (0 \leqslant x \leqslant 1/2) \tag{a}$$

$$v_1 = 0, \quad v_2 = 1 \quad (1/2 \leqslant x \leqslant 1) \tag{b}$$

将式(a)和式(b)以及例式 1.3.2(b)分别代入式(1.3.15)的第一式得:

$$\begin{aligned}&\int_0^{1/2} R_{(2)}\mathrm{d}x = -\frac{11}{12}a_1 + \frac{53}{192}a_2 + \frac{1}{8}\\&\int_{1/2}^1 R_{(2)}\mathrm{d}x = -\frac{11}{12}a_1 - \frac{229}{192}a_2 + \frac{3}{8}\end{aligned} \tag{c}$$

由式(c)解得:

$$a_1 = 0.1876, \quad a_2 = 0.1702 \tag{d}$$

由此可得子域法的两项近似解:

$$\tilde{u} = x(1 - x)(0.1876 + 0.1702x) \tag{e}$$

1.3.3 最小二乘法

最小二乘法的基本思想是构造一个权函数使“余量”的方差最小,即:

$$\frac{\partial}{\partial a_i}\left(\int_\Omega \boldsymbol{R}^{\mathrm{T}}\boldsymbol{R}\mathrm{d}\Omega + \int_\Gamma \boldsymbol{R}'^{\mathrm{T}}\boldsymbol{R}'\mathrm{d}\Gamma\right) = 0 \tag{1.3.16}$$

由式(1.3.16)可得:

$$\int_\Omega \left(\frac{\partial \boldsymbol{R}}{\partial \boldsymbol{a}_i}\right)^{\mathrm{T}} \boldsymbol{R}\mathrm{d}\Omega + \int_\Gamma \left(\frac{\partial \boldsymbol{R}'}{\partial \boldsymbol{a}_i}\right)^{\mathrm{T}} \boldsymbol{R}'\mathrm{d}\Gamma = 0 \tag{1.3.17}$$

比较式(1.3.17)和式(1.3.9)可知,最小二乘法的权函数为:

$$\boldsymbol{v}_i = \frac{\partial \boldsymbol{R}}{\partial \boldsymbol{a}_i}, \quad \boldsymbol{w}_i = \frac{\partial \boldsymbol{R}'}{\partial \boldsymbol{a}_i} \tag{1.3.18}$$

例 1.3.5 取一项近似解,用最小二乘法重做例 1.3.1。

解:将例 1.3.1 的式(e)代入式(1.3.18)得一项近似解的权函数:

$$v_1=\frac{\partial R_{(1)}}{\partial a_1}=x(1-x)-2 \tag{a}$$

将式(a)和例1.3.1的式(e)代入式(1.3.17)得：

$$\begin{aligned}\int_0^1 R_{(1)}\frac{\partial R_{(1)}}{\partial a}\mathrm{d}x&=\int_0^1(x-x^2-2)[a_1(x-x^2-2)+x]\mathrm{d}x\\&=\frac{101}{30}a_1-\frac{11}{12}=0\end{aligned} \tag{b}$$

由式(b)解得：

$$a_1=0.2723 \tag{c}$$

由此可得最小二乘法的一项近似解：

$$\tilde{u}=0.2723x(1-x) \tag{d}$$

例1.3.6 取两项近似解，用最小二乘法重做例1.3.1。

解：将例1.3.2的式(b)代入式(1.3.18)得两项近似解的最小二乘法权函数：

$$v_1=\frac{\partial R_{(2)}}{\partial a_1}=x(1-x)-2 \tag{a}$$

$$v_2=\frac{\partial R_{(2)}}{\partial a_2}=2-6x+x^2-x^3 \tag{b}$$

将式(a)和式(b)以及例1.3.2的式(b)分别代入式(1.3.17)得：

$$\begin{aligned}\int_0^1 R_{(2)}\frac{\partial R_{(2)}}{\partial a_1}\mathrm{d}x&=\int_0^1(x-x^2-2)[a_1(x-x^2-2)+\\&\qquad a_2(2-6x+x^2-x^3)+x]\mathrm{d}x\\&=a_1\frac{101}{30}+a_2\frac{101}{60}-\frac{11}{12}=0\end{aligned} \tag{c}$$

$$\begin{aligned}\int_0^1 R_{(2)}\frac{\partial R_{(2)}}{\partial a_2}\mathrm{d}x&=\int_0^1(2-6x+x^2-x^3)[a_1(x-x^2-2)+\\&\qquad a_2(2-6x+x^2-x^3)+x]\mathrm{d}x\\&=a_1\frac{101}{60}+a_2\frac{131}{35}-\frac{19}{20}=0\end{aligned} \tag{d}$$

由式(c)和式(d)解得：

$$a_1=0.1875,\qquad a_2=0.1695 \tag{e}$$

由此可得最小二乘法的两项近似解：

$$\tilde{u}=x(1-x)(0.1875+0.1695x) \tag{f}$$

1.3.4 力矩法

力矩法借用了统计学中矩法的概念，以 x 的各阶矩作为权函数，即：

$$\boldsymbol{v}_1=\boldsymbol{w}_1=1,\ \boldsymbol{v}_2=\boldsymbol{w}_2=x,\ \boldsymbol{v}_3=\boldsymbol{w}_3=x^2,\cdots,\ \boldsymbol{v}_n=\boldsymbol{w}_n=x^{n-1} \tag{1.3.19}$$

代入式(1.3.9)得：

$$\begin{aligned}&\int_\Omega x^{n-1}\mathbf{A}(\boldsymbol{Na})\mathrm{d}\Omega=0\\&\int_\Gamma x^{n-1}\mathbf{B}(\boldsymbol{Na})\mathrm{d}\Gamma=0\end{aligned} \tag{1.3.20}$$

例 1.3.7 取一项近似解，用力矩法重做例 1.3.1。

解：由式(1.3.19)可知，力矩法的一项近似解权函数 $v_1 = 1$，将例 1.3.1 的式(e)代入式(1.3.20)的第一式得：

$$\int_0^1 R_{(1)} \mathrm{d}x = \int_0^1 [a_1(x - x^2 - 2) + x] \mathrm{d}x = -\frac{11}{6}a_1 + \frac{1}{2} = 0 \tag{a}$$

由式(a)解得：

$$a_1 = 0.2727 \tag{b}$$

由此可得力矩法的一项近似解：

$$\widetilde{u} = 0.2727x(1 - x) \tag{c}$$

例 1.3.8 取两项近似解，用力矩法重做例 1.3.1。

解：由式(1.3.19)得两项近似解的权函数：

$$v_1 = 1, \qquad v_2 = x \tag{a}$$

将式(a)两个权函数及例 1.3.2 的式(b)分别代入式(1.3.20)的第一式得：

$$\begin{aligned}\int_0^1 R_{(2)} \mathrm{d}x &= \int_0^1 [a_1(x - x^2 - 2) + x + a_2(2 - 6x + x^2 - x^3)] \mathrm{d}x \\ &= \frac{11}{6}a_1 + \frac{11}{12}a_2 - \frac{1}{2} = 0\end{aligned} \tag{b}$$

$$\begin{aligned}\int_0^1 xR_{(2)} \mathrm{d}x &= \int_0^1 [a_1(x^2 - x^3 - 2x) + x^2 + a_2(2x - 6x^2 + x^3 - x^4)] \mathrm{d}x \\ &= \frac{11}{12}a_1 + \frac{19}{20}a_2 - \frac{1}{3} = 0\end{aligned} \tag{c}$$

由式(b)和式(c)解得：

$$a_1 = 0.1880, \qquad a_2 = 0.1695 \tag{d}$$

由此可得力矩法的两项近似解：

$$\widetilde{u} = x(1 - x)(0.1880 + 0.1695x) \tag{e}$$

1.3.5 伽辽金法

伽辽金(Galerkin)法是有限元法的基础，它以近似解的试探函数作为权函数，即：

$$\boldsymbol{v} = \boldsymbol{N}, \qquad \boldsymbol{w} = -\boldsymbol{v} = -\boldsymbol{N} \tag{1.3.21}$$

则伽辽金法的方程可表示为：

$$\int_\Omega \boldsymbol{N}^{\mathrm{T}} \boldsymbol{A}(\boldsymbol{N}\boldsymbol{a}) \mathrm{d}\Omega - \int_\Gamma \boldsymbol{N}^{\mathrm{T}} \boldsymbol{B}(\boldsymbol{N}\boldsymbol{a}) \mathrm{d}\Gamma = 0 \tag{1.3.22}$$

由式(1.3.8)可知，上式还可以表示为：

$$\int_\Omega \delta\widetilde{\boldsymbol{u}}^{\mathrm{T}} \boldsymbol{A}(\widetilde{\boldsymbol{u}}) \mathrm{d}\Omega - \int_\Gamma \delta\widetilde{\boldsymbol{u}}^{\mathrm{T}} \boldsymbol{B}(\widetilde{\boldsymbol{u}}) \mathrm{d}\Gamma = 0 \tag{1.3.23}$$

将式(1.3.8)代入上式得：

$$\int_\Omega (\delta\boldsymbol{a})^{\mathrm{T}} \boldsymbol{N}^{\mathrm{T}} \boldsymbol{A}(\widetilde{\boldsymbol{u}}) \mathrm{d}\Omega - \int_\Gamma (\delta\boldsymbol{a})^{\mathrm{T}} \boldsymbol{N}^{\mathrm{T}} \boldsymbol{B}(\widetilde{\boldsymbol{u}}) \mathrm{d}\Gamma = 0 \tag{1.3.24}$$

由于待定参数 $\boldsymbol{a}$ 的变分与积分无关，故上式可表示为：

$$(\delta \boldsymbol{a})^{\mathrm{T}}\left[\int_{\Omega} \boldsymbol{N}^{\mathrm{T}} \boldsymbol{A}(\tilde{\boldsymbol{u}}) \mathrm{d}\Omega-\int_{\Gamma} \boldsymbol{N}^{\mathrm{T}} \boldsymbol{B}(\tilde{\boldsymbol{u}}) \mathrm{d}\Gamma\right]=0 \tag{1.3.25}$$

由变分的任意性立即可以得到式(1.3.22)。

例 1.3.9 取一项近似解,用伽辽金法重做例 1.3.1。

解: 伽辽金法取近似解的试探函数作为权函数,因此,一项近似解的权函数为:

$$v_1=N_1=x(1-x) \tag{a}$$

将式(a)和例 1.3.1 的式(e)代入式(1.3.22)得:

$$\begin{aligned}\int_0^1 N_1 R_{(1)}\mathrm{d}x&=\int_0^1 (x-x^2)[a_1(x-x^2-2)+x]\mathrm{d}x\\&=\frac{3}{10}a_1-\frac{1}{12}=0\end{aligned} \tag{b}$$

由式(b)解得:

$$a_1=0.2778 \tag{c}$$

由此可得伽辽金法的一项近似解:

$$\tilde{u}=0.2778x(1-x) \tag{d}$$

例 1.3.10 取两项近似解,用伽辽金法重做例 1.3.1。

解: 由例 1.3.2 的式(a)可得伽辽金法的两项近似解权函数:

$$v_1=N_1=x(1-x) \tag{a}$$

$$v_2=N_2=x^2(1-x) \tag{b}$$

将式(a)和式(b)及例 1.3.2 的式(b)分别代入式(1.3.22)得:

$$\begin{aligned}\int_0^1 N_1 R_{(2)}\mathrm{d}x&=\int_0^1 (x-x^2)[a_1(x-x^2-2)+\\&\quad a_2(2-6x+x^2-x^3)+x]\mathrm{d}x\\&=\frac{3}{10}a_1+\frac{3}{20}a_2-\frac{1}{12}=0\end{aligned} \tag{c}$$

$$\begin{aligned}\int_0^1 N_2 R_{(2)}\mathrm{d}x&=\int_0^1 (x^2-x^3)[a_1(x-x^2-2)+\\&\quad a_2(2-6x+x^2-x^3)+x]\mathrm{d}x\\&=\frac{3}{20}a_1+\frac{13}{105}a_2-\frac{1}{20}=0\end{aligned} \tag{d}$$

由式(c)和式(d)解得:

$$a_1=0.1924,\qquad a_2=0.1707 \tag{e}$$

由此可得伽辽金法的两项解:

$$\tilde{u}=x(1-x)(0.1924+0.1707x) \tag{f}$$

该问题的精确解为:

$$u=\frac{\sin x}{\sin 1}-x \tag{g}$$

图 1.2 给出了五种加权余量法的一项近似解和两项近似解与精确解的比较,从图中可以看出,五种加权余量法的两项近似解均具有较高的精度,其中伽辽金法的精度最高。

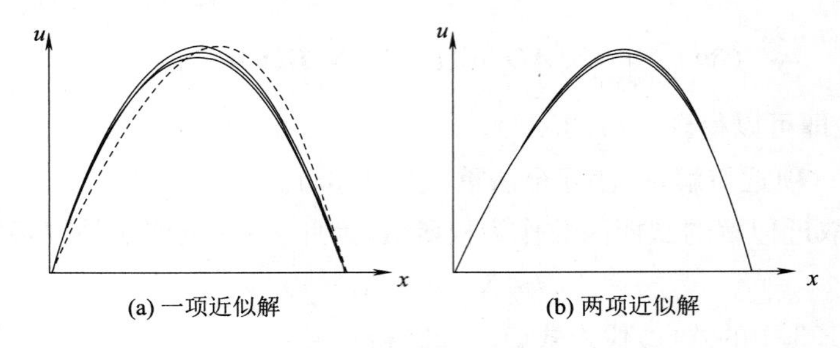

(a) 一项近似解　　(b) 两项近似解

图 1.2　加权余量法语精确解的比较

例 1.3.11　试用配点法、子域法和伽辽金法求解一维热传导问题：

$$\frac{\mathrm{d}^2\phi}{\mathrm{d}x^2}+Q(x)=0 \quad (0\leqslant x\leqslant l) \tag{a}$$

其中：

$$Q(x)=\begin{cases}1, & 0\leqslant x\leqslant l/2\\ 0, & l/2\leqslant x\leqslant l\end{cases} \tag{b}$$

边界条件为：

$$\begin{aligned} x=0, &\quad \phi=0\\ x=l, &\quad \phi=0\end{aligned} \tag{c}$$

解：根据边界条件式(c)构造如下的近似解：

$$\tilde{\phi}=\sum_n a_n\sin\frac{n\pi x}{l} \tag{d}$$

则一项近似解为：

$$\tilde{\phi}_{(1)}=a_1\sin\frac{\pi x}{l} \tag{e}$$

而两项近似解为：

$$\tilde{\phi}_{(2)}=a_1\sin\frac{\pi x}{l}+a_2\sin\frac{2\pi x}{l} \tag{f}$$

将式(d)和式(e)分别代入式(a)的一项近似解和两项近似解得“余量”：

$$\begin{aligned} R_{(1)}&=-a_1\frac{\pi^2}{l^2}\sin\frac{\pi x}{l}+1 \quad (0\leqslant x\leqslant l/2)\\ R_{(1)}&=-a_1\frac{\pi^2}{l^2}\sin\frac{\pi x}{l} \quad (l/2\leqslant x\leqslant l)\end{aligned} \tag{g}$$

$$\begin{aligned} R_{(2)}&=-a_1\frac{\pi^2}{l^2}\sin\frac{\pi x}{l}-a_2\frac{4\pi^2}{l^2}\sin\frac{2\pi x}{l}+1 \quad (0\leqslant x\leqslant l/2)\\ R_{(2)}&=-a_1\frac{\pi^2}{l^2}\sin\frac{\pi x}{l}-a_2\frac{4\pi^2}{l^2}\sin\frac{2\pi x}{l} \quad (l/2\leqslant x\leqslant l)\end{aligned} \tag{h}$$

<u>配点法</u>

一项近似解的配点取 $x=l/2$，则权函数可表示为：

$$v_1=\delta(x-l/2) \tag{i}$$

而 $Q(x)$ 取配点 $l/2$ 两侧的平均值，则由式(b)得 $Q(l/2)=1/2$，与式(g)一并代入式(1.3.12)得：

$$R_{(1)}\left(\frac{l}{2}\right)=-a_1\frac{\pi^2}{l^2}+\frac{1}{2}=0 \tag{j}$$

由式(j)解得：

$$a_1=\frac{l^2}{2\pi^2} \tag{k}$$

由此可得配点法的一项近似解：

$$\widetilde{\phi}_{(1)}=\frac{l^2}{2\pi^2}\sin\frac{\pi x}{l} \tag{l}$$

两项近似解的配点取 $x=l/3$ 和 $x=2l/3$，则权函数可表示为：

$$v_1=\delta\left(x-\frac{1}{3}l\right),\ v_2=\delta\left(x-\frac{2}{3}l\right) \tag{m}$$

将式(m)和式(h)代入式(1.3.12)得：

$$\begin{aligned}R_{(2)}\left(\frac{l}{3}\right)&=-a_1\frac{\pi^2}{l^2}\frac{\sqrt{3}}{2}-a_2\frac{4\pi^2}{l^2}\frac{\sqrt{3}}{2}+1=0\\R_{(2)}\left(\frac{2l}{3}\right)&=-a_1\frac{\pi^2}{l^2}\frac{\sqrt{3}}{2}+a_2\frac{4\pi^2}{l^2}\frac{\sqrt{3}}{2}=0\end{aligned} \tag{n}$$

由式(n)解得：

$$a_1=\frac{\sqrt{3}l^2}{3\pi^2},\qquad a_2=\frac{\sqrt{3}l^2}{12\pi^2} \tag{o}$$

由此可得配点法的两项近似解：

$$\widetilde{\phi}_{(2)}=\frac{\sqrt{3}l^2}{3\pi^2}\left(\sin\frac{\pi x}{l}+\frac{1}{4}\sin\frac{2\pi x}{l}\right) \tag{p}$$

子域法

子域法的一项近似解只有一个待定参数，因此，全域上有 $v_1=1$，则一项近似解的待定参数方程为：

$$\begin{aligned}\int_0^l v_1R_{(1)}\mathrm{d}x&=\int_0^{l/2}\left(-a_1\frac{\pi^2}{l^2}\sin\frac{\pi x}{l}+1\right)\mathrm{d}x+\int_{l/2}^l\left(-a_1\frac{\pi^2}{l^2}\sin\frac{\pi x}{l}\right)\mathrm{d}x\\&=-a_1\frac{2\pi}{l}+\frac{l}{2}=0\end{aligned} \tag{q}$$

由式(q)解得：

$$a_1=\frac{l^2}{4\pi} \tag{r}$$

由此可得子域法的一项近似解：

$$\widetilde{\phi}_{(1)}=\frac{l^2}{4\pi}\sin\frac{\pi x}{l} \tag{s}$$

两项近似解的子域划分为 $0\leqslant x\leqslant l/2$ 和 $l/2\leqslant x\leqslant l$，则权函数可表示为：

$$\begin{aligned}&v_1=1,\qquad v_2=0\qquad(0\leqslant x\leqslant l/2)\\&v_1=0,\qquad v_2=1\qquad(l/2\leqslant x\leqslant l)\end{aligned} \tag{t}$$

将式(t)和式(h)代入式(1.3.15)的第一式得：

$$\begin{aligned}\int_0^{l/2} v_1 R_{(2)}\,\mathrm{d}x &= \int_0^{l/2}\left(-a_1\frac{\pi^2}{l^2}\sin\frac{\pi x}{l}-a_2\frac{4\pi^2}{l^2}\sin\frac{2\pi x}{l}+1\right)\mathrm{d}x\\&=-a_1\frac{\pi}{l}-a_2\frac{4\pi}{l}+\frac{l}{2}=0\\\int_{l/2}^{l} v_2 R_{(2)}\,\mathrm{d}x &= \int_{l/2}^{l}\left(-a_1\frac{\pi^2}{l^2}\sin\frac{\pi x}{l}-a_2\frac{4\pi^2}{l^2}\sin\frac{2\pi x}{l}\right)\mathrm{d}x\\&=-a_1\frac{\pi}{l}+a_2\frac{4\pi}{l}=0\end{aligned} \tag{u}$$

由式(u)解得：

$$a_1=\frac{l^2}{4\pi},\qquad a_2=\frac{l^2}{16\pi} \tag{v}$$

由此可得子域法的两项近似解：

$$\tilde{\phi}_{(2)}=\frac{l^2}{4\pi}\sin\frac{\pi x}{l}+\frac{l^2}{16\pi}\sin\frac{2\pi x}{l} \tag{w}$$

伽辽金法

由式(1.3.21)和式(e)可知，伽辽金法的一项近似解的权函数为：

$$v_1=N_1=\sin\frac{\pi x}{l} \tag{x}$$

将式(x)和式(e)代入式(1.3.22)得：

$$\begin{aligned}\int_0^{l} v_1 R_{(1)}\,\mathrm{d}x &= \int_0^{l/2}\left(-a_1\frac{\pi^2}{l^2}\sin^2\frac{\pi x}{l}+\sin\frac{\pi x}{l}\right)\mathrm{d}x+\int_{l/2}^{l}-a_1\frac{\pi^2}{l^2}\sin^2\frac{\pi x}{l}\mathrm{d}x\\&=-a_1\frac{\pi^2}{2l}+\frac{l}{\pi}=0\end{aligned} \tag{y}$$

由式(y)解得：

$$a_1=\frac{2l^2}{\pi^3} \tag{z}$$

由此可得伽辽金法的一项近似解：

$$\tilde{\phi}_{(1)}=\frac{2l^2}{\pi^3}\sin\frac{\pi x}{l} \tag{α}$$

伽辽金法的两项近似解权函数可由式(f)得到：

$$v_1=N_1=\sin\frac{\pi x}{l},\ v_2=N_2=\sin\frac{2\pi x}{l} \tag{β}$$

将式(β)和式(f)代入式(1.3.22)得：

$$\begin{aligned}\int_0^{l} v_1 R_{(2)}\,\mathrm{d}x &= \int_0^{l}\left(-a_1\frac{\pi^2}{l^2}\sin^2\frac{\pi x}{l}-a_2\frac{4\pi^2}{l^2}\sin\frac{\pi x}{l}\sin\frac{2\pi x}{l}\right)\mathrm{d}x+\int_0^{l/2}\sin\frac{\pi x}{l}\mathrm{d}x\\&=-a_1\frac{\pi^2}{2l}+\frac{l}{\pi}=0\\\int_0^{l} v_2 R_{(2)}\,\mathrm{d}x &= \int_0^{l}\left(-a_1\frac{\pi^2}{l^2}\sin\frac{\pi x}{l}\sin\frac{2\pi x}{l}-a_2\frac{4\pi^2}{l^2}\sin^2\frac{2\pi x}{l}\right)\mathrm{d}x+\int_0^{l/2}\sin\frac{2\pi x}{l}\mathrm{d}x\\&=-a_2\frac{2\pi^2}{l}+\frac{l}{\pi}=0\end{aligned} \tag{γ}$$

由式(γ)解得：

$$a_1=\frac{2l^2}{\pi^3},\qquad a_2=\frac{l^2}{2\pi^3}\tag{λ}$$

由此得伽辽金法的两项近似解：

$$\tilde{\phi}_{(2)}=\frac{2l^2}{\pi^3}\sin\frac{\pi x}{l}+\frac{l^2}{2\pi^3}\sin\frac{2\pi x}{l}\tag{η}$$

图 1.3 给出了三种方法的近似解与精确解的函数图像。

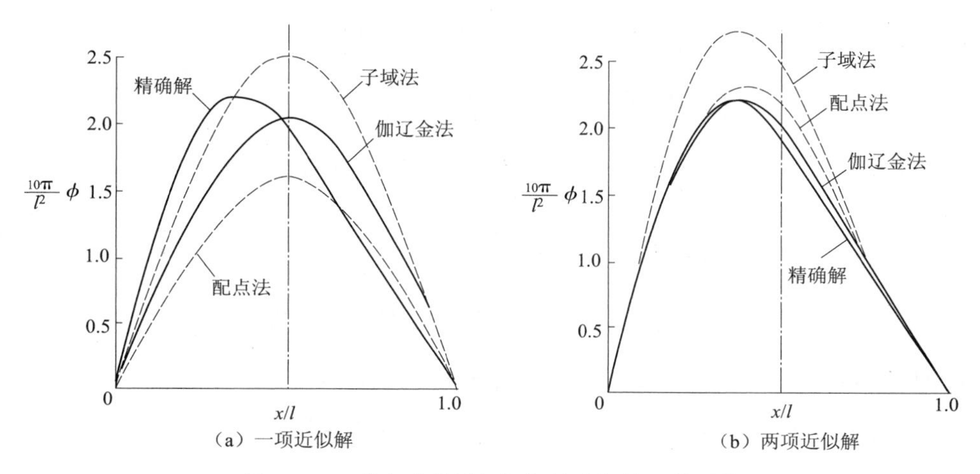

图 1.3 三种方法的近似解与精确解的函数图像

例 1.3.1～例 1.3.11 利用微分方程的等效积分概念给出了五种加权余量法，对于伽辽金法，由于其权函数与近似解具有相同的连续性，因此，也可以利用等效积分的弱形式来求解。

例 1.3.12 用伽辽金法和等效积分的"弱"形式重做例 1.3.11。

解: 首先取一项近似解来证明等效积分"弱"形式与等效积分是等价的，为此，将例 1.3.11 的式(g)和式(x)代入式(1.3.22)得：

$$\int_0^l v_1R_{(1)}\,\mathrm{d}x=-\int_0^l\sin\frac{\pi x}{l}a_1\frac{\pi^2}{l^2}\sin\frac{\pi x}{l}\mathrm{d}x+\int_0^{l/2}\sin\frac{\pi x}{l}\mathrm{d}x=0\tag{a}$$

对式(a)右端的第一个积分进行分部积分得：

$$\int_0^l\sin\frac{\pi x}{l}a_1\frac{\pi^2}{l^2}\sin\frac{\pi x}{l}\mathrm{d}x=-a_1\frac{\pi}{l}\cos\frac{\pi x}{l}\sin\frac{\pi x}{l}\Big|_0^l+\int_0^l a_1\frac{\pi^2}{l^2}\cos^2\frac{\pi x}{l}\mathrm{d}x\tag{b}$$

上式右端的第一项为零，因此，式(a)的弱形式为：

$$\int_0^l v_1R_{(1)}\,\mathrm{d}x=-\int_0^l a_1\frac{\pi^2}{l^2}\cos^2\frac{\pi x}{l}\mathrm{d}x+\int_0^{l/2}\sin\frac{\pi x}{l}\mathrm{d}x=0\tag{c}$$

由此可得：

$$\int_0^l v_1R_{(1)}\,\mathrm{d}x=-a_1\frac{\pi^2}{2l}+\frac{l}{\pi}=0\tag{d}$$

与例 1.3.11 的结果相同。

下面取两项近似解来说明等效积分弱形式的特点。将例 1.3.11 的式(β)和式(f)代入式(1.3.22)得：

$$\int_0^l v_1 R_{(2)}\,\mathrm{d}x = \int_0^l \left(-a_1 \frac{\pi^2}{l^2}\sin^2\frac{\pi x}{l} - a_2\frac{4\pi^2}{l^2}\sin\frac{\pi x}{l}\sin\frac{2\pi x}{l}\right)\mathrm{d}x + \int_0^{l/2}\sin\frac{\pi x}{l}\mathrm{d}x$$
$$\int_0^l v_2 R_{(2)}\,\mathrm{d}x = \int_0^l \left(-a_1 \frac{\pi^2}{l^2}\sin\frac{\pi x}{l}\sin\frac{2\pi x}{l} - a_2\frac{4\pi^2}{l^2}\sin^2\frac{2\pi x}{l}\right)\mathrm{d}x + \int_0^{l/2}\sin\frac{2\pi x}{l}\mathrm{d}x \tag{e}$$

对式(e)两个积分的第一项进行分部积分得：

$$\int_0^l \left(-a_1 \frac{\pi^2}{l^2}\sin^2\frac{\pi x}{l} - a_2\frac{4\pi^2}{l^2}\sin\frac{\pi x}{l}\sin\frac{2\pi x}{l}\right)\mathrm{d}x$$
$$= \left[\left(a_1\frac{\pi}{l}\cos\frac{\pi x}{l} + a_2\frac{2\pi}{l}\cos\frac{2\pi x}{l}\right)\sin\frac{\pi x}{l}\right]_0^l -$$
$$\int_0^l \left(a_1\frac{\pi^2}{l^2}\cos^2\frac{\pi x}{l} + a_2\frac{2\pi^2}{l^2}\cos\frac{\pi x}{l}\cos\frac{2\pi x}{l}\right)\mathrm{d}x$$
$$\int_0^l \left(-a_1 \frac{\pi^2}{l^2}\sin\frac{\pi x}{l}\sin\frac{2\pi x}{l} - a_2\frac{4\pi^2}{l^2}\sin^2\frac{2\pi x}{l}\right)\mathrm{d}x \tag{f}$$
$$= \left[\left(a_1\frac{\pi}{l}\cos\frac{\pi x}{l} + a_2\frac{2\pi}{l}\cos\frac{2\pi x}{l}\right)\sin\frac{2\pi x}{l}\right]_0^l -$$
$$\int_0^l \left(a_1\frac{2\pi^2}{l^2}\cos\frac{\pi x}{l}\cos\frac{2\pi x}{l} + a_2\frac{4\pi^2}{l^2}\cos^2\frac{2\pi x}{l}\right)\mathrm{d}x$$

式(f)的两个分部积分中，等式右端的第一项均为零，代入式(e)得：

$$\int_0^l v_1 R_{(2)}\,\mathrm{d}x = -\int_0^l \left(a_1\frac{\pi^2}{l^2}\cos^2\frac{\pi x}{l} + a_2\frac{2\pi^2}{l^2}\cos\frac{\pi x}{l}\cos\frac{2\pi x}{l}\right)\mathrm{d}x + \int_0^l \sin\frac{\pi x}{l}Q(x)\mathrm{d}x$$
$$= -\int_0^l [a_1 v_1' N_1' + a_2 v_1' N_2']\mathrm{d}x + \int_0^l v_1 Q(x)\mathrm{d}x = 0$$
$$\int_0^l v_2 R_{(2)}\,\mathrm{d}x = -\int_0^l \left(a_1\frac{2\pi^2}{l^2}\cos\frac{\pi x}{l}\cos\frac{2\pi x}{l} + a_2\frac{4\pi^2}{l^2}\cos^2\frac{2\pi x}{l}\right)\mathrm{d}x + \int_0^l \sin\frac{2\pi x}{l}Q(x)\mathrm{d}x \tag{g}$$
$$= -\int_0^l [a_1 v_2' N_1' + a_2 v_2' N_2']\mathrm{d}x + \int_0^l v_2 Q(x)\mathrm{d}x = 0$$

上式可统一地表示为：

$$\int_0^l \left[\frac{\mathrm{d}v_i}{\mathrm{d}x}\frac{\mathrm{d}}{\mathrm{d}x}\left(\sum_{j=1}^n N_j a_j\right) - v_i Q(x)\right]\mathrm{d}x = 0 \qquad (i = 1,2,\cdots,n) \tag{h}$$

由前面的讨论可知，式(h)为一组以待定参数为未知量的代数方程组，可表示为：

$$[K]\{a\} - \{P\} = 0 \tag{i}$$

式中：$[K]$ 为方程组的系数矩阵：

$$[K] = \begin{bmatrix} K_{11} & K_{12} & \cdots & K_{1j} & \cdots & K_{1n} \\ K_{21} & K_{22} & \cdots & K_{2j} & \cdots & K_{2n} \\ \vdots & \vdots & \ddots & \vdots & & \vdots \\ K_{i1} & K_{i2} & & K_{ij} & & K_{in} \\ \vdots & \vdots & & \vdots & \ddots & \vdots \\ K_{n1} & K_{n2} & \cdots & K_{nj} & \cdots & K_{nn} \end{bmatrix} \tag{j}$$

其中，

$$K_{ij} = \int_0^l \frac{\mathrm{d}v_i}{\mathrm{d}x}\frac{\mathrm{d}N_j}{\mathrm{d}x}\mathrm{d}x \tag{k}$$

$\{P\}$ 为方程组的常数项，$\{P\} = [P_1 \quad P_2 \quad \cdots \quad P_i \quad \cdots \quad P_n]^{\mathrm{T}}$，其中，$P_i = \int_0^l v_i Q(x)\mathrm{d}x$；$\{a\}$ 为待定参数向量，$\{a\} = [a_1 \quad a_2 \quad \cdots \quad a_i \quad \cdots \quad a_n]^{\mathrm{T}}$。

从(k)式可以看出，当权函数取近似解的试探函数时，等效积分"弱"形式得到的待定参数方程组，其系数矩阵是一个对称矩阵，即：$K_{ij} = K_{ji}$。

1.4 变分原理及里兹方法

1.4.1 泛　　函

从加权余量法的讨论中可以看到，尽管微分方程的等效积分是域内和边界上的定积分，但积分结果并不是一个确定的值，而是一个关于待定参数的"函数"。为了使近似解满足微分方程，我们令等效积分等于零，从而求得待定参数。而一般情况下，这个积分是不等于零的。

由式(1.3.23)可以看出，对于伽辽金法，令等效积分等于零相当于某种积分形式的变分为零，即：

$$\delta\left[\int_\Omega L(\boldsymbol{u})\mathrm{d}\Omega + \int_\Gamma L'(\boldsymbol{u})\mathrm{d}\Gamma\right] = 0 \tag{1.4.1}$$

式中：L, L' 是微分算子，而中括号中的积分项就是泛函，表示为：

$$\Pi(\boldsymbol{u}) = \int_\Omega L(\boldsymbol{u})\mathrm{d}\Omega + \int_\Gamma L'(\boldsymbol{u})\mathrm{d}\Gamma \tag{1.4.2}$$

由式(1.4.2)可知，泛函不是坐标的函数，而是待定参数的函数，其形式总是以微分方程某种形式的积分出现的。

由于它不是通常意义上的函数，因此，称其为"泛函"，以符号 Π 表示。由于泛函是微分方程的积分形式，通常将式(1.4.2)进一步表示为：

$$\Pi(\boldsymbol{u}) = \int_\Omega L\left(\boldsymbol{u}, \frac{\partial \boldsymbol{u}}{\partial x_i}, \cdots\right)\mathrm{d}\Omega + \int_\Gamma L'\left(\boldsymbol{u}, \frac{\partial \boldsymbol{u}}{\partial x_i}, \cdots\right)\mathrm{d}\Gamma \tag{1.4.3}$$

式中：$x_i(i = 1,2,3)$ 为坐标的张量表达形式。

如果泛函中，函数 $\boldsymbol{u}$ 及其导数的最高方次为二次，则称该泛函为二次泛函。由微分方程的"弱"形式可知，当微分方程的导数阶数为偶数时，如果选择伽辽金法的权函数，则建立的泛函将是二次泛函。大量工程问题的控制方程都是偶数阶的微分方程，因此，相应的泛函为二次泛函，故而，本书仅限于讨论二次泛函。

1.4.2 变分原理

将式(1.4.2)代入式(1.4.1)得：

$$\delta\Pi(\boldsymbol{u}) = 0 \tag{1.4.4}$$

上式表明，当微分方程的等效积分取适当的权函数时，等效积分或其"弱"形式与泛函的变分(泛函取驻值)具有相同的意义。因此，可以通过求泛函驻值的方法来求解微分方程的近似解，这也是求解弹性力学问题的方法之一，称其为变分法或变分原理。

从前面的讨论中得知，对于微分方程及其边界条件表达的物理场问题，可以采用等效或等价的积分形式来表达——等效积分或等效积分的"弱"形式，而变分原理是积分表达形式中比较有效且应用广泛的一种。在用微分公式表达时，问题的求解是对具有已知边界条件的微分方程或微分方程组进行积分。在经典的变分原理表达式中，问题的求解是寻求一个未知函数，使得泛函取驻值。这两种表达形式是等价的，一方面，满足微分方程及其边界条件的函数 $\boldsymbol{u}$ 将使泛函取驻值[式(1.4.1)]，另一方面，使泛函取驻制的函数正是满足该泛函表示的场问题的控制方程和边界条件的解函数。这意味着，对于一个给定的微分方程及其边界条件，如果能够找到相应的泛函 $\Pi(\boldsymbol{u})$，则可以利用变分原理求出微分方程的近似解。变分原理的求解过程如下：首先构造一个有待定参数的近似解

$$\boldsymbol{u} \approx \tilde{\boldsymbol{u}} = \sum_{i=1}^{n} \boldsymbol{N}_i \boldsymbol{a}_i = [N]\{a\} \tag{1.4.5}$$

式中：$\boldsymbol{N}_i$ 为已知函数；$\boldsymbol{a}_i$ 为待定参数。

将式(1.4.5)代入泛函(1.4.3)式得：

$$\Pi(\tilde{\boldsymbol{u}}) = \int_\Omega L\left(\tilde{\boldsymbol{u}}, \frac{\partial \tilde{\boldsymbol{u}}}{\partial x_i}, \cdots\right) \mathrm{d}\Omega + \int_\Gamma L'\left(\tilde{\boldsymbol{u}}, \frac{\partial \tilde{\boldsymbol{u}}}{\partial x_i}, \cdots\right) \mathrm{d}\Gamma \tag{1.4.6}$$

上式积分后得到一个以待定参数 $\boldsymbol{a}_i$ 为变量的泛函。再将式(1.4.6)代入式(1.4.4)得：

$$\delta\Pi(\tilde{\boldsymbol{u}}) = \frac{\partial \Pi}{\partial \boldsymbol{a}_1}\delta \boldsymbol{a}_1 + \frac{\partial \Pi}{\partial \boldsymbol{a}_2}\delta \boldsymbol{a}_2 + \cdots + \frac{\partial \Pi}{\partial \boldsymbol{a}_n}\delta \boldsymbol{a}_n = 0 \tag{1.4.7}$$

由于变分的任意性，$\delta \boldsymbol{a}_1, \delta \boldsymbol{a}_2, \cdots, \delta \boldsymbol{a}_n$ 不同时为零，因此，由式(1.4.7)可得到：

$$\frac{\partial \Pi}{\partial \boldsymbol{a}_1} = 0,\ \frac{\partial \Pi}{\partial \boldsymbol{a}_2} = 0,\ \cdots,\ \frac{\partial \Pi}{\partial \boldsymbol{a}_n} = 0 \tag{1.4.8}$$

式(1.4.8)是一组关于待定参数 a_i 的方程组：

$$\left\{\frac{\partial \Pi}{\partial \boldsymbol{a}}\right\} = \begin{Bmatrix} \dfrac{\partial \Pi}{\partial \boldsymbol{a}_1} \\ \dfrac{\partial \Pi}{\partial \boldsymbol{a}_2} \\ \vdots \\ \dfrac{\partial \Pi}{\partial \boldsymbol{a}_n} \end{Bmatrix} = 0 \tag{1.4.9}$$

解此方程组即可求得 n 个待定参数，从而求得近似解，该方法也被称为里兹法。

对于二次泛函，式(1.4.9)为一组线性方程：

$$\left\{\frac{\partial \Pi}{\partial \boldsymbol{a}}\right\} = [K]\{a\} - \{P\} = 0 \tag{1.4.10}$$

其中，$[K]$ 为系数矩阵，$\{P\}$ 为微分方程中的常数项经积分和变分后得到的常数列向量。

二次泛函的特点是，变分后得到的线性方程组(1.4.10)式的系数矩阵是对称矩阵，这可以从式(1.4.9)和式(1.4.10)的变分来证明。式(1.4.9)的变分为：

$$\delta\left\{\frac{\partial \Pi}{\partial \boldsymbol{a}}\right\} = \begin{Bmatrix} \dfrac{\partial}{\partial \boldsymbol{a}_1}\left(\dfrac{\partial \Pi}{\partial \boldsymbol{a}_1}\right)\delta \boldsymbol{a}_1 + \dfrac{\partial}{\partial \boldsymbol{a}_2}\left(\dfrac{\partial \Pi}{\partial \boldsymbol{a}_1}\right)\delta \boldsymbol{a}_2 + \cdots \\ \dfrac{\partial}{\partial \boldsymbol{a}_1}\left(\dfrac{\partial \Pi}{\partial \boldsymbol{a}_2}\right)\delta \boldsymbol{a}_1 + \dfrac{\partial}{\partial \boldsymbol{a}_2}\left(\dfrac{\partial \Pi}{\partial \boldsymbol{a}_2}\right)\delta \boldsymbol{a}_2 + \cdots \\ \vdots \\ \dfrac{\partial}{\partial \boldsymbol{a}_1}\left(\dfrac{\partial \Pi}{\partial \boldsymbol{a}_n}\right)\delta \boldsymbol{a}_1 + \dfrac{\partial}{\partial \boldsymbol{a}_2}\left(\dfrac{\partial \Pi}{\partial \boldsymbol{a}_n}\right)\delta \boldsymbol{a}_2 + \cdots \end{Bmatrix} = [K']\{\delta \boldsymbol{a}\} \tag{1.4.11}$$

式中：

$$[K']=\begin{bmatrix} K'_{11} & K'_{12} & \cdots & K'_{1n} \\ K'_{21} & K'_{22} & \cdots & K'_{2n} \\ \vdots & \vdots & \ddots & \vdots \\ K'_{n1} & K'_{n2} & \cdots & K'_{nn} \end{bmatrix} \tag{1.4.12}$$

其中，

$$K'_{ij}=\frac{\partial^2 \Pi}{\partial \boldsymbol{a}_i \ \partial \boldsymbol{a}_j}=\frac{\partial^2 \Pi}{\partial \boldsymbol{a}_j \ \partial \boldsymbol{a}_i}=K'_{ji} \tag{1.4.13}$$

这就证明了矩阵 $[K']$ 是对称矩阵。

对于二次泛函，由式(1.4.10)的变分得到：

$$\delta\left\{\frac{\partial \Pi}{\partial \boldsymbol{a}}\right\}=[K]\{\delta \boldsymbol{a}\} \tag{1.4.14}$$

与式(1.4.11)比较得：

$$[K]=[K'] \tag{1.4.15}$$

因此，对于二次泛函，待定参数方程的系数矩阵为对称矩阵。

对于二次泛函，由式(1.4.10)可方便地导出泛函的表达式：

$$\Pi=\frac{1}{2}\{a\}^{\mathrm{T}}[K]\{a\}-\{a\}^{\mathrm{T}}\{P\} \tag{1.4.16}$$

上式的正确性可通过简单的变分运算得到证明。对式(1.4.16)变分得：

$$\delta\Pi=\frac{1}{2}\{\delta a\}^{\mathrm{T}}[K]\{a\}+\frac{1}{2}\{a\}^{\mathrm{T}}[K]\{\delta a\}-\{\delta a\}^{\mathrm{T}}\{P\}=0 \tag{1.4.17}$$

式(1.4.17)的每一项均为一个数，因此，有：

$$\{a\}^{\mathrm{T}}[K]\{\delta a\}=\{\delta a\}^{\mathrm{T}}[K]^{\mathrm{T}}\{a\} \tag{1.4.18}$$

由于矩阵 $[K]$ 为对称矩阵，即 $[K]^{\mathrm{T}}=[K]$，代入式(1.4.18)再代入式(1.4.17)得：

$$\delta\Pi=\{\delta a\}^{\mathrm{T}}([K]\{a\}-\{P\})=0 \tag{1.4.19}$$

由于变分的任意性，由上式得 $[K]\{a\}-\{P\}=0$，这就是式(1.4.10)，因此，式(1.4.16)是二次泛函的一般表达式，其中的矩阵 $[K]$ 和向量 $\{P\}$ 是泛函的积分结果。

1.4.3 变分原理的建立

是否所有用微分方程表示的连续介质问题都可以用变分原理来求解，换句话说，是否所有微分方程及其边界条件的等效积分都可以表示为泛函的形式。回答是否定的，只有线性、自伴随微分方程可以用变分原理来求解，因此，本节讨论建立线性自伴随微分方程变分原理的方法。

1. 线性自伴随微分算子

设有微分方程：

$$L(u)+f=0 \qquad (\text{在域 }\Omega\text{ 内}) \tag{1.4.20}$$

如果微分算子 L 具有如下的性质：

$$L(\alpha u_1+\beta u_1)=\alpha L(u_1)+\beta L(u_2) \tag{1.4.21}$$

则称 L 为线性算子。式中，α,β 为常数，则式(1.4.20)为线性微分方程。

为了导出自伴随微分算子，定义 $L(u)$和任意函数的内积：

$$\int_\Omega L(u)\cdot v\mathrm{d}\Omega \tag{1.4.22}$$

对上式进行 m 次(m 为微分算子 L 的阶数)分部积分直至 u 的导数降至零阶，即：

$$\int_{\Omega} L(u)\cdot v\mathrm{d}\Omega=\int_{\Omega} u\cdot L^{*}(v)\mathrm{d}\Omega+\mathrm{b.t.}(\boldsymbol{u},\boldsymbol{v}) \tag{1.4.23}$$

上式右端的 b. t. (u,v) 表示在域 Ω 的边界 Γ 上由 u 和 v 及其导数组成的积分项，算子 L^{*} 称为 L 的伴随算子。若 $L^{*}=L$，则称算子是自伴随的，称式(1.4.20)为线性自伴随微分方程。

例 1.4.1 证明算子

$$L(\quad)=-\frac{\mathrm{d}^2}{\mathrm{d}x^2}(\quad) \tag{a}$$

是自伴随的。

解：将(a)式代入式(1.4.22)并进行分部积分得：

$$\begin{aligned}\int_{x_1}^{x_2} L(u)\cdot v\mathrm{d}x&=\int_{x_1}^{x_2}\left(-\frac{\mathrm{d}^2u}{\mathrm{d}x^2}\right)v\mathrm{d}x=\int_{x_1}^{x_2}\frac{\mathrm{d}u}{\mathrm{d}x}\frac{\mathrm{d}v}{\mathrm{d}x}\mathrm{d}x-\left(v\frac{\mathrm{d}u}{\mathrm{d}x}\right)\Big|_{x_1}^{x_2}\\&=\int_{x_1}^{x_2}\left(-\frac{\mathrm{d}^2v}{\mathrm{d}x^2}\right)u\mathrm{d}x+\left(u\frac{\mathrm{d}v}{\mathrm{d}x}\right)\Big|_{x_1}^{x_2}-\left(v\frac{\mathrm{d}u}{\mathrm{d}x}\right)\Big|_{x_1}^{x_2}\end{aligned} \tag{b}$$

从(b)式可以看出，$L^{*}=L$，因此，算子 $L(\quad)=-\frac{\mathrm{d}^2}{\mathrm{d}x^2}(\quad)$ 是自伴随的。

2. 泛函的构造

设问题的微分方程和边界条件为：

$$\boldsymbol{A}(\boldsymbol{u})=\boldsymbol{L}(\boldsymbol{u})+\boldsymbol{f}=0 \quad (\text{在域 }\Omega\text{ 内}) \tag{1.4.24}$$

$$\boldsymbol{B}(\boldsymbol{u})=\boldsymbol{S}(\boldsymbol{u})-\boldsymbol{g}=0 \quad (\text{在域 }\Gamma\text{ 内}) \tag{1.4.25}$$

式中：$\boldsymbol{L}$ 为 $2m$ 阶的线性自伴随微分算子；$\boldsymbol{S}$ 为比 $\boldsymbol{L}$ 低一阶的线性微分算子；$\boldsymbol{f}$,$\boldsymbol{g}$ 分别为微分方程和边界条件中的给定函数。

将式(1.4.24)和式(1.4.25)代入式(1.3.23)得上述微分方程和边界条件的伽辽金等效积分形式：

$$\int_{\Omega}\delta\boldsymbol{u}^{\mathrm{T}}[\boldsymbol{L}(\boldsymbol{u})+\boldsymbol{f}]\mathrm{d}\Omega-\int_{\Gamma}\delta\boldsymbol{u}^{\mathrm{T}}[\boldsymbol{S}(\boldsymbol{u})-\boldsymbol{g}]\mathrm{d}\Gamma=0 \tag{1.4.26}$$

如果能将上式变换为式(1.4.4)的形式，则可得式(1.4.24)和式(1.4.25)所表示的场问题的泛函表达式。为此，对式(1.4.26)左端第一个积分的第一项作如下的变换：

$$\begin{aligned}\int_{\Omega}\delta\boldsymbol{u}^{\mathrm{T}}\boldsymbol{L}(\boldsymbol{u})\mathrm{d}\Omega&=\int_{\Omega}\left[\frac{1}{2}\delta\boldsymbol{u}^{\mathrm{T}}\boldsymbol{L}(\boldsymbol{u})+\frac{1}{2}\delta\boldsymbol{u}^{\mathrm{T}}\boldsymbol{L}(\boldsymbol{u})\right]\mathrm{d}\Omega\\&=\int_{\Omega}\left[\frac{1}{2}\delta\boldsymbol{u}^{\mathrm{T}}\boldsymbol{L}(\boldsymbol{u})+\frac{1}{2}\boldsymbol{u}^{\mathrm{T}}\boldsymbol{L}(\delta\boldsymbol{u})\right]\mathrm{d}\Omega+\mathrm{b.t.}(\delta\boldsymbol{u},\boldsymbol{u})\\&=\int_{\Omega}\left[\frac{1}{2}\delta\boldsymbol{u}^{\mathrm{T}}\boldsymbol{L}(\boldsymbol{u})+\frac{1}{2}\boldsymbol{u}^{\mathrm{T}}\delta\boldsymbol{L}(\boldsymbol{u})\right]\mathrm{d}\Omega+\mathrm{b.t.}(\delta\boldsymbol{u},\boldsymbol{u})\\&=\delta\int_{\Omega}\frac{1}{2}\boldsymbol{u}^{\mathrm{T}}\boldsymbol{L}(\boldsymbol{u})\mathrm{d}\Omega+\mathrm{b.t.}(\delta\boldsymbol{u},\boldsymbol{u})\end{aligned} \tag{1.4.27}$$

式中：b. t. $(\delta\boldsymbol{u},\boldsymbol{u})$ 为分部积分得到的边界积分项，在伽辽金方法中，它们通常与式(1.4.26)的边界条件积分项 $\int_{\Gamma}\delta\boldsymbol{u}^{\mathrm{T}}\boldsymbol{S}(\boldsymbol{u})\mathrm{d}\Gamma$ 相同，但符号相反，从而相互抵消，这在例 1.2.1 中已经得到证明。但是，在例 1.2.1 中，分部积分得到的边界积分项还保留了一部分 $\int_{\Gamma_{\phi}} vk\frac{\partial\phi}{\partial n}\mathrm{d}\Gamma$（见例 1.2.1 的式(d)）。不过，只要适当地选择权函数 v，这一部分也是可以令其消失的。如在伽辽

金法中，$v=\delta\phi$，而在温度边界 Γ_ϕ 上，温度 ϕ 为给定值，即 $\phi=\bar{\phi}$，其变分 $\delta\phi=0$。因此，$\int_{\Gamma_\phi}\delta\phi\left(k\frac{\partial\phi}{\partial n}\right)\mathrm{d}\Gamma=0$，则例 1.2.1 的式(d)简化为：

$$\int_\Omega k\,\nabla^{\mathrm{T}}\delta\phi\,\nabla\phi\,\mathrm{d}x\mathrm{d}y-\int_\Omega\delta\phi Q\mathrm{d}x\mathrm{d}y-\int_{\Gamma_q}\delta\phi\bar{q}\mathrm{d}\Gamma=0 \tag{1.4.28}$$

这表明，当权函数选择的恰到好处时，由分部积分产生的边界积分项与边界条件中的导数项抵消，因此，微分方程等效积分的"弱"形式中将不包含分部积分得到的边界积分或常数项，同时，边界条件等效积分中的导数项也将消失。

将式(1.4.27)代入式(1.4.26)得：

$$\delta\left\{\int_\Omega\left[\frac{1}{2}\boldsymbol{u}^{\mathrm{T}}\boldsymbol{L}(\boldsymbol{u})+\boldsymbol{u}^{\mathrm{T}}\boldsymbol{f}\right]\mathrm{d}\Omega+\mathrm{b.t.}(\boldsymbol{u},\boldsymbol{g})\right\}=0 \tag{1.4.29}$$

式中：$\mathrm{b.t.}(\boldsymbol{u},\boldsymbol{g})$ 由边界条件的等效积分与分部积分产生的边界积分项组成。

与式(1.4.4)比较可知，该问题的泛函表达式为：

$$\Pi(\boldsymbol{u})=\int_\Omega\left[\frac{1}{2}\boldsymbol{u}^{\mathrm{T}}\boldsymbol{L}(\boldsymbol{u})+\boldsymbol{u}^{\mathrm{T}}\boldsymbol{f}\right]\mathrm{d}\Omega+\mathrm{b.t.}(\boldsymbol{u},\boldsymbol{g}) \tag{1.4.30}$$

基于等效积分"弱"形式的思想，即降低对函数 $\boldsymbol{u}$ 的连续性要求，式(1.4.30)也可以采用"弱"形式：

$$\Pi(\boldsymbol{u})=\int_\Omega\left[\frac{1}{2}(-1)^m\boldsymbol{C}^{\mathrm{T}}(\boldsymbol{u})\boldsymbol{C}(\boldsymbol{u})+\boldsymbol{u}^{\mathrm{T}}\boldsymbol{f}\right]\mathrm{d}\Omega+\mathrm{b.t.}(\boldsymbol{u},\boldsymbol{g}) \tag{1.4.31}$$

式中：$\boldsymbol{C}$ 为 m 阶微分算子。

式(1.4.30)或式(1.4.31)是微分方程式(1.4.24)及其边界条件式(1.4.25)所表示的场问题的泛函，在泛函表达式中，$\boldsymbol{u}$ 的最高方次为二次，故称其为二次泛函。由于近似解 $\tilde{\boldsymbol{u}}$ 是由试探函数 $\boldsymbol{N}$ 和待定参数 $\boldsymbol{a}$ 组成的，而泛函积分后，试探函数 $\boldsymbol{N}$ 成为待定参数 $\boldsymbol{a}$ 的系数，因此，二次泛函指的是待定参数 $\boldsymbol{a}$ 的最高方次。

3. 泛函的极值性

上述讨论表明，微分方程及其边界条件所代表的场问题的变分原理等价于其等效积分的伽辽金方法。即场问题的微分方程及边界条件等效于泛函的变分等于零，或泛函取驻值，而泛函可以通过场问题的微分方程和边界条件的等效积分的伽辽金方法导出。

在导出场问题的泛函时，曾遇到分部积分产生的边界积分项与边界条件等效积分的合并问题。通过选择适当的权函数，可以实现式(1.4.28)的简化表达式，即边界积分的导数项与分部积分产生的边界积分项合并为零。一般而言，对于一个 $2m$ 阶的微分方程，从 $2m-1$ 阶导数的边界条件至 0 阶导数的边界条件，权函数依次取：

$$-\delta\tilde{\boldsymbol{u}},\ \delta\frac{\partial\tilde{\boldsymbol{u}}}{\partial n},\ -\frac{\partial^2\tilde{\boldsymbol{u}}}{\partial n^2},\ \cdots,\ (-1)^i\frac{\partial^{i-1}\tilde{\boldsymbol{u}}}{\partial n^{i-1}},\ \cdots \tag{1.4.32}$$

则基于伽辽金法的微分方程及其边界条件的等效积分经过 m 次分部积分后将得到如下形式的泛函：

$$\Pi(\boldsymbol{u})=\int_\Omega\left[\frac{1}{2}(-1)^m\boldsymbol{C}^{\mathrm{T}}(\boldsymbol{u})\boldsymbol{C}(\boldsymbol{u})+\boldsymbol{u}^{\mathrm{T}}\boldsymbol{f}\right]\mathrm{d}\Omega+\int_\Gamma\boldsymbol{u}^{\mathrm{T}}\boldsymbol{g}\mathrm{d}\Gamma \tag{1.4.33}$$

与式(1.4.31)不同的是，按照式(1.4.32)的方法选择权函数，将使边界条件中的导数项积分与微分方程等效积分的分部积分产生的边界积分项抵消，从而使边界条件的等效积分仅保留已知函数的等效积分。

由式(1.4.33)可见,此时泛函由两部分组成,一部分是微分方程等效积分"弱"形式的完全平方项 $\boldsymbol{C}^{\mathrm{T}}(\boldsymbol{u})\boldsymbol{C}(\boldsymbol{u})$,另一部分是函数 $\boldsymbol{u}$ 的线性项,所以泛函式(1.4.33)具有极值。因此,对于二次泛函,其变分为零(变分原理)不仅使泛函取驻值,而且使泛函取极值。下面利用式(1.4.33)来证明二次泛函的极值性。

将近似函数表示为:

$$\tilde{\boldsymbol{u}} = \boldsymbol{u} + \delta\boldsymbol{u} \tag{1.4.34}$$

式中:$\boldsymbol{u}$ 为精确解,$\delta\boldsymbol{u}$ 为精确解的变分。

将式(1.4.34)代入式(1.4.33)得:

$$\begin{aligned}\Pi(\tilde{\boldsymbol{u}}) &= \int_{\Omega}\left[\frac{1}{2}(-1)^m \boldsymbol{C}^{\mathrm{T}}(\boldsymbol{u})\boldsymbol{C}(\boldsymbol{u}) + \boldsymbol{u}^{\mathrm{T}}\boldsymbol{f}\right]\mathrm{d}\Omega + \int_{\Gamma}\boldsymbol{u}^{\mathrm{T}}\boldsymbol{g}\mathrm{d}\Gamma + \\ &\quad \int_{\Omega}[(-1)^m \delta \boldsymbol{C}^{\mathrm{T}}(\boldsymbol{u})\boldsymbol{C}(\boldsymbol{u}) + \delta\boldsymbol{u}^{\mathrm{T}}\boldsymbol{f}]\mathrm{d}\Omega + \int_{\Gamma}\delta\boldsymbol{u}^{\mathrm{T}}\boldsymbol{g}\mathrm{d}\Gamma + \\ &\quad \frac{1}{2}\int_{\Omega}[(-1)^m \boldsymbol{C}^{\mathrm{T}}(\delta\boldsymbol{u})\boldsymbol{C}(\delta\boldsymbol{u})]\mathrm{d}\Omega \\ &= \Pi(u) + \delta\Pi(u) + \frac{1}{2}\delta^2\Pi(u)\end{aligned} \tag{1.4.35}$$

由式(1.4.35)可知,除非 $\delta\boldsymbol{u} = 0$,即近似函数就是精确解 $\tilde{\boldsymbol{u}} = \boldsymbol{u}$,否则,泛函的二次变分 $\delta^2\Pi(\boldsymbol{u}) = \int_{\Omega}[(-1)^m \boldsymbol{C}^{\mathrm{T}}(\delta\boldsymbol{u})\boldsymbol{C}(\delta\boldsymbol{u})]\mathrm{d}\Omega > 0$ (m 为偶数)或小于零(m 为奇数)。因此,与线性自伴随微分方程及其边界条件相应的泛函具有极值性。在力学问题中,泛函的极值性表示势能或余能最小,因此,弹性力学变分原理是最小位能原理或最小余能原理。

例 1.4.2 试建立 Euler-Bernoulli 梁弯曲问题的泛函,并分析它的极值性。

解: Euler-Bernoulli 梁的弯曲微分方程及边界条件可表示为:

$$EI\frac{\mathrm{d}^4 y}{\mathrm{d}x^4} - q = 0 \tag{a}$$

$$\begin{aligned}&x = 0, \quad y - \bar{y} = 0, \quad \frac{\mathrm{d}y}{\mathrm{d}x} - \bar{\theta} = 0 \\ &x = l, \quad EI\frac{\mathrm{d}^2 y}{\mathrm{d}x^2} = 0, \quad EI\frac{\mathrm{d}^3 y}{\mathrm{d}x^3} = 0\end{aligned} \tag{b}$$

该问题的等效积分伽辽金方法为:

$$\int_0^l \delta y\left(EI\frac{\mathrm{d}^4 y}{\mathrm{d}x^4} - q\right)\mathrm{d}x - \delta y\left(EI\frac{\mathrm{d}^3 y}{\mathrm{d}x^3}\right)\bigg|_{x=l} + \left(\delta\frac{\mathrm{d}y}{\mathrm{d}x}\right)\left(EI\frac{\mathrm{d}^2 y}{\mathrm{d}x^2}\right)\bigg|_{x=l} = 0 \tag{c}$$

对上式积分的第一项进行分部积分得:

$$\int_0^l \delta yEI\frac{\mathrm{d}^4 y}{\mathrm{d}x^4}\mathrm{d}x = \int_o^l\left(\delta\frac{\mathrm{d}^2 y}{\mathrm{d}x^2}\right)EI\frac{\mathrm{d}^2 y}{\mathrm{d}x^2}\mathrm{d}x + \delta yEI\frac{\mathrm{d}^3 y}{\mathrm{d}x^3}\bigg|_0^l - \left(\delta\frac{\mathrm{d}y}{\mathrm{d}x}\right)EI\frac{\mathrm{d}^2 y}{\mathrm{d}x^2}\bigg|_0^l \tag{d}$$

代入上式得:

$$\int_0^l\left[\left(\delta\frac{\mathrm{d}^2 y}{\mathrm{d}x^2}\right)EI\frac{\mathrm{d}^2 y}{\mathrm{d}x^2} - \delta yq\right]\mathrm{d}x + \delta yEI\frac{\mathrm{d}^3 y}{\mathrm{d}x^3}\bigg|_{x=0} - \left(\delta\frac{\mathrm{d}y}{\mathrm{d}x}\right)EI\frac{\mathrm{d}^2 y}{\mathrm{d}x^2}\bigg|_{x=0} = 0 \tag{e}$$

在 $x = 0$ 的边界上,$y = \bar{y}, \dfrac{\mathrm{d}y}{\mathrm{d}x} = \bar{\theta}$,因此,$\delta y = 0, \delta\dfrac{\mathrm{d}y}{\mathrm{d}x} = 0$,从而上式简化为:

$$\int_0^l \left[\left(\delta \frac{d^2 y}{dx^2}\right) EI \frac{d^2 y}{dx^2} - \delta y q\right] dx = 0 \tag{f}$$

由变分的运算规则可将上式的变分与积分变换次序：

$$\delta \int_0^l \left[\frac{1}{2} EI \left(\frac{d^2 y}{dx^2}\right)^2 - yq\right] dx = 0 \tag{g}$$

由此可得 Euler-Bernoulli 梁弯曲问题的泛函：

$$\Pi(y) = \int_0^l \left[\frac{1}{2} EI \left(\frac{d^2 y}{dx^2}\right)^2 - yq\right] dx \tag{h}$$

上式可进一步改写为：

$$\Pi(y) = \int_0^l \left[\frac{1}{2} EI\kappa^2 - yq\right] dx \tag{i}$$

上式的第一项为梁的弯曲应变能，第二项为外力势能，因此，梁弯曲问题的泛函表示系统的总势能。

设近似解为 $\tilde{y} = y + \delta y$，代入式(h)得：

$$\begin{aligned}\Pi(\tilde{y}) &= \int_0^l \left\{\frac{1}{2} EI \left[\frac{d^2(y+\delta y)}{dx^2}\right]^2 - (y+\delta y)q\right\} dx \\ &= \int_0^l \left[\frac{1}{2} EI \left(\frac{d^2 y}{dx^2}\right)^2 - yq\right] dx + \int_0^l \left(EI \frac{d^2 y}{dx^2} \frac{d^2 \delta y}{dx^2} - \delta y q\right) dx + \frac{1}{2}\int_0^l EI \left(\frac{d^2 \delta y}{dx^2}\right)^2 dx\end{aligned} \tag{j}$$

与式(h)和式(f)比较可知，上式右端的第一项为精确解的泛函，第二项为精确解的一次变分，由式(f)可知，该项为零，即精确解使泛函取驻值。对上式右端的第二项再作一次变分

$$\delta^2 \Pi(y) = \delta \int_0^l \left(EI \frac{d^2 y}{dx^2} \frac{d^2 \delta y}{dx^2} - \delta y q\right) dx = \int_0^l EI \left(\frac{d^2 \delta y}{dx^2}\right)^2 dx \tag{k}$$

可知，式(j)的最后一项为精确解的二次变分，由于 $\delta y \neq 0$，因此 $\delta^2 \Pi(y) > 0$，即精确解使泛函取极小值，其物理意义是梁弯曲平衡时的势能最小，被称为最小位能原理。

例 1.4.3 试建立式(1.2.2)和式(1.2.3)的微分方程及边界条件的泛函，并分析它的极值性。

解：式(1.2.2)和式(1.2.3)的伽辽金等效积分可表示为：

$$\int_\Omega \delta\phi \left[\frac{\partial}{\partial x}\left(k \frac{\partial \phi}{\partial x}\right) + \frac{\partial}{\partial y}\left(k \frac{\partial \phi}{\partial y}\right) + Q\right] dx dy - \int_{\Gamma_q} \delta\phi \left(k \frac{\partial \phi}{\partial n} - \bar{q}\right) d\Gamma = 0 \tag{a}$$

对式(a)第一个积分的前两项进行分部积分得：

$$\begin{aligned}\int_\Omega \delta\phi \left[\frac{\partial}{\partial x}\left(k \frac{\partial \phi}{\partial x}\right) + \frac{\partial}{\partial y}\left(k \frac{\partial \phi}{\partial y}\right)\right] d\Omega = &-\int_\Omega \left[\frac{\partial \delta\phi}{\partial x}\left(k \frac{\partial \phi}{\partial x}\right) + \frac{\partial \delta\phi}{\partial y}\left(k \frac{\partial \phi}{\partial y}\right)\right] d\Omega + \\ &\oint_\Gamma \delta\phi k \left(\frac{\partial \phi}{\partial x} n_x + \frac{\partial \phi}{\partial y} n_y\right) d\Gamma = 0\end{aligned} \tag{b}$$

式中：$\frac{\partial \phi}{\partial x} n_x + \frac{\partial \phi}{\partial y} n_y = \frac{\partial \phi}{\partial n}$ 为场函数在边界上的法向导数。将上式代入式(a)得：

$$\begin{aligned}&\int_\Omega \delta\phi \left[\frac{\partial}{\partial x}\left(k \frac{\partial \phi}{\partial x}\right) + \frac{\partial}{\partial y}\left(k \frac{\partial \phi}{\partial y}\right) - Q\right] d\Omega - \int_{\Gamma_q} \delta\phi \left(k \frac{\partial \phi}{\partial n} - \bar{q}\right) d\Gamma \\ &= -\int_\Omega \left[\frac{\partial \delta\phi}{\partial x}\left(k \frac{\partial \phi}{\partial x}\right) + \frac{\partial \delta\phi}{\partial y}\left(k \frac{\partial \phi}{\partial y}\right) + \delta\phi Q\right] d\Omega + \\ &\quad \int_{\Gamma_q} \delta\phi k \bar{q} d\Gamma + \int_{\Gamma_\phi} \delta\phi k \frac{\partial \phi}{\partial n} d\Gamma = 0\end{aligned} \tag{c}$$

在边界 Γ_ϕ 上，$\phi=\bar{\phi}$，因此，$\delta\phi=0$，由此可得二维热传导问题的伽辽金等效积分“弱”形式：

$$\int_\Omega\left[\frac{\partial\delta\phi}{\partial x}\left(k\frac{\partial\phi}{\partial x}\right)+\frac{\partial\delta\phi}{\partial y}\left(k\frac{\partial\phi}{\partial y}\right)-\delta\phi Q\right]\mathrm{d}\Omega-\int_{\Gamma_q}\delta\phi k\bar{q}\,\mathrm{d}\Gamma=0 \tag{d}$$

改变上式的变分与积分次序并整理得：

$$\delta\left\{\int_\Omega\left[\frac{1}{2}k\left(\frac{\partial\phi}{\partial x}\right)^2+\frac{1}{2}k\left(\frac{\partial\phi}{\partial y}\right)^2-\phi Q\right]\mathrm{d}\Omega-\int_{\Gamma_q}\phi k\bar{q}\,\mathrm{d}\Gamma\right\}=0 \tag{e}$$

与式(1.4.4)比较可知，二维热传导问题的泛函为：

$$\Pi(\phi)=\int_\Omega\left[\frac{1}{2}k\left(\frac{\partial\phi}{\partial x}\right)^2+\frac{1}{2}k\left(\frac{\partial\phi}{\partial y}\right)^2-\phi Q\right]\mathrm{d}\Omega-\int_{\Gamma_q}\phi k\bar{q}\,\mathrm{d}\Gamma \tag{f}$$

设近似解 $\tilde{\phi}=\phi+\delta\phi$，代入式(f)得：

$$\begin{aligned}\Pi(\tilde{\phi})=&\int_\Omega\left[\frac{1}{2}k\left(\frac{\partial\phi}{\partial x}\right)^2+\frac{1}{2}k\left(\frac{\partial\phi}{\partial y}\right)^2-\phi Q\right]\mathrm{d}\Omega-\int_{\Gamma_q}\phi k\bar{q}\,\mathrm{d}\Gamma+\\&\int_\Omega\left[k\left(\frac{\partial\delta\phi}{\partial x}\frac{\partial\phi}{\partial x}+\frac{\partial\delta\phi}{\partial y}\frac{\partial\phi}{\partial y}\right)-\delta\phi Q\right]\mathrm{d}\Omega-\int_{\Gamma_q}\delta\phi k\bar{q}\,\mathrm{d}\Gamma+\\&\frac{1}{2}\int_\Omega k\left[\left(\frac{\partial\delta\phi}{\partial x}\right)^2+\left(\frac{\partial\delta\phi}{\partial y}\right)^2\right]\mathrm{d}\Omega\end{aligned} \tag{g}$$

与式(d)和式(f)比较可知，上式右端的第一项和第二项为精确解的泛函，第三项和第四项为精确解泛函的一次变分，由式(d)可知，该项等于零，即精确解使泛函取驻值。对式(g)的第三项和第四项再变分一次得：

$$\begin{aligned}\delta^2\Pi(\phi)&=\delta\left\{\int_\Omega\left[k\left(\frac{\partial\delta\phi}{\partial x}\frac{\partial\phi}{\partial x}+\frac{\partial\delta\phi}{\partial y}\frac{\partial\phi}{\partial y}\right)-\delta\phi Q\right]\mathrm{d}\Omega-\int_{\Gamma_q}\delta\phi k\bar{q}\,\mathrm{d}\Gamma\right\}\\&=\int_\Omega k\left[\left(\frac{\partial\delta\phi}{\partial x}\right)^2+\left(\frac{\partial\delta\phi}{\partial y}\right)^2\right]\mathrm{d}\Omega\end{aligned} \tag{h}$$

上式表明，式(g)的第五项为精确解二次变分的二分之一。由于 $\delta\phi\neq0$，因此，$\delta^2\Pi(\phi)>0$，即精确解使泛函取极小值。

需要指出的是，只有当近似解 $\tilde{\boldsymbol{u}}$ 满足强制边界条件时，基于伽辽金法的等效积分“弱”形式建立的泛函才具有极值性，否则近似解只能使泛函取驻值。因为，此时，泛函中将包含非平方的二次项。

1.4.4 里兹方法

里兹(Ritz)方法是从一族近似解中求出满足变分原理的最优解，因此，近似解的精度与构造的近似解密切相关。如果构造的近似解中包含精确解，则里兹法求出的将是精确解。通过前面的讨论我们已经知到，里兹法[式(1.4.9)]与变分原理[式(1.4.7)]是等价的。下面通过一个例子来说明里兹法或变分原理的求解过程。

例 1.4.4 试用里兹法重做例 1.3.1。

解：由例 1.3.1 的式(a)可得基于伽辽金法的微分方程等效积分：

$$\int_0^1\delta u\left(\frac{\mathrm{d}^2u}{\mathrm{d}x^2}+u+x\right)\mathrm{d}x=0 \tag{a}$$

通过上式第一项的分部积分可求得该问题的泛函：

$$\Pi(u)=\int_0^1\left[\frac{1}{2}\left(\frac{\mathrm{d}u}{\mathrm{d}x}\right)^2-\frac{1}{2}u^2-ux\right]\mathrm{d}x \tag{b}$$

首先构造与例 1.3.1 相同的近似解：

$$\tilde{u}=x(1-x)(a_1+a_2x+\cdots) \tag{c}$$

取一项近似解 $\tilde{u}=a_1x(1-x)$ 代入式(b)得：

$$\begin{aligned}\Pi(\tilde{u})&=\int_0^1\left[\frac{1}{2}a_1^2\ (1-2x)^2-\frac{1}{2}a_1^2x^2\ (1-x)^2-a_1x^2(1-x)\right]\mathrm{d}x\\&=\frac{3}{20}a_1^2-\frac{1}{12}a_1\end{aligned} \tag{d}$$

代入式(1.4.9)得：

$$\frac{\partial\,\Pi}{\partial\,a_1}=\frac{3}{10}a_1-\frac{1}{12}=0 \tag{e}$$

解式(e)得：

$$a_1=\frac{5}{18} \tag{f}$$

由此可得里兹法的一项近似解：

$$\tilde{u}_1=\frac{5}{18}x(1-x) \tag{g}$$

与例 1.3.9 比较可知，里兹法的计算结果与伽辽金法的计算结果完全相同，因为，前者采用的是伽辽金法的等效积分“弱”形式。这也证明，等效积分与它的“弱”形式是等价的。

下面我们来证明如果构造的近似解包含精确解，则里兹法将求出其中的精确解。

构造近似解：

$$\tilde{u}=a_1\sin x+a_2x \tag{h}$$

由例 1.3.1 的式(b)可知，该近似解满足 $x=0$ 时，$\tilde{u}=0$。要使其满足 $x=1$ 时，$\tilde{u}=0$，将例 1.3.1 的式(b)的第二式代入式(h)得：

$$a_1\sin1+a_2=0 \tag{i}$$

则 $a_2=-a_1\sin1$，由此得满足强制边界条件的近似解：

$$\tilde{u}=a_1(\sin x-x\sin1) \tag{j}$$

将式(j)代入式(b)得泛函表达式：

$$\begin{aligned}\Pi(\tilde{u})&=\int_0^1\left[\frac{1}{2}a_1^2\ (\cos x-\sin1)^2-\frac{1}{2}a_1^2\ (\sin x-x\sin1)^2-a_1x(\sin x-x\sin1)\right]\mathrm{d}x\\&=\int_0^1\left[\frac{1}{2}a_1^2(\cos^2x-2\sin1\cos x+\sin^21)-\right.\\&\qquad\left.\frac{1}{2}a_1^2(\sin^2x-2\sin1\cdot x\sin x+x^2\ \sin^21)-a_1x(\sin x-x\sin1)\right]\mathrm{d}x\\&=\frac{1}{2}a_1^2\sin1\left(\frac{2}{3}\sin1-\cos1\right)-a_1\left(\frac{2}{3}\sin1-\cos1\right)\end{aligned} \tag{k}$$

代入式(1.4.9)得：

$$\frac{\partial\,\Pi}{\partial\,a_1}(\tilde{u})=a_1\sin1\left(\frac{2}{3}\sin1-\cos1\right)-\left(\frac{2}{3}\sin1-\cos1\right)=0 \tag{l}$$

解式(l)得：

$$a_1 = \frac{1}{\sin 1} \tag{m}$$

代入式(j)得里兹法的近似解：

$$\tilde{u} = \frac{\sin x}{\sin 1} - x \tag{n}$$

上式是该微分方程的精确解，这就证明了当近似解包含精确解时，里兹法的计算结果就是其中的精确解，即 $\tilde{u} = u$。

下面给出里兹法收敛的条件，为了便于表达，此处采用标量场函数：

$$\Pi(\phi) = \int_\Omega L\left(\phi, \frac{\partial \phi}{\partial x_i}, \frac{\partial^2 \phi}{\partial x_i^2}, \cdots, \frac{\partial^{2m} \phi}{\partial x_i^{2m}}\right) \mathrm{d}\Omega + \int_\Gamma S\left(\phi, \frac{\partial \phi}{\partial x_i}, \frac{\partial^2 \phi}{\partial x_i^2}, \cdots, \frac{\partial^{2m-1} \phi}{\partial x_i^{2m-1}}\right) \mathrm{d}\Gamma \tag{1.4.36}$$

式中的 $x_i(i = 1,2,3)$ 为坐标的张量表示。而近似解表示为：

$$\tilde{\phi} = \sum_{i=1}^{n} N_i a_i \tag{1.4.37}$$

当近似解的试探函数 N_i 满足下列条件时，当 $n \to \infty$时，近似解 $\tilde{\phi}$ 将收敛于精确解 ϕ，即泛函具有极值性。

(1)试探函数 $N_1, N_2, \cdots, N_n$ 应取自完全函数系列(这样的试探函数被称为是完全的)；

(2)试探函数 $N_1, N_2, \cdots, N_n$ 应是 C_{m-1} 阶连续的，以保证泛函的积分存在(这样的试探函数被称为是协调的)。

由于里兹法以变分原理为基础，其收敛性有严格的理论基础，得到的方程(组)具有对称的系数矩阵，而且在场函数满足强制边界条件的条件下，其解有明确的上、下界，这些性质使该方法在物理和力学问题的微分方程近似解法中占有很重要的地位，得到了广泛的应用。但是，由于该方法是在整个求解域中定义近似函数，因此，实际应用中会遇到以下问题：

(1)在求解域的边界几何形状或边界条件比较复杂的情况下，构造满足强制边界条件的试探函数往往比较困难，甚至是不可能的。

(2)为了提高近似解的精度，需要增加试探函数的项数，即待定参数的个数，从而增加了求解过程的计算工作量。而且，由于试探函数定义在整个求解域上，导致局部的场函数连续性或求解精度要求将导致提高全域上的连续性或精度要求，从而大大增加试求解过程的复杂性。

有限元方法的提出正是为了解决这两方面的问题，该方法把里兹法应用于子域，即在一个小的求解域上构造试探函数，复杂形状的边界用简单形状的组合来模拟，然后根据子域之间的连接关系将离散的子域组成连续的全求解域。当然，该方法的求解过程依赖于计算机来完成。

1.5 弹性力学变分原理

1.5.1 弹性力学基本方程

1. 平衡方程

用平行于坐标面(y-z，z-x，x-y)的六个平面从弹性体中截取一微元体 $\mathrm{d}V=\mathrm{d}x\mathrm{d}y\mathrm{d}z$，如图

1.4 所示。由此可写出微元体的应力分量：

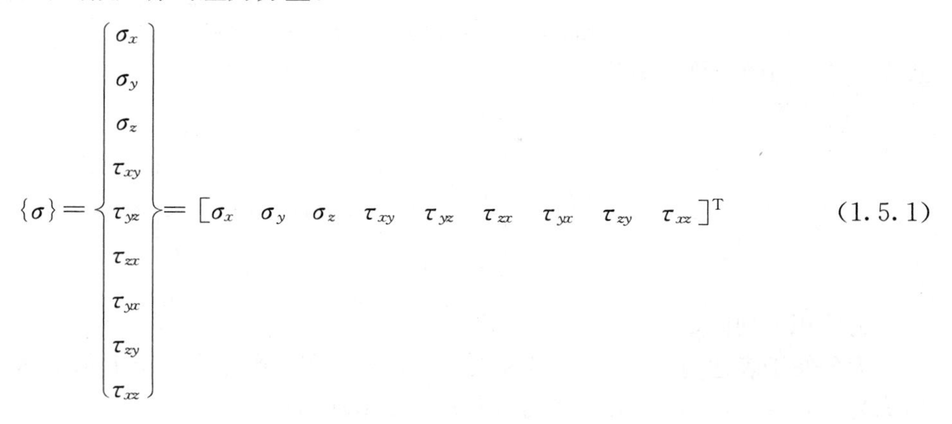

$$\{\sigma\}=\begin{Bmatrix}\sigma_x\\ \sigma_y\\ \sigma_z\\ \tau_{xy}\\ \tau_{yz}\\ \tau_{zx}\\ \tau_{yx}\\ \tau_{zy}\\ \tau_{xz}\end{Bmatrix}=\begin{bmatrix}\sigma_x & \sigma_y & \sigma_z & \tau_{xy} & \tau_{yz} & \tau_{zx} & \tau_{yx} & \tau_{zy} & \tau_{xz}\end{bmatrix}^{\mathrm{T}} \tag{1.5.1}$$

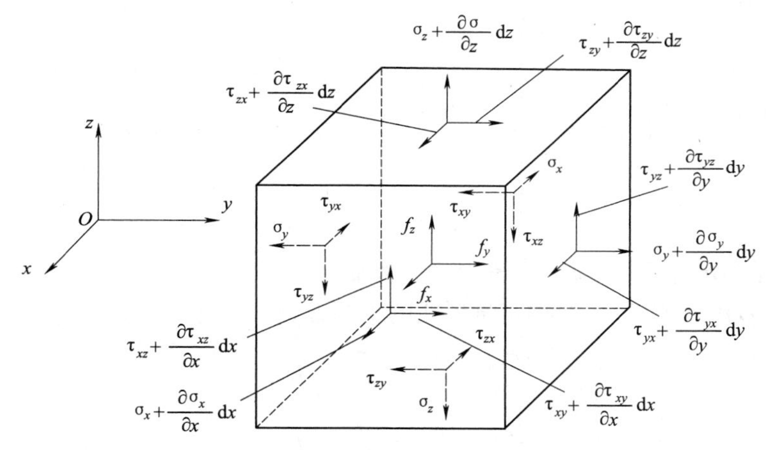

图 1.4　微元体应力分量示意图

由剪应力互等定理可知，上述 9 个应力分量中，只有 6 个是独立的，因此，式(1.5.1)可简化为：

$$\{\sigma\}=\begin{Bmatrix}\sigma_x\\ \sigma_y\\ \sigma_z\\ \tau_{xy}\\ \tau_{yz}\\ \tau_{zx}\end{Bmatrix}=\begin{bmatrix}\sigma_x & \sigma_y & \sigma_z & \tau_{xy} & \tau_{yz} & \tau_{zx}\end{bmatrix}^{\mathrm{T}} \tag{1.5.2}$$

由微元体的平衡条件可得弹性力学平衡方程：

$$\begin{aligned}&\frac{\partial\sigma_x}{\partial x}+\frac{\partial\tau_{yx}}{\partial y}+\frac{\partial\tau_{zx}}{\partial z}+f_x=0\\ &\frac{\partial\tau_{xy}}{\partial x}+\frac{\partial\sigma_y}{\partial y}+\frac{\partial\tau_{zy}}{\partial z}+f_y=0\\ &\frac{\partial\tau_{xz}}{\partial x}+\frac{\partial\tau_{yz}}{\partial y}+\frac{\partial\sigma_z}{\partial z}+f_z=0\end{aligned} \tag{1.5.3}$$

或：

$$[L]\{\sigma\}+\{f\}=0 \tag{1.5.4}$$

式中：$[L]$ 为微分算子矩阵，

$$[L]=\begin{bmatrix} \frac{\partial}{\partial x} & 0 & 0 & \frac{\partial}{\partial y} & 0 & \frac{\partial}{\partial z} \\ 0 & \frac{\partial}{\partial y} & 0 & \frac{\partial}{\partial x} & \frac{\partial}{\partial z} & 0 \\ 0 & 0 & \frac{\partial}{\partial z} & 0 & \frac{\partial}{\partial y} & \frac{\partial}{\partial x} \end{bmatrix} \tag{1.5.5}$$

$\{f\}$ 为体积力列向量，$\{f\}=[f_x \quad f_y \quad f_z]^{\mathrm{T}}$。

为了便于表达，我们采用张量来表示应力分量和平衡方程。笛卡尔坐标 (x,y,z) 的张量形式为 $x_i(i=1,2,3)$，因此，应力分量的张量形式为：

$$\{\sigma\}=\begin{Bmatrix} \sigma_x \\ \sigma_y \\ \sigma_z \\ \tau_{xy} \\ \tau_{yz} \\ \tau_{zx} \end{Bmatrix}=\begin{Bmatrix} \sigma_{11} \\ \sigma_{22} \\ \sigma_{33} \\ \tau_{12} \\ \tau_{23} \\ \tau_{31} \end{Bmatrix}=\sigma_{ij} \qquad (i,j=1,2,3) \tag{1.5.6}$$

由剪应力互等定理可知，应力张量为对称张量。

将式(1.5.6)代入式(1.5.3)得张量形式的平衡方程：

$$\begin{aligned} \frac{\partial\sigma_{11}}{\partial x_1}+\frac{\partial\sigma_{12}}{\partial x_2}+\frac{\partial\sigma_{13}}{\partial x_3}+f_1=0 \\ \frac{\partial\sigma_{12}}{\partial x_1}+\frac{\partial\sigma_{22}}{\partial x_2}+\frac{\partial\sigma_{23}}{\partial x_3}+f_2=0 \\ \frac{\partial\sigma_{13}}{\partial x_1}+\frac{\partial\sigma_{23}}{\partial x_2}+\frac{\partial\sigma_{33}}{\partial x_3}+f_3=0 \end{aligned} \tag{1.5.7}$$

或：

$$\sigma_{ij,j}+f_i=0 \qquad (i,j=1,2,3) \tag{1.5.8}$$

式中：下标"i"表示对坐标 x_i 求偏导数。

2. 几何方程

弹性体内任意点的位移可用三个坐标轴的位移分量来表示：

$$\{u\}=\begin{Bmatrix} u \\ v \\ w \end{Bmatrix}=[u \quad v \quad w]^{\mathrm{T}} \tag{1.5.9}$$

其张量形式为：

$$u_i=\begin{Bmatrix} u_1 \\ u_2 \\ u_3 \end{Bmatrix}=\begin{Bmatrix} u \\ v \\ w \end{Bmatrix} \qquad (i=1,2,3) \tag{1.5.10}$$

弹性体的应变与应力是一一对应的(注意，这里强调弹性体，而板问题是不同的。)，因此，由式(1.5.2)可写出弹性体的应变向量：

$$\{\varepsilon\}=\begin{Bmatrix}\varepsilon_x\\ \varepsilon_y\\ \varepsilon_z\\ \gamma_{xy}\\ \gamma_{yz}\\ \gamma_{zx}\end{Bmatrix}=\begin{bmatrix}\varepsilon_x & \varepsilon_y & \varepsilon_z & \gamma_{xy} & \gamma_{yz} & \gamma_{zx}\end{bmatrix}^{\mathrm{T}} \tag{1.5.11}$$

弹性体的位移和应变均表示弹性体几何形状的改变，位移表示的是弹性体内一给定线段的长度变化，而应变中正应变分量($\varepsilon_x,\varepsilon_y,\varepsilon_z$)则表示该变化引起的线段内某点的变化率，剪应变分量则表示两线段之间相对位置(夹角)的变化，如图 1.5 所示。

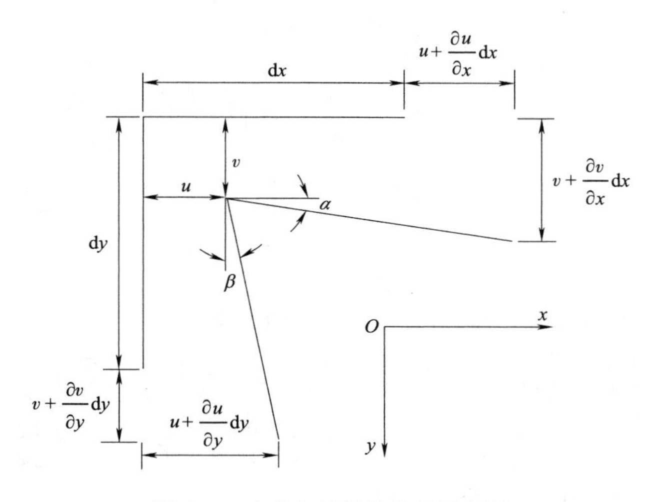

图 1.5　应变与位移的关系示意图

由图示关系可得：

$$\begin{aligned}\varepsilon_x&=\frac{u+\frac{\partial u}{\partial x}\mathrm{d}x-u}{\mathrm{d}x}=\frac{\partial u}{\partial x}\\ \varepsilon_y&=\frac{v+\frac{\partial v}{\partial y}\mathrm{d}y-v}{\mathrm{d}y}=\frac{\partial v}{\partial y}\\ \gamma_{xy}&=\alpha+\beta=\frac{\partial u}{\partial y}+\frac{\partial v}{\partial x}\end{aligned} \tag{1.5.12}$$

同理可得：

$$\begin{aligned}\varepsilon_z&=\frac{\partial w}{\partial x}\\ \gamma_{yz}&=\frac{\partial v}{\partial z}+\frac{\partial w}{\partial y}\\ \gamma_{zx}&=\frac{\partial w}{\partial x}+\frac{\partial u}{\partial z}\end{aligned} \tag{1.5.13}$$

由此得弹性体的几何方程：

$$\varepsilon_x=\frac{\partial u}{\partial x},\ \varepsilon_y=\frac{\partial v}{\partial y},\ \varepsilon_z=\frac{\partial w}{\partial z}$$
$$\gamma_{xy}=\frac{\partial u}{\partial y}+\frac{\partial v}{\partial x},\ \gamma_{yz}=\frac{\partial v}{\partial z}+\frac{\partial w}{\partial y},\ \gamma_{zx}=\frac{\partial w}{\partial x}+\frac{\partial u}{\partial z} \tag{1.5.14}$$

或：

$$\{\varepsilon\}=[L']\{u\} \tag{1.5.15}$$

式中：$[L']$ 为微分算子矩阵。

$$[L']=\begin{bmatrix} \frac{\partial}{\partial x} & 0 & 0 \\ 0 & \frac{\partial}{\partial y} & 0 \\ 0 & 0 & \frac{\partial}{\partial z} \\ \frac{\partial}{\partial y} & \frac{\partial}{\partial x} & 0 \\ 0 & \frac{\partial}{\partial z} & \frac{\partial}{\partial y} \\ \frac{\partial}{\partial z} & 0 & \frac{\partial}{\partial x} \end{bmatrix}=[L]^{\mathrm{T}} \tag{1.5.16}$$

为了导出张量形式的几何方程，将式(1.5.14)改写为：

$$\varepsilon_x=\frac{1}{2}\left(\frac{\partial u}{\partial x}+\frac{\partial u}{\partial x}\right),\ \varepsilon_y=\frac{1}{2}\left(\frac{\partial v}{\partial y}+\frac{\partial v}{\partial y}\right),\ \varepsilon_z=\frac{1}{2}\left(\frac{\partial w}{\partial z}+\frac{\partial w}{\partial z}\right)$$
$$\frac{1}{2}\gamma_{xy}=\frac{1}{2}\left(\frac{\partial u}{\partial y}+\frac{\partial v}{\partial x}\right),\ \frac{1}{2}\gamma_{yz}=\frac{1}{2}\left(\frac{\partial v}{\partial z}+\frac{\partial w}{\partial y}\right),\ \frac{1}{2}\gamma_{zx}=\frac{1}{2}\left(\frac{\partial w}{\partial x}+\frac{\partial u}{\partial z}\right) \tag{1.5.17}$$

将式(1.5.10)和张量坐标代入式(1.5.17)得：

$$\begin{aligned}
&\varepsilon_x=\frac{\partial u_1}{\partial x_1}=\varepsilon_{11}\\
&\varepsilon_y=\frac{\partial u_2}{\partial x_2}=\varepsilon_{22}\\
&\varepsilon_z=\frac{\partial u_3}{\partial x_3}=\varepsilon_{33}\\
&\frac{1}{2}\gamma_{xy}=\frac{1}{2}\left(\frac{\partial u_1}{\partial x_2}+\frac{\partial u_2}{\partial x_1}\right)=\varepsilon_{12}\\
&\frac{1}{2}\gamma_{yz}=\frac{1}{2}\left(\frac{\partial u_2}{\partial x_3}+\frac{\partial u_3}{\partial x_2}\right)=\varepsilon_{23}\\
&\frac{1}{2}\gamma_{zx}=\frac{1}{2}\left(\frac{\partial u_3}{\partial x_1}+\frac{\partial u_1}{\partial x_3}\right)=\varepsilon_{31}
\end{aligned} \tag{1.5.18}$$

或：

$$\varepsilon_{ij}=\frac{1}{2}(u_{i,j}+u_{j,i}) \qquad (i,j=1,2,3) \tag{1.5.19}$$

由此可得应变张量与笛卡尔坐标应变分量的关系：

$$\varepsilon_{11}=\varepsilon_x,\ \varepsilon_{22}=\varepsilon_y,\ \varepsilon_{33}=\varepsilon_z,\ \varepsilon_{12}=\frac{1}{2}\gamma_{xy},\ \varepsilon_{23}=\frac{1}{2}\gamma_{yz},\ \varepsilon_{31}=\frac{1}{2}\gamma_{zx} \tag{1.5.20}$$

3. 物理方程

物理方程表示弹性体的应力—应变关系，在线弹性范围内，各向同性材料的应力—应变关系服从胡克定律：

$$\begin{aligned}
\sigma_x &= \frac{E}{(1+\mu)(1-2\mu)}[(1-\mu)\varepsilon_x+\mu\varepsilon_y+\mu\varepsilon_z] \\
\sigma_y &= \frac{E}{(1+\mu)(1-2\mu)}[\mu\varepsilon_x+(1-\mu)\varepsilon_y+\mu\varepsilon_z] \\
\sigma_z &= \frac{E}{(1+\mu)(1-2\mu)}[\mu\varepsilon_x+\mu\varepsilon_y+(1-\mu)\varepsilon_z] \\
\tau_{xy} &= G\gamma_{xy} = \frac{E}{2(1+\mu)}\gamma_{xy} \\
\tau_{yz} &= G\gamma_{yz} = \frac{E}{2(1+\mu)}\gamma_{yz} \\
\tau_{zx} &= G\gamma_{zx} = \frac{E}{2(1+\mu)}\gamma_{zx}
\end{aligned} \tag{1.5.21}$$

或：

$$\{\sigma\}=[D]\{\varepsilon\} \tag{1.5.22}$$

式中：$[D]$ 为弹性矩阵。

$$[D]=\frac{E(1-\mu)}{(1+\mu)(1-2\mu)}\begin{bmatrix}
1 & \frac{\mu}{1-\mu} & \frac{\mu}{1-\mu} & 0 & 0 & 0 \\
 & 1 & \frac{\mu}{1-\mu} & 0 & 0 & 0 \\
 & & 1 & 0 & 0 & 0 \\
 & & & \frac{1-2\mu}{2(1-\mu)} & 0 & 0 \\
 & \text{对称} & & & \frac{1-2\mu}{2(1-\mu)} & 0 \\
 & & & & & \frac{1-2\mu}{2(1-\mu)}
\end{bmatrix} \tag{1.5.23}$$

如果采用拉梅(Lamé)常数：

$$\lambda=\frac{\mu E}{(1+\mu)(1-2\mu)} \tag{1.5.24}$$

弹性矩阵也可以表示为：

$$[D]=\begin{bmatrix}
\lambda+2G & \lambda & \lambda & 0 & 0 & 0 \\
 & \lambda+2G & \lambda & 0 & 0 & 0 \\
 & & \lambda+2G & 0 & 0 & 0 \\
 & & & G & 0 & 0 \\
 & \text{对称} & & & G & 0 \\
 & & & & & G
\end{bmatrix}$$

将式(1.5.6)和式(1.5.18)代入式(1.5.21)并引入拉梅常数得张量形式的物理方程：

$$\begin{aligned}
\sigma_{11} &= 2G\varepsilon_{11} + \lambda(\varepsilon_{11} + \mu\varepsilon_{22} + \mu\varepsilon_{33}) \\
\sigma_{22} &= 2G\varepsilon_{22} + \lambda(\varepsilon_{11} + \mu\varepsilon_{22} + \mu\varepsilon_{33}) \\
\sigma_{33} &= 2G\varepsilon_{33} + \lambda(\varepsilon_{11} + \mu\varepsilon_{22} + \mu\varepsilon_{33}) \\
\sigma_{12} &= 2G\varepsilon_{12} \\
\sigma_{23} &= 2G\varepsilon_{23} \\
\sigma_{31} &= 2G\varepsilon_{31}
\end{aligned} \tag{1.5.25}$$

或：

$$\sigma_{ij} = 2G\varepsilon_{ij} + \lambda\delta_{ij}\varepsilon_{kk} \qquad (i,j,k=1,2,3)$$

式中：

$$\delta_{ij} = \begin{cases} 1 & (i=j) \\ 0 & (i \neq j) \end{cases}$$

可进一步简化为：

$$\sigma_{ij} = D_{ijkl}\varepsilon_{kl} \qquad (i,j,k,l=1,2,3) \tag{1.5.26}$$

式中：$D_{ijkl} = 2G\delta_{ik}\delta_{jl} + \lambda\delta_{ij}\delta_{kl}$ 为弹性系数，由于应力张量和应变张量均为对称张量，因此，弹性系数满足条件 $D_{ijkl} = D_{jikl}$，$D_{ijkl} = D_{jilk}$。

物理方程的另一种表达形式为：

$$\begin{aligned}
\varepsilon_x &= \frac{1}{E}[\sigma_x - \mu(\sigma_y + \sigma_z)] \\
\varepsilon_y &= \frac{1}{E}[\sigma_y - \mu(\sigma_z + \sigma_x)] \\
\varepsilon_z &= \frac{1}{E}[\sigma_z - \mu(\sigma_x + \sigma_y)] \\
\gamma_{xy} &= \frac{1}{G}\tau_{xy} \\
\gamma_{yz} &= \frac{1}{G}\tau_{yz} \\
\gamma_{zx} &= \frac{1}{G}\tau_{zx}
\end{aligned} \tag{1.5.27}$$

或：

$$\{\varepsilon\} = [C]\{\sigma\} \tag{1.5.28}$$

式中：$[C]$ 为柔度矩阵，

$$[C] = \frac{1}{E}\begin{bmatrix}
1 & -\mu & -\mu & 0 & 0 & 0 \\
 & 1 & -\mu & 0 & 0 & 0 \\
 & & 1 & 0 & 0 & 0 \\
 & & & 2(1+\mu) & 0 & 0 \\
 & \text{对称} & & & 2(1+\mu) & 0 \\
 & & & & & 2(1+\mu)
\end{bmatrix}$$

将式(1.5.6)和式(1.5.18)代入式(1.5.27)得到以柔度系数表示的张量形式物理方程：

$$
\begin{aligned}
\varepsilon_{11} &= \frac{1}{E}[\sigma_{11} - \mu(\sigma_{22} + \sigma_{33})] \\
\varepsilon_{22} &= \frac{1}{E}[\sigma_{22} - \mu(\sigma_{33} + \sigma_{11})] \\
\varepsilon_{33} &= \frac{1}{E}[\sigma_{33} - \mu(\sigma_{11} + \sigma_{22})] \\
\varepsilon_{12} &= \frac{1}{2G}\sigma_{12} \\
\varepsilon_{23} &= \frac{1}{2G}\sigma_{23} \\
\varepsilon_{31} &= \frac{1}{2G}\sigma_{31}
\end{aligned}
\tag{1.5.29}
$$

或：

$$\varepsilon_{ij} = C_{ijkl}\sigma_{kl} \tag{1.5.30}$$

式中：C_{ijkl} 为柔度系数。

4. 边界条件

弹性力学的边界条件包括位移边界条件和力边界条件，对于位移解，由几何方程可知，其平衡方程是关于位移的二阶微分方程，因此，零阶导数的位移边界条件为强制边界条件，一阶导数的应力边界条件为自然边界条件。而对于应力解，则平衡方程是关于应力的一阶微分方程，因此，只有一个零阶的应力边界条件，为强制边界条件。有限元方法采用的是位移解，即弹性力学有限元方程的未知量为弹性体的位移。因此，我们只讨论位移解。

设在边界 Γ_u 上，弹性体的已知位移为 $\overline{u}, \overline{v}, \overline{w}$，则位移边界条件可表示为：

$$u = \overline{u}, \quad v = \overline{v}, \quad w = \overline{w} \qquad (\text{在 } \Gamma_u \text{ 上}) \tag{1.5.31}$$

其张量形式为：

$$u_i = \overline{u}_i \quad (i = 1,2,3) \qquad (\text{在 } \Gamma_u \text{ 上}) \tag{1.5.32}$$

力的边界条件是通过边界上的微元体（图 1.6）平衡条件得出的，以 x 方向为例，设 $\mathrm{d}S_n$ 为边界的微元面积，$\mathrm{d}S_x, \mathrm{d}S_y, \mathrm{d}S_z$ 分别为垂直于 x、y 和 z 轴的微元面积，则：

$$\mathrm{d}S_x = \mathrm{d}S_n n_x, \ \mathrm{d}S_y = \mathrm{d}S_n n_y, \ \mathrm{d}S_z = \mathrm{d}S_n n_z \tag{1.5.33}$$

式中：n_x, n_y, n_z 分别为边界法线 n 关于 x、y 和 z 轴的方向余弦。

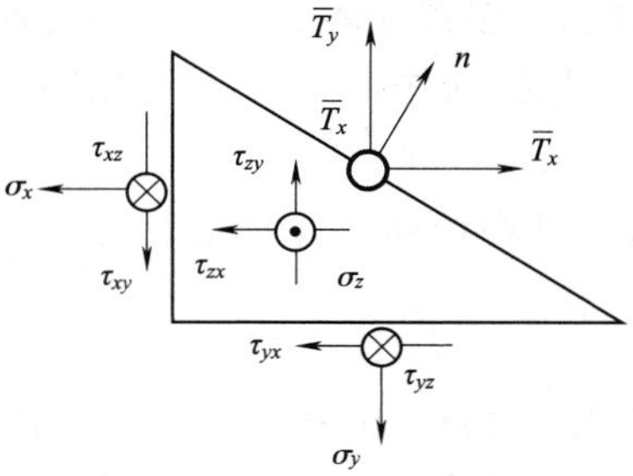

图 1.6 边界微元体在 x-y 坐标面的投影

由 $\sum F_x = 0$ 得：

$$\overline{T}_x \mathrm{d}S_n = \sigma_x \mathrm{d}S_x + \tau_{yx} \mathrm{d}S_y + \tau_{zx} \mathrm{d}S_z \tag{1.5.34}$$

将式（1.5.33）代入上式得：

$$\overline{T}_x = \sigma_x n_x + \tau_{yx} n_y + \tau_{zx} n_z \qquad (\text{在 } \Gamma_\sigma \text{ 上}) \tag{1.5.35}$$

同理可得：

$$\begin{aligned}\overline{T}_y &= \tau_{xy}n_x + \sigma_y n_y + \tau_{zy}n_z \\ \overline{T}_z &= \tau_{xz}n_x + \tau_{yz}n_y + \sigma_z n_z\end{aligned} \quad (\text{在 } \Gamma_\sigma \text{ 上}) \qquad (1.5.36)$$

式(1.5.35)和式(1.5.36)即为应力边界条件。将式(1.5.6)代入式(1.5.35)和式(1.5.36)得张量形式的应力边界条件：

$$\begin{aligned}\overline{T}_1 &= \sigma_{11}n_1 + \sigma_{12}n_2 + \sigma_{13}n_3 \\ \overline{T}_2 &= \sigma_{12}n_1 + \sigma_{22}n_2 + \sigma_{23}n_3 \\ \overline{T}_3 &= \sigma_{13}n_1 + \sigma_{23}n_2 + \sigma_{33}n_3\end{aligned} \quad (\text{在 } \Gamma_\sigma \text{ 上}) \qquad (1.5.37)$$

或：

$$\overline{T}_i = \sigma_{ij}n_j \qquad (i,j = 1,2,3) \qquad (\text{在 } \Gamma_\sigma \text{ 上}) \qquad (1.5.38)$$

1.5.2 虚功原理

虚功原理是能量原理中的一个基本原理，它包括虚位移原理和虚应力原理。虚位移原理是建立在真实的力系和虚设的位移基础上的，因此，适用于求解力系的平衡问题。而虚应力原理是建立在真实的位移和虚设的力系基础上的，因此，适用于求解系统的变形问题。在理论力学中，虚位移原理用于求解刚体系统的静平衡问题，我们称其为“刚体虚位移原理”，它只是平衡方程的另一种表现形式，因此，只适用于求解静定结构的未知力。而当我们需要计算结构的变形或位移时，就必须依赖于弹性体的虚功原理。

弹性体的虚功原理可表述为：弹性体中一组平衡的力系在任意满足协调条件的变形状态上所做的虚功等于零，体系的外力虚功与内力虚功之和等于零。

为了计算弹性体的内力虚功，我们先介绍几个与内力虚功有关的概念。

1. 功和余功

功的概念是大家所熟悉的，它是力对物体作用效果的度量。对于定常力作用下的刚体，功等于力与刚体位移的内积。而对于弹性体，由于弹性体抵抗变形的能力随变形的增大而增大，因此，力在弹性体变形过程中是连续变化的，如图 1.7 所示。

根据功的定义，不难写出图 1.7 所示系统的外力 P 在位移 $\mathrm{d}u$ 上所做的功：

$$\mathrm{d}W = P\mathrm{d}u \qquad (1.5.39)$$

则力 P 在位移 u_1 上的功为：

$$W = \int_0^{u_1} P\mathrm{d}u \qquad (1.5.40)$$

式(1.5.40)的积分等于图 1.7 中曲线 OA 下的面积 OAB。而曲线 OA 上的面积 OAC 则被称为力 P 的余功，即：

$$W^* = \int_0^{P_1} u\mathrm{d}P \qquad (1.5.41)$$

对于线弹性系统，由图 1.8 可知：

$$W = \int_0^{u_1} P\mathrm{d}u = \frac{1}{2}Pu_1 = \frac{1}{2}P_1 u = \int_0^{P_1} u\mathrm{d}P = W^* \qquad (1.5.42)$$

即线弹性系统的功和余功相等。

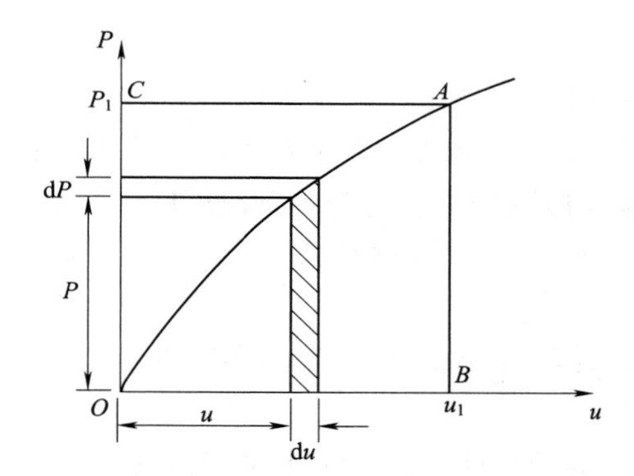

图 1.7 功和余功示意图

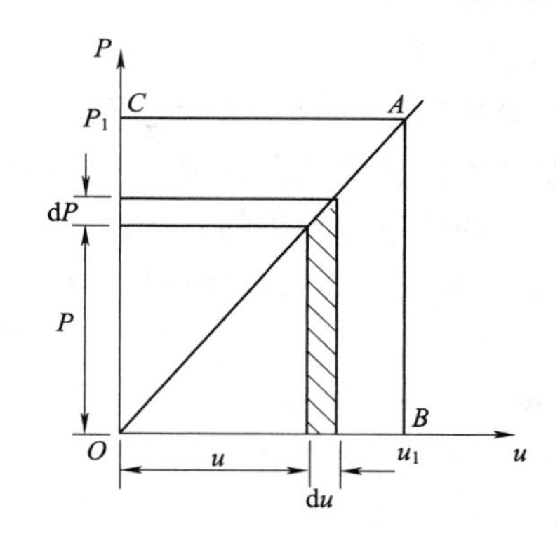

图 1.8 线弹性系统的功和余功示意图

2. 应变能与应变余能

应变能和余能可以用与功和余功相同的方式来说明，如图 1.9 和图 1.10 所示。工程应力应变曲线就是材料的荷载位移曲线，因此，图 1.9 和图 1.10 与图 1.7 和图 1.8 是相同的。图 1.9的应力应变曲线 OA 下的面积 OAB 表示应变能，而面积 OAC 则表示应变余能。它们分别对应于外力的功和余功。对于线性弹性体，其应变能与应变余能相等，如图 1.10所示。

由图 1.9 可得一维弹性力学问题的应变能和余能表达式：

$$U(\varepsilon)=\int_V \mathrm{d}V\int_0^{\varepsilon_1}\sigma\mathrm{d}\varepsilon \tag{1.5.43}$$

$$U^*(\sigma)=\int_V \mathrm{d}V\int_0^{\sigma_1}\varepsilon\mathrm{d}\sigma \tag{1.5.44}$$

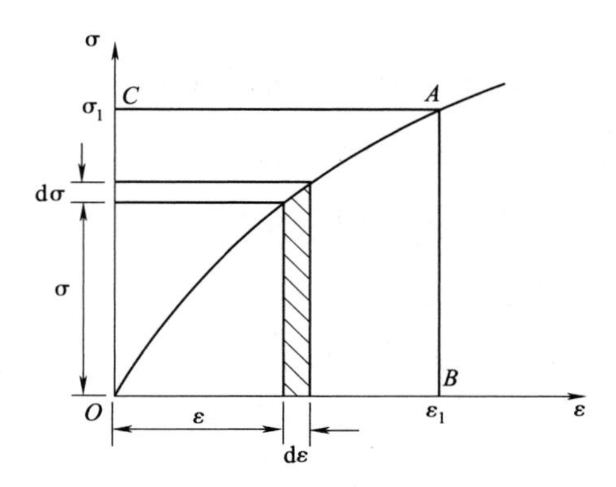

图 1.9 应变能与应变余能

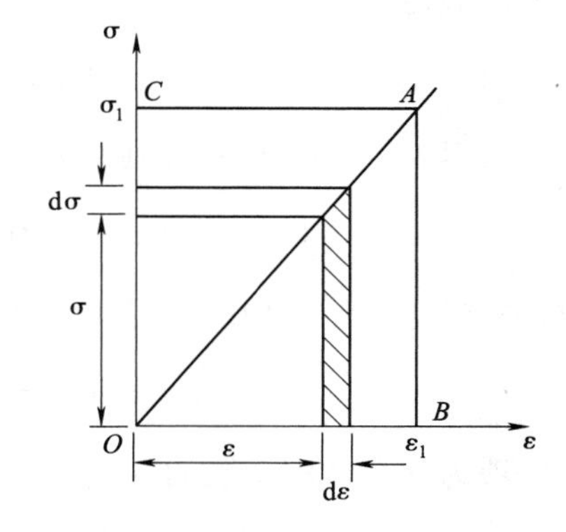

图 1.10 线弹性系统的应变能和余能

对于线弹性体，式(1.5.43)和式(1.5.44)可表示为：

$$U(\varepsilon)=\int_V \mathrm{d}V\int_0^{\varepsilon_1}E\varepsilon\,\mathrm{d}\varepsilon=\frac{1}{2}\int_V E\varepsilon^2\mathrm{d}V \tag{1.5.45}$$

$$U^*(\sigma)=\int_V \mathrm{d}V\int_0^{\sigma_1}C\sigma\mathrm{d}\sigma=\frac{1}{2}\int_V C\sigma^2\mathrm{d}V \tag{1.5.46}$$

对于一般的弹性体，其应变能和余能可表示为：

$$U(\boldsymbol{\varepsilon})=\frac{1}{2}\int_V \{\varepsilon\}^{\mathrm{T}}[D]\{\varepsilon\}\mathrm{d}V \tag{1.5.47}$$

$$U^*(\boldsymbol{\sigma})=\frac{1}{2}\int_V \{\sigma\}^{\mathrm{T}}[C]\{\sigma\}\mathrm{d}V \tag{1.5.48}$$

3. 虚位移原理

虚位移原理是求解力系平衡问题的一种能量方法，它基于一组真实的力系和一组任意的虚位移。刚体虚位移的概念在理论力学中已经讨论过了，但结构不能发生刚体位移，因此，结构的虚位移是约束条件允许的变形。弹性体的虚位移原理可表述为：若弹性体在一力系作用下处于平衡状态，则该力系对弹性体的任意虚位移所做的功等于弹性体的变形能，即：

$$\delta W = \delta U \tag{1.5.49}$$

式中：δW 表示力系的虚功，即对虚位移所做的功。因此，变形能是与虚位移对应的虚应变能，故以 δU 表示。此时，弹性体的内力是由该力系引起的。

反之，若一力系对弹性体的任意虚位移做的功等于弹性体的变形能，则该力系一定是平衡的。因此，虚位移原理是力系平衡的充要条件。下面我们来证明式(1.5.49)。

对于式(1.5.8)表示的系统，其虚位移原理可表示为：

$$\int_V \delta u_i(\sigma_{ij,j} + f_i)\mathrm{d}V + \int_{S_\sigma} \delta u_i(\overline{T}_i - \sigma_{ij}n_j)\mathrm{d}V = 0 \tag{1.5.50}$$

上式的等价表达形式为：

$$\int_V \delta u_i(\sigma_{ij,j} + f_i)\mathrm{d}V - \int_{S_\sigma} \delta u_i(\sigma_{ij}n_j - \overline{T}_i)\mathrm{d}V = 0 \tag{1.5.51}$$

由式(1.5.51)可以看出，虚位移原理等价于平衡方程和应力边界条件（自然边界条件）的伽辽金等效积分。对式(1.5.51)的第一项积分进行分部积分得：

$$\int_V \delta u_i\sigma_{ij,j}\mathrm{d}V = -\int_V \frac{1}{2}(\delta u_{i,j} + \delta u_{j,i})\sigma_{ij}\mathrm{d}V + \int_S \delta u_i\sigma_{ij}n_j\mathrm{d}S \tag{1.5.52}$$

代入式(1.5.50)得：

$$\int_V\left[-\frac{1}{2}(\delta u_{i,j} + \delta u_{j,i})\sigma_{ij} + \delta u_i f_i\right]\mathrm{d}V + \int_{S_u} \delta u_i\sigma_{ij}n_j\mathrm{d}S + \int_{S_\sigma} \delta u_i\overline{T}_i\mathrm{d}S = 0 \tag{1.5.53}$$

在位移边界 S_u 上 $u_i = \overline{u}_i$，因此，$\delta u_i = 0$，故而式(1.5.53)简化为：

$$\int_V \frac{1}{2}(\delta u_{i,j} + \delta u_{j,i})\sigma_{ij}\mathrm{d}V - \int_V \delta u_i f_i\mathrm{d}V - \int_{S_\sigma} \delta u_i\overline{T}_i\mathrm{d}S = 0 \tag{1.5.54}$$

将几何方程式(1.5.19)和物理方程式(1.5.26)代入上式并整理得：

$$\delta\int_V \frac{1}{2}D_{ijkl}\varepsilon_{ij}\varepsilon_{kl}\mathrm{d}V - \int_V \delta u_i f_i\mathrm{d}V - \int_{S_\sigma} \delta u_i\overline{T}_i\mathrm{d}S = 0 \tag{1.5.55}$$

上式的第一项为弹性体应变能的变分：

$$\delta\int_V \frac{1}{2}D_{ijkl}\varepsilon_{ij}\varepsilon_{kl}\mathrm{d}V = \delta U \tag{1.5.56}$$

后两项分别为体积力和边界力的虚功（外力势能的变分）：

$$\delta\left(\int_V u_i f_i\mathrm{d}V + \int_{S_\sigma} u_i\overline{T}_i\mathrm{d}S\right) = \delta W = \delta V \tag{1.5.57}$$

因此，式(1.5.55)表示弹性体的总势能变分等于零，即：

$$\delta(U - V) = 0 \tag{1.5.58}$$

或：

$$\delta U = \delta W \tag{1.5.59}$$

至此，式(1.5.49)得证。

与式(1.4.4)比较可知，弹性体的总势能就是系统的泛函：

$$\Pi_p(\boldsymbol{u})=\int_V \frac{1}{2}D_{ijkl}\varepsilon_{ij}\varepsilon_{kl}\mathrm{d}V-\int_V u_i f_i\mathrm{d}V-\int_{S_\sigma}u_i\overline{T}_i\mathrm{d}S \tag{1.5.60}$$

上式可表示成矩阵的形式：

$$\Pi_p(\boldsymbol{u})=\int_V \frac{1}{2}\{\varepsilon\}^{\mathrm{T}}[D]\{\varepsilon\}\mathrm{d}V-\int_V \{u\}^{\mathrm{T}}\{f\}\mathrm{d}V-\int_{S_\sigma}\{u\}^{\mathrm{T}}\{\overline{T}\}\mathrm{d}S \tag{1.5.61}$$

对式(1.5.60)作两次变分得：

$$\delta^2\Pi(\boldsymbol{u})=\int_V \frac{1}{2}D_{ijkl}\delta\varepsilon_{ij}\delta\varepsilon_{kl}\mathrm{d}V\geqslant 0 \tag{1.5.62}$$

由式(1.5.62)可知，弹性体总势能的变分为零[见式(1.5.55)]意味着总势能的极小值，即最小势能原理。它的物理意义是，在弹性体内满足变形协调条件(几何方程)，在边界上满足给定位移条件的一组可能的位移中，真实位移使系统的总势能取极小值。

例1.5.1 试用虚位移原理推导Euler梁的弯曲问题泛函。

解:Euler梁弯曲微分方程可表示为：

$$EI\frac{\mathrm{d}^4y}{\mathrm{d}x^4}=q \tag{a}$$

因此，平衡条件可表示为：

$$EI\frac{\mathrm{d}^4y}{\mathrm{d}x^4}-q=0 \tag{b}$$

梁弯曲问题的边界条件可表示为：

$$EI\frac{\mathrm{d}^2y}{\mathrm{d}x^2}=\overline{M},\ EI\frac{\mathrm{d}^3y}{\mathrm{d}x^3}=\overline{N} \tag{c}$$

或：

$$EI\frac{\mathrm{d}^2y}{\mathrm{d}x^2}-\overline{M}=0,\ EI\frac{\mathrm{d}^3y}{\mathrm{d}x^3}-\overline{N}=0 \tag{d}$$

式中：$\overline{N}$, $\overline{M}$分别为边界力和力矩。

由虚位移原理得：

$$\int_0^l\delta y\left(EI\frac{\mathrm{d}^4y}{\mathrm{d}x^4}-q\right)\mathrm{d}x+\delta y\left(\overline{N}-EI\frac{\mathrm{d}^3y}{\mathrm{d}x^3}\right)\Bigg|_{\substack{x=0\\x=l}}+\left(\delta\frac{\mathrm{d}y}{\mathrm{d}x}\right)\left(EI\frac{\mathrm{d}^2y}{\mathrm{d}x^2}-\overline{M}\right)\Bigg|_{\substack{x=0\\x=l}}=0 \tag{e}$$

上式为微分方程式(b)和边界条件式(d)的等效积分。对式(e)的第一项进行两次分部积分得：

$$\int_0^l\delta y\frac{\mathrm{d}^4y}{\mathrm{d}x^4}\mathrm{d}x=\delta y\frac{\mathrm{d}^3y}{\mathrm{d}x^3}\Bigg|_0^l-\left(\delta\frac{\mathrm{d}y}{\mathrm{d}x}\right)\frac{\mathrm{d}^2y}{\mathrm{d}x^2}\Bigg|_0^1+\int_0^l\left(\delta\frac{\mathrm{d}^2y}{\mathrm{d}x^2}\right)\frac{\mathrm{d}^2y}{\mathrm{d}x^2}\mathrm{d}x \tag{f}$$

代入式(e)得：

$$\int_0^l EI\left(\delta\frac{\mathrm{d}^2y}{\mathrm{d}x^2}\right)\frac{\mathrm{d}^2y}{\mathrm{d}x^2}\mathrm{d}x-\int_0^l\delta yq\,\mathrm{d}x+\delta y\overline{N}\Bigg|_{\substack{x=0\\x=l}}-\left(\delta\frac{\mathrm{d}y}{\mathrm{d}x}\right)\overline{M}\Bigg|_{\substack{x=0\\x=l}}=0 \tag{g}$$

式(g)为梁弯曲微分方程和边界条件的等效积分“弱”形式。

由于结构发生虚位移时，荷载不发生变化，且变分和微分的次序可以互换，因此，上式可表示为：

$$\delta\int_0^l\frac{1}{2}EI\left(\frac{\mathrm{d}^2y}{\mathrm{d}x^2}\right)^2\mathrm{d}x-\delta\int_0^l yq\,\mathrm{d}x+\delta y\overline{N}\Bigg|_{\substack{x=0\\x=l}}-\left(\delta\frac{\mathrm{d}y}{\mathrm{d}x}\right)\overline{M}\Bigg|_{\substack{x=0\\x=l}}=0 \tag{h}$$

上式中的后两项还可根据边界条件进一步简化。对于简支梁，其边界条件为：

$$\delta y = 0,\ \overline{M} = 0 \tag{i}$$

对于固定端边界条件

$$\delta y = 0,\ \delta \frac{\mathrm{d}y}{\mathrm{d}x} = 0 \tag{j}$$

和自由端边界条件

$$\overline{N} = 0,\ \overline{M} = 0 \tag{k}$$

将式(i)～式(k)分别代入式(h)并注意到几何关系 $\frac{\mathrm{d}^2 y}{\mathrm{d}x^2} = \kappa$ 得：

$$\delta\left[\int_0^l \frac{1}{2}EI\kappa^2 \mathrm{d}x - \int_0^l yq\,\mathrm{d}x\right] = 0 \tag{l}$$

上式的第一项为梁的弯曲应变能，第二项为外力势能，因此，上式表示梁弯曲总势能的变分为零，即：

$$\delta(U - V) = 0 \tag{m}$$

或：

$$\delta\Pi_p(y) = 0 \tag{n}$$

式中：$\Pi_p(y)$ 为梁弯曲问题的总势能泛函：

$$\Pi_p(y) = \int_0^l \frac{1}{2}EI\kappa^2 \mathrm{d}x - \int_0^l yq\,\mathrm{d}x \tag{o}$$

4. 虚应力原理

虚应力原理是求解系统位移的一种能量方法，它基于一组真实的位移和一组虚设的力系，条件是位移是协调(在弹性体内满足几何方程，在边界上满足给定边界条件)的。若弹性体在该力系作用下发生了满足边界条件的位移，则该力系的虚余功等于弹性体的虚余能，即：

$$\delta W^* = \delta U^* \tag{1.5.63}$$

式中：δW^* 表示力系的虚余功；δU^* 表示虚余能。这就是虚应力原理的力学意义。

对于一般的弹性体，虚应力原理是几何方程和位移边界条件的等效积分：

$$\int_V \delta\sigma_{ij}\left[\varepsilon_{ij} - \frac{1}{2}(u_{i,j} + u_{j,i})\right]\mathrm{d}V + \int_{S_u} \delta T_i(u_i - \overline{u}_i)\mathrm{d}S = 0 \tag{1.5.64}$$

对上式的第二项进行分部积分得：

$$\int_V \delta\sigma_{ij}\,\frac{1}{2}(u_{i,j} + u_{j,i})\mathrm{d}V = -\int_V \delta\sigma_{ij,j}u_i\mathrm{d}V + \int_S \delta\sigma_{ij}n_j u_i\mathrm{d}S \tag{1.5.65}$$

由平衡方程式(1.5.8)可知，$\delta\sigma_{ij,j} = 0$。将式(1.5.65)代入式(1.5.64)，并注意到 $\delta T_i = \delta\sigma_{ij}n_j$ 得：

$$\int_V \delta\sigma_{ij}\varepsilon_{ij}\,\mathrm{d}V - \int_{S_\sigma} \delta\sigma_{ij}n_i u_i\mathrm{d}S - \int_{S_u} \delta T_i\overline{u}_i\mathrm{d}S = 0 \tag{1.5.66}$$

在应力边界 S_σ 上 $\overline{T}_i = \sigma_{ij}n_j(i,j = 1,2,3)$，因此，$\delta\sigma_{ij} = 0$，故而式(1.5.66)简化为：

$$\int_V \delta\sigma_{ij}\varepsilon_{ij}\,\mathrm{d}V - \int_{S_u} \delta T_i\overline{u}_i\mathrm{d}S = 0 \tag{1.5.67}$$

将物理方程式(1.5.30)代入上式并整理得：

$$\delta\left(\int_V \frac{1}{2}C_{ijkl}\sigma_{ij}\sigma_{kl}\,\mathrm{d}V - \int_{S_u} T_i\bar{u}_i\,\mathrm{d}S\right) = 0 \tag{1.5.68}$$

上式括号内的第一项为弹性体的虚余能，第二项为边界力的虚余功。因此，上式表示在弹性体内满足平衡条件，在边界上满足力边界条件的可能应力中，真实的应力使系统的总余能取驻值：

$$\delta\Pi_c(\boldsymbol{\sigma}) = 0 \tag{1.5.69}$$

式中：$\Pi_c(\boldsymbol{\sigma})$ 为系统的总余能泛函：

$$\Pi_c(\boldsymbol{\sigma}) = \int_V \frac{1}{2}C_{ijkl}\sigma_{ij}\sigma_{kl}\,\mathrm{d}V - \int_{S_u} T_i\bar{u}_i\,\mathrm{d}S \tag{1.5.70}$$

或：

$$\Pi_c(\boldsymbol{\sigma}) = \int_V \frac{1}{2}\{\sigma\}^{\mathrm{T}}[C]\{\sigma\}\,\mathrm{d}V - \int_{S_u} \{T\}^{\mathrm{T}}\{\bar{u}\}\,\mathrm{d}S \tag{1.5.71}$$

对上式变分两次得：

$$\delta^2\Pi_c(\boldsymbol{\sigma}) = \int_V \frac{1}{2}C_{ijkl}\,\delta\sigma_{ij}\,\delta\sigma_{kl}\,\mathrm{d}V \tag{1.5.72}$$

上式表明，当 $\delta\sigma_{ij} \neq 0$ 时，$\delta^2\Pi_c(\boldsymbol{\sigma}) > 0$，即真实的应力使系统的总余能取极小值。因此，也称虚应力原理为最小余能原理。

例 1.5.2 试用虚应力原理推导 Euler 梁弯曲问题的总余能泛函。

解：梁的挠度和曲率具有如下的关系：

$$\frac{\mathrm{d}^2 y}{\mathrm{d}x^2} = \boldsymbol{\kappa} \tag{a}$$

将上式可表示为：

$$\frac{\mathrm{d}^2 y}{\mathrm{d}x^2} - \boldsymbol{\kappa} = 0 \tag{b}$$

在边界上，梁的挠度和转角等于给定值：

$$y\Big|_{\substack{x=0\\x=l}} = \bar{y},\ \frac{\mathrm{d}y}{\mathrm{d}x}\Big|_{\substack{x=0\\x=l}} = \bar{\theta} \tag{c}$$

或：

$$(y-\bar{y})\Big|_{\substack{x=0\\x=l}} = 0,\ \left(\frac{\mathrm{d}y}{\mathrm{d}x} - \bar{\theta}\right)\Big|_{\substack{x=0\\x=l}} = 0 \tag{d}$$

式中：l 为梁的长度。

由虚应力原理可得：

$$\int_0^l \delta M\left(\frac{\mathrm{d}^2 y}{\mathrm{d}x^2} - \boldsymbol{\kappa}\right)\mathrm{d}x - \delta M\left(\frac{\mathrm{d}y}{\mathrm{d}x} - \bar{\theta}\right)\Big|_{\substack{x=0\\x=l}} + \delta N(y-\bar{y})\Big|_{\substack{x=0\\x=l}} = 0 \tag{e}$$

对上式积分的第一项进行分部积分：

$$\int_0^l \delta M\frac{\mathrm{d}^2 y}{\mathrm{d}x^2}\mathrm{d}x = \delta M\frac{\mathrm{d}y}{\mathrm{d}x}\Big|_0^l - \delta Ny\Big|_0^l + \int_0^l\left(\delta\frac{\mathrm{d}N}{\mathrm{d}x}\right)y\,\mathrm{d}x \tag{f}$$

代入式(e)得：

$$\int_0^l\left[\left(\delta\frac{\mathrm{d}N}{\mathrm{d}x}\right)y - \delta M\boldsymbol{\kappa}\right]\mathrm{d}x + \delta M\bar{\theta}\Big|_{\substack{x=0\\x=l}} - \delta N\bar{y}\Big|_{\substack{x=0\\x=l}} = 0 \tag{g}$$

将简支边界条件：

$$\overline{y}=0,\ \delta M=0 \tag{h}$$

或固定端边界条件：

$$\overline{y}=0,\ \overline{Q}=0 \tag{i}$$

或自由端边界条件：

$$\delta N=0,\ \delta M=0 \tag{j}$$

代入式(g)得：

$$\int_0^l\left[\left(\delta\frac{\mathrm{d}N}{\mathrm{d}x}\right)y-\delta M\boldsymbol{\kappa}\right]\mathrm{d}x=0 \tag{k}$$

将 $\kappa=\dfrac{M}{EI}$ 代入上式并整理得：

$$\delta\int_0^l\left(\frac{\mathrm{d}N}{\mathrm{d}x}y-\frac{1}{2}\frac{M^2}{EI}\right)\mathrm{d}x=0 \tag{l}$$

由此得梁弯曲问题的总余能泛函：

$$\Pi_c(\boldsymbol{y})=\int_0^l\left(\frac{\mathrm{d}N}{\mathrm{d}x}y-\frac{1}{2}\frac{M^2}{EI}\right)\mathrm{d}x \tag{m}$$

上式的第一项表示梁弯曲的余能，第二项表示力系的余功。

下面通过总势能泛函和总余能泛函来分析弹性力学位移解和应力解的性质。由式(1.5.60)和式(1.5.70)可知，系统的总势能和总余能均由两部分组成，一部分是弹性体的应变能或余能，另一部分是外力的功或余功。

式(1.5.60)的第一项为弹性体的应变能，即：

$$U(\boldsymbol{\varepsilon})=\int_V\frac{1}{2}D_{ijkl}\varepsilon_{ij}\varepsilon_{kl}\,\mathrm{d}V \tag{1.5.73}$$

后两项为外力功的两倍，即：

$$W=\frac{1}{2}\left(\int_V u_i f_i\,\mathrm{d}V+\int_{S_\sigma}u_i\overline{T}_i\,\mathrm{d}S\right) \tag{1.5.74}$$

将式(1.5.73)和式(1.5.74)代入式(1.5.60)并注意到虚功原理(1.5.49)得：

$$\Pi_p(\boldsymbol{u})=-\int_V\frac{1}{2}D_{ijkl}\varepsilon_{ij}\varepsilon_{kl}\,\mathrm{d}V=-U(\boldsymbol{\varepsilon}) \tag{1.5.75}$$

即弹性体总势能的泛函等于应变能取负值。

由式(1.4.35)和式(1.5.62)可知，对于弹性力学问题，位移近似解的泛函总是大于精确解的泛函，即：

$$\Pi_p(\tilde{\boldsymbol{u}})>\Pi_p(\boldsymbol{u}) \tag{1.5.76}$$

由式(1.5.75)得：

$$U(\tilde{\boldsymbol{\varepsilon}})<U(\boldsymbol{\varepsilon}) \tag{1.5.77}$$

上式表明，利用最小势能原理求得的位移近似解的应变能是真实解应变能的下界。这意味着，近似解的位移场总体上偏小，表面上看，似乎是结构的计算模型比实际结构的刚度大。而实际上是因为，我们构造的位移场函数人为地限制了结构的变形模式，相当于人为地增加了一些约束，而该变形模式只是真实变形的一个近似，因此，表现出刚度大的力学特征。

对于总余能泛函，不失一般性，可以假设边界位移 $\overline{u}_i=0$，对于大多数弹性力学问题，这个假定是合理的。在这样的条件下，系统的总余能泛函简化为：

$$\Pi_c(\boldsymbol{\sigma}) = \int_V \frac{1}{2} C_{ijkl}\sigma_{ij}\sigma_{kl}\,\mathrm{d}V = U^*(\boldsymbol{\sigma}) \tag{1.5.78}$$

由式(1.4.35)和式(1.5.72)可知，对于弹性力学问题，应力近似解的泛函总是大于精确解的泛函，即：

$$\Pi_c(\tilde{\boldsymbol{\sigma}}) > \Pi_c(\boldsymbol{\sigma}) \tag{1.5.79}$$

将式(1.5.78)代入上式得：

$$U^*(\tilde{\boldsymbol{\sigma}}) > U^*(\boldsymbol{\sigma}) \tag{1.5.80}$$

上式表明，利用最小余能原理求得的应力近似解的余能是真实解应变能的上界。这意味着，近似解的应力场总体上偏大，即结构的计算模型比实际结构的刚度小。由于位移和应力是通过几何方程和物理方程联系起来的，因此，由位移解和应力解的上述形式可以得到问题真实解的上界和下界，从而估计出真实解的取值范围。

第 2 章　广义变分原理

2.1 概　　述

在弹性力学变分原理中，我们要求场位移函数事先要满足几何方程和位移边界条件（最小位能原理）或事先满足平衡方程和应力边界条件（最小余能原理）。对于这种场函数需事先满足附加条件的变分原理，被称之为自然变分原理。但是，在相当多的物理或力学问题中，要求场函数事先满足全部附加条件是非常困难的，甚至难以实现。例如板壳弯曲问题，其最小位能原理泛函中的场函数是挠度的二阶导数，因此，要求挠度函数不仅要满足单元交界面挠度连续，而且要求其法向导数也连续，从而使问题求解变得比较麻烦。

广义变分原理是解决此类问题的一个较好的工具，它所研究的正是如何利用适当的方法将场函数的附加条件引入泛函，而不必如自然变分原理那样寻找一个满足附加条件的场函数，从而使有附加条件的变分原理成为没有附加条件的变分原理。因此，自然变分原理和广义变分原理的区别与函数求极值中的有条件极值和无条件极值的差异相同，一个是求泛函的极值（驻值），而另一个是求函数的极值。

本章首先讨论约束变分原理的一般理论和方法，进而介绍其在弹性力学中的应用，导出弹性力学广义变分原理；并进一步介绍如何利用约束变分原理来放松板壳弯曲问题中单元交界面上的连续条件要求，导出修正的弹性力学变分原理。

2.2 约束变分原理

与函数求极值对比，自然变分原理相当于无条件极值，而约束变分原理相当于有条件极值，即场函数需满足的附加条件并不在寻找场函数时解决，而是将这些附加条件作为约束引入泛函，通过泛函求驻值的方法（变分原理）使场函数满足附加条件。用不同的方法引入附加条件就形成了不同的约束变分原理，下面介绍常用的拉格朗日乘子法和罚函数法。

2.2.1 拉格朗日乘子法

对于一个使泛函 $\Pi(\boldsymbol{u})$ 取驻值的问题，如果其场函数 $\boldsymbol{u}$ 需满足的附加条件为：

$$\{C(\boldsymbol{u})\} = \{0\} \qquad \text{（在域 } \Omega \text{ 内）} \tag{2.2.1}$$

则将其引入泛函 $\Pi(\boldsymbol{u})$ 得到一修正的泛函：

$$\Pi^*(\boldsymbol{u},\boldsymbol{\lambda}) = \Pi(\boldsymbol{u}) + \int_\Omega \{\lambda\}^{\mathrm{T}}\{C(\boldsymbol{u})\}\mathrm{d}\Omega \tag{2.2.2}$$

式中：$\{\lambda\}$ 为 Ω 域内的一组独立坐标函数，称为拉格朗日乘子。

在引入附加条件后，原泛函 $\Pi(\boldsymbol{u})$ 的有附加条件驻值问题转换为修正泛函 $\Pi^*(\boldsymbol{u})$ 的无附加条件驻值问题，即：

$$\delta\Pi^*(\boldsymbol{u},\boldsymbol{\lambda})=\delta\Pi(\boldsymbol{u})+\delta\int_\Omega\{\lambda\}^{\mathrm{T}}\{C(\boldsymbol{u})\}\mathrm{d}\Omega=0 \tag{2.2.3}$$

用同样的方法也可以将边界上的附加条件 $\{E(\boldsymbol{u})\}=\{0\}$（在 Γ 上）引入泛函，相应的拉格朗日乘子应为定义在边界上的一组独立坐标函数。

由式(2.2.2)可以看出，用拉格朗日乘子法构造的修正泛函包括两个未知量 $\boldsymbol{u}$ 和 $\boldsymbol{\lambda}$。它们的近似函数可用试探函数来构造，即：

$$\{\tilde{u}\}=\sum[N]_i\{a\}_i=[N]\{a\},\quad \{\tilde{\lambda}\}=\sum[\tilde{N}]_i\{b\}_i=[\tilde{N}]\{b\} \tag{2.2.4}$$

将上式代入式(2.2.3)可得一组方程：

$$\frac{\partial\Pi^*}{\partial\{c\}}=\begin{Bmatrix}\dfrac{\partial\Pi^*}{\partial\{a\}}\\[2mm]\dfrac{\partial\Pi^*}{\partial\{b\}}\end{Bmatrix}=\{0\} \tag{2.2.5}$$

式中：$\{c\}=[\{a\}\quad\{b\}]^{\mathrm{T}}$

由式(2.2.5)可解出待定系数 $\{a\}$ 和 $\{b\}$。由此可知，拉格朗日乘子法将导致待定系数的增加，从而增大了计算工作量。拉格朗日乘子法的另一个问题是，由式(2.2.5)得到的方程组其主对角上有零元素，因此，不能采用常规的消元法求解。例如，微分方程：

$$\{A(\boldsymbol{u})\}=\{0\} \tag{2.2.6}$$

中的场函数 $\boldsymbol{u}$ 应满足的附加条件为：

$$\{g(\boldsymbol{u})\}+\{C\}=\{0\} \tag{2.2.7}$$

将式(2.2.6)和式(2.2.7)代入式(2.2.2)得：

$$\Pi^*(\boldsymbol{u},\boldsymbol{\lambda})=\int_\Omega\{u\}^{\mathrm{T}}\{A(u)\}\mathrm{d}\Omega+\int_\Omega\{\lambda\}^{\mathrm{T}}[\{g(\boldsymbol{u})\}+\{C\}]\mathrm{d}\Omega \tag{2.2.8}$$

将上式代入变分原理并注意到式(2.2.4)得：

$$\begin{aligned}\delta\Pi^*(\tilde{\boldsymbol{u}},\tilde{\boldsymbol{\lambda}})=&\ \delta\{a\}^{\mathrm{T}}\Big(\int_\Omega[N]^{\mathrm{T}}\{A(\tilde{\boldsymbol{u}})\}\mathrm{d}\Omega+\int_\Omega[g(N)]^{\mathrm{T}}\{\tilde{\lambda}\}\mathrm{d}\Omega\Big)+\\&\ \delta\{b\}^{\mathrm{T}}\int_\Omega[\tilde{N}]^{\mathrm{T}}[\{g(\tilde{\boldsymbol{u}})\}+\{C\}]\mathrm{d}\Omega=0\end{aligned} \tag{2.2.9}$$

由变分的任意性可得：

$$\int_\Omega[N]^{\mathrm{T}}\{A(\tilde{\boldsymbol{u}})\}\mathrm{d}\Omega+\int_\Omega[g(N)]^{\mathrm{T}}\{\tilde{\lambda}\}\mathrm{d}\Omega=0 \tag{2.2.10}$$

$$\int_\Omega[\tilde{N}]^{\mathrm{T}}[\{g(\tilde{\boldsymbol{u}})\}+\{C\}]\mathrm{d}\Omega=0 \tag{2.2.11}$$

式(2.2.10)的第一项就是微分方程 $\{A(\boldsymbol{u})\}=\{0\}$ 的自然变分原理得到的方程组：

$$[K]\{a\}-\{P\}=0 \tag{2.2.12}$$

由此可将式(2.2.10)和式(2.2.11)表示为：

$$[K]_0\{c\}-\{R\}=\begin{bmatrix}[K] & [K]_{ab}\\ [K]_{ab}^{\mathrm{T}} & [0]\end{bmatrix}\begin{Bmatrix}\{a\}\\ \{b\}\end{Bmatrix}-\begin{Bmatrix}\{P\}\\ \{Q\}\end{Bmatrix}=\{0\} \tag{2.2.13}$$

式中：

$$[K]_{ab}^{\mathrm{T}}=\int_\Omega[\tilde{N}]^{\mathrm{T}}[g(N)]\mathrm{d}\Omega$$

$$\{Q\}=\int_\Omega[\tilde{N}]^{\mathrm{T}}\{C\}\mathrm{d}\Omega$$

由式(2.2.13)可以看出,拉格朗日乘子法的方程组系数矩阵仍是对称矩阵,但主对角线上有零元素,不能直接求解,可采用与函数有条件求极值相同的方法求解。首先来看一个函数有条件求极值的例子,求二次函数

$$z(x,y)=2x^2-2xy+y^2+18x+6y \tag{2.2.14}$$

满足条件

$$x-y=0 \tag{2.2.15}$$

的极值。对于式(2.2.14)和式(2.2.15)所表示的有条件极值问题,由于约束条件是两个自变量简单的关系,即可以显示地将一个变量表示为另一个变量的函数关系。因此,最简单的方法是将式(2.2.15)表示成 $y=x$ 并代入式(2.2.14),将有条件极值问题转化为无条件极值问题:

$$z(x)=x^2+24x \tag{2.2.16}$$

但该方法无法应用于变分问题,因为泛函中的待求函数是未知的。此外,如果约束条件不能将 y 表示成 x 的显式,则只能利用拉格朗日乘子将约束条件式(2.2.15)引入式(2.2.14)来求解。引入约束条件后的修正函数为:

$$z^*(x,y,\lambda)=2x^2-2xy+y^2+18x+6y+\lambda(x-y) \tag{2.2.17}$$

由驻值条件可得:

$$\begin{aligned}4x-2y+\lambda+18&=0\\-2x+2y-\lambda+6&=0\\x-y&=0\end{aligned} \tag{2.2.18}$$

由于式(2.2.18)的第三个方程不包含 λ,即其系数为零,因此,上述方程组的系数行列式

$$\begin{vmatrix}4&-2&1\\-2&2&-1\\1&-1&0\end{vmatrix} \tag{2.2.19}$$

的主对角上出现了零元素。

下面再来分析约束变分问题,为简单起见,举一个热传导的例子。在例 1.3.2 中我们已经建立了二维热传导问题的泛函

$$\Pi(\phi)=\int_\Omega\left[\frac{1}{2}k\left(\frac{\partial\phi}{\partial x}\right)^2+\frac{1}{2}k\left(\frac{\partial\phi}{\partial y}\right)^2-\phi Q\right]\mathrm{d}\Omega-\int_{\Gamma_q}\phi\bar{q}\mathrm{d}\Gamma \tag{2.2.20}$$

式中的场函数 ϕ 需满足强制边界条件 $\phi=\bar{\phi}$,其中的 $\bar{\phi}$ 是给定的边界温度值。现在利用拉格朗日乘子将此强制边界条件引入上述泛函

$$\Pi^*(\phi,\lambda)=\Pi(\phi)+\int_{\Gamma_\phi}\lambda(\phi-\bar{\phi})\mathrm{d}\Gamma \tag{2.2.21}$$

则选择场函数 ϕ 时就不需要满足强制边界条件。

将式(2.2.21)代入变分原理并分部积分一次得:

$$\begin{aligned}\delta\Pi^*(\phi,\lambda)=&\int_\Omega\delta\phi\left(-k\frac{\partial^2\phi}{\partial x^2}-k\frac{\partial^2\phi}{\partial y^2}-Q\right)\mathrm{d}\Omega+\int_{\Gamma_q}\delta\phi\left(k\frac{\partial\phi}{\partial n}-\bar{q}\right)\mathrm{d}\Gamma+\\&\int_{\Gamma_\phi}\delta\lambda(\phi-\bar{\phi})\mathrm{d}\Gamma+\int_{\Gamma_\phi}\delta\phi\left(k\frac{\partial\phi}{\partial n}+\lambda\right)\mathrm{d}\Gamma\end{aligned} \tag{2.2.22}$$

由变分的任意性得：

$$k\frac{\partial^2\phi}{\partial x^2}+k\frac{\partial^2\phi}{\partial y^2}+Q=0$$

$$k\frac{\partial\phi}{\partial n}-\overline{q}=0 \tag{2.2.23}$$

$$\phi-\overline{\phi}=0$$

$$k\frac{\partial\phi}{\partial n}+\lambda=0 \quad （在边界 \Gamma_\phi 上） \tag{2.2.24}$$

式(2.2.23)是二维热传导问题的微分方程及自然边界条件，式(2.2.24)则是用拉格朗日乘子引入强制边界条件得到的约束条件。由于式(2.2.23)的第一式不包含 λ，因此，当以近似函数

$$\widetilde{\phi}=\sum N_i a_i,\qquad \widetilde{\lambda}=\sum \widetilde{N}_i b_i \tag{2.2.25}$$

代入后，系统的刚度矩阵中与 b_i 有关的对角线元素将是零。由于泛函中的场函数满足的是微分方程，且定义域与约束条件不同，因此，无法采用函数有条件极值的直接代入法将其转换为无约束变分原理，从而避免刚度矩阵对角线元素为零的尴尬。

解决上述问题的方法是由式(2.2.24)的第二式解出 $\lambda=-k(\partial\phi/\partial n)$ 并代入式(2.2.21)得到不包含 λ 的修正泛函

$$\Pi^*(\phi,\lambda)=\int_\Omega\left[\frac{1}{2}k\left(\frac{\partial\phi}{\partial x}\right)^2+\frac{1}{2}k\left(\frac{\partial\phi}{\partial y}\right)^2-\phi Q\right]\mathrm{d}\Omega-\int_{\Gamma_q}\phi\overline{q}\,\mathrm{d}\Gamma-\int_{\Gamma_\phi}k\frac{\partial\phi}{\partial n}(\phi-\overline{\phi})\,\mathrm{d}\Gamma \tag{2.2.26}$$

由于式(2.2.26)中引入了强制边界条件，因此，选择近似函数时不必再考虑边界 Γ_ϕ 上满足 $\phi=\overline{\phi}$。同时，由于消去了 λ，泛函中的待定参数也没有增加，但是边界条件中出现了非平方的二次项[式(2.2.26)的第三项]，因此，泛函将不再具有极值性，即在真实解附近泛函仅为驻值，这一点与函数有条件极值问题相同。下面以式(2.2.14)的函数为例来具体说明有条件极值的极值性问题。

多元函数 $f(x_1,x_2,\cdots,x_n)=0$ 在驻值点是否取得极值取决于其二次型矩阵的正定性

$$a_{11}>0,\ \begin{vmatrix}a_{11}&a_{12}\\a_{21}&a_{22}\end{vmatrix}>0,\cdots,\begin{vmatrix}a_{11}&a_{12}&\cdots&a_{1n}\\a_{21}&a_{22}&\cdots&a_{2n}\\\vdots&\vdots&\ddots&\vdots\\a_{n1}&a_{n2}&\cdots&a_{nn}\end{vmatrix}>0, \tag{2.2.27}$$

或负定性

$$a_{11}>0,\ \begin{vmatrix}a_{11}&a_{12}\\a_{21}&a_{22}\end{vmatrix}<0,\cdots,(-1)^n\begin{vmatrix}a_{11}&a_{12}&\cdots&a_{1n}\\a_{21}&a_{22}&\cdots&a_{2n}\\\vdots&\vdots&\ddots&\vdots\\a_{n1}&a_{n2}&\cdots&a_{nn}\end{vmatrix}>0, \tag{2.2.28}$$

式中：a_{ij} 为多元函数在驻值点的二阶导数值，即：

$$f''_{x_ix_j}(x_1^0,x_2^0,\cdots,x_n^0)=a_{ij}\qquad (i,j=1,2,\cdots,n)$$

对于式(2.2.14)的二元函数,其无条件极值的驻值点由下列方程确定:

$$\begin{aligned} 4x - 2y + 18 = 0 \\ -2x + 2y + 6 = 0 \end{aligned} \tag{2.2.29}$$

由此解得 $x=-12, y=-15$,其二次型的各阶主子式为:

$$a_{11} = 4 > 0,\ \begin{vmatrix} a_{11} & a_{12} \\ a_{21} & a_{22} \end{vmatrix} = \begin{vmatrix} 4 & -2 \\ -2 & 2 \end{vmatrix} = 12 > 0 \tag{2.2.30}$$

由式(2.2.30)可知,该函数在 $x=-12, y=-15$ 取得极值。而增加附加条件式(2.2.15)后,由式(2.2.18)可求得 $x=-12, y=-12$,而其二次型的各阶主子式可由式(2.2.19)直接得到

$$a_{11} = 4 > 0,\ \begin{vmatrix} a_{11} & a_{12} \\ a_{21} & a_{22} \end{vmatrix} = \begin{vmatrix} 4 & -2 \\ -2 & 2 \end{vmatrix} = 4 > 0,$$

$$\begin{vmatrix} a_{11} & a_{12} & a_{13} \\ a_{21} & a_{22} & a_{23} \\ a_{31} & a_{32} & a_{33} \end{vmatrix} = \begin{vmatrix} 4 & -2 & 1 \\ -2 & 2 & -1 \\ 1 & -1 & 0 \end{vmatrix} = -2 < 0 \tag{2.2.31}$$

如果由式(2.2.18)的第一式或第二式求出 λ,并代入式(2.2.17)得到一个不包含 λ 的修正函数

$$\overline{z}^*(x,y) = 2xy - y^2 + 24x \tag{2.2.32}$$

其二次型的各阶主子式为:

$$a_{11} = 0,\ \begin{vmatrix} a_{11} & a_{12} \\ a_{21} & a_{22} \end{vmatrix} = \begin{vmatrix} 0 & 2 \\ 2 & -2 \end{vmatrix} = -4 < 0 \tag{2.2.33}$$

由此可知,函数的无条件极值是在驻值点取得极值,而有条件极值问题求得的往往只是驻值而非极值。

2.2.2 罚函数法

罚函数法与拉格朗日乘子法的区别是引入附加条件的形式不同,拉格朗日乘子法引入的是附加条件的原形,即 $C(\boldsymbol{u})=0$,而罚函数法则是附加条件乘积的形式

$$\{C(\boldsymbol{u})\}^{\mathrm{T}}\{C(\boldsymbol{u})\} = C_1^2(\boldsymbol{u}) + C_2^2(\boldsymbol{u}) + \cdots + C_n^2(\boldsymbol{u}) \tag{2.2.34}$$

当附加条件精确得到满足时,式(2.2.34)等于零,否则,它将大于零。显然,式(2.2.34)在满足变分原理

$$\delta(\{C(\boldsymbol{u})\}^{\mathrm{T}}\{C(\boldsymbol{u})\}) = 0 \tag{2.2.35}$$

的条件下将是最小的。因此,罚函数法利用一个充分大的系数将附加条件以乘积的形式引入泛函

$$\Pi^{**}(\boldsymbol{u}) = \Pi(\boldsymbol{u}) + \alpha\int_{\Omega} \{C(\boldsymbol{u})\}^{\mathrm{T}}\{C(\boldsymbol{u})\}\mathrm{d}\Omega \tag{2.2.36}$$

式中的 α 被称为罚函数,若泛函 $\Pi(u)$ 本身是极小值问题,则 α 取正数。此时,α 越大,则附加条件的乘积越小,附加条件的满足程度越高。因此,通常 α 应取较大的值。下面仍以上一节的函数有条件极值为例来说明。

式(2.2.14)的罚函数法修正函数可表示为:

$$z^{**}(x,y) = 2x^2 - 2xy + y^2 + 18x + 6y + \alpha(x-y)^2 \tag{2.2.37}$$

上式取驻值的条件为：

$$\begin{aligned}&\frac{\partial}{\partial x}z^{**}(x,y)=4x-2y+18+2\alpha(x-y)=0\\&\frac{\partial}{\partial x}z^{**}(x,y)=-2x+2y+6-2\alpha(x-y)=0\end{aligned}\tag{2.2.38}$$

由式(2.2.38)求得：

$$x=-12,\ y=\frac{-12-15/\alpha}{1+1/\alpha}\tag{2.2.39}$$

分析式(2.2.39)可知，当 $\alpha\rightarrow\infty$时，$y\rightarrow-12$。

从上面的例子可以看出，用罚函数法求解函数有条件极值问题不增加未知参数的数量，并且不改变驻值的性质。即原函数为极值问题，那么采用罚函数法构造的修正函数仍取极值。如式(2.2.37)的二次型的各阶主子式分别为：

$$a_{11}=4+2\alpha>0,\ \begin{vmatrix}a_{11}&a_{12}\\a_{21}&a_{22}\end{vmatrix}=\begin{vmatrix}4+2\alpha&-2-2\alpha\\-2-2\alpha&2+2\alpha\end{vmatrix}=4\alpha+4>0\tag{2.2.40}$$

因此，修正函数 $z^{**}(x,y)$ 在驻值点仍取得极小值，即函数的极值性没有因附加条件的引入而改变，这一点与拉格朗日乘子法不同。

尽管罚函数法具有上述优点，但也有一个需要特别注意的关键问题——收敛性。为便于理解，我们仍以式(2.2.37)的函数有条件极值问题来说明。将式(2.2.38)表示成矩阵的形式：

$$\left(\begin{bmatrix}4&-2\\-2&2\end{bmatrix}+2\alpha\begin{bmatrix}1&-1\\-1&1\end{bmatrix}\right)\begin{Bmatrix}x\\y\end{Bmatrix}=\begin{Bmatrix}-18\\-6\end{Bmatrix}\tag{2.2.41}$$

从上式可以看出，与罚函数 α 相关的矩阵必须是奇异的，才能保证当 $\alpha\rightarrow\infty$时，方程有非零解。而非零解正是该矩阵的特征向量，其意义就是附加条件 $x=y$。对于一般的线性代数方程组，方程某个系数的微小变化对解的影响并不大。但式(2.2.41)中与罚函数 α 相关的系数矩阵一个微小的变化将使其失去奇异性，从而对解答产生较大的影响。α 越大，影响越大，甚至导致结果不收敛(得到零解)。例如，将式(2.2.41)中第二项的矩阵下三角元素改为 1.1，则当 $\alpha=1$ 时，$x=-10.8261$，$y=-11.1739$；当 $\alpha=10$ 时，$x=-6.1304$，$y=-5.8696$；而当 $\alpha=10000$ 时，$x=-0.0129$，$y=-0.0120$。这表明，当 $\alpha\rightarrow\infty$时，x 和 y 将同时趋于零。由此可知，保持与罚函数 α 相关的系数矩阵的奇异性对采用罚函数法求解的成败有决定性的影响。

还应当指出的是，实际计算时罚函数 α 不可能取无穷大，只能取较大的有限值。因为，实际计算时不是先求特征值问题再求解原方程，而是直接求解原方程。因此，当罚函数 α 取得过大时，方程已呈病态，从而导致求解失败。另外，由于罚函数只能取有限值，因此，采用罚函数法求解只能得到近似解。下面以梁弯曲问题为例来讨论罚函数法在约束变分原理中的应用。

欧拉梁弯曲问题的泛函可表示为：

$$\Pi(y)=\int_L\frac{EI}{2}\left(\frac{\mathrm{d}^2y}{\mathrm{d}x^2}\right)^2\mathrm{d}x-\int_L yq\,\mathrm{d}x\tag{2.2.42}$$

式中：y 为梁的中性轴挠度；L 为梁的跨长；E 为材料的弹性模量；I 为梁截面惯性矩；q 为分布荷载。

由于式(2.2.42)中出现了 y 的二次导数，因此，要求试探函数具有 C_1 的连续性。为了降低对试探函数连续性的要求，可以将式(2.2.42)表示为：

$$\Pi(y,\theta)=\int_L \frac{EI}{2}\left(\frac{\mathrm{d}\theta}{\mathrm{d}x}\right)^2\mathrm{d}x-\int_L yq\,\mathrm{d}x \tag{2.2.43}$$

式中：θ 为梁截面的转角。

式(2.2.43)的泛函中，y 和 θ 被看作是两个独立的变量，且仅有 θ 的一次导数项，因此，y 和 θ 的试探函数可以是具有 C_0 连续性的函数。而欧拉梁弯曲的挠度 y 与转角 θ 关系

$$\frac{\mathrm{d}y}{\mathrm{d}x}-\theta=0 \tag{2.2.44}$$

可作为附加条件引入泛函

$$\Pi^{**}(y,\theta)=\Pi(y,\theta)+\alpha\int_L\left(\frac{\mathrm{d}y}{\mathrm{d}x}-\theta\right)^2\mathrm{d}x \tag{2.2.45}$$

由 Timoshenko 梁理论可知，当罚函数 $\alpha=GA/2k_s$ 时，上式的第二项表示梁的剪切应变能。当梁的高跨比较大时，附加条件的引入正是考虑剪切变形影响对欧拉梁弯曲问题的修正。而当梁的高跨比较小时，剪切变形的影响可以忽略，即假设挠度 y 与转角 θ 的关系式(2.2.44)成立，则此时的 $\alpha=GA/2k_s$ 起到了罚函数的作用。因为，此时式(2.2.45)的第二项与式(2.2.43)第一项的比值 $\propto GA/(EI/l^2)\propto l^2/h^2>>1$（$l$ 为梁长，h 为梁高）。当 $l/h\to\infty$ 时，$\mathrm{d}y/\mathrm{d}x-\theta\to 0$，则解答趋于欧拉梁的解析解。

罚函数法的实际应用也存在一定的困难。困难之一是将约束泛函式(2.2.36)代入变分原理将得到下列形式的求解方程

$$([K]_1+\alpha[K]_2)\{a\}=\{P\} \tag{2.2.46}$$

其中，$[K]_1$ 是从泛函 $\Pi(y,\theta)$ 导出的，$[K]_2$ 是从引入的附加条件项导出的。当 $\alpha\to\infty$ 时，式(2.2.46)将退化为：

$$[K]_2\{a\}\approx\frac{1}{\alpha}\{P\}\to 0 \tag{2.2.47}$$

分析上式可知，除非 $[K]_2$ 是奇异的，否则 $\{a\}$ 只有零解。$[K]_2$ 的奇异性并非总是顺理成章的，例如，式(2.2.45)所表示的泛函中，如果 y 和 θ 采用同阶的试探函数，且与罚函数相关的积分采用精确积分，则 $[K]_2$ 就是非奇异的。因此，采用罚函数法求解泛函的极值问题时，为保证 $[K]_2$ 的奇异性需采用专门的措施，这些内容将在后续的相关章节中介绍。

困难之二是，试图利用罚函数 $\alpha\to\infty$ 来得到精确解是不可能的。因为当罚函数 α 大到一定程度(仍为有限值)，方程已呈病态而导致求解失败。因此，罚函数 α 只能控制在一个合理(方程不病态且解答的精度满足要求)的范围内。罚函数 α 的取值是应用罚函数法时一个不易掌握的技术。其原则是：应使由于罚函数为有限值而导致附加条件未能精确满足所引起的误差与其他误差(如离散误差和截断误差等)之和为最小。实际上，通常需要根据具体问题的特殊性和计算机字长等因素通过试算来确定。一般情况下，$\alpha[K]_2$ 的主元比 $[K]_1$ 的主元大 $10^4\sim10^5$ 常可取得比较满意的结果。

2.3 弹性力学广义变分原理

2.3.1 胡海昌—鹫津久原理(简称 H-W 变分原理)

如果选择位移场函数的试探函数时不要求其满足几何方程和位移边界条件，而将几何方程和位移边界条件作为附加条件引入泛函，则系统总位能可表示为相互独立的位移场函数和

应变场函数的泛函。

$$\Pi_{H-W}=\Pi(u_i,\varepsilon_{ij})+\int_V\lambda_{ij}\left[\varepsilon_{ij}-\frac{1}{2}(u_{i,j}+u_{j,i})\right]dV+\int_{S_u}p_i(u_i-\overline{u}_i)dS \tag{2.3.1}$$

式中：λ_{ij} 和 p_i 分别为域 V 内和边界 S_u 上拉格朗日乘子，它们是独立坐标 x_i 的任意函数。

由变分原理得：

$$\begin{aligned}\delta\Pi_{H-W}=&\int_V\left\{\delta\varepsilon_{ij}D_{ijkl}\varepsilon_{kl}-\delta u_if_i+\delta\lambda_{ij}\left[\varepsilon_{ij}-\frac{1}{2}(u_{i,j}+u_{j,i})\right]+\right.\\&\left.\lambda_{ij}\left[\delta\varepsilon_{ij}-\frac{1}{2}(\delta u_{i,j}+\delta u_{j,i})\right]\right\}dV-\int_{S_\sigma}\delta u_i\overline{T}_idS+\\&\int_{S_u}[\delta p_i(u_i-\overline{u}_i)+p_i\delta u_i]dS=0\end{aligned} \tag{2.3.2}$$

对式(2.3.2)第一个积分式的最后一项 $\lambda_{ij}(\delta u_{i,j}+\delta u_{j,i})$ 作一次分部积分，代入上式得：

$$\begin{aligned}\delta\Pi_{H-W}=&\int_V\left\{\delta\varepsilon_{ij}(D_{ijkl}\varepsilon_{kl}+\lambda_{ij})+\delta u_i(\lambda_{ij,j}-f_i)+\delta\lambda_{ij}\left[\varepsilon_{ij}-\frac{1}{2}(u_{i,j}+u_{j,i})\right]\right\}dV-\\&\int_{S_\sigma}\delta u_i(\lambda_{ij}n_j+\overline{T}_i)dS+\int_{S_u}[\delta u_i(p_i-\lambda_{ij}n_j)+\delta p_i(u_i-\overline{u}_i)]dS=0\end{aligned} \tag{2.3.3}$$

由变分的任意性可得泛函 Π_{H-W} 的驻值条件

$$D_{ijkl}\varepsilon_{kl}+\lambda_{ij}=0 \quad \text{在域}V\text{内} \tag{2.3.4}$$

$$\lambda_{ij,j}-f_i=0 \quad \text{在域}V\text{内} \tag{2.3.5}$$

$$\varepsilon_{ij}-\frac{1}{2}(u_{i,j}+u_{j,i})=0 \quad \text{在域}V\text{内} \tag{2.3.6}$$

$$\lambda_{ij}n_j+\overline{T}_i=0 \quad \text{在边界}S_\sigma\text{上} \tag{2.3.7}$$

$$p_i-\lambda_{ij}n_j=0 \quad \text{在边界}S_u\text{上} \tag{2.3.8}$$

$$u_i-\overline{u}_i=0 \quad \text{在边界}S_u\text{上} \tag{2.3.9}$$

由式(2.3.4)及式(2.3.7)和式(2.3.8)可求出拉格朗日乘子

$$\lambda_{ij}=-D_{ijkl}\varepsilon_{kl}=-\sigma_{ij} \tag{2.3.10}$$

$$p_i=\lambda_{ij}n_j=-\overline{T}_i=-\sigma_{ij}n_j \tag{2.3.11}$$

由此可知，λ_{ij} 和 p_i 的物理意义分别是弹性体的应力和边界力。

将式(2.3.10)和式(2.3.11)代入式(2.3.4)、式(2.3.5)和式(2.3.7)，则驻值条件不包括式(2.3.8)的其他5式即为弹性力学的全部微分方程和边界条件。

将式(2.3.10)和式(2.3.11)代入式(2.3.1)，则修正泛函可表示为：

$$\begin{aligned}\Pi_{H-W}(u_i,\varepsilon_{ij},\sigma_{ij})=&\int_V\left\{\frac{1}{2}D_{ijkl}\varepsilon_{ij}\varepsilon_{kl}-u_if_i-\sigma_{ij}\left[\varepsilon_{ij}-\frac{1}{2}(u_{i,j}+u_{j,i})\right]\right\}dV-\\&\int_{S_\sigma}u_i\overline{T}_idS-\int_{S_u}\sigma_{ij}n_i(u_i-\overline{u}_i)dS\end{aligned} \tag{2.3.12}$$

需要指出的是，上式表示的泛函其变分等于零的条件是驻值条件而非极值条件。

2.3.2　Hellinger-Reissner(简称 H-R 变分原理)

如果泛函 Π_{H-W} 中的场函数 ε_{ij} 和 σ_{ij} 不是相互独立的，即服从物理方程，则可以利用关系 $\varepsilon_{ij}=C_{ijkl}\sigma_{kl}$ 将式(2.3.12)中的应变用应力表示，其中的

$$\frac{1}{2}D_{ijkl}\varepsilon_{ij}\varepsilon_{kl}-\sigma_{ij}\varepsilon_{ij}=-\frac{1}{2}C_{ijkl}\sigma_{ij}\sigma_{kl}=-V(\sigma_{ij}) \tag{2.3.13}$$

将上式代入式(2.3.12)就得到一个新的泛函

$$\begin{aligned}\Pi_{\text{H-R}}(u_i,\sigma_{ij})=&\int_V\left[\frac{1}{2}\sigma_{ij}(u_{i,j}+u_{j,i})-V(\sigma_{ij})-f_iu_i\right]\mathrm{d}V-\\&\int_{S_\sigma}\overline{T}_iu_i\mathrm{d}S-\int_{S_u}\sigma_{ij}n_i(u_i-\overline{u}_i)\mathrm{d}S\end{aligned} \tag{2.3.14}$$

上式就是 Hellinger-Reissner 变分原理的泛函表达式，其独立的场函数是 u_i 和 σ_{ij}。H-R 变分原理是没有附加条件的约束变分原理，同时也是驻值原理而非极值原理。由于独立的场函数有位移也有应力，故也称其为混合变分原理。

对式(2.3.14)作一次分部积分得：

$$\begin{aligned}\Pi_{\text{H-R}}(u_i,\sigma_{ij})=&-\int_V[V(\sigma_{ij})+(\sigma_{ij,j}+f_i)u_i]\mathrm{d}V-\\&\int_{S_\sigma}(\overline{T}_i-T_i)u_i\mathrm{d}S+\int_{S_u}T_i\overline{u}_i\mathrm{d}S\end{aligned} \tag{2.3.15}$$

如果选择的近似场函数 σ_{ij} 满足平衡方程和力边界条件，则上式体积分的第二项 $(\sigma_{ij,j}+f_i)u_i$ 和力边界 S_σ 上的积分均为零，则式(2.3.15)退化为最小余能原理的泛函

$$\begin{aligned}\Pi_c(u_i,\sigma_{ij})&=\int_V V(\sigma_{ij})\mathrm{d}V-\int_{S_u}T_i\overline{u}_i\mathrm{d}S\\&=\int_V\frac{1}{2}C_{ijkl}\sigma_{ij}\sigma_{kl}\mathrm{d}V-\int_{S_u}T_i\overline{u}_i\mathrm{d}S\end{aligned} \tag{2.3.16}$$

2.4 弹性力学修正变分原理

弹性力学修正变分原理本质上也是一种广义变分原理，不同的是，在广义变分原理中，利用拉格朗日乘子将场函数应满足的附加条件引入泛函，使附加条件不能精确地得到满足，使得定义在单元上的场函数在单元交界面上可能出现不连续的问题。修正变分原理就是想通过约束变分原理来修正泛函，从而达到放松场函数在单元交界面上的连续性要求。

2.4.1 修正的位能原理

有限元方法应用于一般弹性力学问题时，场函数是位移，被称之为位移有限元。作为位移有限元的理论基础——最小位能原理中位移函数的导数最高次数是 1，因此，在单元交界面上要求位移连续。而修正的位能原理是解决单元位移模式不能满足在交界面上连续的情况下，如何对位能原理进行修正。

设求解域 V 被划分成 n_e 个单元，分别以 $V_1,V_2,\cdots,V_{n_e}$ 表示。V_a 和 V_b 是其中任意两个相邻的单元，S_{ab} 为它们的交界面。用 $\sigma_{ij}^{(a)},\varepsilon_{ij}^{(a)},u_i^{(a)}$ 和 $\sigma_{ij}^{(b)},\varepsilon_{ij}^{(b)},u_i^{(b)}$ 分别表示单元 V_a 和 V_b 的应力、应变和位移。这样一来，单元交界面上的位移连续性要求可表示为：

$$u_i^{(a)}=u_i^{(b)}\quad(\text{在 } S_{ab} \text{ 上}) \tag{2.4.1}$$

如果在构造单元位移场的插值函数时，上述连续性条件未能得到满足，则可以利用拉格朗日乘子将连续性要求引入泛函，即：

$$\Pi_{mp1} = \Pi_p - \sum H_{ab1} \tag{2.4.2}$$

式中：Π_p 是最小位能原理的泛函

$$\Pi_p(u_i, \varepsilon_{ij}) = \sum_e \left[\int_{V^e} \left(\frac{1}{2} D_{ijkl} \varepsilon_{ij} \varepsilon_{kl} - u_i f_i \right) \mathrm{d}V - \int_{S_\sigma^e} u_i \overline{T}_i \mathrm{d}S \right] \tag{2.4.3}$$

$\sum H_{ab1}$是引入的修正项，$\sum$表示在所有交界面上求和，H_{ab1}可表示为：

$$H_{ab1} = \int_{S_{ab}} \lambda_i (u_i^{(a)} - u_i^{(b)}) \mathrm{d}S \tag{2.4.4}$$

式(2.4.4)中的拉格朗日乘子 λ_i是定义在边界 S_{ab} 上的独立场变量。

对式(2.4.2)作变分和分部积分运算可以得到在交界面 S_{ab}上的表达式

$$\begin{aligned} \delta\Pi_{mp1} = \cdots + \int_{S_{ab}^*} (T_i^{(a)} u_j^{(a)} - \lambda_i) \delta u_i^{(a)} \mathrm{d}S + \int_{S_{ba}^*} (T_i^{(b)} u_j^{(b)} + \lambda_i) \delta u_i^{(b)} \mathrm{d}S - \\ \int_{S_{ab}} \delta\lambda_i (u_i^{(a)} - u_i^{(b)}) \mathrm{d}S + \cdots = 0 \end{aligned} \tag{2.4.5}$$

式中：

$$T_i^{(a)} u_j^{(a)} = \frac{1}{2} D_{ijkl}^{(a)} (u_{k,l}^{(a)} + u_{l,k}^{(a)}) n_j^{(a)}$$

$$T_i^{(b)} u_j^{(b)} = \frac{1}{2} D_{ijkl}^{(b)} (u_{k,l}^{(b)} + u_{l,k}^{(b)}) n_j^{(b)}$$

$$n_j^{(a)} = - n_j^{(b)}$$

S_{ab}^* 和 S_{ba}^* 分属于 ∂V_a 和 ∂V_b 交界面，而 ∂V_a 和 ∂V_b 分别表示 V_a和 V_b的全部界面。

从式(2.4.5)可得交界面 S_{ab}上的驻值条件

$$T_i^{(a)} u_j^{(a)} = \lambda_i \qquad \text{在 } S_{ab}^* \text{ 上} \tag{2.4.6}$$

$$T_i^{(b)} u_j^{(b)} = -\lambda_i \qquad \text{在 } S_{ba}^* \text{ 上} \tag{2.4.7}$$

$$u_i^{(a)} = u_i^{(b)} \qquad \text{在 } S_{ab} \text{ 上} \tag{2.4.8}$$

由于 $u_j^{(a)}$ 和 $u_j^{(b)}$ 是近似解，因此，在 S_{ab}^* 和 S_{ba}^* 上分别定义的$\lambda_i^{(a)}$ 和$\lambda_i^{(b)}$ 一般并不相等。所以，不能直接利用式(2.4.6)和式(2.4.7)消去泛函 Π_{mp1} 中的 λ_i来减少场函数的数量，即在利用 Π_{mp1} 放松单元交界面上位移连续性要求时，必须保持修正泛函中的拉格朗日乘子是定义在单元交界面上的独立场函数。

需要指出的是，修正泛函 Π_{mp1} 不再具有极值性，而成为驻值问题，因为引入 Π_{mp1} 的修正项 $\sum \int_{S_{ab}} \lambda_i (u_i^{(a)} - u_i^{(b)}) \mathrm{d}S$ 是非平方的二次项。

修正的位能原理还可以有另一种表达形式，为此，在单元交界面 S_{ab}上设一个位移函数 μ_i，则边界面 S_{ab}上的位移连续性条件(2.4.1)式可表示为：

$$u_i^{(a)} - \mu_i = 0 \qquad \text{在 } S_{ab}^* \text{ 上} \tag{2.4.9}$$

$$u_i^{(b)} - \mu_i = 0 \qquad \text{在 } S_{ba}^* \text{ 上} \tag{2.4.10}$$

利用拉格朗日乘子将上述条件引入泛函

$$\Pi_{mp2} = \Pi_p - \sum H_{ab2} \tag{2.4.11}$$

其中：

$$H_{ab2} = \int_{S_{ab}^*} \lambda_i^{(a)} (u_i^{(a)} - \mu_i) \mathrm{d}S + \int_{S_{ba}^*} \lambda_i^{(b)} (u_i^{(b)} - \mu_i) \mathrm{d}S \tag{2.4.12}$$

对式(2.4.11)作变分并作一次分部积分得：

$$\delta\Pi_{mp2} = \cdots + \int_{S_{ab}^*} (T_i^{(a)} u_j^{(a)} - \lambda_i^{(a)}) \delta u_i^{(a)} \mathrm{d}S + \int_{S_{ba}^*} (T_i^{(b)} u_j^{(b)} - \lambda_i^{(b)}) \delta u_i^{(b)} \mathrm{d}S -$$

$$\int_{S_{ab}^*} (u_i^{(a)} - \mu_i) \delta\lambda_i^{(a)} \mathrm{d}S + \int_{S_{ba}^*} (u_i^{(b)} - \mu_i) \delta\lambda_i^{(b)} \mathrm{d}S - \int_{S_{ab}} (\lambda_i^{(a)} + \lambda_i^{(b)}) \delta\mu_i \mathrm{d}S \tag{2.4.13}$$

由此可得驻值条件

$$\begin{aligned} &\lambda_i^{(a)} = T_i^{(a)} u_j^{(a)},\ \lambda_i^{(b)} = T_i^{(b)} u_j^{(b)} \\ &u_i^{(a)} - \mu_i = 0,\ u_i^{(b)} - \mu_i = 0 \\ &\lambda_i^{(a)} + \lambda_i^{(b)} = 0 \end{aligned} \tag{2.4.14}$$

利用上式的前两式消去式(2.4.12)中的拉格朗日乘子，从而减少泛函 Π_{mp2} 中的场变量个数，则修正的位能原理式(2.4.11)可表示为：

$$\Pi_{mp3} = \Pi_p - \sum H_{ab3} \tag{2.4.15}$$

其中：

$$H_{ab3} = \int_{S_{ab}^*} T_i^{(a)} u_j^{(a)} (u_i^{(a)} - \mu_i) \mathrm{d}S + \int_{S_{ba}^*} T_i^{(b)} u_j^{(b)} (u_i^b - \mu_i) \mathrm{d}S$$

泛函 Π_{mp3} 中的场函数是 $u_j^{(a)}$、$u_j^{(b)}$ 和 μ_i，修正的位能原理均不是极小值问题。

2.4.2 修正的余能原理

在最小余能原理的泛函

$$\Pi_c(\sigma_{ij}) = \int_V \frac{1}{2} C_{ijkl} \sigma_{ij} \sigma_{kl} \mathrm{d}V - \int_{S_u} T_i \bar{u}_i \mathrm{d}S \tag{2.4.16}$$

中，应力场函数 σ_{ij} 需事先满足平衡方程和力的边界条件。当应用于有限元分析时，在单元交界面 S_{ab} 上应力满足平衡的要求可表示为：

$$T_i^{(a)} + T_i^{(b)} = 0 \tag{2.4.17}$$

式中：$T_i^{(a)} = \sigma_{ij}^{(a)} n_j^{(a)}$ 和 $T_i^{(b)} = \sigma_{ij}^{(b)} n_j^{(b)}$ 分别为单元 a 和单元 b 在交界面 S_{ab} 上的面力。

与修正的位能原理类似，在选择应力的试探函数时，可以不考虑满足式(2.4.17)的要求，利用拉格朗日乘子将此附加条件引入泛函，得到修正的余能原理，其泛函可表示为：

$$\Pi_{mc} = \Pi_c - \sum G_{ab} \tag{2.4.18}$$

式中：

$$G_{ab} = \int_{S_{ab}} \lambda_i (T_i^{(a)} + T_i^{(b)}) \mathrm{d}S$$

与修正的位能原理类似，通过对式(2.4.18)作变分和分部积分运算可得到一组满足驻值条件的方程，从中解出 λ_i 并代入上式得到不包含 λ_i 的修正的余能原理表达式。此处不再赘述，作为练习读者可自行推导。

第 3 章　弹性力学有限单元法

3.1 概　　述

从上一章的讨论中我们看到，变分原理是微分方程近似解法的一种——伽辽金等效积分的“弱”形式，在变分原理中，尽管对试探函数的连续性要求比真实解降低了，但是，试探函数必须满足强制边界条件的要求仍然给构造试探函数带来不小的麻烦。因此，前面提到的有限元方法的基本思想——用子域上的简单函数来模拟全域上的复杂场函数仅是有限元方法的一个方面，而且所谓简单函数也只能简单到其连续性比泛函的最高阶导数低一阶。有限元方法的另一个重要特征是可以解决任何复杂边界的问题，这个特征使得有限元方法得到广泛的应用。

有限元方法的实质就是将变分原理应用于子域，这一点与加权余量法的子域法相同，且两种方法都是通过增加单元（子域）的数量来提高解的精度。不同的是，子域法增加子域数量的目的是增加近似解的项数，从而提高解的精度。而有限元方法增加单元的数量并不改变近似解的连续性（即不增加高次项），它提高计算精度的方法可以用直线段画曲线来说明，线段的数量越多、每个线段的长度越短，画出的曲线越光滑。因此，有限单元法划分单元的目的有两个，一个是用简单的函数来模拟复杂的原函数，另一个是用直线段来模拟复杂的边界。

本章讨论弹性力学有限元方法的一般原理和基本方法，介绍单元位移函数（弹性力学有限元方法采用位移解）的构造准则和单元插值（形）函数的性质，介绍有限元方程的建立和求解方法，并对有限元解的收敛性和精度作简单的讨论。由于梁和板的弯曲问题具有与一般弹性力学问题不同的基本方程和边界条件，因此，梁和板的有限元方法将在后续章节中讨论。

3.2 有限元方程的建立

有限元方法的基础是变分原理，与变分原理不同的是，有限元方法将泛函的积分域由微分方程的定义域缩小为子域，这一点与加权余量法的子域法相同，有限元方法称其为单元。与子域法不同的是，有限元方法的近似解是定义在单元上的连续函数（满足泛函可积），无论是内部单元还是边界单元，都不需要事先满足原问题的强制边界条件。当然，解的形式也不是一个全域上的连续函数，更不是所有单元上的连续函数组合，而是一组分布在全域上的离散数值。因此，有限元方法的单元积分结果并不是一组以近似解的待定参数（加权余量法的方程未知量）为未知量的代数方程组，而是一组以这些离散点的函数值为未知量的代数方程组。因此，有限元解在这些离散点上是连续的。在有限元方法中，称这些离散点为结点，它们是通过单元划分而产生的，其数量和位置不仅取决于单元划分的方式，还取决于单元类型——单元的结点数量。

上述分析表明，单元及其位移函数是有限元方法的精髓。因此，有限元方法的分析研究是围绕着单元及其位移函数的构造展开的。而有限元方程的建立是基于解的结点连续性条件，即同一个结点连接的所有单元计算出的该结点位移值相同。至于有限元方程的求解则可以采用任何一种代数方程组的计算方法，它只是有限元方法计算过程中不可缺少的一个步骤，而不是有限元方法的研究内容。

3.2.1 单元及位移函数

1. 单元几何特征

在子域法中，子域的数量与近似解的项数一一对应，而项数唯一地决定了近似解的精度，因此，子域的数量与近似解的精度密切相关。但子域的形状与近似解无关，仅仅作为积分域存在。在有限元法中，单元的数量与单元位移函数（近似解）的项数无关，与近似解（数值解）的精度有关，但并不唯一地决定近似解的精度，近似解的精度还取决于单元的形状和精度（相同形状的单元可以有不同的精度），而单元的形状和精度决定了位移函数的项数。有限元的单元与子域法的子域有相同的数学意义——积分域，因此，单元的形状决定了泛函积分的难易。为了便于积分运算，单元通常由平行于坐标轴的直线或平行于坐标面的平面分隔弹性体而形成，从而形成了矩形单元（平面问题）和六面体单元（空间问题），如图 3.1 所示。但是，矩形单元或六面体单元无法连续地模拟曲线或曲面边界，因此，又出现了任意四边形单元和三角形单元（平面问题）以及四面体单元和三角形棱柱单元（空间问题），如图 3.2 所示。

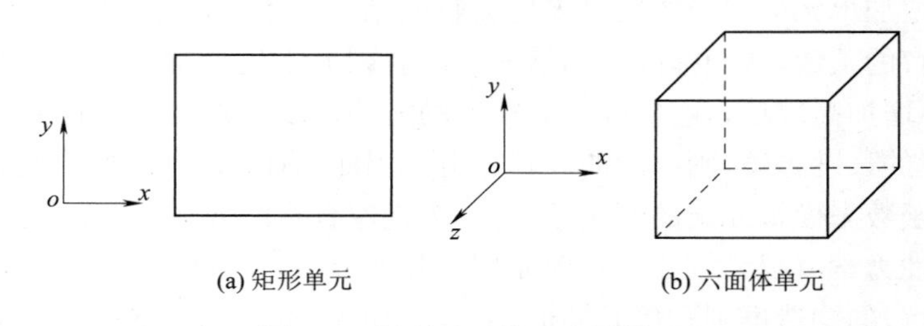

(a) 矩形单元　　(b) 六面体单元

图 3.1　规则的二维和三维单元

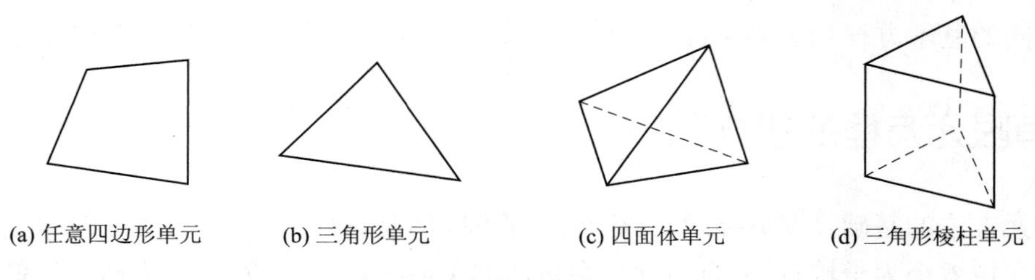
(a) 任意四边形单元　　(b) 三角形单元　　(c) 四面体单元　　(d) 三角形棱柱单元

图 3.2　不规则的二维和三维单元

前面曾提到，有限元方法的精度取决于单元的形状和精度。因此，单元的基本特征除了几何形状外，还有一个更重要的特征——结点数，即相同形状的单元具有不同的精度的标志。正是单元的结点数量决定了位移函数的项数，从而决定了有限元解的精度。结点是有限元方法的一个很重要指标，它是单元之间联系的纽带，也是有限元方程建立的基点，即有限元方程建立在结点的场函数值相等（场函数在结点处连续）的基础上。结点场函数值相等的条件也可以理解为单元的边界条件，即单元位移函数虽然不需要满足原问题的边界条件，但需要满足单元的结点“边界条件”——相邻单元的同一结点值相等，从而将位移函数中的待定参数以结点位移来表示。因此，单元的泛函是一个以结点位移为待定参数的方程组。每个单元的变分原理将得到与单元的结点数量相同的方程，这一点与子域法完全不同，子域法中，每个子域的积分结果为一个以近似解的待定参数为未知量的方程，因此，近似解中有多少个待定参数，就需要划分多少个子域。而有限元方法中，每个单元的变分原理将产生与结点数相同的方程，当然，位移函数中待定参数的数量与结点数有关，但与单元数量无关。单元数量完全取决于计算精度的要求，单元数量多仅仅是提高计算精度的一种方法，采用高精度的单元是提高计算精度的另一种方法。

子域法是通过增加子域的数量来增加近似解的项数，从而提高计算精度。而有限元方法可以通过增加单元数量但不增加单元位移函数(近似解)的项数来提高计算精度，也可以通过增加单元位移函数(近似解)的项数而不增加单元数量来提高计算精度，还可以同时增加单元数量和位移函数(近似解)的项数来提高计算精度。

2. 单元位移函数

单元的结点数量与单元位移函数的项数是一一对应的，这一点与子域法的近似解项数与子域数量的关系相同，但子域的数量是完全由近似解的项数决定的，而单元的结点数并不是完全由位移函数的项数决定的，对于线性单元(单元位移函数为线性函数)，结点数决定了位移函数的项数，而对于非线性单元，结点数由位移函数的项数或单元划分的需要(不同类型单元连接)决定。下面以三角形单元和矩形单元为例来说明单元的结点数与位移函数的项数之间的关系。

首先要说明的是，单元有一个基本的结点数，即几何形状的角点。因此，三角形单元的最小结点数为 3，矩形和任意四边形单元的最小结点数为 4，六面体单元的最小结点数为 8，如图 3.3所示。

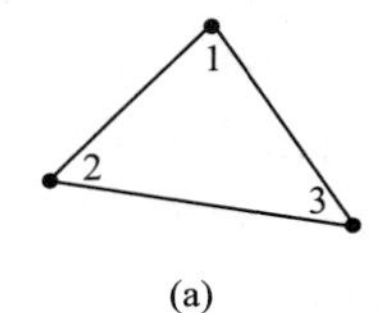

(a)

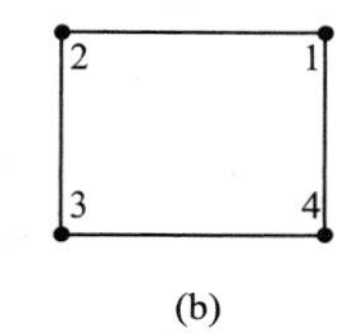

(b)

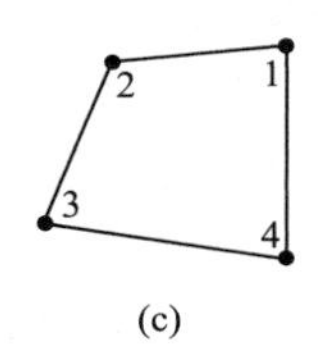

(c)

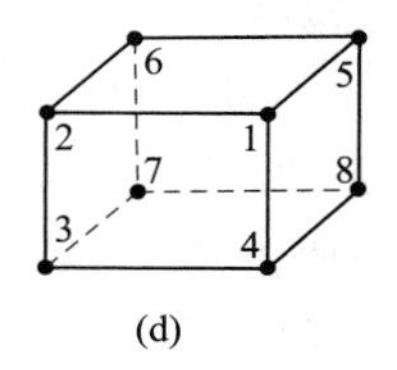

(d)

图 3.3 单元的最小结点数

具有最小结点数的单元为线性单元，如三结点三角形单元的位移函数可表示为：

$$
\begin{aligned}
u&=\alpha_0+\alpha_1 x+\alpha_2 y\\
v&=\beta_0+\beta_1 x+\beta_2 y
\end{aligned}
\tag{3.2.1}
$$

式(3.2.1)的两个方向位移各取三项并不是为了凑线性函数，而是单元的结点数决定的。对于四结点的矩形单元或任意四边形单元，其位移函数可表示为：

$$
\begin{aligned}
u&=\alpha_0+\alpha_1 x+\alpha_2 y+\alpha_3 xy\\
v&=\beta_0+\beta_1 x+\beta_2 y+\beta_3 xy
\end{aligned}
\tag{3.2.2}
$$

与式(3.2.1)相比，四边形单元的位移函数多了一个交叉二次项。如果是满足线性位移函数的要求，则前三项已经足够了，但是，由于结点数的限制，这个交叉的二次项是必不可少的。

从式(3.2.1)和式(3.2.2)可以看出，单元位移函数的项数与结点数是一一对应的，对于线性单元，结点数决定了位移函数的项数，四边形单元的位移函数充分证明了这一点。下面来具体的分析其中的力学和数学原理。

在加权余量法中，构造近似解须首先满足微分方程的强制边界条件(近似解没有常数项)，而在构造单元位移函数时我们没有考虑微分方程的边界条件，因此，位移函数式(3.2.1)和式(3.2.2)中都有两个常数项(α_0，β_0)，由于常数项与坐标无关，表明单元存在刚体位移。当所有结点的位移均为非零值时，单元一定存在刚体位移，因此，位移函数中的常数项是不可缺少的。对于某些结点位移为零的边界单元，可以通过引入边界条件来消除它的刚体位移，这个步骤不是在建立单元位移函数时完成的，因此，暂时不讨论消除刚体位移的方法。对于剩余项数的确定，则要考虑单元的"边界"条件了。单元的"边界"条件是结点位移，而不是边界直线或边界平面的位移。由于三结点三角形单元和四结点四边形单元分别有 2×3=6 和 2×4=8 个结点位移，因此，将三结点三角形单元和四结点四边形单元的结点坐标和结点位移分别代入式(3.2.1)和式(3.2.2)得：

$$\left.\begin{aligned} u_1 &= \alpha_0 + \alpha_1 x_1 + \alpha_2 y_1 \\ u_2 &= \alpha_0 + \alpha_1 x_2 + \alpha_2 y_2 \\ &\vdots \\ v_3 &= \beta_0 + \beta_1 x_3 + \beta_2 y_3 \end{aligned}\right\} 6\text{个方程} \tag{3.2.3}$$

$$\left.\begin{aligned} u_1 &= \alpha_0 + \alpha_1 x_1 + \alpha_2 y_1 + \alpha_3 x_1 y_1 \\ u_2 &= \alpha_0 + \alpha_1 x_2 + \alpha_2 y_2 + \alpha_3 x_2 y_2 \\ &\vdots \\ v_4 &= \beta_0 + \beta_1 x_4 + \beta_2 y_4 + \beta_3 x_4 y_4 \end{aligned}\right\} 8\text{个方程} \tag{3.2.4}$$

式(3.2.3)和式(3.2.4)的方程数和待定系数的数量相等，因此，可以分别求出式(3.2.1)和式(3.2.2)的待定系数 $\alpha_0 \sim \alpha_2$，$\beta_0 \sim \beta_2$ 和 $\alpha_0 \sim \alpha_3$，$\beta_0 \sim \beta_3$。对于四结点四边形单元，如果仅满足线性条件取位移函数式(3.2.2)的前三项，则 8 个方程求 6 个待定系数 $\alpha_0 \sim \alpha_2$，$\beta_0 \sim \beta_2$ 将导致解的不唯一。而对于三结点三角形单元，如果取式(3.2.2)的位移函数，则由于方程数小于未知量数而无法求出待定系数。因此，位移函数的待定系数个数应等于结点位移的自由度数乘以结点数。还有一点需要说明的是，位移函数式(3.2.2)中的交叉二次项，由于完全的一次项不满足待定系数的定解条件，因此，需要从二次项 x^2，xy，y^2 中补充一项，如果增加平方项 x^2 或 y^2，则位移函数在某个方向为二次函数，而在另一个方向为一次函数，导致位移函数不对称。因此，只能选择交叉项 xy，既保证了位移函数的对称形，同时，仍保持位移函数是线性的。从式(3.2.2)可以看出，当固定 x 时，位移沿 y 方向为线性变化，固定 y 时，位移沿 x 方向也为线性变化。

上面我们通过三结点三角形单元和四结点四边形单元证明了线性单元的位移函数由结点数确定，下面我们通过高次三角形和四边形单元来说明非线性单元的结点数取决于位移函数的项数。为了一目了然，我们以三次单元为例。

三次单元的位移函数至少应包括完全的三次项，即：

$$\begin{aligned} u &= \alpha_0 + \alpha_1 x + \alpha_2 y + \alpha_3 x^2 + \alpha_4 xy + \alpha_5 y^2 + \alpha_6 x^3 + \alpha_7 x^2 y + \alpha_8 xy^2 + \alpha_9 y^3 \\ v &= \beta_0 + \beta_1 x + \beta_2 y + \beta_3 x^2 + \beta_4 xy + \beta_5 y^2 + \beta_6 x^3 + \beta_7 x^2 y + \beta_8 xy^2 + \beta_9 y^3 \end{aligned} \tag{3.2.5}$$

上式中，每个方向的位移函数有 10 项，因此，单元至少应有 10 个结点。对于三角形单元，在原来 3 个角结点的基础还需增加 7 个结点。如果每条边增加两个结点，则少一个结点，即位移函数多一项；如果每条边增加 3 个结点则多两个结点，即位移函数少两项。应该采取哪个方案呢？我们来分析一下两个方案的合理性。在确定哪一个方案可行之前，我们首先要对基本结点之外的结点位置作一个说明。单元的结点除基本结点必须在几何形状的角点外，其他结点应设置在边界上。因为结点是相邻单元之间的连接基础，而边界是相邻单元的连接界面。

但是，边界上的结点数决定了位移函数的阶次，所以，一个单元必须有相同的边结点数，以保证每条边有相同的位移模式。由拉格朗日插值函数可知，单元边界的位移函数阶次等于边界结点数(包括角结点)减一，如图 3.4 所示。

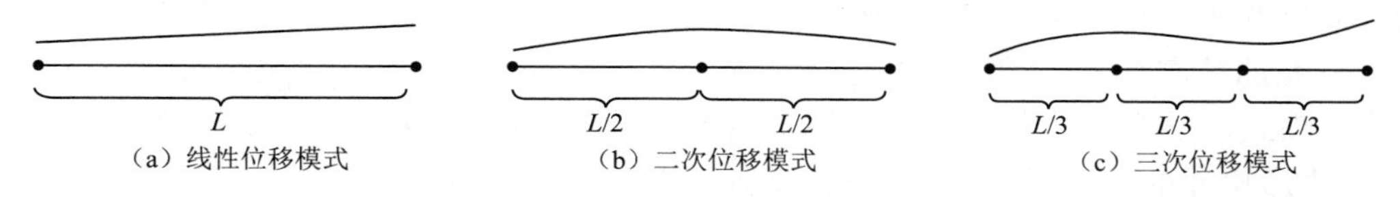

(a) 线性位移模式　　(b) 二次位移模式　　(c) 三次位移模式

图 3.4　结点数与位移模式的关系

上述分析表明，两个方案中，都不能通过调整单元一条边或两条边的结点数来满足单元结点与位移函数一致的条件——单元结点数等于位移函数的待定系数个数。由图 3.4 可知，三次单元的每条边需要 4 个结点，即除角结点外，应有 2 个边中结点。因此，应采用第一个结点设置方案，即每条边增加 2 个结点。由于式(3.2.5)是三次位移函数的最少项数，所以，必须在单元内设置一个结点。理论上，边中结点或单元内的结点可以设置在边界或单元内的任意位置，但实际上，为了便于编程计算，边中结点通常设置在几何特征点，如边界线的等分点，如图 3.4所示。而单元内的结点则设置在边中结点(平行于边界)连线的交点，如图 3.5(a)所示。因此，三次的三角形单元至少且仅仅需要 10 个结点就可以满足三次位移函数的要求。

对于三次的四边形单元，由于每条边增加 2 个结点后的结点数为 12，因此，式(3.2.5)至少还需要增加两项。由四结点四边形单元的分析可知，在式(3.2.5)的基础上增加项数应是高于三次的交叉项，而高于三次的交叉项有 6 项，即 4 次交叉项 x^3y，x^2y^2，xy^3、5 次交叉项 x^3y^2，x^2y^3 和 6 次交叉项 x^3y^3。如果仅增加其中的两项，势必造成位移函数的不对称。因此，为了保证位移函数对称，只能将 6 个交叉项全部添加至式(3.2.5)，从而得到三次四边形单元的位移函数：

$$
\begin{aligned}
u=&\alpha_0+\alpha_1x+\alpha_2y+\alpha_3x^2+\alpha_4xy+\alpha_5y^2+\alpha_6x^3+\alpha_7x^2y+\alpha_8xy^2+\alpha_9y^3+\\
&\alpha_{10}x^3y+\alpha_{11}x^2y^2+\alpha_{12}xy^3+\alpha_{13}x^3y^2+\alpha_{14}x^2y^3+\alpha_{15}x^3y^3\\
v=&\beta_0+\beta_1x+\beta_2y+\beta_3x^2+\beta_4xy+\beta_5y^2+\beta_6x^3+\beta_7x^2y+\beta_8xy^2+\beta_9y^3+\\
&\beta_{10}x^3y+\beta_{11}x^2y^2+\beta_{12}xy^3+\beta_{13}x^3y^2+\beta_{14}x^2y^3+\beta_{15}x^3y^3
\end{aligned}
\tag{3.2.6}
$$

上式中，每个坐标方向的位移函数有 16 个待定系数 $\alpha_0\sim\alpha_{15}$，$\beta_0\sim\beta_{15}$，因此，三次四边形单元应有 16 个结点。这就是说，除了 4 个角结点和 8 个边中结点外，还需增加 4 个单元内部结点。由三次三角形单元的结点设置方法可知，这 4 个内部结点可设置在边中结点平行于边界连线的交点上，如图 3.5(b)所示。

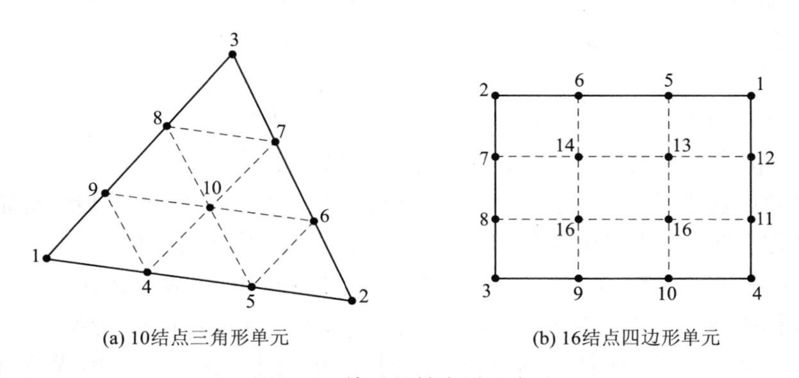

(a) 10结点三角形单元　　(b) 16结点四边形单元

图 3.5　单元的结点设置方法

上述单元位移函数的构造方法可用 PASCAL 三角形来说明，如图 3.6 所示。从图中可以看出，PASCAL 三角形的每一层形成的三角形就是一个完全的 n 次多项式，也是三角形单元的位移函数，而每一个菱形组成的 n 次多项式（n 为单个坐标变量的最高幂指数）为四边形单元的位移函数，如图中虚线所示。由此可知，n 次三角形单元的位移函数有完全的 n 次多项式，而 n 次四边形单元的位移函数则包括直至 $2n$ 次的不完全多项式，这些大于 n 次的不完全多项式并不提高单元的精度，因为它们的单个坐标变量最高阶次仍为 n。

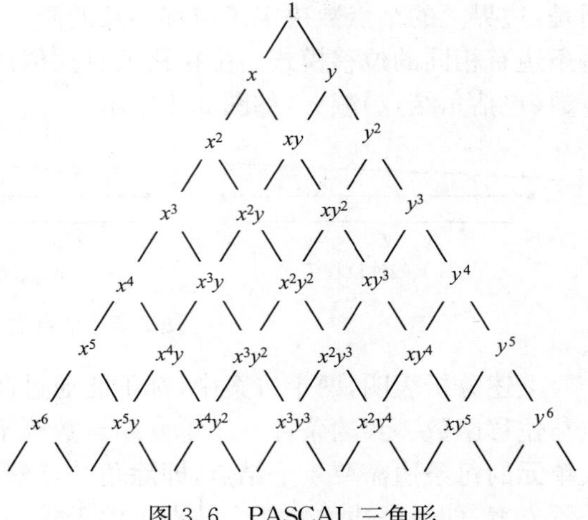

图 3.6 PASCAL 三角形

由 PASCAL 三角形可以方便地确定二维单元的结点数量，并写出其位移函数。如，对于二次矩形单元，从图 3.6 种查得其结点数为 9，即位移函数包括 9 项：

$$\begin{aligned} u &= \alpha_0 + \alpha_1 x + \alpha_2 y + \alpha_3 x^2 + \alpha_4 xy + \alpha_5 y^2 + \alpha_6 x^2 y + \alpha_7 xy^2 + \alpha_8 x^2 y^2 \\ v &= \beta_0 + \beta_1 x + \beta_2 y + \beta_3 x^2 + \beta_4 xy + \beta_5 y^2 + \beta_6 x^2 y + \beta_7 xy^2 + \beta_8 x^2 y^2 \end{aligned} \tag{3.2.7}$$

根据二次单元对边中结点的要求，二次矩形单元的每条边只能有一个边中结点，多出的一个结点应位于几何中心，这也是边中结点平行于边界连线的交点，如图 3.7(a)所示。

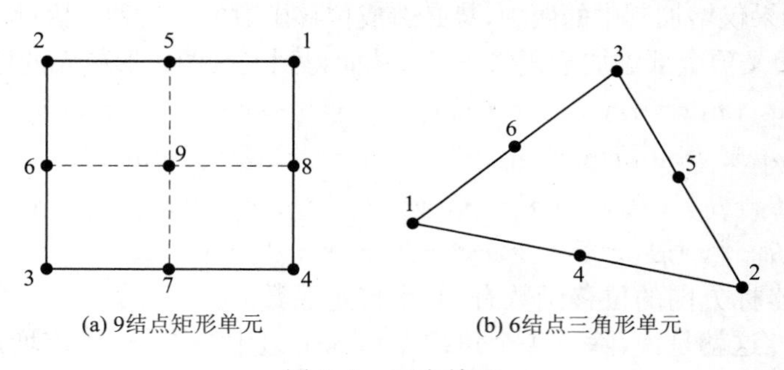

图 3.7 二次单元

而二次三角形单元的位移函数可由图 3.6 直接得到：

$$\begin{aligned} u &= \alpha_0 + \alpha_1 x + \alpha_2 y + \alpha_3 x^2 + \alpha_4 xy + \alpha_5 y^2 \\ v &= \beta_0 + \beta_1 x + \beta_2 y + \beta_3 x^2 + \beta_4 xy + \beta_5 y^2 \end{aligned} \tag{3.2.8}$$

由上式可知，二次三角形单元的结点数为 6，如图 3.7(b)所示。

基于上述分析可以得出构造单元位移函数的一般原则：

1. 单元位移函数中的待定系数是由单元结点的场函数值确定的，因此，待定系数的个数既位移函数的项数应与结点自由度数相等。如三结点三角形单元有 6 个结点自由度，因此，其位移函数共有 6 个待定系数 $\alpha_0 \sim \alpha_2$，$\beta_0 \sim \beta_2$，即每个坐标方向的位移函数有三项。

2. 单元位移函数中必须包括常数项和完全的一次项，因为它们分别模拟单元的刚体位移和常应变的变形特征。除了刚体位移外，常应变特征也是十分重要的。当单元无限缩小而趋于一个点时，其应变趋于常应变。

3. 单元位移函数应由从低阶到高阶依次升高的坐标幂指数函数组成，在不能选取完全的 n 次多项式时，应选取从 $n+1$ 至 $2n$ 次多项式中，单个坐标变量的幂指数 $\leqslant n$ 的所有交叉项，以确保位移函数的对称性（各坐标方向具有相同的位移模式）。

3.2.2　单元插值函数

通过上一小节的分析，我们了解了单元划分及其位移函数构造的一般原则。然而，我们还不能直接利用这种形式的单元位移函数进行任何的有限元分析计算。如果我们（像子域法那样）直接对位移函数在单元上进行积分，那么，得到的将是 s 个（s 为单元数）关于待定系数 $\alpha_0 \sim \alpha_{m-1}$，$\beta_0 \sim \beta_{m-1}$（$m$ 为单元的结点数）的方程组。虽然这些待定系数是由单元的结点场函数值确定的，但各单元的这些待定系数之间并没有直接的联系，因此，我们不能将这些方程组有机地组合成模拟弹性体力学性能的系统有限元方程。

由于单元之间的位移联系是相邻单元的结点场函数值，因此，我们必须利用单元位移函数的待定系数与结点场函数值的关系将位移函数表示成以结点场函数值为待定参数的坐标函数，并在单元内积分得到 s 个以结点场函数值为未知量的方程组。然后，基于同一结点场函数值相等的条件将这 s 个方程组集成系统的有限元方程。下面我们以三结点三角形单元为例来说明位移函数的待定系数转换方法。

三结点三角形单元的结点编号如图 3.3(a)所示，设 3 个结点的 x 方向位移为 u_1, u_2, u_3，坐标为 $x_i, y_i (i=1,2,3)$，将其代入式(3.2.1)得：

$$\begin{aligned} u_1 &= \alpha_0 + \alpha_1 x_1 + \alpha_2 y_1 \\ u_2 &= \alpha_0 + \alpha_1 x_2 + \alpha_2 y_2 \\ u_3 &= \alpha_0 + \alpha_1 x_3 + \alpha_2 y_3 \end{aligned} \tag{3.2.9}$$

上式可表示为矩阵的形式：

$$\{u\} = [X]\{\alpha\} \tag{3.2.10}$$

式中：$\{u\}$为单元的结点位移向量：

$$\{u\} = [u_1 \quad u_2 \quad u_3]^{\mathrm{T}} \tag{3.2.11}$$

$[X]$为单元的结点坐标矩阵：

$$[X] = \begin{bmatrix} 1 & x_1 & y_1 \\ 1 & x_2 & y_2 \\ 1 & x_3 & y_3 \end{bmatrix} \tag{3.2.12}$$

$\{\alpha\}$为位移函数的待定系数向量：

$$\{\alpha\} = [\alpha_0 \quad \alpha_1 \quad \alpha_2]^{\mathrm{T}} \tag{3.2.13}$$

由式(3.2.10)解得：

$$\{\alpha\} = [X]^{-1}\{u\} \tag{3.2.14}$$

其中：

$$\begin{aligned} \alpha_0 &= \frac{1}{2A}(a_1 u_1 + a_2 u_2 + a_3 u_3) \\ \alpha_1 &= \frac{1}{2A}(b_1 u_1 + b_2 u_2 + b_3 u_3) \\ \alpha_2 &= \frac{1}{2A}(c_1 u_1 + c_2 u_2 + c_3 u_3) \end{aligned} \tag{3.2.15}$$

式中：A 为单元的面积：

$$A=\frac{1}{2}\begin{vmatrix}1 & x_1 & y_1\\1 & x_2 & y_2\\1 & x_3 & y_3\end{vmatrix} \tag{3.2.16}$$

$$\begin{aligned}a_i&=\begin{vmatrix}x_j & y_j\\x_k & y_k\end{vmatrix}=x_jy_k-x_ky_j\\b_i&=-\begin{vmatrix}1 & y_j\\1 & y_k\end{vmatrix}=y_j-y_k \quad (i,j,k=1,2,3;i\neq j\neq k)\\c_i&=\begin{vmatrix}1 & x_j\\1 & x_k\end{vmatrix}=-x_j+x_k\end{aligned} \tag{3.2.17}$$

式(3.2.17)中的下标轮换次序为 $i\rightarrow j\rightarrow k$。

将式(3.2.15)代入式(3.2.1)的第一式并整理得：

$$u=N_1u_1+N_2u_2+N_3u_3 \tag{3.2.18}$$

式中：$N_i(i=1,2,3)$称为单元的结点插值函数或单元形函数：

$$N_i=\frac{1}{2A}(a_i+b_ix+c_iy)(i=1,2,3) \tag{3.2.19}$$

同理，可求得以插值函数表示的 y 方向位移函数：

$$v=N_1v_1+N_2v_2+N_3v_3 \tag{3.2.20}$$

由此可得以插值函数表示的三结点三角形单元的位移函数：

$$\begin{aligned}u&=N_1u_1+N_2u_2+N_3u_3\\v&=N_1v_1+N_2v_2+N_3v_3\end{aligned} \tag{3.2.21}$$

或

$$\{u\}=[N]\{a\}^{\mathrm{e}} \tag{3.2.22}$$

式中：$[N]$称为形函数矩阵：

$$[N]=\begin{bmatrix}N_1 & 0 & N_2 & 0 & N_3 & 0\\0 & N_1 & 0 & N_2 & 0 & N_3\end{bmatrix} \tag{3.2.23}$$

$\{a\}^{\mathrm{e}}$ 为单元结点位移列向量：

$$\{a\}^{\mathrm{e}}=[u_1 \quad v_1 \quad u_2 \quad v_2 \quad u_3 \quad v_3]^{\mathrm{T}} \tag{3.2.24}$$

由式(3.2.21)可知，单元插值函数具有如下的性质：

1. 在结点上，插值函数等于 1 或 0，即：

$$N_i(x_j,y_j)=\delta_{ij}=\begin{cases}1 & j=i\\0 & j\neq i\end{cases}(i,j=1,2,\cdots,m) \tag{3.2.25}$$

式中：m 为结点数。

对于三结点三角形单元，式(3.2.25)可以通过将 $u_i,x_i,y_i(i=1,2,3)$代入式(3.2.21)的第一式得到证明，如将 u_1,x_1,y_1 代入式(3.2.21)的第一式得：

$$u_1=N_1(x_1,y_1)u_1+N_2(x_1,y_1)u_2+N_3(x_1,y_1)u_3 \tag{3.2.26}$$

由上式可得：

$$N_1(x_1,y_1)=1,N_2(x_1,y_1)=0,N_3(x_1,y_1)=0 \tag{3.2.27}$$

2. 在单元的任何一点，插值函数之和等于1，即：

$$\sum_{i=1}^{m} N_i(x,y) = 1 \tag{3.2.28}$$

这个性质是保证单元存在刚体位移的充要条件，对于单元的结点，这一性质已在性质1中得到了证明，而对于非结点，当单元发生刚体位移 u_0 时，单元各点的位移均为 u_0。对于三结点三角形单元，将 u_0 代入式(3.2.21)的第一式得：

$$u_0=[N_1(x,y)+N_2(x,y)+N_3(x,y)]u_0 \tag{3.2.29}$$

由此可得：

$$N_1(x,y)+N_2(x,y)+N_3(x,y)=1 \tag{3.2.30}$$

上述两条性质可以作为插值函数的检验标准，但仅适用于一般弹性力学问题，即单一形式的位移。对于梁和板的弯曲问题，如果位移函数包括挠度和转角两种变形模式，则其插值函数不满足上述两条性质，但是，对于挠度和转角分别插值的位移函数，其插值函数仍具有上述两个性质。

3.2.3 单元刚度方程

在1.3.2节中我们基于变分原理(里兹法)导出了二次泛函的变分方程：

$$[K]\{a\}-\{P\}=0 \tag{3.2.31}$$

式中：$\{a\}$是变分方程的未知量，由泛函中待定参数的二次项组成；$[K]$为变分方程的系数矩阵，由泛函中$\{a\}$的二次项"系数"(近似解的试探函数)积分得到；$\{P\}$为常数列向量，由泛函中$\{a\}$的一次项"系数"积分得到。

在变分原理或里兹法中，$\{a\}$没有明确的物理意义，它仅仅是近似解中试探函数的待定系数，对于弹性力学问题，$\{a\}$是位移解或应力解的待定系数，其量纲视与其相乘试探函数阶次而不同。由于$\{a\}$的元素量纲不同，因此，$[K]$和$\{P\}$的元素量纲也不同，从而导致$[K]$和$\{P\}$也没有明确的物理意义。有限元方程的形式与式(3.2.31)完全相同，但其中的各项却有其明确的物理意义。$\{a\}$是结点的场函数值，即物理场对外界条件的反应；$[K]$是物理场对外界条件的敏感性矩阵，$\{P\}$则为外界条件。对于力学问题，$\{a\}$为位移向量，即弹性体对外荷载的反应；$[K]$为刚度矩阵，即弹性体抵抗变形的能力；$\{P\}$为荷载向量。因此，式(3.2.31)是弹性体平衡方程的积分形式，也称其为结构的刚度方程。下面以三结点三角形单元为例来推导单元的刚度方程。

由式(1.4.61)可得单元的泛函：

$$\Pi^e(u) = \int_{\Omega^e} \frac{1}{2}\{\varepsilon\}^T[D]\{\varepsilon\}t\mathrm{d}\Omega - \int_{\Omega^e}\{u\}^T\{f\}t\mathrm{d}\Omega - \int_{\Gamma^e}\{u\}^T\{\overline{T}\}t\mathrm{d}\Gamma \tag{3.2.32}$$

式中：t 为单元厚度。

对上式变分一次得：

$$\int_{\Omega^e}\{\delta\varepsilon\}^T[D]\{\varepsilon\}t\mathrm{d}\Omega - \int_{\Omega^e}\{\delta u\}^T\{f\}t\mathrm{d}\Omega - \int_{\Gamma^e}\{\delta u\}^T\{\overline{T}\}t\mathrm{d}\Gamma = 0 \tag{3.2.33}$$

将位移函数式(3.2.22)和几何方程式(1.4.15)代入上式并整理得：

$$(\{\delta a\}^e)^T\left(\int_{\Omega^e}[B]^T[D][B]\{a\}^e t\mathrm{d}\Omega - \int_{\Omega^e}[N]^T\{f\}t\mathrm{d}\Omega - \int_{\Gamma^e}[N]^T\{\overline{T}\}t\mathrm{d}\Gamma\right) = 0 \tag{3.2.34}$$

由于变分的任意性($\{\delta a\}^e \neq 0$),由式(3.2.34)得:

$$\int_{\Omega^e} [B]^T[D][B]\{a\}^e t\mathrm{d}\Omega - \int_{\Omega^e d} [N]^T\{f\}t\mathrm{d}\Omega - \int_{\Gamma^e} [N]^T\{\overline{T}\}t\mathrm{d}\Gamma = 0 \quad (3.2.35)$$

式中:$[B]$为应变矩阵,即结点位移与单元应变的转换矩阵:

$$[B]=[L][N]=\begin{bmatrix} \frac{\partial}{\partial x} & 0 \\ 0 & \frac{\partial}{\partial y} \\ \frac{\partial}{\partial y} & \frac{\partial}{\partial x} \end{bmatrix}\begin{bmatrix} N_1 & 0 & N_2 & 0 & N_3 & 0 \\ 0 & N_1 & 0 & N_2 & 0 & N_3 \end{bmatrix} \quad (3.2.36)$$

$$=\begin{bmatrix} \frac{\partial N_1}{\partial x} & 0 & \frac{\partial N_2}{\partial x} & 0 & \frac{\partial N_3}{\partial x} & 0 \\ 0 & \frac{\partial N_1}{\partial y} & 0 & \frac{\partial N_2}{\partial y} & 0 & \frac{\partial N_3}{\partial y} \\ \frac{\partial N_1}{\partial y} & \frac{\partial N_1}{\partial x} & \frac{\partial N_2}{\partial y} & \frac{\partial N_2}{\partial x} & \frac{\partial N_3}{\partial y} & \frac{\partial N_3}{\partial x} \end{bmatrix}$$

由于结点位移向量$\{a\}^e$中不包含积分变量,因此,式(3.2.35)可进一步表示为:

$$\left(\int_{\Omega^e} [B]^T[D][B]t\mathrm{d}\Omega\right)\{a\}^e - \left(\int_{\Omega^e} [N]^T\{f\}t\mathrm{d}\Omega + \int_{\Gamma^e} [N]^T\{\overline{T}\}t\mathrm{d}\Gamma\right) = 0 \quad (3.2.37)$$

与式(3.2.31)比较可知,对于平面弹性力学问题,单元的刚度方程可表示为:

$$[K]^e\{a\}^e - \{P\}^e = 0 \quad (3.2.38)$$

式中:$[K]^e$为单元刚度矩阵:

$$[K]^e = \int_{\Omega^e} [B]^T[D][B]t\mathrm{d}\Omega \quad (3.2.39)$$

$\{a\}^e$为结点位移向量,对于三结点三角形单元,其结点位移向量可表示为:

$$\{a\}^e = [u_1 \quad v_1 \quad u_2 \quad v_2 \quad u_3 \quad v_3]^T \quad (3.2.40)$$

$\{P\}^e$为结点荷载向量:

$$\{P\}^e = \{P\}_b^e + \{P\}_s^e \quad (3.2.41)$$

其中:$\{P\}_b^e$,$\{P\}_s^e$分别为体积力和边界力的等效结点荷载:

$$\{P\}_b^e = \int_{\Omega^e} [N]^T\{f\}t\mathrm{d}\Omega$$

$$\{P\}_s^e = \int_{\Gamma^e} [N]^T\{\overline{T}\}t\mathrm{d}\Gamma \quad (3.2.42)$$

例 3.2.1 试计算三结点三角形单元的刚度矩阵。

解:将三结点三角形单元的插值函数式(3.2.19)代入式(3.2.36)得单元的应变矩阵:

$$[B]=\begin{bmatrix} b_1 & 0 & b_2 & 0 & b_3 & 0 \\ 0 & c_1 & 0 & c_2 & 0 & c_3 \\ c_1 & b_1 & c_2 & b_2 & c_3 & b_3 \end{bmatrix} \quad (a)$$

由(a)式可以看出,三结点三角形单元为常应变单元,由式(3.2.39)可得三结点三角形单元的刚度矩阵:

$$[K]^e = [B]^T[D][B]tA \quad (b)$$

平面问题的弹性矩阵可表示为:

$$[D]=\frac{E(1-\mu)}{(1+\mu)(1-2\mu)}\begin{bmatrix}1 & \frac{\mu}{1-\mu} & 0\\ \frac{\mu}{1-\mu} & 1 & 0\\ 0 & 0 & \frac{1-2\mu}{2(1-\mu)}\end{bmatrix} \tag{c}$$

将式(a)和式(c)代入式(b)得：

$$[K]^{e}=\begin{bmatrix}[K_{11}] & [K_{12}] & [K_{13}]\\ [K_{21}] & [K_{22}] & [K_{23}]\\ [K_{31}] & [K_{32}] & [K_{33}]\end{bmatrix} \tag{d}$$

其中：

$$[K_{ij}]=\frac{Et}{4(1-\mu^{2})A}\begin{bmatrix}b_ib_j+\frac{1-\mu}{2}c_ic_j & \mu b_ic_j+\frac{1-\mu}{2}c_ib_j\\ \mu c_ib_j+\frac{1-\mu}{2}b_ic_j & c_ic_j+\frac{1-\mu}{2}b_ib_j\end{bmatrix}(i,j=1,2,3) \tag{e}$$

由式(e)可得：

$$[K_{ij}]^{\mathrm{T}}=[K_{ji}] \tag{f}$$

上式表明，单元刚度矩阵是对称矩阵，这也具体地证明了1.3.2节中关于二次泛函变分得到的线性方程组系数矩阵为对称矩阵的结论。

例3.2.2 试计算三结点三角形单元的等效结点重力荷载。

解：二维问题的重力荷载向量可表示为：

$$\{f\}=-\rho g\begin{Bmatrix}0\\1\end{Bmatrix} \tag{a}$$

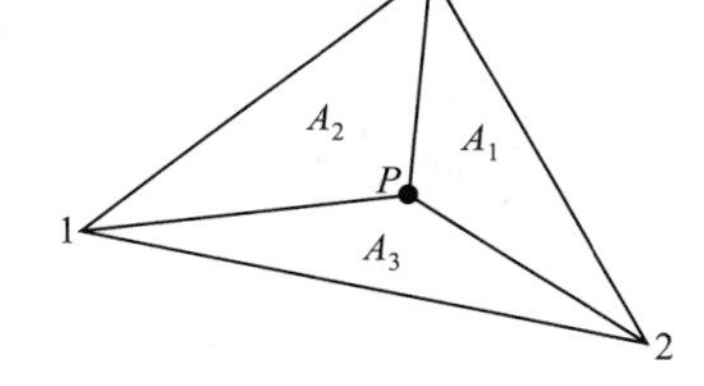

例3.2.2图

将式(a)和插值函数矩阵式(3.2.23)代入式(3.2.42)得：

$$\{P\}_b^e=\int_{\Omega^e}[N]^{\mathrm{T}}\{f\}t\mathrm{d}\Omega=\int_{\Omega^e}-\rho gt\begin{Bmatrix}0\\N_1\\0\\N_2\\0\\N_3\end{Bmatrix}\mathrm{d}\Omega \tag{b}$$

为了便于式(b)的积分，引入三角形单元的局部坐标——面积坐标，如例3.2.2图所示。三角形面积坐标定义为：

$$L_i=\frac{A_i}{A}\quad(i=1,2,3) \tag{c}$$

式中：A_i 为点 $P(x,y)$ 与除 i 点外的其他两角点组成的三角形面积：

$$A_i=\frac{1}{2}\begin{vmatrix}1 & x & y\\ 1 & x_j & y_j\\ 1 & x_k & y_k\end{vmatrix}(i,j,k=1,2,3;\ i\neq j\neq k) \tag{d}$$

上式的下标轮换次序为 $i\to j\to k$。展开上式得：

$$A_i=\frac{1}{2}[(x_jy_k-x_ky_j)+(y_j-y_k)x+(-x_j+x_k)y] \tag{e}$$

由式(3.2.17)可将上式简化为：

$$A_i=\frac{1}{2}(a_i+b_ix+c_iy)(i=1,2,3) \tag{f}$$

代入式(c)得三角形面积坐标：

$$L_i=\frac{1}{2A}(a_i+b_ix+c_iy)(i=1,2,3) \tag{g}$$

与式(3.2.19)比较可知，三结点三角形单元的插值函数等于三角形面积坐标，即：

$$N_i=\frac{1}{2A}(a_i+b_ix+c_iy)=L_i(i=1,2,3) \tag{h}$$

关于三角形面积坐标的域内积分有如下的计算公式：

$$\int_A L_1^{\alpha}L_2^{\beta}L_3^{\gamma}\mathrm{d}A=\frac{\alpha!\beta!\gamma!}{(2+\alpha+\beta+\gamma)!}2A \tag{i}$$

将式(h)代入式(b)在代入式(i)得三结点三角形单元的等效结点重力荷载：

$$\{P\}_b^{\mathrm{e}}=\begin{bmatrix}0 & -\frac{1}{3}\rho gAt & 0 & -\frac{1}{3}\rho gAt & 0 & -\frac{1}{3}\rho gAt\end{bmatrix}^{\mathrm{T}} \tag{j}$$

上式与静平衡结果相同。

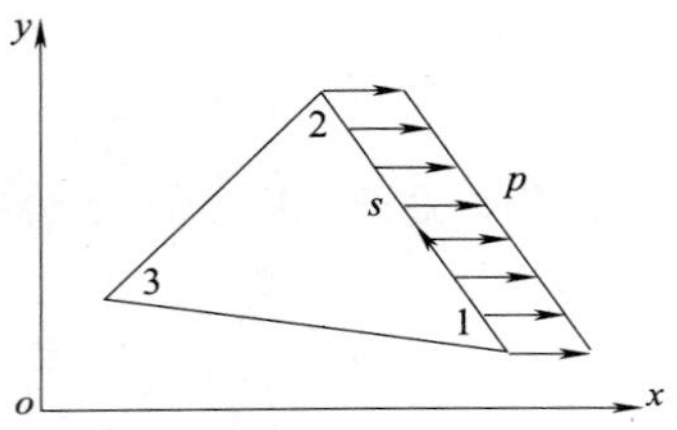

例 3.2.3 试计算三结点三角形单元在图示边界荷载作用下的等效结点荷载。

例 3.2.3 图

解:图示边界荷载可表示为：

$$\{\overline{T}\}=p\begin{Bmatrix}1\\0\end{Bmatrix} \tag{a}$$

将式(a)和插值函数矩阵式(3.2.23)代入式(3.2.42)得：

$$\{P\}_s^{\mathrm{e}}=\int_{\Gamma^{\mathrm{e}}}[N]^{\mathrm{T}}\{\overline{T}\}t\,\mathrm{d}\Gamma=\int_{\Gamma^{\mathrm{e}}}pt\begin{Bmatrix}N_1\\0\\N_2\\0\\0\\0\end{Bmatrix}\mathrm{d}\Gamma \tag{b}$$

为了便于积分运算，将插值函数转换为以结点 1 和结点 2 所在边界的局部坐标 s(见例 3.2.3图)表示的一维插值函数：

$$N_1(s)=1-\frac{s}{l},N_2(s)=\frac{s}{l} \tag{c}$$

式中：l 为边界长度。

用式(c)替换式(b)中的二维插值函数并积分得：

$$\{P\}_p^{\mathrm{e}}=p\int_0^l\begin{Bmatrix}1-\frac{s}{l}\\0\\\frac{s}{l}\\0\\0\\0\end{Bmatrix}\mathrm{d}s=\begin{bmatrix}\frac{1}{2}pl & 0 & \frac{1}{2}pl & 0 & 0 & 0\end{bmatrix}^{\mathrm{T}} \tag{d}$$

即每个结点的等效结点荷载为边界总荷载的一半，与静力平衡的结果相同。

例 3.2.4 试计算图示三结点三角形单元边界荷载的等效结点荷载。

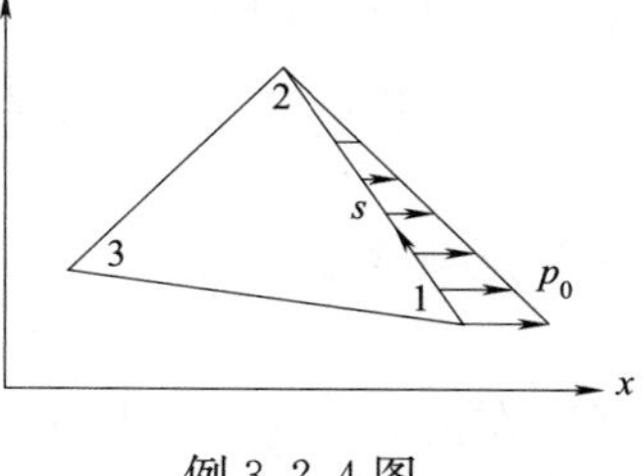

例 3.2.4 图

解：利用图示的局部坐标 s 将边界荷载表示为：

$$\{\overline{T}\}=p_0\begin{Bmatrix}1-\dfrac{s}{l}\\0\end{Bmatrix} \tag{a}$$

将式(a)和例 3.2.3 的式(c)代入式(3.2.42)得：

$$\{P\}_p^e=\int_{\Gamma^e}[N]^T\{\overline{T}\}d\Gamma=\int_0^l p_0\begin{Bmatrix}\left(1-\dfrac{s}{l}\right)^2\\0\\\left(1-\dfrac{s}{l}\right)\dfrac{s}{l}\\0\end{Bmatrix}ds=\frac{p_0 l}{2}\begin{Bmatrix}\dfrac{2}{3}\\0\\\dfrac{1}{3}\\0\end{Bmatrix} \tag{b}$$

即结点 1 的等效荷载为总荷载的 2/3，而结点 2 的等效荷载为总荷载的 1/3。

3.2.4 单元刚度矩阵的性质

单元刚度矩阵表征单元抵抗外力作用的能力，因此，其元素有特定的物理意义。对于一个具有 m 个结点的单元，其刚度方程可表示为：

$$\begin{bmatrix}k_{11}&k_{12}&\cdots&k_{1,2m-1}&k_{1,2m}\\k_{21}&k_{22}&\cdots&k_{2,2m-1}&k_{2,2m}\\\vdots&\vdots&\ddots&\vdots&\vdots\\k_{2m-1,1}&k_{2m-1,2}&\cdots&k_{2m-1,2m-1}&k_{2m-1,2m}\\k_{2m,1}&k_{2m,2}&\cdots&k_{2m,2m-1}&k_{2m,2m}\end{bmatrix}\begin{Bmatrix}a_1\\a_2\\\vdots\\a_{2m-1}\\a_{2m}\end{Bmatrix}=\begin{Bmatrix}P_1\\P_2\\\vdots\\P_{2m-1}\\P_{2m}\end{Bmatrix} \tag{3.2.43}$$

其中：结点位移和结点荷载向量的排列顺序为：

$$\begin{aligned}\{a\}^e&=[a_1\quad a_2\quad a_3\quad\cdots\quad a_{2m-1}\quad a_{2m}]^T\\&=[u_1\quad v_1\quad u_2\quad\cdots\quad u_m\quad v_m]^T\end{aligned} \tag{3.2.44}$$

$$\begin{aligned}\{P\}^e&=[P_1\quad P_2\quad P_3\quad\cdots\quad P_{2m-1}\quad P_{2m}]^T\\&=[P_{1x}\quad P_{1y}\quad P_{2x}\quad\cdots\quad P_{mx}\quad P_{my}]^T\end{aligned} \tag{3.2.45}$$

为了讨论问题的方便，令单元发生下列状态的位移：

$$a_j=1,\ a_1=a_2=\cdots=a_{j-1}=a_{j+1}=\cdots=a_{2m}=0 \tag{3.2.46}$$

代入式(3.2.43)得：

$$\begin{Bmatrix}k_{1j}\\k_{2j}\\\vdots\\k_{2m,j}\end{Bmatrix}=\begin{Bmatrix}P_1\\P_2\\\vdots\\P_{2m}\end{Bmatrix} \tag{3.2.47}$$

由式(3.2.47)可知，单元刚度矩阵的元素 k_{ij} 的物理意义是，当 j 自由度发生单位位移而其他自由度的位移为零时，i 自由度需要施加的结点力的大小。由弹性体的受力与变形关系可知，单元某自由度的位移与该自由度的外力方向相同。由此可得单元刚度矩阵的第一个性质——主对角线元素恒为正：

$$k_{ii} > 0 \tag{3.2.48}$$

单元刚度矩阵的第二个性质是对称性，即：

$$k_{ij} = k_{ji} \tag{3.2.49}$$

上式已在例 3.2.1 中得到了证明。

单元刚度矩阵的第三个性质是奇异性，即：

$$|K| = 0 \tag{3.2.50}$$

这可以通过单元的平衡条件得到证明。将式(3.2.47)代入平衡条件

$$\sum_{i=1}^{m} P_{ix} = 0,\ \sum_{i=1}^{m} P_{iy} = 0 \tag{3.2.51}$$

得：

$$\begin{aligned} k_{1j} + k_{3j} + \cdots + k_{2m-1,j} = 0 \\ k_{2j} + k_{4j} + \cdots + k_{2m,j} = 0 \end{aligned} \tag{3.2.52}$$

由对称性可知，刚度矩阵的行元素也满足上述条件，即：

$$\begin{aligned} k_{i1} + k_{i3} + \cdots + k_{i,2m-1} = 0 \\ k_{i2} + k_{i4} + \cdots + k_{i,2m} = 0 \end{aligned} \tag{3.2.53}$$

式(3.2.52)和式(3.2.53)表明，单元刚度矩阵的列元素或行元素之间是线性相关的，即单元刚度方程组同一坐标方向的 m 个方程线性相关，因此，方程组有非零解的条件是系数行列式为零，即式(3.2.50)成立。

下面以三结点三角形单元为例来证明单元刚度矩阵的上述三个性质。由例 3.2.1 的(e)式可得三结点三角形单元刚度矩阵的对角线元素

$$\left.\begin{aligned} k_{2i-1,2i-1} = \frac{Et}{4(1-\mu^2)A}\left(b_i^2 + \frac{1-\mu}{2}c_i^2\right) \\ k_{2i,2i} = \frac{Et}{4(1-\mu^2)A}\left(c_i^2 + \frac{1-\mu}{2}b_i^2\right) \end{aligned}\right. (i=1,2,3) \tag{3.2.54}$$

上式中，括号前的系数大于零，括号内与结点坐标有关的系数均为平方项且系数大于零，因此，证明了刚度矩阵主对角线元素大于零。

刚度矩阵的对称性也可以直接由例 3.2.1 的式(e)得到：

$$\left.\begin{aligned} k_{2i-1,2j} = \frac{Et}{4(1-\mu^2)A}\left(\mu b_i c_j + \frac{1-\mu}{2}c_i b_j\right) \\ k_{2j,2i-1} = \frac{Et}{4(1-\mu^2)A}\left(\mu c_j b_i + \frac{1-\mu}{2}b_j c_i\right) \end{aligned}\right. (i,j=1,2,3) \tag{3.2.55}$$

由上式可以看出，对于 $k_{2i-1,2j-1}$，$k_{2i,2j-1}$，$k_{2i,2j}$ $(i,j=1,2,3)$ 有同样的结果，因此，刚度矩阵的对称性得证。

对于奇异性的证明，可以取矩阵的第一列来证明。由例 3.2.1 的式(e)得：

$$k_{11} + k_{31} + k_{51} = \frac{Et}{4(1-\mu^2)A}\left[b_1(b_1+b_2+b_3) + \frac{1-\mu}{2}c_1(c_1+c_2+c_3)\right] \tag{3.2.56}$$

由式(3.2.17)可知，$(b_1+b_2+b_3)=0$ 和 $(c_1+c_2+c_3)=0$，代入上式得：

$$k_{11} + k_{31} + k_{51} = 0 \tag{3.2.57}$$

式(3.2.52)及式(3.2.53)得证。

3.2.5 结构有限元方程的集成

建立了单元刚度方程后，我们就可以着手建立结构的有限元方程。分析单元的刚度方程可知，单元刚度矩阵和荷载列向量的元素位置与结点位移的排列顺序有关。因此，在建立结构有限元方程时，也必须首先确定结构的结点位移排列顺序。结构的结点位移向量是按照结点的编号从 1 至 n(n 为结构的结点总数)顺序排列的，每个结点的不同坐标方向位移按坐标顺序排列在一起。如平面问题的结点位移向量可表示为：

$$\{a\}=[u_1 \quad v_1 \quad u_2 \quad \cdots \quad u_i \quad v_i \quad \cdots \quad u_n \quad v_n]^{\mathrm{T}} \tag{3.2.58}$$

而空间问题的结点位移向量可表示为：

$$\{a\}=[u_1 \quad v_1 \quad w_1 \quad u_2 \quad \cdots \quad u_i \quad v_i \quad w_i \quad \cdots \quad u_n \quad v_n \quad w_n]^{\mathrm{T}} \tag{3.2.59}$$

从计算的意义上来说，结构的结点编号可以是任意的。因为，有限元方程是基于结点的平衡条件建立起来的，因此，单元及结点一旦确定了，每个方程中所包含的未知量也就确定了。对于计算而言，编号仅仅是一个结点位置的识别码。但是，从编程的意义上来说，结点编号影响着结构刚度矩阵的元素分布，因而对于等带宽或变带宽存取(稀疏矩阵的不同存取方式)有较大的影响(占用较多的内存资源存储零元素)，对于只存非零元素的存取方法则没有影响。关于结点的合理编号将在后面的讨论中结合具体例子给予说明，下面的讨论均假定结点编号已经完成。

在 3.2.3 节中，我们利用变分原理得到了单元的刚度方程，设结构划分为 s 个单元，则结构的总势能等于 s 个单元势能之和，由式(3.2.32)得：

$$\begin{aligned}\Pi(u) &= \sum_{\mathrm{e}}\Pi^{\mathrm{e}}(u)\\ &= \sum_{\mathrm{e}}\left(\int_{\Omega^{\mathrm{e}}}\frac{1}{2}\{\varepsilon\}^{\mathrm{T}}[D]\{\varepsilon\}t\mathrm{d}\Omega-\int_{\Omega^{\mathrm{e}}}\{u\}^{\mathrm{T}}\{f\}t\mathrm{d}\Omega-\int_{\Gamma^{\mathrm{e}}}\{u\}^{\mathrm{T}}\{\overline{T}\}t\mathrm{d}\Gamma\right)\end{aligned} \tag{3.2.60}$$

将位移函数式(3.2.22)和几何方程式(1.4.15)代入上式并整理得：

$$\begin{aligned}\Pi(u) = &\sum_{\mathrm{e}}(\{a\}^{\mathrm{e}})^{\mathrm{T}}\int_{\Omega^{\mathrm{e}}}\frac{1}{2}[B]^{\mathrm{T}}[D][B]\{a\}^{\mathrm{e}}t\mathrm{d}\Omega-\\ &\sum_{\mathrm{e}}(\{a\}^{\mathrm{e}})^{\mathrm{T}}\int_{\Omega^{\mathrm{e}}}[N]^{\mathrm{T}}\{f\}t\mathrm{d}\Omega-\sum_{\mathrm{e}}(\{a\}^{\mathrm{e}})^{\mathrm{T}}\int_{\Gamma^{\mathrm{e}}}[N]^{\mathrm{T}}\{\overline{T}\}t\mathrm{d}\Gamma\end{aligned} \tag{3.2.61}$$

设单元结点位移向量与结构结点位移向量的变换关系为：

$$\{a\}^{\mathrm{e}}=[G]\{a\} \tag{3.2.62}$$

代入式(3.2.61)并整理得：

$$\Pi(u)=\frac{1}{2}\{a\}^{\mathrm{T}}[K]\{a\}-\{a\}^{\mathrm{T}}\{P\} \tag{3.2.63}$$

式中：$[K]$为结构的刚度矩阵：

$$[K]=\sum_{\mathrm{e}=1}^{s}[G]^{\mathrm{T}}[K]^{\mathrm{e}}[G] \tag{3.2.64}$$

$\{P\}$为结构的荷载向量：

$$\{P\}=\sum_{\mathrm{e}=1}^{s}[G]^{\mathrm{T}}\{P\}^{\mathrm{e}}=\sum_{\mathrm{e}=1}^{s}[G]^{\mathrm{T}}\{P\}_b^{\mathrm{e}}+\sum_{\mathrm{e}=1}^{s}[G]^{\mathrm{T}}\{P\}_s^{\mathrm{e}} \tag{3.2.65}$$

对式(3.2.63)应用变分原理并注意到：

$$[K]^{\mathrm{T}}=([G]^{\mathrm{T}}[K]^{e}[G])^{\mathrm{T}}=[G]^{\mathrm{T}}([K]^{e})^{\mathrm{T}}[G]=[G]^{\mathrm{T}}[K]^{e}[G]=[K] \quad (3.2.66)$$

得：

$$\delta\Pi(u)=\{\delta a\}^{\mathrm{T}}[K]\{a\}-\{\delta a\}^{\mathrm{T}}\{P\}=0 \quad (3.2.67)$$

由此可得结构的有限元方程：

$$[K]\{a\}-\{P\}=0 \quad (3.2.68)$$

下面以图 3.8 所示的 r 单元为例来分析单元位移向量与结构位移向量的变换矩阵$[G]$，图中的 i,j,k,l 表示单元结点在结构所有结点中的序号。

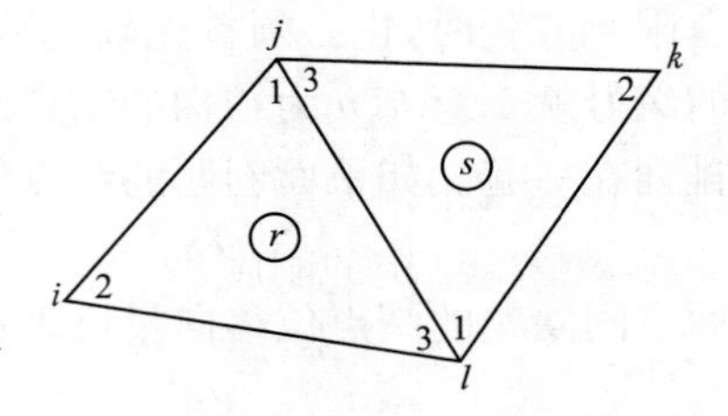

图 3.8 单元的结点编号示意图

由图可见，该单元的结点位移向量和结构位移向量可分别表示为：

$$\{a\}^{e}=[u_1 \quad v_1 \quad u_2 \quad v_2 \quad u_3 \quad v_3]^{\mathrm{T}} \quad (3.2.69)$$

$$\{a\}=[u_1 \quad v_1 \quad u_2 \quad \cdots \quad u_i \quad v_i \quad \cdots \quad u_j \quad v_j \quad \cdots \quad u_l \quad v_l \quad \cdots \quad u_n \quad v_n]^{\mathrm{T}} \quad (3.2.70)$$

上述两向量的变换矩阵为：

$$[G]=\begin{array}{c} \begin{array}{ccccccccc} 1 & \cdots & i & \cdots & j & \cdots & l & \cdots & n \end{array} \\ \begin{bmatrix} [0] & \cdots & [0] & \cdots & [I] & \cdots & [0] & \cdots & [0] \\ [0] & \cdots & [I] & \cdots & [I] & \cdots & [0] & \cdots & [0] \\ [0] & \cdots & [0] & \cdots & [I] & \cdots & [I] & \cdots & [0] \end{bmatrix} \begin{array}{c} 1 \\ 2 \\ 3 \end{array} \end{array} \quad (3.2.71)$$

式(3.2.71)的展开式为：

$$[G]=\begin{array}{c} \begin{array}{cccccccccccccc} 1 & 2 & \cdots & 2i-1 & 2i & \cdots & 2j-1 & 2j & \cdots & 2l-1 & 2l & \cdots & 2n-1 & 2n \end{array} \\ \begin{bmatrix} 0 & 0 & \cdots & 0 & 0 & \cdots & 1 & 0 & \cdots & 0 & 0 & \cdots & 0 & 0 \\ 0 & 0 & \cdots & 0 & 0 & \cdots & 0 & 1 & \cdots & 0 & 0 & \cdots & 0 & 0 \\ 0 & 0 & \cdots & 1 & 0 & \cdots & 0 & 0 & \cdots & 0 & 0 & \cdots & 0 & 0 \\ 0 & 0 & \cdots & 0 & 1 & \cdots & 0 & 0 & \cdots & 0 & 0 & \cdots & 0 & 0 \\ 0 & 0 & \cdots & 0 & 0 & \cdots & 0 & 0 & \cdots & 1 & 0 & \cdots & 0 & 0 \\ 0 & 0 & \cdots & 0 & 0 & \cdots & 0 & 0 & \cdots & 0 & 1 & \cdots & 0 & 0 \end{bmatrix} \begin{array}{c} 1 \\ 2 \\ 3 \\ 4 \\ 5 \\ 6 \end{array} \end{array} \quad (3.2.72)$$

采用式(3.2.64)和式(3.2.65)来集成结构的刚度矩阵和结点荷载向量是不经济的，不仅要增加中间(工作)矩阵，而且增加了矩阵计算的工作量。当结构的单元较多时，增加的这部分工作量将大大降低程序的能力和计算速度。式(3.2.62)仅仅是为了说明问题的方便，实际上，编程时大多采用所谓"对号入座"的结构刚度矩阵集成方法，而不采用变换矩阵乘并累加的方法建立结构的刚度矩阵。下面仍以图 3.8 为例来说明"对号入座"的方法。

图 3.8 的两单元刚度矩阵及其各元素对应的结构结点序号可表示为：

$$[K]^{r}=\begin{array}{c} \begin{array}{ccc} j & i & l \end{array} \\ \begin{bmatrix} [K]_{11}^{r} & [K]_{12}^{r} & [K]_{13}^{r} \\ [K]_{21}^{r} & [K]_{22}^{r} & [K]_{23}^{r} \\ [K]_{31}^{r} & [K]_{32}^{r} & [K]_{33}^{r} \end{bmatrix} \begin{array}{c} j \\ i \\ l \end{array} \end{array} \quad (3.2.73)$$

和

$$
\begin{matrix} \quad & l & k & j \end{matrix}
$$

$$
[K]^s=\begin{bmatrix} [K]_{11}^s & [K]_{12}^s & [K]_{13}^s \\ [K]_{21}^s & [K]_{22}^s & [K]_{23}^s \\ [K]_{31}^s & [K]_{32}^s & [K]_{33}^s \end{bmatrix}\begin{matrix} l \\ k \\ j \end{matrix} \tag{3.2.74}
$$

从式(3.2.73)可以确定 r 单元刚度矩阵的各分块矩阵在结构刚度矩阵中的位置，如$[K]_{12}^r$在结构刚度矩阵中的位置是 j 行 i 列，以此类推，可将 r 单元刚度矩阵的各分块矩阵(各元素)直接赋值给结构的刚度矩阵：

$$
\begin{matrix} 1 & \cdots & i & \cdots & j & \cdots & l & \cdots & n \end{matrix}
$$

$$
[K]=\begin{bmatrix}
[0] & \cdots & [0] & \cdots & [0] & \cdots & [0] & \cdots & [0] \\
\vdots & \ddots & \vdots & & \vdots & & \vdots & & \vdots \\
[0] & \cdots & [K]_{22}^r & \cdots & [K]_{21}^r & \cdots & [K]_{23}^r & \cdots & [0] \\
\vdots & & \vdots & \ddots & \vdots & & \vdots & & \vdots \\
[0] & \cdots & [K]_{12}^r & \cdots & [K]_{11}^r & \cdots & [K]_{13}^r & \cdots & [0] \\
\vdots & & \vdots & & \vdots & \ddots & \vdots & & \vdots \\
[0] & \cdots & [K]_{32}^r & \cdots & [K]_{31}^r & \cdots & [K]_{33}^r & \cdots & [0] \\
\vdots & & \vdots & & \vdots & & \vdots & \ddots & \vdots \\
[0] & \cdots & [0] & \cdots & [0] & \cdots & [0] & \cdots & [0]
\end{bmatrix}\begin{matrix} 1 \\ \vdots \\ i \\ \vdots \\ j \\ \vdots \\ l \\ \vdots \\ n \end{matrix} \tag{3.2.75}
$$

式(3.2.75)的二维展开式可表示为：

$$
\begin{matrix} 1 & \cdots & 2i-1 & 2i & \cdots & 2j-1 & 2j & \cdots & 2l-1 & 2l & \cdots & 2n \end{matrix}
$$

$$
[K]=\begin{bmatrix}
0 & \cdots & 0 & 0 & \cdots & 0 & 0 & \cdots & 0 & 0 & \cdots & 0 \\
\vdots & \ddots & \vdots & \vdots & & \vdots & \vdots & & \vdots & \vdots & & \vdots \\
0 & \cdots & k_{33}^r & k_{34}^r & \cdots & k_{31}^r & k_{32}^r & \cdots & k_{35}^r & k_{36}^r & \cdots & 0 \\
0 & \cdots & k_{43}^r & k_{44}^r & \cdots & k_{41}^r & k_{42}^r & \cdots & k_{45}^r & k_{46}^r & \cdots & 0 \\
\vdots & & & \vdots & \vdots & \ddots & \vdots & \vdots & & \vdots & \vdots & \\
0 & \cdots & k_{13}^r & k_{14}^r & \cdots & k_{11}^r & k_{12}^r & \cdots & k_{15}^r & k_{16}^r & \cdots & 0 \\
0 & \cdots & k_{23}^r & k_{24}^r & \cdots & k_{21}^r & k_{22}^r & \cdots & k_{25}^r & k_{26}^r & \cdots & 0 \\
\vdots & & \vdots & \vdots & & \vdots & \vdots & \ddots & \vdots & \vdots & & \vdots \\
0 & \cdots & k_{53}^r & k_{54}^r & \cdots & k_{51}^r & k_{52}^r & \cdots & k_{55}^r & k_{56}^r & \cdots & 0 \\
0 & \cdots & k_{63}^r & k_{64}^r & \cdots & k_{61}^r & k_{62}^r & \cdots & k_{65}^r & k_{66}^r & \cdots & 0 \\
\vdots & & \vdots & \vdots & & \vdots & \vdots & & \vdots & \vdots & \ddots & \vdots \\
0 & \cdots & 0 & 0 & \cdots & 0 & 0 & \cdots & 0 & 0 & \cdots & 0
\end{bmatrix}\begin{matrix} 1 \\ \vdots \\ 2i-1 \\ 2i \\ \vdots \\ 2j-1 \\ 2j \\ \vdots \\ 2l-1 \\ 2l \\ \vdots \\ n \end{matrix} \tag{3.2.76}
$$

由式(3.2.76)可知，结构的刚度矩阵也是对称矩阵，与单元刚度矩阵具有相同的性质。

同理，可将 s 单元的刚度矩阵“对号入座”地赋值给结构的刚度矩阵，两单元刚度矩阵赋值后的结构刚度矩阵为：

$$
[K]=\begin{bmatrix}
[0] & \cdots & [0] & \cdots & [0] & \cdots & [0] & \cdots & [0] & \cdots & [0] \\
\vdots & \ddots & \vdots & & \vdots & & \vdots & & \vdots & & \vdots \\
[0] & \cdots & [K]_{22}^{r} & \cdots & [K]_{21}^{r} & \cdots & [0] & \cdots & [K]_{23}^{r} & \cdots & [0] \\
\vdots & & \vdots & \ddots & \vdots & & \vdots & & \vdots & & \vdots \\
[0] & \cdots & [K]_{12}^{r} & \cdots & [K]_{11}^{r}+[K]_{33}^{s} & \cdots & [K]_{32}^{s} & \cdots & [K]_{13}^{r}+[K]_{31}^{s} & \cdots & [0] \\
\vdots & & \vdots & & \vdots & \ddots & \vdots & & \vdots & & \vdots \\
[0] & \cdots & [0] & \cdots & [K]_{23}^{s} & \cdots & [K]_{22}^{s} & \cdots & [K]_{21}^{s} & \cdots & [0] \\
\vdots & & \vdots & & \vdots & & \vdots & \ddots & \vdots & & \vdots \\
[0] & \cdots & [K]_{32}^{r} & \cdots & [K]_{31}^{r}+[K]_{13}^{s} & \cdots & [K]_{12}^{s} & \cdots & [K]_{33}^{r}+[K]_{11}^{s} & \cdots & [0] \\
\vdots & & \vdots & & \vdots & & \vdots & & \vdots & \ddots & \vdots \\
[0] & \cdots & [0] & \cdots & [0] & \cdots & [0] & \cdots & [0] & \cdots & [0]
\end{bmatrix}
\begin{matrix} 1 \\ \vdots \\ i \\ \vdots \\ j \\ \vdots \\ k \\ \vdots \\ l \\ \vdots \\ n \end{matrix}
$$

（列标号：$1 \quad \cdots \quad i \quad \cdots \quad j \quad \cdots \quad k \quad \cdots \quad l \quad \cdots \quad n$）

(3.2.77)

对结构的所有单元完成上述赋值就得到了结构的刚度矩阵。

结构的荷载列向量也可以采用上述“对号入座”的方法集成，如图 3.8 所示两单元的结点荷载赋值后的结构荷载向量为：

$$
\{P\}=\begin{Bmatrix}
\{0\} \\ \vdots \\ \{P\}_2^r \\ \vdots \\ \{P\}_1^r+\{P\}_3^s \\ \vdots \\ \{P\}_2^s \\ \vdots \\ \{P\}_3^r+\{P\}_1^s \\ \vdots \\ \{0\}
\end{Bmatrix}
\begin{matrix} 1 \\ \vdots \\ i \\ \vdots \\ j \\ \vdots \\ k \\ \vdots \\ l \\ \vdots \\ n \end{matrix}
\qquad (3.2.78)
$$

3.2.6 结构刚度矩阵的特点

由前面的讨论可知，结构的刚度矩阵$[K]$是由单元刚度矩阵$[K]^e$组合而成的。一般条件下，结构的刚度矩阵$[K]$是一个带状矩阵。因为，对角线元素K_{ii}表示使i自由度产生单位位移而需要在该自由度施加的力。同理，同一行(列)的非对角线元素K_{ir}(K_{si}，$i\neq r$，$s\neq i$)表示使$r(i)$自由度产生单位位移需要在$i(s)$自由度施加的力。因此，结构刚度矩阵的每一行(列)仅包括与对角线元素所代表的结点连接的单元刚度矩阵元素。例如图 3.9(a)的结点 5 通过单元①、②、③和④(此处为了表达方便，实际的单元和结点编号是按照一定的规则顺序编号的，单元编号与结点编号无关，也与结构刚度矩阵的元素位置无关，图 3.9(a)和(b)两种单元划分的结构刚度矩阵是相同的，因为它们的结点编号相同）与其周围的结点连接，因此，第5行（列）的元素仅包括$K_{51}(K_{15})\sim K_{59}(K_{95})$等9个非零元素。该例中，9个相关的结点的编号是连续的，这只是为了说明问题的方便。而实际的结点编号方案中，每个结点与其周围相关结点（与该结点连接的所有单元的结点）的编号不可能都是连续排列的。由上例的分析可知，当结构的结点较多时，结构刚度矩阵的行（列）元素中，非零元素所占的比例很小，且依次分布在对角线元素的两侧，即i行（j列）的元素K_{ij}中$j<i(i<j)$的元素位于对角线元素K_{ii}的左（上）侧，$j>i(i>j)$的元素位于对角线元素K_{ii}的右（下）侧，从而形成了结构刚度矩阵的两个特点——稀疏性和带状分布。

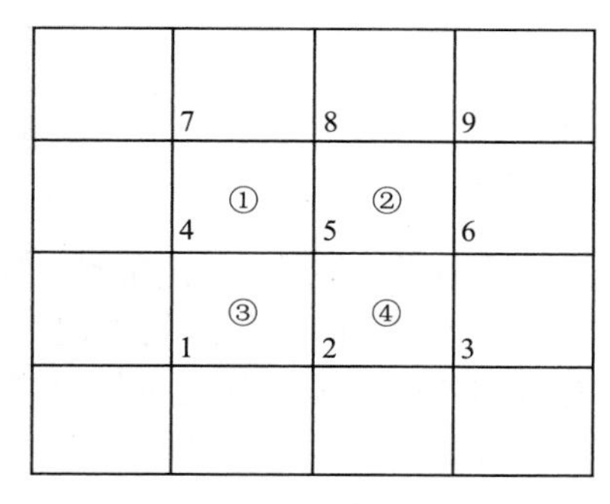

(a) 四边形单元划分

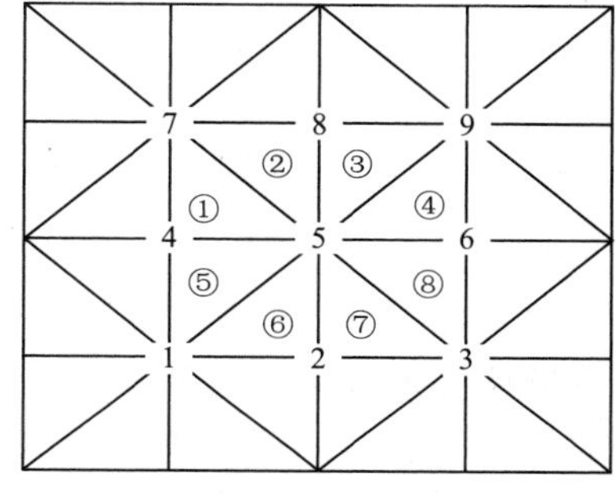

(b) 三角形单元划分

图 3.9 结构刚度矩阵的行列元素与结点关系示意图

其次，单元刚度是对称的，即$k_{ij}=k_{ji}$，由结构刚度矩阵的集成过程可知，结构刚度矩阵也是对称的，即$K_{ij}=K_{ji}$，这是结构刚度矩阵的第三个特点——对称性。由单元刚度矩阵的奇异性可知，结构刚度矩阵也是奇异的，这是刚度矩阵的第四个特点——奇异性。

综上所述，结构有限元方程的系数矩阵是一个大型、稀疏、对称的奇异矩阵。基于结构刚度矩阵的这些特点，有限元方程的求解形成了独特的存储和计算方法。

3.2.7 边界条件的引入

由于构造单元刚度矩阵时并没有考虑任何约束条件，因此，单元刚度矩阵是降秩的，即单元位移模式中包含刚体位移模式。由此可知，由单元刚度矩阵直接生成的结构刚度矩阵是一个奇异矩阵，即结构也可产生刚体位移。因此，在求解结构的有限元方程时，首先需要引入结构的边界条件，以消除其可能产生的刚体位移。

弹性力学有限元方法采用的是位移解，因此，引入的边界条件仅限于位移边界条件。弹性力学的位移边界条件包括定值边界条件和弹性支撑边界条件两种，其中定值边界条件又可分为零位移和非零位移。下面分别介绍定值边界条件和弹性边界条件的引入方法。

1. 定值边界条件

1）直接代入法

当结构有q个结点为约束结点时，则有$m\times q$（m为问题的维数）个结点位移为已知值，可将有限元方程中与这些结点位移相关的项移至方程的右端，因此，方程左端的未知量相应减少，使方程的数量多于未知量的数量，导致解不唯一。为此，需删除$m\times q$个方程，只保留$m\times(n-q)$（m为结构的结点数量）个方程。由于结构的约束反力是未知的，因此，与这$m\times q$个结点位移对应的平衡方程的右端项是未知的，可以从方程组中删除，从而得到 $m\times(n-q)$ 个独立的方程：

$$\sum_{i=1}^{m\times(n-q)} k_{si}a_i = p_s - \sum_{j=1}^{m\times q} k_{sj}a_j \quad [s=1,2,\cdots,m\times(n-q)] \tag{3.2.79}$$

当约束的结点位移为零时，即：$a_j=0, j=1,2,\cdots,m\times q$，则式(3.2.79)简化为：

$$\sum_{i=1}^{m\times(n-q)} k_{si}a_i = p_s \quad [s=1,2,\cdots,m\times(n-q)] \tag{3.2.80}$$

例如，对于图 3.8 所示的两个单元，若 k 结点为约束结点，即已知 $a_{2k-1}=\overline{u}_k, a_{2k}=\overline{v}_k$，则两单元的有限元方程可表示为：

$$\left.\begin{aligned}\sum_{r=i,j,l}(k_{2s-1,2r-1}u_r + k_{2s-1,2r}v_r) &= p_{2s-1} - k_{2s-1,2k-1}\overline{u}_k - k_{2s-1,2k}\overline{v}_k \\ \sum_{r=i,j,l}(k_{2s,2r-1}u_r + k_{2s,2r}v_r) &= p_{2s} - k_{2s,2k-1}\overline{u}_k - k_{2s,2k}\overline{v}_k\end{aligned}\right\} \quad (s=i,j,l) \tag{3.2.81}$$

从上面的分析可以看出，引入边界条件后，结构的未知量和方程数量都相应地减少，结构的刚度矩阵由原来的 $(m\times n)^2$ 阶方阵降至 $[m\times(n-q)]^2$ 阶方阵。因此，处理此类边界条件的第一种方法是删除刚度矩阵中与约束自由度对应的行和列以及荷载列向量的对应元素。如果约束的结点位移不为零，则将被删除的列元素乘以相应的结点位移后累加到荷载列向量的对应元素中。对于式(3.2.77)所示的刚度矩阵和式(3.2.78)所示的荷载列向量，在 k 结点约束的条件下，用上述方法引入边界条件后，式(3.2.77)和式(3.2.78)成为：

$$[K]=\begin{array}{c} \begin{matrix} 1 & \cdots & i & \cdots & j & \cdots & l & \cdots & n-1 \end{matrix} \\ \begin{bmatrix} [0] & \cdots & [0] & \cdots & [0] & \cdots & [0] & \cdots & [0] \\ \vdots & \ddots & \vdots & & \vdots & & \vdots & & \vdots \\ [0] & \cdots & [K]_{22}^r & \cdots & [K]_{21}^r & \cdots & [K]_{23}^r & \cdots & [0] \\ \vdots & & \vdots & \ddots & \vdots & & \vdots & & \vdots \\ [0] & \cdots & [K]_{12}^r & \cdots & [K]_{11}^r+[K]_{33}^s & \cdots & [K]_{13}^r+[K]_{31}^s & \cdots & [0] \\ \vdots & & \vdots & & \vdots & \ddots & \vdots & & \vdots \\ [0] & \cdots & [K]_{32}^r & \cdots & [K]_{31}^r+[K]_{13}^s & \cdots & [K]_{33}^r+[K]_{11}^s & \cdots & [0] \\ \vdots & & \vdots & & \vdots & & \vdots & \ddots & \vdots \\ [0] & \cdots & [0] & \cdots & [0] & \cdots & [0] & \cdots & [0] \end{bmatrix} \begin{matrix} 1 \\ \vdots \\ i \\ \vdots \\ j \\ \vdots \\ l \\ \vdots \\ n-1 \end{matrix} \end{array} \tag{3.2.82}$$

$$\{P\}=\begin{Bmatrix} \{0\} \\ \vdots \\ \{P\}_2^r \\ \vdots \\ \{P\}_1^r+\{P\}_3^s-[K]_{32}^s\{a\}_k \\ \vdots \\ \{P\}_3^r+\{P\}_1^s-[K]_{32}^s\{a\}_k \\ \vdots \\ \{a\} \end{Bmatrix} \begin{matrix} 1 \\ \vdots \\ i \\ \vdots \\ j \\ \vdots \\ l \\ \vdots \\ n-1 \end{matrix} \tag{3.2.83}$$

为了编制程序的方便，结点编号时，通常将约束结点和非约束结点分别顺序编号，即：

$$\{a\}=\begin{Bmatrix}\{a\}_a\\\{a\}_b\end{Bmatrix} \tag{3.2.84}$$

式中：$\{a\}_a$ 和 $\{a\}_b$ 分别表示非约束结点位移和约束结点位移。

按照式(3.2.84)的位移排列方式，结构的有限元方程可表示为：

$$\begin{bmatrix}[K]_{aa} & [K]_{ab}\\ [K]_{ba} & [K]_{bb}\end{bmatrix}\begin{Bmatrix}\{a\}_a\\\{a\}_b\end{Bmatrix}=\begin{Bmatrix}\{F\}_a\\\{F\}_b\end{Bmatrix} \tag{3.2.85}$$

式中：$[K]_{aa}$，$[K]_{ab}$，$[K]_{ba}$，$[K]_{bb}$，$\{F\}_a$，$\{F\}_b$ 为与式(3.2.84)的位移向量对应的刚度矩阵和荷载向量的分块矩阵(向量)。

展开式(3.2.85)的第一式得：

$$[K]_{aa}\{a\}_a+[K]_{ab}\{a\}_b=\{F\}_a \tag{3.2.86}$$

将上式左端的第二项移至右端与荷载组合后得：

$$[K]^*\{a\}^*=\{F\}^* \tag{3.2.87}$$

式中：$[K]^*=[K]_{aa}$，$\{a\}^*=\{a\}_a$，$\{F\}^*=\{F\}_a-[K]_{ab}\{a\}_b$。

对于刚性约束边界，则仅需删除刚度矩阵中与约束结点位移对应的行、列元素即可。

用上述方法引入边界条件通常是在集成结构刚度矩阵的过程中完成的，即仅将单元刚度矩阵中与非约束结点位移对应的元素赋值给结构刚度矩阵，而将单元刚度矩阵中与约束结点位移对应的元素乘以相应的位移后赋值给荷载向量。这就意味着，结构刚度矩阵的维数取决于未知量的个数，因此，对于具有不同约束条件(约束结点的数量)的相同结构而言，需要修改矩阵和向量的维数才能完成计算。

为了实现程序的通用性和大型程序的模块化，人们希望只修改刚度矩阵和荷载向量的元素，而不改变刚度矩阵和荷载向量的维数。因此，可以采用下述方法引入定值边界条件。

2)对角线元素乘大数法

对角线元素乘大数法是通过将刚度矩阵中与约束结点位移 $a_i=\overline{a}_i$ 相应的对角线元素 k_{ii} 乘以一足够大的数 α，如 $\alpha=10^{10}$，并将该乘积 αk_{ii} 乘以 $\overline{a}_i$ 后替代荷载向量中的对应元素 F_i，即：

$$\begin{bmatrix}k_{11} & \cdots & & & \cdots & k_{1n}\\ \vdots & \ddots & & & & \vdots\\ & & \ddots & & & \\ k_{i1} & & & \boxed{\alpha k_{ii}} & & k_{in}\\ \vdots & & & & \ddots & \vdots\\ k_{n1} & \cdots & & & \cdots & k_{nn}\end{bmatrix}\begin{Bmatrix}a_1\\ \vdots\\ a_i\\ \vdots\\ a_n\end{Bmatrix}=\begin{Bmatrix}F_1\\ \vdots\\ \boxed{\alpha k_{ii}\overline{a}_i}\\ \vdots\\ F_n\end{Bmatrix} \tag{3.2.88}$$

式(3.2.88)的第 i 个方程可表示为：

$$k_{i1}a_1+\cdots+\alpha k_{ii}a_i+\cdots+k_{in}a_n=\alpha k_{ii}\overline{a}_i$$

由于 $\alpha k_{ii}\gg k_{ij}(i\neq j)$，因此，方程左端的 $\alpha k_{ii}\overline{a}_i$ 项远远大于其他项。故可近似得到：

$$\alpha k_{ii}a_i\approx\alpha k_{ii}\overline{a}_i$$

从而可得：

$$a_i\approx\overline{a}_i$$

用这种方法引入边界条件的方便之处,在于它不改变刚度矩阵和荷载向量的维数,结点编号时无需考虑结点的约束状态,因此,可按照刚度矩阵带宽最小的原则进行结点编号。

3)对角线元素改 1 法

对角线元素改 1 法与对角线元素乘大数法的概念正好相反,对角线元素乘大数法是通过将对角线元素乘以远远大于其他元素的数来突出已知位移,而对角线元素改 1 法则是通过删除其他项来突出已知位移项。即将结构刚度矩阵中与已知位移相应的对角线元素改为 1,而对应的行和列元素全部改为零,并用已知位移替代荷载向量中的对应元素,即:

$$\begin{bmatrix} k_{11} & \cdots & 0 & \cdots & k_{1n} \\ \vdots & \ddots & \vdots & & \vdots \\ \vdots & & \vdots & & \vdots \\ 0 & \cdots & 1 & \cdots & 0 \\ \vdots & & \vdots & \ddots & \vdots \\ k_{n1} & \cdots & 0 & \cdots & k_{nn} \end{bmatrix} \begin{Bmatrix} a_1 \\ \vdots \\ \vdots \\ a_i \\ \vdots \\ a_n \end{Bmatrix} = \begin{Bmatrix} F_1 \\ \vdots \\ \vdots \\ \overline{a}_i \\ \vdots \\ F_n \end{Bmatrix} \tag{3.2.89}$$

从式(3.2.89)的第 i 个方程直接可以得到 $a_i=\overline{a}_i$。

2. 弹性约束边界条件

如果结构的边界是弹性约束,如板架交叉梁或弹性基础,则其结点位移与结点约束反力存在如下的关系:

$$R_i=-\overline{k}_i a_i \tag{3.2.90}$$

式中:$\overline{k}_i$ 为弹性约束的刚度系数,负号表明约束反力符号与位移方向相反。

将式(3.2.90)代入结构的第 i 个方程并整理得:

$$\begin{bmatrix} k_{11} & \cdots & & \cdots & k_{1n} \\ \vdots & \ddots & & & \vdots \\ & & \ddots & & \\ k_{i1} & & k_{ii}+\overline{k}_i & & k_{in} \\ \vdots & & & \ddots & \vdots \\ k_{n1} & \cdots & & \cdots & k_{nn} \end{bmatrix} \begin{Bmatrix} a_1 \\ \vdots \\ a_i \\ \vdots \\ a_n \end{Bmatrix} = \begin{Bmatrix} F_1 \\ \vdots \\ 0 \\ \vdots \\ F_n \end{Bmatrix} \tag{3.2.91}$$

解此方程即可求得全部位移。

引入边界条件后,结构有限元方程的刚度矩阵不再是奇异的,即系统的各方程由线性相关转变为线性无关,因此,可采用任何一种解线性方程组的方法计算结构的结点位移。

3.3 有限元方程的求解

3.3.1 计算机存储方法

从上面的讨论中可以看出,结构的刚度矩阵是一个稀疏的带状矩阵。因此,如果按照矩阵的一般存储方法,大量的内存资源将被零元素占据,造成不必要的浪费。此外,由于刚度矩阵是对称矩阵,因此,存储的非零元素中,除对角线元素外的所有元素两两相同,即有 1/2 的非零元素是重复存储的。为了节省内存资源,有限元方法的矩阵存储充分利用了结构刚度矩阵对称的特点,采取只存储上三角(或下三角)矩阵的方法。而为了避免存储大量的零元素,可以采取等二维带宽存储或一维变带宽存储。当然，这两种存储方法并不能完全避免零元素的存储。因为，结构刚度矩阵中的非零元素并不是连续分布于对角线元素的两侧。从图 3.9 的例子中可以看出，如果与一个结点有单元连接的所有周围结点编号不是连续的(实际的结构有限元结点编号不可能实现例子中的编号方案)，则每一行(列)的非零元素之间存在少量的零元素，其零元素的多少取决于结点编号方案。为了避免零元素占用内存资源，可以采取仅存非零元素的存储方法，从而最有效地利用计算机的内存资源。下面分别介绍上述存储方法的具体方案及计算机实现。

1. 二维等带宽存储

二维等带宽存储顾名思义是将结构刚度矩阵存储在一个二维数组中，如果结构刚度矩阵的维数是 $n\times n$ 的[如图 3.10(a)所示]，其最大带宽(刚度矩阵每一行的对角线元素与最外侧的非零元素之间的列数的最大值)为 s，则这个二维数组的维数为 $n\times s$，如图 3.10(b)所示。若以 p 表示最大带宽所在的行数，以 q 表示该行非零元素的最大列数，则 $s=q-p+1$，如图 3.10(a)所示，图中虚线表示矩阵的带宽，实线表示实际存储的带宽。

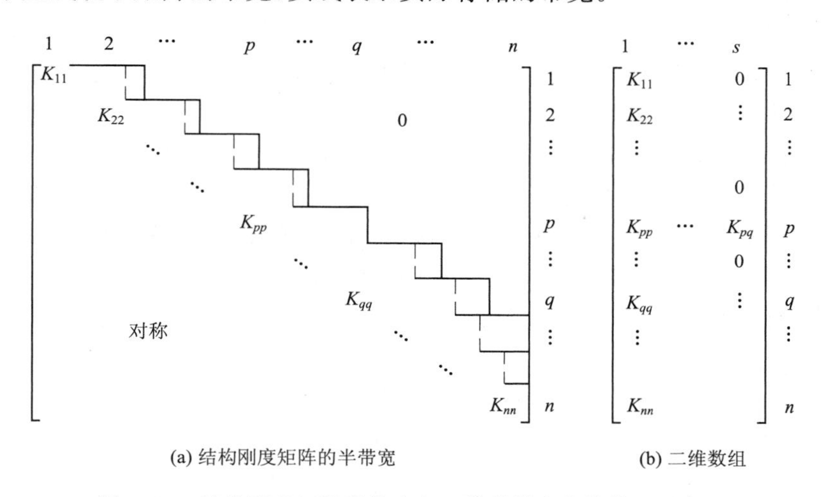

图 3.10 结构刚度矩阵的带宽与二维等带宽存储数组示意图

二维等带宽存储的优点是元素的存储位置具有规律性，便于存取，如刚度矩阵的对角线元素均在存储数组的第 1 列，而对角线元素左(右)侧的相邻元素存储在数组的第 2 列，以此类推可以得到刚度矩阵第 i 行、第 j 列($|j-i|<s$)元素 K_{ij} 在存储数组中的地址为 i 行、$|j-i|+1$ 列，上述两处出现的绝对值符号是考虑到存储下三角矩阵的情况。

下面的 Fortran 子程序是二维等带宽存储的例子，程序中的 Kz 为结构刚度矩阵，Ke 为单元刚度矩阵，No 为结点编号，Ne 为单元编号。

```
SUBROUTINE ContKz (Ke,No,N,NJ,ID,Ne,Ae,Kz)
IMPLICIT DOUBLE PRECISION (A-H,O-Z)
DOUBLE PRECISION Kz,Ke
DIMENSION Ke(6,6),No(N,3),Kz(NJ,ID)
DO 10 I= 1,3
DO 10 II= 1,2
  KI= 2* (No(Ne,I)-1)+ II
  LI= 2* (I-1)+ II
```

```
    DO 10 J= 1,3
    DO 10 JJ= 1,2
      KJ= 2* (No(Ne,J)-1)+ JJ
      LJ= 2* (J-1)+ JJ
      IF(KJ.GT.KI) GOTO 10
      KD= KJ-KI+ ID
      Kz(KI,KD)= Kz(KI,KD)+ Ae* Ke(LI,LJ)
10  CONTINUE
    RETURN
    END
```

2. 一维变带宽存储

二维等带宽存储适用于带宽相差较小的刚度矩阵，这就要求结点编号应尽可能地减小每个单元的结点编号之差值。对于形状比较简单且规则的结构而言，满足上述要求并不困难，但是对于形状复杂或不规则的结构，要想得到满足上述要求的结点编号方案是比较困难的。此时，为了避免过多地存储零元素，可以采用一维变带宽存储方法。

为了避免存储带宽以外的零元素，一维变带宽存储采用了如图 3.10(a)中虚线所示存储方案，即仅存储每一行元素的实际带宽以内的元素。因此，开设二维数组无法实现上述目的(避免存储带宽以外的零元素)。这就意味着每一行的对角线元素在存储数组中的位置取决于其前面若干行的带宽，而不是像二维等带宽存储那样无需计算就可以确定的。图 3.11 给出了一维变带宽存储的说明，图中 s_i 为第 i 行的带宽。

$$\begin{matrix} 1 & \cdots & s_1 & s_1+1 & \cdots & \sum_{i=1}^{p-1} s_i & 1+\sum_{i=1}^{p-1} s_i & \cdots & \sum_{i=1}^{p} s_i & \cdots & 1+\sum_{i=1}^{q-1} s_i & \cdots & 1+\sum_{i=1}^{n-1} s_i & \cdots & \sum_{i=1}^{n} s_i \\ [K_{11} & \cdots & K_{1s_1} & K_{22} & \cdots & K_{p-1,s_{p-1}} & K_{pp} & \cdots & K_{ps_p} & \cdots & K_{qq} & \cdots & K_{nn} & \cdots & K_{ns_n}] \end{matrix}$$

图 3.11 一维变带宽存储方案示意图

从图中可以看出，一维变带宽存储需要计算出刚度矩阵每一行的带宽，从而可确定对角线元素在一维数组中的存储位置，并计算出所有存储元素的存取关系。

3. 一维非零元素存储

一维变带宽存储可以实现刚度矩阵每一行按实际带宽存储，从而避免了每一行实际带宽与矩阵最大带宽之间零元素的存储。但是，一维变带宽存储仍没有解决带宽内零元素的存储问题。当单元的结点编号差值较大时(形状不规则的结构常遇到的问题)，带宽内的零元素较多，因此，采取一维变带宽存储方法仍将存储大量的零元素。此时，可采用仅存储非零元素的方法，即所谓的一维非零元素存储。

一维非零元素存储方法其元素在一维数组中的存储位置不再是有规律的，因此，需要利用一个工作数组来“记住”每个被存储元素的位置信息，从而实现元素的存储。

3.3.2 线性方程组求解的直接法

在引入了边界条件之后，我们就可以着手求解有限元方程，进而求得弹性体(结构)的变形和应力(内力)。首先介绍几种有限元方程的求解方法，然后讨论应力(应变)解的性质及处理方法。

1. 高斯消元法

求解线性代数方程组的方法可分为直接法和迭代法，而高斯消元法是求解线性代数方程组的最简单、最直接方法，因此，是直接法的基础。高斯消元法的基本思想是，将方程组的系数矩阵通过行(列)变换化为一个上三角矩阵。然后从最后一个未知量依次求出所有未知量，这个过程称为回代。因此，高斯消元法分为消元和回代两个过程。

对于一个 n 阶的线性代数方程组：

$$\begin{bmatrix} K_{11} & K_{12} & \cdots & \cdots & K_{1n} \\ K_{21} & K_{22} & \cdots & \cdots & K_{2n} \\ \vdots & \vdots & \ddots & & \vdots \\ \vdots & \vdots & & \ddots & \vdots \\ K_{n1} & K_{n2} & \cdots & \cdots & K_{nn} \end{bmatrix} \begin{Bmatrix} a_1 \\ a_2 \\ \vdots \\ \vdots \\ a_n \end{Bmatrix} = \begin{Bmatrix} F_1 \\ F_2 \\ \vdots \\ \vdots \\ F_n \end{Bmatrix} \tag{3.3.1}$$

将其系数矩阵和右端向量合并为一增广矩阵：

$$\left[\begin{array}{ccccc|c} K_{11} & K_{12} & \cdots & \cdots & K_{1n} & F_1 \\ K_{21} & K_{22} & \cdots & \cdots & K_{2n} & F_2 \\ \vdots & \vdots & \ddots & & \vdots & \vdots \\ \vdots & \vdots & & \ddots & \vdots & \vdots \\ K_{n1} & K_{n2} & \cdots & \cdots & K_{nn} & F_n \end{array}\right] \tag{3.3.2}$$

然后依次将系数矩阵的下三角非对角线元素变换为零，一次变换完成一列元素(除上三角矩阵元素)的消元，因此，消元过程需要做 $n-1$ 次变换。如第 1 次消元的目标是将第 1 列的下三角元素(除对角线元素外)变换为零，为此，可将第 1 行的元素除以第 1 个元素，然后分别乘以第 2 行至第 n 行的第 1 列元素后与相应行的对应列元素相加得：

$$\left.\begin{aligned} K_{ij}^{(1)} &= K_{ij}^{(0)} - \frac{K_{i1}^{(0)}}{K_{11}^{(0)}} K_{1j}^{(0)} \\ F_i^{(1)} &= F_i^{(0)} - \frac{K_{i1}^{(0)}}{K_{11}^{(0)}} F_1^{(0)} \end{aligned}\right. \quad (i=2,3,\cdots,n;j=1,2,3,\cdots,n) \tag{3.3.3}$$

式中：$K_{ij}^{(1)}$，$F_i^{(1)}$ 表示经一次高斯消元后的系数矩阵和右端向量元素。

分析式(3.3.3)可知，经过上述变换，将矩阵的第 2 行至第 n 行的第 1 列元素变换为零。经一次消元后，式(3.3.2)取下列形式：

$$\left[\begin{array}{ccccc|c} K_{11} & K_{12} & \cdots & \cdots & K_{1n} & F_1 \\ 0 & K_{22}^{(1)} & \cdots & \cdots & K_{2n}^{(1)} & F_2^{(1)} \\ \vdots & \vdots & \ddots & & \vdots & \vdots \\ \vdots & \vdots & & \ddots & \vdots & \vdots \\ 0 & K_{n2}^{(1)} & \cdots & \cdots & K_{nn}^{(1)} & F_n^{(1)} \end{array}\right] \tag{3.3.4}$$

同理，可将系数矩阵的全部下三角非对角线元素变换为零，其变换公式为：

$$\left.\begin{aligned} K_{ij}^{(m)} &= K_{ij}^{(m-1)} - \frac{K_{im}^{(m-1)}}{K_{mm}^{(m-1)}} K_{mj}^{(m-1)} \\ F_i^{(m)} &= F_i^{(m-1)} - \frac{K_{im}^{(m-1)}}{K_{mm}^{(m-1)}} F_m^{(m-1)} \end{aligned}\right\} \quad (m=1,2,\cdots,n-1;i,j=m+1,m+2,\cdots,n) \tag{3.3.5}$$

式中：$K_{ij}^{(m)}$，$F_i^{(m)}$ 表示经 m 次高斯消元后的系数矩阵和右端向量元素。

完成上述消元过程后，式(3.3.1)可表示为：

$$\begin{bmatrix} K_{11} & K_{12} & \cdots & \cdots & K_{1n} \\ 0 & K_{22}^{(1)} & \cdots & \cdots & K_{2n}^{(1)} \\ \vdots & 0 & \ddots & \ddots & \vdots \\ \vdots & \vdots & \ddots & \ddots & \vdots \\ 0 & 0 & \cdots & 0 & K_{nn}^{(n-1)} \end{bmatrix} \begin{Bmatrix} a_1 \\ a_2 \\ \vdots \\ \vdots \\ a_n \end{Bmatrix} = \begin{Bmatrix} F_1 \\ F_2^{(1)} \\ \vdots \\ \vdots \\ F_n^{(n-1)} \end{Bmatrix} \tag{3.3.6}$$

由式(3.3.6)可以看出，经过 $n-1$ 次消元后，最后一个方程仅有一个未知量，因此，可直接解出：

$$a_n = \frac{F_n^{(n-1)}}{K_{nn}^{(n-1)}} \tag{3.3.7}$$

而倒数第 2 个方程仅有两个未知量 a_n，a_{n-1}，其中 a_n 已求出，因此，由该方程可求得：

$$a_{n-1} = (F_{n-1}^{(n-2)} - K_{n-1,n}^{(n-2)} a_n) / K_{n-1,n-1}^{(n-2)} \tag{3.3.8}$$

依此类推可求出全部未知量：

$$a_i = \left(F_i^{(i-1)} - \sum_{j=i+1}^{n} K_{ij}^{(i-1)} a_j\right) / K_{ii}^{(i-1)} \quad (i = n, n-1, \cdots, 2, 1) \tag{3.3.9}$$

高斯消元法的求解精度与主对角元素与其他元素的比值有关，因此，当主对角元素小于非主对角元素时，高斯消元法的误差较大，可采用行列互换的方法调整主对角元素。对于弹性力学有限元方程而言，其刚度矩阵的主对角线元素大于非主对角元素，因此，不存在上述问题。

例 3.3.1 用高斯消元法求解下列方程组。

$$\begin{bmatrix} 5 & -4 & 1 & 0 \\ -4 & 6 & -4 & 1 \\ 1 & -4 & 6 & -4 \\ 0 & 1 & -4 & 5 \end{bmatrix} \begin{Bmatrix} a_1 \\ a_2 \\ a_3 \\ a_4 \end{Bmatrix} = \begin{Bmatrix} 0 \\ 1 \\ 0 \\ 0 \end{Bmatrix} \tag{a}$$

解：将式(a)的系数矩阵和右端向量组成增广矩阵：

$$\begin{bmatrix} 5 & -4 & 1 & 0 & 0 \\ -4 & 6 & -4 & 1 & 1 \\ 1 & -4 & 6 & -4 & 0 \\ 0 & 1 & -4 & 5 & 0 \end{bmatrix} \tag{b}$$

第 1 次消元目标是第 1 列的下三角非对角线元素，为此将第 1 行的元素分别乘以 4/5 和 −1/5 与第 2 行和第 3 行的对应元素相加得：

$$\begin{bmatrix} 5 & -4 & 1 & 0 & 0 \\ 0 & 14/5 & -16/5 & 1 & 1 \\ 0 & -16/5 & 29/5 & -4 & 0 \\ 0 & 1 & -4 & 5 & 0 \end{bmatrix} \tag{c}$$

然后将第 2 行的元素分别乘以 16/14 和 −5/14 与第 3 行和第 4 行的对应元素相加得：

$$\begin{bmatrix} 5 & -4 & 1 & 0 & 0 \\ 0 & 14/5 & -16/5 & 1 & 1 \\ 0 & 0 & 15/7 & -20/7 & 8/7 \\ 0 & 0 & -20/7 & 65/14 & -5/14 \end{bmatrix} \tag{d}$$

最后将第 3 行的元素乘以 20/15 与第 4 行的对应元素相加得：

$$\begin{bmatrix} 5 & -4 & 1 & 0 & 0 \\ 0 & 14/5 & -16/5 & 1 & 1 \\ 0 & 0 & 15/7 & -20/7 & 8/7 \\ 0 & 0 & 0 & 5/6 & 7/6 \end{bmatrix} \tag{e}$$

消元后的方程组式(a)取如下的形式：

$$\begin{bmatrix} 5 & -4 & 1 & 0 \\ 0 & 14/5 & -16/5 & 1 \\ 0 & 0 & 15/7 & -20/7 \\ 0 & 0 & 0 & 5/6 \end{bmatrix} \begin{Bmatrix} a_1 \\ a_2 \\ a_3 \\ a_4 \end{Bmatrix} = \begin{Bmatrix} 0 \\ 1 \\ 8/7 \\ 7/6 \end{Bmatrix} \tag{f}$$

由式(f)可求得：

$$\begin{gathered} a_4 = \frac{7/6}{6/5} = \frac{7}{5} \\ a_3 = \frac{8/7-(-20/7)a_4}{15/7} = \frac{12}{5} \\ a_2 = \frac{1-(-16/5)a_3-a_4}{14/5} = \frac{13}{5} \\ a_1 = \frac{0-(-4)a_2-a_3}{5} = \frac{8}{5} \end{gathered} \tag{g}$$

式(c)～(e)为高斯消元过程，式(g)为回代求解过程。

2. 高斯—约当消元法

高斯消元法是通过消元过程将线性代数方程组的系数矩阵变换为上三角阵，然后进行回代求解。而高斯—约当消元法则是将系数矩阵变换为一个单位矩阵，从而可直接求得全部未知量。而由式(3.3.2)可知，当将系数矩阵变换为单位矩阵时，右端向量即为方程组的解。因此，高斯—约当消元法不需要回代求解，而直接通过消元求得方程组的全部未知量。高斯—约当消元法的变换过程如下：

将 n 阶线性代数方程组的系数矩阵和右端向量组合为增广矩阵式(3.3.2)，首先用第 1 行的主对角元素遍除该行，即：

$$\begin{gathered} K_{1j}^{(1)} = K_{1j}/K_{11}\,(j=1,2,\cdots,n) \\ F_1^{(1)} = F_1/K_{11} \end{gathered} \tag{3.3.10}$$

由式(3.3.10)可以看出，$K_{11}^{(1)}=1$，因此，经一次变换后，式(3.3.2)可表示为：

$$\left[\begin{array}{ccccc|c} 1 & K_{12}^{(1)} & \cdots & \cdots & K_{1n}^{(1)} & F_1^{(1)} \\ K_{21} & K_{22} & \cdots & \cdots & K_{2n} & F_2 \\ \vdots & \vdots & \ddots & & \vdots & \vdots \\ \vdots & \vdots & & \ddots & \vdots & \vdots \\ K_{n1} & K_{n2} & \cdots & \cdots & K_{nn} & F_n \end{array}\right] \tag{3.3.11}$$

与高斯消元法不同的是，高斯—约当消元法的消元过程不是逐列进行的，而是按主对角线元素逐行逐列展开的。如对式(3.3.11)进行变换的次序是先对 K_{21} 进行消元，并将 K_{22} 变换为 1，然后对 $K_{12}^{(1)}$ 进行消元，其变换关系可表示为：

$$K_{2j}^{(1)}=K_{2j}-K_{21}K_{1j}^{(1)} \qquad (j=1,2,\cdots,n)$$

$$F_2^{(1)}=F_2-K_{21}F_1^{(1)} \tag{3.3.12}$$

$$K_{2j}^{(2)}=K_{2j}^{(1)}/K_{22}^{(1)} \qquad (j=2,3,\cdots,n)$$

$$F_2^{(2)}=F_2^{(1)}/K_{22}^{(1)} \tag{3.3.13}$$

$$K_{1j}^{(2)}=K_{1j}^{(1)}-K_{12}^{(1)}K_{2j}^{(2)} \qquad (j=2,3,\cdots,n)$$

$$F_1^{(2)}=F_1^{(1)}-K_{12}^{(1)}F_2^{(2)} \tag{3.3.14}$$

分析式(3.3.12)～式(3.3.14)可知，经上述变换后，$K_{21}^{(1)}=K_{12}^{(2)}=0$，$K_{22}^{(2)}=1$，则式(3.3.11)变换为：

$$\left[\begin{array}{cccccc:c} 1 & 0 & K_{13}^{(2)} & \cdots & \cdots & K_{1n}^{(2)} & F_1^{(2)} \\ 0 & 1 & K_{23}^{(2)} & \cdots & \cdots & K_{2n}^{(2)} & F_2^{(2)} \\ K_{31} & K_{32} & K_{33} & \cdots & \cdots & K_{3n} & F_3 \\ \vdots & \vdots & \vdots & \ddots & & \vdots & \vdots \\ \vdots & \vdots & \vdots & & \ddots & \vdots & \vdots \\ K_{n1} & K_{n2} & K_{n3} & \cdots & \cdots & K_{nn} & F_n \end{array}\right] \tag{3.3.15}$$

由式(3.3.10)和式(3.3.12)～式(3.3.14)可得高斯—约当消元法的计算步骤：

(1)将系数矩阵第 i 行的 1～$(i-1)$ 列元素变换为 0，其变换公式为：

$$\begin{aligned} K_{ij}^{(i-1)} &= K_{ij}-\sum_{m=1}^{i-1}K_{im}K_{mj} \qquad (j=1,2,\cdots,n) \\ F_i^{(i-1)} &= F_i-\sum_{m=1}^{i-1}K_{im}F_m \end{aligned} \tag{3.3.16}$$

(2)将第 i 行的主对角线元素变换为 1，即：

$$\begin{aligned} K_{ij}^{(i)} &= K_{ij}^{(i-1)}/K_{ii}^{(i-1)} \\ F_i^{(i)} &= F_i^{(i-1)}/K_{ii}^{(i-1)} \end{aligned} \qquad (j=i,i+1,\cdots,n) \tag{3.3.17}$$

(3)将第 1～$(i-1)$ 行的 i 列元素变换为 0，其变换公式为：

$$\begin{aligned} K_{mj}^{(i)} &= K_{mj}^{(i-1)}-K_{mi}^{(i-1)}K_{ij}^{(i)} \\ F_m^{(i)} &= F_m^{(i-1)}-K_{mi}^{(i-1)}F_i^{(2)} \end{aligned} \qquad (m=1,2,\cdots,i-1;j=1,2,\cdots,n) \tag{3.3.18}$$

第 i 次变换后的增广矩阵可表示为：

$$\left[\begin{array}{cccc:cccc:c} 1 & 0 & \cdots & 0 & K_{1,i+1}^{(i)} & \cdots & \cdots & K_{1,n}^{(i)} & F_1^{(i)} \\ 0 & 1 & & \vdots & K_{2,i+1}^{(i)} & \cdots & \cdots & K_{2,n}^{(i)} & F_2^{(i)} \\ \vdots & & \ddots & 0 & \vdots & & & \vdots & \vdots \\ 0 & \cdots & 0 & 1 & \vdots & & & \vdots & \vdots \\ \hdashline K_{i+1,1} & K_{i+1,2} & \cdots & \cdots & K_{i+1,i+1} & \cdots & \cdots & K_{in} & K_i \\ \vdots & \vdots & & & \vdots & \ddots & & \vdots & \vdots \\ \vdots & \vdots & & & \vdots & & \ddots & \vdots & \vdots \\ K_{i+1,1} & K_{n2} & \cdots & \cdots & K_{n,i+1} & \cdots & \cdots & K_{nn} & F_n \end{array}\right] \tag{3.3.19}$$

由式(3.3.19)可以看出，高斯—约当消元法是从系数矩阵的左上角逐行逐列向右下角进行变换的。变换完成后，式(3.3.2)可表示为：

$$\begin{bmatrix} 1 & 0 & \cdots & \cdots & 0 & \vdots & F_1^{(n)} \\ 0 & 1 & 0 & \cdots & 0 & \vdots & F_2^{(n)} \\ \vdots & 0 & \ddots & & \vdots & \vdots & \vdots \\ \vdots & \vdots & & \ddots & 0 & \vdots & \vdots \\ 0 & 0 & \cdots & 0 & 1 & \vdots & F_n^{(n)} \end{bmatrix} \tag{3.3.20}$$

因此,变换后的右端向量就是方程组的解,即 $a_i=F_i^{(n)}$ 。

例 3.3.2 用高斯—约当消元法重做例 3.3.1。

解:从例 3.3.1 式(b)的增广矩阵

$$\begin{bmatrix} 5 & -4 & 1 & 0 & 0 \\ -4 & 6 & -4 & 1 & 1 \\ 1 & -4 & 6 & -4 & 0 \\ 0 & 1 & -4 & 5 & 0 \end{bmatrix} \tag{a}$$

出发进行高斯—约当消元,首先将第 1 行的主对角线元素变换为 1,为此,将第 1 行的元素除以 5 得:

$$\begin{bmatrix} 1 & -4/5 & 1/5 & 0 & 0 \\ -4 & 6 & -4 & 1 & 1 \\ 1 & -4 & 6 & -4 & 0 \\ 0 & 1 & -4 & 5 & 0 \end{bmatrix} \tag{b}$$

第 2 次消元目标是第 2 行的第 1 个元素和第 2 列的第 1 个元素变换为 0,并将第 2 行的主对角线元素变换为 1。为此,将第 1 行的元素乘以 4 与第 2 行的对应元素相加得:

$$\begin{bmatrix} 1 & -4/5 & 1/5 & 0 & 0 \\ 0 & 14/5 & -16/5 & 1 & 1 \\ 1 & -4 & 6 & -4 & 0 \\ 0 & 1 & -4 & 5 & 0 \end{bmatrix} \tag{c}$$

然后将第 2 行的元素除以 14/5 得:

$$\begin{bmatrix} 1 & -4/5 & 1/5 & 0 & 0 \\ 0 & 1 & -8/7 & 5/14 & 5/14 \\ 1 & -4 & 6 & -4 & 0 \\ 0 & 1 & -4 & 5 & 0 \end{bmatrix} \tag{d}$$

再将第 2 行的元素乘以 4/5 与第 1 行的对应元素相加得:

$$\begin{bmatrix} 1 & 0 & -5/7 & 2/7 & 2/7 \\ 0 & 1 & -8/7 & 5/14 & 5/14 \\ 1 & -4 & 6 & -4 & 0 \\ 0 & 1 & -4 & 5 & 0 \end{bmatrix} \tag{d}$$

第 3 次消元的目标是将第 3 行的 1～2 列元素和第 3 列的 1～2 行元素变换为 0,并将第 3 行的主对角线元素变换为 1,为此,将第 1 行的元素乘以 −1、第 2 行的元素乘以 4 分别与第 3 行的对应元素相加得:

$$\begin{bmatrix} 1 & 0 & -5/7 & 2/7 & 2/7 \\ 0 & 1 & -8/7 & 5/14 & 5/14 \\ 0 & 0 & 15/7 & -20/7 & 8/7 \\ 0 & 1 & -4 & 5 & 0 \end{bmatrix} \tag{e}$$

然后将第 3 行元素除以 15/7 得：

$$\begin{bmatrix} 1 & 0 & -5/7 & 2/7 & 2/7 \\ 0 & 1 & -8/7 & 5/14 & 5/14 \\ 0 & 0 & 1 & -4/3 & 8/15 \\ 0 & 1 & -4 & 5 & 0 \end{bmatrix} \tag{f}$$

再将第 3 行的元素分别乘以 5/7 和 8/7 与第 1 行和第 2 行的对应元素相加得：

$$\begin{bmatrix} 1 & 0 & 0 & -2/3 & 2/3 \\ 0 & 1 & 0 & -7/6 & 29/30 \\ 0 & 0 & 1 & -4/3 & 8/15 \\ 0 & 1 & -4 & 5 & 0 \end{bmatrix} \tag{g}$$

第 4 次消元的目标是将第 4 行的 1～3 列元素和 4 列的 1～3 行元素变换为 0，并将第 4 行的主对角线元素变换为 1。由于第 4 行的第 1 个元素已经为零，因此，消元从第 2 个元素开始。为此，将第 2 行的元素乘以 −1、第 3 行的元素乘以 4 分别与第 4 行的对应元素相加得：

$$\begin{bmatrix} 1 & 0 & 0 & -2/3 & 2/3 \\ 0 & 1 & 0 & -7/6 & 29/30 \\ 0 & 0 & 1 & -4/3 & 8-15 \\ 0 & 0 & 0 & 5/6 & 7/6 \end{bmatrix} \tag{h}$$

然后将第 4 行元素除以 5/6 得：

$$\begin{bmatrix} 1 & 0 & 0 & -2/3 & 2/3 \\ 0 & 1 & 0 & -7/6 & 29/30 \\ 0 & 0 & 1 & -4/3 & 8/15 \\ 0 & 0 & 0 & 1 & 7/5 \end{bmatrix} \tag{i}$$

再将第 4 行的元素分别乘以 2/3、7/6 和 4/3 与第 1 行、第 2 行和第 3 行的对应元素相加得：

$$\begin{bmatrix} 1 & 0 & 0 & 0 & 8/5 \\ 0 & 1 & 0 & 0 & 13/5 \\ 0 & 0 & 1 & 0 & 12/5 \\ 0 & 0 & 0 & 1 & 7/5 \end{bmatrix} \tag{j}$$

由式(j)可得：

$$a_1=\frac{8}{5},\ a_2=\frac{13}{5},\ a_3=\frac{12}{5},\ a_4=\frac{7}{5} \tag{k}$$

3.3.3 线性方程组求解的迭代法

对于大型结构的有限元分析，其结点数往往非常多（几万个甚至几十万个），因此，其有限元方程的阶次很高。对于阶次很高的线性代数方程组，用直接法求解的误差较大，此时可采用迭代法。当然，迭代法也可用于改进直接法的计算结果。

1. 雅可比(Jacobi)迭代法

将式(3.3.1)表示为：

$$[K]\{a\}=\{F\} \tag{3.3.21}$$

设式(3.3.21)的系数矩阵$[K]$非奇异，即$|K|\neq 0$，且$K_{ii}\neq 0(i=1,2,\cdots,n)$，则可将系数矩阵分解为：

$$[K]=[\Lambda]+[K]_0 \tag{3.3.22}$$

其中：$[\Lambda]$为由$[K]$的对角线元素组成的对角阵：

$$[\Lambda]=\begin{bmatrix} K_{11} & 0 & \cdots & \cdots & 0 \\ 0 & K_{22} & \ddots & & \vdots \\ \vdots & \ddots & \ddots & \ddots & \vdots \\ \vdots & & \ddots & \ddots & 0 \\ 0 & \cdots & \cdots & 0 & K_{nn} \end{bmatrix} \tag{3.3.23}$$

则$[K]_0$为$[K]$的其他元素组成的矩阵：

$$[K]_0=\begin{bmatrix} 0 & K_{12} & K_{13} & \cdots & \cdots & K_{1n} \\ K_{21} & 0 & K_{23} & \cdots & \cdots & K_{2n} \\ K_{31} & K_{32} & 0 & K_{34} & \cdots & K_{3n} \\ \vdots & \vdots & K_{43} & \ddots & \ddots & \vdots \\ \vdots & \vdots & \vdots & \ddots & \ddots & K_{n-1,n} \\ K_{n1} & K_{n2} & K_{n3} & \cdots & K_{n,n-1} & 0 \end{bmatrix} \tag{3.3.24}$$

将方程组式(3.3.1)的第i个方程表示为未知量a_i的显示表达式：

$$a_i=\frac{1}{K_{ii}}\left(F_i-\sum_{j=1,j\neq i}^{n}K_{ij}a_j\right) \quad (i=1,2,\cdots,n) \tag{3.3.25}$$

由式(3.3.25)可将方程(3.3.21)改写为：

$$\{a\}=[\tilde{K}]_0\{a\}+\{\tilde{F}\} \tag{3.3.26}$$

式中：

$$[\tilde{K}]_0=\begin{bmatrix} 0 & -\frac{K_{12}}{K_{11}} & -\frac{K_{13}}{K_{11}} & \cdots & \cdots & -\frac{K_{1n}}{K_{11}} \\ -\frac{K_{21}}{K_{22}} & 0 & -\frac{K_{23}}{K_{22}} & \cdots & \cdots & -\frac{K_{2n}}{K_{22}} \\ -\frac{K_{31}}{K_{33}} & -\frac{K_{32}}{K_{33}} & 0 & -\frac{K_{34}}{K_{33}} & \cdots & -\frac{K_{3n}}{K_{33}} \\ \vdots & \vdots & -\frac{K_{43}}{K_{44}} & \ddots & \ddots & \vdots \\ \vdots & \vdots & \vdots & \ddots & \ddots & -\frac{K_{n-1,n}}{K_{n-1,n-1}} \\ -\frac{K_{n1}}{K_{n,n}} & -\frac{K_{n2}}{K_{n,n}} & -\frac{K_{n3}}{K_{n,n}} & \cdots & -\frac{K_{n,n-1}}{K_{n,n}} & 0 \end{bmatrix} \tag{3.3.27}$$

$$\{a\}=[a_1 \quad a_2 \quad \cdots \quad \cdots \quad a_n]^{\mathrm{T}} \tag{3.3.28}$$

$$\{\tilde{F}\}=\left[\frac{F_1}{K_{11}} \quad \frac{F_2}{K_{22}} \quad \cdots \quad \cdots \quad \frac{F_n}{K_{nn}}\right]^{\mathrm{T}} \tag{3.3.29}$$

将式(3.3.22)代入式(3.3.21)并左乘$[\Lambda]^{-1}$得：

$$\{a\}=-[\Lambda]^{-1}[K]_0\{a\}+[\Lambda]^{-1}\{F\} \tag{3.3.30}$$

与式(3.3.26)比较可知，$[\widetilde{K}]_0=-[\Lambda]^{-1}[K]_0$，$\{\widetilde{F}\}=[\Lambda]^{-1}\{F\}$。

由式(3.3.26)可得雅可比迭代法的迭代格式：

$$\{a\}^{(k+1)}=[\widetilde{K}]_0\{a\}^{(k)}+\{\widetilde{F}\} \tag{3.3.31}$$

式(3.3.25)的迭代格式可表示为：

$$a_i^{(k+1)}=\frac{1}{K_{ii}}\left(F_i-\sum_{j=1,j\neq i}^{n}K_{ij}a_j^{(k)}\right)\quad(i=1,2,\cdots,n) \tag{3.3.32}$$

或：

$$a_i^{(k+1)}=a_i^{(k)}+\frac{1}{K_{ii}}\left(F_i-\sum_{j=1}^{n}K_{ij}a_j^{(k)}\right)\quad(i=1,2,\cdots,n) \tag{3.3.33}$$

上式的矩阵形式为：

$$\{a\}^{(k+1)}=\{a\}^{(k)}+[\widetilde{K}]\{a\}^{(k)}+\{\widetilde{F}\} \tag{3.3.34}$$

比较式(3.3.34)和式(3.3.31)可知：

$$[\widetilde{K}]_0=[I]+[\widetilde{K}] \tag{3.3.35}$$

例 3.3.3 用雅可比迭代法求解下列线性方程组。

$$\begin{bmatrix}10 & -4 & 1 & 0\\ -4 & 12 & -4 & 1\\ 1 & -4 & 12 & -4\\ 0 & 1 & -4 & 10\end{bmatrix}\begin{Bmatrix}a_1\\ a_2\\ a_3\\ a_4\end{Bmatrix}=\begin{Bmatrix}0.5\\ 1.2\\ 1.3\\ 3\end{Bmatrix}$$

解：由式(3.3.27)和式(3.3.29)可得该方程组的迭代矩阵和向量：

$$[\widetilde{K}]_0=\begin{bmatrix}0 & 4/10 & -1/10 & 0\\ 4/12 & 0 & 4/12 & -1/12\\ -1/12 & 4/12 & 0 & 4/12\\ 0 & -1/10 & 4/10 & 0\end{bmatrix} \tag{a}$$

$$\{\widetilde{F}\}=\begin{bmatrix}\frac{0.5}{10} & \frac{1.2}{12} & \frac{1.3}{12} & \frac{3}{10}\end{bmatrix}^{\mathrm{T}} \tag{b}$$

设：

$$\{a\}^{(0)}=[0\quad 0\quad 0\quad 0]^{\mathrm{T}} \tag{c}$$

将式(a)～式(c)代入式(3.3.31)进行迭代，计算结果如例 3.3.3 表所示。

例 3.3.3 表　雅可比迭代法计算结果

$k+1$	a_1	a_2	a_3	a_4
1	0.0 500 000	0.1 000 000	0.1 083 333	0.3 000 000
2	0.0 791 667	0.1 277 778	0.2 375 000	0.3 333 333
3	0.0 773 611	0.1 777 778	0.2 554 398	0.3 822 222
4	0.0 955 671	0.1 790 818	0.2 885 532	0.3 843 982
5	0.0 927 774	0.1 960 070	0.2 881 961	0.3 975 131
6	0.0 995 832	0.1 938 651	0.2 984 419	0.3 956 777

续上表

$k+1$	a_1	a_2	a_3	a_4
7	0.0 977 018	0.1 997 019	0.2 965 490	0.3 999 903
8	0.1 002 259	0.1 980 844	0.3 000 889	0.3 986 494
9	0.0 992 249	0.2 002 175	0.2 988 925	0.4 002 271
10	0.1 001 977	0.1 993 535	0.3 002 128	0.3 995 352
11	0.0 997 201	0.2 001 756	0.2 996 131	0.4 001 497
12	0.1 001 089	0.1 997 653	0.3 001 317	0.3 998 277
13	0.0 998 929	0.2 000 946	0.2 998 552	0.4 000 762
14	0.1 000 523	0.1 999 097	0.3 000 658	0.3 999 326
15	0.0 999 573	0.2 000 450	0.2 999 431	0.4 000 354

2. 高斯—赛德尔(Gauss-Seidel)迭代法

由式(3.3.32)可知,雅可比迭代法每次迭代全部采用上一次迭代结果,而在计算 $a_i^{(k+1)}$ 时,已经计算得到了 $a_1^{(k+1)},a_2^{(k+1)},\cdots,a_{i-1}^{(k+1)}$,因此,如果在计算 $a_i^{(k+1)},a_{i+1}^{(k+1)},\cdots,a_n^{(k+1)}$ 时,将迭代向量换成 $a_1^{(k+1)},a_2^{(k+1)},\cdots,a_{i-1}^{(k+1)},a_i^{(k)},a_{i+1}^{(k)},\cdots,a_n^{(k)}$,则迭代向量及时得到更新,由迭代法的计算原理可知,计算的收敛速度将有所提高。为此,将式(3.3.32)和式(3.3.33)改写为:

$$a_i^{(k+1)}=\frac{1}{K_{ii}}\left(F_i-\sum_{j=1}^{i-1}K_{ij}a_j^{(k+1)}-\sum_{j=i+1}^{n}K_{ij}a_j^{(k)}\right)\quad(i=1,2,\cdots,n)\tag{3.3.36}$$

和

$$a_i^{(k+1)}=a_i^{(k)}+\frac{1}{K_{ii}}\left(F_i-\sum_{j=1}^{i-1}K_{ij}a_j^{(k+1)}-\sum_{j=i}^{n}K_{ij}a_j^{(k)}\right)\quad(i=1,2,\cdots,n)\tag{3.3.37}$$

式(3.3.36)或式(3.3.37)称为高斯—赛德尔迭代法。

高斯—赛德尔迭代法也可以表示为矩阵的形式,为此,将式(3.3.24)分解为一个下三角阵和一个上三角阵,即:

$$[K]_0=[K]_0^L+[K]_0^U\tag{3.3.38}$$

式中:

$$[K]_0^L=\begin{bmatrix}0 & & & & & \\ K_{21} & 0 & & & 0 & \\ K_{31} & K_{32} & 0 & & & \\ \vdots & \vdots & K_{43} & \ddots & & \\ \vdots & \vdots & \vdots & \ddots & \ddots & \\ K_{n1} & K_{n2} & K_{n3} & \cdots & K_{n,n-1} & 0\end{bmatrix}\tag{3.3.39}$$

$$[K]_0^U=\begin{bmatrix}0 & K_{12} & K_{13} & \cdots & \cdots & K_{1n}\\ & 0 & K_{23} & \cdots & \cdots & K_{2n}\\ & & 0 & K_{34} & \cdots & K_{3n}\\ & & & \ddots & \ddots & \vdots\\ & 0 & & & \ddots & K_{n-1,n}\\ & & & & & 0\end{bmatrix}\tag{3.3.40}$$

将式(3.3.38)代入式(3.3.22)再代入式(3.3.21)得：

$$[\Lambda]\{a\}+[K]_0^L\{a\}+[K]_0^U\{a\}=\{F\} \tag{3.3.41}$$

由于下三角阵$[K]_0^L$的元素K_{ij}满足$j<i$，由式(3.3.36)可知，上式可表示为：

$$[\Lambda]\{a\}^{(k+1)}=\{F\}-[K]_0^L\{a\}^{(k+1)}-[K]_0^U\{a\}^{(k)} \tag{3.3.42}$$

由此可得高斯—赛德尔迭代法的矩阵表达式：

$$\{a\}^{(k+1)}=[\hat{K}]_0\{a\}^{(k)}+\{\hat{F}\} \tag{3.3.43}$$

式中：

$$[\hat{K}]_0=-([\Lambda]+[K]_0^L)^{-1}[K]_0^U \tag{3.3.44}$$

$$\{\hat{F}\}=([\Lambda]+[K]_0^L)^{-1}\{F\} \tag{3.3.45}$$

例 3.3.4 用高斯—赛德尔迭代法重做例 3.3.3。

解：由例 3.3.3 可得系数矩阵的分解矩阵：

$$[\Lambda]=\begin{bmatrix}10&&&\\&12&&\\&&12&\\&&&10\end{bmatrix},\ [K]_0^L=\begin{bmatrix}0&&&\\-4&0&&\\1&-4&0&\\0&1&-4&0\end{bmatrix},\ [K]_0^U=\begin{bmatrix}0&-4&1&0\\&0&-4&1\\&&0&-4\\&&&0\end{bmatrix} \tag{a}$$

由此可求得迭代矩阵和向量：

$$[\hat{K}]_0=\begin{bmatrix}0&\frac{2}{5}&-\frac{1}{10}&0\\0&\frac{2}{15}&\frac{3}{10}&-\frac{1}{12}\\0&\frac{1}{90}&\frac{13}{120}&\frac{11}{36}\\0&-\frac{4}{450}&\frac{6}{450}&\frac{47}{360}\end{bmatrix} \tag{b}$$

$$\{\hat{F}\}=\begin{bmatrix}\frac{1}{20}&\frac{7}{60}&\frac{103}{720}&\frac{311}{900}\end{bmatrix}^{\mathrm{T}} \tag{c}$$

设：

$$\{a\}^{(0)}=[0\quad 0\quad 0\quad 0]^{\mathrm{T}} \tag{d}$$

将式(b)～式(d)代入式(3.3.42)进行迭代，计算结果如例 3.3.4 表所示。

例 3.3.4 表　高斯—赛德尔迭代法计算结果

$k+1$	a_1	a_2	a_3	a_4
1	0.0 500 000	0.1 166 667	0.1 430 556	0.3 455 555
2	0.0 823 611	0.1 463 426	0.2 654 360	0.3 915 401
3	0.0 819 934	0.1 831 815	0.2 930 744	0.3 989 116
4	0.0 939 652	0.1 957 705	0.2 987 303	0.3 999 150
5	0.0 984 352	0.1 990 622	0.2 997 895	0.4 000 096
6	0.0 996 459	0.1 998 110	0.2 999 697	0.4 000 068

续上表

$k+1$	a_1	a_2	a_3	a_4
7	0.0 999 274	0.1 999 651	0.2 999 967	0.4 000 022
8	0.0 999 864	0.1 999 942	0.2 999 999	0.4 000 005
9	0.0 999 977	0.1 999 992	0.3 000 000	0.4 000 001
10	0.0 999 997	0.1 999 999	0.3 000 000	0.4 000 000
11	0.1 000 000	0.2 000 000	0.3 000 000	0.4 000 000

比较例 3.3.4 和例 3.3.3 可知，高斯—赛德尔迭代法的收敛速度较快。

迭代法的收敛性是该方法应用时应注意的一个问题，雅可比迭代法和高斯—赛德尔迭代法都存在收敛性问题，且两种方法的收敛性也并不是一致的。如例 3.3.1 的线性方程组用迭代法求解是不收敛的，比较例 3.3.1 和例 3.3.3 可知，两个方程组的系数矩阵除主对角线元素不同外，其他元素均相同。这说明，对角元素与非对角线元素的相对大小决定了迭代法的收敛性。当线性方程组的系数矩阵$[K]$为严格对角优势矩阵，即$[K]$的每一个对角元素的绝对值都严格大于同行其他元素之和：

$$|K_{ii}| > \sum_{\substack{j=1 \\ j\neq 1}}^{n} |K_{ij}| \quad (i=1,2,\cdots,n) \tag{3.3.46}$$

则雅可比迭代法和高斯—赛德尔迭代法都是收敛的。例 3.3.1 的方程组不满足上述要求，因此，迭代法求解是不收敛的。

有限元方程的系数矩阵具有对角线元素占优势的特点，但不一定满足式(3.3.46)的严格对角优势条件。因此，采用雅可比迭代法求解时应注意解的收敛问题，而高斯—赛德尔迭代法则可以通过下面的超松弛迭代法来改善其收敛性。

3. 超松弛迭代法

超松弛迭代法是加速雅可比迭代法或高斯—赛德尔迭代法收敛的一种方法，是一种求解具有大型稀疏系数矩阵的线性代数方程组的有效方法。下面从式(3.3.33)出发来推导超松弛迭代法的迭代公式。

将式(3.3.33)改写为：

$$a_i^{(k+1)} - a_i^{(k)} = \frac{1}{K_{ii}}\left(F_i - \sum_{j=1}^{n} K_{ij} a_j^{(k)}\right) (i=1,2,\cdots,n) \tag{3.3.47}$$

上式的右端项表示第 k 次迭代后，第 i 个方程的余量，因此，式(3.3.47)表明前后两次迭代的差值等于前一次迭代后的方程余量 R_i，即：

$$R_i = F_i - \sum_{j=1}^{n} K_{ij} a_j^{(k)} \quad (i=1,2,\cdots,n) \tag{3.3.48}$$

由此可见，迭代法的实质是用迭代后的方程余量来逐次修正迭代解，使其逐渐逼近真实解。因此，式(3.3.33)可表示为：

$$a_i^{(k+1)} = a_i^{(k)} + \frac{1}{K_{ii}} R_i \quad (i=1,2,\cdots,n) \tag{3.3.49}$$

为了加速收敛，可以在式(3.3.49)中引入松弛系数 ω 来改进余量的修正“能力”，即：

$$a_i^{(k+1)} = a_i^{(k)} + \frac{\omega}{K_{ii}} R_i \quad (i=1,2,\cdots,n) \tag{3.3.50}$$

将式(3.3.48)代入上式得：

$$a_i^{(k+1)} = a_i^{(k)} + \frac{\omega}{K_{ii}}\left(F_i - \sum_{j=1}^{n} K_{ij} a_j^{(k)}\right) \quad (i = 1,2,\cdots,n) \tag{3.3.51}$$

式(3.3.51)是在雅可比迭代法的基础上引入了松弛因子，如果在高斯—赛德尔迭代法式(3.3.38)的基础上引入松弛迭代因子就得到了松弛因子迭代法：

$$a_i^{(k+1)} = a_i^{(k)} + \frac{\omega}{K_{ii}}\left(F_i - \sum_{j=1}^{i-1} K_{ij} a_j^{(k+1)} - \sum_{j=i}^{n} K_{ij} a_j^{(k)}\right) \quad (i = 1,2,\cdots,n) \tag{3.3.52}$$

当 $\omega=1$，上式退化为高斯—赛德尔迭代法，当 $\omega<1$ 时，称为低松弛迭代法，而当 $\omega>1$ 时，则称为超松弛迭代法(Successive Over Relaxation Method，简称为 SOR 法)。

式(3.3.52)的矩阵表达式为：

$$\{a\}^{(k+1)} = [\hat{K}]_0 \{a\}^{(k)} + \{\hat{F}\} \tag{3.3.53}$$

式中：

$$[\hat{K}]_0 = ([\Lambda] + \omega [K]_0^L)^{-1} ([\Lambda] - \omega [K]^U) \tag{3.3.54}$$

$$\{\hat{F}\} = ([\Lambda] + \omega [K]_0^L)^{-1} \{F\} \tag{3.3.55}$$

$$[K]^U = \begin{bmatrix} K_{11} & K_{12} & \cdots & \cdots & K_{1n} \\ & K_{22} & K_{23} & \cdots & K_{2n} \\ & & \ddots & \ddots & \vdots \\ & 0 & & \ddots & K_{n-1,n} \\ & & & & K_{nn} \end{bmatrix} \tag{3.3.56}$$

对于系数矩阵为对称正定矩阵的线性方程组，当 $\omega<2$ 时，超松弛迭代法是收敛的。由于有限元方程的系数矩阵是对称和正定的，因此，超松弛迭代法是一种常用方法。

例 3.3.5 用超松弛迭代法重做例 3.3.3。

解：由例 3.3.3 可得系数矩阵的分解矩阵：

$$[\Lambda] = \begin{bmatrix} 10 & & & \\ & 12 & & \\ & & 12 & \\ & & & 10 \end{bmatrix}, [K]_0^L = \begin{bmatrix} 0 & & & \\ -4 & 0 & & \\ 1 & -4 & 0 & \\ 0 & 1 & -4 & 0 \end{bmatrix}, [K]^U = \begin{bmatrix} 10 & -4 & 1 & 0 \\ & 12 & -4 & 1 \\ & & 12 & -4 \\ & & & 10 \end{bmatrix} \tag{a}$$

由此可求得迭代矩阵和向量：

$$[\hat{K}]_0 = \begin{bmatrix} -0.10000 & 0.44000 & -0.11000 & 0 \\ -0.03667 & 0.06133 & 0.32633 & -0.09167 \\ -0.00428 & -0.01784 & 0.02974 & 0.33306 \\ 0.00215 & -0.01460 & -0.02281 & 0.05663 \end{bmatrix} \tag{b}$$

$$\{\hat{F}\} = [0.05500 \quad 0.13017 \quad 0.16185 \quad 0.38690]^{\mathrm{T}} \tag{c}$$

设：

$$\{a\}^{(0)} = [0 \quad 0 \quad 0 \quad 0]^{\mathrm{T}} \tag{d}$$

将式(b)～式(d)代入式(3.3.53)进行迭代，计算结果如例 3.3.5 表所示。

例 3.3.5 表 超松弛迭代法计算结果

$k+1$	a_1	a_2	a_3	a_4
1	0.0 550 000	0.1 301 667	0.1 618 528	0.3 868 969
2	0.0 889 695	0.1 534 860	0.2 929 662	0.4 033 320
3	0.0 814 106	0.1 949 508	0.3017778	0.4010044
4	0.0 994 417	0.2 008 600	0.3 005 570	0.4 000 500
5	0.1 003 730	0.2 002 504	0.3 000 203	0.3 999 764
6	0.1 000 707	0.2 000 105	0.2 999 867	0.3 999 953
7	0.0 999 990	0.1 999 641	0.2 999 976	0.4 000 000
8	0.0 999 978	0.1 999 989	0.3 000 000	0.4 000 002
9	0.0 999 997	0.2 000 000	0.3 000 001	0.4 000 000
10	0.1 000 000	0.2 000 000	0.3 000 000	0.4 000 000

与例 3.3.4 表比较可知，超松弛迭代发的收敛速度比高斯—赛德尔迭代法更快。

用超松弛迭代法求解有限元方程时，应合理地选择松弛因子，适当的松弛因子会加快收敛速度，超松弛因子一般可取 1.2 左右。

3.4 有限元解的收敛性

在第 1 章我们讨论了弹性力学变分原理的位移解（虚位移原理）和应力解（虚应力原理）的性质，有限元方法是建立在变分原理基础上的，因此，有限元解也具有变分原理解的性质——位移解和应力解分别是真实解的下界和上界。但是，变分原理解的精度完全依赖于试探函数与真实解的逼近程度，这对于几何形状、荷载和边界条件复杂的结构或弹性体，提高试探函数与真实解函数的逼近程度是困难的。而有限元解的精度不仅依赖于位移函数，还取决于单元的大小。无论位移函数与真实解的逼近程度如何，只要单元足够小，有限元解都可以无限地逼近真实解，这是有限元方法的最大优势。由于有限元方法是离散的变分法，因此，其解还具有一些特殊的性质。

3.4.1 收敛准则

有限单元法是里兹法的一种特殊形式，其原理和方法均相同，不同的是里兹法的试探函数是定义在全域上的，而有限元方法则是定义在单元（子域）上的。因此，有限元方法的收敛性可以通过与里兹法的收敛性进行比较来讨论。

里兹法的收敛条件要求试探函数取自完全的函数序列且具有 C_{m-1} 阶连续性（见 1.3.4 节），但在有限元方法中，弹性体的总泛函是由单元泛函集合而成的，完全性和连续性的要求不能精确满足。因为，定义在一个单元上的试探函数只能取有限项多项式。因此，有限元解只是真实解的一个近似值。其收敛性的讨论是要解决：当单元尺寸趋于零时，有限元解趋于真实解的条件。

下面以 1.3.3 节的微分方程：

$$L(u)+f=0 \qquad (\text{在域}\ \Omega\ \text{内}) \tag{3.4.1}$$

为例来给出收敛准则。

式(3.4.1)的泛函可表示为：

$$\Pi(u)=\int_{\Omega}\left[\frac{1}{2}C(u)C(u)+uf\right]\mathrm{d}\Omega+\mathrm{b.t.} \tag{3.4.2}$$

设泛函 $\Pi(u)$ 中包含场函数 u 及其直至 m 阶的各阶导数，且 m 阶导数是非零的，则近似函数 $\tilde{u}$ 至少是 m 阶多项式。如果取试探函数为 p 次完全多项式，则必须满足 $p\geqslant m$，此时近似函数 $\tilde{u}$ 及其各阶导数在单元内的表达形式为：

$$\begin{aligned}
&\tilde{u}=\alpha_0+\alpha_1 x+\alpha_2 x^2+\alpha_3 x^3+\cdots+\alpha_p x^p\\
&\frac{\mathrm{d}\tilde{u}}{\mathrm{d}x}=\alpha_1+2\alpha_2 x+3\alpha_3 x^2+\cdots+p\alpha_p x^{p-1}\\
&\frac{\mathrm{d}^2\tilde{u}}{\mathrm{d}x^2}=2\alpha_2+6\alpha_3 x+\cdots+p(p-1)\alpha_p x^{p-2}\\
&\vdots\\
&\frac{\mathrm{d}^m\tilde{u}}{\mathrm{d}x^m}=m!\ \alpha_m+(m+1)!\ \alpha_{m+1}x+\cdots+\frac{p!}{(p-m)!}\alpha_p x^{p-m}
\end{aligned} \tag{3.4.3}$$

分析式(3.4.3)可知，由于近似函数 $\tilde{u}$ 是 p 次完全多项式，所以，它的直至 m 阶导数中均有常数项，当单元的尺寸趋于零时，近似函数 $\tilde{u}$ 及其直至 m 阶导数在单元内将趋于常数，从而，单元的泛函有可能趋于它的精确值。如果试探函数还满足连续性条件，则系统的泛函将趋于它的精确值，即有限元解是收敛的。

由上面的讨论可以得出如下的收敛准则：

完备性准则：如果场函数的最高阶导数是 m 阶的，则有限元解收敛的条件之一是试探函数至少是 m 次完全多项式，即试探函数及其直至 m 阶导数必须包含常数项。

单元插值函数满足上述要求时，则称该单元是完备的。

协调性准则：如果泛函的最高阶导数是 m 阶的，则试探函数在单元交界面上必须具有 $m-1$阶连续性，即试探函数的 $m-1$ 阶导数是连续的。

单元插值函数满足上述要求时，则称该单元是协调的。

当单元既满足完备性要求又满足协调性要求时，有限元解是收敛的，即当单元尺寸趋于零时，有限元解趋于真实解，这种单元也被称为协调元。

下面我们以平面问题为例来说明收敛准则的物理意义。

在平面问题中，泛函 Π_p 包含位移 u 和 v 的一次导数$\frac{\partial u}{\partial x}$，$\frac{\partial v}{\partial y}$和$\frac{\partial u}{\partial y}+\frac{\partial v}{\partial x}$，即 ε_x，ε_y 和 γ_{xy}，因此，$m=1$。按照完备性准则的要求，插值函数或位移函数至少是 x 和 y 的一次完全多项式。由弹性力学可知，位移及其一阶导数中的常数项分别代表结构的刚体位移和常应变状态位移模式。所以，完备性准则要求由插值函数所构成有限元解必须能反映单元的刚体位移和常应变状态。若不能满足上述要求，则赋予结点以单元刚体位移(零应变)或常应变状态的位移值时，单元内将产生非零或非常值的应变，这意味着，有限元解不可能收敛于真实解。

对于平面问题，协调性要求位移函数 u 和 v 是零阶连续的，即函数本身在单元交界面上是连续的。如果在单元交界面上位移不连续，将在交界面上引起无限大的应变，这就要求交界面上有附加的应变能补充到系统应变能中，而建立泛函 Π_p 时只考虑了单元变形所产生的应变能，因此，如果位移在单元交界面上不连续，有限元解就不可能收敛于真实解。

3.4.2　收敛速度和精度估计

由前面的讨论可知，如果单元的插值函数是完备且协调的，则当单元尺寸逐渐缩小而趋于零时，有限元解将趋于真实解。在某些情况下，如果试探函数的多项式能够比较精确地拟合真实解，则即使在有限数目单元划分（甚至仅仅是一个或几个单元）的条件下，也能得到较为准确的解答，甚至真实解。例如当真实解是二次函数时，如果单元插值函数包括二次完全多项式，则有限元解就能得到真实解。

基于上述讨论可以确定有限元解的收敛速度，因为真实解总可以在域内某点 i 的领域内展开为一个多项式，例如平面问题中的位移 u 可以展开为：

$$u=u_s+\left(\frac{\partial u}{\partial x}\right)_s\Delta x+\left(\frac{\partial u}{\partial y}\right)_s\Delta y+\cdots \tag{3.4.4}$$

如果在尺寸为 h 的单元内，有限元解采用 p 次完全多项式，它可以局部地拟合上述Taylor展开式直到 p 阶。由于 Δx 和 Δy 是 h 量级的，所以，位移解的误差是 $O(h^{p+1})$ 阶的。对于采用三结点三角形单元的平面问题，插值函数是线性的，即 $p=1$，所以，u 的误差是 $O(h^2)$ 量级的，其收敛速度也是 $O(h^2)$ 量级的，也就是说，如果将单元尺寸缩小至原来的 1/2，则 u 的误差减小至原单元尺寸得到的有限元解误差的 $(1/2)^2=1/4$。

相同的分析可用于应变、应力以及应变能等误差和收敛速度的估计，例如，应变是由位移的 m 阶导数给出的，则它的误差是 $O(h^{p-m+1})$ 阶的。对于采用三结点三角形单元的平面问题，$p=m=1$，则应变计算结果的误差是 $O(h)$ 量级的。而由于应变能是由应变的平方项表示的，因此，应变能计算结果的误差是 $O(h^{2(p-m+1)})$ 量级的。对于采用三结点三角形单元的平面问题，应变能计算结果的误差是 $O(h^2)$ 量级的。

上面给出的是有限元解误差估计的一种定性分析方法，并不能对有限元解的误差作出定量的估计，实际工作中通常采用下列两种方法来解决：

(1)选择一个已知解析解的相同类型问题，求解域尽可能与实际计算的问题相近，并采用相同形式的单元和相似的网格划分方法，用此问题有限元解的误差来近似估计实际计算问题的有限元解的误差。

(2)基于收敛速度的量级估计，采取外推的方法求得校正的解答。在泛函取极值的条件下，如果有限元的插值函数满足完备性和协调性要求，则当单元尺寸趋于零时，有限元解是单调收敛的。因此，在第一次网格划分得到解答 u_1 后，将所有单元尺寸减小 1/2 得到解答 u_2。设第一次网格划分的收敛速度是 $O(h^b)$，则可按下式预测真实解 u：

$$\frac{u_1-u}{u_2-u}=\frac{O(h^b)}{O((h/2)^b)} \tag{3.4.5}$$

对于平面三结点三角形单元，$b=2$，则：

$$\frac{u_1-u}{u_2-u}=\frac{O(h^2)}{O((h/2)^2)}=4$$

由此可推得真实解

$$u=\frac{1}{3}(4u_2-u_1)$$

需要指出的是，这里讨论的误差只是有限元离散引起的误差，即一个连续的求解域被划分成有限个子域（单元），而以单元的试探函数近似全域上的场函数所引起的误差。有限元解的实际误差还包括数值计算过程中有效位数取舍引起的误差，包括舍入（四舍五入）误差和截断（计算机有效位数的限制）误差。舍入误差带有概率的性质，主要采用增加有效位数和减少运算次数来控制。增加有效位数的主要手段是采用高精度计算，如双精度数；而减少运算次数则需要通过适当选择计算方法和改进程序结构来实现。截断误差除了与有效位数有直接的关系外，还与结构的刚度性质有关。如果结构在不同方向上刚度相差悬殊，则其刚度矩阵的主对角元素将相差太大，以至于造成刚度矩阵病态，从而引起较大的计算误差，甚至求解失败。例如当一个平面单元沿两个坐标方向的尺寸相差较大时，沿尺寸较大方向的刚度将明显小于沿尺寸较小方向的刚度，其单元刚度矩阵的主对角线元素将相差较大。两个方向的尺寸相差越大，刚度矩阵的主对角线元素也相差越大。这也是单元划分的一个基本要求——不同坐标（单元局部坐标，包括广义坐标）方向的尺寸不能相差太大。

3.5 应力计算与改进

求解有限元方程得到的位移解还不是弹性力学有限元的全部解答；对于结构分析而言，大多数情况下，结构的应变和应力是结构设计更重要的结果，是控制设计的主要参数。因此，在得到位移解的基础上，还需要完成应变和应力计算。

应变和应力计算并没有什么困难，但是，由于有限元方法是用单元内的简单场函数来拟合结构上的复杂场函数，因此，形成了由单元的低阶场函数“拼接”成的结构场函数。如同用多条直线拟合一条曲线一样，结点处总会留下“拼接”的痕迹。虽然有“拼接”的痕迹，但它毕竟是连续的，这就是弹性力学有限元位移解的性质。而当我们基于该位移解完成后续的应变和应力计算时，则计算结果就会出现“拼接”处不连续的现象。这样的应变和应力解显然是不合理的，为此，对线性单元的应变和应力解需要进行连续性处理。

本节首先简单介绍一下如何基于有限元方程的解来计算应变和应力，然后给出应力解的性质及其改进方法。

3.5.1 应力解及其性质

通过有限元方程的求解，我们得到了结点位移向量：

$$\{a\}=[u_1 \quad v_1 \quad w_1 \quad u_2 \quad \cdots \quad u_i \quad v_i \quad w_i \quad \cdots \quad u_n \quad v_n \quad w_n]^{\mathrm{T}} \tag{3.5.1}$$

将式(3.5.1)代入式(3.2.62)可求得单元的结点位移向量：

$$\{a\}_i^e=[G]_i\{a\} \quad (i=1,2,\cdots,m) \tag{3.5.2}$$

再将求得的单元结点位移向量代入弹性力学的几何方程：

$$\{\varepsilon\}=[L']\{u\}$$

和物理方程：

$$\{\sigma\}=[D]\{\varepsilon\}$$

即可求出单元的应变：

$$\{\varepsilon\}_i^e=[B]\{a\}_i^e \quad (i=1,2,\cdots,m) \tag{3.5.3}$$

和应力：

$$\{\sigma\}_i^e=[D]\{\varepsilon\}_i^e=[D][B]\{a\}_i^e \quad (i=1,2,\cdots,m) \tag{3.5.4}$$

分析式(3.5.3)和式(3.5.4)可知，对于线性单元，其位移函数 $u=\alpha_0+\alpha_1 x$ 是一阶连续的，因此，单元插值函数$[N]$是一阶连续的，则应变矩阵$[B]=[N]'$为常数矩阵，从而单元的应变和应力为常数。这意味着，应变和应力在单元的交界面上是不连续的，否则整个结构的应变和应力将是相等的。这一现象不符合问题的物理性质，是以单元内的简单位移函数拟合结构上的复杂位移函数造成的，也是有限元方法无法回避的一个问题，只能通过对应变和应力解的处理来改善应变和应力近似解的精度。为此，我们首先需要了解应变和应力近似解的性质。

通过1.4.2节的讨论我们曾得出利用最小势能原理得到的位移具有下限的性质（小于真实解），即近似解的总势能大于真实解的总势能：

$$\Pi_p(\tilde{\boldsymbol{u}})>\Pi_p(\boldsymbol{u})$$

而近似解的应变能小于真实解的应变能：

$$U(\tilde{\boldsymbol{\varepsilon}})<U(\boldsymbol{\varepsilon})$$

因此，位移解偏小。但基于此位移解求得的应变和应力解的性质如何呢？下面基于弹性力学变分原理给出的分析说明。

设位移的真实解和近似解分别为$\{u\}$和$\{\tilde{u}\}$，相应的应变和应力解分别为$\{\varepsilon\}$、$\{\sigma\}$和$\{\tilde{\varepsilon}\}$、$\{\tilde{\sigma}\}$，即：

$$\{\tilde{u}\}=\{u\}+\{\delta u\},\ \{\tilde{\varepsilon}\}=\{\varepsilon\}+\{\delta\varepsilon\},\ \{\tilde{\sigma}\}=\{\sigma\}+\{\delta\sigma\} \tag{3.5.5}$$

由系统总势能的泛函表达式(1.4.61)可写出近似解的泛函：

$$\begin{aligned}\Pi_p(\tilde{\boldsymbol{u}}) = &\int_V \frac{1}{2}\{\varepsilon\}^{\mathrm{T}}[D]\{\varepsilon\}\mathrm{d}V-\int_V \{u\}^{\mathrm{T}}\{f\}\mathrm{d}V-\int_{S_\sigma}\{u\}^{\mathrm{T}}\{\overline{T}\}\mathrm{d}S+\\ &\int_V \{\varepsilon\}^{\mathrm{T}}[D]\{\delta\varepsilon\}\mathrm{d}V-\int_V \{\delta u\}^{\mathrm{T}}\{f\}\mathrm{d}V-\int_{S_\sigma}\{\delta u\}^{\mathrm{T}}\{\overline{T}\}\mathrm{d}S+\\ &\int_V \frac{1}{2}\{\delta\varepsilon\}^{\mathrm{T}}[D]\{\delta\varepsilon\}\mathrm{d}V\end{aligned} \tag{3.5.6}$$

式(3.5.6)的前三项为真实解的泛函$\Pi_p(\boldsymbol{u})$，第4项～第6项为真实解泛函的一次变分$\delta\Pi_p(\boldsymbol{u})$，最后一项为真实解二次变分$\delta^2\Pi_p(\boldsymbol{u})$的1/2，即：

$$\Pi_p(\tilde{\boldsymbol{u}})=\Pi_p(\boldsymbol{u})+\delta\Pi_p(\boldsymbol{u})+\frac{1}{2}\delta^2\Pi_p(\boldsymbol{u}) \tag{3.5.7}$$

由变分原理可知，真实解泛函的变分$\delta\Pi_p(\boldsymbol{u})=0$，因此，式(3.5.7)简化为：

$$\Pi_p(\tilde{\boldsymbol{u}})=\Pi_p(\boldsymbol{u})+\frac{1}{2}\delta^2\Pi_p(\boldsymbol{u}) \tag{3.5.8}$$

对于一个给定的具体问题，其总势能是个确定的值，因此，问题的真实解泛函$\Pi_p(u)$是个不变量。所以，求$\Pi_p(\tilde{\boldsymbol{u}})$的极小值问题归结为求$\delta^2\Pi_p(\boldsymbol{u})$的极小值问题。

由式(3.5.5)可将式(3.5.8)的第二项改写为：

$$\frac{1}{2}\delta^2\Pi_p(\boldsymbol{u}) = \int_V \frac{1}{2}(\{\tilde{\varepsilon}\}-\{\varepsilon\})^{\mathrm{T}}[D](\{\tilde{\varepsilon}\}-\{\varepsilon\})\mathrm{d}V \tag{3.5.9}$$

如果将弹性体划分为k个单元，则式(3.5.9)可进一步表示为：

$$\frac{1}{2}\delta^2\Pi_p(\boldsymbol{u}) = \sum_{e=1}^{k}\int_{V^e} \frac{1}{2}(\{\tilde{\varepsilon}\}-\{\varepsilon\})^{\mathrm{T}}[D](\{\tilde{\varepsilon}\}-\{\varepsilon\})\mathrm{d}V \tag{3.5.10}$$

式(3.5.10)也是一个泛函，用符号$R(\tilde{\varepsilon},\varepsilon)$来表示，即：

$$R(\tilde{\boldsymbol{\varepsilon}},\boldsymbol{\varepsilon})= \sum_{e=1}^{k}\int_{V^e} \frac{1}{2}(\{\tilde{\varepsilon}\}-\{\varepsilon\})^{\mathrm{T}}[D](\{\tilde{\varepsilon}\}-\{\varepsilon\})\mathrm{d}V \tag{3.5.11}$$

对于线弹性问题，式(3.5.11)也可表示为：

$$R(\tilde{\boldsymbol{\sigma}},\boldsymbol{\sigma})=\sum_{e=1}^{k}\int_{V^e}\frac{1}{2}(\{\tilde{\sigma}\}-\{\sigma\})^{\mathrm{T}}[C](\{\tilde{\sigma}\}-\{\sigma\})\mathrm{d}V \tag{3.5.12}$$

式中：$[C](=[D]^{-1})$为柔度矩阵。

由式(3.5.8)和式(3.5.10)或式(3.5.11)可知，求近似解泛函 $\Pi_p(\tilde{\boldsymbol{u}})$的极小值问题，其力学意义就是求位移变分 δu 所引起的应变能为极小值的问题，而其数学意义则是求场函数导数的近似解与真实解差值的加权二乘最小值问题。这意味着有限元应变和应力解小于或大于真实的应变和应力，即是真实解加权最小二乘意义上的近似解，这一点与位移解是真实解下限的性质有较大的区别。因为，在真实解上下波动的性质意味着：有限元的应变和应力解在某些点上与真实解相等，即在单元内存在着最佳应力点，这也是有限元方法处理应变和应力计算结果，改善应变和应力解精度的依据。

3.5.2 单元的最佳应力点

此处的单元仅针对等参元而言，等参元简单地说就是单元的几何插值点数与场函数的插值点数相等，详细介绍将在后续章节中给出。

在上一节中，我们已经将求近似解泛函的极小值问题归结为求真实解泛函二次变分的最小值问题，即求泛函 $R(\tilde{\boldsymbol{\varepsilon}},\boldsymbol{\varepsilon})$或$R(\tilde{\boldsymbol{\sigma}},\boldsymbol{\sigma})$的极小值问题：

$$\delta R(\tilde{\boldsymbol{\varepsilon}},\boldsymbol{\varepsilon})=\sum_{e=1}^{k}\int_{V^e}(\{\tilde{\varepsilon}\}-\{\varepsilon\})^{\mathrm{T}}[D]\delta\{\tilde{\varepsilon}\}\mathrm{d}V=0 \tag{3.5.13}$$

或

$$\delta R(\tilde{\boldsymbol{\sigma}},\boldsymbol{\sigma})=\sum_{e=1}^{k}\int_{V^e}(\{\tilde{\sigma}\}-\{\sigma\})^{\mathrm{T}}[C]\delta\{\tilde{\sigma}\}\mathrm{d}V=0 \tag{3.5.14}$$

式(3.5.13)也可以表示为：

$$\delta R(\tilde{\boldsymbol{u}},\boldsymbol{u})=\sum_{e=1}^{k}\int_{V^e}(L\{\tilde{u}\}-L\{u\})^{\mathrm{T}}[D]\delta(L\{\tilde{u}\})\mathrm{d}V=0 \tag{3.5.15}$$

如果近似解 $\tilde{\boldsymbol{u}}$ 是 p 次多项式，L 是 m 阶微分算子，则 $\tilde{\boldsymbol{\varepsilon}}$ 和 $\tilde{\boldsymbol{\sigma}}$ 是 $p-m$ 次多项式。为了使式(3.5.14)和式(3.5.15)能够精确积分，至少应采用 $p-m+1$ 次高斯积分。在此条件下，积分精度可达 $2(p-m+1)-1=2(p-m)+1$ 阶的量级，即被积函数是 $2(p-m)+1$ 次多项式的条件下仍可达到精确积分。这意味着，在此条件下，如果 Jacobi 行列式$|J|$是常数，即使式(3.5.14)中的真实应力 $\boldsymbol{\sigma}$ 是 $p-m+1$ 次的，数值积分仍是精确的，即：

$$\sum_{e=1}^{k}\int_{V^e}(\{\tilde{\sigma}\}-\{\sigma\})^{\mathrm{T}}[C]\delta\{\tilde{\sigma}\}\mathrm{d}V=\sum_{e=1}^{k}\sum_{i=1}^{p-m+1}H_i(\{\tilde{\sigma}\}_i-\{\sigma\}_i)^{\mathrm{T}}[C]\delta\{\tilde{\sigma}\}_i=0 \tag{3.5.16}$$

是精确成立的。式中，H_i为被积函数的插值函数在单元内的积分。

如果每一个单元的高斯积分点上应力解变分 $\delta\{\tilde{\sigma}\}_i(i=1,2,\cdots,p-m+1)$的所有分量是独立的，则式(3.5.16)成立的条件为：

$$\{\tilde{\sigma}\}_i-\{\sigma\}_i=\{0\}\quad(i=1,2,\cdots,p-m+1) \tag{3.5.17}$$

由于真实应力 $\boldsymbol{\sigma}$ 可以是 $p-m+1$ 次的，因此，式(3.5.17)表明：在高斯积分点上，近似解 $\tilde{\sigma}$ 可以达到 $p-m+1$ 阶的精度，即比 $\tilde{\boldsymbol{\sigma}}$ 自身($p-m$ 次多项式)高一阶的精度。

由此可知，如果位移近似解 $\tilde{\boldsymbol{u}}$ 是 p 次多项式，L 是 m 阶微分算子，则应变近似解 $\tilde{\boldsymbol{\varepsilon}}$ 和应力近似解 $\tilde{\boldsymbol{\sigma}}$ 是 $p-m$ 次多项式。如果真实解 $\boldsymbol{\varepsilon}$ 和 $\boldsymbol{\sigma}$ 是 $p-m+1$ 次多项式，则在 $p-m+1$ 阶高斯积分点上，应变近似解 $\tilde{\boldsymbol{\varepsilon}}$ 和应力近似解 $\tilde{\boldsymbol{\sigma}}$ 与应变真实解 $\boldsymbol{\varepsilon}$ 和应力真实解 $\boldsymbol{\sigma}$ 在数值上是相等的，即近似解 $\tilde{\boldsymbol{\varepsilon}}$ 和 $\tilde{\boldsymbol{\sigma}}$ 在高斯积分点上具有比自身高一次的精度。

需要指出的是，上述讨论中假定坐标变换的 Jacobi 行列式 $|J|$ 是常数，且在单元的高斯积分点上应力近似解变分 $\delta\{\tilde{\sigma}\}_i$ 的各分量是独立的。这意味着，上述结论仅对结点等间距分布的一维单元是严格成立的，而对于二维和三维单元则只能是近似的。一般情况下我们无法确定真实解的次数，这就意味着，即使是结点等间距分布的一维单元，我们也无法得到与真实解相等的高斯积分点应变和应力，但是等参元的高斯积分点应变和应力仍比其他位置的应变和应力与真实解的误差小，因此，我们称高斯积分点为等参元的最佳应力点。

3.5.3 应力解的改善

从前面的讨论中得知，由整个结构上连续的位移解求得的应变和应力解在单元内是连续的，而在相邻单元之间的界面上是不连续的，即在单元交界面上应变和应力发生了跳跃。因此，由连接同一个结点的不同单元计算得到的该结点应变和应力值是不同的。此外，有限元应力解在边界上一般也不满足力的边界条件。等参元的应变和应力值虽然在 $p-m+1$ 阶高斯积分点上具有较高的精度，但在结点上的精度却较差。而实际工程中我们更关心结点应力，因此，必须对基于位移解直接计算得到的应力解进行适当的处理，以改善不符合物理现象的结果。

1. 单元平均和结点平均

单元平均和结点平均是改善应力解的两种最简单方法，单元平均就是取相邻单元应力的平均值，即：

$$\bar{\sigma}_{rs}=\frac{1}{2}(\tilde{\sigma}_r+\tilde{\sigma}_s) \tag{3.5.18}$$

式中：r,s 分别为两相邻单元的单元编号。

也可以采用以单元面积为权系数的加权平均法：

$$\bar{\sigma}_{rs}=\frac{\tilde{\sigma}_r A_r+\tilde{\sigma}_s A_s}{A_r+A_s} \tag{3.5.19}$$

式中：A_r，A_s分别为单元 r 和单元 s 的面积。

从式(3.5.19)可以看出，单元平均适用于线性单元(也称为一次单元)，如平面三结点三角形单元。这种单元得到的应力解在单元内是常数，可以将其看作是单元内的应力平均值，或是单元形心处的应力。由于应力解是在真实解上下振荡的，可以取相邻单元应力的平均值作为这两个单元组合成的四边形单元形心处的应力。已经证明，这样平均的结果十分逼近真实解。

而结点平均则是取由该结点连接的各单元计算得到的该结点应力的平均值，即：

$$\bar{\sigma}_j=\frac{1}{k}\sum_{\mathrm{e}=1}^{k}\tilde{\sigma}_j^{\mathrm{e}} \tag{3.5.20}$$

式中：$\tilde{\sigma}_j^{\mathrm{e}}$ 为由单元 e 计算得到的结点 j 的应力，k 为连接结点 j 的单元数量。

结点平均也可以采用面积加权平均：

$$\bar{\sigma}_j = \frac{\sum_{e=1}^{k} \tilde{\sigma}_j^e A_e}{\sum_{e=1}^{k} A_e} \tag{3.5.21}$$

结点平均得到的结点应力值是围绕该结点的有限区域内的应力平均值，对于等参元来说，它还不能从根本上改善结点应力精度差的问题。

2. 总体应力磨平

总体应力磨平方法是通过构造一个在整个结构上连续的函数作为改进的应力解 $\hat{\boldsymbol{\sigma}}$，并采用加权最小二乘法求出与有限元应力解 $\tilde{\boldsymbol{\sigma}}$ 满足加权最小二乘原则的改进应力解 $\hat{\boldsymbol{\sigma}}$。据此，可建立形如式(3.5.12)的泛函

$$R(\tilde{\boldsymbol{\sigma}},\hat{\boldsymbol{\sigma}}) = \sum_{e=1}^{K}\int_{V^e} \frac{1}{2}(\{\tilde{\sigma}\}-\{\hat{\sigma}\})^{\mathrm{T}}[C](\{\tilde{\sigma}\}-\{\hat{\sigma}\})\mathrm{d}V \tag{3.5.22}$$

式中：K 为弹性体的单元总数。与式(3.5.12)不同的是，此处用改进的应力解替代了其中的真实解。

式(3.5.22)中的改进应力解可以采用插值的方法得到，即：

$$\{\hat{\sigma}\} = \sum_{i=1}^{n^e} [\hat{N}]_i \{\hat{\sigma}\}_i \tag{3.5.23}$$

式中：$\hat{\sigma}_i$ 是改进应力解的结点值；$\hat{N}_i$ 为改进应力解的插值函数，如果用于改进应力插值的结点与位移插值的结点数量位置相同，则 $\hat{N}_i$ 与位移插值函数 N_i 相同；n^e 为用于改进应力解插值的结点数。

将式(3.5.23)代入式(3.5.22)并变分得：

$$\delta R(\tilde{\boldsymbol{\sigma}},\hat{\boldsymbol{\sigma}}) = \sum_{i=1}^{N} \frac{\partial R}{\partial\{\hat{\sigma}\}_i}\delta\{\hat{\sigma}\}_i = 0 \tag{3.5.24}$$

式中：N 为所有单元的结点总数。

由变分的任意性可知，$\delta\{\hat{\sigma}\}_1, \delta\{\hat{\sigma}\}_2, \cdots, \delta\{\hat{\sigma}\}_N$ 不能同时为零，因此，由式(3.5.24)可得：

$$\frac{\partial R}{\partial\{\hat{\sigma}\}_i} = 0 \quad (i=1,2,\cdots,N) \tag{3.5.25}$$

即：

$$\sum_{e=1}^{k}\int_{V^e} (\{\tilde{\sigma}\}-\{\hat{\sigma}\})^{\mathrm{T}}[C][\hat{N}]_i\mathrm{d}V = 0 \quad (i=1,2,\cdots,N) \tag{3.5.26}$$

式(3.5.26)是一个 $N \times S$ 阶的代数方程组，为应力分量数。求解式(3.5.26)即可得到各结点的应力改进值，并可由式(3.5.23)求出改进后的单元应力。

读者可能会存有疑问，由式(3.5.23)可知，改进的应力解是在单元内插值的，那么，改进的应力解能保证在单元的交界面上连续吗？这个问题的答案是：只要应力改进解的插值函数是协调的，则改进的应力解在单元的交界面上是连续的，即在全域内是连续的。如果在求解式(3.5.26)前引入应力边界条件(方法与求解有限元方程前引入位移边界条件相同)，则改进的应力解也满足力的边界条件。

需要指出的是，由总体磨平方法得到的改进应力解 $\hat{\boldsymbol{\sigma}}$ 尽管比由位移解直接计算得到的应

力解 $\tilde{\sigma}$ 有所改善，但在单元内仍不满足平衡方程。此外，计算工作量较大是总体磨平方法的缺点，即使改进应力解的插值结点数与位移插值结点数相同，但由于应力分量数总是大于位移分量数，因此，式(3.5.26)的方程组阶数远远大于求解位移时的方程组阶数。

3. 单元应力磨平

为了减少改善应力计算结果的工作量，可以采用单元应力磨平的局部处理方法。因为，当单元尺寸逐步缩小时，单元的加权最小二乘和非加权的最小二乘相当，由于权函数的正定性，则全域的加权最小二乘是单元最小二乘的和。因此，当单元足够小时，磨平可以在单元内进行。

基于上述分析，由式(3.5.22)可以直接写出单元磨平的泛函：

$$R^{e}(\tilde{\boldsymbol{\sigma}},\hat{\boldsymbol{\sigma}})=\int_{V^{e}}\frac{1}{2}(\{\tilde{\sigma}\}-\{\hat{\sigma}\})^{\mathrm{T}}(\{\tilde{\sigma}\}-\{\hat{\sigma}\})\mathrm{d}V \tag{3.5.27}$$

由变分原理可得：

$$\int_{V^{e}}(\{\tilde{\sigma}\}-\{\hat{\sigma}\})^{\mathrm{T}}[\hat{N}]_{i}\mathrm{d}V=0\quad(i=1,2,\cdots,n^{e}) \tag{3.5.28}$$

式(3.5.28)是一个 $n^{e}\times S$ 阶的代数方程组，计算工作量比较小。

由于式(3.5.27)是非加权的最小二乘，因此，在式(3.5.28)的方程组中，应力分量之间是不耦合的，这意味着，各应力分量可以分别磨平。这样一来我们就可以只磨平主要应力分量或重点关心的应力分量，从而减少改善应力解的计算工作量。例如，当我们只需要 σ_x 的较精确结果时，可以仅进行 σ_x 的单元磨平，此时，式(3.5.27)和式(3.5.28)可分别表示为：

$$R^{e}(\tilde{\boldsymbol{\sigma}},\hat{\boldsymbol{\sigma}})=\int_{V^{e}}\frac{1}{2}(\tilde{\sigma}_{x}-\hat{\sigma}_{x})^{2}\mathrm{d}V \tag{3.5.29}$$

$$\int_{V^{e}}(\tilde{\sigma}-\hat{\sigma})\hat{N}_{i}\mathrm{d}V=0\quad(i=1,2,\cdots,n^{e}) \tag{3.5.30}$$

式(3.5.30)的方程组仅是 n^{e} 阶的，计算工作量大大减小。

对于等参元而言，可以利用精度较高的高斯积分点应力来进行单元磨平。以二维单元为例，设单元是二次等参元，则插值函数是二次完全多项式，即 $p=2,m=1$，因此，$p-m+1=2$。取二阶高斯积分，则在 2×2 个高斯积分点上，基于位移解计算得到的应力值 $\tilde{\sigma}$ 具有较高的精度。如果仅需要求得四边形 4 个角点的改进结点应力值，则改进的应力值可采用 4 点插值函数，即：

$$\{\hat{\sigma}\}=\sum_{i=1}^{4}[\hat{N}]_{i}\{\hat{\sigma}\}_{i} \tag{3.5.31}$$

而位移插值函数的结点数为 8。

采用单元应力磨平方法进行应力局部磨平时，对于同一个结点，由与该结点连接的不同单元计算得到的改进应力值一般是不同的。例如，采用四结点应力插值磨平八结点四边形单元的应力解得到的 4 个角点应力改进值是相同的，如果与其中某个结点连接的其他单元计算得到的该结点应力改进值与该单元计算结果相同，则整个结构的应力改进值就是相同的。因此，经单元应力磨平改善的应力解还需要进行单元平均或结点平均。

4. 子域应力磨平

子域应力磨平是介于整体应力磨平和单元应力磨平之间的一种有限元应力解改进方法，主要是为了解决整体应力磨平的大计算量问题，同时，克服单元应力磨平的不连续缺陷。一个大型结构的设计往往只有为数不多的位置是设计人员所关心的区域，这些为数不多的区域控制着整体结构的服役能力，因此，这些区域的应力改进值对整个结构的设计是至关重要的。因此，我们可以将整体应力磨平方法应用于这些关键的区域，以期在计算工作量适中的情况下，得到较为满意的改进应力解。当然，随着计算机技术的不断发展，计算速度和存储量越来越大，可能计算工作量问题会变得越来越无关紧要。但是，对于大型复杂结构，在一段时间内，其计算工作量仍不得不给予关注。

子域应力磨平可采用不同形式的应力改进解，包括结点应力插值和解析函数。

1)结点应力插值形式的改进解

子域应力磨平的结点应力插值方法与总体应力磨平相同，在子域上建立形如式(3.5.22)的泛函：

$$R(\tilde{\boldsymbol{\sigma}},\hat{\boldsymbol{\sigma}})=\sum_{e=1}^{K}\int_{V^e}\frac{1}{2}(\{\tilde{\sigma}\}-\{\hat{\sigma}\})^{\mathrm{T}}[C](\{\tilde{\sigma}\}-\{\hat{\sigma}\})\mathrm{d}V \tag{3.5.32}$$

与式(3.5.22)不同的是，此处的 K 为所选子域的单元数。

2)解析函数形式的改进解

解析函数形式的改进应力解是通过假设一个带有待定系数的解析表达式：

$$\hat{\boldsymbol{\sigma}}=f(x,y,z,a,b,\cdots) \tag{3.5.33}$$

然后，将 $\hat{\boldsymbol{\sigma}}$ 代入式(3.5.32)建立子域应力磨平的泛函：

$$R(\tilde{\boldsymbol{\sigma}},\hat{\boldsymbol{\sigma}})=\sum_{e=1}^{K}\int_{V^e}\frac{1}{2}(\{\tilde{\sigma}\}-\{\hat{\sigma}\})^{\mathrm{T}}[C](\{\tilde{\sigma}\}-\{\hat{\sigma}\})\mathrm{d}V \tag{3.5.34}$$

由变分原理可得：

$$\frac{\partial R}{\partial a}=0,\qquad \frac{\partial R}{\partial b}=0,\quad \cdots \tag{3.5.35}$$

由此可解得 $a,b,\cdots$。

简单起见，应力改进解的解析函数可采用多项式。多项式的选择应根据预测的应力分布来确定，而不是项数越多越好。因为，有限元解是在真实解附近振荡的，多项式的阶次过高可能导致改进的应力解与实际的应力分布不符。一般取 2～3 次多项式较为合适。

实际计算时也可采用不加权的最小二乘建立泛函，则由式(3.5.35)得到的方程是一个应力分量不耦合的方程组，从而大大缩减了方程的求解工作量。因此，采用不加权的最小二乘法建立应力磨平泛函相当于各应力分量分别磨平。

5. 边界应力修正

对于实际的工程结构，最大应力有时出现在边界上或是计算模型的边界上。此时，可以直接引入力的边界条件来修正边界上的应力值，以便得到误差较小的边界应力值。

为此，在边界上设立局部坐标系 x',y',z'，则该坐标系下的应力应变关系可表示为：

$$\begin{aligned}
\delta_{x'}&=\frac{E(1-v)}{(1+v)(1-2v)}\left[\varepsilon_{x'}+\frac{v}{1-v}(\varepsilon_{y'}+\varepsilon_{z'})\right]\\
\delta_{y'}&=\frac{E(1-v)}{(1+v)(1-2v)}\left[\varepsilon_{y'}+\frac{v}{1-v}(\varepsilon_{z'}+\varepsilon_{x'})\right]\\
\delta_{z'}&=\frac{E(1-v)}{(1+v)(1-2v)}\left[\varepsilon_{z'}+\frac{v}{1-v}(\varepsilon_{x'}+\varepsilon_{y'})\right]
\end{aligned} \tag{3.5.36}$$

设 z' 轴沿边界的外法线方向，且边界力 p 为压力，则有：

$$\delta_{z'}=-p \tag{3.5.37}$$

代入式(3.5.36)的第三式解出

$$\varepsilon_{z'}=-\frac{(1+v)(1-2v)}{E(1-v)}p-\frac{v}{1-v}(\varepsilon_{x'}+\varepsilon_{y'}) \tag{3.5.38}$$

再分别代入式(3.5.36)的第一式和第二式得：

$$\sigma_{x'}=\frac{E(\varepsilon_{x'}+v\varepsilon_{y'})-v(1+v)p}{1-v^2}$$

$$\sigma_{y'}=\frac{E(\varepsilon_{y'}+v\varepsilon_{x'})-v(1+v)p}{1-v^2} \tag{3.5.39}$$

式中：$\varepsilon_{x'}$，$\varepsilon_{y'}$是有限元计算得到的边界局部坐标表示的应变。

采用上述得到的边界应力改进值比有限元计算得到的边界应力值有相当大的改善，大大减小了有限元应力解的计算误差。

第4章　杆系结构有限单元法

4.1　概　　述

杆系结构是由具有特殊形状(轴向几何尺度远远大于横截面几何尺度)和特殊力学性能(轴向刚度远远小于横截面两个坐标方向的刚度)的弹性体组成的力学系统,因此,结构力学是弹性力学的一部分。但由于组成结构的这些特殊形状的弹性体有其特定的受力(只受轴向荷载作用或横向荷载远远大于轴向荷载)和变形(轴向变形远远大于横截面变形或横向位移远远大于轴向位移)性质,因此,如果按照一般弹性体计算,则数学上将遇到很大的麻烦(不同自由度的刚度相差太大,从而导致刚度矩阵病态),以至于计算机无法正确地完成计算任务。为此,有限单元法只能基于结构力学的方法,根据这些特殊形状的弹性体受力和变形特点对其作出相应的假定,从而对其进行某些简化,以便于实现由计算机来完成结构分析和计算。

杆系结构有限单元法也被称为计算结构力学,因此,也属于计算力学的一个分支。本章将基于有限元方法来介绍结构力学有限单元法,同时,为了便于读者理解问题的需要,在问题阐述的过程中会适时地引用结构力学的内容,帮助读者从数学方法和力学概念两个方面来加深对问题的理解。

4.2　桁架结构

结构力学的有限元方程与弹性力学有限元方程具有相同的形式:

$$[K]\{a\}-\{P\}=0 \tag{4.2.1}$$

即结构力学有限元方程也是由二次泛函变分而来。但其单元刚度矩阵 $[K]^{\mathrm{e}}$ 和荷载向量 $\{P\}^{\mathrm{e}}$ 却与一般弹性体的刚度矩阵式(3.2.39)

$$[K]^{\mathrm{e}}=\int_{\Omega^{\mathrm{e}}}[B]^{\mathrm{T}}[D][B]t\,\mathrm{d}\Omega$$

和荷载向量式(3.2.42)

$$\{P\}_b^{\mathrm{e}}=\int_{\Omega^{\mathrm{e}}}[N]^{\mathrm{T}}\{f\}t\,\mathrm{d}\Omega$$

$$\{P\}_s^{\mathrm{e}}=\int_{\Gamma^{\mathrm{e}}}[N]^{\mathrm{T}}\{\overline{T}\}t\,\mathrm{d}\Gamma$$

有所不同,下面让我们从弹性力学变分原理入手来导出杆件的单元刚度矩阵和荷载向量。

4.2.1　杆单元有限元方程

轴力杆单元的几何特征是沿杆长方向的尺寸远远大于杆横截面的尺寸,因此,垂直于杆长方向的刚度远远大于杆长方向的刚度。其受力特点是仅承受沿杆长方向作用的荷载,因此,其变形特征是沿杆长方向的变形远远大于垂直于杆长方向的变形(泊松效应)。鉴于杆单元的这一特点,有限元方法将其作为一维单元来处理,即有限元方程中不包括杆单元的横截面位移。如果取杆单元的轴线为 x 坐标,则杆单元的位移函数 $\{u\}$ 只有一个分量 u,如图 4.1 所示。

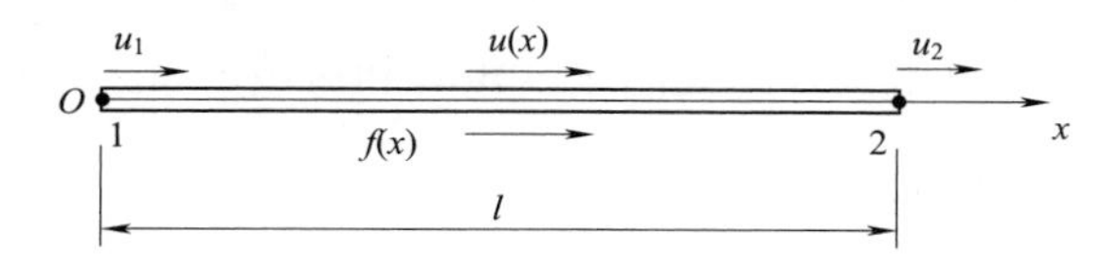

图 4.1 杆单元坐标及受力和位移示意图

基于上述分析和图 4.1 的符号系统,受轴向荷载的等截面直杆的弹性力学方程可表示为:

平衡方程
$$\frac{\mathrm{d}\sigma_x}{\mathrm{d}x}=f(x) \tag{4.2.2}$$

物理方程
$$\varepsilon_x=\frac{\sigma_x}{E} \tag{4.2.3}$$

几何方程
$$\varepsilon_x=\frac{\mathrm{d}u}{\mathrm{d}x} \tag{4.2.4}$$

边界条件
$$u=\overline{u}\ ,\ \sigma_x=p \tag{4.2.5}$$

将几何方程和力的边界条件代入系统总势能的泛函表达式(1.4.60)得:

$$\Pi_p(u)=\int_{V^e}\frac{E}{2}\left(\frac{\mathrm{d}u}{\mathrm{d}x}\right)^2\mathrm{d}V-\int_{V^e}uf(x)\mathrm{d}V-\int_{\Gamma^e}up\,\mathrm{d}\Gamma \tag{4.2.6}$$

由结构力学可知,杆件的集中荷载通常是通过杆端的约束作用在杆的截面上,而杆件的分布荷载则为重力和惯性力(动力学问题)。为了简化计算,通常假定这些荷载在杆横截面上是均匀分布的。由圣维南原理可知,这样的假定引起的误差仅影响集中力作用点或约束端附近的一个小区域。基于上述假定,式(4.2.6)可简化为:

$$\Pi_p(u)=\int_l\frac{EA}{2}\left(\frac{\mathrm{d}u}{\mathrm{d}x}\right)^2\mathrm{d}x-\int_l uF(x)\mathrm{d}x-\sum_{i=1}^{s}u_iP_i \tag{4.2.7}$$

式中:A 为杆的横截面积;l 为杆长;$F(x)=f(x)\cdot A$;$P=p\cdot A$;i 为集中荷载作用点;s 为集中荷载的数量。

将式(4.2.7)代入变分原理 $\delta\Pi_p(u)=0$ 得:

$$EA\int_l\delta\left(\frac{\mathrm{d}u}{\mathrm{d}x}\right)\frac{\mathrm{d}u}{\mathrm{d}x}\mathrm{d}x-\int_l\delta uF(x)\mathrm{d}x-\sum_{i=1}^{s}\delta u_iP_i=0 \tag{4.2.8}$$

将以插值函数形式表示的位移函数

$$u(x)=\sum_{i=1}^{n}N_i(x)u_i=[N]\{u\}^{\mathrm{e}} \tag{4.2.9}$$

代入式(4.2.8)并注意到变分的任意性得:

$$EA\int_l\left[\frac{\mathrm{d}N}{\mathrm{d}x}\right]^{\mathrm{T}}\left[\frac{\mathrm{d}N}{\mathrm{d}x}\right]\{u\}^{\mathrm{e}}\mathrm{d}x-\int_l[N]^{\mathrm{T}}F(x)\mathrm{d}x-\sum_{i=1}^{s}N_i\overline{P}_i=0 \tag{4.2.10}$$

或

$$[K]^{\mathrm{e}}\ \{u\}^{\mathrm{e}}=\{P\}^{\mathrm{e}} \tag{4.2.11}$$

式中:

$$[K]^{\mathrm{e}}=EA\int_l\left[\frac{\mathrm{d}N}{\mathrm{d}x}\right]^{\mathrm{T}}\left[\frac{\mathrm{d}N}{\mathrm{d}x}\right]\mathrm{d}x \tag{4.2.12}$$

$$\{P\}^{e}=\int_{l}[N]^{T}F(x)\mathrm{d}x+\sum_{i=1}^{s}N_{i}\overline{P}_{i} \tag{4.2.13}$$

式(4.2.9)中的 n 为轴力杆单元的结点数。

至此,我们导出了轴力杆单元的有限元方程(4.2.11),将杆单元的插值函数分别代入式(4.2.12)和式(4.2.13)即可得到杆单元的刚度矩阵和荷载向量。

4.2.2 单元刚度矩阵及荷载向量

从式(4.2.12)可以看出,得到杆单元刚度矩阵的关键仍在于插值函数的获取。因此,让我们仍然从单元位移函数出发来推导杆单元插值函数,下面以两结点杆单元为例来导出以插值函数表示的位移函数。

杆单元的每个结点只有一个轴向位移参数 u,因此,两结点杆单元的位移函数可表示为:

$$u=a_0+a_1x \tag{4.2.14}$$

将结点坐标和位移代入式(4.2.14)得:

$$\begin{aligned}u_1&=a_0\\u_2&=a_0+a_1l\end{aligned} \tag{4.2.15}$$

由上式解出 a_0,a_1 并代入式(4.2.14),整理后得:

$$u=\left(1-\frac{x}{l}\right)u_1+\frac{x}{l}u_2 \tag{4.2.16}$$

或:

$$u=N_1u_1+N_2u_2 \tag{4.2.17}$$

式中:

$$N_1=1-\frac{x}{l},\quad N_2=\frac{x}{l} \tag{4.2.18}$$

即为两结点杆单元的插值函数。由此可得两结点杆单元的插值函数矩阵

$$[N]=\begin{bmatrix}1-\frac{x}{l} & \frac{x}{l}\end{bmatrix} \tag{4.2.19}$$

将式(4.2.19)代入式(4.2.12)可得两结点杆单元的局部坐标刚度矩阵

$$[K]^{e}=\frac{EA}{l}\begin{bmatrix}1 & -1\\-1 & 1\end{bmatrix} \tag{4.2.20}$$

对于重力荷载(竖直杆件),由式(4.2.19)和式(4.2.13)的第一项可计算出杆单元的荷载向量:

$$\{P\}_{G}^{e}=\frac{mg}{2}\begin{Bmatrix}1\\1\end{Bmatrix} \tag{4.2.21}$$

由于桁架结构的杆件并不全部是竖直的,运动方向也不可能完全平行于杆单元的轴线,因此,重力荷载和惯性荷载可能引起杆件的弯曲,而弯曲不是杆件力学模型的变形形式,故作为桁架计算的结构系统通常不考虑杆件的重力和惯性力。

对于力边界条件所产生的荷载向量,由式(4.2.19)和式(4.2.13)的第二项可计算出杆单元的集中力荷载向量

$$\{P\}_{P}^{e}=\begin{Bmatrix}P_1\\P_2\end{Bmatrix} \tag{4.2.22}$$

如果在杆件的任意位置 x 有集中荷载作用，则可以在集中荷载作用点设置结点，采用多结点杆单元或划分为多个两结点杆单元。当然，为了确保整个桁架结构所有单元的轴向刚度 EA/l 不会相差太大而造成有限元方程病态，单元划分时应兼顾整个结构的所有单元尺寸。

对于受分布荷载作用的杆件，为了计算的应力应变结果更接近实际的应力场，可以采用多结点杆单元。对于三结点杆单元，可直接写出其位移函数

$$u=a_0+a_1x+a_2x^2 \tag{4.2.23}$$

设杆单元的局部坐标的原点位于左端点，将结点坐标和位移代入上式得：

$$\begin{aligned} u_1&=a_0 \\ u_2&=a_0+a_1\frac{l}{2}+a_2\frac{l^2}{4} \\ u_3&=a_0+a_1l+a_2l^2 \end{aligned} \tag{4.2.24}$$

由上式解出 a_0,a_1,a_2 并代入式(4.2.23)，整理后得：

$$u=\left(1-3\frac{x}{l}+2\frac{x^2}{l^2}\right)u_1+4\left(1-\frac{x}{l}\right)\frac{x}{l}u_2+\left(2\frac{x}{l}-1\right)\frac{x}{l}u_3 \tag{4.2.25}$$

由此可得三结点杆单元的插值函数

$$N_1=\left(1-\frac{x}{l}\right)\left(1-2\frac{x}{l}\right),\quad N_2=4\left(1-\frac{x}{l}\right)\frac{x}{l},\quad N_3=-\left(1-2\frac{x}{l}\right)\frac{x}{l} \tag{4.2.26}$$

由式(4.2.18)和式(4.2.26)可知，轴力杆单元的结点插值函数仍满足式(3.2.25)和式(3.2.28)，即满足弹性力学有限元的插值函数性质。

4.2.3 坐标变换

1. 平面桁架

式(4.2.20)～式(4.2.22)的桁架杆刚度矩阵和荷载向量是基于杆单元的局部坐标系建立起来的，即杆单元的轴线为 x 轴。但桁架结构是由不同轴线方向的杆件组成的，如图4.2所示，图中的 $\bar{x}-\bar{y}$ 为桁架结构的整体坐标系统。

分析图4.2可知，铰接于同一结点的若干根杆件对该节点同一自由度方向的刚度贡献是不同的。如杆件1对结点 E 的 $\bar{x}$ 自由度的刚度贡献最大，等于其轴向刚度，而对结点 E 的 $\bar{y}$ 自由度的刚度贡献为零。而杆件2和3则对结点 E 的两个自由度均有刚度贡献，但都不是其自身的最大刚度(轴向刚度)。因此，桁架结构的整体刚度矩阵，不能直接用杆件局部坐标的刚度矩阵来构造。

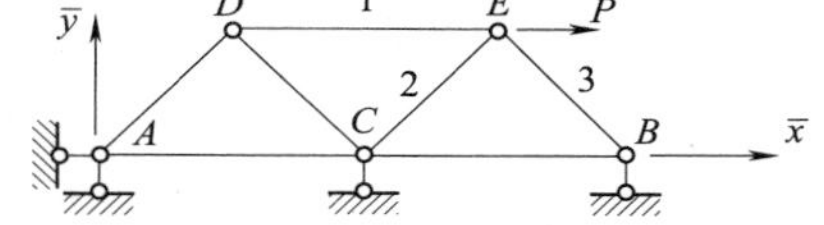

图4.2 简单平面桁架

桁架结构刚度矩阵的构造是基于结点力平衡来实现的，以图4.2的结点 E 为例，由结点 E 的 $\bar{x}$ 方向力平衡条件：

$$T_1+T_2\cos\theta_2-T_3\cos\theta_3=P \tag{4.2.27}$$

式中：θ_2,θ_3 分别表示杆件2和3与 $\bar{x}$ 轴的夹角。

将 $T=EA\Delta/l$（Δ 为杆件两端的相对位移）代入式(4.2.27)得：

$$\frac{EA_1}{l_1}\Delta_1+\frac{EA_2}{l_2}\cos\theta_2\Delta_2-\frac{EA_3}{l_3}\cos\theta_3\Delta_3=P \tag{4.2.28}$$

从上式可以看出，杆件对桁架结点自由度的刚度贡献等于其轴向刚度在该自由度方向的投影值。因此，在构造桁架结构整体刚度矩阵时，应将杆件局部坐标下的刚度矩阵变换到结构

整体坐标系下，这就是本节要介绍的坐标变换。

平面问题的坐标变换对于学习过材料力学的读者来说并不陌生，材料力学中的应力分量变换方法与杆件刚度矩阵的坐标变换方法是相同的，都是两个直角坐标系之间的转换。只不过应力分量变换的坐标轴表示的是应力，而坐标变换的坐标轴表示的是平面矢量。

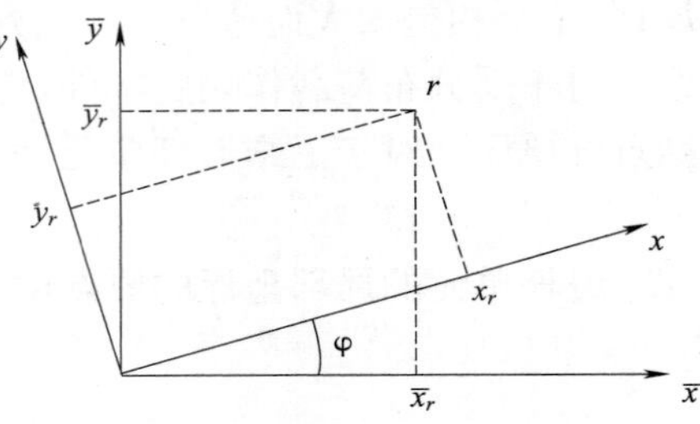

图 4.3　整体坐标与局部坐标的关系

图 4.3 表示的是整体坐标与局部坐标的关系，它们之间的相对位置以整体坐标 $\bar{x}$ 轴与局部坐标 x 轴之间的夹角 φ 来表示，φ 以沿整体坐标 $\bar{x}$ 轴逆时针转动的角度来度量。

由图 4.3 可得局部坐标与整体坐标的变换关系：

$$\begin{aligned} x_r &= \bar{x}_r\cos\varphi + \bar{y}_r\sin\varphi \\ y_r &= -\bar{x}_r\sin\varphi + \bar{y}_r\cos\varphi \end{aligned} \tag{4.2.29}$$

或：

$$\begin{Bmatrix} x_r \\ y_r \end{Bmatrix} = \begin{bmatrix} \cos\varphi & \sin\varphi \\ -\sin\varphi & \cos\varphi \end{bmatrix} \begin{Bmatrix} \bar{x}_r \\ \bar{y}_r \end{Bmatrix} \tag{4.2.30}$$

如果两坐标轴分别表示局部坐标和整体坐标下的位移，则局部坐标与整体坐标之间的位移变换关系可表示为：

$$\begin{Bmatrix} a_x \\ a_y \end{Bmatrix} = \begin{bmatrix} \cos\varphi & \sin\varphi \\ -\sin\varphi & \cos\varphi \end{bmatrix} \begin{Bmatrix} a_{\bar{x}} \\ a_{\bar{y}} \end{Bmatrix} \tag{4.2.31}$$

或：

$$\{a\} = [T]\{\bar{a}\} \tag{4.2.32}$$

式中：$\{a\} = [a_x, a_y]^{\mathrm{T}}$ 为结点位移的局部坐标向量；$\{\bar{a}\} = [a_{\bar{x}}, a_{\bar{y}}]^{\mathrm{T}}$ 为结点位移的整体坐标向量；$[T]$ 为坐标变换矩阵：

$$[T] = \begin{bmatrix} \cos\varphi & \sin\varphi \\ -\sin\varphi & \cos\varphi \end{bmatrix} \tag{4.2.33}$$

由于轴力杆的受力和变形特点是只承受沿局部坐标 x 轴的荷载，因此，结点位移仅发生在局部坐标的 x 轴方向。由此可得轴力杆单元的结点位移变换关系：

$$\{a\} = [\cos\varphi \quad \sin\varphi] \begin{Bmatrix} a_{\bar{x}} \\ a_{\bar{y}} \end{Bmatrix} \tag{4.2.34}$$

则两结点轴力杆单元的位移变换关系为：

$$\begin{Bmatrix} a_1 \\ a_2 \end{Bmatrix} = \begin{bmatrix} \cos\varphi & \sin\varphi & 0 & 0 \\ 0 & 0 & \cos\varphi & \sin\varphi \end{bmatrix} \begin{Bmatrix} a_{i\bar{x}} \\ a_{i\bar{y}} \\ a_{j\bar{x}} \\ a_{j\bar{y}} \end{Bmatrix} \tag{4.2.35}$$

或：

$$\{a\}^{\mathrm{e}} = [T]_b \{\bar{a}\}^{\mathrm{e}} \tag{4.2.36}$$

式中：i 和 j 分别为第 k 个杆单元的结点 1 和结点 2 在桁架结构中的整体编号；$\{a\}^{\mathrm{e}} =$

$[a_1, a_2]^T$ 为杆单元的局部坐标位移向量：$\{\bar{a}\}^e = [a_{i\bar{x}}, a_{i\bar{y}}, a_{j\bar{x}}, a_{j\bar{y}}]^T$ 为杆单元的整体坐标位移向量；$[T]_b$ 为杆单元的坐标变换矩阵：

$$[T]_b = \begin{bmatrix} \cos\varphi & \sin\varphi & 0 & 0 \\ 0 & 0 & \cos\varphi & \sin\varphi \end{bmatrix} \tag{4.2.37}$$

同理可得两结点杆单元的荷载向量变换关系：

$$\{P\}^e = [T]_b \{\bar{P}\}^e \tag{4.2.38}$$

式中：$\{P\}^e = [P_1, P_2]^T$ 为杆单元结点荷载的局部坐标向量，包括非集中荷载的等效结点荷载。$\{\bar{P}\}^e$ 为整体坐标系的结点荷载向量：

$$\{\bar{P}\}^e = [P_{i\bar{x}} \quad P_{i\bar{y}} \quad P_{j\bar{x}} \quad P_{j\bar{y}}]^T \tag{4.2.39}$$

将式(4.2.36)和式(4.2.38)代入式(4.2.11)得整体坐标系下的杆单元方程：

$$[K]^e [T]_b \{\bar{a}\}^e = [T]_b \{\bar{P}\}^e \tag{4.2.40}$$

上式左乘变换矩阵的转置 $[T]_b^T$，由 $[T]_b^T [T]_b = [I]$ 得：

$$[\bar{K}]^e \{\bar{a}\}^e = \{\bar{P}\}^e \tag{4.2.41}$$

式中：$[\bar{K}]^e$ 为整体坐标系下的杆单元刚度矩阵：

$$[\bar{K}]^e = [T]_b^T [K]^e [T]_b \tag{4.2.42}$$

从式(4.2.42)可以看出，杆单元整体坐标系的刚度矩阵等于局部坐标系的刚度矩阵左乘坐标变换矩阵的转置，右乘坐标变换矩阵。下面以图4.4所示的三角形桁架来具体说明坐标变换的方法。

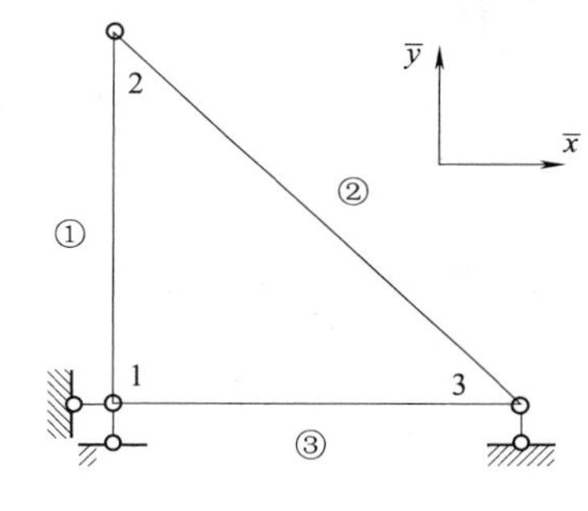

图4.4 三角形桁架

该桁架三根杆的局部坐标刚度矩阵如式(4.2.20)所示，设单元①的整体坐标位移向量为：

$$\{\bar{a}\}_1^e = [a_{1\bar{x}}, a_{1\bar{y}}, a_{2\bar{x}}, a_{2\bar{y}}]^T \tag{4.2.43}$$

则局部坐标系与整体坐标系的夹角为90°，其坐标变换矩阵为：

$$[T_1]_b = \begin{bmatrix} 0 & 1 & 0 & 0 \\ 0 & 0 & 0 & 1 \end{bmatrix} \tag{4.2.44}$$

值得注意的是，在建立杆单元的坐标变换矩阵时，要首先确定杆单元局部坐标的 x 轴方向，它决定了结点位移向量的排列及变换矩阵的元素位置。

将式(4.2.44)代入式(4.2.42)得单元①的整体坐标刚度矩阵

$$[\bar{K}]_1^e = \frac{E_1 A_1}{l_1} \begin{bmatrix} 0 & 0 & 0 & 0 \\ 0 & 1 & 0 & -1 \\ 0 & 0 & 0 & 0 \\ 0 & -1 & 0 & 1 \end{bmatrix} \tag{4.2.45}$$

设单元②的整体坐标位移向量为：

$$\{\bar{a}\}_2^e = [a_{3\bar{x}}, a_{3\bar{y}}, a_{2\bar{x}}, a_{2\bar{y}}]^T \tag{4.2.46}$$

如果 $l_1 = l_3 = l$，则局部坐标系与整体坐标系的夹角为135°，其坐标变换矩阵为：

$$[T_2]_b = \frac{1}{\sqrt{2}} \begin{bmatrix} -1 & 1 & 0 & 0 \\ 0 & 0 & -1 & 1 \end{bmatrix} \tag{4.2.47}$$

由此可求得单元②的整体坐标刚度矩阵

$$[\overline{K}]_2^e=\frac{E_2A_2}{2l_2}\begin{bmatrix}1 & -1 & -1 & 1\\ -1 & 1 & 1 & -1\\ -1 & 1 & 1 & -1\\ 1 & -1 & -1 & 1\end{bmatrix} \tag{4.2.48}$$

设单元③的整体坐标位移向量为：

$$\{\overline{a}\}_3^e=[a_{1\overline{x}},a_{1\overline{y}},a_{3\overline{x}},a_{3\overline{y}}]^T \tag{4.2.49}$$

则局部坐标系与整体坐标系的夹角为 0°，即杆件的局部坐标与整体坐标一致，整体坐标下的刚度矩阵与局部坐标相同：

$$[\overline{K}]_3^e=\frac{E_3A_3}{l_3}\begin{bmatrix}1 & 0 & -1 & 0\\ 0 & 0 & 0 & 0\\ -1 & 0 & 1 & 0\\ 0 & 0 & 0 & 0\end{bmatrix} \tag{4.2.50}$$

2. 空间桁架

空间桁架的杆件位置是由杆件与 3 个坐标轴的方向余弦来确定的，因此，杆件的局部坐标与整体坐标之间的变换就需要 9 个方向余弦来完成，即：

$$[T]=\begin{bmatrix}\cos\theta_{x\overline{x}} & \cos\theta_{x\overline{y}} & \cos\theta_{x\overline{z}}\\ \cos\theta_{y\overline{x}} & \cos\theta_{y\overline{y}} & \cos\theta_{y\overline{z}}\\ \cos\theta_{z\overline{x}} & \cos\theta_{z\overline{y}} & \cos\theta_{z\overline{z}}\end{bmatrix} \tag{4.2.51}$$

由于杆件横截面的两个坐标轴尚无法确定，因此，式(4.2.51)中只有杆件 x 轴的 3 个方向余弦可以求出：

$$\cos\theta_{x\overline{x}}=\frac{\overline{x}_j-\overline{x}_i}{l},\quad \cos\theta_{x\overline{y}}=\frac{\overline{y}_j-\overline{y}_i}{l},\quad \cos\theta_{x\overline{z}}=\frac{\overline{z}_j-\overline{z}_i}{l} \tag{4.2.52}$$

式中：$\overline{x}_i,\overline{y}_i,\overline{z}_i$ 和 $\overline{x}_j,\overline{y}_j,\overline{z}_j$ 分别为杆件两端点的整体坐标，i 和 j 的意义同平面桁架；l 为杆件长度。计算机计算时，通常采用输入结构结点坐标的方法来确定杆件的位置，因此，l 也可以通过下式计算：

$$l=\sqrt{(\overline{x}_j-\overline{x}_i)^2+(\overline{y}_j-\overline{y}_i)^2+(\overline{z}_j-\overline{z}_i)^2} \tag{4.2.53}$$

这意味着，变换矩阵(4.2.51)的 2、3 两行元素是无法根据杆件的结点信息计算得到的。由于杆件的横截面形状及方位并不影响结构分析结果，因此，从结构分析的目的出发，我们不需要确定杆件局部坐标的其他两坐标轴的位置。而且杆件位移的局部坐标向量只有 x 轴分量，从平面桁架的坐标变换分析中可知，式(4.2.51)的第 2、3 两行元素并不参与运算，即空间杆单元的变换矩阵可表示为：

$$[T]_b=\begin{bmatrix}\cos\theta_{x\overline{x}} & \cos\theta_{x\overline{y}} & \cos\theta_{x\overline{z}} & 0 & 0 & 0\\ 0 & 0 & 0 & \cos\theta_{x\overline{x}} & \cos\theta_{x\overline{y}} & \cos\theta_{x\overline{z}}\end{bmatrix} \tag{4.2.54}$$

完成坐标变换后，即可按照弹性力学有限元的方法进行系统刚度矩阵及荷载向量的集成并求解。求出结点位移后，即可根据单元方程计算杆件内力及应力。对于具有线性位移函数的 2 结点杆单元，其应变和应力在单元内也是常数，符合二力杆的实际受力和变形特征，因此，并不需要对应力计算结果进行改进。这意味着，如果桁架结构的杆件不受分布荷载作用，则 2

结点杆单元具有较高的模拟精度；如果杆件受除结点力之外的集中力作用，则应该视集中力作用点的位置，将集中力作用点划分为结点，采用两个或更多的单元来模拟。

4.2.4 结构有限元方程

结构的有限元方程可由整体坐标下的单元有限元方程组合而成的，组合的依据是单元结点位移在结构结点位移中的位置。设单元结点位移与结构结点位移可表示为如下的变换关系：

$$\{\overline{a}\}_i^{\mathrm{e}}=[G]_i\{\overline{a}\} \tag{4.2.55}$$

式中：$[G]_i$ 为第 i 个单元的变换矩阵。

将式(4.2.55)代入式(4.2.41)并左乘 $[G]_i^{\mathrm{T}}$ 得：

$$[\overline{K}]\{\overline{a}\}=\{\overline{P}\} \tag{4.2.56}$$

式中：

$$[\overline{K}]=\sum_{i=1}^{n^{\mathrm{e}}}[G]_i^{\mathrm{T}}[\overline{K}]_i^{\mathrm{e}}[G]_i \tag{4.2.57}$$

$$\{\overline{P}\}=\sum_{i=1}^{n^{\mathrm{e}}}[G]_i^{\mathrm{T}}\{\overline{P}\}_i^{\mathrm{e}} \tag{4.2.58}$$

式(4.2.56)即为结构的有限元方程，下面以图4.4所示三角形桁架来具体说明结构刚度矩阵的组合过程。该桁架结构的结点位移可表示为：

$$\{\overline{a}\}=[a_{1x}\quad a_{1y}\quad a_{2x}\quad a_{2y}\quad a_{3x}\quad a_{3y}]^{\mathrm{T}} \tag{4.2.59}$$

比较式(4.2.59)和式(4.2.43)可知，单元①的结点位移向量扩展为结构结点位移向量后可表示为：

$$\{\overline{a}\}_1^{\mathrm{e}}=[a_{1x}\quad a_{1y}\quad a_{2x}\quad a_{2y}\quad 0\quad 0]^{\mathrm{T}} \tag{4.2.60}$$

则单元①的变换矩阵为：

$$[G]_1=\begin{bmatrix}1&0&0&0&0&0\\0&1&0&0&0&0\\0&0&1&0&0&0\\0&0&0&1&0&0\end{bmatrix} \tag{4.2.61}$$

同理可得：

$$[G]_2=\begin{bmatrix}0&0&0&0&1&0\\0&0&0&0&0&1\\0&0&1&0&0&0\\0&0&0&1&0&0\end{bmatrix} \tag{4.2.62}$$

$$[G]_3=\begin{bmatrix}1&0&0&0&0&0\\0&1&0&0&0&0\\0&0&0&0&1&0\\0&0&0&0&0&1\end{bmatrix} \tag{4.2.63}$$

将式(4.2.61)～式(4.2.63)以及式(4.2.45)、式(4.2.48)和式(4.2.50)代入式(4.2.57)并设三个单元的 EA 相等，且 $l_1=l_3=l$，则结构刚度矩阵为：

$$[\overline{K}]=\frac{EA}{l}\begin{bmatrix} 1 & 0 & 0 & 0 & -1 & 0 \\ 0 & 1 & 0 & -1 & 0 & 0 \\ 0 & 0 & 0.354 & -0.354 & -0.354 & 0.354 \\ 0 & -1 & -0.354 & 1.354 & 0.354 & -0.354 \\ -1 & 0 & -0.354 & 0.354 & 1.354 & -0.354 \\ 0 & 0 & 0.354 & -0.354 & -0.354 & 0.354 \end{bmatrix} \tag{4.2.64}$$

4.3 刚架结构

刚架结构是由具有弯曲变形能力同时具有轴向变形能力的梁和柱组成，在有限元方法中，模拟梁、柱构件的单元被称为梁单元。由于梁柱构件的高跨比不同，其力学性能略有区别，为了便于分析计算，一般将高跨比小于 1∶10 的梁定义为“浅梁”，即 Euler-Bernoulli 梁，目的是忽略它的剪切变形。对于高跨比大于 1∶10 的“深梁”，则需要考虑其剪切变形，这就是 Timoshenko 梁。由于梁单元也是忽略了横截面两个自由度的应变而得到的一种力学模型，因此，Euler-Bernoulli 梁和 Timoshenko 梁需采用不同的梁单元来模拟。

4.3.1 Euler 梁单元

我们仍然从弹性力总势能的泛函

$$\Pi_p(u)=\int_V \frac{1}{2}\{\varepsilon\}^{\mathrm{T}}[D]\{\varepsilon\}\mathrm{d}V-\int_V \{u\}^{\mathrm{T}}\{f\}\mathrm{d}V-\int_{S_\sigma}\{u\}^{\mathrm{T}}\{\overline{T}\}\mathrm{d}S \tag{4.3.1}$$

出发来推导 Euler 梁单元的刚度矩阵及荷载向量。

Euler 梁的应变可表示为：

$$\varepsilon_x=-\kappa y=-\frac{\mathrm{d}^2 v}{\mathrm{d}x^2}y,\quad \varepsilon_y=\varepsilon_z=0 \tag{4.3.2}$$

因此，物理方程与轴力杆单元相同：

$$\sigma_x=E\varepsilon_x \tag{4.3.3}$$

梁单元的荷载包括分布荷载 $q(x)$、集中力 $P(x_i)(i=1,2,\cdots,n)$ 和弯矩 $M(x_j)(j=1,2,\cdots,m)$，n 和 m 分别为集中力和弯矩的数量。

梁的力边界条件包括梁端剪力 $\overline{Q}_1$，$\overline{Q}_2$ 和弯矩 $\overline{M}_1$，$\overline{M}_2$。

将式(4.3.2)和式(4.3.3)以及荷载与力边界条件代入式(4.3.1)得：

$$\begin{aligned}\Pi_p(v)=&\int_A \frac{1}{2}Ey^2\mathrm{d}A\int_l\left(\frac{\mathrm{d}^2 v}{\mathrm{d}x^2}\right)^2\mathrm{d}x-\int_l q(x)v\mathrm{d}x-\\&\sum_{i=1}^{n_p}P_i v_i-\sum_{j=1}^{n_m}M_j\left.\frac{\mathrm{d}v}{\mathrm{d}x}\right|_j+\sum_{k=1}^{s}\overline{Q}_k v_k-\sum_{k=1}^{s}\overline{M}_k\left.\frac{\mathrm{d}v}{\mathrm{d}x}\right|_k\end{aligned} \tag{4.3.4}$$

式中：n_p 和 n_m 分别为集中力和集中弯矩的数量；s 为单元的结点数量。由于梁的简支端挠度 $v=0$ 和弯矩 $\overline{M}=0$；固定端挠度 $v=0$ 和转角 $\mathrm{d}v/\mathrm{d}x=0$；自由端则剪力 $\overline{Q}=0$ 和弯矩 $\overline{M}=0$，因此，对于均质等截面梁，上式简化为：

$$\Pi_p(v)=\int_l \frac{1}{2}EI\left(\frac{\mathrm{d}^2 v}{\mathrm{d}x^2}\right)^2\mathrm{d}x-\int_l q(x)v\mathrm{d}x-\sum_{i=1}^{n_p}P_i v_i-\sum_{j=1}^{n_m}M_j\left.\frac{\mathrm{d}v}{\mathrm{d}x}\right|_j \tag{4.3.5}$$

式(4.3.5)是基于图 4.5 所示的坐标系统导出的，不同的坐标系统得到的最后一项的符号是不同的。

将式(4.3.5)代入变分原理 $\delta\Pi_p(v)=0$ 得：

$$EI\int_l \delta\left(\frac{\mathrm{d}^2 v}{\mathrm{d}x^2}\right)\frac{\mathrm{d}^2 v}{\mathrm{d}x^2}\mathrm{d}x-\int_l q(x)\delta v\mathrm{d}x-\sum_{i=1}^{n_p}P_i\delta v_i-\sum_{j=1}^{n_m}M_j\delta\left.\frac{\mathrm{d}v}{\mathrm{d}x}\right|_j=0 \tag{4.3.6}$$

为了计算梁单元的刚度矩阵和荷载向量，将梁单元的位移(挠度)函数表示为插值函数的形式：

$$v=\sum_{i=1}^{k}(H_i^{(0)}v_i+H_i^{(1)}\theta_i)=[H]\{a\}^{\mathrm{e}} \tag{4.3.7}$$

式中：k 为梁单元的结点数；$\{a\}^{\mathrm{e}}=[v_1,\theta_1,\cdots,v_k,\theta_k]^{\mathrm{T}}$ 为梁单元的结点位移；$H_i^{(0)}$，$H_i^{(1)}$ 分别为梁单元的结点挠度和转角插值函数；$[H]=[H_1^{(0)},H_1^{(1)},\cdots,H_k^{(0)},H_k^{(1)}]$ 为梁单元的插值函数矩阵。

对于 Euler 梁，其挠度和转角满足下列关系：

$$\theta=\frac{\mathrm{d}v}{\mathrm{d}x} \tag{4.3.8}$$

因此，其插值函数 $H_i^{(0)}$，$H_i^{(1)}$ 也满足一定的关系，我们将在插值函数构造一章中介绍。

将式(4.3.7)代入式(4.3.6)并整理得：

$$(\delta\{a\}^{\mathrm{e}})^{\mathrm{T}}\Big(EI\int_l\left[\frac{\mathrm{d}^2H}{\mathrm{d}x^2}\right]^{\mathrm{T}}\left[\frac{\mathrm{d}^2H}{\mathrm{d}x^2}\right]\{a\}^{\mathrm{e}}\mathrm{d}x-\int_l[H]^{\mathrm{T}}q(x)\mathrm{d}x-\sum_{i=1}^{n_p}[H(x_i)]^{\mathrm{T}}P_i-\sum_{j=1}^{n_m}[H(x_j)]^{\mathrm{T}}M_j\Big)=0 \tag{4.3.9}$$

由于变分的任意性，上式成立的条件为：

$$EI\int_l\left[\frac{\mathrm{d}^2H}{\mathrm{d}x^2}\right]^{\mathrm{T}}\left[\frac{\mathrm{d}^2H}{\mathrm{d}x^2}\right]\{a\}^{\mathrm{e}}\mathrm{d}x=\int_l[H]^{\mathrm{T}}q(x)\mathrm{d}x+\sum_{i=1}^{n_p}[H(x_i)]^{\mathrm{T}}P_i+\sum_{j=1}^{n_m}[H(x_j)]^{\mathrm{T}}M_j \tag{4.3.10}$$

上式即为 Euler 梁单元的有限元方程：

$$[K]^{\mathrm{e}}\{a\}^{\mathrm{e}}=\{P\}^{\mathrm{e}} \tag{4.3.11}$$

与式(4.3.10)比较可知，Euler 梁单元的刚度矩阵和荷载向量可按下式计算：

$$[K]^{\mathrm{e}}=EI\int_l\left[\frac{\mathrm{d}^2H}{\mathrm{d}x^2}\right]^{\mathrm{T}}\left[\frac{\mathrm{d}^2H}{\mathrm{d}x^2}\right]\mathrm{d}x \tag{4.3.12}$$

$$\{P\}^{\mathrm{e}}=\int_l[H]^{\mathrm{T}}q(x)\mathrm{d}x+\sum_{i=1}^{n_p}[H(x_i)]^{\mathrm{T}}P_i+\sum_{j=1}^{n_m}[H(x_j)]^{\mathrm{T}}M_j \tag{4.3.13}$$

下面以图4.5所示两结点 Euler 梁单元为例，介绍 Euler 梁单元的刚度矩阵及均布荷载的荷载向量生成方法。

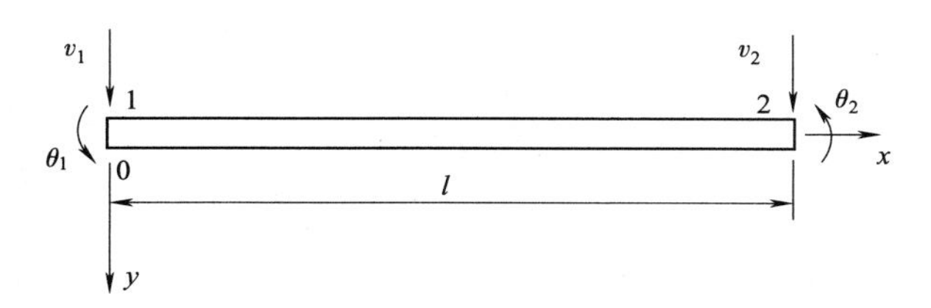

图4.5　两结点梁单元的局部坐标及结点位移示意图

Euler 梁单元的每个结点有两个位移参数——挠度和转角，且挠度和转角满足式(4.3.8)的关系，因此，其单元位移函数可表示为：

$$v=\beta_0+\beta_1 x+\beta_2 x^2+\beta_3 x^3 \tag{4.3.14}$$

将结点坐标和位移参数代入上式得：

$$\begin{aligned} v_1&=\beta_0 \\ \theta_1&=\beta_1 \\ v_2&=\beta_0+\beta_1 l+\beta_2 l^2+\beta_3 l^3 \\ \theta_2&=\beta_1+2\beta_2 l^2+3\beta_3 l^2 \end{aligned} \tag{4.3.15}$$

由式(4.3.15)解得：

$$\begin{aligned} \beta_0&=v_1 \\ \beta_1&=\theta_1 \\ \beta_2&=3\frac{v_2-v_1}{l^2}-\frac{\theta_2+2\theta_1}{l} \\ \beta_3&=\frac{\theta_2+\theta_1}{l^2}-2\frac{v_2-v_1}{l^3} \end{aligned} \tag{4.3.16}$$

代入式(4.3.14)并整理得：

$$v(x)=H_1^{(0)}(x)v_1+H_1^{(1)}(x)\theta_1+H_2^{(0)}(x)v_2+H_2^{(1)}(x)\theta_2 \tag{4.3.17}$$

式中：

$$\begin{aligned} H_1^{(0)}(x)&=1-3\frac{x^2}{l^2}+2\frac{x^3}{l^3} \\ H_1^{(1)}(x)&=x-2\frac{x^2}{l}+\frac{x^3}{l^2} \\ H_2^{(0)}(x)&=3\frac{x^2}{l^2}-2\frac{x^3}{l^3} \\ H_2^{(1)}(x)&=-\frac{x^2}{l}+\frac{x^3}{l^2} \end{aligned} \tag{4.3.18}$$

值得指出的是，由于梁单元结点的两个位移参数不是独立的，因此，式(4.3.15)的 4 个结点插值函数不满足弹性力学有限元的插值函数性质：

$$N_i(x_j,y_j)=\delta_{ij}=\begin{cases}1 & j=i \\ 0 & j\neq i\end{cases} \quad (i,j=1,2,\cdots,m)$$

$$\sum_{i=1}^{m} N_i(x,y)=1$$

它们具有如下的性质：

$$\begin{aligned} &H_i^{(0)}(x_j)=\delta_{ij}, \quad \left.\frac{\mathrm{d}H_i^{(0)}(x)}{\mathrm{d}x}\right|_{x=x_j}=0 \\ &H_i^{(1)}(x_j)=0, \quad \left.\frac{\mathrm{d}H_i^{(1)}(x)}{\mathrm{d}x}\right|_{x=x_j}=\delta_{ij} \quad (i,j=1,2) \\ &\sum_{i=1}^{2} H_i^{(0)}(x)=1 \end{aligned} \tag{4.3.19}$$

从式(4.3.14)可以看出，两结点 Euler 梁单元的位移函数与 Euler 梁的弯曲函数具有相

同的形式，即具有相同的连续性，因此，我们也可以采用 Euler 梁的弯曲函数

$$y(x)=y_0+\theta_0 x+\frac{M_0}{2EI}x^2+\frac{N_0}{6EI}x^3 \tag{4.3.20}$$

来求得单元插值函数。

式(4.3.20)是以初参数表示的 Euler 梁弯曲方程，即 y_0，θ_0，M_0，N_0 表示梁左端(局部坐标 x 轴的原点)的参数。

首先，设单元的位移状态为：

$$v_1=1,\quad \theta_1=v_2=\theta_2=0 \tag{4.3.21}$$

将上式代入式(4.3.20)解得：

$$y_0=1,\quad \theta_0=0,\quad M_0=-\frac{6EI}{l^2},\quad N_0=\frac{12EI}{l^3} \tag{4.3.22}$$

再代入式(4.3.20)得：

$$y(x)=1-3\frac{x^2}{l^2}+2\frac{x^3}{l^3}=H_1^{(0)} \tag{4.3.23}$$

同理可得式(4.3.18)的其他 3 个结点插值函数，用该方法求 Euler 梁单元的插值函数远比数学方法简单。同时，该方法从另一个方面说明两结点 Euler 梁单元的位移函数具有较高的精度。因此，刚架结构的有限元分析全部采用两结点梁单元，且单元的大小仅取决于荷载的性质，当然，必须保证所有单元的弯曲刚度不会相差太大，以避免出现病态刚度矩阵。

将式(4.3.18)代入式(4.3.12)即可得到 Euler 梁单元的刚度矩阵：

$$[K]^e=\frac{EI}{l^3}\begin{bmatrix}12 & 6l & -12 & 6l\\ 6l & 4l^2 & -6l & 2l^2\\ -12 & -6l & 12 & -6l\\ 6l & 2l^2 & -6l & 4l^2\end{bmatrix} \tag{4.3.24}$$

前面我们分别用数学方法和力学方法得到了相同的插值函数，从而证明了有限元方法中的梁单元位移函数具有较高的精度。现在，我们用力学的方法直接得到 Euler 梁单元的刚度矩阵，从而再一次证明梁单元位移函数具有较高的精度。

将结构力学的转角位移方程

$$\begin{aligned}M_1&=\frac{4EI}{l}\theta_1+\frac{2EI}{l}\theta_2+\frac{6EI}{l^2}v_1-\frac{6EI}{l^2}v_2\\ M_2&=\frac{2EI}{l}\theta_1+\frac{4EI}{l}\theta_2+\frac{6EI}{l^2}v_1-\frac{6EI}{l^2}v_2\\ Q_1&=\frac{6EI}{l^2}\theta_1+\frac{6EI}{l^2}\theta_2+\frac{12EI}{l^3}v_1-\frac{12EI}{l^3}v_2\\ Q_2&=-\frac{6EI}{l^2}\theta_1-\frac{6EI}{l^2}\theta_2-\frac{12EI}{l^3}v_1+\frac{12EI}{l^3}v_2\end{aligned} \tag{4.3.25}$$

按照有限元结点位移的排列方式表示为矩阵的形式：

$$\begin{Bmatrix}Q_1\\ M_1\\ Q_2\\ M_2\end{Bmatrix}=\frac{EI}{l^3}\begin{bmatrix}12 & 6l & -12 & 6l\\ 6l & 4l^2 & -6l & 2l^2\\ -12 & -6l & 12 & -6l\\ 6l & 2l^2 & -6l & 4^2\end{bmatrix}\begin{Bmatrix}v_1\\ \theta_1\\ v_2\\ \theta_2\end{Bmatrix} \tag{4.3.26}$$

与式(4.3.24)比较可知，结构力学的转角位移方程中的刚度系数与 Euler 梁单元刚度矩阵的对应元素相同。因此，刚架结构的两结点 Euler 梁单元解就是结构力学的解析解。

由于梁的计算模型中没有考虑因弯曲引起的轴向变形，因此，梁单元的弯曲变形和轴向变形是相互独立的，而轴向变形的特征与轴力杆相同，由此可得考虑轴向位移的平面刚架 Euler 梁单元刚度矩阵：

$$[K]^{e}=\begin{bmatrix} \frac{EA}{l} & 0 & 0 & -\frac{EA}{l} & 0 & 0 \\ 0 & \frac{12EI}{l^3} & \frac{6EI}{l^2} & 0 & -\frac{12EI}{l^3} & \frac{6EI}{l^2} \\ 0 & \frac{6EI}{l^2} & \frac{4EI}{l} & 0 & -\frac{6EI}{l^2} & \frac{2EI}{l} \\ -\frac{EA}{l} & 0 & 0 & \frac{EA}{l} & 0 & 0 \\ 0 & -\frac{12EI}{l^3} & -\frac{6EI}{l^2} & 0 & \frac{12EI}{l^3} & -\frac{6EI}{l^2} \\ 0 & \frac{6EI}{l^2} & \frac{2EI}{l} & 0 & -\frac{6EI}{l^2} & \frac{4EI}{l} \end{bmatrix} \tag{4.3.27}$$

对于空间刚架，杆件除可能产生轴向变形和弯曲变形外，还可能产生扭转变形，而扭转问题则视杆件的截面形状可能变得比较复杂。对于圆截面杆，其自由扭转和约束扭转均不会产生截面翘曲，因此，其变形可用截面扭转角一个参数来度量，从而与轴力杆的单元类型相似，故可基于两结点轴力杆的刚度矩阵来计算两结点扭转杆单元的刚度矩阵，只需将轴力杆单元的拉压弹性模量 E 替换为剪切弹性模量 G，即：

$$[K]^{e}=\frac{GA}{l}\begin{bmatrix} 1 & -1 \\ -1 & 1 \end{bmatrix} \tag{4.3.28}$$

对于非圆截面的杆件，其自由扭转时，截面将产生翘曲，而约束扭转虽不产生截面翘曲，但截面将受到约束力的作用，因此，其结点位移和结点力的关系不再具有圆截面杆那样的简单关系。但刚架结构的杆件发生扭转变形的变形量较小，因此，有限元计算时通常忽略截面翘曲的影响，仍按式(4.3.28)计算梁单元的扭转刚度。由此可得空间刚架的 Euler 梁单元刚度矩阵：

$$[K]^{e}=\begin{bmatrix} \frac{EA}{l} & 0 & 0 & 0 & 0 & 0 & -\frac{EA}{l} & 0 & 0 & 0 & 0 & 0 \\ 0 & \frac{12EI_z}{l^3} & 0 & 0 & 0 & \frac{6EI_z}{l^2} & 0 & -\frac{12EI_z}{l^3} & 0 & 0 & 0 & \frac{6EI_z}{l^2} \\ 0 & 0 & \frac{12EI_y}{l^3} & 0 & -\frac{6EI_y}{l^2} & 0 & 0 & 0 & -\frac{12EI_y}{l^3} & 0 & -\frac{6EI_y}{l^2} & 0 \\ 0 & 0 & 0 & \frac{GJ}{l} & 0 & 0 & 0 & 0 & 0 & -\frac{GJ}{l} & 0 & 0 \\ 0 & 0 & -\frac{6EI_y}{l^2} & 0 & \frac{4EI_y}{l} & 0 & 0 & 0 & \frac{6EI_y}{l^2} & 0 & \frac{2EI_y}{l} & 0 \\ 0 & \frac{6EI_z}{l^2} & 0 & 0 & 0 & \frac{4EI_z}{l} & 0 & -\frac{6EI_z}{l^2} & 0 & 0 & 0 & \frac{2EI_z}{l} \\ -\frac{EA}{l} & 0 & 0 & 0 & 0 & 0 & \frac{EA}{l} & 0 & 0 & 0 & 0 & 0 \\ 0 & -\frac{12EI_z}{l^3} & 0 & 0 & 0 & -\frac{6EI_z}{l^2} & 0 & \frac{12EI_z}{l^3} & 0 & 0 & 0 & -\frac{6EI_z}{l^2} \\ 0 & 0 & -\frac{12EI_y}{l^3} & 0 & \frac{6EI_y}{l^2} & 0 & 0 & 0 & \frac{12EI_y}{l^3} & 0 & \frac{6EI_y}{l^2} & 0 \\ 0 & 0 & 0 & -\frac{GJ}{l} & 0 & 0 & 0 & 0 & 0 & \frac{GJ}{l} & 0 & 0 \\ 0 & 0 & -\frac{6EI_y}{l^2} & 0 & \frac{2EI_y}{l} & 0 & 0 & 0 & \frac{6EI_y}{l^2} & 0 & \frac{4EI_y}{l} & 0 \\ 0 & \frac{6EI_z}{l^2} & 0 & 0 & 0 & \frac{2EI_z}{l} & 0 & -\frac{6EI_z}{l^2} & 0 & 0 & 0 & \frac{4EI_z}{l} \end{bmatrix} \tag{4.3.29}$$

4.3.2 考虑剪切变形的梁单元

当梁的高跨比大于1∶10时，在横力弯曲条件下，忽略梁的剪切变形将引起较大的计算误差。因此，出现了考虑剪切变形的梁单元。考虑剪切变形的梁被称为Timoshenko梁，但在有限元方法中，考虑剪切变形的梁单元却不能简单地定义为Timoshenko梁单元。因为，Timoshenko梁在有限元方法中有两种不同的单元模拟方法，两种方法的区别在于它们插值函数的不同。一种是在Euler梁单元的基础上增加剪切变形的挠度插值函数，另一种则采用挠度和转角分别插值的方法，而挠度和转角分别插值的单元被称为Timoshenko梁单元。由于挠度和转角分别插值，二者之间解除了导数关系的约束，因此，Timoshenko梁单元的位移函数与梁的弯曲函数有了较大的区别，故Timoshenko梁单元的模拟精度较低，甚至会引起数学计算上的困难（剪切锁死）而不得不采用一些近似的计算方法，如减缩积分。但它的插值函数简单，且基本思想在板壳问题中大量应用，因此，仍是梁弯曲问题的一种模拟方法。

1. 弯曲挠度和剪切挠度独立插值

考虑剪切变形的时，其挠度和转角不再具有Euler梁那样简单的导数关系了，即：$\theta \neq \mathrm{d}v/\mathrm{d}x$，因此，Euler梁弯曲的几何关系$\kappa = -\mathrm{d}^2 v/\mathrm{d}x^2$也不再成立。此时，这两个关系变成了如下的形式：

$$\theta + \gamma = \frac{\mathrm{d}v}{\mathrm{d}x}, \quad \kappa = -\frac{\mathrm{d}\theta}{\mathrm{d}x} \tag{4.3.30}$$

由于此时梁的变形包括弯曲变形和剪切变形两部分，因此，可将梁的总挠度表示为弯曲挠度和剪切挠度之和$v = v^b + v^s$。将其代入式(4.3.30)的第一式得：

$$\theta = \frac{\mathrm{d}v^b}{\mathrm{d}x}, \quad \gamma = \frac{\mathrm{d}v^s}{\mathrm{d}x} \tag{4.3.31}$$

基于上述思想，由式(4.3.5)可得考虑剪切效应的梁单元总势能泛函

$$\begin{aligned}\Pi_p(v) = {} & \frac{1}{2}\int_l EI\left(\frac{\mathrm{d}^2 v^b}{\mathrm{d}x^2}\right)^2 \mathrm{d}x + \frac{1}{2}\int_l \frac{GA}{k_s}\left(\frac{\mathrm{d}v^s}{\mathrm{d}x}\right)^2 \mathrm{d}x - \\ & \int_l q(x) v \mathrm{d}x - \sum_{i=1}^{n_p} P_i v(x_i) - \sum_{j=1}^{n_m} M_j \left.\frac{\mathrm{d}v^b}{\mathrm{d}x}\right|_j\end{aligned} \tag{4.3.32}$$

式中：k_s为剪切不均匀系数。

将式(4.3.32)代入变分原理得：

$$\begin{aligned}& EI\int_l \delta\frac{\mathrm{d}^2 v^b}{\mathrm{d}x^2}\cdot\frac{\mathrm{d}^2 v^b}{\mathrm{d}x^2}\mathrm{d}x + \frac{GA}{k_s}\int_l \delta\frac{\mathrm{d}v^s}{\mathrm{d}x}\cdot\frac{\mathrm{d}v^s}{\mathrm{d}x}\mathrm{d}x - \int_l q(x)\delta v^b \mathrm{d}x - \\ & \int_l q(x)\delta v^s \mathrm{d}x - \sum_{i=1}^{n_p} P_i \delta v^b(x_i) - \sum_{i=1}^{n_p} P_i \delta v^s(x_i) - \sum_{j=1}^{n_m} M_j \delta \left.\frac{\mathrm{d}v^b}{\mathrm{d}x}\right|_j = 0\end{aligned} \tag{4.3.33}$$

下面以两结点梁单元为例来计算考虑剪切变形的梁单元刚度矩阵。

式(4.3.33)中的弯曲挠度仍采用Euler梁单元的插值函数，而剪切挠度则可采用轴力杆单元的插值函数，因为，剪切变形引起的横向位移只有一个结点参数值。

将弯曲挠度位移函数

$$v^b = H_1^{(0)} v_1^b + H_1^{(1)} \theta_1 + H_2^{(0)} v_2^b + H_2^{(1)} \theta_2 = [H]\{a\}_b^e \tag{4.3.34}$$

和剪切挠度位移函数

$$v^s = N_1 v_1^s + N_2 v_2^s = [N]\{a\}_s^e \tag{4.3.35}$$

代入式(4.3.33)得：

$$EI\int_l \left[\frac{d^2H}{dx^2}\right]^T\left[\frac{d^2H}{dx^2}\right]\{a\}_b^e dx+\frac{GA}{k_s}\int_l \left[\frac{d^2N}{dx^2}\right]^T\left[\frac{d^2N}{dx^2}\right]\{a\}_s^e dx-\int_l [H]^T q(x)dx-$$
$$\int_l [N]^T q(x)dx-\sum_{i=1}^{n_p}[H(x_i)]^T P_i-\sum_{i=1}^{n_p}[N(x_i)]^T P_i-\sum_{j=1}^{n_m}\left[\frac{dH}{dx}\right]_j^T M_j=0 \tag{4.3.36}$$

式(4.3.36)分别为关于弯曲和关于剪切的有限元方程：

$$[K]_b^e\{a\}_b^e=\{P\}_b^e,\quad [K]_s^e\{a\}_s^e=\{P\}_s^e \tag{4.3.37}$$

式中：

$$[K]_b^e=EI\int_l \left[\frac{d^2H}{dx^2}\right]^T\left[\frac{d^2H}{dx^2}\right]dx \tag{4.3.38}$$

$$\{P\}_b^e=\int_l [H]^T q(x)dx+\sum_{i=1}^{n_p}[H(x_i)]^T P_i+\sum_{j=1}^{n_m}\left[\frac{dH}{dx}\right]_j^T M_j \tag{4.3.39}$$

$$[K]_s^e=\frac{GA}{k_s}\int_l \left[\frac{d^2N}{dx^2}\right]^T\left[\frac{d^2N}{dx^2}\right]dx \tag{4.3.40}$$

$$\{P\}_s^e=\int_l [N]^T q(x)dx+\sum_{i=1}^{n_p}[N(x_i)]^T P_i \tag{4.3.41}$$

比较式(4.3.40)和式(4.2.12)可知，将式(4.2.20)的 EA 换成 GA/k_s 即为剪切变形的刚度矩阵

$$[K]_s^e=\frac{GA}{k_s l}\begin{bmatrix}1 & -1\\ -1 & 1\end{bmatrix} \tag{4.3.42}$$

如果将式(4.3.37)的两式合并为一个矩阵方程，则考虑剪切变形的梁单元有限元方程取如下的形式：

$$[K]^e\{a\}^e=\{P\}^e \tag{4.3.43}$$

式中：

$$[K]^e=\begin{bmatrix}
\frac{12EI}{l^3} & 0 & \frac{6EI}{l^2} & -\frac{12EI}{l^3} & 0 & \frac{6EI}{l^2}\\
0 & \frac{GA}{k_s l} & 0 & 0 & -\frac{GA}{k_s l} & 0\\
\frac{6EI}{l^2} & 0 & \frac{4EI}{l} & -\frac{6EI}{l^2} & 0 & \frac{2EI}{l}\\
-\frac{12EI}{l^3} & 0 & -\frac{6EI}{l^2} & \frac{12EI}{l^3} & 0 & -\frac{6EI}{l^2}\\
0 & -\frac{GA}{k_s l} & 0 & 0 & \frac{GA}{k_s l} & 0\\
\frac{6EI}{l^2} & 0 & \frac{2EI}{l} & -\frac{6EI}{l^2} & 0 & \frac{4EI}{l}
\end{bmatrix} \tag{4.3.44}$$

$$\{a\}^e=[v_1^b\quad v_1^s\quad \theta_1\quad v_2^b\quad v_2^s\quad \theta_2]^T \tag{4.3.45}$$

也可以利用剪力和弯矩的关系

$$Q=\frac{dM}{dx} \tag{4.3.46}$$

将弯曲挠度和剪切挠度合并而使结点位移向量仍为 4 个。为此，将插值函数表示的位移函数

代入几何关系

$$Q=\frac{GA}{k_s}\gamma=\frac{GA}{k_s}\frac{\mathrm{d}v^s}{\mathrm{d}x},\quad M=-EI\kappa=-EI\frac{\mathrm{d}^2v^b}{\mathrm{d}x^2} \tag{4.3.47}$$

得：

$$\begin{aligned}Q&=\frac{GA}{k_sl}(v_2^s-v_1^s)\\M&=-\frac{EI}{l^3}[(6l-12x)(v_2^b-v_1^b)+(6x-4l)l\theta_1+(6x-2l)l\theta_2]\end{aligned} \tag{4.3.48}$$

将式(4.3.48)代入式(4.3.46)得：

$$\frac{GA}{k_s}(v_2^s-v_1^s)=\frac{6EI}{l^2}[2(v_2^b-v_1^b)-l(\theta_1+\theta_2)] \tag{4.3.49}$$

由 $v=v^b+v^s$ 可得：

$$v_2-v_1=v_2^b-v_1^b+v_2^s-v_1^s \tag{4.3.50}$$

代入式(4.3.49)得：

$$\begin{aligned}v_2^b-v_1^b&=\frac{1}{1+b}(v_2-v_1)+\frac{lb}{2(1+b)}(\theta_1+\theta_2)\\v_2^s-v_1^s&=\frac{b}{1+b}(v_2-v_1)-\frac{lb}{2(1+b)}(\theta_1+\theta_2)\end{aligned} \tag{4.3.51}$$

式中：$b=\dfrac{12EIk_s}{GAl^2}$。

将式(4.3.51)代入式(4.3.43)并合并第一式和第二式及第四式和第五式得：

$$[K]^e=\frac{EI}{(1+b)l^3}\begin{bmatrix}12 & 6l & -12 & 6l\\6l & (4+b)l^2 & -6l & (2-b)l^2\\-12 & -6l & 12 & -6l\\6l & (2-b)l^2 & -6l & (4+b)l^2\end{bmatrix} \tag{4.3.52}$$

作上述推演后，式(4.3.43)中的结点位移向量与 Euler 梁单元相同，而对于结点荷载则仅取式(4.3.39)即可，因为，式(4.3.39)和式(4.3.41)中的荷载是全部外荷载，而两式对横向力部分做了两次等效结点荷载的计算，由于两式的插值函数不同，因此，一般情况下，其结果是不同的。式(4.3.39)忽略了剪切变形而将剪力引起的挠度全部归结于弯曲效应，从而计算结果的弯矩偏大；而式(4.3.41)考虑的是纯剪切变形，因此，对荷载效应的估计偏小，这一推论可以从分析式(4.3.43)和式(4.3.52)来证明。

以梁的总挠度表示的式(4.3.43)的第一式和第二式为：

$$\frac{12EI}{(1+b)l^3}(v_1-v_2)+\frac{6EI}{(1+b)l^2}(\theta_1+\theta_2)=P_1^b \tag{4.3.53}$$

$$\frac{12EI}{(1+b)l^3}(v_1-v_2)=P_1^s \tag{4.3.54}$$

分析式(4.3.53)和式(4.3.54)可知，当梁产生相同横向位移时，纯剪切变形所需的荷载较小；而比较式(4.3.52)和式(4.3.24)可知，在相同弯矩的作用下，考虑剪切变形的梁单元结点角位移较小，从而弥补了由式(4.3.39)计算得到的弯矩偏大的不足。因此，与式(4.3.52)对应的结点荷载应简单地取式(4.3.39)，而不是

$$\{P\}^{e}=\int_{l}[\overline{H}]^{T}q(x)\mathrm{d}x+\sum_{i=1}^{n_p}[\overline{H}(x_i)]^{T}P_i+\sum_{j=1}^{n_m}\left[\frac{\mathrm{d}H}{\mathrm{d}x}\right]_j^{T}M_j \tag{4.3.55}$$

式中：

$$[\overline{H}]=\left[\frac{1}{2}(H_1^{(0)}+N_1)\quad H_1^{(1)}\quad \frac{1}{2}(H_2^{(0)}+N_2)\quad H_2^{(1)}\right]$$

从而得考虑剪切变形的梁单元方程

$$[K]^{e}\{a\}^{e}=\{P\}^{e} \tag{4.3.56}$$

式中：单元刚度矩阵 $[K]^e$ 按式(4.3.52)计算，结点位移向量 $\{a\}^e$ 与 Euler 梁单元相同，结点荷载向量 $\{P\}^e$ 按式(4.3.39)计算。

2. 挠度和转角独立插值

采用挠度和转角独立插值的方案，则每个结点的两个位移函数 v_i,θ_i 不存在任何联系，v 和 θ 相当于结点处的两个广义坐标，因此，v 和 θ 的插值函数均与轴力杆单元相同，即：

$$v=\sum_{i=1}^{s}N_i v_i=[N]\{v\}^{e},\quad \theta=\sum_{i=1}^{s}N_i\theta_i=[N]\{\theta\}^{e} \tag{4.3.57}$$

式中：s 为单元的结点数量；$\{v\}^e=[v_1,v_2,\cdots,v_s]^T$ 为结点挠度；$\{\theta\}^e=[\theta_1,\theta_2,\cdots,\theta_s]^T$ 为结点转角。

将式(4.3.57)代入式(4.3.32)并注意到

$$\frac{\mathrm{d}^2v^b}{\mathrm{d}x^2}=\frac{\mathrm{d}\theta}{\mathrm{d}x},\quad \frac{\mathrm{d}v^s}{\mathrm{d}x}=\frac{\mathrm{d}v}{\mathrm{d}x}-\theta \tag{4.3.58}$$

得：

$$\Pi_p(v,\theta)=\frac{1}{2}\int_l EI\left(\left[\frac{\mathrm{d}N}{\mathrm{d}x}\right]\{\theta\}^e\right)^2\mathrm{d}x+\frac{1}{2}\int_l\frac{GA}{k_s}\left(\left[\frac{\mathrm{d}N}{\mathrm{d}x}\right]\{v\}^e-[N]\{\theta\}^e\right)^2\mathrm{d}x-$$
$$\int_l q(x)[N]\{v\}^e\mathrm{d}x-\sum_{i=1}^{n_p}P_i[N(x_i)]\{v\}^e-\sum_{j=1}^{n_m}M_j[N(x_j)]\{v\}^e \tag{4.3.59}$$

如果将单元的位移函数表示为：

$$\{u\}^{e}=[N]^{e}\{a\}^{e} \tag{4.3.60}$$

式中：

$$\{u\}^e=[v,\theta]^T$$
$$\{a\}^e=[v_1,\theta_1,v_2,\theta_2,\cdots,v_s,\theta_s]^T$$
$$[N]^e=\begin{bmatrix}N_1 & 0 & N_2 & 0 & \cdots & N_s & 0\\ 0 & N_1 & 0 & N_2 & \cdots & 0 & N_s\end{bmatrix}$$

则式(4.3.59)可统一表示为：

$$\Pi_p(v,\theta)=\frac{1}{2}\int_l EI([B]_b\{a\}^e)^2\mathrm{d}x+\frac{1}{2}\int_l\frac{GA}{k_s}([B]_s\{a\}^e)^2\mathrm{d}x-$$
$$\int_l q(x)[B]_p\{a\}^e\mathrm{d}x-\sum_{i=1}^{n_p}P_i[B(x_i)]_p\{a\}^e-\sum_{j=1}^{n_m}M_j[B(x_j)]_M\{a\}^e \tag{4.3.61}$$

式中：

$$[B]_b=\left[0\quad\frac{\mathrm{d}N_1}{\mathrm{d}x}\quad 0\quad\frac{\mathrm{d}N_2}{\mathrm{d}x}\quad\cdots\quad 0\quad\frac{\mathrm{d}N_s}{\mathrm{d}x}\right]$$
$$[B]_s=\left[\frac{\mathrm{d}N_1}{\mathrm{d}x}\quad -N_1\quad\frac{\mathrm{d}N_2}{\mathrm{d}x}\quad -N_2\quad\cdots\quad\frac{\mathrm{d}N_s}{\mathrm{d}x}\quad -N_s\right]$$

$$[B]_p=[N_1 \quad 0 \quad N_2 \quad 0 \quad \cdots \quad N_s \quad 0]$$
$$[B]_M=[0 \quad N_1 \quad 0 \quad N_2 \quad \cdots \quad 0 \quad N_s]$$

将式(4.3.61)代入变分原理得单元方程:

$$[K]^e\{a\}^e=[P]^e \tag{4.3.62}$$

式中:

$$[K]^e=EI\int_l [B]_b^T[B]_b dx+\frac{GA}{k_s}\int_l [B]_s^T[B]_s dx \tag{4.3.63}$$

$$\{P\}^e=\int_l [B]_p^T q(x)dx+\sum_{i=1}^{n}[B(x_i)]_p^T P_i+\sum_{j=1}^{m}[B(x_j)]_M^T M_j \tag{4.3.64}$$

挠度和结点独立插值的梁单元也称为 Timoshenko 梁单元,下面以两结点梁单元为例来讨论 Timoshenko 梁单元的刚度矩阵计算。两结点 Timoshenko 梁单元的插值函数与轴力杆单元相同,即:

$$N_1=1-\frac{x}{l}, \quad N_2=\frac{x}{l} \tag{4.3.65}$$

由此可得:

$$[B]_b=\begin{bmatrix}0 & -\frac{1}{l} & 0 & \frac{1}{l}\end{bmatrix}, \quad [B]_s=\begin{bmatrix}-\frac{1}{l} & \frac{x}{l}-1 & \frac{1}{l} & -\frac{x}{l}\end{bmatrix} \tag{4.3.66}$$

代入式(4.3.63)得:

$$[K]_b=\frac{EI}{l}\begin{bmatrix}0 & 0 & 0 & 0\\ 0 & 1 & 0 & -1\\ 0 & 0 & 0 & 0\\ 0 & -1 & 0 & 1\end{bmatrix}, \quad [K]_s=\frac{GA}{6k_s l}\begin{bmatrix}6 & 3l & -6 & 3l\\ 3l & 2l^2 & -3l & l^2\\ -6 & -3l & 6 & -3l\\ 3l & l^2 & -3l & 2l^2\end{bmatrix} \tag{4.3.67}$$

合并 $[K]_b$ 和 $[K]_s$ 得:

$$[K]^e=\frac{EI}{l}\begin{bmatrix}a & \frac{l}{2}a & -a & \frac{l}{2}a\\ \frac{l}{2}a & \frac{GAl^2}{3EIk_s}+1 & -\frac{l}{2}a & \frac{GAl^2}{6EIk_s}-1\\ -a & -\frac{l}{2}a & a & -a\frac{l}{2}\\ \frac{l}{2}a & \frac{GAl^2}{6EIk_s}-1 & -\frac{l}{2}a & \frac{GAl^2}{3EIk_s}+1\end{bmatrix} \tag{4.3.68}$$

式中:$a=\frac{GA}{EIk_s}$。

对于各项同性的矩形截面梁,上式可表示为:

$$[K]^e=\frac{EI}{l}\begin{bmatrix}a & \frac{l}{2}a & -a & \frac{l}{2}a\\ \frac{l}{2}a & \frac{5l^2/h^2}{3(1+\mu)}+1 & -\frac{l}{2}a & \frac{5l^2/h^2}{6(1+\mu)}-1\\ -a & -\frac{l}{2}a & a & -a\frac{l}{2}\\ \frac{l}{2}a & \frac{5l^2/h^2}{6(1+\mu)}-1 & -\frac{l}{2}a & \frac{5l^2/h^2}{3(1+\mu)}+1\end{bmatrix} \tag{4.3.69}$$

式中：h 为梁高。

分析式(4.3.69)可知，从数学角度来看，当 $l/h \to \infty$时，式(4.3.62)将只能得到零解，这是由于挠度和转角的插值函数为同阶的，因此，$\mathrm{d}v/\mathrm{d}x$ 和 θ 是不同阶的。对于两结点单元，它们分别为常数和线性的。从而 $\gamma = \mathrm{d}v/\mathrm{d}x - \theta = 0$ 不可能处处满足，除非 θ 也是常数。而 θ 为常数意味着梁不能发生弯曲，显然，这与梁的变形状态不符，因此，问题只能有零解，这在梁、板和壳的有限元分析中被称为剪切锁死。但实际上，当 $l/h > 10$ 时，通常采用 Euler 梁单元来模拟梁结构，因此，工程计算时并不会产生上述问题。

4.3.3 坐标变换

与桁架结构类似，刚架结构的杆件在空间的方位也是不同的，而我们得到的梁单元刚度矩阵均是建立在局部坐标系下的，在组合结构刚度矩阵前，必须进行坐标变换，以得到整体坐标系下的单元刚度矩阵。与桁架结构不同的是，刚架结构的杆件不仅具有轴向变形，而且有横向变形。因此，其坐标变换需要同时完成横截面坐标的变换。也正是因为如此，梁单元的坐标变换比杆单元困难了许多。

1. 平面刚架

平面刚架的坐标变换并没有太多的困难，仅仅是在平面桁架的基础上增加了梁单元转角位移的变换。而由理论力学的知识可知，平面转角位移为标量(转角矢量垂直于平面)，与坐标系无关。因此，平面刚架杆件的结点变换矩阵可表示为：

$$[T]_k = \begin{bmatrix} \cos\theta & \sin\theta & 0 \\ -\sin\theta & \cos\theta & 0 \\ 0 & 0 & 1 \end{bmatrix} \tag{4.3.70}$$

由此可得平面刚架单元的坐标变换矩阵

$$[T]_b = \begin{bmatrix} [T]_1 & 0 & 0 & 0 \\ 0 & [T]_2 & 0 & 0 \\ 0 & 0 & \ddots & 0 \\ 0 & 0 & 0 & [T]_n^e \end{bmatrix} \tag{4.3.71}$$

下面以图 4.6 所示平面刚架为例来说明坐标变换的具体方法。

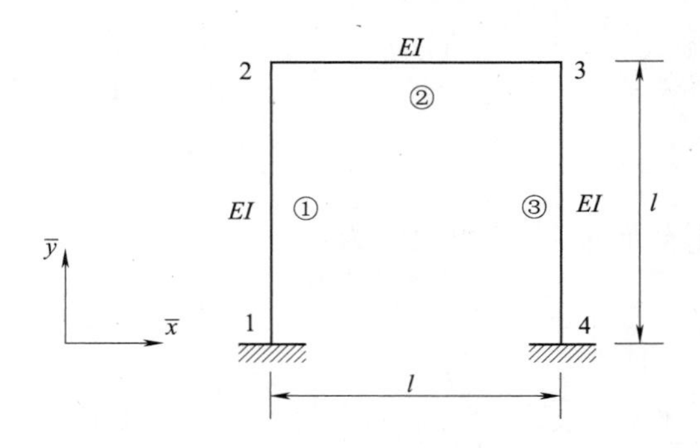

图 4.6 简单平面刚架示意图

将该刚架按自然结点划分为三个单元并以两结点梁单元来模拟，由图示单元和结点编号可将单元的结点位移向量表示为：

$$\{a\}_1^e=[a_{1x},a_{1y},a_{1\theta},a_{2x},a_{2y},a_{2\theta}]^T$$
$$\{a\}_2^e=[a_{2x},a_{2y},a_{2\theta},a_{3x},a_{3y},a_{3\theta}]^T \tag{4.3.72}$$
$$\{a\}_3^e=[a_{4x},a_{4y},a_{4\theta},a_{3x},a_{3y},a_{3\theta}]^T$$

则单元①和单元③的局部坐标 x 轴与整体坐标 $\overline{y}$ 轴一致，局部坐标 x 轴与整体坐标 $\overline{x}$ 轴的夹角 $\theta=90°$，其变换矩阵为：

$$[T]_b=\begin{bmatrix} 0 & 1 & 0 & 0 & 0 & 0 \\ -1 & 0 & 0 & 0 & 0 & 0 \\ 0 & 0 & 1 & 0 & 0 & 0 \\ 0 & 0 & 0 & 0 & 1 & 0 \\ 0 & 0 & 0 & -1 & 0 & 0 \\ 0 & 0 & 0 & 0 & 0 & 1 \end{bmatrix} \tag{4.3.73}$$

而杆件②的局部坐标与整体坐标一致，其整体坐标的刚度矩阵与局部坐标的刚度矩阵相同。

将式(4.3.27)和式(4.3.73)入式(4.2.42)得单元①和单元③的整体坐标刚度矩阵

$$[\overline{K}]^e=\begin{bmatrix} \frac{12EI}{l^3} & 0 & \frac{6EI}{l^2} & -\frac{12EI}{l^3} & 0 & \frac{6EI}{l^2} \\ 0 & \frac{EA}{l} & 0 & 0 & -\frac{EA}{l} & 0 \\ \frac{6EI}{l^2} & 0 & \frac{4EI}{l} & -\frac{6EI}{l^2} & 0 & \frac{2EI}{l} \\ -\frac{12EI}{l^3} & 0 & -\frac{6EI}{l^2} & \frac{12EI}{l^3} & 0 & -\frac{6EI}{l^2} \\ 0 & -\frac{EA}{l} & 0 & 0 & \frac{EA}{l} & 0 \\ \frac{6EI}{l^2} & 0 & \frac{2EI}{l} & -\frac{6EI}{l^2} & 0 & \frac{4EI}{l} \end{bmatrix} \tag{4.3.74}$$

从上式可以看出，坐标变换后，杆件①和杆件③的剪力 P_{iy} 和轴力 P_{ix} 分别变换到整体坐标的 $\overline{x}$ 方向的力 $\overline{P}_{ix}$ 和 $\overline{y}$ 方向的力 $\overline{P}_{iy}$，表现为矩阵第 1 行和第 2 行互换，第 4 行和第 5 行互换。而局部坐标 x 轴和 y 轴的位移 a_{ix} 和 a_{iy} 变换则分别为整体坐标 $\overline{y}$ 方向和 $\overline{x}$ 方向的位移 $a_{i\overline{y}}$ 和 $a_{i\overline{x}}$，表现为矩阵第 1 列和第 2 列互换，第 4 列和第 5 列互换。

2. 空间刚架

图 4.7 表示的是两个三维坐标系的空间位置关系，其中 $\overline{x},\overline{y},\overline{z}$ 表示结构的整体坐标系统，x,y,z 表示单元的局部坐标系统，由 4.2.3 节的讨论可知，两坐标系统之间的变换关系为：

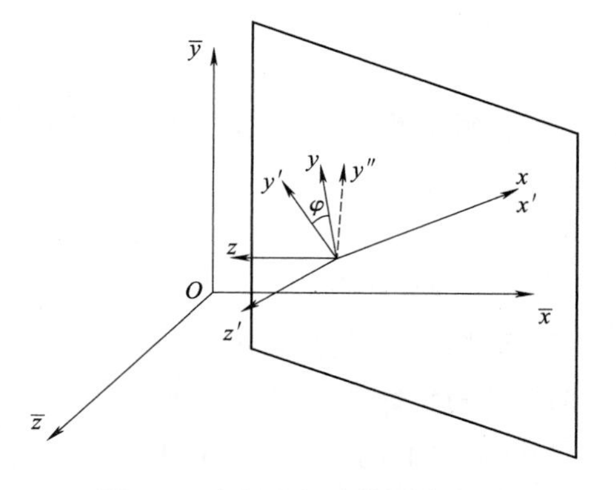

图 4.7 空间坐标变换示意图

$$[T]=\begin{bmatrix} \cos x\overline{x} & \cos x\overline{y} & \cos x\overline{z} \\ \cos y\overline{x} & \cos y\overline{y} & \cos y\overline{z} \\ \cos z\overline{x} & \cos z\overline{y} & \cos z\overline{z} \end{bmatrix} \tag{4.3.75}$$

式中：$\cos x\bar{x}$ 表示局部坐标 x 轴与整体坐标 $\bar{x}$ 轴的方向余弦，其余类推。

在空间桁架的矩阵变换中，由于其杆单元只有局部坐标 x 方向 1 个结点位移，即单元刚度矩阵只有与轴向位移对应的元素不为零，因此，变换矩阵(4.3.75)只有第一行的元素参与运算，其他元素不影响杆单元的坐标变换。故而，我们没有探究变换矩阵后两行的元素如何计算。但是，空间刚架的梁单元在局部坐标下有 4 个位移——轴向位移(x 坐标分量)、挠度(y 或/和 z 坐标分量)、转角(z 或/和 y 坐标分量)和扭转(x 坐标分量)，因此，式(4.3.75)的 9 个元素均参与运算。由于梁单元局部坐标中只有 x 轴的结点坐标值，这意味着，要完成空间刚架的坐标变换，必须寻求式(4.3.75)第二和第三行元素的计算。

为了计算局部坐标轴 y 和 z 轴与整体坐标之间的变换，采用一个中间坐标系统 x',y',z'，如图 4.7 所示。该坐标系是由单元的局部坐标系 x,y,z 绕 x 轴逆时针旋转形成的，中间坐标系统的 $x'-y'$ 平面垂直于整体坐标系统的 $\bar{x}-\bar{z}$ 平面，旋转角度为局部坐标系 y 轴与中间坐标系 y' 轴的夹角 φ，如图 4.7 所示，φ 以局部坐标系 y 轴逆时针转动至中间坐标系 y' 轴来度量。

由于中间坐标系统的 $x'-y'$ 平面垂直于整体坐标系统的 $\bar{x}-\bar{z}$ 平面，所以，$x'-y'$ 平面平行与整体坐标系的 $\bar{y}$ 轴。这样，在 $x'-y'$ 平面上有一条线平行于 $\bar{y}$ 轴，以此线为辅助轴 y''，见图 4.7。下面就基于这根辅助轴来确定中间坐标系统的 y' 轴和 z' 轴，首先确定 z' 轴。由于辅助轴 y'' 位于 $x'-y'$ 平面内且平行于 $\bar{y}$ 轴，因此，z' 轴可采用如下方法确定：

$$\boldsymbol{z}'=\boldsymbol{x}'\times\boldsymbol{y}''=(c_1\boldsymbol{i}+c_2\boldsymbol{j}+c_3\boldsymbol{k})\times\boldsymbol{j}=-c_3\boldsymbol{i}+c_1\boldsymbol{k}$$

$$\boldsymbol{z}'=-\frac{c_3}{d}\boldsymbol{i}+\frac{c_1}{d}\boldsymbol{k}$$

式中：$c_1=\cos x\bar{x}, c_2=\cos x\bar{y}, c_3=\cos x\bar{z}$，$d=\sqrt{c_1^2+c_3^2}$，$\boldsymbol{i},\boldsymbol{j},\boldsymbol{k}$ 分别为整体坐标 $\bar{x},\bar{y},\bar{z}$ 轴的单位矢量。

根据三根坐标轴的关系，可确定中间坐标 y' 轴：

$$\boldsymbol{y}'=\boldsymbol{z}'\times\boldsymbol{x}'=-\frac{c_1c_2}{d}\boldsymbol{i}+d\boldsymbol{j}-\frac{c_2c_3}{d}\boldsymbol{k}$$

由此可得中间坐标系统与整体坐标系统的变换关系为：

$$\begin{Bmatrix}x'\\y'\\z'\end{Bmatrix}=\begin{bmatrix}c_1 & c_2 & c_3\\-c_1c_2/d & d & -c_2c_3/d\\-c_3/d & 0 & c_1/d\end{bmatrix}\begin{Bmatrix}\bar{x}\\\bar{y}\\\bar{z}\end{Bmatrix}\tag{4.3.76}$$

而局部坐标系与中间坐标系的变换可采用平面坐标变换的关系，因为，局部坐标系统的 x 轴与中间坐标系统的 x' 轴重合，因此，中间坐标系统的 y' 和 z' 轴是由局部坐标系的 y 和 z 轴在 $y—z$ 平面内逆时针旋转形成的，故由 4.2.3 小节的结果可直接写出局部坐标系统与中间坐标系统的变换关系：

$$\begin{Bmatrix}x\\y\\z\end{Bmatrix}=\begin{bmatrix}1 & 0 & 0\\0 & \cos\varphi & -\sin\varphi\\0 & \sin\varphi & \cos\varphi\end{bmatrix}\begin{Bmatrix}x'\\y'\\z'\end{Bmatrix}\tag{4.3.77}$$

将式(4.3.76)代入式(4.3.77)得：

$$\begin{Bmatrix} x \\ y \\ z \end{Bmatrix}=\begin{bmatrix} c_1 & c_2 & c_3 \\ (c_3\sin\varphi-c_1c_2\cos\varphi)/d & d\cos\varphi & -(c_2c_3\cos\varphi+c_1\sin\varphi)/d \\ -(c_3\cos\varphi+c_1c_2\sin\varphi)/d & d\sin\varphi & (c_1\cos\varphi-c_2c_3\sin\varphi)/d \end{bmatrix}\begin{Bmatrix} \bar{x} \\ \bar{y} \\ \bar{z} \end{Bmatrix} \tag{4.3.78}$$

由此可得局部坐标与整体坐标的变换矩阵

$$[T]=\begin{bmatrix} c_1 & c_2 & c_3 \\ (c_3\sin\varphi-c_1c_2\cos\varphi)/d & d\cos\varphi & -(c_2c_3\cos\varphi+c_1\sin\varphi)/d \\ -(c_3\cos\varphi+c_1c_2\sin\varphi)/d & d\sin\varphi & (c_1\cos\varphi-c_2c_3\sin\varphi)/d \end{bmatrix} \tag{4.3.79}$$

分析式(4.3.79)可知，当 $d=0$，即局部坐标的 x 轴平行于整体坐标的 $\bar{y}$ 轴时(如图 4.8 所示，此时 $c_1=c_3=0$)，上述变换矩阵的四个元素为无穷大，变换关系式(4.3.78)不成立。对于这种特殊情况的坐标变换，可采用下述方法来解决。

将局部坐标绕 x 轴顺时针旋转至 z 轴与整体坐标 $\bar{z}$ 轴平行且同向的位置，得中间坐标系统 x',y',z'，如图 4.8所示。则中间坐标系统与整体坐标系统的变换关系为：

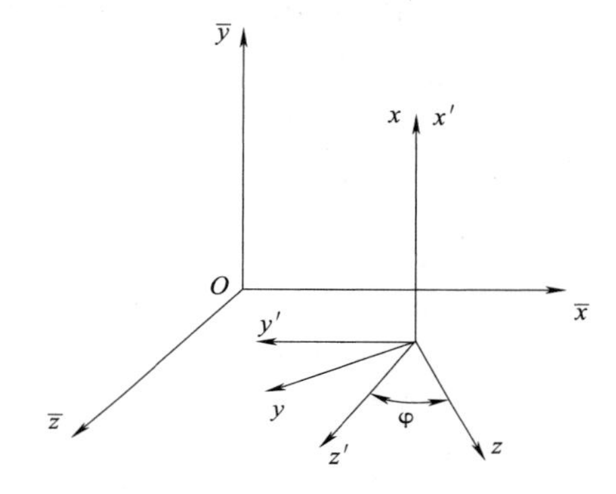

图 4.8 特殊条件下的坐标变换示意图

$$\begin{Bmatrix} x' \\ y' \\ z' \end{Bmatrix}=\begin{bmatrix} 0 & c_2 & 0 \\ -c_2 & 0 & 0 \\ 0 & 0 & 1 \end{bmatrix}\begin{Bmatrix} \bar{x} \\ \bar{y} \\ \bar{z} \end{Bmatrix} \tag{4.3.80}$$

式(4.3.80)中的局部坐标系 z' 轴与整体坐标系 $\bar{z}$ 轴的变换系数等于1，因此，必须保证局部坐标旋转后的 z' 轴与整体坐标 $\bar{z}$ 轴平行且同向。而 x' 和 y' 轴的变换系数采用 $c_2=\pm 1$ 则是考虑了局部坐标 x 轴可能的两个方向，当局部坐标 x 轴与 $\bar{y}$ 轴同向时，$c_2=1$，反之，$c_2=-1$。

中间坐标系统与局部坐标系统的变换仍属于平面变换，但由于中间坐标系统与局部坐标系统之间的夹角是顺时针旋转产生的，因此，其变换关系为：

$$\begin{Bmatrix} x \\ y \\ z \end{Bmatrix}=\begin{bmatrix} 1 & 0 & 0 \\ 0 & \cos\varphi & \sin\varphi \\ 0 & -\sin\varphi & \cos\varphi \end{bmatrix}\begin{Bmatrix} x' \\ y' \\ z' \end{Bmatrix} \tag{4.3.81}$$

将式(4.3.80)代入上式得：

$$\begin{Bmatrix} x \\ y \\ z \end{Bmatrix}=\begin{bmatrix} 0 & c_2 & 0 \\ -c_2\cos\varphi & 0 & \sin\varphi \\ c_2\sin\varphi & 0 & \cos\varphi \end{bmatrix}\begin{Bmatrix} \bar{x} \\ \bar{y} \\ \bar{z} \end{Bmatrix} \tag{4.3.82}$$

由此可得局部坐标的 x 轴平行于整体坐标 $\bar{y}$ 轴条件下的局部坐标与整体坐标变换矩阵

$$[T]=\begin{bmatrix} 0 & c_2 & 0 \\ -c_2\cos\varphi & 0 & \sin\varphi \\ c_2\sin\varphi & 0 & \cos\varphi \end{bmatrix} \tag{4.3.83}$$

而空间两结点梁单元的坐标变换矩阵可表示为：

$$[T]_b=\begin{bmatrix} 0 & c_2 & 0 & 0 & 0 & 0 \\ -c_2\cos\varphi & 0 & \sin\varphi & 0 & 0 & 0 \\ c_2\sin\varphi & 0 & \cos\varphi & 0 & 0 & 0 \\ 0 & 0 & 0 & 0 & c_2 & 0 \\ 0 & 0 & 0 & -c_2\cos\varphi & 0 & \sin\varphi \\ 0 & 0 & 0 & c_2\sin\varphi & 0 & \cos\varphi \end{bmatrix} \tag{4.3.84}$$

刚架结构的刚度矩阵和荷载向量生成方法与桁架结构相同，此处不再赘述。

第 5 章　平板结构有限单元法

5.1　概　　述

板的几何特征也是三个坐标方向的几何尺度相差较大，与杆件几何特征不同的是，其一个坐标方向的几何尺寸远远小于另外两个方向的几何尺寸，我们称其为板厚，定义为 z 坐标；而另外两个方向构成板壳面定义为 x 和 y 坐标，如图 5.1 所示。

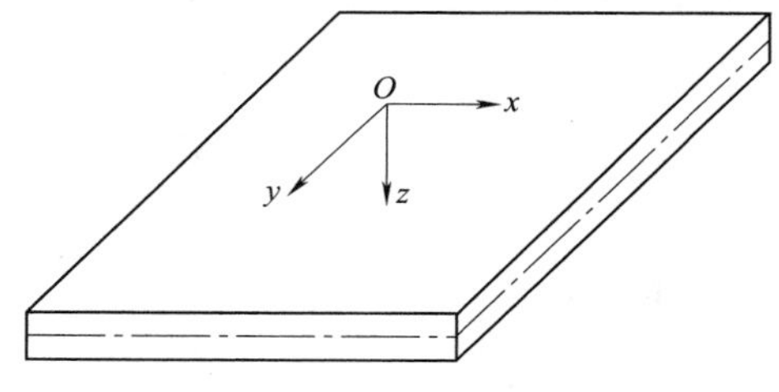

图 5.1　平板弯曲坐标系统

由于板的上述几何特征，分析平板弯曲时通常忽略板厚的变化，即 $\sigma_z=0$，同时假定板的中面（$x-y$ 坐标面）不发生面内的位移，即 $u(x,y,0)=v(x,y,0)=0$；且中面法线变形后仍垂直于中面，即 $\gamma_{xz}=\gamma_{yz}=0$。我们将具有上述变形特征的板称之为薄板，按照弹性理论的定义，所谓薄板是指板的厚度 t 与板短边 b 的比值为：

$$\left(\frac{1}{80}\sim\frac{1}{100}\right)<\frac{t}{b}<\left(\frac{1}{5}\sim\frac{1}{8}\right)$$

由此可知，薄板的应力和应变可以中面的挠度 w 来表示，在忽略板厚方向的应变时，其挠度仅是 x 和 y 坐标的函数。这意味着，薄板弯曲问题可以作为二维问题来处理。

5.2　薄板弯曲方程

5.2.1　几何方程

图 5.2 是以平行于 xOz 平面和 yOz 平面的两对平面从板中截取的一微元板 $dx\times dy$ 的 xOz 平面示意图，根据直法线假设，微元板在 xOz 平面或 yOz 平面的弯曲变形与梁的弯曲变形具有相同的形式：

$$\begin{aligned}\varepsilon_x&=\frac{z}{\rho_x}=-z\,\frac{\partial^2 w}{\partial x^2}\\ \varepsilon_y&=\frac{z}{\rho_y}=-z\,\frac{\partial^2 w}{\partial y^2}\end{aligned}\qquad(5.2.1)$$

式中：ρ_x，ρ_y 分别为板在 xOz 平面和 yOz 平面内的曲率半径。

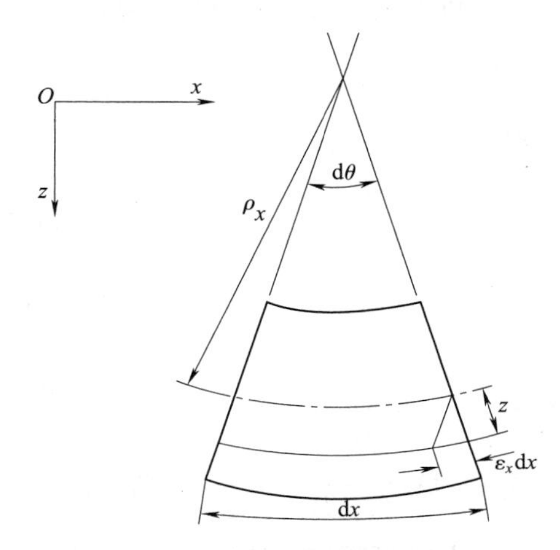

图 5.2　平板弯曲几何关系示意图

将弹性力学几何方程代入式(5.2.1)并积分得：

$$u=-z\frac{\partial w}{\partial x}+c_1$$
$$v=-z\frac{\partial w}{\partial y}+c_2 \tag{5.2.2}$$

由薄板假定可知上式中 $c_1=c_2=0$，将式(5.2.2)代入弹性力学几何方程得：

$$\gamma_{xy}=-2z\frac{\partial^2 w}{\partial x\,\partial y} \tag{5.2.3}$$

式(5.2.1)和式(5.2.3)就是薄板弯曲的几何方程：

$$\begin{Bmatrix}\varepsilon_x\\ \varepsilon_y\\ \gamma_{xy}\end{Bmatrix}=-z\begin{Bmatrix}\dfrac{\partial^2 w}{\partial x^2}\\ \dfrac{\partial^2 w}{\partial y^2}\\ 2\dfrac{\partial^2 w}{\partial x\,\partial y}\end{Bmatrix}\quad 或\ \{\varepsilon\}=z\{\kappa\} \tag{5.2.4}$$

其中：

$$\{\kappa\}=\left[-\frac{\partial^2 w}{\partial x^2}\ -\frac{\partial^2 w}{\partial y^2}\ -2\frac{\partial^2 w}{\partial x\,\partial y}\right]^{\mathrm{T}} \tag{5.2.5}$$

5.2.2 物理方程

将式(5.2.4)代入弹性力学平面问题的物理方程得：

$$\sigma_x=-z\frac{E}{1-\mu^2}\left(\frac{\partial^2 w}{\partial x^2}+\mu\frac{\partial^2 w}{\partial y^2}\right)$$
$$\sigma_y=-z\frac{E}{1-\mu^2}\left(\frac{\partial^2 w}{\partial y^2}+\mu\frac{\partial^2 w}{\partial x^2}\right) \tag{5.2.6}$$
$$\tau_{xy}=-z\frac{E}{(1+\mu)}\frac{\partial^2 w}{\partial x\,\partial y}$$

式(5.2.6)是以位移表示的板弯曲物理方程。

将上述应力沿板厚积分，即：

$$M_x=\int_{-t/2}^{t/2}\sigma_x z\,\mathrm{d}z,\quad M_y=\int_{-t/2}^{t/2}\sigma_y z\,\mathrm{d}z,\quad M_{xy}=\int_{-t/2}^{t/2}\tau_{xy} z\,\mathrm{d}z \tag{5.2.7}$$

得：

$$M_x=-D_0\left(\frac{\partial^2 w}{\partial x^2}+\mu\frac{\partial^2 w}{\partial y^2}\right)$$
$$M_y=-D_0\left(\frac{\partial^2 w}{\partial y^2}+\mu\frac{\partial^2 w}{\partial x^2}\right) \tag{5.2.8}$$
$$M_{xy}=-D_0(1-\mu)\frac{\partial^2 w}{\partial x\,\partial y}$$

式中：$D_0=\dfrac{Et^3}{12(1-\mu^2)}$ 为薄板的弯曲刚度。

上式可写成矩阵的形式：

$$\begin{Bmatrix} M_x \\ M_y \\ M_{xy} \end{Bmatrix}=\frac{Et^3}{12(1-\mu^2)}\begin{bmatrix} 1 & \mu & 0 \\ \mu & 1 & 0 \\ 0 & 0 & (1-\mu)/2 \end{bmatrix}\begin{Bmatrix} -\dfrac{\partial^2 w}{\partial x^2} \\ -\dfrac{\partial^2 w}{\partial x^2} \\ -2\dfrac{\partial^2 w}{\partial x\,\partial y} \end{Bmatrix} \tag{5.2.9}$$

或

$$\{M\}=[D]\{\kappa\}$$

式中:$[D]$为薄板弯曲的弹性矩阵。

5.2.3 平衡方程

薄板弯曲时的微元板受力如图 5.3 所示,图中仅画出了板的中面,其中双箭头表示力矩。由微元板对 y 轴的力矩平衡条件可得:

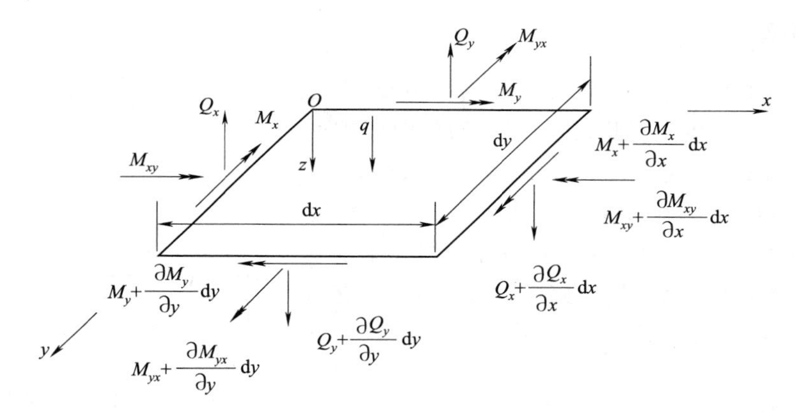

图 5.3　微元板截面内力示意图

$$\begin{aligned} &-M_x\mathrm{d}y+\left(M_x+\frac{\partial M_x}{\partial x}\mathrm{d}x\right)\mathrm{d}y-M_{xy}\mathrm{d}x+\left(M_{xy}+\frac{\partial M_{xy}}{\partial y}\mathrm{d}y\right)\mathrm{d}x- \\ &\left(Q_x+\frac{\partial Q_x}{\partial x}\mathrm{d}x\right)\mathrm{d}x\mathrm{d}y+Q_y\mathrm{d}x\,\frac{\mathrm{d}x}{2}-\left(Q_y+\frac{\partial Q_y}{\partial y}\mathrm{d}y\right)\mathrm{d}x\,\frac{\mathrm{d}x}{2}-q\mathrm{d}x\mathrm{d}y\,\frac{\mathrm{d}x}{2}=0 \end{aligned} \tag{5.2.10}$$

略去高阶微量后得:

$$\frac{\partial M_x}{\partial x}+\frac{\partial M_{xy}}{\partial y}=Q_x \tag{5.2.11}$$

同理,由 x 轴的力矩平衡条件可得:

$$\frac{\partial M_{xy}}{\partial x}+\frac{\partial M_y}{\partial y}=Q_y \tag{5.2.12}$$

由 z 轴的力平衡条件可得:

$$\frac{\partial Q_x}{\partial x}+\frac{\partial Q_y}{\partial y}=-q \tag{5.2.13}$$

将式(5.2.11)和式(5.2.12)代入式(5.2.13)得:

$$\frac{\partial^2 M_x}{\partial x^2}+2\,\frac{\partial^2 M_{xy}}{\partial x\,\partial y}+\frac{\partial^2 M_y}{\partial y^2}=-q \tag{5.2.14}$$

将式(5.2.8)代入式(5.2.14)得：

$$D_0\left(\frac{\partial^4 w}{\partial x^4}+2\frac{\partial^4 w}{\partial x^2\,\partial y^2}+\frac{\partial^4 w}{\partial y^4}\right)=q \tag{5.2.15}$$

将式(5.2.8)分别代入式(5.2.11)和式(5.2.12)得：

$$\begin{aligned}Q_x&=-D_0\left(\frac{\partial^3 w}{\partial x^3}+\frac{\partial^3 w}{\partial x\,\partial y^2}\right)\\Q_y&=-D_0\left(\frac{\partial^3 w}{\partial y^3}+\frac{\partial^3 w}{\partial y\,\partial x^2}\right)\end{aligned} \tag{5.2.16}$$

式(5.2.15)就是薄板弯曲的微分方程，可用 Laplace 算子表示为：

$$D_0\,\nabla^2\nabla^2 w=q \tag{5.2.17}$$

利用式(5.2.6)和式(5.2.8)可将薄板弯曲的应力表示为：

$$\sigma_x=\frac{12z}{t^3}M_x,\quad \sigma_y=\frac{12z}{t^3}M_y,\quad \tau_{xy}=\frac{12z}{t^3}M_{xy} \tag{5.2.18}$$

5.2.4 边界条件

式(5.2.15)是关于 x 和 y 的 4 阶偏微分方程，方程的解将有 8 个任意常数。因此，式(5.2.15)的定解需要 8 个边界条件。而矩形板有 4 个边，因此，每个边应有 2 个边界条件。下面讨论几种常见的边界条件——简支边界条件、固定边界条件和自由边界条件。图 5.4 是一边长分别为 a 和 b 矩形板，其约束条件分别为：简支边界条件($y=0$)、固定边界条件($x=0$)和自由边界条件($x=a$ 和 $y=b$)。

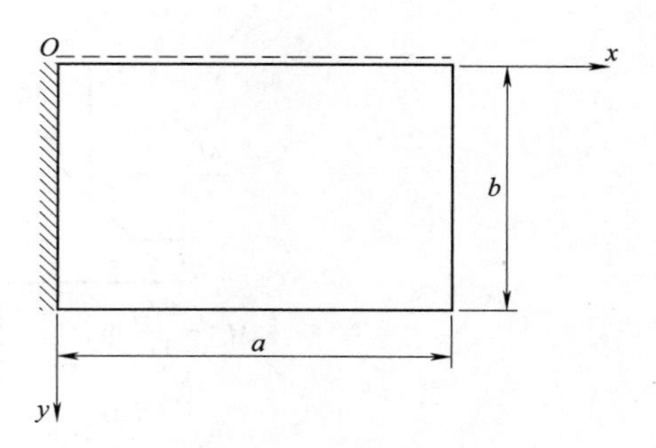

图 5.4　板边约束条件示意图

1. 简支边界条件

由梁的弯曲理论可知，简支边界的约束条件为：

$$w(x,0)=0,\quad M_x=-D_0\left(\frac{\partial^2 w}{\partial x^2}+\mu\frac{\partial^2 w}{\partial y^2}\right)=0$$

由条件 $w(x,0)=0$ 可知 $\frac{\partial^2 w}{\partial x^2}=0$，因此，上式可表示为：

$$w(x,0)=0,\quad \left.\frac{\partial^2 w}{\partial y^2}\right|_{y=0}=0 \tag{5.2.19}$$

2. 固定边界条件

由梁的弯曲理论可知，固定边界的约束条件为：

$$w(0,y)=0,\quad \left.\frac{\partial w}{\partial x}\right|_{x=0}=0 \tag{5.2.20}$$

3. 自由边界条件

当自由边不受外力作用时，其边界条件为：

$$\begin{aligned}&(M_x)_{x=a}=0,\quad (M_{xy})_{x=a}=0,\quad (Q_x)_{x=a}=0\\&(M_y)_{y=b}=0,\quad (M_{xy})_{y=b}=0,\quad (Q_y)_{y=b}=0\end{aligned} \tag{5.2.21}$$

分析上式可知，自由边出现了 3 个边界条件。而解的唯一性要求的边界条件为 2 个，因此，需将上述 3 个边界条件合并为 2 个。在板的截面上，弯矩是面外荷载，即弯曲应力为正应力，与截面的法线平行。而剪力和扭矩同为面内荷载，即剪力和扭矩引起的应力同为剪应力。为此，可以将剪力和扭矩等于零的条件变换为一个等效边界条件。

下面以图5.5所示的 y 截面扭矩及等效剪力示意图来导出剪力等效的边界条件。图5.5(a)表示 $y=b$ 的自由边上两个相邻微元段 $\mathrm{d}x$ 的扭矩：

$$M_{yx}\,\mathrm{d}x \text{ 和 } \left(M_{yx}+\frac{\partial M_{yx}}{\partial x}\mathrm{d}x\right)\mathrm{d}x$$

由力矩和力的等效原理，两个微元段的扭矩可分别等效为截面上的两对力偶，如图5.5(b)所示。由图可见，两个扭矩的简化结果为与剪力同向的竖向力

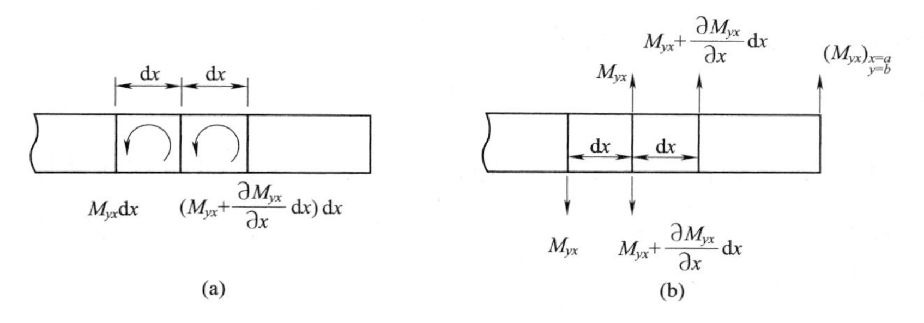

图5.5 板截面扭矩及等效剪力示意图

$$\frac{\partial M_{yx}}{\partial x}\mathrm{d}x \tag{5.2.22}$$

因此，自由边的等效剪力为：

$$\frac{\partial M_{yx}}{\partial x}\mathrm{d}x+Q_y \tag{5.2.23}$$

则自由边的等效边界条件为：

$$M_y(x,b)=0,\quad \left(\frac{\partial M_{yx}}{\partial x}\mathrm{d}x+Q_y\right)_{y=b}=0 \tag{5.2.24}$$

同理可得 $x=a$ 边界上的等效边界条件为：

$$M_x(a,y)=0,\quad \left(\frac{\partial M_{xy}}{\partial y}\mathrm{d}x+Q_x\right)_{x=a}=0 \tag{5.2.25}$$

如果自由边界上有荷载作用，则边界条件应作相应的修改。如 $x=a$ 边界上有分布剪力 $\overline{N}(y)$ 和分布弯矩 $\overline{M}(y)M(x)$ 作用，则式(5.2.25)应表示为：

$$M_x(a,y)=\overline{M}(y),\quad \left(\frac{\partial M_{xy}}{\partial y}\mathrm{d}x+Q_x\right)_{x=a}=\overline{Q}(y) \tag{5.2.26}$$

将式(5.2.8)和式(5.2.16)代入式(5.2.25)和式(5.2.26)就得到用挠度表示的自由边边界条件：

在 $x=a$ 边界上

$$\frac{\partial^2 w}{\partial x^2}+\mu\frac{\partial^2 w}{\partial y^2}=0,\quad \frac{\partial^3 w}{\partial x^3}+(2-\mu)\frac{\partial^2 w}{\partial x\,\partial y^2}=0 \tag{5.2.27}$$

在 $y=b$ 边界上

$$\frac{\partial^2 w}{\partial y^2}+\mu\frac{\partial^2 w}{\partial x^2}=0,\quad \frac{\partial^3 w}{\partial y^3}+(2-\mu)\frac{\partial^2 w}{\partial x^2\,\partial y}=0 \tag{5.2.28}$$

由图5.5可以看出，在两个自由边界的交点 $(x=a, y=b)$ 上，两条自由边各有一个由扭

矩简化产生力 $M_{xy}(a,b)$ 和 $M_{yx}(a,b)$ 。由前面的分析可知，它们大小相等，方向相同，因此，两自由边相交的棱边上的剪力为 $2M_{xy}(a,b)$ 。如果该点为自由的，则有补充交点条件：

$$\left.\frac{\partial^2 w}{\partial x\,\partial y}\right|_{\substack{x=a\\y=b}}=0 \tag{5.2.29}$$

如果该点有刚性支座，则边界条件为：

$$w(a,b)=0 \tag{5.2.30}$$

而支座反力为：

$$R=-2D(1-\mu)\left.\frac{\partial^2 w}{\partial x\,\partial y}\right|_{\substack{x=a\\y=b}} \tag{5.2.31}$$

上述分析过程可参考弹性力学教科书。

5.2.5 有限元方程

由薄板弯曲的微分方程式(5.2.15)和力的边界条件式(5.2.26)可导出薄板弯曲泛函

$$\Pi_p(w)=\iint_\Omega\left(\frac{1}{2}\{\boldsymbol{\kappa}\}^{\mathrm{T}}[D]\{\boldsymbol{\kappa}\}-wq\right)\mathrm{d}\Omega-\int_{S_Q}w\overline{Q}_n\mathrm{d}S+\int_{S_M}w\overline{M}_n\mathrm{d}S \tag{5.2.32}$$

将板单元的挠度表示成插值函数的形式：

$$w=\sum_{i=1}^{s}N_i a_i=[N]\{a\}^{\mathrm{e}} \tag{5.2.33}$$

将上式代入式(5.2.5)得：

$$\{\boldsymbol{\kappa}\}=[L][N]\{a\}^{\mathrm{e}}=[B]\{a\}^{\mathrm{e}} \tag{5.2.34}$$

式中：

$$[L]=\left[-\frac{\partial^2}{\partial x^2}\quad-\frac{\partial^2}{\partial y^2}\quad-2\frac{\partial^2}{\partial x\,\partial y}\right]^{\mathrm{T}} \tag{5.2.35}$$

$$[B]=[L][N] \tag{5.2.36}$$

将式(5.2.34)代入式(5.2.32)再代入变分原理得板单元有限元方程

$$[K]^{\mathrm{e}}\{a\}^{\mathrm{e}}=\{P\}^{\mathrm{e}} \tag{5.2.37}$$

式中：

$$[K]^{\mathrm{e}}=\iint_{\Omega^{\mathrm{e}}}[B]^{\mathrm{T}}[D][B]\mathrm{d}\Omega \tag{5.2.38}$$

$$\{P\}^{\mathrm{e}}=\iint_{\Omega^{\mathrm{e}}}[N]^{\mathrm{T}}q\mathrm{d}\Omega+\int_{S_Q}[N]^{\mathrm{T}}\overline{Q}_n\mathrm{d}S-\int_{S_M}[N]^{\mathrm{T}}\overline{M}_n\mathrm{d}S \tag{5.2.39}$$

需要指出的是，式(5.2.32)的泛函 Π_p 中 w 的最高阶导数为 2。由收敛准则可知，w 及其一阶导数在单元交界面上必须保持连续。这就要求其插值函数至少具有 C_1 连续性。而具有 C_1 连续性的插值函数仅在梁弯曲问题和轴对称壳问题中简单一些，在板弯曲问题中则比构造 C_0 连续性的插值函数困难得多。因此，在有限元的发展过程中，研究人员投入了大量的精力来研究板壳单元的插值函数构造。已经发展了基于不同方法和不同变分原理的各种类型的板壳单元，其中平板单元可以分为三类——基于经典薄板理论的板单元(插值函数具有 C_1 连续性)、基于保持 Kirchhoff 直法线假设的其他薄板变分原理的板单元和考虑横向剪切变形的 Mindlin 板单元(插值函数具有 C_0 连续性)。

5.3 非协调板单元

5.3.1 矩形单元

薄板的挠度和转角满足 Euler 梁的挠度与转角关系，因此，薄板的结点位移可表示为：

$$\{a\}_i^e=\begin{Bmatrix} w_i \\ \theta_{xi} \\ \theta_{yi} \end{Bmatrix}=\begin{Bmatrix} w_i \\ (\partial w/\partial y)_i \\ -(\partial w/\partial x)_i \end{Bmatrix} \quad (i=1,2,\cdots,n_d) \tag{5.3.1}$$

式中：n_d为单元的结点数量。

对于矩形板单元，其 4 个结点共有 12 个结点位移，由上一章的讨论可知，薄板的单元位移函数可取含有 12 个待定参数的多项式，即：

$$\begin{aligned} w=&\alpha_1+\alpha_2 x+\alpha_3 y+\alpha_4 x^2+\alpha_5 xy+\alpha_6 y^2+\alpha_7 x^3+ \\ &\alpha_8 x^2 y+\alpha_9 xy^2+\alpha_{10} y^3+\alpha_{11} x^3 y+\alpha_{12} xy^3 \end{aligned} \tag{5.3.2}$$

或：

$$w=[P(x,y)]\{\alpha\} \tag{5.3.3}$$

其中：

$$[P(x,y)]=[1 \quad x \quad y \quad x^2 \quad xy \quad y^2 \quad x^3 \quad x^2y \quad xy^2 \quad y^3 \quad x^3y \quad xy^3]$$

$$\{\alpha\}=[\alpha_1,\alpha_2,\alpha_3,\alpha_4,\alpha_5,\alpha_6,\alpha_7,\alpha_8,\alpha_9,\alpha_{10},\alpha_{11},\alpha_{12}]^{\mathrm{T}}$$

分析式(5.3.2)可知，为了待定系数有解，取了不完全的 4 次多项式(取完全的 3 次多项式则解不唯一)。因此，矩形薄板单元仍是 3 次单元(位移函数包括 3 次完全多项式)。由于取完全的 3 次多项式少两项，因此，必须补充 2 个 4 次项。而 4 次项有 5 个——x^4、x^3y、x^2y^2、xy^3、y^4，为了两个坐标轴具有相同的位移模式，此处增加了 x^3y 和 xy^3 两项。

将结点坐标 x_i，y_i和位移 w_i，θ_{xi}，θ_{yi}($i=1,2,3,4$)代入式(5.3.2)得：

$$\left.\begin{aligned} w_i&=\alpha_1+\alpha_2 x_i+\alpha_3 y_i+\alpha_4 x_i^2+\alpha_5 x_i y_i+\alpha_6 y_i^2+\cdots+\alpha_{12} x_i y_i^3 \\ \theta_{xi}&=\frac{\partial w}{\partial y}\bigg|_{\substack{x=x_i\\y=y_i}}=\alpha_3+\alpha_5 x_i+2\alpha_6 y_i+\alpha_8 x_i^2+\cdots+3\alpha_{12} x_i y_i^2 \\ \theta_{yi}&=-\frac{\partial w}{\partial x}\bigg|_{\substack{x=x_i\\y=y_i}}=-\alpha_2-2\alpha_4 x_i-\alpha_5 y_i-2\alpha_7 x_i^2-\cdots-\alpha_{12} y_i^3 \end{aligned}\right\} \quad (i=1,2,3,4) \tag{5.3.4}$$

或：

$$\{a\}^e=[P(x_i,y_i)]\{\alpha\} \tag{5.3.5}$$

其中：

$$\{a\}^e=[w_1,\theta_{x1},\theta_{y1},w_2,\theta_{x2},\theta_{y2},w_3,\theta_{x3},\theta_{y3},w_4,\theta_{x4},\theta_{y4}]^{\mathrm{T}}$$

对于边长分别为 a 和 b 的矩形板单元[图 5.6(a)]，其局部坐标原点与单元结点重合，设该结点的编号为 1，则 4 个结点的坐标分别为 $x_1=y_1=0$；$x_2=0$，$y_2=b$；$x_3=a$，$y_3=b$；$x_4=a$，$y_4=0$。将结点坐标和结点位移分别代入式(5.3.4)解得：

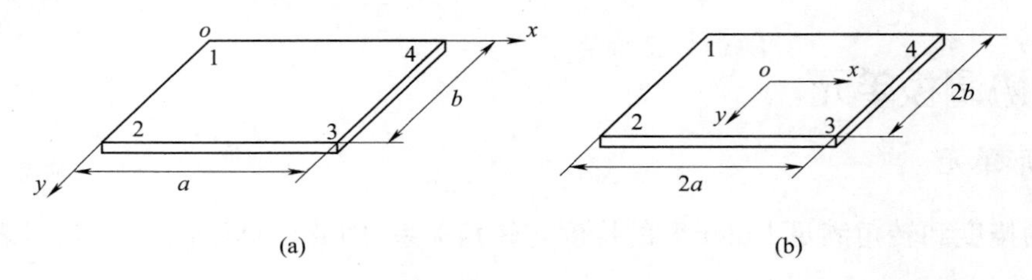

图 5.6　矩形板单元坐标示意图

$$\alpha_1 = w_1$$
$$\alpha_2 = -\theta_{y1}$$
$$\alpha_3 = \theta_{x1}$$
$$\alpha_4 = (-3w_1 + 3w_4 + 2a\theta_{y1} + a\theta_{y4})/a^2$$
$$\alpha_5 = (-w_1 + w_2 - w_3 + w_4 + a\theta_{y1} - a\theta_{y2} - b\theta_{x1} + b\theta_{x4})/ab$$
$$\alpha_6 = (-3w_1 + 3w_2 - 2b\theta_{x1} - b\theta_{x2})/b^2$$
$$\alpha_7 = (2w_1 - 2w_4 - a\theta_{y1} - a\theta_{y4})/a^3$$
$$\alpha_8 = (3w_1 - 3w_2 + 3w_3 - 3w_4 - 2a\theta_{y1} + 2a\theta_{y2} + a\theta_{y3} - a\theta_{y4})/a^2 b$$
$$\alpha_9 = (3w_1 - 3w_2 + 3w_3 - 3w_4 + 2b\theta_{x1} + b\theta_{x2} - b\theta_{x3} - 2b\theta_{x4})/ab^2$$
$$\alpha_{10} = (2w_1 - 2w_2 + b\theta_{x1} + b\theta_{x2})/b^3$$
$$\alpha_{11} = (-2w_1 + 2w_2 - 2w_3 + 2w_4 + a\theta_{y1} - a\theta_{y2} - a\theta_{y3} + a\theta_{y4})/a^3 b$$
$$\alpha_{12} = (-2w_1 + 2w_2 - 2w_3 + 2w_4 - b\theta_{x1} - b\theta_{x2} + b\theta_{x3} + b\theta_{x4})/ab^3$$

再代入式(5.3.2)得：

$$w = \sum_{i=1}^{4} (N_{iw} w_i + N_{i\theta_x} \theta_{xi} + N_{i\theta_y} \theta_{yi}) \tag{5.3.6}$$

式中：

$$\begin{aligned}
N_{1w} &= 1 - \xi\eta - (3-2\xi)(1-\eta)\xi^2 - (3-2\eta)(1-\xi)\eta^2 \\
N_{1\theta_x} &= (1-\xi)(1-\eta)^2 \eta b \\
N_{1\theta_y} &= -(1-\xi)^2(1-\eta)\xi a \\
N_{2w} &= (1-\xi)[(1-2\xi)\xi + (3-2\eta)\eta]\eta \\
N_{2\theta_x} &= -(1-\xi)(1-\eta)\eta^2 b \\
N_{2\theta_y} &= -(1-\xi)^2 \xi\eta a \\
N_{3w} &= -(1-3\xi+2\xi^2-3\eta+2\eta^2)\xi\eta \\
N_{3\theta_x} &= -(1-\eta)\xi\eta^2 b \\
N_{3\theta_y} &= (1-\xi)\xi^2 \eta a \\
N_{4w} &= (1-\eta)[(1-2\eta)\eta + (3-2\xi)\xi]\xi \\
N_{4\theta_x} &= (1-\eta)^2 \xi\eta b \\
N_{4\theta_y} &= (1-\xi)(1-\eta)\xi^2 a
\end{aligned} \tag{5.3.7}$$

其中：$\xi = x/a, \eta = y/b(0 \leqslant \xi, \eta \leqslant 1)$ 为无量纲坐标。

图 5.6 中的坐标系统 x-y 为单元的局部坐标系统，当全局坐标 $\bar{x}$-$\bar{y}$ 与单元的局部坐标平行时，两个坐标系统的变换关系为 $x = \bar{x} - \bar{x}_o, y = \bar{y} - \bar{y}_o$，其中，$\bar{x}_o, \bar{y}_o$ 为单元局部坐标原点的全局坐标值。对于矩形单元，这样做并无任何困难。此时，无量纲坐标 ξ, η 与全局坐标的变换关系为 $\xi = (\bar{x} - \bar{x}_o)/a, \eta = (\bar{y} - \bar{y}_o)/b$。

矩形板单元的另一个局部坐标方案如图 5.6(b)所示，其坐标原点位于单元中心，则 4 个结点的坐标分别为 $x_1 = -a, y_1 = -b; x_2 = -a, y_2 = b; x_3 = a, y_3 = b; x_4 = a, y_4 = -b$。将结点坐标和结点位移分别代入式(5.3.4)解得：

$$
\begin{aligned}
N_{iw} &= \frac{1}{8}(1+\xi_0)(1+\eta_0)(2+\xi_0+\eta_0-\xi^2-\eta^2) \\
N_{i\theta_x} &= -\frac{1}{8}b\eta_i(1+\xi_0)(1+\eta_0)^2(1-\eta_0) \qquad (i=1,2,3,4) \\
N_{i\theta_y} &= \frac{1}{8}a\xi_i(1+\xi_0)^2(1-\xi_0)(1+\eta_0)
\end{aligned}
\tag{5.3.8}
$$

式中：$\xi_0 = \xi\xi_i, \eta_0 = \eta\eta_i(-1 \leqslant \xi, \eta \leqslant 1)$；$\xi_i, \eta_i$ 为结点的无量纲坐标值，即 $\xi_i = \pm 1, \eta_i = \pm 1$。

将式(5.3.7)代入式(5.2.36)得：

$$
[B] = \begin{bmatrix} B_{1,1} & B_{1,2} & \cdots & B_{1,12} \\ B_{2,1} & B_{2,2} & \cdots & B_{2,12} \\ B_{3,1} & B_{3,2} & \cdots & B_{3,12} \end{bmatrix} \tag{5.3.9}
$$

其中：

$$
\begin{aligned}
&B_{1,1} = -B_{1,10} = 6(1-\eta)(1-2\xi)/a^2, \quad B_{1,3} = -2(1-\eta)(2-3\xi)/a \\
&B_{1,4} = -B_{1,7} = 6\eta(1-2\xi)/a^2, \quad B_{1,6} = -2\eta(2-3\xi)/a \\
&B_{1,9} = -2\eta(1-3\xi)/a, \quad B_{1,12} = -2(1-\eta)(1-3\xi)/a \\
&B_{1,2} = B_{1,5} = B_{1,8} = B_{1,11} = 0 \\
&B_{2,1} = -B_{2,4} = 6(1-\xi)(1-2\eta)/b^2, \quad B_{2,2} = 2(1-\xi)(2-3\eta)/b \\
&B_{2,5} = 2(1-\xi)(1-3\eta)/b, \quad B_{2,7} = -B_{2,10} = -6\xi(1-2\eta)/b^2 \\
&B_{2,8} = 2\xi(1-3\eta)/b, \quad B_{2,11} = 2\xi(2-3\eta)/b \\
&B_{2,3} = B_{2,6} = B_{2,9} = B_{2,12} = 0 \\
&B_{3,1} = -B_{3,4} = B_{3,7} = -B_{3,10} = 2[1-6\xi(1-\xi)-6\eta(1-\eta)] \\
&B_{3,2} = -B_{3,11} = 2(1-\eta)(1-3\eta)b, \quad B_{3,5} = -B_{3,8} = -2(2-3\eta)\eta b \\
&B_{3,3} = -B_{3,6} = -2(1-\xi)(1-3\xi)a, \quad B_{3,9} = -B_{3,12} = -2(2-3\xi)\xi a
\end{aligned}
\tag{5.3.10}
$$

同理可得图 5.6(b)所示局部坐标的应变矩阵元素：

$$
\begin{aligned}
&B_{1,1+3(i-1)}=-\frac{1}{4}(1+\eta_0)(2+3\xi_0)\\
&B_{1,2+3(i-1)}=0\\
&B_{1,3+3(i-1)}=\frac{1}{4}a\xi_i(1+\eta_0)(1+3\xi_0)\\
&B_{2,1+3(i-1)}=-\frac{1}{4}(1+\xi_0)(2+3\eta_0)\\
&B_{2,2+3(i-1)}=-\frac{1}{4}b\eta_i(1+\xi_0)(1+3\eta_0) \qquad (i=1,2,3,4) \qquad (5.3.11)\\
&B_{2,3+3(i-1)}=0\\
&B_{3,1+3(i-1)}=-\frac{1}{4}(4+4\xi_0+4\eta_0+\eta^2+\xi^2)\\
&B_{3,2+3(i-1)}=\frac{1}{4}b\eta_i(1+\eta_0)(1-3\eta_0)\\
&B_{3,3+3(i-1)}=-\frac{1}{4}a\xi_i(1+\xi_0)(1-3\xi_0)
\end{aligned}
$$

将式(5.3.10)或式(5.3.11)代入式(5.2.38)即可求得矩形板单元的刚度矩阵 $[K]^e$，由于公式过于冗长，此处从略。

下面来分析基于位移函数式(5.3.2)的板单元的协调性。式(5.3.2)中的前 3 项 $\alpha_1,\alpha_2x,\alpha_3y$ 为单元的刚体位移项，其中 α_1 为 z 轴方向的平动位移，α_2x 和 α_3y 分别为单元绕 y 轴和 x 轴的转动位移；而 $\alpha_4x^2,\alpha_5xy,\alpha_6y^2$ 则为常应变项，即：

$$
-\frac{\partial^2 w}{\partial x^2}=-2\alpha_4,\quad -\frac{\partial^2 w}{\partial y^2}=-2\alpha_6,\quad -2\frac{\partial^2 w}{\partial xy}=-2\alpha_5 \qquad (5.3.12)
$$

由此可见，以式(5.3.2)表示的单元位移函数包括了单元的刚体位移和常应变模式，因此，满足完备性要求。那么，单元之间的位移连续性如何呢？由式(5.3.2)可知，在单元的边界上，x 或 y 为常数，w 是三次函数，可以由边界两端的 4 个位移参数 $w_i,(\partial w/\partial x)_i,w_j,(\partial w/\partial x)_j$（$y$ 为常数的边界）唯一的确定，所以，在单元交接面上位移 w 是连续的。但其法向导数 $\partial w/\partial y$ 也是三次函数，而边界两端的相应参数只有 2 个 $(\partial w/\partial y)_i,(\partial w/\partial y)_j$，不能唯一地确定沿边界三次变化的法向导数 $\partial w/\partial y$，因此，单元之间法向导数的连续性要求通常是不能满足的，故称其为非协调元。但这并不影响此类单元的应用，大量的计算已经证明，当单元划分不断缩小时，其计算结果可以收敛于理论解。表 5.1 给出了一受均布荷载 q 或中点集中荷载 P 的正方形平板的计算结果，证明了上述分析结论的正确性。

表 5.1　正方形平板的中点挠度

网格	结点数	四边简支		四边固支	
		q	P	q	P
2×2	9	0.003 446	0.013 784	0.001 480	0.005 919
4×4	25	0.003 939	0.012 327	0.001 403	0.006 134
8×8	81	0.004 033	0.011 829	0.001 304	0.005 803
16×16	289	0.004 056	0.011 671	0.001 275	0.005 672
理论解		0.004 062	0.011 60	0.001 26	0.005 60

注：表中的理论解是 Timoshenko 解。

需要指出的是，上述矩形单元不能推广至一般的四边形单元，但平行四边形单元例外。因为经过坐标变换得到的一般四边形单元不满足常应变准则，收敛性较差，无法用于实际计算。而平行四边形单元的局部坐标 x' 轴与矩形单元的局部坐标 x 重合时，两单元之间的坐标变换关系为：

$$x'=\frac{1}{a}(x-y\cdot\cot\varphi),\quad y'=\frac{1}{b}y\cdot\csc\varphi \tag{5.3.13}$$

式中：a，b 为平行四边形单元 x'，y' 轴和矩形单元 x，y 轴的 1/2 边长；φ 为平行四边形的锐角。满足上述坐标变换关系的雅可比行列式为常数，从而满足常应变准则。

5.3.2 三角形单元

由于三角形单元能够适应复杂的边界形状，因此，在有限元分析中有较多的应用。同时，在弹性力学有限元方法中我们看到，三角形单元的插值函数是某一次的完全多项式，不包含四边形单元中那些对提高单元精度不起作用的高阶项。那么，对于薄板单元情况又如何呢？在上一节中我们看到，矩形板单元仍包含这样的高阶项，下面让我们来分析一下三角形非协调板单元。

对于三结点三角形板单元，其结点位移可表示为：

$$\{a\}^{e}=[w_1,\theta_{x1},\theta_{y1},w_2,\theta_{x2},\theta_{y2},w_3,\theta_{x3},\theta_{y3}]^{T} \tag{5.3.14}$$

因此，如果其位移函数 w 仍取式(5.3.2)的形式，则只能有 9 个待定系数

$$\{\gamma\}=[\gamma_1,\gamma_2,\gamma_3,\gamma_4,\gamma_5,\gamma_6,\gamma_7,\gamma_8,\gamma_9]^{T} \tag{5.3.15}$$

这意味着其位移函数将从式(5.3.2)中减少 3 项而成为不完全的三次多项式，而 4 个三次项中，只有两个交叉项不影响位移函数 w 的阶次，但舍去其中一个将使两个坐标轴的位移模式不相同，因此，曾有人建议令 $\gamma_8=\gamma_9$，这样就可以减少一个待定系数，且保持两个轴的位移模式相同。遗憾的是，这样的方案对于两条边分别平行于两个坐标轴的等腰直角三角形单元来说，其求解待定系数 $\{\gamma\}$ 的代数方程组系数矩阵 $[P(x_i,y_i)]^{-1}$ 是奇异的，即本不相等的两个参数 γ_8，γ_9 被人为等同之后导致 9 个方程线性相关，从而无法唯一的确定 $\{\gamma\}$。另一个方案是在单元形心增加一个结点位移 w 来补足缺少的一个结点参数，但研究表明，用这样的三角形板单元进行有限元计算是不收敛的。

如此看来，三角形板单元的位移函数不能围绕着式(5.3.2)的直角坐标函数来寻求解决方案，必须另辟蹊径。为此，我们可以采用 2.2.3 节介绍的面积坐标：

$$L_i=\frac{1}{2A}(a_i+b_ix+c_iy)\qquad(i=1,2,3) \tag{5.3.16}$$

从第二章我们了解到，三角形的面积坐标与三结点三角形单元的位移插值函数是相同的，因此，面积坐标不是独立的，即：

$$\sum_{i=1}^{3}L_i=1 \tag{5.3.17}$$

且直接坐标与面积坐标之间的变换关系为：

$$x=\sum_{i=1}^{3}L_ix_i,\quad y=\sum_{i=1}^{3}L_iy_i \tag{5.3.18}$$

式中：x_i，y_i 为三角形顶点的坐标值。

面积坐标的一次式 $L_i(i=1,2,3)$ 、二次式 $L_iL_j(i,j=1,2,3)$ 和三次式 $L_iL_jL_k(i,j,k=1,2,3)$ 分别包含以下各项

一次式：

$$L_1,L_2,L_3 \tag{5.3.19}$$

二次式：

$$L_1^2,L_2^2,L_3^2,L_1L_2,L_2L_3,L_3L_1 \tag{5.3.20}$$

三次式：

$$L_1^3,L_2^3,L_3^3,L_1^2L_2,L_2^2L_3,L_3^2L_1,L_1L_2^2,L_2L_3^2,L_3L_1^2,L_1L_2L_3 \tag{5.3.21}$$

由式(5.3.16)可知，x,y 的一次完全多项式可表示为面积坐标一次式的线性组合：

$$\gamma_1L_1+\gamma_2L_2+\gamma_3L_3 \tag{5.3.22}$$

二次完全多项式则至少包含式(5.3.20)中的 3 项，并在式(5.3.19)和式(5.3.20)的其他 3 项中任取 3 项作线性组合：

$$\gamma_1L_1+\gamma_2L_2+\gamma_3L_3+\gamma_4L_1L_2+\gamma_5L_2L_3+\gamma_6L_3L_1 \tag{5.3.23}$$

当然也可以取式(5.3.20)中的完全平方项，之所以可以任取，是因为面积坐标 L_1,L_2,L_3 中只有两个是独立的，这样做并不影响二次完全多项式的实质。同理，x,y 的三次完全多项式至少应包含式(5.3.21)中的 4 项，并取式(5.3.19)、式(5.3.20)和式(5.3.21)3 式中的其他 6 项进行线性组合作为三角形板单元的位移函数。要从这 19 项中取出 10 项，首先应了解它们的几何性质，下面举几例说明。

一次式中的 L_2项表示单元绕 1-3 边的刚体转动位移模式，因此，L_1,L_2,L_3 的线性组合 $\gamma_1L_1+\gamma_2L_2+\gamma_3L_3$ 可以表示单元的任意给定刚体位移。

三次项中的 $L_2^2L_3$ 表示单元的 1-2 边和 1-3 边的零位移模式，而由关系式

$$\begin{aligned}\frac{\partial}{\partial x}&=\frac{1}{2A}\left(b_1\frac{\partial}{\partial L_1}+b_2\frac{\partial}{\partial L_2}+b_3\frac{\partial}{\partial L_3}\right)\\\frac{\partial}{\partial y}&=\frac{1}{2A}\left(c_1\frac{\partial}{\partial L_1}+c_2\frac{\partial}{\partial L_2}+c_3\frac{\partial}{\partial L_3}\right)\end{aligned} \tag{5.3.24}$$

可知，在 1-3 边上有 $\partial w/\partial x=\partial w/\partial y=0$ ，但在结点 2 上 $\partial w/\partial x\neq0$ 和 $\partial w/\partial y\neq0$ 。同理，可以证明 $L_2^2L_1$ 与 $L_2^2L_3$ 具有相同的性质，所以，$L_2^2L_1$ 和 $L_2^2L_3$ 的线性组合可以给出 $(\partial w/\partial x)_2$ 和 $(\partial w/\partial y)_2$ 的任意指定值。而三次项中的 $L_1L_2L_3$ 项表示零边界位移模式，在 3 个结点上，其位移函数及其导数均为零 $w_i=(\partial w/\partial x)_i=(\partial w/\partial y)_i=0(i=1,2,3)$。这意味着，$L_1L_2L_3$ 不能由结点参数确定，因此，不能单独作为位移函数的一项使用。然而，与 $L_2^2L_3$ 等其他的交叉三次项组合(如 $L_2^2L_3+CL_1L_2L_3$ ，C 为某个常数)可增加函数的一般性。由式(5.3.21)可知，这样的组合有 6 项：

$$\begin{aligned}&L_1^2L_2+CL_1L_2L_3,L_2^2L_3+CL_1L_2L_3,L_3^2L_1+CL_1L_2L_3\\&L_1L_2^2+CL_1L_2L_3,L_2L_3^2+CL_1L_2L_3,L_3L_1^2+CL_1L_2L_3\end{aligned} \tag{5.3.25}$$

而位移函数只能有 9 项，因此，只能取一次式的 3 项与式(5.3.25)的 6 项组合来构造位移函数

$$w=\gamma_1L_1+\gamma_2L_2+\gamma_3L_3+\gamma_4(L_1^2L_2+CL_1L_2L_3)+\cdots+\gamma_9(L_3L_1^2+CL_1L_2L_3) \tag{5.3.26}$$

上式关于面积坐标是对称的，但是缺少了表示单元常应变模式的二次项，因此，一般情况下式(5.3.26)不能保证 w 满足常应变要求，即当结点参数赋以与常曲率或常扭率相对应的数

值时，不能保证给出与此变形状态相对应的挠度值。那么，是否可以通过调整常数 C 来实现式(5.3.26)的常应变模式呢？答案是肯定的。研究表明，当 $C=1/2$ 时，w 能够满足常应变要求。

将 $C=1/2$、结点参数 w_i，$\theta_{xi}=(\partial w/\partial y)_i$，$\theta_{yi}=-(\partial w/\partial x)_i(i=1,2,3)$ 和结点坐标 x_i，$y_i(i=1,2,3)$ 代入式(5.3.26)即可求出：

$$
\begin{aligned}
&\gamma_1=w_1\\
&\gamma_2=w_2\\
&\gamma_3=w_3\\
&\gamma_4=-[b_3\theta_{x1}+(b_1c_3-b_3c_1)w_1+(b_2c_3-b_3c_2)w_2+c_3\theta_{y1}]/(b_2c_3-b_3c_2)\\
&\gamma_5=[b_1\theta_{x2}-(b_1c_2-b_2c_1)w_2-(b_1c_3-b_3c_1)w_3+c_1\theta_{y2}]/(b_1c_3-b_3c_1)\\
&\gamma_6=-[b_2\theta_{x3}+(b_1c_2-b_2c_1)w_1-(b_2c_3-b_3c_2)w_3+c_2\theta_y]/(b_1c_2-b_2c_1)\\
&\gamma_7=-[b_3\theta_{x2}+(b_1c_3-b_3c_1)w_1+(b_2c_3-b_3c_2)w_2+c_3\theta_{y2}]/(b_1c_3-b_3c_1)\\
&\gamma_8=[b_1\theta_{x3}-(b_1c_2-b_2c_1)w_2-(b_1c_3-b_3c_1)w_3+c_1\theta_y]/(b_1c_2-b_2c_1)\\
&\gamma_9=[b_2\theta_{x1}+(b_1c_2-b_2c_1)w_1-(b_2c_3-b_3c_2)w_3+c_2\theta_{y1}]/(b_2c_3-b_3c_2)
\end{aligned}
\tag{5.3.27}
$$

将式(5.3.27)代入式(5.3.26)经整理得：

$$
w=\sum_{i=1}^{3}(N_{iw}w_i+N_{i\theta_x}\theta_{xi}+N_{i\theta_y}\theta_{yi})=[N]\{a\}^e \tag{5.3.28}
$$

式中：如果 $\{a\}^e$ 按式(5.3.14)所表示的结点位移顺序排列，则：

$$
[N]=[N_{1w}\quad N_{1\theta_x}\quad N_{1\theta_y}\quad N_{2w}\quad N_{2\theta_x}\quad N_{2\theta_y}\quad N_{3w}\quad N_{3\theta_x}\quad N_{3\theta_y}] \tag{5.3.29}
$$

其中：

$$
\begin{aligned}
&N_{1w}=L_1+L_1^2L_2-L_3^2L_1-L_1L_2^2+L_3L_1^2\\
&N_{1\theta_x}=b_2\left(L_3L_1^2+\frac{1}{2}L_1L_2L_3\right)-b_3\left(L_1^2L_2+\frac{1}{2}L_1L_2L_3\right)\\
&N_{1\theta_y}=c_2\left(L_3L_1^2+\frac{1}{2}L_1L_2L_3\right)-c_3\left(L_1^2L_2+\frac{1}{2}L_1L_2L_3\right)
\end{aligned}
\tag{5.3.30}
$$

导出式(5.3.30)时利用了关系式$(b_ic_j-b_jc_i)=2A$，对上式的数字下标按 1→2→3 的顺序轮换即可得到结点 2 和结点 3 的 6 个插值函数。

将式(5.3.30)代入式(5.2.36)即可得到三角形板单元的应变矩阵

$$
\begin{aligned}
&B_{11}=-\frac{1}{2A^2}[(2b_1b_2+2b_1b_3-b_2^2-b_3^2)L_1+b_1(b_1-2b_2)L_2+b_1(b_1-2b_3)L_3]\\
&B_{21}=-\frac{1}{2A^2}[(2c_1c_2+2c_1c_3-c_2^2-c_3^2)L_1+c_1(c_1-2c_2)L_2+c_1(c_1-2c_3)L_3]\\
&B_{31}=-\frac{1}{A^2}[(b_1c_2+b_2c_1+b_1c_3+b_3c_1-b_2c_2-b_3c_3)L_1+(b_1c_1-b_1c_2-b_2c_1)L_2+\\
&\qquad(b_1c_1-b_3c_1-b_1c_3)L_3]\\
&B_{12}=-\frac{1}{4A^2}[b_2b_3(b_2-b_3)L_1-b_1b_3(2b_1-b_2+b_3)L_2+b_1b_2(2b_1+b_2-b_3)L_3]\\
&B_{22}=-\frac{1}{4A^2}\{[c_2c_3(b_2-b_3)+4c_1(b_2c_3-b_3c_2)]L_1+c_1[c_3(b_2-b_3)-2b_3c_1]L_2+\\
&\qquad c_1[c_2(b_2-b_3)+2b_2c_1]L_3\}
\end{aligned}
$$

$$B_{32}=-\frac{1}{2A^2}\left\{\left[\frac{1}{2}(b_3c_2+b_2c_3)(b_2-b_3)+2b_1(b_2c_3-b_3c_2)\right]L_1+\right.$$
$$\left.\left[\frac{1}{2}(b_3c_1+b_1c_3)(b_2-b_3)-2b_1b_3c_1\right]L_2+\left[\frac{1}{2}(b_2c_1+b_1c_2)(b_2-b_3)+2b_1b_2c_1\right]L_3\right\}$$
$$B_{13}=-\frac{1}{4A^2}\{[b_2b_3(c_2-c_3)+4b_1(b_3c_2-b_2c_3)]L_1+b_1[b_3(c_2-c_3)-2b_1c_3]L_2+$$
$$b_1[b_2(c_2-c_3)+2b_1c_2]L_3\}$$
$$B_{23}=-\frac{1}{4A^2}[c_2c_3(c_2-c_3)L_1-c_1c_3(2c_1-c_2+c_3)L_2+c_1c_2(2c_1+c_2-c_3)L_3]$$
$$B_{33}=-\frac{1}{2A^2}\left\{\left[\frac{1}{2}(b_3c_2+b_2c_3)(c_2-c_3)+2c_1(b_3c_2-b_2c_3)\right]L_1+\right.$$
$$\left.\left[\frac{1}{2}(b_1c_3+b_3c_1)(c_2-c_3)-2b_1c_1c_3\right]L_2+\left[\frac{1}{2}(b_1c_2+b_2c_1)(c_2-c_3)+2b_1c_1c_2\right]L_3\right\}$$
(5. 3. 31)

对上式右端项的数字下标按 1→2→3 的顺序轮换即可得到结点 2 和结点 3 的应变矩阵 $B_{14}, B_{15}, \cdots, B_{19}; B_{24}, B_{15}, \cdots, B_{29}; B_{34}, B_{35}, \cdots, B_{39}$。

将式(5. 3. 31)代入式(5. 2. 38)即可求得三角形板单元的刚度矩阵$[K]^e$,由于公式过于冗长,此处从略。

三角形单元的协调性与四边形单元相同,在单元边界上位移 w 是三次变化的,可由两端结点的 w_i,$(\partial w/\partial s)_i$ 值(s 为边界自然坐标)唯一确定,但法向导数$\partial w/\partial n$(n 为边界法线方向)是二次变化的,不能由两端结点的法向导数值$(\partial w/\partial n)_i$ 唯一地确定,因此,在单元边界上位移 w 是协调的,法向导数$\partial w/\partial n$ 是不协调的。

对于大多数工程问题,非协调元解的精度是足够的,甚至比协调元解更准确。其原因是,由最小位能原理求得的近似解小于真实解,表现为结构刚度增大,而非协调元的实质是不精确满足最小位能原理的要求,在单元交界面上法线不连续,从而部分弥补了刚度增大带来的误差。

5. 4 协调板单元

基于经典薄板理论使板单元满足协调性要求可采用两种方法,一是增加结点参数,如位移 w 的二次导数项;二是在每个结点 3 个参数的基础上采取其他措施,如附加校正函数或再分割等方法。

5. 4. 1 三结点参数的协调元

三角形板单元的非协调性是由边界法向导数 $\partial w/\partial n$ 的结点参数 $(\partial w/\partial n)_i$ 不足引起的,如果能够找到相应的校正函数,则单元的非协调问题可以得到解决。所谓校正函数,就是在非协调元位移函数中增加非协调因素的修正项,使之满足相应的协调性要求。对于上一节的三角形非协调板单元,增加校正函数的协调元位移函数可表示为:

$$w=w_0+\alpha_1\phi_{23}+\alpha_2\phi_{31}+\alpha_3\phi_{12} \tag{5. 4. 1}$$

式中:w_0 为三角形非协调元的位移函数,即式(5. 3. 26);$\alpha_1, \alpha_2, \alpha_3$ 为待定系数;$\phi_{23}, \phi_{31}, \phi_{12}$ 分别

为 2-3 边、3-1 边和 1-2 边的校正函数，它们应具有如下的性质：

(1)在全部边界上 $\phi_{23}=\phi_{31}=\phi_{12}=0$；

(2)在 i-j $(i,j=1,2,3;i\neq j)$ 边界上 $\partial\phi_{ij}/\partial n$ 为二次函数，并在中点为单位值，在其他边界上 $\partial\phi_{ij}/\partial n=0$。

通过调整待定系数 $\alpha_1,\alpha_2,\alpha_3$ 的大小，使边界中点的法向导数 $\partial w/\partial n$ 等于两端结点的平均值 $\frac{1}{2}(\partial w/\partial n)_i+\frac{1}{2}(\partial w/\partial n)_j$，即法向导数 $\partial w/\partial n$ 在各自的边界上呈线性变化。这样，边界两端的法向导数值 $(\partial w/\partial n)_i$ $(i=1,2)$ 就能唯一的确定 $\partial w/\partial n$，从而相邻单元交界面上的协调性得到满足。下面来确定待定系数 $\alpha_1,\alpha_2,\alpha_3$。

由三角形非协调元位移函数计算得到的边界中点法向导数值 $(\partial w_0/\partial n)_c$ (c 表示边界中点)和边界两端结点法向导数平均值 $\frac{1}{2}(\partial w/\partial n)_i+\frac{1}{2}(\partial w/\partial n)_j$ 可分别表示为：

$$\left[\left(\frac{\partial w_0}{\partial n}\right)_{23}^{c} \quad \left(\frac{\partial w_0}{\partial n}\right)_{31}^{c} \quad \left(\frac{\partial w_0}{\partial n}\right)_{12}^{c}\right]^{\mathrm{T}}=[Q]\{a\}^{\mathrm{e}} \tag{5.4.2}$$

和

$$\left[\left(\frac{\partial w_0}{\partial n}\right)_{23}^{a} \quad \left(\frac{\partial w_0}{\partial n}\right)_{31}^{a} \quad \left(\frac{\partial w_0}{\partial n}\right)_{12}^{a}\right]^{\mathrm{T}}=[S]\{a\}^{\mathrm{e}} \tag{5.4.3}$$

式中：

$$[Q]=\left[\left(\frac{\partial[N]}{\partial n}\right)_{23}^{c} \quad \left(\frac{\partial[N]}{\partial n}\right)_{31}^{c} \quad \left(\frac{\partial[N]}{\partial n}\right)_{12}^{c}\right]^{\mathrm{T}} \tag{5.4.4}$$

$$[S]=\left[\left(\frac{\partial[N]}{\partial n}\right)_{23}^{a} \quad \left(\frac{\partial[N]}{\partial n}\right)_{31}^{a} \quad \left(\frac{\partial[N]}{\partial n}\right)_{12}^{a}\right]^{\mathrm{T}} \tag{5.4.5}$$

由校正函数的性质可知，其法向导数的边界中点值等于待定系数 $\alpha_1,\alpha_2,\alpha_3$。为了使增加校正后的位移函数在边界中点的法向导数值等于两端结点的平均值，式(5.4.2)和式(5.4.3)应满足如下关系：

$$[S]\{a\}^{\mathrm{e}}=[Q]\{a\}^{\mathrm{e}}+\{\alpha\} \tag{5.4.6}$$

式中：$\{\alpha\}=[\alpha_1 \quad \alpha_2 \quad \alpha_3]^{\mathrm{T}}$。

由式(5.4.6)可解得：

$$\{\alpha\}=([S]-[Q])\{a\}^{\mathrm{e}} \tag{5.4.7}$$

将式(5.4.7)代入式(5.4.1)得校正后的位移函数

$$w=[N]\{a\}^{\mathrm{e}}+[\phi_{23} \quad \phi_{31} \quad \phi_{12}]([S]-[Q])\{a\}^{\mathrm{e}} \tag{5.4.8}$$

式(5.4.8)所表示的位移函数满足协调性要求，而且由于增加的校正函数在常应变(即常曲率和常扭率)状态恒为零，因此，校正函数对非协调位移函数 w_0 的完全性没有任何影响。

从式(5.4.8)可以看出，构造三角形协调板单元的关键是构造三条边的校正函数，而构造校正函数的依据是它们的两条性质。例如，对于边界 2-3 而言，函数

$$\rho_{23}=\frac{L_1L_2^2L_3^2}{(L_1+L_2)(L_1+L_3)} \tag{5.4.9}$$

或

$$\rho_{23}=\frac{L_1L_2^2L_3^2(1+L_1)}{(L_1+L_2)(L_1+L_3)} \tag{5.4.10}$$

可以满足在所有边界上为零及在 2-3 边上法向导数为二次函数而 1-2 边和 1-3 边上法向导数

为零的要求，而至于在 2-3 边中点法向导数为单位值的要求，则只要令

$$\phi_{23}=\frac{\rho_{23}}{(\partial\rho_{23}/\partial n)_c} \tag{5.4.11}$$

即可。对式(5.4.9)或式(5.4.10)和式(5.4.11)的下标按 1→2→3 的顺序轮换即可得到 ϕ_{31} 和 ϕ_{12}。

研究表明，利用校正函数来实现三角形板单元协调性能够保证有限元解的收敛性，即在单元尺寸不断减小时，有限元解可以单调收敛于解析解。但由于实际计算时单元尺寸的缩小是有限的，即单元是以有限尺寸参与计算的，因此，协调元的收敛性并不一定优于非协调元。以图 5.7 所示的简支方板受中心集中力 P 作用为例，其中两个 9 自由度非协调板单元的收敛性(图中曲线②和曲线③)就优于 9 自由度的协调板单元(图中曲线⑤和曲线⑥)。因此，并非协调元一定优于非协调元。

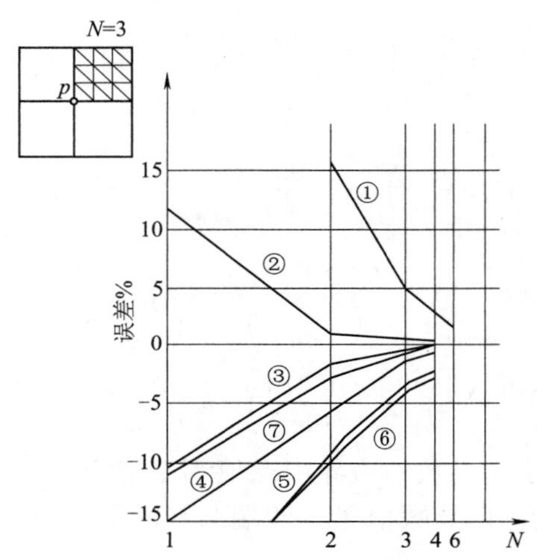

①—6自由度非协调元；②—9自由度非协调元；③—9自由度非协调元；④—12自由度非协调元；
⑤—9自由度协调元；⑥—9自由度协调元；⑦—12自由度协调元

图 5.7 不同三角形板单元的收敛性比较

关于插值函数的构造以及单元刚度矩阵和荷载向量的计算则与非协调板单元完全相同，由于公式冗长，此处不再一一列出。

5.4.2 多结点参数的协调元

多结点参数是指结点参数不仅有位移 w 及其一阶导数 $\partial w/\partial x$，$\partial w/\partial y$，还包含 w 的二阶乃至更高阶导数 $\partial^2 w/\partial x^2$，$\partial^2 w/\partial y^2$，$\partial^2 w/\partial x\partial y$，…，下面仅以 21 个自由度和 18 个自由度的三角形板单元为例来说明这种单元的一些特点。

如果结点参数包含位移的二阶导数，那么，每个结点有 6 个结点参数

$$w_i,\left(\frac{\partial w}{\partial x}\right)_i,\left(\frac{\partial w}{\partial y}\right)_i,\left(\frac{\partial^2 w}{\partial x^2}\right)_i,\left(\frac{\partial^2 w}{\partial y^2}\right)_i,\left(\frac{\partial^2 w}{\partial x\,\partial y}\right)_i \qquad (i=1,2,3) \tag{5.4.12}$$

则三结点三角形板单元共有 18 个结点参数。由 PASCA 三角形可知完全的四次多项式有 15 项，而完全的五次多项式有 21 项。如果在四次多项式的基础上增加 3 项五次多项式，只能在 x^5，x^4y，x^3y^2，x^2y^3，xy^4，y^5 中选择 3 项，显然无法保证位移的对称性，因此，只能选择五次多

项式。这意味着，在原 3 个结点的 18 个参数基础上还需要增加 3 个结点参数来求出位移函数的 21 个待定系数。为此，在 3 条边的中点各增加 1 个法向导数值 $(\partial w/\partial n)_c$ 作为结点参数，如图 5.8 所示。

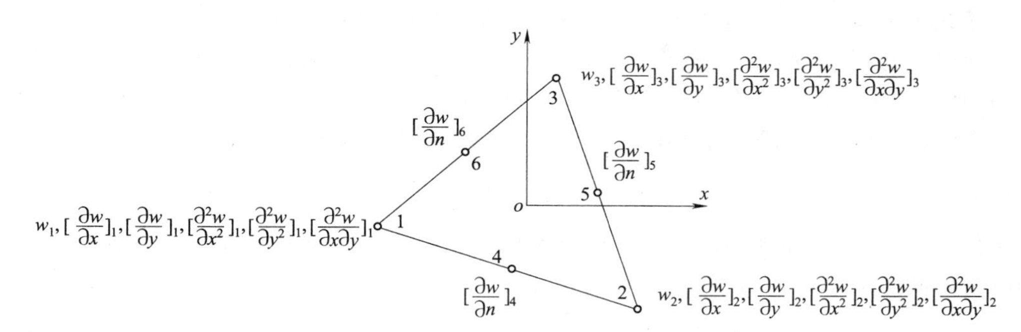

图 5.8　三角形协调板单元的 21 个结点参数

由此可得多结点参数协调板单元的位移函数

$$\begin{aligned}w=&\gamma_1+\gamma_2 x+\gamma_3 y+\gamma_4 x^2+\gamma_5 xy+\gamma_6 y^2+\cdots+\\&\gamma_{16}x^5+\gamma_{17}x^4y+\gamma_{18}x^3y^2+\gamma_{19}x^2y^3+\gamma_{20}xy^4+\gamma_{21}y^5\end{aligned}\tag{5.4.13}$$

关于插值函数的构造以及单元刚度矩阵和荷载向量的计算则与其他单元完全相同，由于公式冗长，此处不再一一列出。

图 5.8 的三角形板单元有 21 个自由度，因此，有限元方程的数量较多，计算较为耗时。因此，有人将其改造为 18 个自由度的多结点参数协调板单元，该单元的位移函数仍采用完全的五次多项式，并保持角结点仍为式(5.4.12)的 6 个结点参数，而将边中结点以位移 w 的法向导数 $\partial w/\partial n$ 3 个自由度删除，但仍保留其位移 w 的法向导数值 $(\partial w/\partial n)_c$ 作为结点参数，即将 21 自由度板单元的边中结点法向导数值 $(\partial w/\partial n)_c$ 设置为非独立的参数，而仅作为限制边界上位移 w 的法向导数 $\partial w/\partial n$ 为三次函数的附加条件，从而可以确定 21 个待定系数。业已证明，采用这种改造后的多结点参数协调板单元可以得到满意的计算结果。

关于三结点参数和多结点参数的四边形板单元，可利用三角形单元进行组合，也可以直接建立三结点参数和多结点参数的四边形板单元，但其位移函数较为复杂。由于此类型四边形协调板单元应用较少，此处不作进一步的讨论。

三结点参数和多结点参数的协调板单元都是以挠度 w 作为唯一的场函数来构造板单元的，不仅位移函数较为复杂，而且单元存在一些固有的缺点。因此，近年来出现了一些不限于以挠度 w 为唯一场函数的板单元，例如，与 Timoshenko 梁单元相似的以挠度 w 和转角 θ_x，θ_y 为场函数，这就是下面要介绍的 Mindlin 板单元和 DKT 板单元。

5.5　挠度和转角独立插值的板单元

5.5.1　Mindlin 板单元

前面两节介绍的协调和非协调板单元都是建立在薄板理论基础上的，即：

$$\frac{\partial w}{\partial x}=-\theta_y,\frac{\partial w}{\partial y}=\theta_x\tag{5.5.1}$$

由于挠度 w 和转角 θ_y，θ_x 存在上述关系，使得此类单元的插值函数十分复杂（详见式(5.3.7)和式(5.3.8)以及式(5.3.30)）。从杆系结构有限元方法的讨论中可以看到，Timoshenko 梁单元的插值函数比以 Euler 梁理论为基础的梁单元简单得多。因此，出现了以挠度 w 和转角 θ_y，θ_x 为独立场函数的板单元——Mindlin 板单元。如果以梁作为参照物，则基于薄板理论的板单元相当于 Euler 梁单元在二维空间的扩展，而 Mindlin 板单元相当于 Timoshenko 梁单元在二维空间的扩展。由此可知，Mindlin 板单元可以考虑板的剪切变形且必须考虑剪切变形，只有考虑了剪切变形才反映两个场函数之间的内在联系：

$$\gamma=\gamma_x+\gamma_y=\frac{\partial w}{\partial x}-\theta_y+\frac{\partial w}{\partial y}-\theta_x \tag{5.5.2}$$

式(5.5.2)所建立起来的挠度与转角关系是独立插值后挠度和转角必不可少的联系，它作为约束条件而成为平板弯曲泛函中的罚函数：

$$\Pi'_p=\Pi_p+\int_\Omega \alpha_1\left(\frac{\partial w}{\partial x}-\theta_y\right)^2\mathrm{d}\Omega+\int_\Omega \alpha_2\left(\frac{\partial w}{\partial y}-\theta_x\right)^2\mathrm{d}\Omega \tag{5.5.3}$$

式中：α_1，α_2 为罚数。

$$\Pi_p=\int_{\Omega^e}\frac{1}{2}\{\boldsymbol{\kappa}\}^{\mathrm{T}}[D]\{\boldsymbol{\kappa}\}\mathrm{d}\Omega-\int_{\Omega^e}qw\,\mathrm{d}\Omega \tag{5.5.4}$$

式(5.5.4)没有考虑集中荷载和边界荷载的作用。

如果令

$$\alpha_1=\alpha_2=\frac{Gt}{2k_s}$$

则式(5.5.3)就是考虑剪切变形的平板弯曲问题泛函，基于该泛函建立起来的板单元及其有限元方程可用于不满足薄板理论假设条件的中厚板弯曲问题。而用于薄板弯曲问题时，满足直法线假设的约束条件为：

$$\{\gamma\}=\begin{Bmatrix}\dfrac{\partial w}{\partial x}-\theta_y\\[2mm] \dfrac{\partial w}{\partial y}-\theta_x\end{Bmatrix}=0 \tag{5.5.5}$$

此时，式(5.5.3)就是薄板弯曲的约束变分原理。

对于 Mindlin 板单元，式(5.5.4)中的曲率 $\{\boldsymbol{\kappa}\}$ 可表示为：

$$\{\boldsymbol{\kappa}\}=\begin{Bmatrix}-\dfrac{\partial\theta_y}{\partial x}\\[2mm] -\dfrac{\partial\theta_x}{\partial y}\\[2mm] -\left(\dfrac{\partial\theta_y}{\partial y}+\dfrac{\partial\theta_x}{\partial x}\right)\end{Bmatrix} \tag{5.5.6}$$

分析上式可知，Mindlin 板单元的泛函表达式中仅包含挠度 w 和转角 θ_y，θ_x 的一阶导数，因此，它们的插值函数只需满足 C_0 的连续性要求。这意味着，第 2 章中介绍的具有 C_0 连续性的二维插值函数均可作为 Mindlin 板单元的插值函数。

基于 Timoshenko 梁单元的位移函数表示方法可以直接写出 Mindlin 板单元的位移函数：

$$w=\sum_{i=1}^{n}N_iw_i,\quad \theta_y=\sum_{i=1}^{n}N_i\theta_{yi},\quad \theta_x=\sum_{i=1}^{n}N_i\theta_{xi} \tag{5.5.7}$$

或

$$\{w\}=[N]\{a\}^{e} \tag{5.5.8}$$

式中：n 为结点数。

$$\{w\}=[w \quad \theta_y \quad \theta_x]^{\mathrm{T}} \tag{5.5.9}$$

$$[N]=[N_1\mathbf{I} \quad N_2\mathbf{I} \quad \cdots \quad N_n\mathbf{I}] \tag{5.5.10}$$

$$\{a\}^{e}=[w_1 \quad \theta_{y1} \quad \theta_{x1} \quad w_2 \quad \theta_{y2} \quad \theta_{x2} \quad \cdots \quad w_n \quad \theta_{yn} \quad \theta_{xn}]^{\mathrm{T}} \tag{5.5.11}$$

将式(5.5.8)分别代入式(5.5.6)和式(5.5.5)可得：

$$\{\boldsymbol{\kappa}\}=[B]_b\{a\}^{e}, \quad \{\boldsymbol{\gamma}\}=[B]_s\{a\}^{e} \tag{5.5.12}$$

式中：

$$[B]_b=[B_{b1} \quad B_{b2} \quad \cdots \quad B_{bn}], \quad [B]_s=[B_{s1} \quad B_{s2} \quad \cdots \quad B_{sn}]$$

其中：

$$[B]_{bi}=\begin{bmatrix} 0 & -\dfrac{\partial N_i}{\partial x} & 0 \\ 0 & 0 & -\dfrac{\partial N_i}{\partial y} \\ 0 & -\dfrac{\partial N_i}{\partial y} & -\dfrac{\partial N_i}{\partial x} \end{bmatrix}, \quad [B]_{si}=\begin{bmatrix} \dfrac{\partial N_i}{\partial x} & -N_i & 0 \\ \dfrac{\partial N_i}{\partial y} & 0 & -N_i \end{bmatrix}$$

将式(5.5.12)代入式(5.5.3)得 Mindlin 板单元的泛函表达式：

$$\begin{aligned}\Pi_p' = & \int_{\Omega^e}\frac{1}{2}([B]_b\{a\}^e)^{\mathrm{T}}[D][B]_b\{a\}^e\mathrm{d}\Omega + \\ & \int_{\Omega^e}\frac{G}{2k_s}([B]_s\{a\}^e)^{\mathrm{T}}[B]_s\{a\}^e t\mathrm{d}\Omega - \int_{\Omega^e}([N]\{a\}^e)^{\mathrm{T}}\{q\}\mathrm{d}\Omega\end{aligned} \tag{5.5.13}$$

式中：$\{q\}=[q \quad 0 \quad 0]^{\mathrm{T}}$。

将式(5.5.13)代入变分原理得 Mindlin 板单元的有限元方程：

$$[K]^{e}\{a\}^{e}=\{P\}^{e} \tag{5.5.14}$$

式中：

$$[K]^{e}=\int_{\Omega^e}[B]_b^{\mathrm{T}}[D][B]_b\mathrm{d}\Omega+\int_{\Omega^e}\frac{G}{k_s}[B]_s^{\mathrm{T}}[B]_s t\mathrm{d}\Omega$$

$$\{P\}^{e}=\int_{\Omega^e}[N]^{\mathrm{T}}\{q\}\mathrm{d}\Omega$$

需要指出的是，由于 Mindlin 板单元中有 3 个独立的 C_0 型场函数，因此，在单元边界的每一点应有 3 个边界条件(基于薄板理论的板单元只有 1 个独立的场函数，其边界上有 2 个边界条件)：

$$\begin{aligned} & w=\overline{w}, \quad \theta_n=\bar{\theta}_n, \quad \theta_s=\bar{\theta}_s \\ & w=\overline{w}, \quad M_n=\overline{M}_n, \quad M_s=\overline{M}_s \\ & Q_n=\overline{Q}_n, \quad M_n=\overline{M}_n, \quad M_s=\overline{M}_s \end{aligned} \tag{5.5.15}$$

式中：n 和 s 分别代表边界的法向和切向。上述三类边界条件的齐次式分别表示固定边界、简支边界和自由边界的边界条件。

由此可见，Mindlin 板单元的表达格式非常简单，与弹性力学平面问题的线性单元相似。如果已有平面问题的有限元程序，则只要稍加修改即可得到 Mindlin 板单元的计算程序。因此，在工程计算中得到广泛应用。但是，由于 Mindlin 板单元的位移函数采用与 Timoshenko

梁单元相同的原理构造——挠度和转角独立插值,因此,当板厚远远小于板单元尺寸时,同样存在剪切锁死问题。不过,对于薄板我们可以采用基于薄板理论的协调或非协调元来避开剪切锁死问题,而 Mindlin 板单元主要用于中厚板结构的计算,关于 Mindlin 板单元剪切锁死问题的解决方案,读者可参考相关的书籍。

5.5.2 DKT 板单元

DKT(Discrete Kirchhoff Theory,离散克希霍夫理论)板单元是基于离散克希霍夫理论建立起来的一种挠度和转角独立插值的板单元,与 Mindlin 板单元相同的是,DKT 板单元仍采用挠度 w 和转角 θ_y,θ_x独立插值,而不同的是,挠度 w 和转角 θ_y,θ_x 的约束方程不是通过罚函数引入的,而是强制其在若干个离散点得到满足。因此,DKT 板单元仍采用薄板理论的泛函(5.5.4)式。

下面以图 5.9 所示的三结点三角形 DKT 板单元为例来导出其有限元方程。

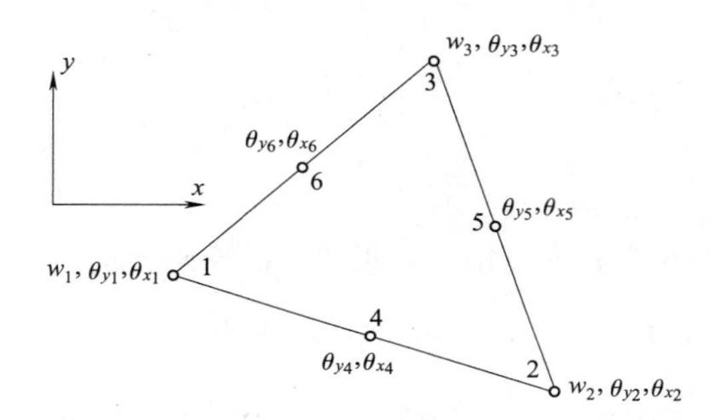

图 5.9 三角形 DKT 板单元的 15 个结点参数

由图 5.9 可以看出,三角形 DKT 板单元共有 15 个结点参数,每个角结点 3 个 w_i,θ_{xi},θ_{yi}($i=1,2,3$),每个边中结点 2 个 θ_{xj},θ_{yj}($j=4,5,6$)。由于边中结点和角结点有共同的参数 θ_x,θ_y,因此,DKT 板单元的转角场函数是二次变化的,即场函数

$$\theta_y = \sum_{i=1}^{6} N_i \theta_{yi}, \quad \theta_x = \sum_{i=1}^{6} N_i \theta_{xi} \tag{5.5.16}$$

中的 N_i为六结点三角形 C_0单元的插值函数。

下面引入约束条件以使 Kirchhoff 直法线假设成立,即在离散点处满足约束方程

$$\{\gamma\} = \begin{Bmatrix} \left(\dfrac{\partial w}{\partial x}\right)_i - \theta_{yi} \\ \left(\dfrac{\partial w}{\partial y}\right)_i - \theta_{xi} \end{Bmatrix} = 0 \qquad (i=1,2,3) \tag{5.5.17}$$

$$\left.\begin{aligned} &\left(\frac{\partial w}{\partial s}\right)_k - \theta_{nk} = 0 \\ &\theta_{sk} = \frac{1}{2}(\theta_{si} + \theta_{sj}) \end{aligned}\right. \qquad (k=4,5,6) \tag{5.5.18}$$

式中:n,s 分别为边界的法向和切向,i,j 分别为边界两端的结点,按 1→2→3 的顺序排列。

由平面坐标变换关系可得:

$$\begin{Bmatrix}\theta_n\\\theta_s\end{Bmatrix}=\begin{bmatrix}\cos\varphi & \sin\varphi\\-\sin\varphi & \cos\varphi\end{bmatrix}\begin{Bmatrix}\theta_x\\\theta_y\end{Bmatrix} \tag{5.5.19}$$

或

$$\begin{Bmatrix}\theta_x\\\theta_y\end{Bmatrix}=\begin{bmatrix}\cos\varphi & -\sin\varphi\\\sin\varphi & \cos\varphi\end{bmatrix}\begin{Bmatrix}\theta_n\\\theta_s\end{Bmatrix} \tag{5.5.20}$$

式中：φ 为边界法线与 x 轴的夹角。

边界上的 w 可由两端结点的 4 个参数 $w_i,(\partial w/\partial s)_i,w_j,(\partial w/\partial s)_j$ 定义为三次变化，从而边中结点的切向导数可表示为：

$$\left(\frac{\partial w}{\partial s}\right)_k=-\frac{3}{2l_{ij}}w_i-\frac{1}{4}\left(\frac{\partial w}{\partial s}\right)_i+\frac{3}{2l_{ij}}w_j-\frac{1}{4}\left(\frac{\partial w}{\partial s}\right)_j \tag{5.5.21}$$

式中：l_{ij} 为边界 i-j 的长度，$l_{ij}=\sqrt{(x_i-x_j)^2+(y_i-y_j)^2}$。

由式(5.5.17)～式(5.5.21)将 θ_y,θ_x 表示成 3 个角结点参数的插值形式：

$$\theta_y=[H]_x\{a\}^e,\quad \theta_x=[H]_y\{a\}^e \tag{5.5.22}$$

式中：$\{a\}^e$ 仍为式(5.5.11)表示的单元结点位移向量，此时的 $n=3$。

将上式代入式(5.5.6)再代入式(5.5.4)即可得到 DKT 板单元的泛函：

$$\Pi_p=\int_{\Omega^e}\frac{1}{2}(\{a\}^e)^{\mathrm T}[B]^{\mathrm T}[D][B]\{a\}^e\mathrm d\Omega-\int_{\Omega^e}(\{a\}^e)^{\mathrm T}[B]^{\mathrm T}\{q\}\mathrm d\Omega \tag{5.5.23}$$

式中：

$$[B]=[[B]_1\quad [B]_2\quad [B]_3]$$

$$[B]_i=\begin{bmatrix}0 & -\dfrac{\partial H_{xi}}{\partial x} & 0\\ 0 & 0 & -\dfrac{\partial H_{yi}}{\partial y}\\ 0 & -\dfrac{\partial H_{xi}}{\partial y} & -\dfrac{\partial H_{yi}}{\partial x}\end{bmatrix}\quad (i=1,2,3)$$

式(5.5.23)中的荷载项与 Mindlin 板单元相同，其中$[N]$仍为式(5.5.7)表示的具有 C_0 连续性的插值函数，此时 $n=3$。

将式(5.5.23)代入变分原理可得 DKT 板单元的有限元方程：

$$[K]^e\{a\}^e=\{P\}^e \tag{5.5.24}$$

式中：

$$[K]^e=\int_{\Omega^e}[B]^{\mathrm T}[D][B]\mathrm d\Omega$$

$$\{P\}^e=\int_{\Omega^e}[N]^{\mathrm T}\{q\}\mathrm d\Omega$$

5.6 应力杂交板单元

上述介绍的都是基于最小位能原理及其修正形式建立起来的板单元，而应力杂交元则是建立在修正余能原理基础上的另一类板单元。此外，还有基于 Hellinger-Reissner 变分原理的混合板单元以及基于修正 Hellinger-Reissner 变分原理的应力杂交元。由于混合板单元的刚度矩阵主对角线有零元素而无法采用矩阵求逆方法计算，因此，其应用受到一定的限制。而应力杂交元除应用于板、壳结构外，在其他问题中也有应用，因此，下面仅就基于修正余能原理的应力杂交元作一简单的介绍。

5.6.1 修正余能原理

在 1.4.2 节中我们导出了最小余能原理 $\delta\Pi_c(\sigma)=0$，即在所有满足平衡方程和力边界条件的应力状态中，真实解的应力使系统的总余能

$$\Pi_c(\sigma)=\int_V \frac{1}{2}C_{ijkl}\sigma_{ij}\sigma_{kl}\mathrm{d}V-\int_{S_u} T_i\bar{u}_i\mathrm{d}S \quad (5.6.1)$$

取极小值(也是最小值)。对于单元而言，单元交界面上的应力满足平衡条件意味着由

$$T_i=\sigma_{ij}n_j \quad (5.6.2)$$

定义的边界力必须保持平衡。设两相邻单元(a)和(b)交界面上的应力分别为 $T_i^{(a)}(S)$ 和 $T_i^{(b)}(S)$，如图 5.10 所示。则单元交界面的平衡方程可表示为：

$$T_i^{(a)}(S)+T_i^{(b)}(S)=0 \quad (i=1,2,3) \quad (5.6.3)$$

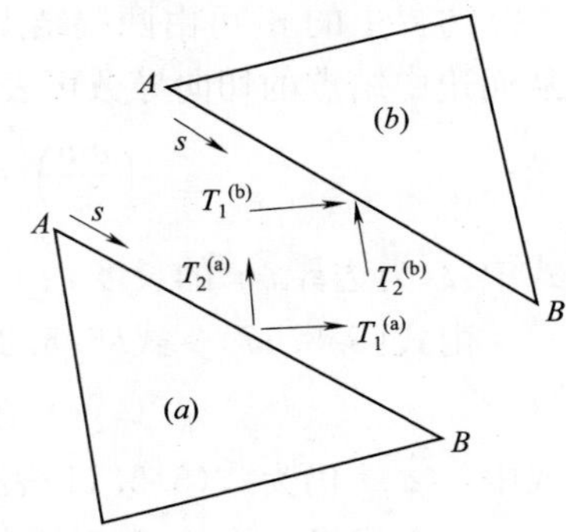

图 5.10 单元交界面的内力平衡示意图

在选择试探函数时，可以先不考虑式(5.6.3)的要求，而将其作为约束条件引入泛函，即将

$$\int_{AB}\lambda_i(S)[T_i^{(a)}(S)+T_i^{(b)}(S)]\mathrm{d}S=\int_{AB}\lambda_i(S)T_i(S)\mathrm{d}S\Big|_{(a)}+\int_{AB}\lambda_i(S)T_i(S)\mathrm{d}S\Big|_{(b)} \quad (5.6.4)$$

加入原泛函，由此可得修正余能原理的泛函表达式：

$$\Pi_c^m(\sigma)=\sum_e\int_{V^e}\frac{1}{2}C_{ijkl}\sigma_{ij}\sigma_{kl}\mathrm{d}V-\int_{S_\sigma^e}\lambda_iT_i\mathrm{d}S-\int_{S_u^e}T_i\bar{u}_i\mathrm{d}S \quad (5.6.5)$$

式中：S_σ^e 为单元交界面，因此，上式的第二项是沿相邻单元交界面的面积分，不包括弹性体的力边界；λ_i 为拉格朗日乘子，已经证明，λ_i 应等于单元交界面的位移 u_i 。因此，式(5.6.5)可进一步表示为：

$$\Pi_c^m(\sigma)=\sum_e\int_{V^e}\frac{1}{2}C_{ijkl}\sigma_{ij}\sigma_{kl}\mathrm{d}V-\int_{S_\sigma^e}u_iT_i\mathrm{d}S-\int_{S_u^e}T_i\bar{u}_i\mathrm{d}S \quad (5.6.6)$$

式(5.6.6)所表示的泛函中，独立变分的场函数是单元内的应力 σ_{ij} 和相邻单元交界面上的位移 u_i 。σ_{ij} 在单元内应满足弹性力学平衡方程，而在相邻单元的交界面上则可以不满足式(5.6.3)。

需要指出的是，修正余能原理不再满足极值条件，而仅满足驻值条件。此外，修正余能原理本质上也是一种混合变分原理，但与 Hellinger-Reissner 混合变分原理有区别。修正余能原理的 σ_{ij} 和 u_i 分别出现在单元内和单元交界面上，而 Hellinger-Reissner 混合变分原理的 σ_{ij} 和 u_i 同时出现在单元内及单元交界面上。这种部分场函数只出现在边界上的混合变分原理被称为杂交型变分原理，基于这种变分原理建立起来的单元被称为杂交元。由于修正余能原理的场函数为应力，因此，称其为应力杂交元。

5.6.2 应力杂交元的一般格式

应力杂交元的场函数被表示为两部分的组合：

$$\{\sigma\}=[P]\{\beta\}+[P]_F\{\beta\}_F \tag{5.6.7}$$

其中，第一部分是由若干个待定参数 β_{0i} 组成的，它满足齐次的平衡方程，即体积力等于零。因此，式(5.6.7)中的 $[P]$ 是由 x，y 的单项式组成的矩阵。第二部分是由非齐次平衡方程的特解确定的。对于力边界上的单元来说，第一项中的一些 β_i 也是给定的，因此，可以置于第二项中。

由于面力也与假设的应力分布有关，因此，也可以表示成

$$\{T\}=[R]\{\beta\}+[R]_F\{\beta\}_F \tag{5.6.8}$$

单元交界面上的近似位移可以通过插值函数和有限个边界结点的广义位移 $\{a\}^e$ 来表示，即：

$$\{u\}=[L]\{a\}^e \tag{5.6.9}$$

由于上式中的插值函数 $[L]$ 仅应用于单元边界上，因此，构造满足单元之间协调性的插值函数 $[L]$ 比较容易。广义位移 $\{a\}^e$ 的元素个数和应力参数 $\{\beta\}$ 的元素个数可以分别独立地选择。

对于可以假设边界条件的应力杂交元来说，给定的边界应力不再构成应力事先需要满足的边界条件。因此，可以将

$$-\int_\sigma (T_i-\overline{T}_i)u_i\mathrm{d}S \tag{5.6.10}$$

引入泛函，即：

$$\Pi_c^m(\sigma)=\sum_e\left(\int_{V^e}\frac{1}{2}C_{ijkl}\sigma_{ij}\sigma_{kl}\mathrm{d}V-\int_{S_\Sigma^e}T_iu_i\mathrm{d}S+\int_{S_u^e}\overline{T}_iu_i\mathrm{d}S\right) \tag{5.6.11}$$

式中：S_Σ^e 为单元的全部边界，$S_\Sigma^e=S^e+S_\sigma^e+S_u^e$，而在位移边界 S_u^e 上，$u_i=\overline{u}_i$。

将式(5.6.7)～式(5.6.9)代入式(5.6.11)得：

$$\begin{aligned}\Pi_c^m=\sum_e\Big(&\frac{1}{2}\{\beta\}^T[H]\{\beta\}+\{\beta\}^T[H]_F\{\beta\}_F-\\&\{\beta\}^T[G]\{a\}^e+\{S\}^T\{a\}^e+C_e\Big)\end{aligned} \tag{5.6.12}$$

式中：

$$\begin{aligned}&[H]=\int_{V^e}[P]^T[C][P]\mathrm{d}V,\quad [H]_F=\int_{V^e}[P]^T[C][P]_F\mathrm{d}V\\&[G]=\int_{S_\Sigma^e}[R]^T[L]\mathrm{d}S,\quad \{S\}^T=-\{\beta\}_F^T[G]_F+\int_{S_\sigma^e}\{\overline{T}\}^T[L]\mathrm{d}S\\&[G]_F=\int_{S_\Sigma^e}[R]_F^T[L]\mathrm{d}S,\quad C_e=\frac{1}{2}\{\beta\}_F^T\left(\int_{V^e}[P]_F^T[C][P]_F\mathrm{d}V\right)\{\beta\}_F\end{aligned} \tag{5.6.13}$$

由式(5.6.12)的变分可得泛函的驻值条件：

$$[H]\{\beta\}+[H]_F\{\beta\}_F-[G]\{a\}^e=0 \tag{5.6.14}$$

$$\sum_e(\{\beta\}^T[G]-\{S\}^T)\delta\{a\}^e=0 \tag{5.6.15}$$

从式(5.6.14)可求得应力参数 $\{\beta\}_0$ 与广义位移 $\{a\}$ 的关系：

$$\{\beta\}=[H]^T([G]\{a\}^e-[H]_F\{\beta\}_F) \tag{5.6.16}$$

将上式代入式(5.6.12)得以广义位移表示的泛函

$$\Pi_c^m=-\sum_e\left(\frac{1}{2}(\{a\}^e)^T[K]^e\{a\}^e-(\{a\}^e)^T\{Q\}^e+A_e\right) \tag{5.6.17}$$

式中：

$$[K]^e=[G]^T[H]^{-1}[G] \tag{5.6.18}$$

$$\{Q\}^e=[G]^T[H]^{-1}[H]_F\{\beta\}_F+\{S\} \tag{5.6.19}$$

$$A_e=\frac{1}{2}\{\beta\}_F^T[H]_F^T[H]^{-1}[H]_F\{\beta\}_F-C_e \tag{5.6.20}$$

式(5.6.17)形式上与最小位能原理的泛函 Π_p 相同，其中 $[K]^e$ 为单元刚度矩阵，$\{Q\}^e$ 为单元荷载向量，A_e 为与特解 $\{\beta\}_F$ 有关的常数，由于它不出现在变分后的有限元方程中，因此，它只是推导过程中的中间项，对求解没有影响。

将式(5.6.17)代入变分原理得结构的有限元方程

$$[K]\{a\}-\{Q\}=0 \tag{5.6.21}$$

式中：

$$[K]=\sum_e[K]^e,\{a\}=\sum_e\{a\}^e,\{Q\}=\sum_e\{Q\}^e$$

上式与基于最小位能原理得到的有限元方程具有相同的形式，$[K]$ 的对角线上没有零元素，因此，可以采用矩阵求逆的方法求解。

5.6.3 薄板弯曲问题的应力杂交元

对于薄板弯曲问题，修正的最小余能原理泛函式(5.6.11)可表示为：

$$\Pi_c^m(\sigma)=\sum_e\left(\int_{\Omega^e}\frac{1}{2}\{M\}^T[C]\{M\}d\Omega-\int_{S_\Sigma^e}\{T\}^T\{u\}dS+\int_{S_\sigma^e}\{\overline{T}\}^T\{u\}dS\right) \tag{5.6.22}$$

式中：

$$\{M\}=[M_x\quad M_y\quad M_{xy}]^T$$

$$[C]=\frac{12}{Et^3}\begin{bmatrix}1 & -v & 0\\ -v & 1 & 0\\ 0 & 0 & 2(1+v)\end{bmatrix}$$

$$\{T\}=\begin{Bmatrix}V_n\\ M_n\end{Bmatrix},\quad \{u\}=\begin{Bmatrix}w\\ -\dfrac{\partial w}{\partial n}\end{Bmatrix},\quad \{\overline{T}\}=\begin{Bmatrix}\overline{V}_n\\ \overline{M}_n\end{Bmatrix}$$

其中：

$$V_n=Q_n+\frac{\partial M_n}{\partial s}$$

式(5.6.22)的泛函中，独立变分的场函数为单元内的 M_x，M_y，M_{xy}，以及单元交界面上的 w 和 $\partial w/\partial n$，补充条件是 M_x，M_y，M_{xy} 满足平衡方程

$$\frac{\partial^2 M_x}{\partial x^2}+2\frac{\partial^2 M_{xy}}{\partial x\,\partial y}+\frac{\partial^2 M_y}{\partial y^2}+q=0 \tag{5.6.23}$$

现以图 5.11 所示一矩形板单元为例来作进一步的说明。该板单元的每个结点有 3 个位移参数 w，$\partial w/\partial x$，$\partial w/\partial y$，则单元位移向量可表示为：

$$\{a\}^e=[\{a\}_1\quad\{a\}_2\quad\{a\}_3\quad\{a\}_4]^T \tag{5.6.24}$$

其中：

$$\{a\}_i=[w_i\quad(\partial w/\partial x)_i\quad(\partial w/\partial y)_i]^T\quad(i=1,2,3,4)$$

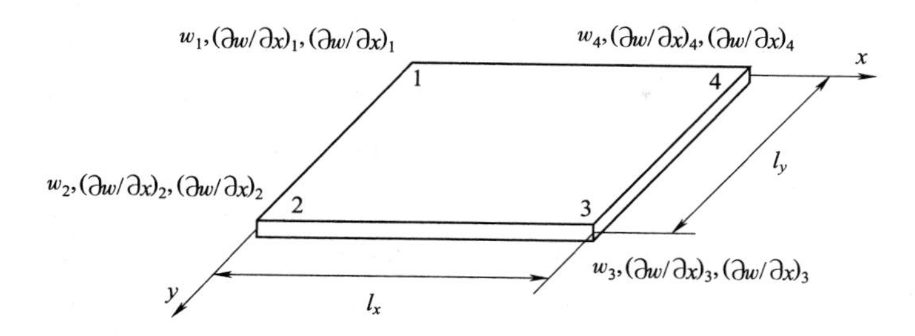

图 5.11 薄板弯曲的矩形单元

该单元每条边界 S_{ij} ($ij=12,23,43,14$) 的两端结点 s_i 和 s_j 上有 4 个结点参数 w_i，$(\partial w/\partial s)_i$，$w_j$，$(\partial w/\partial s)_j$，因此，可以采用与 Euler 梁单元相同的位移函数

$$w_{ij}(s)=H_i^{(0)}(s)w_i+H_i^{(1)}(s)\left(\frac{\partial w}{\partial s}\right)_i+H_j^{(0)}(s)w_j+H_j^{(1)}(s)\left(\frac{\partial w}{\partial s}\right)_j \tag{5.6.25}$$

式中：

$$H_i^{(0)}(s)=1-3\frac{s^2}{l_{ij}^2}+2\frac{s^3}{l_{ij}^3}$$

$$H_i^{(1)}(s)=s-2\frac{s^2}{l_{ij}}+\frac{s^3}{l_{ij}^2}$$

$$H_j^{(0)}(s)=3\frac{s^2}{l_{ij}^2}-2\frac{s^3}{l_{ij}^3}$$

$$H_j^{(1)}(s)=-\frac{s^2}{l_{ij}}+\frac{s^3}{l_{ij}^2}$$

而边界 i-j 上的方向导数 $\partial w/\partial n$ 只有 2 个结点参数 $(\partial w/\partial n)_i$ 和 $(\partial w/\partial n)_j$，因此，可采用线性插值函数

$$\left(\frac{\partial w}{\partial n}\right)_{ij}(s)=N_i(s)\left(\frac{\partial w}{\partial n}\right)_i+N_j(s)\left(\frac{\partial w}{\partial n}\right)_j \tag{5.6.26}$$

式中：

$$N_i=1-\frac{s}{l_{ij}},\quad N_j=\frac{s}{l_{ij}}$$

由式(5.6.25)和式(5.6.26)可知，该单元的边界位移向量可表示成

$$\{u\}=[L]\{a\}^{\mathrm{e}} \tag{5.6.27}$$

其中：

$$\{u\}=\left[w_{12}\quad \left(\frac{\partial w}{\partial x}\right)_{12}\quad w_{23}\quad -\left(\frac{\partial w}{\partial y}\right)_{23}\quad w_{43}\quad -\left(\frac{\partial w}{\partial x}\right)_{43}\quad w_{14}\quad \left(\frac{\partial w}{\partial y}\right)_{14}\right]^{\mathrm{T}}$$

$$\{a\}^{\mathrm{e}}=\left[w_1\quad \left(\frac{\partial w}{\partial x}\right)_1\quad \left(\frac{\partial w}{\partial y}\right)_1\quad w_2\quad \left(\frac{\partial w}{\partial x}\right)_2\quad \left(\frac{\partial w}{\partial y}\right)_2\quad w_3\quad \left(\frac{\partial w}{\partial x}\right)_3\quad \left(\frac{\partial w}{\partial y}\right)_3\quad w_4\quad \left(\frac{\partial w}{\partial x}\right)_4\quad \left(\frac{\partial w}{\partial y}\right)_4\right]^{\mathrm{T}}$$

$$[L]=\begin{bmatrix} H_1^{(0)} & 0 & H_1^{(1)} & H_2^{(0)} & 0 & H_2^{(1)} & 0 & 0 & 0 & 0 & 0 & 0 \\ 0 & N_1 & 0 & 0 & N_2 & 0 & 0 & 0 & 0 & 0 & 0 & 0 \\ 0 & 0 & 0 & H_1^{(0)} & H_1^{(1)} & 0 & H_2^{(0)} & H_2^{(1)} & 0 & 0 & 0 & 0 \\ 0 & 0 & 0 & 0 & 0 & N_1 & 0 & 0 & N_2 & 0 & 0 & 0 \\ 0 & 0 & 0 & 0 & 0 & 0 & H_2^{(0)} & H_2^{(1)} & 0 & H_1^{(0)} & 0 & H_1^{(1)} \\ 0 & 0 & 0 & 0 & 0 & 0 & 0 & 0 & N_2 & 0 & N_1 & 0 \\ H_1^{(0)} & H_1^{(1)} & 0 & 0 & 0 & 0 & 0 & 0 & 0 & H_2^{(0)} & H_2^{(1)} & 0 \\ 0 & 0 & N_1 & 0 & 0 & 0 & 0 & 0 & 0 & 0 & 0 & N_2 \end{bmatrix}$$

在满足平衡方程式(5.6.23)的条件下，M_x，M_y，M_{xy} 可取完全的三次式

$$\begin{aligned} M_x &= \beta_1+\beta_4 y+\beta_6 x+\beta_{10} y^2+\beta_{12} x^2+\beta_{14} xy+\beta_{16} y^3+\beta_{18} x^3+\beta_{20} x^2 y+\beta_{22} xy^2 \\ M_y &= \beta_2+\beta_5 x+\beta_7 y+\beta_{11} x^2+\beta_{13} y^2+\beta_{15} xy+\beta_{17} x^3+\beta_{19} y^3+\beta_{21} x^2 y+\beta_{23} xy^2 \\ M_{xy} &= \beta_3+\beta_8 y+\beta_9 x-(\beta_{12}+\beta_{13})xy-\frac{1}{2}(3\beta_{18}+\beta_{23})x^2 y-\frac{1}{2}(3\beta_{19}+\beta_{20})xy^2 \end{aligned} \tag{5.6.28}$$

其矩阵表达式为：

$$\{M\}=[P]\{\beta\} \tag{5.6.29}$$

其中：

$$[P]=\begin{bmatrix} 1 & 0 & 0 & y & 0 & x & 0 & 0 & 0 & y^2 & 0 & x^2 & 0 & xy & 0 & y^3 & 0 & x^3 & 0 & x^2 y & 0 & xy^2 & 0 \\ 0 & 1 & 0 & 0 & x & 0 & y & 0 & 0 & 0 & x^2 & 0 & y^2 & 0 & xy & 0 & x^3 & 0 & y^3 & 0 & x^2 y & 0 & xy^2 \\ 0 & 0 & 1 & 0 & 0 & 0 & 0 & y & x & 0 & 0 & -xy & -xy & 0 & 0 & 0 & 0 & -\frac{3}{2}x^2 y & -\frac{3}{2}xy^2 & -\frac{1}{2}xy^2 & 0 & 0 & -\frac{1}{2}xy^2 \end{bmatrix}$$

$$\{\beta\}=[\beta_1 \quad \beta_2 \quad \cdots \quad \beta_{23}]^{\mathrm{T}}$$

由边界上的静力等效关系

$$V_x=Q_x+\frac{\partial M_{xy}}{\partial y}, \quad V_y=Q_y+\frac{\partial M_{xy}}{\partial x} \tag{5.6.30}$$

可得边界力与内部应力的关系

$$\{T\}=[R]\{\beta\} \tag{5.6.31}$$

其中：

$$\{T\}=[-(V_y)_{12} \quad -(M_y)_{12} \quad (V_x)_{23} \quad (M_x)_{23} \quad (V_y)_{43} \quad (M_y)_{43} \quad -(V_x)_{14} \quad -(M_x)_{14}]^{\mathrm{T}}$$

$$[R]=\begin{bmatrix} 0 & 0 & 0 & 0 & 0 & 0 & -1 & 0 & -1 & 0 & 0 & y & -y & 0 & -x & 0 & 0 & 3xy & -\frac{3}{2}y^2 & \frac{1}{2}y^2 & -x^2 & 0 & -xy \\ 0 & -1 & 0 & 0 & -x & 0 & -y & 0 & 0 & 0 & -x^2 & 0 & -y^2 & 0 & -xy & 0 & -x^3 & 0 & -y^3 & 0 & -x^2 y & 0 & -xy^2 \\ 0 & 0 & 0 & 0 & 0 & 1 & 0 & 1 & 0 & 0 & 0 & x & -x & y & 0 & 0 & 0 & \frac{3}{2}x^2 & 3xy & xy & 0 & y^2 & -x^2 \\ 1 & 0 & 0 & y & 0 & x & 0 & 0 & 0 & y^2 & 0 & x^2 & 0 & xy & 0 & y^3 & 0 & x^3 & 0 & x^2 y & 0 & xy^2 & 0 \\ 0 & 0 & 0 & 0 & 0 & 0 & 1 & 0 & 1 & 0 & 0 & -y & y & 0 & x & 0 & 0 & -3xy & \frac{3}{2}y^2 & -\frac{1}{2}y^2 & x^2 & 0 & xy \\ 0 & 1 & 0 & 0 & x & 0 & y & 0 & 0 & 0 & x^2 & 0 & y^2 & 0 & xy & 0 & x^3 & 0 & y^3 & 0 & x^2 y & 0 & xy^2 \\ 0 & 0 & 0 & 0 & 0 & -1 & 0 & -1 & 0 & 0 & 0 & -x & x & -y & 0 & 0 & 0 & -\frac{3}{2}x^2 & -3xy & -xy & 0 & -y^2 & x^2 \\ -1 & 0 & 0 & -y & 0 & -x & 0 & 0 & 0 & -y^2 & 0 & -x^2 & 0 & -xy & 0 & -y^3 & 0 & -x^3 & 0 & -x^2 y & 0 & -xy^2 & 0 \end{bmatrix}$$

需要说明的是，用等效剪力代替扭矩将引起角结点的附加集中力，其大小等于角结点上 M_{xy} 的两倍。如果该集中力未包含在边界力 $\{T\}$ 中，则它们应添加到式(5.6.12)的 $[G]$ 中，以形成它的修正表达式。附加在角结点的集中力与 $\{\beta\}$ 有如下的线性关系：

$$\Delta V_1 = -2\beta_3$$

$$\Delta V_2 = 2(\beta_3 + l_x\beta_9)$$

$$\Delta V_3 = -2[\beta_3 + l_y\beta_8 + l_x\beta_9 - l_x l_y(\beta_{12} + \beta_{13})] + l_x^2 l_y(3\beta_{18} + \beta_{23}) + l_x l_y^2(3\beta_{19} + \beta_{20})$$

$$\Delta V_4 = 2(\beta_3 + l_y\beta_8)$$

将式(5.6.27)、式(5.6.29)和式(5.6.31)中矩阵 $[L]$、$[P]$ 和 $[R]$ 代入式(5.6.18)和式(5.6.19)即可求得单元刚度矩阵 $[K]^e$ 和荷载向量 $\{Q\}^e$，从而由式(5.6.21)得到结构的有限元方程，进而求解。

图 5.12 给出了受均布荷载作用的简支方板中点挠度计算误差比较，其中曲线(1)为 DKT 单元的计算误差随单元数量增多的变化趋势；曲线(2)和(3)分别为三结点三角形非协调元和协调元的计算误差随单元数量增多的变化趋势；曲线(4)为采用再分割法得到的三结点三角形协调元的计算误差随单元数量增多的变化趋势；曲线(5)是对曲线(3)进行曲率磨平处理的结果；曲线(6)为应力杂交元的计算误差随单元数量增多的变化趋势。从图中可以看出，应力杂交元只有在单元数量较多时，其计算结果的误差才是可以接受的。比较而言，DKT 单元的计算精度较高。

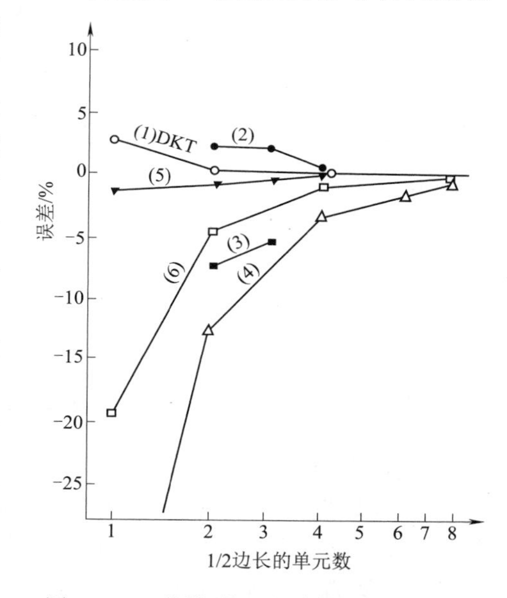

图 5.12　不同板单元的计算误差比较

下面就选取广义位移 $\{a\}$ 的数量 n 和应力参数 $\{\beta\}$ 的数量 m 作进一步的讨论。从图 5.11 所示矩形单元的讨论中得知，在每个角结点有 3 个位移参数 w_i，$(\partial w/\partial x)_i$，$(\partial w/\partial y)_i$ 的条件下，边界上的挠度 w 是三次函数，而法向导数 $\partial w/\partial n$ 是线性函数。如果增加 $(\partial^2 w/\partial x\partial y)_i$ 为角结点位移参数，则边界上的 $\partial w/\partial n$ 也是三次函数。在确定应力参数 $\{\beta\}$ 的数量时，应首先保证刚度矩阵 $[K]$ 的非奇异性。从式(5.6.17)可以看出，刚度矩阵 $[K]$ 的秩与 $[H]$ 的秩有关。而由式(5.6.12)可知，$[H]$ 的秩取决于 $\{\beta\}$ 的数量 m，则 $[K]$ 非奇异的必要条件可表示为：

$$Mm \geqslant N \tag{5.6.32}$$

式中：M 为结构的单元数量；N 为结构的自由度数。

对于应力杂交元，在确定边界位移模式之后，选择应力参数的数量 m 实质上是在给定边界位移条件的基础上选择试探函数的模式。m 越大则解答越接近满足内部的位移协调条件，单元的性质越接近位移协调元，即结构表现的更刚硬。另一方面，在确定 m 后如果增大 n，则结构刚性降低，表现的更柔软。

图 5.13 给出了受集中荷载作用的简支方板采用不同边界位移模式和不同内部应力模式计算的误差比较，其中，边界位移 w 是三次变化的；其法向导数 $\partial w/\partial n$ 有线性变化($n=12$)和三次变化($n=16$)两种模式；内部应力有线性变化($m=9$)、二次变化($m=15$)和三次变化($m=$

23)三种模式,图中比较了 6 种不同的模式组合。计算结果表明,合理地组合边界位移模式和内部应力模式可以得到误差最小的解答。对于图中计算的中心受集中力作用的简支方板,线性法向导数和线性力矩的组合是最佳边界位移模式和最佳内部应力模式的组合,而三次法向导数与线性力矩的组合则导致计算误差增大;但同时增加法向导数和力矩的次数,即同时增大 n 和 m,则计算结果的误差仍是降低的。

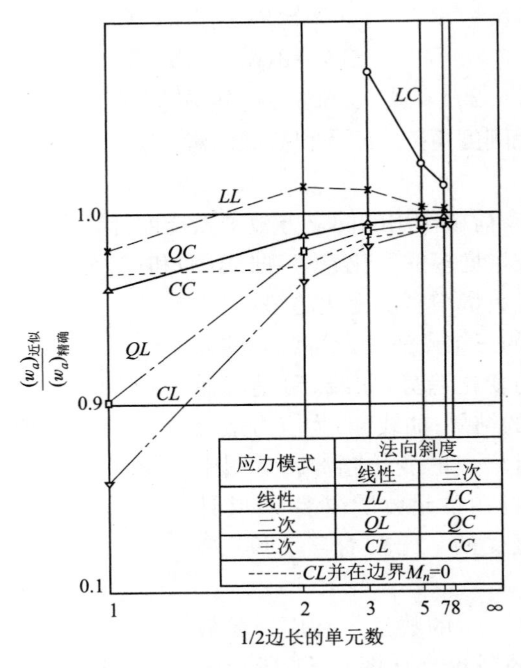

图 5.13 不同边界位移与不同内部应力组合的计算误差比较

需要指出的是,采用式(5.6.11)所示的泛函时,在给定力边界上的单元不必满足此给定条件。图 5.13 中的 6 条标有字母的曲线就是采取这样的方案计算得到的,即未考虑简支边界 $M_n=0$ 的条件。当然,也可以在选择应力参数时就满足 $M_n=0$ 的条件,如图 5.13 中未标注字母的------型曲线。比较可知,在相同的内部应力和边界位移模式(图中标有 CL 的曲线)条件下,选择的应力参数在边界上满足 $M_n=0$ 的条件,计算结果有所改进,特别是在单元数量较少时,改进非常明显。但随着单元数量的增加,改进效果消失殆尽。

第 6 章　单元与插值函数

6.1 概　　述

从前面几章的讨论中，我们了解到，有限元方程的建立依赖于单元的插值函数。在计算单元刚度矩阵和荷载向量时，首先就要求出单元的插值函数及其导数，而并不直接用到单元的场函数(位移函数)。因此，如果求得了单元插值函数，则不需要知道场函数的具体形式。但是，前面几章的讨论可能给大家一个错觉，单元插值函数必须依赖于单元场函数求出。因为我们在前面几章的讨论中都是从单元场函数出发，通过求解场函数中的待定系数来得到单元插值函数的。而且对于结点参数非单一的场函数结点值或结点较多的单元来说，求解过程十分繁杂，是一项笨拙的手工劳动。

单元插值函数取决于单元的形状、结点类型和数量等因素，其中结点类型是指结点参数的类型。一些单元的结点参数只有场函数的结点值，如第 3 章中的一般弹性力学单元，第 4 章中的轴力杆单元。而另一些单元的结点参数则不仅包括场函数的结点值，还有场函数导数的结点值，如第 4 章中的梁单元和第 5 章的板单元。单元结点参数的类型取决于单元的变形性质，即单元是否在荷载作用下产生弯曲变形。当然，如果这样的单元采用场函数结点值与其导数的结点值分别独立插值的方法来模拟，则其插值函数与结点参数仅包含场函数结点值的单元相同。这两类单元的泛函中，场函数的最高导数阶数是不同的。对于结点参数仅包含场函数结点值的单元，其泛函的最高导数阶数是 1，则单元交界面上只要求场函数本身连续，即单元具有 C_0 连续性。而结点参数同时包含场函数及其导数结点值的单元，其泛函中最高导数的阶数是 2，则要求场函数的一阶导数在单元交界面上也连续，即单元具有 C_1 连续性。

由于单元插值函数是单元场函数的插值表示格式中的试探函数，而多项式具有便于运算和易于满足收敛性要求的特点，因此，有限单元方法几乎全部采用不同阶次幂函数组成的多项式来构造插值函数。从前面的讨论中我们看到，为了唯一地确定场函数中的待定系数，有时需要在场函数中增加并不提高单元阶次的高阶项，使得场函数成为某一阶不完全多项式；而有时则需要增加并不提高单元阶次的内部结点，以保证场函数为某一阶的完全多项式。亦或是增加并不出现在有限元方程中的结点参数(协调板单元)，以满足单元协调性的要求。总之，单元插值函数的构造是一个需要考虑各种影响因素的工作，如果按照前面几章介绍的方法来构造，那将是一个十分困难的数学推演过程。但事实上，我们可以利用现有的各种插值函数来构造单元插值函数，而避开求解待定系数的高阶方程组求解过程。

本章介绍构造插值函数的基本思路及一般的方法，而不涉及特殊用途的单元插值函数构造，如应力杂交元等。

6.2 一维单元

一维单元是指单元的位移函数仅是单变量函数，即：$u=f(x)$。由于单元位移函数的自变量是单元上几何点的位置坐标，因此，一维单元是这样一类单元，它的位移仅沿一个(坐标)方向发生变化，而沿其他两个(坐标)方向保持不变(位移相同而非位移为零)。具有这样位移特征的单元在结构中被称之为杆或梁单元，其几何特征是主轴方向的尺寸远远大于横截面的尺寸。当然，这样的位移模式仅是一种近似程度极高的假设，以便于问题的求解。

杆和梁虽然具有相同的几何形状，但由于受力和变形形式的区别，它们是两类不同的一维单元，杆仅有沿主轴方向的位移，而梁则同时存在垂直于主轴方向的弯曲位移，该位移是以挠度 v 和转角 θ 两个参数表示的，且两个参数之间有着数学上的某种联系—— $\theta=\mathrm{d}y/\mathrm{d}x$(Euler 梁) 和 $\theta=\mathrm{d}y/\mathrm{d}x-\gamma$(Timoshenko 梁)，因此，杆单元和梁单元的插值函数分别用 Lagrange 插值函数和 Hermite 插值函数来构造，有限元方法中也分别称之为 Lagrange 单元和 Hermite 单元。

6.2.1 Lagrange 单元

结构力学中的杆是组成桁架的基本构件，由于桁架的结构特点(铰接)和受力特点(仅受主轴方向的荷载作用)，使得桁架杆可用二力杆的力学模型来表示，这就是弹性力学有限元方法中的轴力杆单元，简称为杆单元。

在 2.2.2 节我们了解了单元插值函数的性质：

$$N_i(x_j,y_j)=\delta_{ij}=\begin{cases}1 & j=i\\ 0 & j\neq i\end{cases}\quad (i,j=1,2,\cdots,m) \tag{6.2.1}$$

和

$$\sum_{i=1}^{m}N_i(x,y)=1 \tag{6.2.2}$$

式(6.2.1)和式(6.2.2)是结点参数仅包含场函数结点值的单元插值函数必须满足的条件，对于一维单元，它们可表示为：

$$N_i(x_j)=\delta_{ij},\quad \sum_{i=1}^{m}N_i(x)=1 \tag{6.2.3}$$

由于 Lagrange 插值多项式也具有上述性质，因此，可以直接用来构造杆单元的插值函数。由 Lagrange 插值多项式的形式可知，对于有 n 个结点的杆单元，其第 i 个结点的插值函数 $N_i(x)$ 可采用 $n-1$ 次的 Lagrange 插值多项式 $l_i^{(n-1)}(x)$ 来构造，即：

$$\begin{aligned}N_i(x)&=l_i^{(n-1)}(x)=\prod_{j=1,j\neq i}^{n}\frac{x-x_j}{x_i-x_j}\\&=\frac{(x-x_1)(x-x_2)\cdots(x-x_{i-1})(x-x_{i+1})\cdots(x-x_n)}{(x_i-x_1)(x_i-x_2)\cdots(x_i-x_{i-1})(x_i-x_{i+1})\cdots(x_i-x_n)}\quad(i=1,2,\cdots,n)\end{aligned} \tag{6.2.4}$$

其中，$l_i^{(n-1)}(x)$的上标$(n-1)$表示 Lagrange 插值多项式的次数，即式(6.2.4)的连乘积项数。$x_1,x_2,\cdots,x_n$ 为 n 个结点的坐标值。

当 $n=2$ 时，由式(6.2.4)可求得：

$$l_1^{(1)}(x)=\frac{x-x_2}{x_1-x_2},\quad l_2^{(1)}(x)=\frac{x-x_1}{x_2-x_1} \tag{6.2.5}$$

如果 $x_1=0$ 和 $x_2=l$(l 为单元长度)，则上式简化为：

$$l_1^{(1)}(x)=1-\frac{x}{l},\quad l_2^{(1)}(x)=\frac{x}{l} \tag{6.2.6}$$

式(6.2.6)即为单元局部坐标原点位于左端点的两结点杆单元的插值函数，与第3章中通过求解位移函数的待定系数得到的插值函数式(3.2.18)完全相同。当然，单元的结点较少时还显示不出利用 Lagrange 插值多项式构造单元插值函数的优势，让我们再来看一个三结点杆单元的例子。

设3个结点的坐标分别为 $x_1=0$、$x_2=l/2$ 和 $x_3=l$，即单元局部坐标原点仍位于左端点。将结点坐标值代入式(6.2.4)得：

$$l_1^{(2)}(x)=\left(1-\frac{x}{l}\right)\left(1-2\frac{x}{l}\right),\quad l_2^{(2)}(x)=4\left(1-\frac{x}{l}\right)\frac{x}{l},\quad l_3^{(2)}(x)=-\left(1-2\frac{x}{l}\right)\frac{x}{l} \tag{6.2.7}$$

为了实现有限元程序的模块化设计，通常采用无量纲坐标(也称为自然坐标)来规范化插值函数的表达乃至积分区间的标准化。对于坐标原点位于单元左端点的局部坐标系统，其自然坐标可表示为：

$$\xi=\frac{x}{l}\quad (0\leqslant\xi\leqslant 1) \tag{6.2.8}$$

由此可得以自然坐标表示的两结点 Lagrange 单元和三结点 Lagrange 单元的插值函数

$$l_1^{(1)}(\xi)=1-\xi,\quad l_2^{(1)}(\xi)=\xi \tag{6.2.9}$$

$$l_1^{(2)}(\xi)=(1-\xi)(1-2\xi),\quad l_2^{(2)}(\xi)=4(1-\xi)\xi,\quad l_3^{(2)}(x)=-(1-2\xi)\xi \tag{6.2.10}$$

而式(6.2.4)的自然坐标形式为：

$$l_i^{(n-1)}(\xi)=\prod_{j=1,j\neq i}^{n}\frac{\xi-\xi_j}{\xi_i-\xi_j}\qquad (i=1,2,\cdots,n) \tag{6.2.11}$$

为了与二维 Lagrange 单元保持一致，杆单元也可以采用原点位于单元中点的局部坐标系统，而为了表达的方便和积分区间的标准化，可将单元长度设置为 $2l$。该局部坐标系下，自然坐标与物理坐标仍保持式(6.2.8)的变换关系，但自然坐标的变化范围变为 $-1\leqslant\xi\leqslant 1$。

对于两结点 Lagrange 单元，其结点的自然坐标为 $\xi_1=-1$ 和 $\xi_2=1$，代入式(6.2.11)得自然坐标表示的插值函数

$$l_1^{(1)}(\xi)=\frac{1}{2}(1-\xi),\quad l_2^{(1)}(\xi)=\frac{1}{2}(1+\xi) \tag{6.2.12}$$

式(6.2.12)也可以统一表示为

$$l_i^{(1)}(\xi)=\frac{1}{2}(1+\xi_0) \tag{6.2.13}$$

式中：$\xi_0=\xi_i\xi$，$\xi_i=\pm 1$ 为 i 结点的自然坐标值。

当 $n=3$ 时，将 $\xi_1=-1$、$\xi_2=0$ 和 $\xi_3=1$ 代入式(6.2.11)得三结点 Lagrange 单元的插值多项式

$$l_1^{(2)}(\xi)=\frac{1}{2}\xi(\xi-1),\ l_2^{(2)}(\xi)=1-\xi^2,\ l_3^{(2)}(\xi)=\frac{1}{2}\xi(\xi+1) \tag{6.2.14}$$

上面的推导过程表明，采用 Lagrange 插值多项式构造结点参数仅为场函数结点值的一维

单元十分便利，可以省去选取场函数及求解待定系数的过程。由于采用 Lagrange 插值多项式构造的插值函数与第 3 章从建立完备的场函数入手得到的插值函数完全相同，因此，以 Lagrange 插值函数形式表示的场函数的完备性是无需证明的。

那么，它是否具有单元插值函数的性质呢，回答是肯定的，我们可以从式(6.2.4)直接得到证明：

$$N_i(x_k)=l_i^{(n-1)}(x_k)=\prod_{j=1,j\neq i}^{n}\frac{x_k-x_j}{x_i-x_j}=\delta_{ik} \tag{6.2.15}$$

至于

$$\sum_{i=1}^{n}N_i(x)=\sum_{i=1}^{n}l_i^{(n-1)}(x)=1 \tag{6.2.16}$$

则只要令场函数

$$\phi=\sum_{i=1}^{n}N_i(x)\phi_i=\sum_{i=1}^{n}l_i^{(n-1)}(x)\phi_i \tag{6.2.17}$$

中的结点值 $\phi_i=1(i=1,2,\cdots,n)$ 代入上式，即可得到：

$$\sum_{i=1}^{n}N_i(x)=\sum_{i=1}^{n}l_i^{(n-1)}(x)=1 \tag{6.2.18}$$

为便于构造其他形式的 Lagrange 单元，可将式(6.2.4)改写为：

$$N_i(x)=l_i^{(n-1)}(x)=\prod_{j=1,j\neq i}^{n}\frac{f_j(x)}{f_j(x_i)} \tag{6.2.19}$$

或

$$N_i(\xi)=l_i^{(n-1)}(\xi)=\prod_{j=1,j\neq i}^{n}\frac{f_j(\xi)}{f_j(\xi_i)} \tag{6.2.20}$$

式中：$f_j(x)=x-x_j$， $f_j(x_i)=x_i-x_j$ 和 $f_j(\xi)=\xi-\xi_j$， $f_j(\xi_i)=\xi_i-\xi_j$ 。由此可知，$f_j(x_j)=0$ 或 $f_j(\xi_j)=0$，从而保证了 $N_i(x_j)=0(i\neq j)$ 或 $N_i(\xi_j)=0(i\neq j)$ 。而 $f_j(x_i)$ 或 $f_j(\xi_i)$ 则是为了满足 $N_i(x_i)=1$ 或 $N_i(\xi_i)=1$ 的要求引入的。

6.2.2 Hermite 单元

1. Hermite 插值多项式

一些实际问题中，不仅要求场函数在结点上的函数值连续，而且还要求场函数的导数值也连续，如梁和板的弯曲问题。满足这种要求的插值多项式就是 Hermite(译作埃尔米特)插值多项式。

下面只讨论函数值和导数值个数相等的情况，设场函数 $v(x)$在 n 个结点 $x_1,x_2,\cdots,x_n$上的函数值和导数值为：

$$v_i=v(x_i),\quad \theta_i=\left.\frac{dv(x)}{dx}\right|_{x=x_i}\qquad (i=1,2,\cdots,n) \tag{6.2.21}$$

则场函数 $v(x)$可表示为插值多项式

$$v(x)=\sum_{i=1}^{n}\left[H_i^{(0)}(x)v_i+H_i^{(1)}(x)\theta_i\right] \tag{6.2.22}$$

其中的插值函数 $H_i^{(0)}(x)$ 和 $H_i^{(1)}(x)$ 满足：

$$H_i^{(0)}(x_j)=\delta_{ij},\quad \left.\frac{\mathrm{d}H_i^{(0)}(x)}{\mathrm{d}x}\right|_{x=x_j}=0$$

$$H_i^{(1)}(x_j)=0,\quad \left.\frac{\mathrm{d}H_i^{(1)}(x)}{\mathrm{d}x}\right|_{x=x_j}=\delta_{ij}\qquad (i,j=1,2,\cdots,n)\tag{6.2.23}$$

$$\sum_{i=1}^{n}H_i^{(0)}(x)=1$$

下面基于 Lagrange 插值多项式来求 $H_i^{(0)}(x)$ 和 $H_i^{(1)}(x)$ 。由式(6.2.23)可知 $H_i^{(0)}(x)$ 是一个不超过$(2n-1)$次的多项式,结点 x_j,$(j=1,2,\cdots,n;j\neq i)$ 为二重零点,x_i 为单重零点,因此,令:

$$H_i^{(0)}(x)=(ax+b)[l_i^{(n-1)}(x)]^2\tag{6.2.24}$$

为了方便书写,下面我们将略去 Lagrange 插值函数 $l_i^{(n-1)}(x)$ 符号中的阶次表达$(n-1)$,直接表示为 $l_i(x)$。利用式(6.2.23) 可以得到

$$\begin{aligned}H_i^{(0)}(x_i)&=(ax_i+b)l_i^2(x_i)=1\\ \left.\frac{\mathrm{d}H_i^{(0)}(x)}{\mathrm{d}x}\right|_{x=x_i}&=l_i(x_i)[al_i(x_i)+2(ax_i+b)l_i'(x_i)]=0\end{aligned}\tag{6.2.25}$$

由 Lagrange 插值多项式的性质 $l_i(x_j)=\delta_{ij}$ 可将式(6.2.25)简化为:

$$\begin{aligned}ax_i+b&=1\\ a+2l_i'(x_i)&=0\end{aligned}\tag{6.2.26}$$

由式(6.2.26)解得:

$$a=-2l_i'(x_i),\quad b=1+2x_il_i'(x_i)\tag{6.2.27}$$

代入式(6.2.24)得:

$$H_i^{(0)}(x)=[1-2(x-x_i)l_i'(x_i)]l_i^2(x)\tag{6.2.28}$$

同理,设

$$H_i^{(1)}(x)=(ax+b)l_i^2(x)\tag{6.2.29}$$

利用式(6.2.23)可以得到

$$\begin{aligned}(ax_i+b)l_i^2(x_i)&=0\\ l_i(x_i)[al_i(x_i)+2(ax_i+b)l'_i(x_i)]&=1\end{aligned}\tag{6.2.30}$$

由 Lagrange 插值多项式的性质 $l_i(x_j)=\delta_{ij}$ 可将式(6.2.30)简化为:

$$\begin{aligned}a&=1\\ ax_i+b&=0\end{aligned}\tag{6.2.31}$$

由此解得 $a=1$,$b=-x_i$,代入式(6.2.29)得:

$$H_i^{(1)}(x)=(x-x_i)l_i^2(x)\tag{6.2.32}$$

至此,我们得到了 Hermite 零阶和一阶插值多项式

$$\begin{aligned}H_i^{(0)}(x)&=[1-2(x-x_i)l'_i(x_i)]l_i^2(x)\\ H_i^{(1)}(x)&=(x-x_i)l_i^2(x)\end{aligned}\tag{6.2.33}$$

2. 梁单元插值函数

在第 3 章中,我们从位移函数

$$v=\beta_0+\beta_1x+\beta_2x^2+\beta_3x^3\tag{6.2.34}$$

出发，通过求解待定系数 $\beta_0,\beta_1,\beta_2,\beta_3$ 得到了两结点梁单元的弯曲挠度插值函数

$$\begin{aligned} H_1^{(0)}(x)&=1-3\frac{x^2}{l^2}+2\frac{x^3}{l^3}\\ H_1^{(1)}(x)&=x-2\frac{x^2}{l}+\frac{x^3}{l^2}\\ H_2^{(0)}(x)&=3\frac{x^2}{l^2}-2\frac{x^3}{l^3}\\ H_2^{(1)}(x)&=-\frac{x^2}{l}+\frac{x^3}{l^2} \end{aligned} \tag{6.2.35}$$

下面利用 Hermite 插值多项式直接导出式(6.2.35)。设梁的 2 个结点坐标分别为 $x_1=0$ 和 $x_2=l$，代入式(6.2.33)得：

$$\begin{aligned} H_1^{(0)}(x)&=[1-2xl_1'(0)]l_1^2(x)\\ H_1^{(1)}(x)&=xl_1^2(x)\\ H_2^{(0)}(x)&=[1-2(x-l)l_2'(l)]l_2^2(x)\\ H_2^{(1)}(x)&=(x-l)l_2^2(x) \end{aligned} \tag{6.2.36}$$

由式(6.2.6)可知：

$$l_1^2(x)=1-2\frac{x}{l}+\frac{x^2}{l^2},l_2^2(x)=\frac{x^2}{l^2},l_1'(0)=-1,l_2'(l)=1 \tag{6.2.37}$$

将上式代入式(6.2.36)并整理得：

$$\begin{aligned} H_1^{(0)}(x)&=1-3\frac{x^2}{l^2}+2\frac{x^3}{l^3}\\ H_1^{(1)}(x)&=x-2\frac{x^2}{l}+\frac{x^3}{l^2}\\ H_2^{(0)}(x)&=3\frac{x^2}{l^2}-2\frac{x^3}{l^3}\\ H_2^{(1)}(x)&=\frac{x^3}{l^2}-\frac{x^2}{l} \end{aligned} \tag{6.2.38}$$

上式与第 3 章中采用求解位移函数中的待定系数方法得到的结果完全相同，因此，利用 Hermite 插值多项式构造的梁单元插值函数能够保证单元位移函数的完备性。

式(6.2.38)的自然坐标形式为：

$$\begin{aligned} H_1^{(0)}(\xi)&=1-3\xi^2+2\xi^3\\ H_1^{(1)}(x)&=(\xi-2\xi^2+\xi^3)l\\ H_2^{(0)}(x)&=3\xi^2-2\xi^3\\ H_2^{(1)}(x)&=(\xi^3-\xi^2)l \end{aligned} \tag{6.2.39}$$

3. 高阶 Hermite 单元

当结点参数中包含场函数的高阶导数(二阶以上)值时，则需要采用高阶 Hermite 插值多项式。由式(6.2.22)可知，如果结点参数中包含的场函数导数值的最高阶数是 m，则 Hermite 单元的插值函数最高阶数为 m。那么，n 个结点中有 $n-1$ 个为 $m+1$ 重零点，而 1 个为 m 重零点。因此，Hermite 插值函数 $H_i^{(k)}(x)(k=0,1,2,\cdots,m)$ 应为不超过 $(m+1)n-1$ 次的多项式，即：

$$H_i^{(k)}(x)=(a_0x^m+a_1x^{m-1}+\cdots+a_ix^{m-i}+\cdots+a_m)[l_i^{(n-1)}(x)]^{m+1} \tag{6.2.40}$$

下面以二阶 Hermite 单元为例来介绍高阶 Hermite 单元的插值函数构造方法，为简单起见仍取两结点单元。此时，$m=2$ 和 $n=2$，即它的一个结点为三重零点，另一个结点为二重零点。由式(6.2.24)可知，此时的 Hermite 插值多项式可表示为：

$$H_i^{(k)}(x)=(a_0x^2+a_1x+a_2)[l_i^{(1)}(x)]^3\ (i=1,2;k=0,1,2) \tag{6.2.41}$$

它应满足

$$\begin{aligned}
&H_i^{(0)}(x_j)=\delta_{ij},\ \left.\frac{dH_i^{(0)}(x)}{dx}\right|_{x=x_j}=0,\quad \left.\frac{d^2H_i^{(0)}(x)}{dx^2}\right|_{x=x_j}=0\\
&H_i^{(1)}(x_j)=0,\quad \left.\frac{dH_i^{(1)}(x)}{dx}\right|_{x=x_j}=\delta_{ij},\ \left.\frac{d^2H_i^{(1)}(x)}{dx^2}\right|_{x=x_j}=0\quad (i,j=1,2)\\
&H_i^{(2)}(x_j)=0,\quad \left.\frac{dH_i^{(2)}(x)}{dx}\right|_{x=x_j}=0,\quad \left.\frac{d^2H_i^{(2)}(x)}{dx^2}\right|_{x=x_j}=\delta_{ij}
\end{aligned} \tag{6.2.42}$$

将式(6.2.42)分别代入式(6.2.41)得：

$$\begin{aligned}
&H_i^{(0)}(x_i)=[1-3(x-x_i)l_i'(x_i)+6\ (x-x_i)^2l'^2_i(x_i)]l_i^3(x)\\
&H_i^{(1)}(x)=(x-x_i)[1-3(x-x_i)l_i'(x_i)]l_i^3(x)\quad (i=1,2)\\
&H_i^{(2)}(x)=\frac{1}{2}(x-x_i)^2l_i^3(x)
\end{aligned} \tag{6.2.43}$$

将结点坐标代入上式得两结点二阶 Hermite 插值函数

$$\begin{aligned}
&H_1^{(0)}(x)=1-10\frac{x^3}{l^3}+15\frac{x^4}{l^4}-6\frac{x^5}{l^5}\\
&H_1^{(1)}(x)=x-6\frac{x^3}{l^2}+8\frac{x^4}{l^3}-3\frac{x^5}{l^4}\\
&H_1^{(2)}(x)=\frac{1}{2}\left(x^2-3\frac{x^3}{l}+3\frac{x^4}{l^2}-\frac{x^5}{l^3}\right)\\
&H_2^{(0)}(x)=10\frac{x^3}{l^3}-15\frac{x^4}{l^4}+6\frac{x^5}{l^5}\\
&H_2^{(1)}(x)=-4\frac{x^3}{l^2}+7\frac{x^4}{l^3}-3\frac{x^5}{l^4}\\
&H_2^{(2)}(x)=\frac{1}{2}\left(\frac{x^3}{l}-2\frac{x^4}{l^2}+\frac{x^5}{l^3}\right)
\end{aligned} \tag{6.2.44}$$

6.3 二维单元

6.3.1 矩形单元

矩形单元本身仅表示单元的几何形状，在不同形式的荷载作用下，它们可能具有完全不同的力学性能。如受面内荷载作用的属于一般的弹性力学问题，即第 2 章介绍的内容；而受出平面荷载作用时，则属于平板弯曲问题，即第 5 章介绍的内容。下面仅以四结点矩形单元为例来讨论具有相同几何特征的单元在不同类型荷载作用下的力学性能差异。

图 6.1 为两个不同坐标系统的四结点矩形单元，为了讨论问题的方便，此处选择了正方形单元作为研究对象，且局部坐标系统采用无量纲的自然坐标。

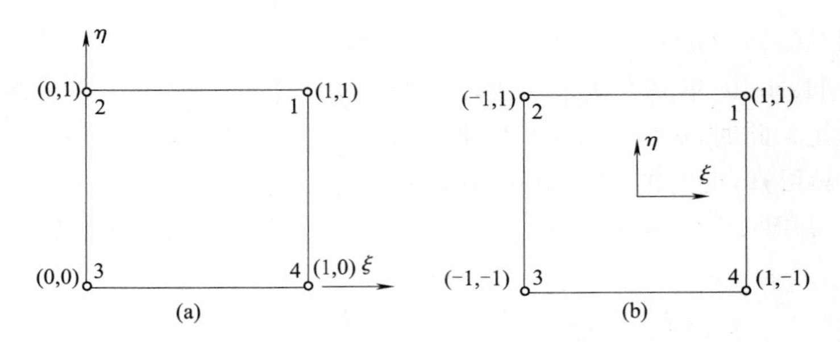

图 6.1　矩形单元的坐标系统

在第 3 章中，我们给出了弹性力学平面问题的矩形单元位移函数

$$\begin{aligned} u&=\alpha_0+\alpha_1\xi+\alpha_2\eta+\alpha_3\xi\eta \\ v&=\beta_0+\beta_1\xi+\beta_2\eta+\beta_3\xi\eta \end{aligned} \tag{6.3.1}$$

由于两个坐标方向的位移模式相同，因此，两个方向位移函数中的待定系数对应相等，即 $\alpha_i=\beta_i(i=0,1,2,3)$ 。而第 5 章中介绍的非协调矩形板单元的位移函数有 12 项

$$\begin{aligned} w(x,y)=&\alpha_1+\alpha_2x+\alpha_3y+\alpha_4x^2+\alpha_5xy+\alpha_6y^2+\alpha_7x^3+ \\ &\alpha_8x^2y+\alpha_9xy^2+\alpha_{10}y^3+\alpha_{11}x^3y+\alpha_{12}xy^3 \end{aligned} \tag{6.3.2}$$

因此，单元的性质主要取决于结点参数而不是几何形状。

在第 3 章中，我们仅介绍了三结点三角形单元的插值函数，为了讨论矩形单元插值函数的构造方法，首先采用第 3 章介绍的方法来求图 6.1(a)所示的矩形单元用于求解平面弹性力学问题的插值函数。为此，将单元 4 个结点的坐标和点方向的位移代入式(6.3.1)的第一式得：

$$\begin{aligned} u_1&=\alpha_0+\alpha_1+\alpha_2+\alpha_3 \\ u_2&=\alpha_0+\alpha_2 \\ u_3&=\alpha_0 \\ u_4&=\alpha_0+\alpha_1 \end{aligned} \tag{6.3.3}$$

由此解得 $\alpha_i(i=0,1,2,3)$ 再代入式(6.3.1)的第一式经整理得：

$$u=N_1u_1+N_2u_2+N_3u_3+N_4u_4 \tag{6.3.4}$$

式中：

$$N_1=\xi\eta,N_2=(1-\xi)\eta,N_3=(1-\xi)(1-\eta),N_4=\xi(1-\eta) \tag{6.3.5}$$

同理可求得图 6.1(b)所示坐标系统的插值函数

$$N_i=\frac{1}{4}(1+\xi_0)(1+\eta_0)\qquad(i=1,2,3,4) \tag{6.3.6}$$

式中：$\xi_0=\xi_i\xi,\eta_0=\eta_i\eta$ ，其中 ξ_i,η_i 为结点 i 的坐标值，对于图 6.1(b)所示坐标系统的矩形单元角结点 $\xi_i,\eta_i=\pm1$ 。

式(6.3.2)表示的场函数其插值函数与上述插值函数是完全不同的，参见第 5 章。它们之间的区别可以用一维单元中的 Lagrange 单元与 Hermite 单元的区别来比拟，此处不再赘述。

从前面的推导过程可以看出，对于结点较多的平面矩形单元，采用求解待定系数的方法构造插值函数将是一个繁杂而耗时的工作。因此，通常并不采用这样的方法来构造单元插值函数，而是采用与一维单元相同的方法，即利用现有的插值多项式来构造单元插值函数。

1. Lagrange 单元

Lagrange 单元顾名思义就是利用 Lagrange 插值多项式来构造矩形单元，而从 Lagrange

插值多项式的性质也可以获知，该类型单元适用于弹性力学平面问题的求解。

由6.2节的讨论可知，对于图6.1(a)所示的四结点矩形单元，可以利用其两个坐标方向的一维 Lagrange 插值函数

$$l_1^{(1)}(\xi)=1-\xi,\quad l_2^{(1)}(\xi)=\xi$$
$$l_1^{(1)}(\eta)=1-\eta,\quad l_2^{(1)}(\eta)=\eta \tag{6.3.7}$$

来构造4个结点的插值函数。对于结点1，其坐标位置相当于ξ和η方向一维单元的结点2，因此，可以采用ξ和η方向一维 Lagrange 单元结点2的插值函数来构造二维 Lagrange 单元的结点1插值函数

$$N_1(\xi,\eta)=l_2^{(1)}(\xi)l_2^{(1)}(\eta)=\xi\eta \tag{6.3.8}$$

同理可得

$$N_2(\xi,\eta)=l_1^{(1)}(\xi)l_2^{(1)}(\eta)=(1-\xi)\eta$$
$$N_3(\xi,\eta)=l_1^{(1)}(\xi)l_1^{(1)}(\eta)=(1-\xi)(1-\eta) \tag{6.3.9}$$
$$N_4(\xi,\eta)=l_2^{(1)}(\xi)l_1^{(1)}(\eta)=(1-\eta)\xi$$

与式(6.3.5)比较可知，Lagrange 矩形单元的位移函数是完备的。

对于图6.1(b)所示坐标系统，可利用式(6.2.12)表示的一维 Lagrange 插值多项式

$$l_1^{(1)}(\xi)=\frac{1}{2}(1-\xi),\quad l_2^{(1)}(\xi)=\frac{1}{2}(1+\xi)$$
$$l_1^{(1)}(\eta)=\frac{1}{2}(1-\eta),\quad l_2^{(1)}(\eta)=\frac{1}{2}(1+\eta) \tag{6.3.10}$$

来构造二维 Lagrange 单元的插值函数

$$N_1(\xi,\eta)=l_2^{(1)}(\xi)l_2^{(1)}(\eta)=\frac{1}{4}(1+\xi)(1+\eta)$$
$$N_2(\xi,\eta)=l_1^{(1)}(\xi)l_2^{(1)}(\eta)=\frac{1}{4}(1-\xi)(1+\eta)$$
$$N_3(\xi,\eta)=l_1^{(1)}(\xi)l_1^{(1)}(\eta)=\frac{1}{4}(1-\xi)(1-\eta) \tag{6.3.11}$$
$$N_4(\xi,\eta)=l_2^{(1)}(\xi)l_1^{(1)}(\eta)=\frac{1}{4}(1+\xi)(1-\eta)$$

上式就是式(6.3.6)的具体表达式，因此，由其插值得到的位移函数是完备的。

Lagrange 矩形单元也可以在两个方向具有不同数量的结点，对于ξ方向有7个结点、η方向有6个结点的高阶矩形单元(如图6.2所示)，采用上述 Lagrange 矩形单元的构造方法，可得i结点的插值函数

$$N_i(\xi,\eta)=l_2^{(6)}(\xi)l_4^{(5)}(\eta) \tag{6.3.12}$$

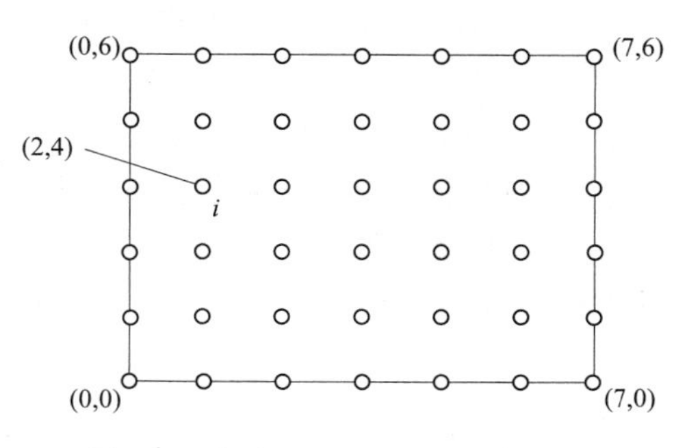

图6.2 高阶 Lagrange 矩形单元

尽管构造 Lagrange 矩形单元的插值函数很方便，但 Lagrange 矩形单元最大的缺点是，随着单元阶次的增加，内部结点也随之增多，如图6.3所示，从而增加了单元的自由度数，且这些单元内部的结点并不提高单元的精度，这一点可以通过分析 Lagrange 矩形单元的 PASCAL 三角形得出，如图6.4所示，图中包括顶点在内的某一等边

菱形包含的幂函数组成了 Lagrange 矩形单元的场函数多项式,从而给出了单元的结点数及场函数的阶次。其中菱形的上部三角形构成了某一阶完全多项式,而其余的高次项是不完全的高阶多项式,沿坐标的最高幂指数与完全多项式相同。如三次 Lagrange 矩形单元的场函数由虚线所构成的等边菱形所包含的 16 项幂函数组成,故三次 Lagrange 矩形单元的场函数有 16 项,因此,有 16 个结点,如图 6.3(c)所示。其中,6 项四次以上的多项式均为不完全高阶多项式,单个坐标的幂指数仍为 3,因此,场函数沿坐标仍是三次变化的。

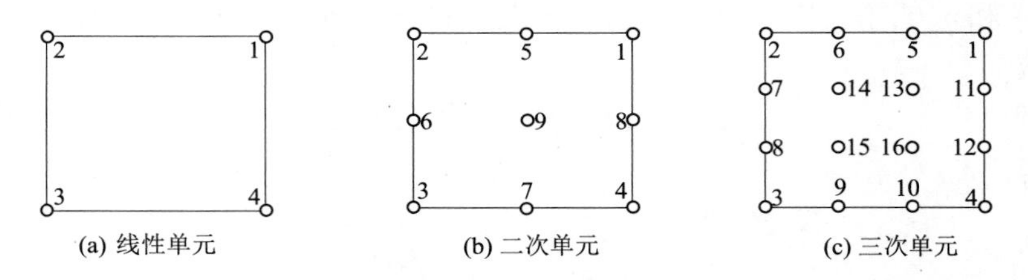

图 6.3　Lagrange 矩形单元的内部结点示意图

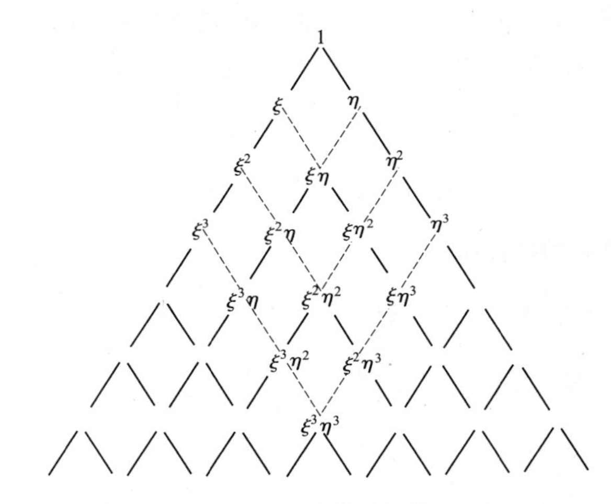

图 6.4　Lagrange 矩形单元的结点数与阶次

2. Hermite 单元

与 Lagrange 矩形单元的构造方法相同,Hermite 矩形单元的插值函数也采用两个坐标方向的一维 Hermite 单元插值函数的乘积来构造。因此,与 Lagrange 矩形单元不同,Hermite 矩形单元是用于求解平板弯曲问题的。当结点参数仅包含一阶场函数导数值的 Hermite 矩形单元,其插值函数可采用零阶和一阶 Hermite 插值多项式来构造。

对于四结点矩形单元,其插值函数是由两个坐标方向的一维两结点 Hermite 插值多项式的乘积形成的。如图 6.1(a)所示的矩形单元,其插值函数可表示为:

$$
\begin{aligned}
N_1(\xi,\eta) &= H_2^{(0)}(\xi)H_2^{(0)}(\eta)\\
N_2(\xi,\eta) &= H_2^{(1)}(\xi)H_2^{(0)}(\eta)\\
N_3(\xi,\eta) &= H_2^{(1)}(\xi)H_2^{(0)}(\eta)\\
N_4(\xi,\eta) &= H_2^{(1)}(\xi)H_2^{(1)}(\eta)
\end{aligned}
\qquad (6.3.13)
$$

$$\begin{aligned}N_5(\xi,\eta)&=H_1^{(0)}(\xi)H_2^{(0)}(\eta)\\N_6(\xi,\eta)&=H_1^{(1)}(\xi)H_2^{(0)}(\eta)\\N_7(\xi,\eta)&=H_1^{(1)}(\xi)H_2^{(0)}(\eta)\\N_8(\xi,\eta)&=H_1^{(1)}(\xi)H_2^{(1)}(\eta)\end{aligned}\tag{6.3.14}$$

$$\begin{aligned}N_9(\xi,\eta)&=H_1^{(0)}(\xi)H_1^{(0)}(\eta)\\N_{10}(\xi,\eta)&=H_1^{(1)}(\xi)H_1^{(0)}(\eta)\\N_{11}(\xi,\eta)&=H_1^{(1)}(\xi)H_1^{(0)}(\eta)\\N_{12}(\xi,\eta)&=H_1^{(1)}(\xi)H_1^{(1)}(\eta)\end{aligned}\tag{6.3.15}$$

$$\begin{aligned}N_{13}(\xi,\eta)&=H_2^{(0)}(\xi)H_1^{(0)}(\eta)\\N_{14}(\xi,\eta)&=H_2^{(1)}(\xi)H_1^{(0)}(\eta)\\N_{15}(\xi,\eta)&=H_2^{(1)}(\xi)H_1^{(0)}(\eta)\\N_{16}(\xi,\eta)&=H_2^{(1)}(\xi)H_1^{(1)}(\eta)\end{aligned}\tag{6.3.16}$$

与上述插值函数对应的结点参数为：

$$\begin{aligned}&z_1=w_1,\quad z_2=\left(\frac{\partial w}{\partial\xi}\right)_1,\quad z_3=\left(\frac{\partial w}{\partial\eta}\right)_1,\quad z_4=\left(\frac{\partial^2 w}{\partial\xi\,\partial\eta}\right)_1\\&z_5=w_2,\quad z_6=\left(\frac{\partial w}{\partial\xi}\right)_2,\quad z_7=\left(\frac{\partial w}{\partial\eta}\right)_2,\quad z_8=\left(\frac{\partial^2 w}{\partial\xi\,\partial\eta}\right)_2\\&z_9=w_3,\quad z_{10}=\left(\frac{\partial w}{\partial\xi}\right)_3,\quad z_{11}=\left(\frac{\partial w}{\partial\eta}\right)_3,\quad z_{12}=\left(\frac{\partial^2 w}{\partial\xi\,\partial\eta}\right)_3\\&z_{13}=w_4,\quad z_{14}=\left(\frac{\partial w}{\partial\xi}\right)_4,\quad z_{15}=\left(\frac{\partial w}{\partial\eta}\right)_4,\quad z_{16}=\left(\frac{\partial^2 w}{\partial\xi\,\partial\eta}\right)_4\end{aligned}\tag{6.3.17}$$

则 Hermite 矩形单元的场函数可表示为：

$$w(\xi,\eta)=\sum_{i=1}^{16}N_i z_i\tag{6.3.18}$$

由式(6.3.17)可知，Hermite 矩形单元的结点参数中包含场函数的二阶交叉导数值，无形中增加了单元的自由度，即增加了有限元方程的未知量，与第 5 章中讨论的板单元均不同。尽管其插值函数的构造极其方便，且场函数的对称性比较完整(如图 6.4 所示)，但增加的结点参数并不提高单元的精度，因为与 12 个结点参数的非协调矩形板单元相比，其场函数中增加的 4 项均为不完全的高阶多项式，即场函数仍为三次完全多项式。

3. Serendipity 单元

Serendipity 单元是用于求解一般弹性力学问题的单元，即与 Lagrange 单元具有相同的功能。Serendipity 单元的出现，使得非弯曲单元的插值函数构造有了更加灵活的方法，也从另一个侧面反映了单元插值函数构造的基本原则——只要满足单元插值函数的性质即可。

Serendipity 的字面意思是偶然的发现，这可能说明了该单元问世的偶然性。但 Serendipity 单元的出现不仅弥补了 Lagrange 单元的缺憾——爱不起来的单元内部结点，而且同一个单元的不同边界上可以有不同数量的结点，从而相邻单元可以具有不同数量的结点，即相邻单元可以是不同阶次的单元，从而实现了不同阶次单元之间的过渡。这意味着，根据弹性体的荷载和约束条件，在不同区域采用不同阶次的单元求解。但是，相邻单元的公共边界上仍必须具有相同数量的结点。尽管是不经意间创造了这样一个单元，但其插值函数的构造仍是有规律可循的。通过讨论 Serendipity 单元插值函数的构造方法，可以使我们进一步理解单元插值函数构造的一般方法。

创造 Serendipity 单元的目的是为了减少甚至去除 Lagrange 单元的内部结点，从而减少单元的自由度，缩短计算时间。因此，构造 Serendipity 单元的插值函数显然不能完全采用与 Lagrange 单元相同的方法来构造，下面以图 6.5 所示矩形单元来介绍 Serendipity 单元的插值函数构造方法。

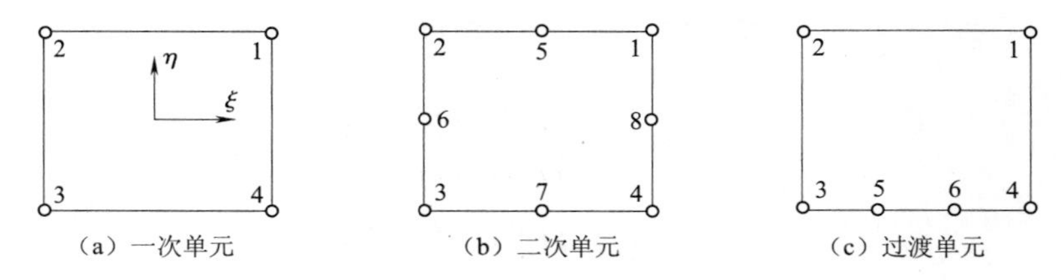

图 6.5　Serendipity 单元的结点示意图

构造 Serendipity 单元的插值函数仍是以 Lagrange 插值多项式为基础的，因为它们的单元性质相同——结点参数仅为场函数的结点值。但由于单元内部结点的缺失，不能直接利用 Lagrange 插值多项式来构造全部结点的插值函数。因为，如此构造出来的插值函数不再满足插值函数的性质

$$N_i(\xi_j,\eta_j)=\delta_{ij},\quad \sum_{i=1}^{n}N_i(\xi,\eta)=1 \tag{6.3.19}$$

以图 6.5(b)为例，由于没有单元内部结点，而采用 Lagrange 插值多项式构造出来的角结点插值函数在单元中点的值为零，从而不满足式(6.3.19)的第一式，而缺少了单元内部结点的插值函数，且边中结点插值函数在两个坐标方向阶次不同，因此，不满足式(6.3.19)的第二式。如果将角结点插值函数降低为线性的，即采用线性 Lagrange 单元的插值函数

$$\hat{N}_i(\xi,\eta)=\frac{1}{4}(1+\xi_0)(1+\eta_0)\qquad (i=1,2,3,4) \tag{6.3.20}$$

和边中结点插值函数来构造，则可以解决直接采用 Lagrange 插值多项式构造角结点插值函数带来的上述问题。因为，式(6.3.20)解决了直接采用 Lagrange 插值多项式构造的角结点插值函数在单元中点等于零的问题，而在连接角结点的两条边界上的边中结点不等于零的问题可以通过与相应边中结点插值函数的组合来解决，即：

$$N_i(\xi,\eta)=\hat{N}_i(\xi,\eta)-\sum_{j=1}^{m}\hat{N}_i(\xi_j,\eta_j)N_j(\xi,\eta)\quad (i=1,2,3,4) \tag{6.3.21}$$

式中：$N_j(\xi,\eta)$为连接角结点 i 的两条边界上的边中结点插值函数；m 为相应的结点数量。

由式(6.3.21)可知，构造 Serendipity 单元的插值函数，是从构造边中结点插值函数开始的，而边中结点的插值函数仍需采用两个坐标方向的 Lagrange 插值多项式来构造。对于如图 6.5(b)所示的二次 Serendipity 单元，需首先构造边中结点 5,6,7,8 的插值函数，进而构造角结点 1,2,3,4 的插值函数。

分析图 6.5(b)可知，二次 Serendipity 单元的边中结点在两个坐标方向的 Lagrange 插值多项式分别为二次多项式和一次多项式。结点 5 和结点 7 在 ξ 方向为二次 Lagrange 插值多

项式，在 η 方向为一次 Lagrange 插值多项式；结点 6 和结点 8 在 ξ 方向为一次 Lagrange 插值多项式，在 η 方向为二次 Lagrange 插值多项式，因此，应采用 ξ 方向的二次 Lagrange 插值多项式与 η 方向的一次 Lagrange 插值多项式来构造结点 5 和结点 7 的插值函数，而采用 ξ 方向的一次 Lagrange 插值多项式与 η 方向的二次 Lagrange 插值多项式来构造边结点 6 和结点 8 的插值函数，即：

$$
\begin{aligned}
N_5(\xi,\eta)&=l_2^{(2)}(\xi)l_2^{(1)}(\eta)=\frac{1}{2}(1-\xi^2)(1+\eta)\\
N_7(\xi,\eta)&=l_2^{(2)}(\xi)l_1^{(1)}(\eta)=\frac{1}{2}(1-\xi^2)(1-\eta)\\
N_6(\xi,\eta)&=l_1^{(1)}(\xi)l_2^{(2)}(\eta)=\frac{1}{2}(1-\xi)(1-\eta^2)\\
N_8(\xi,\eta)&=l_2^{(1)}(\xi)l_2^{(2)}(\eta)=\frac{1}{2}(1+\xi)(1-\eta^2)
\end{aligned}
\tag{6.3.22}
$$

式(6.3.22)可表示为：

$$
\begin{aligned}
N_i(\xi,\eta)&=\frac{1}{2}(1-\xi^2)(1+\eta_0)\quad(i=5,7)\\
N_j(\xi,\eta)&=\frac{1}{2}(1+\xi_0)(1-\eta^2)\quad(j=6,8)
\end{aligned}
\tag{6.3.23}
$$

将结点 5,6,7,8 的坐标值分别代入式(6.3.21)即可得到二次 Serendipity 单元的角结点插值函数

$$
\begin{aligned}
N_1(\xi,\eta)&=\hat{N}_1(\xi,\eta)-\frac{1}{2}N_5(\xi,\eta)-\frac{1}{2}N_8(\xi,\eta)\\
N_2(\xi,\eta)&=\hat{N}_2(\xi,\eta)-\frac{1}{2}N_5(\xi,\eta)-\frac{1}{2}N_6(\xi,\eta)\\
N_3(\xi,\eta)&=\hat{N}_3(\xi,\eta)-\frac{1}{2}N_7(\xi,\eta)-\frac{1}{2}N_6(\xi,\eta)\\
N_4(\xi,\eta)&=\hat{N}_4(\xi,\eta)-\frac{1}{2}N_7(\xi,\eta)-\frac{1}{2}N_8(\xi,\eta)
\end{aligned}
\tag{6.3.24}
$$

将式(6.3.20)和式(6.3.22)代入上式得：

$$
\begin{aligned}
N_1(\xi,\eta)&=\frac{1}{4}(1+\xi)(1+\eta)(\xi+\eta-1)\\
N_2(\xi,\eta)&=\frac{1}{4}(\xi-1)(1+\eta)(\xi-\eta+1)\\
N_3(\xi,\eta)&=\frac{1}{4}(\xi-1)(1-\eta)(\xi+\eta+1)\\
N_4(\xi,\eta)&=\frac{1}{4}(1+\xi)(1-\eta)(\xi-\eta-1)
\end{aligned}
\tag{6.3.25}
$$

上式可统一表示为：

$$
N_i(\xi,\eta)=\frac{1}{4}(1+\xi_0)(1+\eta_0)(\xi_0+\eta_0-1)\qquad(i=1,2,3,4)\tag{6.3.26}
$$

容易验证，二次 Serendipity 单元的插值函数满足插值函数要求，即：

$$N_i(\xi_j,\eta_j)=\delta_{ij}\quad (i=1,2,\cdots,8)$$
$$\sum_{i=1}^{8}N_i(\xi,\eta)=1 \tag{6.3.27}$$

用同样的方法,可以构造图 6.5(c)所示的过渡单元角结点插值函数:

$$\begin{aligned}
N_1(\xi,\eta)&=\hat{N}_1(\xi,\eta)\\
N_2(\xi,\eta)&=\hat{N}_2(\xi,\eta)\\
N_3(\xi,\eta)&=\hat{N}_3(\xi,\eta)-\frac{2}{3}N_5(\xi,\eta)-\frac{1}{3}N_6(\xi,\eta)\\
N_4(\xi,\eta)&=\hat{N}_4(\xi,\eta)-\frac{1}{3}N_5(\xi,\eta)-\frac{2}{3}N_6(\xi,\eta)
\end{aligned} \tag{6.3.28}$$

其中,边中结点 5 和 6 的插值函数 $N_i(\xi,\eta)(i=5,6)$ 为 ξ 方向三次 Lagrange 插值多项式和 η 方向一次 Lagrange 插值多项式的乘积,即:

$$\begin{aligned}
N_5(\xi,\eta)&=l_2^{(3)}(\xi)l_1^{(1)}(\eta)=\frac{9}{32}(1-\xi^2)(1-3\xi)(1-\eta)\\
N_6(\xi,\eta)&=l_3^{(3)}(\xi)l_1^{(1)}(\eta)=\frac{9}{32}(1-\xi^2)(1+3\xi)(1-\eta)
\end{aligned} \tag{6.3.29}$$

上式可统一地表示为:

$$N_i(\xi,\eta)=\frac{9}{32}(1-\xi^2)(1+9\xi_0)(1+\eta_0)\qquad (i=5,6) \tag{6.3.30}$$

需要指出的是,Serendipity 单元并不是完全不包含单元内部结点的,是否需要增加内部结点,仍然是由场函数的项数决定的。如四次 Serendipity 单元的边界上共有 16 个结点,而四次完全多项式只有 15 项,缺少的 1 项应该由五次项补充,但五次项中有 4 个交叉项 $\xi^4\eta,\xi^3\eta^2,\xi^2\eta^3,\xi\eta^4$,只增加 1 项显然是无法满足位移模式关于两个坐标轴相同(位移模式对称)的要求,因此,只能同时增加 2 项或 4 项,如果增加 4 项,则需要增加 3 个结点,对于矩形单元这显然无法实现对称性要求。而如果增加两项,则需要增加一个结点,可以设在单元中心,如图 6.6 所示。那么,应该增加 $\xi^3\eta^2,\xi^2\eta^3$,还是增加 $\xi^4\eta,\xi\eta^4$ 呢? 答案是后者,即增加的不完全的高阶多项式应首选具有与完全多项式同阶次的高阶交叉项。

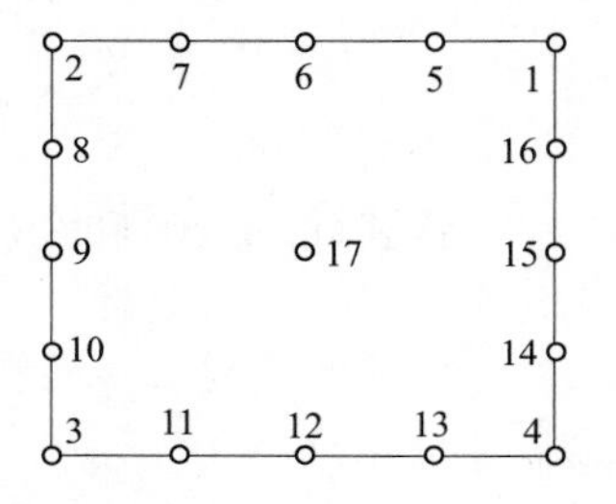

图 6.6 四次 Serendipity 单元的结点示意图

由图 6.6 可以看出,由于单元内增加的这个结点,使得边中结点 9 和 15(6 和 12)在 ξ 方向(η 方向)的插值函数成为二次的,如果采用 Lagrange 插值多项式构造这 4 个结点的插值函数,则位移模式中将出现 6 次交叉项 $\eta^4\xi^2,\xi^4\eta^2$。因此,对于具有单元内部结点的 Serendipity 单元,单元内部结点的插值函数和与其坐标不相同的边中结点的插值函数仍采用 Lagrange 插值多项式来构造。此时,单元内部结点及与其具有一个相同坐标值的边中结点共同作为 Lagrange 插值多项式的插值点。因此,单元内部结点的 Lagrange 插值多项式是二次的。但构造与单元内部结点具有一个相同坐标值的边中结点插值函数时,单元内部结点不能作为 Lagrange 插值多项式的插值点,必须采用角结点插值函数的构造方法来构造相应边中结点的插值函数,即用不包括单元内部结点的 Lagrange 插值多项式构造的相应边中结点的插值函数减去其在单元内部结点的值乘以单元内部结点插值函数,以满足插值函数性质 $N_i(\xi_j,\eta_j)=\delta_{ij}$ 的要求。

由此可求得单元内部结点的插值函数

$$N_{17}(\xi,\eta)=(1-\xi^2)(1-\eta^2) \tag{6.3.31}$$

和与其没有相同坐标值的边中结点插值函数

$$\begin{aligned} N_i(\xi,\eta)&=\frac{2}{3}\xi_0(1+2\xi_0)(1+\eta_0)(1-\xi^2) \qquad (i=5,7,11,13) \\ N_j(\xi,\eta)&=\frac{2}{3}(1+\xi_0)(1+2\eta_0)(1-\eta^2)\eta_0 \qquad (j=8,10,14,16) \end{aligned} \tag{6.3.32}$$

对于边中结点 6,9,12,15,不考虑单元内部结点时的插值函数为:

$$\begin{aligned} \hat{N}_i(\xi,\eta)&=\frac{1}{2}(1-\xi^2)(1-4\xi^2)(1+\eta_0) \qquad (i=6,12) \\ \hat{N}_j(\xi,\eta)&=\frac{1}{2}(1+\xi_0)(1-\eta^2)(1-4\eta^2) \qquad (i=9,15) \end{aligned} \tag{6.3.33}$$

式(6.3.33)表示的 4 个插值函数在结点 17 均等于 1/2,由此可得相应的边中结点插值函数

$$\begin{aligned} N_i&=\hat{N}_i-\frac{1}{2}N_{17}=\frac{1}{2}(1-\xi^2)(1+\eta_0)(\eta_0-4\xi^2) \qquad (i=6,12) \\ N_j&=\hat{N}_j-\frac{1}{2}N_{17}=\frac{1}{2}(1-\eta^2)(1+\xi_0)(\xi_0-4\eta^2) \qquad (j=9,15) \end{aligned} \tag{6.3.34}$$

而 4 个角结点的插值函数可表示为:

$$\begin{aligned} N_1&=\hat{N}_1-\frac{1}{4}N_5-\frac{1}{2}N_6-\frac{3}{4}N_7-\frac{3}{4}N_{14}-\frac{1}{2}N_{15}-\frac{1}{4}N_{16}-\frac{1}{4}N_{17} \\ N_2&=\hat{N}_2-\frac{3}{4}N_5-\frac{1}{2}N_6-\frac{1}{4}N_7-\frac{1}{4}N_8-\frac{1}{2}N_9-\frac{3}{4}N_{10}-\frac{1}{4}N_{17} \\ N_3&=\hat{N}_3-\frac{3}{4}N_8-\frac{1}{2}N_9-\frac{1}{4}N_{10}-\frac{1}{4}N_{11}-\frac{1}{2}N_{12}-\frac{3}{4}N_{13}-\frac{1}{4}N_{17} \\ N_4&=\hat{N}_4-\frac{3}{4}N_{11}-\frac{1}{2}N_{12}-\frac{1}{4}N_{13}-\frac{1}{4}N_{14}-\frac{1}{2}N_{15}-\frac{3}{4}N_{16}-\frac{1}{4}N_{17} \end{aligned} \tag{6.3.35}$$

通过这个例子可以得出 Serendipity 单元构造的一般步骤:首先根据单元的阶次 n 确定边界结点数量 $4n$,如果 n 次完全多项式的项数小于结点数,则如果补足的不完全高阶多项式能够保持场函数的对称性,n 次 Serendipity 单元的结点数为 $4n$;否则应根据增加的单元内部结点几何对称性和保持增加不完全高阶多项式后的场函数对称性来确定内部结点的数量。然后采用 Lagrange 单元插值函数的构造方法构造单元内部结点和与其没有相同坐标的边中结点插值函数,进而构造与单元内部结点有一个相同坐标值的边中结点插值函数,最后再利用非角结点插值函数和线性单元的插值函数构造角结点插值函数。

Serendipity 单元的插值函数构造方法也可用于构造 Lagrange 单元的插值函数,对于图 6.3(b)所示的二次 Lagrange 单元,其结点 5,8,9 的插值函数为:

$$\begin{aligned} N_5(\xi,\eta)&=\frac{1}{2}(1-\xi^2)(\eta+1)\eta \\ N_8(\xi,\eta)&=\frac{1}{2}(1-\eta^2)(\xi+1)\xi \\ N_9(\xi,\eta)&=(1-\eta^2)(1-\xi^2) \end{aligned} \tag{6.3.36}$$

将上式和式(6.3.20)代入式(6.3.21)得结点 1 的插值函数

$$N_1=\hat{N}_1-\frac{1}{2}N_5-\frac{1}{2}N_8-\frac{1}{4}N_9=\frac{1}{4}\xi\eta(1+\xi)(1+\eta) \tag{6.3.37}$$

而采用 Lagrange 插值多项式

$$l_3^{(2)}(\xi)=\frac{1}{2}\xi(1+\xi),\quad l_3^{(2)}(\eta)=\frac{1}{2}\eta(1+\eta) \tag{6.3.38}$$

构造的结点 1 插值函数

$$N_1=l_3^{(2)}(\xi)l_3^{(2)}(\eta)=\frac{1}{4}\xi\eta(1+\xi)(1+\eta) \tag{6.3.39}$$

与其完全相同。

6.3.2 三角形单元

在第 3 章中我们介绍了三结点三角形单元,并基于场函数构造了其插值函数。由于三角形单元的 3 条边无法保持与直角坐标平行,积分过程较为繁杂,从而不宜采用与矩形单元相同的局部坐标系统,为此,引入面积坐标作为三角形单元的自然坐标。在第 3 章中,曾演示了面积坐标在面积分和线积分中的应用——直接套用面积坐标的积分公式。当然,这得益于我们的前辈已经为我们准备好了这样的工具。在第 5 章中,我们曾利用面积坐标构造了三角形非协调板单元的插值函数,但完全是建立在对场函数和面积坐标的分析基础上"凑"出来的。本节将介绍利用面积坐标构造求解弹性力学平面问题的三角形单元插值函数的一般方法。

1. 二次单元

如图 6.4 所示的 PASCAL 三角形可知,完全的二次多项式有 6 项,因此,二次三角形单元应有 6 个结点,则在三结点三角形单元的基础上,在每条边上再增加一个边中结点就构成了二次三角形单元,如图 6.7 所示,图中括号内的数字为结点的面积坐标值。

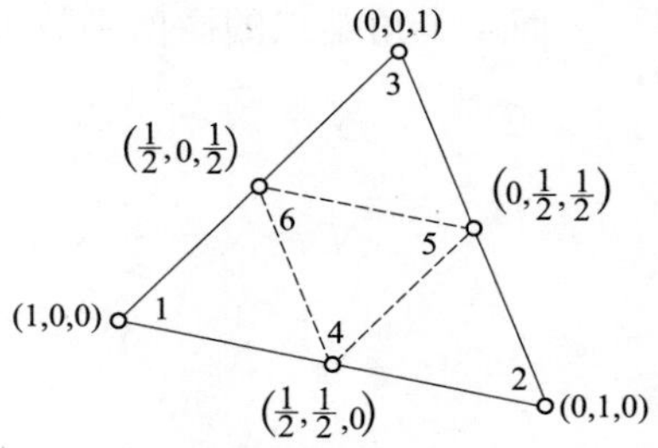

图 6.7 二次三角形单元结点示意图

让我们还是从插值函数的基本性质

$$N_i(x_j,y_j)=\delta_{ij}=\begin{cases}1 & j=i\\ 0 & j\neq i\end{cases}\qquad (i,j=1,2,\cdots,m) \tag{6.3.40}$$

$$\sum_{i=1}^{m}N_i(x,y)=1 \tag{6.3.41}$$

出发来一步步地构造插值函数,从中找出规律性的条件来形成统一的方法。首先从分析面积坐标的结点值入手来展开讨论。对于结点 1 而言,面积坐标 L_1 在结点 1 等于 1,在结点 2、结点 3 和结点 5 等于零,即在这 4 个结点满足式(6.3.40),但在结点 4 和结点 6 等于 1/2,不满足式(6.3.40)。为此,可以采用$(L_1-1/2)$来修正 L_1,即 $L_1(L_1-1/2)$,它在除结点 1 以外的其他结点均为零,而在结点 1 等于 1/2,还不满足式(6.3.40)。不过要满足在结点 1 等于 1 的条件已经变得非常简单,只要乘个系数 2 就解决了。这样 $2L_1(L_1-1/2)$作为结点 1 的插值函数就满足了式(6.3.40),从而得到结点 1 的插值函数

$$N_1=L_1(2L_1-1) \tag{6.3.42}$$

同理可得:

$$N_2 = L_2(2L_2 - 1)$$
$$N_3 = L_3(2L_3 - 1) \tag{6.3.43}$$

式(6.3.42)和式(6.3.43)可统一表示为:

$$N_i = L_i(2L_i - 1) \qquad (i=1,2,3) \tag{6.3.44}$$

由于上式在边中结点为零,所以不能作为结点4、结点5和结点6的插值函数。下面再来构造边中结点的插值函数。对于结点5,L_1等于零,因此,不能参与插值函数构造,而L_2和L_3均等于1/2,且L_2在结点1、结点3和结点6等于零,L_3在结点1、结点2和结点4等于零,故结点5的插值函数可以利用L_2L_3的形式来构造,它满足在除结点5以外的其他结点都等于零的条件,而在结点5等于1的条件可以通过乘以系数4来满足,即:

$$N_5 = 4L_2L_3 \tag{6.3.45}$$

同理可得:

$$N_4 = 4L_1L_2$$
$$N_6 = 4L_3L_1 \tag{6.3.46}$$

式(6.3.45)和式(6.3.46)可统一表示为:

$$N_j = 4L_kL_l \qquad (j=4,5,6;k \neq l \neq j) \tag{6.3.47}$$

式中:下标k和l分别按1→2→3和2→3→1的顺序轮换。

前面我们仅仅从满足式(6.3.40)出发构造出了二次三角形单元的插值函数,不难证明它们也满足式(6.3.41),只需将式(6.3.42)、式(6.3.43)、式(6.3.45)和式(6.3.46)代入式(6.3.41)立即可以得到:

$$\sum_{i=1}^{6} N_i = [2(L_1 + L_2 + L_3) - 1](L_1 + L_2 + L_3) = 1 \tag{6.3.48}$$

由此可知,式(6.3.44)和式(6.3.47)就是二次三角形单元的插值函数。

分析式(6.3.42)可知,结点1的插值函数是由结点2、结点3和结点5所在边的面积坐标方程$L_1=0$与结点4和结点6连线的面积坐标方程$L_1-1/2=0$的左端项相乘并除以其在该结点的值,即:

$$N_1 = \frac{L_1}{1} \cdot \frac{(L_1 - 1/2)}{1/2} = L_1(2L_1 - 1) \tag{6.3.49}$$

而结点5的插值函数是由结点1、结点2和结点4所在边的面积坐标方程$L_3=0$与结点1、结点3和结点6所在边的面积坐标方程$L_2=0$的左端项相乘并除以其在该结点的值,即:

$$N_5 = \frac{L_2}{1/2} \cdot \frac{L_3}{1/2} = 4L_2L_3 \tag{6.3.50}$$

从上述插值函数的构造过程可以得出如下规律:二次三角形单元的结点插值函数是由连接除该结点之外的5个结点的两条直线方程的左端项乘积除以其在该结点的值构成的。该规律可推广至更高阶的三角形单元,即n次三角形单元的结点插值函数是由连接除该结点以外的所有结点的n条直线方程的左端项乘积除以其在该结点的值构成的。因此,可将三角形单元的插值函数统一表示成:

$$N_i(x,y) = \prod_{j=1}^{n} \frac{f_j^{(i)}(L_1, L_2, L_3)}{f_j^{(i)}(L_{1i}, L_{2i}, L_{3i})} \tag{6.3.51}$$

式中:$f_j^{(i)}(L_1, L_2, L_3)$是连接除结点i以外的所有结点的n条直线中第j条直线方程的左端项，$f_j^{(i)}(L_{1i},L_{2i},L_{3i})$ 则是第 j 条直线方程的左端项在结点 i 的值。

2. 三次单元

有了式(6.3.51)，我们可以方便地构造出三次三角形单元。由图 6.4 所示的 PASCAL 三角形可知，完全的三次多项式有 10 项，因此，三次三角形单元应有 10 个结点，如图 6.8 所示。对于结点 1，连接其他 9 个结点的 3 条直线分别为 4-9、5-8 和 2-3，则有：

$$\begin{aligned} &f_1^{(1)}(L_1,L_2,L_3)=L_1-\frac{2}{3}, \quad f_1^{(1)}(L_{11},L_{21},L_{31})=\frac{1}{3} \\ &f_2^{(1)}(L_1,L_2,L_3)=L_1-\frac{1}{3}, \quad f_2^{(1)}(L_{12},L_{22},L_{32})=\frac{2}{3} \\ &f_3^{(1)}(L_1,L_2,L_3)=L_1, \quad f_3^{(1)}(L_{13},L_{23},L_{33})=1 \end{aligned} \tag{6.3.52}$$

将上式代入式(6.3.51)得：

$$N_1=\frac{1}{2}L_1(3L_1-2)(3L_1-1) \tag{6.3.53}$$

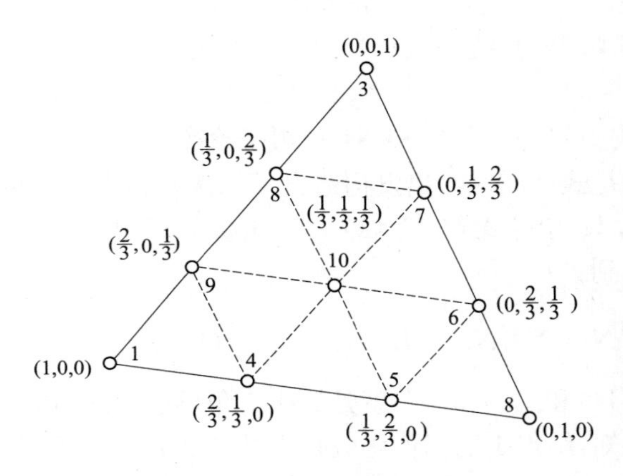

图 6.8 三次三角形单元的结点示意图

从而可得角结点的插值函数

$$N_i=\frac{1}{2}L_i(3L_i-1)(3L_i-2) \qquad (i=1,2,3) \tag{6.3.54}$$

对于结点 4，连接其他 9 个结点的直线为 1-3、5-8 和 2-3，则：

$$\begin{aligned} &f_1^{(4)}(L_1,L_2,L_3)=L_2, \quad f_1^{(4)}(L_{11},L_{21},L_{31})=\frac{1}{3} \\ &f_2^{(4)}(L_1,L_2,L_3)=L_1-\frac{1}{3}, \quad f_2^{(4)}(L_{12},L_{22},L_{32})=\frac{1}{3} \\ &f_3^{(4)}(L_1,L_2,L_3)=L_1, \quad f_3^{(4)}(L_{13},L_{23},L_{33})=\frac{2}{3} \end{aligned} \tag{6.3.55}$$

将上式代入式(6.3.51)得：

$$N_4=\frac{L_1}{2/3}\cdot\frac{L_2}{1/3}\cdot\frac{(L_1-1/3)}{1/3}=\frac{9}{2}L_1L_2(3L_1-1) \tag{6.3.56}$$

同理可得其他边中结点的插值函数

$$
\begin{aligned}
N_5&=\frac{L_1}{1/3}\cdot\frac{L_2}{2/3}\cdot\frac{(L_2-1/3)}{1/3}=\frac{9}{2}L_1L_2(3L_2-1)\\
N_6&=\frac{L_2}{2/3}\cdot\frac{L_3}{1/3}\cdot\frac{(L_2-1/3)}{1/3}=\frac{9}{2}L_2L_3(3L_2-1)\\
N_7&=\frac{L_2}{1/3}\cdot\frac{L_3}{2/3}\cdot\frac{(L_3-1/3)}{1/3}=\frac{9}{2}L_2L_3(3L_3-1)\\
N_8&=\frac{L_3}{2/3}\cdot\frac{L_1}{1/3}\cdot\frac{(L_3-1/3)}{1/3}=\frac{9}{2}L_3L_1(3L_3-1)\\
N_9&=\frac{L_3}{1/3}\cdot\frac{L_1}{2/3}\cdot\frac{(L_1-1/3)}{1/3}=\frac{9}{2}L_3L_1(3L_1-1)
\end{aligned}
\tag{6.3.57}
$$

而对于单元内的结点10，三条边连接了其他9个结点，其面积坐标的方程的左端项分别为三个面积坐标 L_1、L_2 和 L_3，它们在结点10的值均为1/3，由此可得：

$$
N_{10}=\frac{L_1}{1/3}\cdot\frac{L_2}{1/3}\cdot\frac{L_3}{1/3}=27L_1L_2L_3 \tag{6.3.58}
$$

从二次和三次三角形单元的插值函数构造过程可以看出，n 次三角形单元的每条边上有 $n+1$ 个结点，相邻两边的 $n-1$ 个边中结点连线的交点是单元内的结点，用这种方法确定的结点数也是完全的 n 次多项式的项数。如二次三角形单元的每条边上有(2+1=)3个结点，相邻两边的(2−1=)1个边中结点的连线没有交点。因此，其单元内没有结点。故二次三角形单元有6个结点，而完全的二次多项式也有6项。用这种方法可以确定任意阶次的三角形单元的结点数，从而确定了其场函数的项数。这是因为，三角形单元的结点阵列与PASCAL三角形的多项式阵列相同，因此，某一次三角形单元的结点数与同阶次的完全多项式项数相同。如四次三角形单元的每条边上应有(4+1=)5个结点，相邻两边的(4−1=)3个边中结点连线有3个交点(图6.9)，因此，四次三角形单元有15个结点，而完全的四次多项式也有15项。

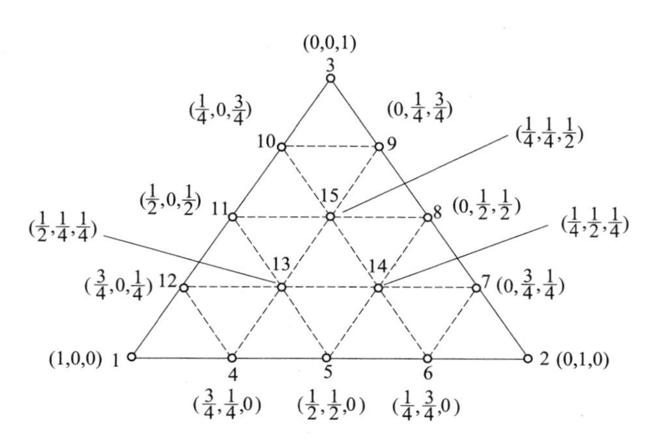

图6.9 四次三角形单元的结点示意图

三角形单元的面积坐标插值函数也可以采用Serendipity单元插值函数的构造方法来构造，如6结点三角形单元的插值函数可表示为：

$$
\begin{aligned}
&N_1=\hat{N}_1-\frac{1}{2}N_4-\frac{1}{2}N_6\\
&N_2=\hat{N}_2-\frac{1}{2}N_4-\frac{1}{2}N_5\\
&N_3=\hat{N}_3-\frac{1}{2}N_5-\frac{1}{2}N_6\\
&N_4=4L_1L_2\\
&N_5=4L_2L_3\\
&N_6=4L_3L_1
\end{aligned}
\tag{6.3.59}
$$

其中：

$$\hat{N}_i=L_i \qquad (i=1,2,3) \tag{6.3.60}$$

从式(6.3.59)和式(6.3.60)可以看出，三角形 Serendipity 单元的插值函数满足插值函数的性质，而且不难验证式(6.3.59)的前三式与式(6.3.44)相同。将式(6.3.59)的第四和第六式代入第一式并注意到 $L_1+L_2+L_3=1$ 得：

$$N_1=L_1-2L_1L_2-2L_3L_1=L_1(2L_1-1) \tag{6.3.61}$$

采用 Serendipity 单元插值函数构造方法构造出的三角形单元角结点插值函数之所以与前述方法相同，因为两种方法是在相同结点数量的条件下完成的。

6.4 三维单元

6.4.1 Lagrange 单元

三维 Lagrange 单元是由 6 个 Lagrange 矩形单元组成的六面体单元，如图 6.10 所示。以图中所示的六面体单元为例(图中括号内的数字为结点在三个坐标方向的插值点序号)，该单元在 ξ 方向有 4 个结点，在 η 方向有 5 个结点，在 ζ 方向有 3 个结点。其中的结点 i 在 ξ 和 ζ 方向为第二个插值点，在 η 方向为第四个插值点，因此，结点 i 的插值函数应为 ξ 方向第二个结点的三阶 Lagrange 插值多项式与 η 方向第四个结点的四阶 Lagrange 插值多项式和 ζ 方向第二个结点的二阶 Lagrange 插值多项式的乘积：

$$N_i(\xi,\eta,\zeta)=l_2^{(3)}(\xi)l_4^{(4)}(\eta)l_2^{(4)}(\zeta) \tag{6.4.1}$$

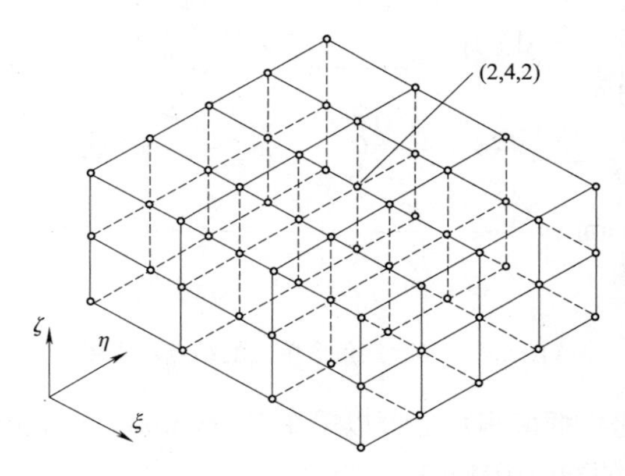

图 6.10 三维 Lagrange 单元

由此可得 Lagrange 单元插值函数的一般表达式：

$$N_p(\xi,\eta,\zeta)=l_i^{(l-1)}(\xi)l_j^{(m-1)}(\eta)l_k^{(n-1)}(\zeta) \tag{6.4.2}$$

式中：i,j,k 分别为结点 p 在 ξ,η,ζ 方向的排序，l,m,n 分别为 ξ,η,ζ 方向的结点数。

与二维单元类似，三维 Lagrange 单元的内部结点较多，在场函数阶数相同的条件下，其自由度较多，即为了唯一地确定场函数的待定系数而增加了不完全的高阶多项式。

Lagrange 单元的结点数等于三个坐标方向结点数的乘积，即：

$$n=n_\xi\times n_\eta\times n_\zeta \tag{6.4.3}$$

式中：n_ξ,n_η,n_ζ 分别为单元在 ξ,η,ζ 坐标方向的结点数，对于三个坐标方向结点数相同的单元（常规单元），则式(6.4.3)简化为：

$$n=n_i^3 \tag{6.4.4}$$

式中：n_i 为某一坐标方向的结点数。

对于线性单元，每个坐标方向有 2 个结点，因此，线性 Lagrange 单元为八结点单元，如图 6.11(a)所示。则其场函数有且只能有 8 个待定系数，即场函数应有 8 项

$$u(x,y,z)=\alpha_1+\alpha_2x+\alpha_3y+\alpha_4z+\alpha_5xy+\alpha_6yz+\alpha_7xz+\alpha_8xyz \tag{6.4.5}$$

从式(6.4.5)可以看出，线性 Lagrange 单元的场函数中，一次完全多项式为 4 项，对于弹性力学问题，这 4 项决定了单元的位移模式，而其余 4 项是为了唯一的确定场函数中的待定系数而增加的高阶交叉项，并不改变位移模式。

基于图 6.11(a)所示坐标系统，由式(6.4.2)可得线性 Lagrange 单元的插值函数

$$N_i(\xi,\eta,\zeta)=\frac{1}{8}(1+\xi_0)(1+\eta_0)(1+\zeta_0) \tag{6.4.6}$$

式中：$\xi_0=\xi_i\xi,\eta_0=\eta_i\eta,\zeta_0=\zeta_i\zeta$，其中，$\xi_i,\eta_i,\zeta_i$ 为结点的坐标值，$\xi_i=\pm1,\eta_i=\pm1,\zeta_i=\pm1$。展开式(6.4.6)即可验证式(6.4.5)的场函数。

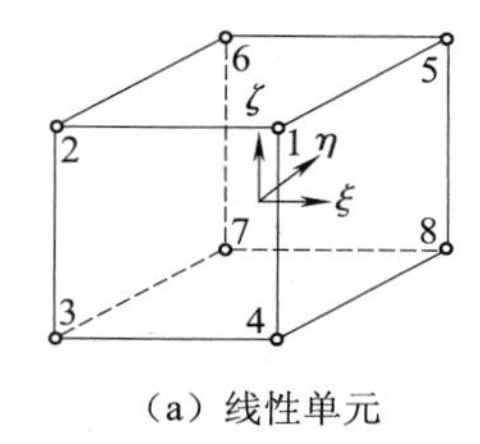

(a) 线性单元

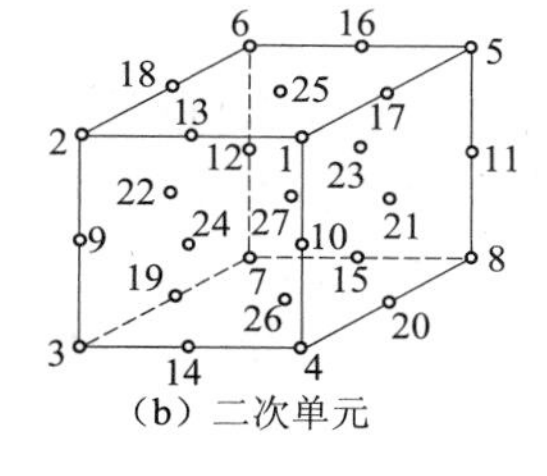

(b) 二次单元

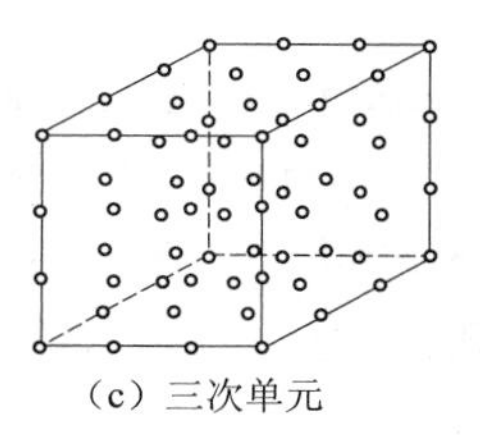
(c) 三次单元

图 6.11 一次 Lagrange 单元

由式(6.4.4)可知，二次 Lagrange 单元应有 27 个结点，如图 6.11(b)所示，则其场函数可表示为：

$$\begin{aligned}u(x,y,z)=&\alpha_1+\alpha_2x+\alpha_3y+\alpha_4z+\alpha_5xy+\alpha_6yz+\alpha_7xz+\alpha_8x^2+\alpha_9y^2+\alpha_{10}z^2+\\&\alpha_{11}x^2y+\alpha_{12}xy^2+\alpha_{13}y^2z+\alpha_{14}yz^2+\alpha_{15}x^2z+\alpha_{16}xz^2+\alpha_{17}xyz+\\&\alpha_{18}x^2yz+\alpha_{19}xy^2z+\alpha_{20}xyz^2+\alpha_{21}x^2y^2+\alpha_{22}y^2z^2+\alpha_{23}x^2z^2+\\&\alpha_{24}x^2y^2z+\alpha_{25}xy^2z^2+\alpha_{26}x^2yz^2+\alpha_{27}x^2y^2z^2\end{aligned} \tag{6.4.7}$$

由式(6.4.7)可知，完全二次多项式只有 10 项，其余 17 项为直至六次的不完全高阶多项式。

由式(6.4.2)可得二次 Lagrange 单元的插值函数

角结点：

$$N_i=\frac{1}{8}\xi_0\eta_0\zeta_0(1+\xi_0)(1+\eta_0)(1+\zeta_0)\quad(i=1,2,\cdots,8)\tag{6.4.8}$$

ξ-η 平面($\zeta=0$)的边中结点：

$$N_i=\frac{1}{4}\xi_0\eta_0(1+\xi_0)(1+\eta_0)(1-\zeta^2)\quad(i=9,10,11,12)\tag{6.4.9}$$

η-ζ 平面($\xi=0$)的边中结点：

$$N_i=\frac{1}{4}\eta_0\zeta_0(1-\xi^2)(1+\eta_0)(1+\zeta_0)\quad(i=13,14,15,16)\tag{6.4.10}$$

ζ-ξ 平面($\eta=0$)的边中结点：

$$N_i=\frac{1}{4}\xi_0\zeta_0(1+\xi_0)(1-\eta^2)(1+\zeta_0)\quad(i=17,18,19,20)\tag{6.4.11}$$

面内结点：

$$\begin{aligned}
N_i&=\frac{1}{2}\xi_0(1+\xi_0)(1-\eta^2)(1-\zeta^2)\quad(\xi=\pm1;i=21,22)\\
N_j&=\frac{1}{2}\eta_0(1-\xi^2)(1+\eta_0)(1-\zeta^2)\quad(\eta=\pm1;j=23,24)\\
N_k&=\frac{1}{2}\zeta_0(1-\xi^2)(1-\eta^2)(1+\zeta_0)\quad(\zeta=\pm1;k=25,26)
\end{aligned}\tag{6.4.12}$$

单元内结点：

$$N_{27}=(1-\xi^2)(1-\eta^2)(1-\zeta^2)\tag{6.4.13}$$

以此类推，三次 Lagrange 单元应有 64 个结点，而三次完全多项式共有 20 项，不完全的高阶多项式达 44 项之多。作为练习，读者可根据式(6.4.2)自行求出其插值函数。

6.4.2 Serendipity 单元

采用 Serendipity 单元的插值函数构造方法可以有效地减少 Lagrange 单元的内部结点，从而减少单元的自由度数。图 6.12 给出了三维的一次、二次和三次 Serendipity 单元及其相应的二维 Serendipity 单元，可以看出，对于非过渡单元(边界结点数不同)，三维单元是由 6 个二维单元拼接而成，其结点数等于 6 个二维单元的结点数减去 2 倍的角结点数和 3 倍的边中结点数。即：

$$n=3(2n'-n'_b)-16\tag{6.4.14}$$

式中：n 为三维 Serendipity 单元的结点数；n' 为二维 Serendipity 单元的结点数；n'_b 为二维 Serendipity 单元的边中结点数。

一阶 Serendipity 单元与 Lagrange 单元相同——只有角结点自由度的线性单元。高阶 Serendipity 单元的角结点插值函数则由一次单元的角结点插值函数与该角结点插值函数不为零的结点的插值函数组合而成，即：

$$N_i(\xi,\eta,\zeta)=\hat{N}_i(\xi,\eta,\zeta)-\sum_{j=1,j\neq i}^{m}\hat{N}_i(\xi_j,\eta_j,\zeta_j)N_j(\xi,\eta,\zeta)\quad(i=1,2,\cdots,8)\tag{6.4.15}$$

式中：$\hat{N}_i(\xi,\eta,\zeta)$ 为一次单元的结点插值函数；m 为 $\hat{N}_i(\xi,\eta,\zeta)$ 不为零的结点数；$N_j(\xi,\eta,\zeta)$ 为 $\hat{N}_i(\xi,\eta,\zeta)$ 不为零的结点插值函数，可按式(6.4.2)求得。

线性 Serendipity 单元与线性的 Lagrange 单元相同，有 8 个结点，其场函数如式(6.4.5)所示。但二次 Serendipity 单元则仅有 20 个结点[如图 6.12(b)所示]，比同阶 Lagrange 单元少 6 个面内结点和 1 个单元内结点；而三次 Serendipity 单元共有 32 个结点[如图 6.12(c)所示]，比同阶 Lagrange 单元的结点数少二分之一，其中面内结点 24 个，单元内结点 8 个。

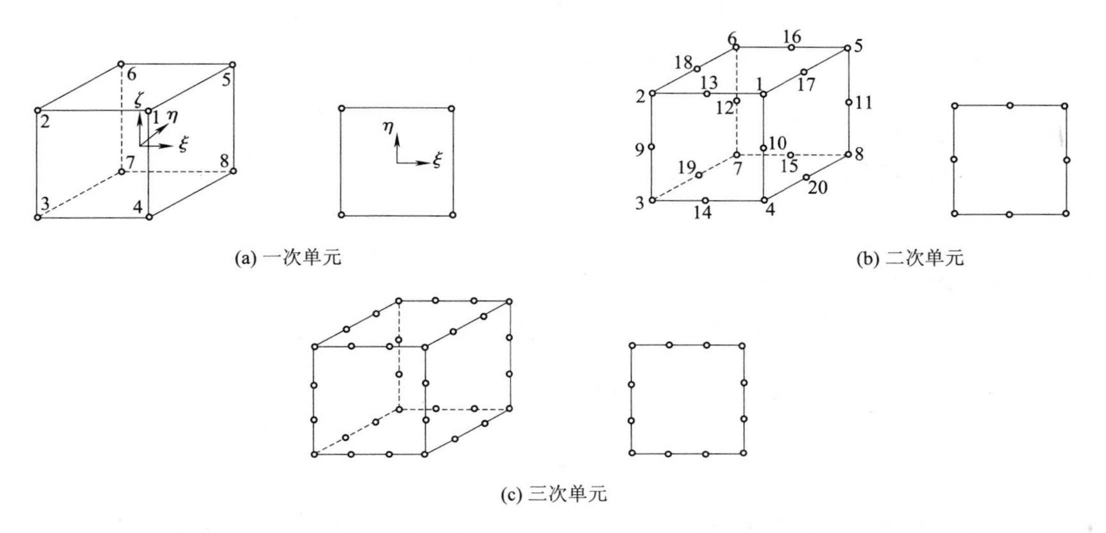

(a) 一次单元　　(b) 二次单元

(c) 三次单元

图 6.12　三维 Serendipity 单元及相应的二维单元

对于二次 Serendipity 单元，其场函数可表示为：

$$
\begin{aligned}
u=&\alpha_1+\alpha_2 x+\alpha_3 y+\alpha_4 z+\alpha_5 xy+\alpha_6 yz+\alpha_7 xz+\alpha_8 x^2+\alpha_9 y^2+\\
&\alpha_{10} z^2+\alpha_{11} x^2 y+\alpha_{12} xy^2+\alpha_{13} y^2 z+\alpha_{14} yz^2+\alpha_{15} x^2 z+\\
&\alpha_{16} xz^2+\alpha_{17} xyz+\alpha_{18} x^2 yz+\alpha_{19} xy^2 z+\alpha_{20} xyz^2
\end{aligned}
\tag{6.4.16}
$$

而三次 Serendipity 单元的场函数由 32 项组成：

$$
\begin{aligned}
u=&\alpha_1+\alpha_2 x+\alpha_3 y+\alpha_4 z+\alpha_5 xy+\alpha_6 yz+\alpha_7 xz+\alpha_8 x^2+\alpha_9 y^2+\\
&\alpha_{10} z^2+\alpha_{11} x^2 y+\alpha_{12} xy^2+\alpha_{13} y^2 z+\alpha_{14} yz^2+\alpha_{15} x^2 z+\\
&\alpha_{16} xz^2+\alpha_{17} xyz+\alpha_{18} x^3+\alpha_{19} y^3+\alpha_{20} z^3+\alpha_{21} x^3 y+\\
&\alpha_{22} xy^3+\alpha_{23} y^3 z+\alpha_{24} yz^3+\alpha_{25} z^3 x+\alpha_{26} zx^3+\alpha_{27} x^3 y^2+\\
&\alpha_{28} x^2 y^3+\alpha_{29} y^3 z^2+\alpha_{30} y^2 z^3+\alpha_{31} x^3 z^2+\alpha_{32} x^2 z^3
\end{aligned}
\tag{6.4.17}
$$

由式(6.4.15)可得二次 Serendipity 单元的角结点插值函数，对于角结点 1，其插值函数可表示为：

$$
N_1=\hat{N}_1-\frac{1}{2}N_{10}-\frac{1}{2}N_{13}-\frac{1}{2}N_{17} \tag{6.4.18}
$$

其中，$\hat{N}_1$ 为八结点 Lagrange 单元的插值函数，将结点 1 的坐标代入式(6.4.6)得：

$$
\hat{N}_1=\frac{1}{8}(1+\xi)(1-\eta)(1+\zeta) \tag{6.4.19}
$$

边中结点 N_{10}，N_{13} 和 N_{17} 可由式(6.4.2)求出：

$$N_{10}=\frac{1}{4}(1+\xi)(1-\eta)(1-\zeta^2)$$

$$N_{13}=\frac{1}{4}(1-\xi^2)(1-\eta)(1+\zeta) \tag{6.4.20}$$

$$N_{17}=\frac{1}{4}(1+\xi)(1-\eta^2)(1+\zeta)$$

将式(6.4.19)和式(6.4.20)代入式(6.4.18)得：

$$N_1=\frac{1}{8}(1+\xi)(1-\eta)(1+\zeta)(\xi-\eta+\zeta-2) \tag{6.4.21}$$

由上式可推得角结点插值函数的统一表达式：

$$N_i=\frac{1}{8}(1+\xi_0)(1+\eta_0)(1+\zeta_0)(\xi_0+\eta_0+\zeta_0-2)\quad (i=1,2,\cdots,8) \tag{6.4.22}$$

而边中结点的插值函数为：

$$N_j=\frac{1}{4}(1+\xi_0)(1+\eta_0)(1-\zeta^2)\quad (j=9,10,11,12)$$

$$N_k=\frac{1}{4}(1-\xi^2)(1+\eta_0)(1+\zeta_0)\quad (k=13,14,15,16) \tag{6.4.23}$$

$$N_l=\frac{1}{4}(1+\xi_0)(1-\eta^2)(1+\zeta_0)\quad (l=17,18,19,20)$$

从图 6.12 可以看出，没有面内结点的 Serendipity 单元也没有单元内部结点，因此，式(6.4.14)成立。对于有面内结点的更高阶单元，是否也没有单元内部结点呢？答案是肯定的。由 6.3.1 小节的讨论可知，四次二维 Serendipity 单元有一个面内结点。那么，按照前面讨论的三维 Serendipity 单元结点数量计算方法，四次三维 Serendipity 单元应有 3(2×17－12)－16＝50 个结点，则其场函数应有 50 项：

$$\begin{aligned}u=&\alpha_1+\alpha_2x+\alpha_3y+\alpha_4z+\alpha_5xy+\alpha_6yz+\alpha_7xz+\alpha_8x^2+\alpha_9y^2+\alpha_{10}z^2+\\&\alpha_{11}x^2y+\alpha_{12}xy^2+\alpha_{13}y^2z+\alpha_{14}yz^2+\alpha_{15}x^2z+\alpha_{16}xz^2+\alpha_{17}xyz+\\&\alpha_{22}xy^3+\alpha_{23}y^3z+\alpha_{24}yz^3+\alpha_{25}z^3x+\alpha_{18}x^3+\alpha_{19}y^3+\alpha_{20}z^3+\\&\alpha_{21}x^3y+\alpha_{26}zx^3+\alpha_{27}x^2yz+\alpha_{28}xy^2z+\alpha_{29}xyz^2+\alpha_{30}x^2y^2+\\&\alpha_{31}y^2z^2+\alpha_{32}x^2z^2+\alpha_{33}x+\alpha_{34}y^4+\alpha_{35}z^4+\alpha_{36}x^4y+\alpha_{37}xy^4+\\&\alpha_{38}y^4z+\alpha_{39}yz^4+\alpha_{40}xz^4+\alpha_{41}x^4z+\alpha_{42}x^4y^2+\alpha_{43}x^2y^4+\alpha_{44}y^4z^2+\\&\alpha_{45}y^2z^4+\alpha_{46}z^4x^2+\alpha_{47}z^2x^4+\alpha_{48}x^4yz+\alpha_{49}xy^4z+\alpha_{50}xyz^4\end{aligned} \tag{6.4.24}$$

从式(6.4.24)可以看出，完整的四次多项式共有 35 项，而其他的 15 项应在五次项和六次项中选取具有单坐标变量为四次的交叉项。即 6 个五次交叉项 $x^4y,xy^4,y^4z,yz^4,xz^4,x^4z$ 和 9 个六次交叉项 $x^4y^2,x^2y^4,y^4z^2,y^2z^4,x^2z^4,x^4z^2,x^4yz,xy^4z,xyz^4$。由此可推知，三维 Serendipity 单元没有单元内部结点。

6.4.3 四面体单元

四面体单元是由四个平面三角形单元组合而成的三维实体单元，如图 6.13 所示。与平面三角形单元类似，在三维弹性力学问题中，四面体单元便于拟合任意的曲面形状，故而得到广泛的应用。此外，由于四面体单元的每个面都是一个三角形，如果将其中的 1-2-3 面、1-3-4 面和 1-4-2 面分别看作是 x-y、y-z 和 z-x 三个坐标面上的三角形单元，则 n 次单元的场函数都将

由相应坐标面的 n 次完全多项式组成。因此，n 次四面体单元也将由 n 次的完全多项式组成。以图 6.13 所示的三个四面体单元为例，线性单元共有 4 个结点，其结点参数只有场函数的结点值，因此，场函数的坐标分量应该有 4 项，即：

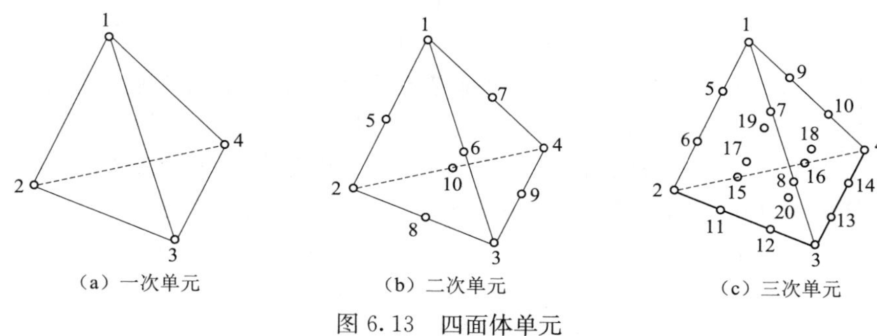

(a) 一次单元　(b) 二次单元　(c) 三次单元

图 6.13　四面体单元

$$u=\alpha_1+\alpha_2 x+\alpha_3 y+\alpha_4 z \tag{6.4.25}$$

由式(6.4.25)可知，线性单元的场函数仅包含一次完全多项式。而二次和三次单元分别有 10 个和 20 个结点，因此，其场函数应分别有 10 项

$$u=\alpha_1+\alpha_2 x+\alpha_3 y+\alpha_4 z+\alpha_5 xy+\alpha_6 yz+\alpha_7 xz+\alpha_8 x^2+\alpha_9 y^2+\alpha_{10} z^2 \tag{6.4.26}$$

和 20 项

$$\begin{aligned} u=&\alpha_1+\alpha_2 x+\alpha_3 y+\alpha_4 z+\alpha_5 xy+\alpha_6 yz+\alpha_7 xz+\alpha_8 x^2+\\ &\alpha_9 y^2+\alpha_{10} z^2+\alpha_{11} x^2 y+\alpha_{12} xy^2+\alpha_{13} y^2 z+\alpha_{14} yz^2+\\ &\alpha_{15} x^2 z+\alpha_{16} xz^2+\alpha_{17} xyz+\alpha_{18} x^3+\alpha_{19} y^3+\alpha_{20} z^3 \end{aligned} \tag{6.4.27}$$

分析式(6.4.26)和式(6.4.27)可知，二次和三次四面体单元仅包含二次和三次完全多项式，没有“多余”的结点。

由于四面体单元的四个面不能同时平行于三个坐标平面，采用直角坐标不便于作积分运算，因此，采用与平面三角形单元相同的方法，引入体积坐标来实现四面体单元的推导和计算。图 6.14 为体积坐标示意图，定义单元内一点 P 与其中一个面的三个结点连线所组成的四面体体积与单元体积之比为该平面外结点的体积坐标，图中所示为结点 1 的体积坐标：

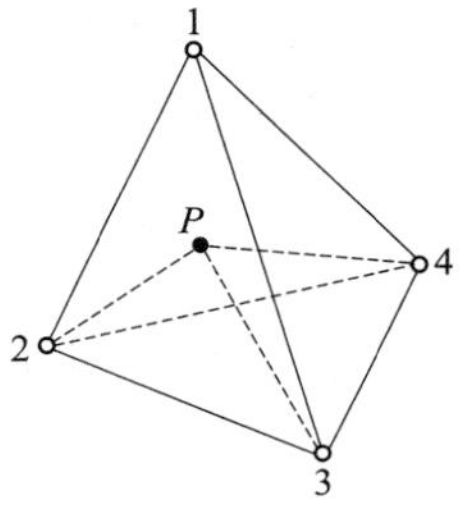

图 6.14　体积坐标示意图

$$L_1=\frac{V_1}{V} \tag{6.4.28}$$

式中：V_1 为点 P 与分别与结点 2，3，4 连线所形成的四面体体积，V 为四面体单元的体积，即结点 1，2，3，4 分别连线所形成的四面体体积。将点 P 分别与其他三个面的结点连线可得到其他三个结点的体积坐标：

$$L_2=\frac{V_2}{V},\quad L_3=\frac{V_3}{V},\quad L_4=\frac{V_4}{V} \tag{6.4.29}$$

分析式(6.4.28)和式(6.4.29)可知，四面体的体积坐标不是独立的，满足插值函数的性质，即：

$$L_1+L_2+L_3+L_4=\frac{V_1}{V}+\frac{V_2}{V}+\frac{V_3}{V}+\frac{V_4}{V}=1 \tag{6.4.30}$$

由此可得线性四面体单元的插值函数

$$N_i(L_1, L_2, L_3, L_4) = L_i \quad (i=1,2,3,4) \tag{6.4.31}$$

对于高次四面体单元，可以借鉴二维三角形单元插值函数的构造方法及 Lagrange 插值多项式的表示方法，将高次四面体单元的插值函数表示为：

$$N_i = \prod_{j=1, j\neq i}^{m} \frac{f_j(L_1, L_2, L_3, L_4)}{f_j(L_{1i}, L_{2i}, L_{3i}, L_{4i})} (i = 1, 2, \cdots, n) \tag{6.4.32}$$

式中：$f_j(L_1, L_2, L_3, L_4)$为不包括结点 i 的其他结点所在平面的体积坐标方程的左端项；m 为这些结点所在平面的数量；$f_j(L_{1i}, L_{2i}, L_{3i}, L_{4i})$为 $f_j(L_1, L_2, L_3, L_4)$在结点 i 的值。

对于图 6.13(b)所示单元的角结点 1，其他 9 个结点分别位于平面 2-3-4 和平面 5-6-7，因此，结点 1 的插值函数可采用这两个平面的体积坐标方程来构造。其中：

$$\begin{aligned} &f_1(L_1, L_2, L_3, L_4) = 2L_1 - 1, \quad f_1(L_{11}, L_{21}, L_{31}, L_{41}) = 1 \\ &f_2(L_1, L_2, L_3, L_4) = L_1, f_2(L_{11}, L_{21}, L_{31}, L_{41}) = 1 \end{aligned} \tag{6.4.33}$$

将上式代入式(6.4.32)得结点 1 的插值函数

$$N_1(L_1, L_2, L_3, L_4) = L_1(2L_1 - 1) \tag{6.4.34}$$

同理可得其他 3 个角结点的插值函数

$$N_2 = L_2(2L_2 - 1), N_3 = L_3(2L_3 - 1), N_4 = L_4(2L_4 - 1) \tag{6.4.35}$$

式(6.4.34)和式(6.4.35)可统一表示为：

$$N_i = L_i(2L_i - 1) \quad (i=1,2,3,4) \tag{6.4.36}$$

对于边中结点 k，其他 9 个结点分别位于与结点 k 没有交集的两个单元面上，因此，可采用这两个单元面的体积坐标方程来构造。其中：

$$\begin{aligned} &f_1(L_1, L_2, L_3, L_4) = L_p, \quad f_1(L_{1k}, L_{2k}, L_{3k}, L_{4k}) = 1/2 \\ &f_2(L_1, L_2, L_3, L_4) = L_q, \quad f_2(L_{1k}, L_{2k}, L_{3k}, L_{4k}) = 1/2 \end{aligned} \tag{6.4.37}$$

式中：p，q 分别为结点 k 所在棱边两端的角结点编号。

将式(6.4.37)代入式(6.4.32)得边中结点的插值函数

$$\begin{aligned} &N_5 = 4L_1L_2, \quad N_6 = 4L_1L_3, \quad N_7 = 4L_1L_4 \\ &N_8 = 4L_2L_3, \quad N_9 = 4L_3L_4, \quad N_{10} = 4L_2L_4 \end{aligned} \tag{6.4.38}$$

同理可得图 6.13(c)所示三次单元的插值函数

$$N_i = \frac{1}{2}L_i(3L_i - 2)(3L_i - 1) \quad (i=1,2,3,4) \tag{6.4.39}$$

$$\begin{aligned} &N_5 = \frac{9}{2}L_1L_2(3L_1 - 1), \quad N_6 = \frac{9}{2}L_1L_2(3L_2 - 1) \\ &N_7 = \frac{9}{2}L_1L_3(3L_1 - 1), \quad N_8 = \frac{9}{2}L_1L_3(3L_3 - 1) \\ &N_9 = \frac{9}{2}L_1L_4(3L_1 - 1), \quad N_{10} = \frac{9}{2}L_1L_4(3L_4 - 1) \\ &N_{11} = \frac{9}{2}L_2L_3(3L_2 - 1), \quad N_{12} = \frac{9}{2}L_2L_3(3L_3 - 1) \\ &N_{13} = \frac{9}{2}L_3L_4(3L_3 - 1), \quad N_{14} = \frac{9}{2}L_3L_4(3L_4 - 1) \\ &N_{15} = \frac{9}{2}L_2L_4(3L_2 - 1), \quad N_{16} = \frac{9}{2}L_2L_4(3L_4 - 1) \end{aligned} \tag{6.4.40}$$

$$N_{17} = 27L_1L_2L_3, \quad N_{18} = 27L_1L_3L_4, \quad N_{19} = 27L_1L_2L_4, \quad N_{20} = 27L_2L_3L_4 \tag{6.4.41}$$

6.4.4　三角形棱柱单元

三角形棱柱单元是横截面为三角形的等截面棱柱体单元，如图 6.15 所示。从图中可以看出，三角形棱柱单元是由 2 个三角形单元和 3 个分别垂直于三角形单元的矩形单元组合而成，因此，也称为五面体单元。由于三角形单元不便于采用直角坐标来描述，且矩形单元也无法采用三角形面积坐标来描述，因此，三角形棱柱单元既不能采用直角坐标来描述，也不便于采用体积坐标来描述，而采用面积坐标与一维自然坐标的组合来描述，其中的自然坐标为棱柱方向的自由度。由于矩形单元有 Lagrange 单元和 Serendipity 单元之分，因此，三角棱柱单元的插值函数视矩形单元类型而分别由三角形面积坐标插值函数与 Lagrange 插值函数或 Serendipity 单元插值函数组合而成。

下面以图 6.15 所示的 3 个三角形棱柱单元为例来讨论三角形棱柱单元的场函数性质及插值函数构造方法。如图 6.15(a)所示的线性单元有 6 个结点，因此，其场函数应有 6 项。完全的一次多项式有 4 项，其他两项应补充二次的交叉项。而二次交叉项共有 3 项 xy,yz,xz，只能取其中的两项。由于三角形单元平行于 x-y 平面，因此，为了保证场函数在垂直于三角形的两个坐标面对称，取 yz 和 xz 两项，由此可得线性三角形棱柱单元的场函数

$$u=\alpha_1+\alpha_2 x+\alpha_3 y+\alpha_4 z+\alpha_5 xz+\alpha_6 yz \tag{6.4.42}$$

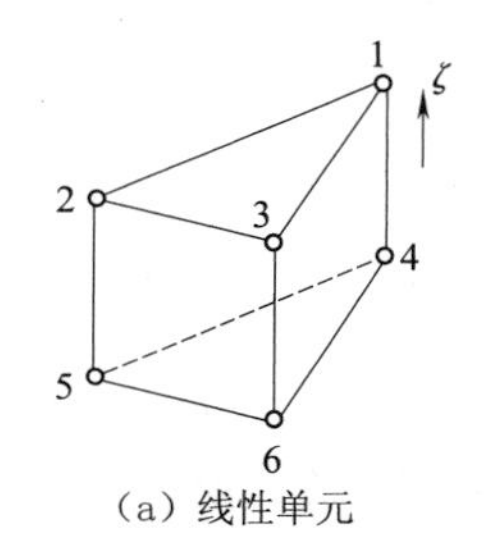

(a) 线性单元

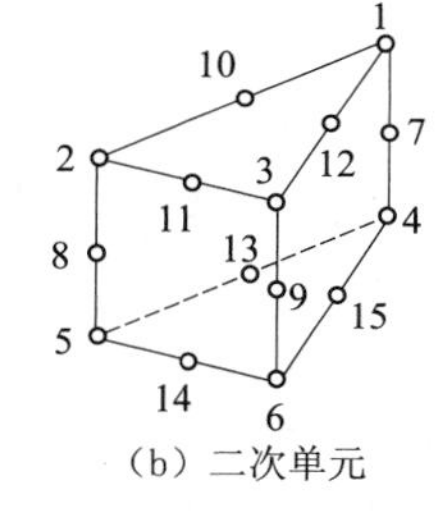

(b) 二次单元

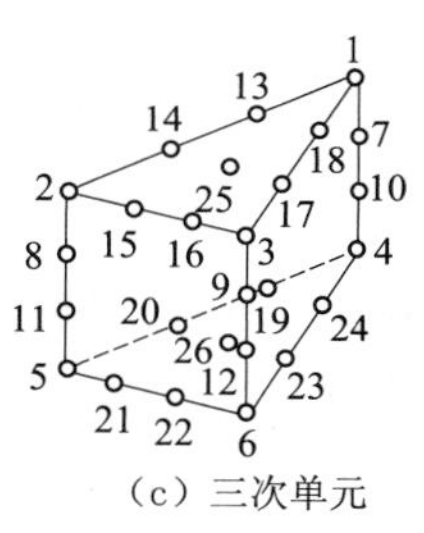

(c) 三次单元

图 6.15　三角棱柱单元

借鉴 Lagrange 单元的插值函数构造方法可得线性三角形棱柱单元的插值函数

$$\left.\begin{aligned} N_i &= \frac{1}{2}L_i(1+\zeta) \\ N_{i+3} &= \frac{1}{2}L_i(1-\zeta) \end{aligned}\right\} \quad (i=1,2,3) \tag{6.4.43}$$

分析式(6.4.43)可知，插值函数满足式(6.4.42)的场函数要求。

对于如图 6.15(b)所示的二次单元，其矩形单元为 Serendipity 单元，因此，结点数为 15，则其场函数应有 15 项。但完全的二次多项式只有 10 项，需补充三次多项式的交叉项。基于线性单元的高阶交叉项选取方法，取 x^2z,xz^2,y^2z,yz^2,xyz，即：

$$\begin{aligned} u=&\alpha_1+\alpha_2 x+\alpha_3 y+\alpha_4 z+\alpha_5 xy+\alpha_6 yz+\alpha_7 xz+\alpha_8 x^2+\alpha_9 y^2+ \\ &\alpha_{10} z^2+\alpha_{11} x^2 z+\alpha_{12} xz^2+\alpha_{13} y^2 z+\alpha_{14} yz^2+\alpha_{15} xyz \end{aligned} \tag{6.4.44}$$

构造高阶三角形棱柱单元的插值函数需根据矩形单元的类型采用相应的方法，对于由 Serendipity 单元组成的三角形棱柱单元，其插值函数需采用 Serendipity 单元插值函数构造方法来构造。例如，结点 1 的插值函数应为结点 1 的二次三角形单元插值函数乘以 ζ 方向一次 Lagrange 插值多项式再减去其在结点 7 的值乘以结点 7 的插值函数，即：

$$N_1=\hat{N}_1-\frac{1}{2}N_7 \tag{6.4.45}$$

式中：

$$\hat{N}_1=\frac{1}{2}L_1(2L_1-1)(1+\zeta) \tag{6.4.46}$$

而结点 7 的插值函数等于结点 1 的一次三角形单元插值函数乘以 ζ 方向第二个插值点的二次 Lagrange 插值多项式，即：

$$N_7=L_1(1-\zeta^2) \tag{6.4.47}$$

将式(6.4.46)和式(6.4.47)代入式(6.4.45)并整理得

$$N_1=\frac{1}{2}L_1(2L_1+\zeta-2)(1+\zeta) \tag{6.4.48}$$

分析式(6.4.48)可知，该插值函数满足式(6.4.44)的场函数要求。由式(6.4.48)可直接写出角结点的插值函数

$$\left.\begin{aligned}N_i&=\frac{1}{2}L_i(2L_i+\zeta-2)(1+\zeta)\\N_{i+3}&=\frac{1}{2}L_i(2L_i-\zeta-2)(1-\zeta)\end{aligned}\right\}\quad(i=1,2,3) \tag{6.4.49}$$

对于三角形的边中结点，其插值函数等于二次三角形单元边中结点插值函数乘以 ζ 方向一次 Lagrange 插值函数。

$$\left.\begin{aligned}N_{k+9}&=2L_iL_j(1+\zeta)\\N_{k+12}&=2L_iL_j(1-\zeta)\end{aligned}\right\}\quad(k,i=1,2,3;j=2,3,1) \tag{6.4.50}$$

而由式(6.4.47)可得棱边中点插值函数

$$N_{i+6}=L_i(1-\zeta^2)\qquad(i=1,2,3) \tag{6.4.51}$$

对于图 6.15(c)所示的三次三角形棱柱单元，其场函数应有 26 项，而完全的三次多项式有 20 项，则增加 6 项四次的交叉项，基于二次项的高阶交叉项取舍方法得三次三角形棱柱单元的场函数表达式：

$$\begin{aligned}u=&\alpha_1+\alpha_2x+\alpha_3y+\alpha_4z+\alpha_5xy+\alpha_6yz+\alpha_7xz+\alpha_8x^2+\alpha_9y^2+\\&\alpha_{10}z^2+\alpha_{11}x^2y+\alpha_{12}xy^2+\alpha_{13}y^2z+\alpha_{14}yz^2+\alpha_{15}x^2z+\\&\alpha_{16}xz^2+\alpha_{17}xyz+\alpha_{18}x^3+\alpha_{19}y^3+\alpha_{20}z^3+\alpha_{21}y^3z+\\&\alpha_{22}yz^3+\alpha_{23}z^3x+\alpha_{24}zx^3+\alpha_{25}xy^2z+\alpha_{26}xyz^2\end{aligned} \tag{6.4.52}$$

而其插值函数也可基于线性和三次三角形单元以及一维 Lagrange 单元的插值函数得出，对于结点 1，其插值函数可表示为：

$$N_1=\hat{N}_1-\frac{2}{3}N_7-\frac{1}{3}N_{10} \tag{6.4.53}$$

式中：

$$\hat{N}_1=\frac{1}{4}L_1(3L_1-2)(3L_1-1)(1+\zeta) \tag{6.4.54}$$

而结点 7 和结点 10 的插值函数分别等于结点 1 的一次三角形单元插值函数乘以 ζ 方向第二或第三个插值点的二次 Lagrange 插值多项式，即：

$$N_7=\frac{9}{16}L_1(1+3\zeta)(1-\zeta^2),\quad N_{10}=\frac{9}{16}L_1(1-3\zeta)(1-\zeta^2) \tag{6.4.55}$$

将式(6.4.54)和式(6.4.55)代入式(6.4.53)并整理得

$$N_1=\frac{1}{16}L_1(1+\zeta)[36L_1(L_1-1)+9\zeta^2-1] \tag{6.4.56}$$

这样,我们就得到了典型角结点和典型棱边内结点的插值函数,而三角形边中结点的插值函数则由三次三角形单元的边中结点插值函数乘以 ζ 方向第一或第二个插值点的线性Lagrange插值多项式得到:

$$\begin{aligned}
&N_{13}=\frac{9}{4}L_1L_2(3L_1-1)(1+\zeta), \quad N_{19}=\frac{9}{4}L_1L_2(3L_1-1)(1-\zeta)\\
&N_{14}=\frac{9}{4}L_1L_2(3L_2-1)(1+\zeta), \quad N_{20}=\frac{9}{4}L_1L_2(3L_2-1)(1-\zeta)\\
&N_{15}=\frac{9}{4}L_2L_3(3L_2-1)(1+\zeta), \quad N_{21}=\frac{9}{4}L_2L_3(3L_2-1)(1-\zeta)\\
&N_{16}=\frac{9}{4}L_2L_3(3L_3-1)(1+\zeta), \quad N_{22}=\frac{9}{4}L_2L_3(3L_3-1)(1-\zeta)\\
&N_{17}=\frac{9}{4}L_3L_1(3L_3-1)(1+\zeta), \quad N_{23}=\frac{9}{4}L_3L_1(3L_3-1)(1-\zeta)\\
&N_{18}=\frac{9}{4}L_3L_1(3L_1-1)(1+\zeta), \quad N_{24}=\frac{9}{4}L_3L_1(3L_1-1)(1-\zeta)
\end{aligned} \tag{6.4.57}$$

同理可得三角形的面内结点插值函数

$$N_{25}=\frac{27}{2}L_1L_2L_3(1+\zeta), \quad N_{26}=\frac{27}{2}L_1L_2L_3(1-\zeta) \tag{6.4.58}$$

6.5 等参单元

前面讨论的各种形式单元,其边界均为直线和平面,其中,矩形单元和六面体单元的尺寸也是标准的。这不仅仅是为了讨论问题的方便,更是计算机程序通用的必要条件。由于实际的弹性体或结构系统是千变万化的,我们不可能也做不到将各种可能遇到的结构形状都事先构建一个单元以备应用。因此,需要建立起标准单元与被模拟的实际结构对应区域的映射关系。即将整体坐标系中实际结构的曲线(曲面)界面单元映射成局部(自然)坐标系中直线(平面)界面的同类型单元,如图6.16所示。这样,单元矩阵和向量的繁杂积分域就变成了简单的规则积分域。

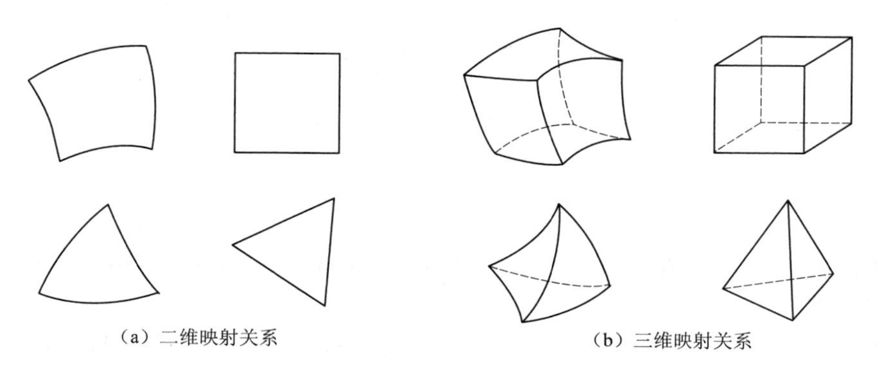

(a) 二维映射关系　　(b) 三维映射关系

图6.16　标准单元与实际单元的映射

6.5.1 等参变换的概念

有限元方程是以结点参数为未知量的，而结点信息是以结构的整体坐标来描述的，即单元的划分和几何特征的度量必须借助于统一的坐标系统，而为了讨论问题的方便和计算机程序的通用性，单元的插值函数及其积分域都是以单元的局部坐标来表示的。因此，若要建立其整体坐标系中实际结构划分的单元与局部坐标系中标准单元的映射关系，必须首先建立整体坐标与局部坐标的变换关系

$$x=f(\xi,\eta,\zeta),\quad y=f(\xi,\eta,\zeta),\quad z=f(\xi,\eta,\zeta) \tag{6.5.1}$$

或

$$x=f(L_1,L_2,L_3,L_4),\quad y=f(L_1,L_2,L_3,L_4),\quad z=f(L_1,L_2,L_3,L_4) \tag{6.5.2}$$

如果将实际结构的不规则单元界面比拟为单元的场函数，则单元之间的映射关系可表示为插值函数的形式

$$x=\sum_{i=1}^{m}N'_i x_i,\quad y=\sum_{i=1}^{m}N'_i y_i,\quad z=\sum_{i=1}^{m}N'_i z_i \tag{6.5.3}$$

式中：m 为单元坐标变换的结点数，它可以不同于单元的场函数插值的结点数，例如，实际结构的单元界面为复杂的曲线(曲面)，而场函数变化平缓，则几何变换可采用较多插值点，而场函数采用较少的插值点；x_i，y_i，z_i 为这些结点的整体坐标值；N'_i 为单元几何变换的插值函数。

式(6.5.3)建立起了两个坐标系中的单元变换关系，从而将整体坐标系中不规则界面的单元变换为局部坐标中形状规则的标准单元。从式(6.5.3)可以看出，单元几何变换与场函数的插值表示在形式上是相同的。如果单元几何变换与场函数插值采用相同的结点数及相同的插值函数，即 $m=n$ 和 $N'_i=N_i$，则称为等参变换。如果几何变换的结点数多于场函数插值的结点数，即 $m>n$，则称为超参变换，反之，则称为次(亚) 参变换。

6.5.2 单元矩阵的变换

在建立有限元方程的过程中，需要进行单元矩阵和单元向量的积分。单元矩阵的积分是域内的体积分(三维问题)或面积分(二维问题)，而单元向量的积分则是单元边界上的面积分(三维问题)或线积分(二维问题)，即：

$$\begin{aligned}
&\int_{V_e} G\mathrm{d}V=\iiint_{V_e} G(x,y,z)\mathrm{d}x\mathrm{d}y\mathrm{d}z\\
&\int_{S_e} g\mathrm{d}S=\iint_{S_e} g(x,y,z)\mathrm{d}S\\
&\int_{S_e} G\mathrm{d}S=\iint_{S_e} G(x,y,z)\mathrm{d}x\mathrm{d}y\\
&\int_{\Gamma_e} g\mathrm{d}\Gamma=\int_{\Gamma_e} g(x,y,z)\mathrm{d}\Gamma
\end{aligned} \tag{6.5.4}$$

其中，G 和 g 分别为由单元插值函数及其对总体坐标 x，y，z 的导数以及单元或环境物理参数组成的被积函数。

由于单元的场函数是以插值函数的形式表示的，而插值函数是以自然坐标表示的，且以自然坐标表示的积分域是规格化的。因此，单元矩阵和向量按自然坐标进行积分是方便的，这也

是有限元程序通用化的必要条件。而要实现按自然坐标进行积分运算，就必须建立起结构整体坐标与单元自然坐标之间的导数、体积微元和面积微元的变换关系。

1. 导数的变换

设 N_i是以 x,y,z 为自变量的函数，而 x,y,z 与 ξ,η,ζ 有式(6.5.1)所示的变换关系，则函数 N_i关于坐标 ξ,η,ζ 的偏导数可表示为：

$$\begin{aligned}\frac{\partial N_i}{\partial \xi}&=\frac{\partial N_i}{\partial x}\frac{\partial x}{\partial \xi}+\frac{\partial N_i}{\partial y}\frac{\partial y}{\partial \xi}+\frac{\partial N_i}{\partial z}\frac{\partial z}{\partial \xi}\\\frac{\partial N_i}{\partial \eta}&=\frac{\partial N_i}{\partial x}\frac{\partial x}{\partial \eta}+\frac{\partial N_i}{\partial y}\frac{\partial y}{\partial \eta}+\frac{\partial N_i}{\partial z}\frac{\partial z}{\partial \eta}\\\frac{\partial N_i}{\partial \zeta}&=\frac{\partial N_i}{\partial x}\frac{\partial x}{\partial \zeta}+\frac{\partial N_i}{\partial y}\frac{\partial y}{\partial \zeta}+\frac{\partial N_i}{\partial z}\frac{\partial z}{\partial \zeta}\end{aligned} \tag{6.5.5}$$

式(6.5.5)可表示成矩阵的形式

$$\begin{Bmatrix}\dfrac{\partial N_i}{\partial \xi}\\\dfrac{\partial N_i}{\partial \eta}\\\dfrac{\partial N_i}{\partial \zeta}\end{Bmatrix}=\begin{bmatrix}\dfrac{\partial x}{\partial \xi}&\dfrac{\partial y}{\partial \xi}&\dfrac{\partial z}{\partial \xi}\\\dfrac{\partial x}{\partial \eta}&\dfrac{\partial y}{\partial \eta}&\dfrac{\partial z}{\partial \eta}\\\dfrac{\partial x}{\partial \zeta}&\dfrac{\partial y}{\partial \zeta}&\dfrac{\partial z}{\partial \zeta}\end{bmatrix}\begin{Bmatrix}\dfrac{\partial N_i}{\partial x}\\\dfrac{\partial N_i}{\partial y}\\\dfrac{\partial N_i}{\partial z}\end{Bmatrix} \tag{6.5.6}$$

式(6.5.6)即为两个坐标系统之间的导数变换关系，其变换矩阵被称为 Jacobi(译作雅可比)矩阵，可表示为：

$$[J]=\frac{\partial(x,y,z)}{\partial(\xi,\eta,\zeta)}=\begin{bmatrix}\dfrac{\partial x}{\partial \xi}&\dfrac{\partial y}{\partial \xi}&\dfrac{\partial z}{\partial \xi}\\\dfrac{\partial x}{\partial \eta}&\dfrac{\partial y}{\partial \eta}&\dfrac{\partial z}{\partial \eta}\\\dfrac{\partial x}{\partial \zeta}&\dfrac{\partial y}{\partial \zeta}&\dfrac{\partial z}{\partial \zeta}\end{bmatrix} \tag{6.5.7}$$

将式(6.5.3)代入可将 Jacobi 矩阵表示成自然坐标的函数

$$\begin{aligned}[J]&=\begin{bmatrix}\sum\limits_{i=1}^{m}\dfrac{\partial N_i'}{\partial \xi}x_i&\sum\limits_{i=1}^{m}\dfrac{\partial N_i'}{\partial \xi}y_i&\sum\limits_{i=1}^{m}\dfrac{\partial N_i'}{\partial \xi}z_i\\\sum\limits_{i=1}^{m}\dfrac{\partial N_i'}{\partial \eta}x_i&\sum\limits_{i=1}^{m}\dfrac{\partial N_i'}{\partial \eta}y_i&\sum\limits_{i=1}^{m}\dfrac{\partial N_i'}{\partial \eta}z_i\\\sum\limits_{i=1}^{m}\dfrac{\partial N_i'}{\partial \zeta}x_i&\sum\limits_{i=1}^{m}\dfrac{\partial N_i'}{\partial \zeta}y_i&\sum\limits_{i=1}^{m}\dfrac{\partial N_i'}{\partial \zeta}z_i\end{bmatrix}\\&=\begin{bmatrix}\dfrac{\partial N'_1}{\partial \xi}&\dfrac{\partial N'_2}{\partial \xi}&\cdots&\dfrac{\partial N'_m}{\partial \xi}\\\dfrac{\partial N'_1}{\partial \eta}&\dfrac{\partial N'_2}{\partial \eta}&\cdots&\dfrac{\partial N'_m}{\partial \eta}\\\dfrac{\partial N'_1}{\partial \zeta}&\dfrac{\partial N'_2}{\partial \zeta}&\cdots&\dfrac{\partial N'_m}{\partial \zeta}\end{bmatrix}\begin{bmatrix}x_1&y_1&z_1\\x_2&y_2&z_2\\\vdots&\vdots&\vdots\\x_m&y_m&z_m\end{bmatrix}\end{aligned} \tag{6.5.8}$$

借助于 Jacobi 矩阵的表示方法，可将函数 N_i关于坐标 x,y,z 的偏导数表示为：

$$\begin{Bmatrix} \dfrac{\partial N_i}{\partial x} \\ \dfrac{\partial N_i}{\partial y} \\ \dfrac{\partial N_i}{\partial z} \end{Bmatrix} = [J]^{-1} \begin{Bmatrix} \dfrac{\partial N_i}{\partial \xi} \\ \dfrac{\partial N_i}{\partial \eta} \\ \dfrac{\partial N_i}{\partial \zeta} \end{Bmatrix} \tag{6.5.9}$$

2. 三维问题的积分变换

三维弹性力学问题的单元刚度矩阵和体积力向量是体积分，边界分布荷载向量是面积分，因此，其积分变换包括体积微元和面积微元的变换。

自然坐标系下的体积微元可表示为矢量乘积的形式

$$\mathrm{d}V = \mathrm{d}\boldsymbol{\xi} \cdot (\mathrm{d}\boldsymbol{\eta} \times \mathrm{d}\boldsymbol{\zeta}) \tag{6.5.10}$$

由式(6.5.1)可知，自然坐标的微元矢量可表示为：

$$\begin{aligned} \mathrm{d}\boldsymbol{\xi} &= \frac{\partial x}{\partial \xi}\mathrm{d}\xi \boldsymbol{i} + \frac{\partial y}{\partial \xi}\mathrm{d}\xi \boldsymbol{j} + \frac{\partial z}{\partial \xi}\mathrm{d}\xi \boldsymbol{k} \\ \mathrm{d}\boldsymbol{\eta} &= \frac{\partial x}{\partial \eta}\mathrm{d}\eta \boldsymbol{i} + \frac{\partial y}{\partial \eta}\mathrm{d}\eta \boldsymbol{j} + \frac{\partial z}{\partial \eta}\mathrm{d}\eta \boldsymbol{k} \\ \mathrm{d}\boldsymbol{\zeta} &= \frac{\partial x}{\partial \zeta}\mathrm{d}\zeta \boldsymbol{i} + \frac{\partial y}{\partial \zeta}\mathrm{d}\zeta \boldsymbol{j} + \frac{\partial z}{\partial \zeta}\mathrm{d}\zeta \boldsymbol{k} \end{aligned} \tag{6.5.11}$$

式中：$\boldsymbol{i}, \boldsymbol{j}, \boldsymbol{k}$ 分别为 ξ, η, ζ 轴的单位矢量。

将上式代入式(6.5.10)得：

$$\mathrm{d}V = \begin{vmatrix} \dfrac{\partial x}{\partial \xi} & \dfrac{\partial y}{\partial \xi} & \dfrac{\partial z}{\partial \xi} \\ \dfrac{\partial x}{\partial \eta} & \dfrac{\partial y}{\partial \eta} & \dfrac{\partial z}{\partial \eta} \\ \dfrac{\partial x}{\partial \zeta} & \dfrac{\partial y}{\partial \zeta} & \dfrac{\partial z}{\partial \zeta} \end{vmatrix} \mathrm{d}\xi \mathrm{d}\eta \mathrm{d}\zeta \tag{6.5.12}$$

由式(6.5.7)可知，上式可表示为：

$$\mathrm{d}V = |J| \mathrm{d}\xi \mathrm{d}\eta \mathrm{d}\zeta \tag{6.5.13}$$

用同样的方法可以得到面积微元的变换关系，以平行于 ξ-η 面($\zeta = c$)的边界面为例，其微元面积可表示为

$$\mathrm{d}S = |\mathrm{d}\boldsymbol{\xi} \times \mathrm{d}\boldsymbol{\eta}| \tag{6.5.14}$$

将式(6.5.11)的前两式代入得

$$\mathrm{d}S = A \mathrm{d}\xi \mathrm{d}\eta \tag{6.5.15}$$

式中，A 为边界面的面积，可按下式计算：

$$A = \left[\left(\frac{\partial x}{\partial \xi}\frac{\partial y}{\partial \eta} - \frac{\partial y}{\partial \xi}\frac{\partial x}{\partial \eta} \right)^2 + \left(\frac{\partial y}{\partial \xi}\frac{\partial z}{\partial \eta} - \frac{\partial z}{\partial \xi}\frac{\partial y}{\partial \eta} \right)^2 + \left(\frac{\partial z}{\partial \xi}\frac{\partial x}{\partial \eta} - \frac{\partial x}{\partial \xi}\frac{\partial z}{\partial \eta} \right)^2 \right]^{1/2} \tag{6.5.16}$$

利用上述坐标变换关系式可将单元的积分式(6.5.4)表示成自然坐标的形式：

$$\begin{aligned} \int_{V_e} G \mathrm{d}V &= \int_{-1}^{1}\int_{-1}^{1}\int_{-1}^{1} G(\xi,\eta,\zeta) |J| \mathrm{d}\xi \mathrm{d}\eta \mathrm{d}\zeta \\ \int_{S_e} g \mathrm{d}S &= \int_{-1}^{1}\int_{-1}^{1} g(\xi,\eta,c) A \mathrm{d}\xi \mathrm{d}\eta \quad (\zeta = c) \end{aligned} \tag{6.5.17}$$

3. 二维问题的积分变换

二维弹性力学问题和平板弯曲问题的单元刚度矩阵和体积力向量以及平板弯曲问题的分布荷载向量是面积分，边界分布荷载向量是线积分，因此，其积分变换包括面积微元和微元线段的变换。

由式(6.5.9)可得二维问题的坐标变换关系

$$\begin{Bmatrix} \dfrac{\partial N_i}{\partial x} \\ \dfrac{\partial N_i}{\partial y} \end{Bmatrix} = [J]^{-1} \begin{Bmatrix} \dfrac{\partial N_i}{\partial \xi} \\ \dfrac{\partial N_i}{\partial \eta} \end{Bmatrix} \tag{6.5.18}$$

其中，$[J]$为二维 Jacobi 矩阵：

$$[J] = \frac{\partial (x,y)}{\partial (\xi,\eta)} = \begin{bmatrix} \dfrac{\partial x}{\partial \xi} & \dfrac{\partial y}{\partial \xi} \\ \dfrac{\partial x}{\partial \eta} & \dfrac{\partial y}{\partial \eta} \end{bmatrix} = \begin{bmatrix} \sum\limits_{i=1}^{m} \dfrac{\partial N_i'}{\partial \xi} x_i & \sum\limits_{i=1}^{m} \dfrac{\partial N_i'}{\partial \xi} y_i \\ \sum\limits_{i=1}^{m} \dfrac{\partial N_i'}{\partial \eta} x_i & \sum\limits_{i=1}^{m} \dfrac{\partial N_i'}{\partial \eta} y_i \end{bmatrix}$$
$$= \begin{bmatrix} \dfrac{\partial N'_1}{\partial \xi} & \dfrac{\partial N'_2}{\partial \xi} & \cdots & \dfrac{\partial N'_m}{\partial \xi} \\ \dfrac{\partial N'_1}{\partial \eta} & \dfrac{\partial N'_2}{\partial \eta} & \cdots & \dfrac{\partial N'_m}{\partial \eta} \end{bmatrix} \begin{bmatrix} x_1 & y_1 \\ x_2 & y_2 \\ \vdots & \vdots \\ x_m & y_m \end{bmatrix} \tag{6.5.19}$$

由式(6.5.14)和式(6.5.11)可得二维问题的面积微元变换关系

$$\mathrm{d}S = |\mathrm{d}\boldsymbol{\xi} \times \mathrm{d}\boldsymbol{\eta}| = \begin{vmatrix} \dfrac{\partial x}{\partial \xi} & \dfrac{\partial y}{\partial \xi} \\ \dfrac{\partial x}{\partial \eta} & \dfrac{\partial y}{\partial \eta} \end{vmatrix} \mathrm{d}\xi \mathrm{d}\eta = |J| \mathrm{d}\xi \mathrm{d}\eta \tag{6.5.20}$$

而平行于 ξ 坐标($\eta=c$)的边界微元线段的变换关系为：

$$\mathrm{d}\Gamma = \left[\left(\frac{\partial x}{\partial \xi} \right)^2 + \left(\frac{\partial y}{\partial \xi} \right)^2 \right]^{1/2} \mathrm{d}\xi = s\mathrm{d}\xi \tag{6.5.21}$$

由此可得二维单元的积分变换关系

$$\begin{aligned} \int_{S_e} G\mathrm{d}V &= \int_{-1}^{1} \int_{-1}^{1} G(\xi,\eta) |J| \mathrm{d}\xi \mathrm{d}\eta \\ \int_{\Gamma_e} g\,\mathrm{d}\Gamma &= \int_{-1}^{1} g(\xi,c) s\mathrm{d}\xi \quad (\eta = c) \end{aligned} \tag{6.5.22}$$

4. 体积(面积)坐标的变换

由于体积坐标或面积坐标的各坐标之间是线性相关的，即：$L_1+L_2+L_3+L_4=1$(体积坐标)和 $L_1+L_2+L_3=1$(面积坐标)，因此，它们与整体坐标 x,y,z 之间的变换不能直接套用上述结果，而是首先建立起体积(面积)坐标与自然坐标 ξ,η,ζ 的变换关系，然后，由式(6.5.9)或式(6.5.18)建立起体积(面积)坐标与整体坐标 x,y,z 的变换关系。为此，令

$$\xi=L_1, \quad \eta=L_2, \quad \zeta=L_3 \tag{6.5.23}$$

由体积坐标的性质得：

$$L_4=1-\xi-\eta-\zeta \tag{6.5.24}$$

则体积坐标与自然坐标的导数变换关系为：

$$\begin{aligned}
\frac{\partial N_i}{\partial \xi}&=\frac{\partial N_i}{\partial L_1}\frac{\partial L_1}{\partial \xi}+\frac{\partial N_i}{\partial L_2}\frac{\partial L_2}{\partial \xi}+\frac{\partial N_i}{\partial L_3}\frac{\partial L_3}{\partial \xi}+\frac{\partial N_i}{\partial L_4}\frac{\partial L_4}{\partial \xi}\\
\frac{\partial N_i}{\partial \eta}&=\frac{\partial N_i}{\partial L_1}\frac{\partial L_1}{\partial \eta}+\frac{\partial N_i}{\partial L_2}\frac{\partial L_2}{\partial \eta}+\frac{\partial N_i}{\partial L_3}\frac{\partial L_3}{\partial \eta}+\frac{\partial N_i}{\partial L_4}\frac{\partial L_4}{\partial \eta}\\
\frac{\partial N_i}{\partial \zeta}&=\frac{\partial N_i}{\partial L_1}\frac{\partial L_1}{\partial \zeta}+\frac{\partial N_i}{\partial L_2}\frac{\partial L_2}{\partial \zeta}+\frac{\partial N_i}{\partial L_3}\frac{\partial L_3}{\partial \zeta}+\frac{\partial N_i}{\partial L_4}\frac{\partial L_4}{\partial \zeta}
\end{aligned}\tag{6.5.25}$$

将式(6.5.23)和式(6.5.24)代入得：

$$\begin{aligned}
\frac{\partial N_i}{\partial \xi}&=\frac{\partial N_i}{\partial L_1}-\frac{\partial N_i}{\partial L_4}\\
\frac{\partial N_i}{\partial \eta}&=\frac{\partial N_i}{\partial L_2}-\frac{\partial N_i}{\partial L_4}\\
\frac{\partial N_i}{\partial \zeta}&=\frac{\partial N_i}{\partial L_3}-\frac{\partial N_i}{\partial L_4}
\end{aligned}\tag{6.5.26}$$

或

$$\left\{\begin{array}{c}\dfrac{\partial N_i}{\partial \xi}\\ \dfrac{\partial N_i}{\partial \eta}\\ \dfrac{\partial N_i}{\partial \zeta}\end{array}\right\}=[T]\left\{\begin{array}{c}\dfrac{\partial N_i}{\partial L_1}\\ \dfrac{\partial N_i}{\partial L_2}\\ \dfrac{\partial N_i}{\partial L_3}\\ \dfrac{\partial N_i}{\partial L_4}\end{array}\right\}\tag{6.5.27}$$

其中：

$$[T]=\begin{bmatrix}1&0&0&-1\\0&1&0&-1\\0&0&1&-1\end{bmatrix}\tag{6.5.28}$$

将式(6.5.27)代入式(6.5.9)得体积坐标与整体坐标 x,y,z 的变换关系

$$\left\{\begin{array}{c}\dfrac{\partial N_i}{\partial x}\\ \dfrac{\partial N_i}{\partial y}\\ \dfrac{\partial N_i}{\partial z}\end{array}\right\}=[J]^{-1}[T]\left\{\begin{array}{c}\dfrac{\partial N_i}{\partial L_1}\\ \dfrac{\partial N_i}{\partial L_2}\\ \dfrac{\partial N_i}{\partial L_3}\\ \dfrac{\partial N_i}{\partial L_4}\end{array}\right\}\tag{6.5.29}$$

而对于体积微元和面积微元的变换可直接套用式(6.5.17)，但积分限应根据体积坐标的特点作相应的调整，由此可得：

$$\begin{aligned}
\int_{V_e}G\mathrm{d}V&=\int_0^1\int_0^{1-L_3}\int_0^{1-L_2-L_3}G(L_1,L_2,L_3)\,|J|\,\mathrm{d}L_1\mathrm{d}L_2\mathrm{d}L_3\\
\int_{S_e}g\,\mathrm{d}S&=\int_0^1\int_0^{1-L_2}g(L_1,L_2,0)A\mathrm{d}L_1\mathrm{d}L_2\quad(L_3=0)
\end{aligned}\tag{6.5.30}$$

需要指出的是，由于 L_4 不以显式出现，因此，对于 $L_4=0$ 的边界面积分，式(6.5.30)的第

二式可表示成

$$\int_{S_e} g\mathrm{d}S = \int_0^1 \int_0^{1-L_3} g(1-L_2-L_3, L_2, L_3) A\mathrm{d}L_2\mathrm{d}L_3 \quad (L_4 = 0) \tag{6.5.31}$$

同理可得面积坐标的变换关系：

$$\begin{Bmatrix} \dfrac{\partial N_i}{\partial x} \\ \dfrac{\partial N_i}{\partial y} \end{Bmatrix} = [J]^{-1}[T] \begin{Bmatrix} \dfrac{\partial N_i}{\partial L_1} \\ \dfrac{\partial N_i}{\partial L_2} \\ \dfrac{\partial N_i}{\partial L_3} \end{Bmatrix} \tag{6.5.32}$$

式中：

$$[T] = \begin{bmatrix} 1 & 0 & -1 \\ 0 & 1 & -1 \end{bmatrix}$$

$$\begin{aligned} &\int_{S_e} G\mathrm{d}S = \int_0^1 \int_0^{1-L_2} G(L_1, L_2) |J| \mathrm{d}L_1 \mathrm{d}L_2 \\ &\int_{\Gamma_e} g\mathrm{d}\Gamma = \int_0^1 g(L_1, 0) s\mathrm{d}L_1 \quad (L_2 = 0) \\ &\int_{\Gamma_e} g\mathrm{d}\Gamma = \int_0^1 g(1-L_2, L_2) s\mathrm{d}L_2 \quad (L_3 = 0) \end{aligned} \tag{6.5.33}$$

6.5.3 等参元的收敛性

通过2.4节的讨论我们知道，有限元解的收敛性要求场函数是完备的和协调的。因此，等参单元是否满足收敛性要求则需要考察它的完备性和协调性。

单元的完备性要求其场函数具有某一次的完全多项式，如 C_0 型单元，其场函数应包含完全的一次多项式，则其函数及其一阶导数为常数的要求得到满足。显然，本章讨论的所有单元均满足这一要求。那么，让我们来考察一下这些单元经过坐标变换后，在整体坐标系 x,y,z 中是否仍满足此要求。

首先来考察三维等参单元的完备性。三维等参元的坐标和场函数的插值表达式为：

$$x = \sum_{i=1}^{n} N_i x_i, \quad y = \sum_{i=1}^{n} N_i y_i, \quad z = \sum_{i=1}^{n} N_i z_i \tag{6.5.34}$$

$$u = \sum_{i=1}^{n} N_i u_i \tag{6.5.35}$$

设单元场函数为一线性函数

$$u = a + bx + cy + dz \tag{6.5.36}$$

则其结点值为：

$$u_i = a + bx_i + cy_i + dz_i \qquad (i = 1, 2, \cdots, n) \tag{6.5.37}$$

将上式代入式(6.5.35)并注意到式(6.5.34)得：

$$u = a\sum_{i=1}^{n} N_i + bx + cy + dz \tag{6.5.38}$$

分析式(6.5.38)可知，如果

$$\sum_{i=1}^{n} N_i = 1 \tag{6.5.39}$$

则式(6.5.38)与式(6.5.36)完全相同，这意味着，给定的单元结点的场函数值经等参变换后得到了相同的单元场函数，即等参单元满足完备性要求。事实上，式(6.5.39)在构造单元插值函数时就是满足的，因此，等参单元是完备的。

对于超参单元，即 $m>n$，完备性通常是不能满足的。而次参单元则满足完备性要求，证明如下：

由 Serendipity 单元的角结点插值函数构造方法可以得到下列关系：

$$N'_i = \sum_{j=1}^{n} C_{ij} N_j, \quad x_j = \sum_{i=1}^{m} C_{ij} x_i \tag{6.5.40}$$

式中：C_{ij} 为常数。

将式(6.5.3)代入式(6.5.38)得：

$$u = a\sum_{i=1}^{n} N_i + b\sum_{i=1}^{m} N'_i x_i + c\sum_{i=1}^{m} N'_i y_i + d\sum_{i=1}^{m} N'_i z_i \tag{6.5.41}$$

将式(6.5.40)的第一式代入，再利用式(6.5.40)的第二式即可得到

$$u = a\sum_{i=1}^{n} N_i + bx + cy + dz \tag{6.5.42}$$

即经过次参变换又回到了式(6.5.38)，因此，在式(6.5.39)得到满足的条件下，次参单元也是完备的。

关于等参单元的协调性可以通过单元公共边界上设置相同的结点，且边界上的所有单元采用相同的插值函数来确定坐标及未知函数来满足。

第7章　轴对称壳结构有限单元法

7.1　概　　述

轴对称壳体结构在工程中有着广泛的应用，石油化工行业的各类反应釜、储罐等压力容器均为轴对称壳体结构，由于高温高压或低温的特点，压力容器的安全运行备受关注。因此，有限元方法被广泛应用于此类轴对称壳体结构的设计和安全管理。

基于薄壳理论的轴对称壳体单元在厚度方向引入了壳体理论中的 Kirchhoff 假设，使得轴对称壳体单元数学上成为一维单元，从而使分析工作大大简化。最早提出的轴对称壳体单元在子午线方向为直线，因此，其几何形状为截锥结构。这种单元的表达格式较为简单，用于分析一般的轴对称薄壳结构可满足计算精度的要求。但是在模拟曲率较大的壳体结构时，不仅需要较多的单元，而且还可能产生附加弯矩。因此，随着有限元理论和方法的发展，陆续问世了一系列在子午线方向为曲线的轴对称壳体单元。

为了进一步将轴对称壳体单元应用于较厚壳体的分析，Zienkiewicz 等人先后提出了超参数壳体单元以及挠度和截面转动作为各自独立场函数的轴对称壳体单元。这些单元的特点是，单元之间只要求具有的 C_0 连续性。由于可以考虑横向剪切变形的影响，它们可以应用于中厚壳体结构的分析。

本章分别介绍上述几种类型的轴对称壳体单元，以及壳体单元与三维单元的连接问题。

7.2　基于薄壳理论的轴对称壳体单元

7.2.1　基本公式

轴对称壳体中面上任一点的位置由角 ϕ 和 θ 确定，其位移可由其径（子午）向分量 u、纬（周）向分量 v 和法向分量 w 确定，如图 7.1 所示。在薄壳理论中，基于 Kirchhoff 直法线假设，壳体内任一点的应变可通过中面的 6 个广义应变分量 $\varepsilon_s, \varepsilon_\theta, \gamma_{s\theta}, \kappa_s, \kappa_\theta, \kappa_{s\theta}$ 来描述，它们与中面位移 u, v, w 的关系可表示为：

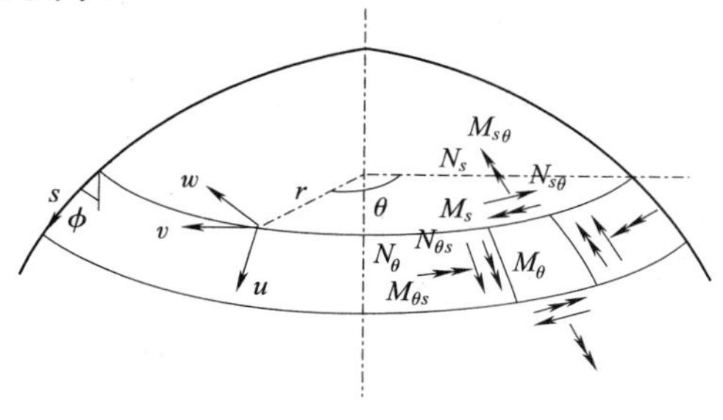

图 7.1　轴对称壳坐标及内力系统示意图

$$
\begin{aligned}
&\varepsilon_s=\frac{\partial u}{\partial s}+\frac{w}{R_s},\quad \varepsilon_\theta=\frac{1}{r}\left(\frac{\partial v}{\partial \theta}+u\sin\phi+w\cos\phi\right)\\
&\gamma_{s\theta}=\frac{\partial v}{\partial s}+\frac{1}{r}\left(\frac{\partial u}{\partial \theta}-v\sin\phi\right),\quad \kappa_s=-\frac{\partial}{\partial s}\left(\frac{\partial w}{\partial s}-\frac{u}{R_s}\right)\\
&\kappa_\theta=-\frac{1}{r^2}\frac{\partial^2 w}{\partial \theta^2}+\frac{\cos\phi}{r^2}\frac{\partial v}{\partial \theta}-\frac{\sin\phi}{r}\left(\frac{\partial w}{\partial s}-\frac{u}{R_s}\right)\\
&\kappa_{s\theta}=2\left(-\frac{1}{r}\frac{\partial^2 w}{\partial s\,\partial \theta}+\frac{\sin\phi}{r^2}\frac{\partial w}{\partial \theta}+\frac{\cos\phi}{r}\frac{\partial v}{\partial s}-\frac{\sin\phi\cos\phi}{r^2}v+\frac{1}{rR_s}\frac{\partial u}{\partial \theta}\right)
\end{aligned}
\tag{7.2.1}
$$

式中：s 为径向弧长；R_s为径向曲率半径；r 为平行圆的半径(中面上任一点的径向坐标)；ε_s，ε_θ，$\gamma_{s\theta}$为中面的正应变和剪应变；κ_s，κ_θ，$\kappa_{s\theta}$为中面的曲率和扭率。

如果已知中面的 6 个广义应变分量，则中面外任一点的应变可表示为：

$$
\varepsilon_s^{(z)}=\varepsilon_s+z\kappa_s,\quad \varepsilon_\theta^{(z)}=\varepsilon_\theta+z\kappa_\theta,\quad \gamma_{s\theta}^{(z)}=\gamma_{s\theta}+z\kappa_{s\theta}
\tag{7.2.2}
$$

式中：z 为该点至中面的法向距离(w 坐标值)。

在薄壳理论中，与上述 6 个应变分量对应的内力分量为 N_s，N_θ，$N_{s\theta}$，M_s，M_θ，$M_{s\theta}$，它们分别为壳体内垂直于 s 或 θ 方向的截面上单位长度的内力和力矩。基于应力沿 w 方向成线性分布的假设，壳体内任一点的应力可表示为：

$$
\sigma_s=\frac{N_s}{t}+\frac{12M_s}{t^3}z,\quad \sigma_\theta=\frac{N_\theta}{t}+\frac{12M_\theta}{t^3}z,\quad \tau_{s\theta}=\frac{N_{s\theta}}{t}+\frac{12M_{s\theta}}{t^3}z
\tag{7.2.3}
$$

式中：t 为壳体的厚度。

内力分量和广义应变分量之间的弹性关系为：

$$
\begin{Bmatrix} N_s\\ N_\theta\\ N_{s\theta}\\ M_s\\ M_\theta\\ M_{s\theta}\end{Bmatrix}=\frac{Et}{1-\mu^2}\begin{bmatrix}
1 & \mu & 0 & 0 & 0 & 0\\
\mu & 1 & 0 & 0 & 0 & 0\\
0 & 0 & \frac{1-\mu}{2} & 0 & 0 & 0\\
0 & 0 & 0 & \frac{t^2}{12} & \frac{t^2\mu}{12} & 0\\
0 & 0 & 0 & \frac{t^2\mu}{12} & \frac{t^2}{12} & 0\\
0 & 0 & 0 & 0 & 0 & \frac{t^2(1-\mu)}{24}
\end{bmatrix}\begin{Bmatrix}\varepsilon_s\\ \varepsilon_\theta\\ \gamma_{s\theta}\\ \kappa_s\\ \kappa_\theta\\ \kappa_{s\theta}\end{Bmatrix}
\tag{7.2.4}
$$

从上式可以看出，联系内力分量和广义应变分量的弹性矩阵是一个分块矩阵

$$
\begin{Bmatrix}\{N\}\\ \{M\}\end{Bmatrix}=\begin{bmatrix}[D]_m & 0\\ 0 & [D]_b\end{bmatrix}\begin{Bmatrix}\{\varepsilon\}\\ \{\kappa\}\end{Bmatrix}
\tag{7.2.5}
$$

于是

$$
\{N\}=[D]_m\{\varepsilon\},\quad \{M\}=[D]_b\{\kappa\}
\tag{7.2.6}
$$

式中：

$$
\{N\}=[N_s\quad N_\theta\quad N_{s\theta}]^{\mathrm T},\quad \{M\}=[M_s\quad M_\theta\quad M_{s\theta}]^{\mathrm T}
$$

$$
\{\varepsilon\}=[\varepsilon_s\quad \varepsilon_\theta\quad \varepsilon_{s\theta}]^{\mathrm T},\qquad \{\kappa\}=[\kappa_s\quad \kappa_\theta\quad \kappa_{s\theta}]^{\mathrm T}
$$

$$
[D]_m=\frac{Et}{1-\mu^2}\begin{bmatrix}1 & \mu & 0\\ \mu & 1 & 0\\ 0 & 0 & (1-\mu)/2\end{bmatrix},\quad [D]_b=\frac{Et^3}{12(1-\mu^2)}\begin{bmatrix}1 & \mu & 0\\ \mu & 1 & 0\\ 0 & 0 & (1-\mu)/2\end{bmatrix}
$$

由此可得壳体应变能的表达式：

$$U(\varepsilon,\kappa)=\frac{1}{2}\int_{\Omega}\{\varepsilon\}^{\mathrm{T}}[D]_m\{\varepsilon\}\mathrm{d}\Omega+\frac{1}{2}\int_{\Omega}\{\kappa\}^{\mathrm{T}}[D]_b\{\kappa\}\mathrm{d}\Omega \tag{7.2.7}$$

如果轴对称壳体的约束条件和荷载都是轴对称的，则壳体的位移和变形也是轴对称。此时，周向位移 $v=0$，则径向和法向位移 u 和 w 仅是 s 的函数，从而应变分量 $\varepsilon_{s\theta}$，$\kappa_{s\theta}$ 和内力分量 $N_{s\theta}$，$M_{s\theta}$ 也等于零。则式(7.2.1)和式(7.2.4)蜕化为

$$\begin{aligned}&\varepsilon_s=\frac{\mathrm{d}u}{\mathrm{d}s}+\frac{w}{R_s},\quad \varepsilon_\theta=\frac{1}{r}(u\sin\phi+w\cos\phi)\\&\kappa_s=\frac{\mathrm{d}}{\mathrm{d}s}\left(\frac{u}{R_s}-\frac{\mathrm{d}w}{\mathrm{d}s}\right),\quad \kappa_\theta=\frac{\sin\phi}{r}\left(\frac{u}{R_s}-\frac{\mathrm{d}w}{\mathrm{d}s}\right)\end{aligned} \tag{7.2.8}$$

$$\begin{Bmatrix}N_s\\N_\theta\\M_s\\M_\theta\end{Bmatrix}=\frac{Et}{1-\mu^2}\begin{bmatrix}1&\mu&0&0\\\mu&1&0&0\\0&0&\dfrac{t^2}{12}&\dfrac{t^2\mu}{12}\\0&0&\dfrac{t^2\mu}{12}&\dfrac{t^2}{12}\end{bmatrix}\begin{Bmatrix}\varepsilon_s\\\varepsilon_\theta\\\kappa_s\\\kappa_\theta\end{Bmatrix} \tag{7.2.9}$$

7.2.2 薄壳截锥单元

以一不平行于回转轴的线段绕回转轴旋转一周所形成的单元称为截锥单元，如图 7.2 所示。每个单元有 2 个结点，在约束和荷载轴对称的条件下，结点位移可表示为：

$$\{a\}_i=[\bar{u}_i\quad \bar{w}_i\quad \beta_i]^{\mathrm{T}}\quad (i=1,2) \tag{7.2.10}$$

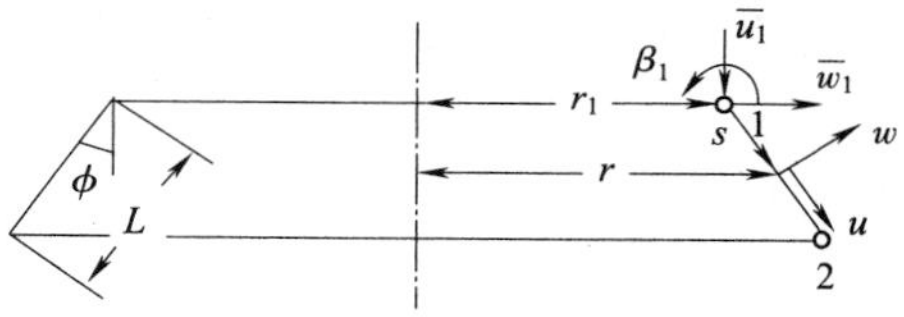

图 7.2　截锥单元示意图

式中：$\bar{u}_i$，$\bar{w}_i$ 为总体坐标系中 i 结点的轴向和径向位移；β_i 为径向切线的转动。则截锥单元的结点位移可表示为：

$$\{a\}^{\mathrm{e}}=[\{a\}_1\quad \{a\}_2]^{\mathrm{T}} \tag{7.2.11}$$

在局部坐标系中，中面位移仅是 s 的函数，因此，可取单元的径向位移 u 和法向位移 w 分别为线性和三次函数

$$\begin{aligned}&u=\alpha_1+\alpha_2 s\\&w=\alpha_3+\alpha_4 s+\alpha_5 s^2+\alpha_6 s^3\end{aligned} \tag{7.2.12}$$

其中：待定系数 $\alpha_1,\alpha_2,\cdots,\alpha_6$ 可由结点 1 和结点 2 的 6 个结点参数 $u_i,w_i,(\mathrm{d}w/\mathrm{d}s)_i(i=1,2)$ 求出。由图 7.2 和式(7.2.12)可知，薄壳截锥单元的局部坐标径向位移函数 u 和法向位移函数 w 分别与局部坐标原点位于左端点的杆单元和梁单元相同，由此可得以插值函数表示的径向位移 u 和法向位移 w

$$\begin{Bmatrix}u\\w\end{Bmatrix}=\begin{bmatrix}N_1&0&0&N_2&0&0\\0&H_1^{(0)}&H_1^{(1)}&0&H_2^{(0)}&H_2^{(1)}\end{bmatrix}\begin{Bmatrix}u_1\\w_1\\w_1'\\u_2\\w_2\\w_2'\end{Bmatrix} \tag{7.2.13}$$

式中：$w_i'=(\mathrm{d}w/\mathrm{d}s)_i$；$N_1$，$N_2$和 $H_1^{(0)}$，$H_1^{(1)}$，$H_2^{(0)}$，$H_2^{(1)}$ 分别为杆单元和梁单元插值函数

$$
\begin{aligned}
&N_1=1-\frac{s}{L},\quad N_2=\frac{s}{L}\\
&H_1^{(0)}=1-3\frac{s^2}{L^2}+2\frac{s^3}{L^3}\\
&H_1^{(1)}=s-2\frac{s^2}{L}+\frac{s^3}{L^2}\\
&H_2^{(0)}=3\frac{s^2}{L^2}-2\frac{s^3}{L^3}\\
&H_2^{(1)}=-\frac{s^2}{L}+\frac{s^3}{L^2}
\end{aligned}
\tag{7.2.14}
$$

由图 7.2 可知，总体坐标系的结点位移 $\bar{u}_i$，$\bar{w}_i$，β_i 与局部坐标系的结点位移 u_i，w_i，$(\mathrm{d}w/\mathrm{d}s)_i$ 之间存在下列变换关系：

$$
\begin{Bmatrix} u_i \\ w_i \\ w_i' \end{Bmatrix}=\begin{bmatrix} \cos\phi & \sin\phi & 0 \\ -\sin\phi & \cos\phi & 0 \\ 0 & 0 & 1 \end{bmatrix}\begin{Bmatrix} \bar{u}_i \\ \bar{w}_i \\ \beta_i \end{Bmatrix}=[T]\{a\}_i \tag{7.2.15}
$$

将上式代入式(7.2.13)得到以总体坐标下的结点位移表示的单元位移函数

$$
\{u\}=[\overline{N}]\{a\}^{\mathrm{e}} \tag{7.2.16}
$$

式中：$\{u\}=[u\quad w]^{\mathrm{T}}$；

$$
[\overline{N}]=[[N]_1\quad [N]_2][\overline{T}]
$$

其中：

$$
[N]_i=\begin{bmatrix} N_i & 0 & 0 \\ 0 & H_i^{(0)} & H_i^{(1)} \end{bmatrix}\quad (i=1,2)
$$

$$
[\overline{T}]=\begin{bmatrix} [T] & 0 \\ 0 & [T] \end{bmatrix}
$$

将式(7.2.16)代入式(7.2.8)并注意到 $R_s=\infty$得：

$$
\{\tilde{\varepsilon}\}=[\overline{B}]\{a\}^{\mathrm{e}}=[[B]_1\quad [B]_2][\overline{T}]\{a\}^{\mathrm{e}} \tag{7.2.17}
$$

式中：$\{\tilde{\varepsilon}\}=[\varepsilon_s\quad \varepsilon_\theta\quad \kappa_s\quad \kappa_\theta]^{\mathrm{T}}$；

$$
[B]_i=\begin{bmatrix} \dfrac{\mathrm{d}N_i}{\mathrm{d}s} & 0 & 0 \\ \dfrac{\sin\phi}{r}N_i & \dfrac{\cos\phi}{r}H_i^{(0)} & \dfrac{\cos\phi}{r}H_i^{(1)} \\ 0 & -\dfrac{\mathrm{d}^2H_i^{(0)}}{\mathrm{d}s^2} & -\dfrac{\mathrm{d}^2H_i^{(1)}}{\mathrm{d}s^2} \\ 0 & -\dfrac{\sin\phi}{r}\dfrac{\mathrm{d}H_i^{(0)}}{\mathrm{d}s} & -\dfrac{\sin\phi}{r}\dfrac{\mathrm{d}H_i^{(1)}}{\mathrm{d}s} \end{bmatrix}\quad (i=1,2)
$$

求得插值函数矩阵 $[\overline{N}]$ 和广义应变矩阵 $[\overline{B}]$ 之后即可基于弹性力学有限元的刚度矩阵

计算公式

$$[K]^e = \iint_{\Omega_e} [B]^T [D][B] d\Omega \tag{7.2.18}$$

计算单元刚度矩阵。将式(7.2.17)中的 $[\overline{B}]$ 代入上式得薄壳截锥单元的刚度矩阵

$$[\overline{K}]^e = \begin{bmatrix} [\overline{K}]_{11} & [\overline{K}]_{12} \\ [\overline{K}]_{21} & [\overline{K}]_{22} \end{bmatrix} \tag{7.2.19}$$

其中：

$$[\overline{K}]_{ij}^e = 2\pi [T]^T \left(\int_0^L [B]_i^T [D][B]_j r ds \right) [T] \tag{7.2.20}$$

如果结构承受侧向分布荷载 p 的作用，将其分解为径向分量 p_u 和法向分量 p_w，则由弹性力学有限元的荷载向量计算方法

$$\{P\}^e = \int_{\Gamma_e} [\overline{N}]^T \{q\} d\Gamma \tag{7.2.21}$$

可计算出分布荷载向量

$$\{P\}^e = [\{P\}_1 \quad \{P\}_2]^T \tag{7.2.22}$$

其中：

$$\{P\}_i = 2\pi [T]^T \int_0^L [N]_i^T \{q\} r ds = [P_{\overline{u}_i} \quad P_{\overline{w}_i} \quad P_{\beta_i}]^T \quad (i = 1,2)$$

轴对称壳在轴对称荷载作用下唯一可能发生的刚体位移模式是沿对称轴的运动，此时 $\overline{u}$ 为常数，则径向位移和法向位移分别为 $u = \overline{u}\cos\phi, w = -\overline{u}\sin\phi$ 。由于截锥单元 ϕ 为常数，因此，径向位移 u 和法向位移 w 也为常数。而单元的位移函数式(7.2.12)中的常数项 α_1 和 α_3 能够满足刚体位移模式的要求，所以，该位移函数满足完备性要求。此外，由于结点参数中包含转动(即 dw/ds)，使得单元的协调性得到满足。

基于薄壳理论的截锥单元表达格式简单，一般情况下其计算结果也能够达到令人满意的精度，因此，得到广泛的应用。但是截锥单元也存在一些不足，如以折线来近似回转曲线(经线)，因而产生一定的误差，主要表现在壳体的薄膜应力状态区域可能产生附加弯矩。在一定的条件下，误差可能很大。减小此项误差的方法是细分单元，即以牺牲计算成本为代价。此外，由于截锥单元的 $R_s = \infty$，所以，$\beta = dw/ds$。如果实际壳体的 $R_s \neq \infty$，则 $\beta = dw/ds - u/R_s$。因此，当 R_s 不连续变化时，选择 $u, w, dw/ds$ 作为结点参数虽可保证其在结点的连续性，但不能保证转角 β 的连续性，对计算结果可能产生不利的影响。另一方面，当壳体不是很薄且内外表面有分布荷载作用时，最好考虑内外表面的实际面积而不是统一采用中面面积进行计算。当然，这样做对于截锥单元是极其不方便的。

7.3 平移和转角独立插值的轴对称壳单元

7.3.1 考虑横向剪切变形的轴对称壳基本公式

考虑横向剪切变形的轴对称壳体受轴对称荷载作用时，中面广义应变与位移的关系可表示为：

$$\{\tilde{\varepsilon}\}=\begin{Bmatrix}\varepsilon_s\\ \varepsilon_\theta\\ \kappa_s\\ \kappa_\theta\\ \gamma\end{Bmatrix}=\begin{Bmatrix}\dfrac{\mathrm{d}u}{\mathrm{d}s}+\dfrac{w}{R_s}\\ \dfrac{1}{r}(u\sin\phi+w\cos\phi)\\ -\dfrac{\mathrm{d}\beta}{\mathrm{d}s}\\ -\dfrac{\sin\phi}{r}\beta\\ \dfrac{\mathrm{d}w}{\mathrm{d}s}-\dfrac{u}{R_s}-\beta\end{Bmatrix} \tag{7.3.1}$$

式中：γ 为横向剪应变。

与广义应变对应的中面内力(广义应力)为：

$$\{\tilde{\sigma}\}=[N_s \quad N_\theta \quad M_s \quad M_\theta \quad Q]^{\mathrm{T}} \tag{7.3.2}$$

式中：Q 为横向剪力。

广义应力和广义应变之间的关系可表示为：

$$\{\tilde{\sigma}\}=[D]\{\tilde{\varepsilon}\} \tag{7.3.3}$$

式中，$[D]$ 为弹性矩阵，由式(7.2.9)的弹性矩阵

$$[D]_{mb}=\frac{Et}{1-\mu^2}\begin{bmatrix}1 & \mu & 0 & 0\\ \mu & 1 & 0 & 0\\ 0 & 0 & \dfrac{t^2}{12} & \dfrac{t^2\mu}{12}\\ 0 & 0 & \dfrac{t^2\mu}{12} & \dfrac{t^2}{12}\end{bmatrix} \tag{7.3.4}$$

与剪切弹性系数 $[D]_s=\dfrac{Et}{2(1+\mu)k_s}$ 组合而成：

$$[D]=\begin{bmatrix}[D]_{mb} & 0\\ 0 & [D]_s\end{bmatrix}=\frac{Et}{1-\mu^2}\begin{bmatrix}1 & \mu & 0 & 0 & 0\\ \mu & 1 & 0 & 0 & 0\\ 0 & 0 & \dfrac{t^2}{12} & \dfrac{t^2\mu}{12} & 0\\ 0 & 0 & \dfrac{t^2\mu}{12} & \dfrac{t^2}{12} & 0\\ 0 & 0 & 0 & 0 & \dfrac{1-\mu}{2k_s}\end{bmatrix} \tag{7.3.5}$$

式中：k_s 为剪切不均匀系数，对于矩形截面 $k_s=6/5$。

考虑横向剪切变形的壳体应变能可表示为：

$$U(\varepsilon,\kappa,\gamma)=\frac{1}{2}\int_V\{\tilde{\varepsilon}\}^{\mathrm{T}}[D]\{\tilde{\varepsilon}\}\mathrm{d}V \tag{7.3.6}$$

将式(7.3.1)和式(7.3.5)代入式(7.3.6)可得：

$$U=\frac{1}{2}\int_V\{\varepsilon\}^{\mathrm{T}}[D]_m\{\varepsilon\}\mathrm{d}V+\frac{1}{2}\int_V\{\kappa\}^{\mathrm{T}}[D]_b\{\kappa\}\mathrm{d}V+\frac{1}{2}\int_V[D]_s\gamma^2\mathrm{d}V \tag{7.3.7}$$

式中：

$$\{\varepsilon\}=[\varepsilon_s \quad \varepsilon_\theta]^{\mathrm{T}},\quad \{\kappa\}=[\kappa_s \quad \kappa_\theta]^{\mathrm{T}}$$

7.3.2 截锥单元

考虑横向剪切变形的轴对称壳受轴对称荷载作用时也可采用截锥单元，与薄壳截锥单元不同的是，由于截面转角 β 采用独立插值，位移函数 u,w,β 在单元内是同阶的函数，因此，单元内的位移可直接采用总体坐标的轴向位移 $\bar{u}$ 和径向位移 $\bar{w}$ 来表示，并可表示成结点参数的插值形式。如两结点截锥单元的位移可表示为：

$$\bar{u}=\sum_{i=1}^{2}N_i\bar{u}_i,\quad \bar{w}=\sum_{i=1}^{2}N_i\bar{w}_i,\quad \beta=\sum_{i=1}^{2}N_i\beta_i \tag{7.3.8}$$

式中：

$$N_1=1-\frac{s}{L},\quad N_2=\frac{s}{L} \tag{7.3.9}$$

将局部坐标与总体坐标的变换关系

$$\begin{Bmatrix}u\\w\\\beta\end{Bmatrix}=\begin{bmatrix}\cos\phi & \sin\phi & 0\\-\sin\phi & \cos\phi & 0\\0 & 0 & 1\end{bmatrix}\begin{Bmatrix}\bar{u}\\\bar{w}\\\beta\end{Bmatrix} \tag{7.3.10}$$

代入式(7.3.1)并注意到 $R_s=\infty$，即可得到以总体坐标表示的广义应变

$$\{\tilde{\varepsilon}\}=\begin{Bmatrix}\varepsilon_s\\\varepsilon_\theta\\\kappa_s\\\kappa_\theta\\\gamma\end{Bmatrix}=\begin{bmatrix}\cos\phi\dfrac{\mathrm{d}}{\mathrm{d}s} & \sin\phi\dfrac{\mathrm{d}}{\mathrm{d}s} & 0\\0 & \dfrac{1}{r} & 0\\0 & 0 & -\dfrac{\mathrm{d}}{\mathrm{d}s}\\0 & 0 & -\dfrac{\sin\phi}{r}\\-\sin\phi\dfrac{\mathrm{d}}{\mathrm{d}s} & \cos\phi\dfrac{\mathrm{d}}{\mathrm{d}s} & -1\end{bmatrix}\begin{Bmatrix}\bar{u}\\\bar{w}\\\beta\end{Bmatrix} \tag{7.3.11}$$

将式(7.3.8)代入上式得

$$\{\tilde{\varepsilon}\}=[[B]_1\quad[B]_2]\begin{Bmatrix}\{a\}_1\\\{a\}_2\end{Bmatrix}=[B]\{a\}^{\mathrm{e}} \tag{7.3.12}$$

其中：

$$\{a\}_i=[\bar{u}_i\quad\bar{w}_i\quad\beta_i]^{\mathrm{T}}\quad(i=1,2) \tag{7.3.13}$$

$$[B]_i=\begin{bmatrix}\cos\phi\dfrac{\mathrm{d}N_i}{\mathrm{d}s} & \sin\phi\dfrac{\mathrm{d}N_i}{\mathrm{d}s} & 0\\0 & \dfrac{N_i}{r} & 0\\0 & 0 & -\dfrac{\mathrm{d}N_i}{\mathrm{d}s}\\0 & 0 & -\sin\phi\dfrac{N_i}{r}\\-\sin\phi\dfrac{\mathrm{d}N_i}{\mathrm{d}s} & \cos\phi\dfrac{\mathrm{d}N_i}{\mathrm{d}s} & -N_i\end{bmatrix}\quad(i=1,2) \tag{7.3.14}$$

有了广义应变矩阵和插值函数，就可以按刚度矩阵和荷载向量的标准计算公式(7.2.18)和式(7.2.21)求出单元刚度矩阵

$$[K]^{e}=\begin{bmatrix}[K]_{11} & [K]_{12}\\ [K]_{21} & [K]_{22}\end{bmatrix} \tag{7.3.15}$$

其中：

$$[K]_{ij} = 2\pi\int_0^L [B]_i^{T}[D][B]_j r\,ds \qquad (i,j=1,2) \tag{7.3.16}$$

和荷载向量

$$\{P\}^{e}=[\{P\}_1 \quad \{P\}_2]^{T} \tag{7.3.17}$$

其中：

$$\{P\}_i = 2\pi\int_0^L [N]_i^{T}\{p\}r\,ds = [P_{\bar{u}_i} \quad P_{\bar{w}_i} \quad P_{\beta_i}]^{T} \quad (i=1,2) \tag{7.3.18}$$

$$\{p\}=[p_{\bar{u}} \quad p_{\bar{w}} \quad p_{\beta}]^{T}$$

7.3.3 曲边单元

曲边单元是由一曲线段绕回转轴旋转形成的轴对称单元，如图 7.3 所示，与截锥单元的区别在于 ϕ 不再是常数，即 $1/R_s=-d\phi/ds\neq 0$ 或 $R_s\neq\infty$。此外，曲边单元有 3 个结点，这样，坐标 r,z 和总体坐标下的位移 $\bar{u},\bar{w}$ 及转角 β 可以采用相同的插值函数

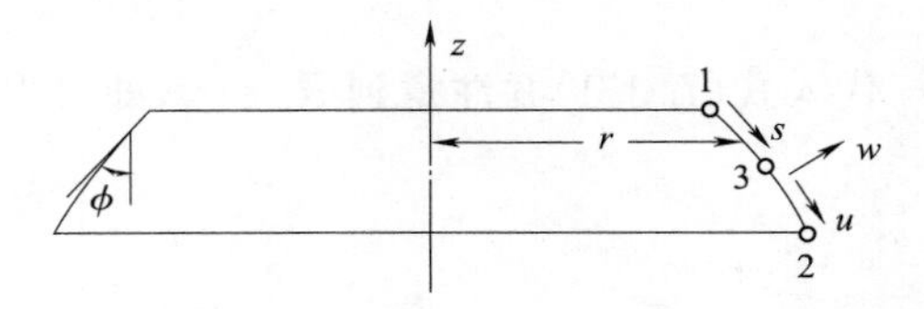

图 7.3 曲边单元示意图

$$\left.\begin{aligned} r=\sum_{i=1}^{3}N_i r_i,\quad z=\sum_{i=1}^{3}N_i z_i\\ \bar{u}=\sum_{i=1}^{3}N_i\bar{u}_i,\quad \bar{w}=\sum_{i=1}^{3}N_i\bar{w}_i,\quad \beta=\sum_{i=1}^{3}N_i\beta_i\end{aligned}\right\} \tag{7.3.19}$$

式中：N_i 为二次 Lagrange 插值多项式。由图 7.3 可得

$$\begin{aligned} N_1&=l_1^{(2)}=(1-\xi)(1-2\xi)\\ N_2&=l_3^{(2)}=\xi(2\xi-1)\\ N_3&=l_2^{(2)}=4\xi(1-\xi)\end{aligned} \tag{7.3.20}$$

式中：ξ 为自然坐标，$0\leqslant\xi\leqslant 1$。

记

$$J=\frac{ds}{d\xi}=\sqrt{\left(\frac{dr}{d\xi}\right)^2+\left(\frac{dz}{d\xi}\right)^2}=\sqrt{\left(\sum_{i=1}^{3}\frac{dN_i}{d\xi}r_i\right)^2+\left(\sum_{i=1}^{3}\frac{dN_i}{d\xi}z_i\right)^2}$$

则由图 7.3 可得

$$\begin{aligned}\cos\phi&=\frac{dz}{ds}=\frac{1}{J}\frac{dz}{d\xi}=\frac{1}{J}\sum_{i=1}^{3}\frac{dN_i}{d\xi}z_i\\ \sin\phi&=\frac{dr}{ds}=\frac{1}{J}\frac{dr}{d\xi}=\frac{1}{J}\sum_{i=1}^{3}\frac{dN_i}{d\xi}r_i\end{aligned} \tag{7.3.21}$$

将式(7.3.21)代入式(7.3.14)即可求得曲边单元的广义应变矩阵

$$[B]_i=\begin{bmatrix}\frac{1}{J}\frac{\mathrm{d}N_i}{\mathrm{d}s}\sum_{i=1}^{3}\frac{\mathrm{d}N_i}{\mathrm{d}\xi}z_i & \frac{1}{J}\frac{\mathrm{d}N_i}{\mathrm{d}s}\sum_{i=1}^{3}\frac{\mathrm{d}N_i}{\mathrm{d}\xi}r_i & 0\\ 0 & \frac{N_i}{r} & 0\\ 0 & 0 & -\frac{\mathrm{d}N_i}{\mathrm{d}s}\\ 0 & 0 & -\frac{N_i}{rJ}\sum_{i=1}^{3}\frac{\mathrm{d}N_i}{\mathrm{d}\xi}r_i\\ -\frac{1}{J}\frac{\mathrm{d}N_i}{\mathrm{d}s}\sum_{i=1}^{3}\frac{\mathrm{d}N_i}{\mathrm{d}\xi}r_i & \frac{1}{J}\frac{\mathrm{d}N_i}{\mathrm{d}s}\sum_{i=1}^{3}\frac{\mathrm{d}N_i}{\mathrm{d}\xi}z_i & -N_i\end{bmatrix}\quad(i=1,2,3)\tag{7.3.22}$$

式中：

$$\frac{\mathrm{d}N_i}{\mathrm{d}s}=\frac{1}{J}\frac{\mathrm{d}N_i}{\mathrm{d}\xi}\qquad(i=1,2,3)\tag{7.3.23}$$

再代入式(7.3.16)即可求得单元刚度矩阵

$$[K]_{ij}^{\mathrm{e}}=2\pi\int_0^1[B]_i^{\mathrm{T}}[D][B]_j rJ\,\mathrm{d}\xi\qquad(i,j=1,2,3)\tag{7.3.24}$$

不知读者此前是否有疑问，为何3个结点的编号不按依次顺序，而要将中间结点设置为结点3呢？现在来回答这个问题。在进行有限元分析时，我们总是希望结点数尽可能少，以提高计算效率，降低计算成本。因此，可以采用(内部)自由度凝聚的方法用结点1和结点2的位移参数$\{a\}_1(\overline{u}_1,\overline{w}_1,\beta_1)$和$\{a\}_2(\overline{u}_2,\overline{w}_2,\beta_2)$来表示结点3的位移参数$\{a\}_3(\overline{u}_3,\overline{w}_3,\beta_3)$，从而减少有限元方程的数量。

曲边单元的荷载向量计算有两种方案，一种方案是直接将插值函数矩阵代入式(7.3.18)进行计算

$$\{P\}_i=2\pi\int_0^1[N]_i^{\mathrm{T}}\{p\}rJ\,\mathrm{d}\xi\qquad(i=1,2,3)\tag{7.3.25}$$

这样计算出来的荷载是默认为作用在中面上的分布荷载。显然，该方案适用于薄板。对于不适用于薄板理论的中厚板，荷载计算时应考虑作用于壳体内外表面的影响，这就是曲边单元荷载计算的第二种方案：

$$\{P\}_i=2\pi\int_0^1[N]_i^{\mathrm{T}}\{p\}r^*J^*\,\mathrm{d}\xi\qquad(i=1,2,3)\tag{7.3.26}$$

式中：

$$r^*=r\pm\frac{t}{2}\cos\phi,\quad J^*=J\left(1\pm\frac{t}{2R_s}\right)\tag{7.3.27}$$

式(7.3.27)中的“+”和“−”分别对应于壳体的外表面和内表面，式中的R_s可按下式计算：

$$\frac{1}{R_s}=-\frac{\mathrm{d}\phi}{\mathrm{d}s}=\frac{1}{J^3}\left(\frac{\mathrm{d}^2z}{\mathrm{d}\xi^2}\frac{\mathrm{d}r}{\mathrm{d}\xi}-\frac{\mathrm{d}^2r}{\mathrm{d}\xi^2}\frac{\mathrm{d}z}{\mathrm{d}\xi}\right)\tag{7.3.28}$$

若将式(7.3.19)的前两式代入，则上式可表示为：

$$\frac{1}{R_s}=\frac{4}{J^3}\left[(z_1+z_2-2z_3)\sum_{i=1}^{3}\frac{\mathrm{d}N_i}{\mathrm{d}\xi}r_i-(r_1+r_2-2r_3)\sum_{i=1}^{3}\frac{\mathrm{d}N_i}{\mathrm{d}\xi}z_i\right]\tag{7.3.29}$$

还应指出，曲边单元定义几何形状所使用的插值函数(式(7.3.19)前两式)没有将子午线

切线的角度 ϕ 作为结点参数，因此，不能保证端部结点处切线的连续性。不过由于利用了二次曲线来近似真实的子午线，一般情况下是足够精确的。与截锥单元的 ϕ 为常数($1/R_s=0$)比较仍有很大的改进。

7.4 轴对称超参数壳体单元

7.4.1 单元的几何参数

当壳体厚度较大，采用截锥单元和曲边单元模拟不能满足精度要求时，可采用超参数壳体单元，如图 7.4 所示。其中对称轴为总体坐标 z 轴，横截面的径向轴为总体坐标的 r 轴，单元的局部坐标选用自然坐标 $\xi,\eta(-1\leqslant\xi,\eta\leqslant1)$，其原点位移单元中面的中点，$\xi$ 轴沿中点的切向，η 轴沿中点的法向。由于壳体厚度较大，因此，与截锥单元和曲边单元不同的是，超参数单元沿厚度方向设置了 2 个结点 i_{top} 和 i_{bot}，这意味着，位移沿厚度方向是线性变化的。i_{top} 和 i_{bot} 分别表示外表面结点和内表面结点。

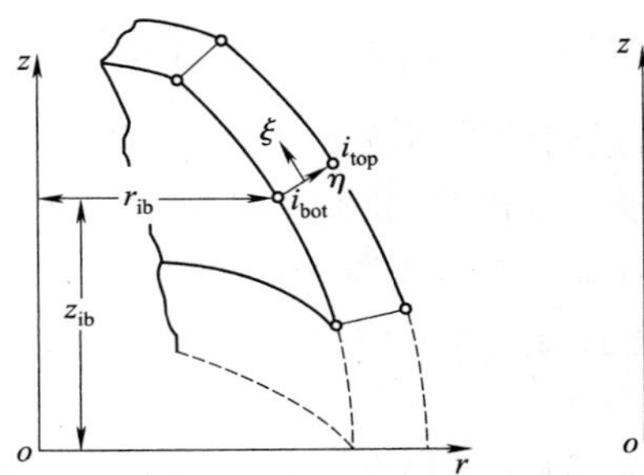

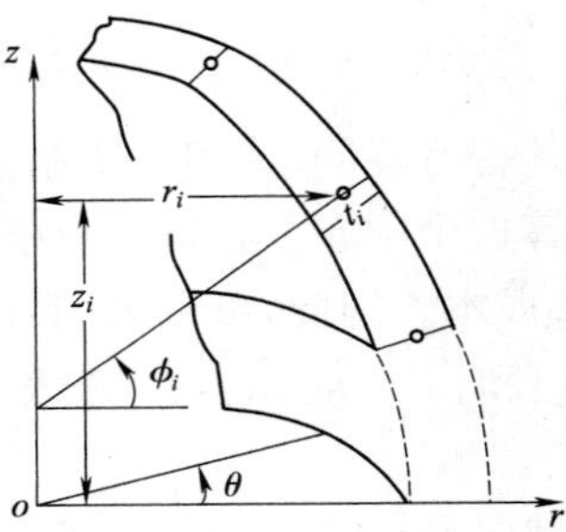

图 7.4　轴对称超参数壳体单元

由图 7.4 可知，单元内任一点的坐标可表示为结点坐标的插值形式：

$$\begin{Bmatrix} r \\ z \end{Bmatrix}=\sum_{i=1}^{n}N_i(\xi)\frac{(1+\eta)}{2}\begin{Bmatrix} r_i \\ z_i \end{Bmatrix}_{\eta=1}+\sum_{i=1}^{n}N_i(\xi)\frac{(1-\eta)}{2}\begin{Bmatrix} r_i \\ z_i \end{Bmatrix}_{\eta=-1} \tag{7.4.1}$$

式中，n 为单元外表面或内表面的结点数，即单元结点数的一半；$N_i(\xi)$ 为 $n-1$ 阶 Lagrange 插值多项式。

上式还可以改写成

$$\begin{Bmatrix} r \\ z \end{Bmatrix}=\sum_{i=1}^{n}N_i(\xi)\begin{Bmatrix} r_i \\ z_i \end{Bmatrix}_{\eta=0}+\frac{\eta}{2}\sum_{i=1}^{n}N_i(\xi)\ \{V\}_{2i} \tag{7.4.2}$$

式中：

$$\begin{Bmatrix} r_i \\ z_i \end{Bmatrix}_{\eta=0}=\frac{1}{2}\begin{Bmatrix} r_i \\ z_i \end{Bmatrix}_{\eta=1}+\frac{1}{2}\begin{Bmatrix} r_i \\ z_i \end{Bmatrix}_{\eta=-1} \tag{7.4.3}$$

$$\{V\}_{2i}=\begin{Bmatrix} V_{2ir} \\ V_{2iz} \end{Bmatrix}=\begin{Bmatrix} r_i \\ z_i \end{Bmatrix}_{\eta=1}-\begin{Bmatrix} r_i \\ z_i \end{Bmatrix}_{\eta=-1}=\begin{Bmatrix} \Delta r_i \\ \Delta z_i \end{Bmatrix} \tag{7.4.4}$$

从式(7.4.4)可以看出，$\{V\}_{2i}$ 为连接上下表面结点的向量。将其模和方向余弦分别表示为

$$t_i=|\{V\}_{2i}|=\sqrt{(\Delta r_i)^2+(\Delta z_i)^2} \tag{7.4.5}$$

$$\begin{Bmatrix}\cos\phi_i\\ \sin\phi_i\end{Bmatrix}=\begin{Bmatrix}\dfrac{\Delta r_i}{t_i}\\ \dfrac{\Delta z_i}{t_i}\end{Bmatrix}\tag{7.4.6}$$

则式(7.4.2)可改写成

$$\begin{Bmatrix}r\\ z\end{Bmatrix}=\sum_{i=1}^{n}N_i(\xi)\begin{Bmatrix}r_i\\ z_i\end{Bmatrix}_{\eta=0}+\sum_{i=1}^{n}N_i(\xi)\eta\frac{t_i}{2}\begin{Bmatrix}\cos\phi_i\\ \sin\phi_i\end{Bmatrix}\tag{7.4.7}$$

如果$\{V\}_{2i}$与法线方向重合，则t_i等于i点的壳体厚度，ϕ_i即为i点的中面法线与水平面的夹角。此时，ϕ将不能任意给定，而依赖于中面上各个结点的坐标，即：

$$\begin{aligned}\cos\phi&=\frac{\mathrm{d}z}{\mathrm{d}s}=\frac{\mathrm{d}z}{\mathrm{d}\xi}\frac{\mathrm{d}\xi}{\mathrm{d}s}=\frac{1}{J}\frac{\mathrm{d}z}{\mathrm{d}\xi}=\frac{1}{J}\sum_{i=1}^{n}\frac{\mathrm{d}N_i}{\mathrm{d}\xi}z_i\\ \sin\phi&=-\frac{\mathrm{d}r}{\mathrm{d}s}=-\frac{\mathrm{d}r}{\mathrm{d}\xi}\frac{\mathrm{d}\xi}{\mathrm{d}s}=-\frac{1}{J}\frac{\mathrm{d}r}{\mathrm{d}\xi}=-\frac{1}{J}\sum_{i=1}^{n}\frac{\mathrm{d}N_i}{\mathrm{d}\xi}r_i\end{aligned}\tag{7.4.8}$$

其中：

$$J=\sqrt{\left(\sum_{i=1}^{n}\frac{\mathrm{d}N_i}{\mathrm{d}\xi}r_i\right)^2+\left(\sum_{i=1}^{n}\frac{\mathrm{d}N_i}{\mathrm{d}\xi}z_i\right)^2}$$

对于非等厚度壳体，只要有各中面结点的坐标和厚度，就可以确定壳体的几何形状了。如果壳体的厚度是不变的，则问题进一步简化为只需要知道中面上各结点的坐标就可以确定壳体的几何形状了。工程中常见的轴对称壳体多为等壁厚壳体，如锅炉和压力容器，计算时可仅设置中面结点来简化计算模型。

7.4.2 位移函数

基于壳体理论的基本假设——变形后中面法线仍保持为直线，轴对称壳体内任一点的位移可用中面结点总体坐标r,z的位移分量u,v及法线的转角β来表示，如图7.5所示。在壳体单元内，中面结点i的位移参数是u_i,v_i,β_i。如果$\{V\}_{2i}$与法线方向一致，且β_i是微小的转动，则单元内任一点的位移可通过结点位移插值得到：

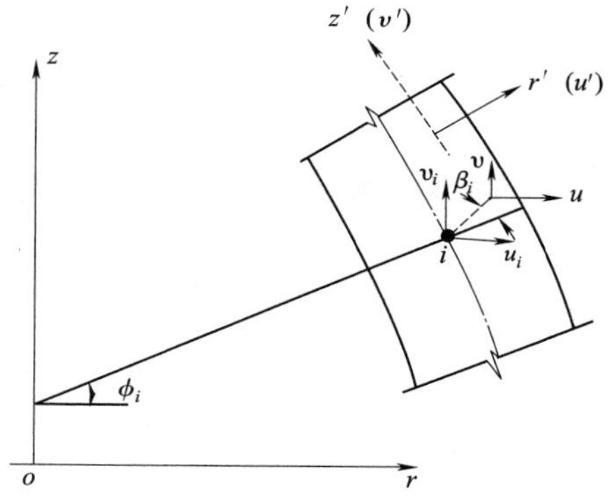

图7.5 超参数单元的位移场

$$\begin{Bmatrix}u\\ v\end{Bmatrix}=\sum_{i=1}^{n}N_i(\xi)\begin{Bmatrix}u_i\\ v_i\end{Bmatrix}_{\eta=0}+\sum_{i=1}^{n}N_i(\xi)\eta\frac{t_i}{2}\begin{Bmatrix}-\sin\phi_i\\ \cos\phi_i\end{Bmatrix}\beta_i\tag{7.4.9}$$

对于等壁厚轴对称壳体，采用中面结点坐标描述单元几何形状时，可略去上式中的下标"$\eta=0$"。将上式表示为标准的插值形式

$$\begin{Bmatrix}u\\ v\end{Bmatrix}=[N_1\quad N_2\quad\cdots\quad N_n]\begin{Bmatrix}\{a\}_1\\ \{a\}_2\\ \vdots\\ \{a\}_n\end{Bmatrix}\tag{7.4.10}$$

式中：

$$\{a\}_i=[u_i \quad v_i \quad \beta_i]$$

$$[N]_i=\begin{bmatrix} N_i & 0 & -N_i\eta\dfrac{t_i}{2}\sin\phi_i \\ o & N_i & N_i\eta\dfrac{t_i}{2}\cos\phi_i \end{bmatrix} \tag{7.4.11}$$

分析式(7.4.11)可知，等壁厚的轴对称超参数单元有 3 个结点位移参数，而每个结点的几何参数有 4 个，见式(7.4.1)。由于几何参数多于位移参数，故称之为超参数单元。在第 6 章中曾提及超参单元一般是不能满足收敛准则(完备性要求)的，但轴对称超参数壳体单元能够满足刚体位移及常应变条件，因此，其收敛性得到保证。

7.4.3 应变与应力

根据壳体理论的基本假设，在 η= 常数的曲面，其垂直方向的应力应等于零。因此，应在以此方向为 r' 轴的局部坐标系 r',z' 内确定壳体的应力和应变。

η= 常数的曲面其切线方向的单位向量可表示为

$$\vec{V}_{z'}=\frac{1}{J}\begin{Bmatrix}\dfrac{\partial r}{\partial\xi}\\ \dfrac{\partial z}{\partial\xi}\end{Bmatrix} \tag{7.4.12}$$

由式(7.4.7)可得

$$\begin{aligned}\frac{\partial r}{\partial\xi}&=\sum_{i=1}^{n}\frac{\partial N_i}{\partial\xi}r_i+\sum_{i=1}^{n}\frac{\partial N_i}{\partial\xi}\eta\frac{t_i}{2}\cos\phi_i\\ \frac{\partial z}{\partial\xi}&=\sum_{i=1}^{n}\frac{\partial N_i}{\partial\xi}z_i+\sum_{i=1}^{n}\frac{\partial N_i}{\partial\xi}\eta\frac{t_i}{2}\sin\phi_i\end{aligned} \tag{7.4.13}$$

若按右手螺旋法则，与 $\vec{V}_{z'}$ 正交的单位向量 $\vec{V}_{r'}$ 可表示为

$$\vec{V}_{z'}=\frac{1}{J}\begin{Bmatrix}\dfrac{\partial z}{\partial\xi}\\ -\dfrac{\partial r}{\partial\xi}\end{Bmatrix} \tag{7.4.14}$$

由此可得到总体坐标系 r,z 与局部坐标系 r',z' 之间的变换关系

$$\begin{Bmatrix}r\\z\end{Bmatrix}=[Q]\begin{Bmatrix}r'\\z'\end{Bmatrix}\text{或}\begin{Bmatrix}r'\\z'\end{Bmatrix}=[Q]^{-1}\begin{Bmatrix}r\\z\end{Bmatrix} \tag{7.4.15}$$

式中：

$$[Q]=\begin{bmatrix}\vec{V}_{r'} & \vec{V}_{z'}\end{bmatrix}=\frac{1}{J}\begin{bmatrix}\dfrac{\partial z}{\partial\xi} & \dfrac{\partial r}{\partial\xi}\\ -\dfrac{\partial r}{\partial\xi} & \dfrac{\partial z}{\partial\xi}\end{bmatrix} \tag{7.4.16}$$

由式(7.4.16)可以看出，$[Q]$为正交矩阵，因此，式(7.4.15)的第二式也可表示为

$$\begin{Bmatrix}r'\\z'\end{Bmatrix}=[Q]^{\mathrm{T}}\begin{Bmatrix}r\\z\end{Bmatrix} \tag{7.4.17}$$

如果 u',v' 是局部坐标 r',z' 方向的位移分量，且由 $\sigma_{r'}=0$ 的假设和轴对称变形的要求，局部坐标系的应变分量可表示为

$$\{\varepsilon'\}=\begin{Bmatrix}\varepsilon_{z'}\\ \varepsilon_{\theta}\\ \gamma_{r'z'}\end{Bmatrix}=\begin{Bmatrix}\dfrac{\partial v'}{\partial z'}\\ \dfrac{u}{r}\\ \dfrac{\partial v'}{\partial r'}+\dfrac{\partial u'}{\partial z'}\end{Bmatrix} \tag{7.4.18}$$

计算 $\{\varepsilon'\}$ 中的各个偏导数时，需要进行两次坐标变换——总体坐标 r,z 与自然坐标 ξ,η 之间的变换

$$\begin{bmatrix}\dfrac{\partial u}{\partial r} & \dfrac{\partial v}{\partial r}\\ \dfrac{\partial u}{\partial z} & \dfrac{\partial v}{\partial z}\end{bmatrix}=[J]^{-1}\begin{bmatrix}\dfrac{\partial u}{\partial \eta} & \dfrac{\partial v}{\partial \eta}\\ \dfrac{\partial u}{\partial \xi} & \dfrac{\partial v}{\partial \xi}\end{bmatrix} \tag{7.4.19}$$

和总体坐标系的各个位移偏导数与局部坐标系的相应位移偏导数之间的变换

$$\begin{bmatrix}\dfrac{\partial u'}{\partial r'} & \dfrac{\partial v'}{\partial r'}\\ \dfrac{\partial u'}{\partial z'} & \dfrac{\partial v'}{\partial z'}\end{bmatrix}=[\boldsymbol{Q}]^{\mathrm{T}}\begin{bmatrix}\dfrac{\partial u}{\partial r} & \dfrac{\partial v}{\partial r}\\ \dfrac{\partial u}{\partial z} & \dfrac{\partial v}{\partial z}\end{bmatrix} \tag{7.4.20}$$

式(7.4.19)中的 $[J]^{-1}$ 为雅可比矩阵

$$[J]=\begin{bmatrix}\dfrac{\partial r}{\partial \eta} & \dfrac{\partial z}{\partial \eta}\\ \dfrac{\partial r}{\partial \xi} & \dfrac{\partial z}{\partial \xi}\end{bmatrix} \tag{7.4.21}$$

的逆矩阵

$$[J]^{-1}=\frac{1}{|J|}\begin{bmatrix}\dfrac{\partial z}{\partial \xi} & -\dfrac{\partial z}{\partial \eta}\\ -\dfrac{\partial r}{\partial \xi} & \dfrac{\partial r}{\partial \eta}\end{bmatrix} \tag{7.4.22}$$

利用上述各式可将局部坐标系的应变分量表示为总体坐标的结点位移插值形式

$$\{\varepsilon'\}=[[B']_1\quad [B']_2\quad \cdots\quad [B']_n]\begin{Bmatrix}\{a\}_1\\ \{a\}_2\\ \vdots\\ \{a\}_n\end{Bmatrix} \tag{7.4.23}$$

7.4.4 刚度矩阵及荷载向量

在得到单元的广义应变矩阵[B]之后，就可以按下式计算自然坐标系下的单元刚度矩阵：

$$[K]^{\mathrm{e}}=2\pi\int_{-1}^{1}\int_{-1}^{1}[B']^{\mathrm{T}}[D][B']\,|J|\,r\,\mathrm{d}\eta\mathrm{d}\xi \tag{7.4.24}$$

下面就上式数值积分点的选择作一简要说明。在 η 方向应变是线性变化的，故可采用点的高斯积分；而在 ξ 方向，则应采用减缩积分方案，二次单元选 2 点的高斯积分，三次单元选 3 点的高斯积分。如果采用精确积分，当 t 很小时可能出现过大的横向剪切应变能，从而发生“锁死”现象，使得计算结果远远小于真实解。但实际应用时并不会遇到所谓的“锁死”问题，因为当 t 很小时，问题将归类于薄壳结构，从而忽略横向的剪切变形，避开了剪切“锁死”带来的麻烦。这一点与梁结构完全相同。

超参数单元与考虑剪切变形的截锥单元和曲边单元本质上是相同的，区别仅在于描述几何形状的参数不同。当 t＝常数且$\{V\}_{2i}$与中面法线方向一致时，超参数单元可以用与考虑剪切变形的截锥单元或曲边单元相同的参数来描述壳体的几何形状。同时，如果再引入壳体理论范围内所允许的简化，就可以将超参数单元转化为考虑剪切变形的截锥单元或曲边单元。因此，这两种单元在本质上是完全一致的。实际计算时，两者有相同的精度和收敛性质。但是，如果比较上述两种单元的表达格式和计算步骤，毫无疑问，考虑剪切变形的壳体单元要比超参数单元简单的多，这是因为前者的公式中已经在 η 方向进行了积分而使问题蜕化为一维问题的缘故。

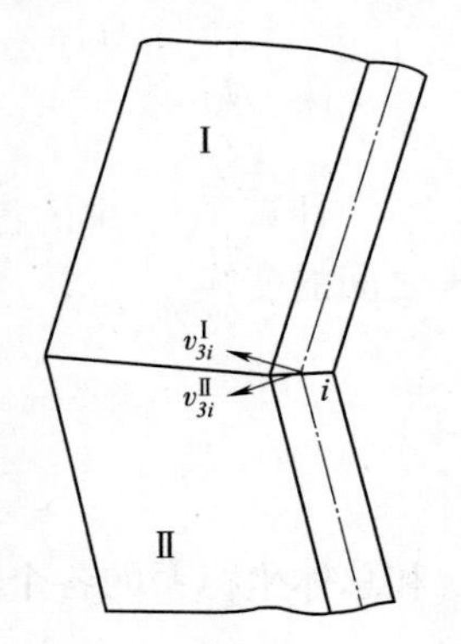

图 7.6　中面切线不连续示意图

超参数单元之所以还有讨论的必要，是因为处理变厚度以及壳体曲面的切线有不连续(图 7.6)时，超参数单元仍是考虑剪切变形的截锥单元和曲边单元无法比拟的。如图 7.6 所示的壳体中面在 i 点是不光滑的，此处的中面法线是不确定的。因此，$\{V\}_{2i}$就不可能与中面法线方向一致，如采用截锥壳体单元或曲边单元将带来比较明显的误差，而超参数单元则还能比较恰当地模拟此类结构。

7.5 不同类型单元的连接

在很多工程实际问题中，常常遇到三维连续体和薄壁板壳组成的结构，如图 7.7 所示的容器封头与接管结构。在接管的圆柱壳体和封头的连接区域，为了减小应力集中的影响，采取了补强措施。此类结构的有限元分析应在封头和圆柱壳部分利用轴对称壳体单元，而在两者的连接区域利用轴对称实体单元进行离散，如图 7.8 所示。由于这两种类型的单元具有不同的结点参数等物理和/或几何性质，为保证单元界面上的位移协调，就需要解决它们之间的连接问题。

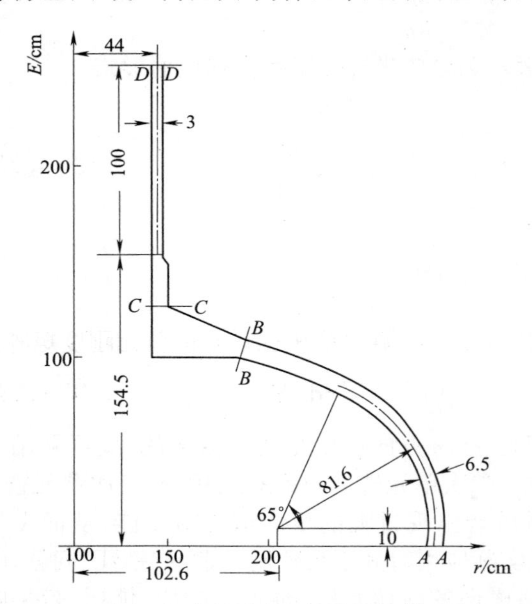

图 7.7　容器封头和接管结构模型

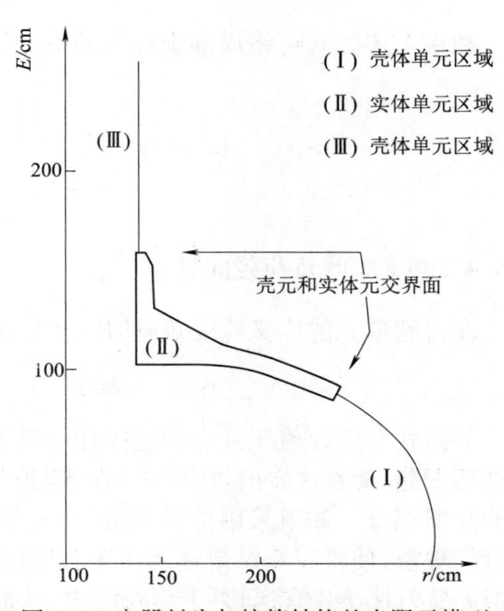

图 7.8　容器封头与接管结构的有限元模型

7.5.1 多点约束方程

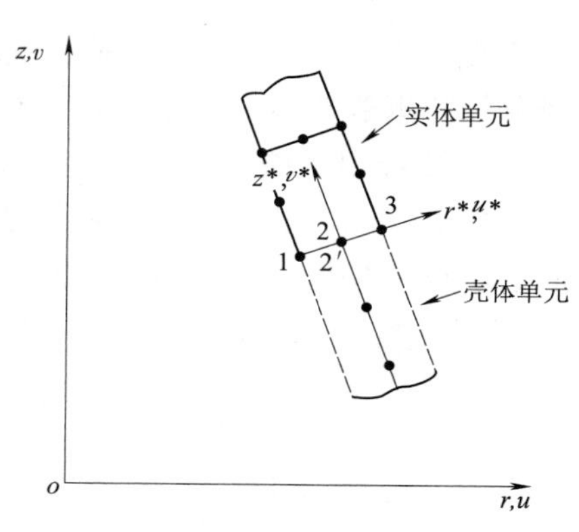

图 7.9 两类单元界面位移示意图

以图 7.9 所示单元界面为例，实体单元在界面上有 3 个结点，每个结点有 2 个结点参数 $u_i, v_i(i=1,2,3)$，而壳体单元只有 1 个结点，与实体单元的结点 2 连接，以 2′来表示壳体单元的结点，该结点一般有 3 个参数 $u_{2'}$，$v_{2'}, \beta_{2'}$。为了保证界面上位移的协调性，除了 u_2, v_2 应与 $u_{2'}, v_{2'}$ 一致外，其他位移参数也不能是完全独立的。如果将实体单元的位移参数转换到界面上的局部坐标系 r^*, z^* 中，即：

$$\begin{Bmatrix} u_i^* \\ v_i^* \end{Bmatrix}=\begin{bmatrix} \cos\phi & \sin\phi \\ -\sin\phi & \cos\phi \end{bmatrix}\begin{Bmatrix} u_i \\ v_i \end{Bmatrix} \quad (i=1,2,3) \tag{7.5.1}$$

式中：u_i^*, v_i^* 分别为沿界面和垂直界面的位移分量，则 v_1^*, v_2^*, v_3^* 应保证单元交界面在变形后仍保持为直线，并与壳体界面转动 $\beta_{2'}$ 后相协调。由此可得单元交界面的位移协调条件

$$u_2=u_{2'},\quad v_2=v_{2'},\quad v_1^*=v_2^*+\frac{t}{2}\beta_{2'},\quad v_3^*=v_2^*-\frac{t}{2}\beta_{2'} \tag{7.5.2}$$

式中：

$$v_i^*=-\sin\phi\cdot u_i+\cos\phi\cdot v_i \tag{7.5.3}$$

式(7.5.2)还可以改写成

$$\{C\}=\begin{Bmatrix} u_2-u_{2'} \\ v_2-v_{2'} \\ -\sin\phi(u_1-u_2)+\cos\phi(v_1-v_2)-\dfrac{t}{2}\beta_{2'} \\ -\sin\phi(u_3-u_2)+\cos\phi(v_3-v_2)+\dfrac{t}{2}\beta_{2'} \end{Bmatrix}=\{0\} \tag{7.5.4}$$

上式就是单元交界面上 9 个位移参数 $u_1, v_1, u_2, v_2, u_3, v_3, u_{2'}, v_{2'}, \beta_{2'}$ 应满足的协调条件，将其引入有限元方程即可实现不同类型单元的连接。下面介绍两种引入约束方程式(7.5.4)的方法。

1. 罚函数法

利用罚数 α 将约束方程引入壳体结构的系统泛函

$$\Pi^*=\Pi+\frac{1}{2}\alpha\{C\}^{\mathrm{T}}\{C\} \tag{7.5.5}$$

式中：Π 是未考虑协调条件的系统泛函，其中包括壳体单元和实体单元两类区域的泛函。

将式(7.5.5)代入变分原理 $\delta\Pi^*=0$ 得

$$([K]_1+\alpha[K]_2)\{a\}=\{P\} \tag{7.5.6}$$

式中：$[K]_1, [K]_2$ 分别为未考虑协调条件的系统刚度矩阵和引入约束方程增加的修正刚度矩阵；$\{a\}, \{P\}$ 则分别为系统的结点位移向量和荷载向量。

求解式(7.5.6)即可得到满足不同类型单元交界面上位移协调条件(7.5.4)式的系统位移场。而该方法的一个关键问题是罚数 α 的选择。从理论上来说，α 越大约束方程越容易得到满足。但由于 $[K]_2$ 本身是奇异的，同时计算机的有效位数是有限的，因此，α 太大将导致病态

的系统方程而无法求解。一般情况下，α 只能比 $[K]_1$ 中的对角元素大 $10^3 \sim 10^4$ 倍，因此，协调条件只能近似地得到满足。

2. 直接引入法

由于不同类型单元交界面上的 9 个位移参数之间有 4 个约束条件(式(7.5.4))，因此，只有 5 个位移参数是独立的。如果选择 $u_1^*, u_3^*, u_{2'}, v_{2'}, \beta_{2'}$ 作为独立的位移参数，则实体单元的 6 个位移参数 $u_1, v_1, u_2, v_2, u_3, v_3$ 与独立的位移参数之间有下列关系：

$$\begin{Bmatrix} u_1 \\ v_1 \\ u_2 \\ v_2 \\ u_3 \\ v_3 \end{Bmatrix} = \begin{bmatrix} \cos\phi & 0 & \sin^2\phi & -\sin\phi\cos\phi & -\frac{t}{2}\sin\phi \\ \sin\phi & 0 & -\sin\phi\cos\phi & \cos^2\phi & \frac{t}{2}\cos\phi \\ 0 & 0 & 1 & 0 & 0 \\ 0 & 0 & 0 & 1 & 0 \\ 0 & \cos\phi & \sin^2\phi & -\sin\phi\cos\phi & \frac{t}{2}\sin\phi \\ 0 & \sin\phi & -\sin\phi\cos\phi & \cos^2\phi & -\frac{t}{2}\cos\phi \end{bmatrix} \begin{Bmatrix} u_1^* \\ u_3^* \\ u_{2'} \\ v_{2'} \\ \beta_{2'} \end{Bmatrix} \tag{7.5.7}$$

直接引入法是将上述转换关系式引入实体部分的刚度矩阵和荷载向量，经转换后的实体部分的刚度矩阵和荷载向量可按通常的步骤与壳体部分的刚度矩阵和荷载向量集合成系统刚度矩阵和荷载向量，从而得到系统的求解方程组。

7.5.2 过渡单元

Surana 曾先后提出用于轴对称应力分析和三维应力分析的过渡单元以解决不同类型单元的连接问题。他所考虑的实体单元和壳体单元分别是等参元和蜕化壳单元(超参数壳体单元)，而过渡单元实际上是这两种单元的组合，如图 7.10 所示，图中给出的是轴对称问题的实体单元和壳体单元及相应的过渡单元。

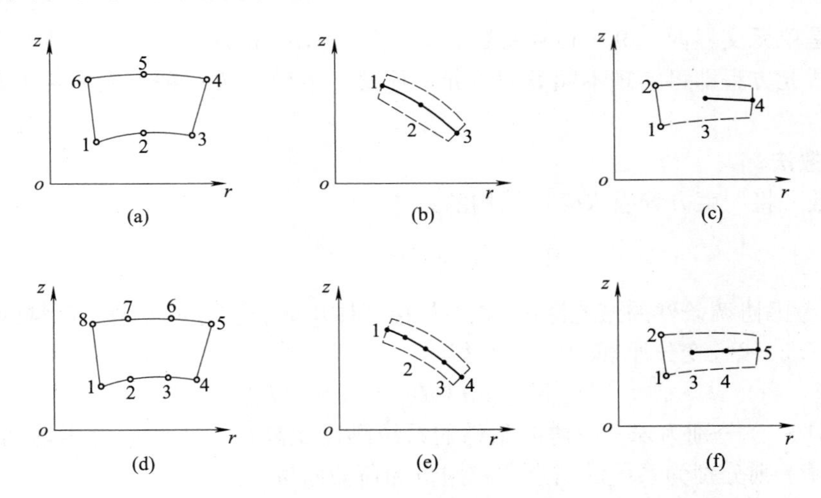

图 7.10 轴对称问题的过渡单元

对于轴对称等参实体单元，其坐标和位移的插值形式为：

$$\begin{Bmatrix} r \\ z \end{Bmatrix} = \sum_{i=1}^{n_{so}} N_i(\xi,\eta) \begin{Bmatrix} r_i \\ z_i \end{Bmatrix}, \quad \begin{Bmatrix} u \\ v \end{Bmatrix} = \sum_{i=1}^{n_{so}} N_i(\xi,\eta) \begin{Bmatrix} u_i \\ v_i \end{Bmatrix} \tag{7.5.8}$$

式中：n_{so}为实体单元的结点数。

对于轴对称蜕化壳体单元，其坐标和位移的插值形式为：

$$\begin{Bmatrix} r \\ z \end{Bmatrix} = \sum_{i=1}^{n_{se}} N_i(\xi) \begin{Bmatrix} r_i \\ z_i \end{Bmatrix}_{\eta=0} + \sum_{i=1}^{n_{se}} N_i(\xi)\eta \frac{t_i}{2} \begin{Bmatrix} \cos\phi_i \\ \sin\phi_i \end{Bmatrix} \tag{7.5.9}$$

$$\begin{Bmatrix} u \\ v \end{Bmatrix} = \sum_{i=1}^{n_{se}} N_i(\xi) \begin{Bmatrix} u_i \\ v_i \end{Bmatrix}_{\eta=0} + \sum_{i=1}^{n_{se}} N_i(\xi)\eta \frac{t_i}{2} \begin{Bmatrix} -\sin\phi_i \\ \cos\phi_i \end{Bmatrix} \beta_i \tag{7.5.10}$$

式中：n_{se}为壳体单元的结点数。

利用以上各式可建立过渡单元的坐标和位移插值表示

$$\begin{Bmatrix} r \\ z \end{Bmatrix} = \sum_{i=1}^{m} N_i(\xi,\eta) \begin{Bmatrix} r_i \\ z_i \end{Bmatrix} + \sum_{i=m+1}^{n} N_i(\xi) \begin{Bmatrix} r_i \\ z_i \end{Bmatrix}_{\eta=0} + \sum_{i=m+1}^{n} N_i(\xi)\eta \frac{t_i}{2} \begin{Bmatrix} \cos\phi_i \\ \sin\phi_i \end{Bmatrix} \tag{7.5.11}$$

$$\begin{Bmatrix} u \\ v \end{Bmatrix} = \sum_{i=1}^{m} N_i(\xi,\eta) \begin{Bmatrix} u_i \\ v_i \end{Bmatrix} + \sum_{i=m+1}^{n} N_i(\xi) \begin{Bmatrix} u_i \\ v_i \end{Bmatrix}_{\eta=0} + \sum_{i=m+1}^{n} N_i(\xi)\eta \frac{t_i}{2} \begin{Bmatrix} -\sin\phi_i \\ \cos\phi_i \end{Bmatrix} \beta_i \tag{7.5.12}$$

式中：m 为过渡单元与实体单元连接的结点数；$n-m$ 为过渡单元与壳体单元连接的结点数；n 为过渡单元的结点总数。

式(7.5.11)和式(7.5.12)表明，建立过渡单元的几何和位移插值表达式是没有困难的。但值得注意的是，在形成单元刚度矩阵时应如何确定积分点应力和应变呢？对于实体单元，可以在总体坐标 r,z 中利用几何关系从位移确定轴对称问题的全部应变分量 $\varepsilon_r,\varepsilon_\theta,\varepsilon_z,\gamma_{rz}$；而对于壳体单元，利用几何关系只能确定局部坐标系 r',z'中的 3 个应变分量 $\varepsilon_{z'},\varepsilon_{\theta'},\gamma_{r'z'}$，至于 $\varepsilon_{r'}$ 则需根据壳体的基本假设 $\sigma_{r'}=0$ 得到 $\varepsilon_{r'}=\mu(\varepsilon_{z'}+\varepsilon_{\theta'})$。如果利用几何关系从位移的插值表示计算 $\varepsilon_{r'}$，则只能得到 $\varepsilon_{r'}=0$ 的结果。这是因为建立壳体单元位移的插值表示时已引入"壳体法向位移 $u'(\xi,\eta)$ 在厚度方向的变化可以忽略，即 $u'(\xi,\eta)\approx u'(\xi,0)$"的假设。

在过渡单元中，由于一部分位移插值函数取自壳体单元，也就将上述关于法向位移的假设引入了位移的插值表示。其结果是，即使在过渡单元中靠近实体单元的部分积分点利用几何关系计算 $\varepsilon_r,\varepsilon_\theta,\varepsilon_z,\gamma_{rz}$（或 $\varepsilon_{r'},\varepsilon_{\theta'},\varepsilon_{z'},\gamma_{r'z'}$），也会由于在靠近壳体单元的部分引入了 $\varepsilon_{r'}=0$ 这一强制约束而在局部区域产生不合理的附加应力。因此，在过渡单元中如何确定应变和应力尚是个需要研究的问题。一个最简单的解决方案是令 $\mu=0$，从而 $\varepsilon_{r'}=\mu(\varepsilon_{z'}+\varepsilon_{\theta'})\equiv 0$。

第 8 章　一般壳结构有限单元法

8.1 概　　述

轴对称壳体结构是一种特殊壳体结构，其几何形状和荷载分布均对称于旋转轴。因此，可以采用垂直于旋转轴的两个平面将其分割为圆环状单元，从而将三维问题简化为二维甚至一维问题。而本章讨论的一般壳体结构则针对那些几何形状轴对称而荷载非轴对称，或壳体结构的几何形状非轴对称。

一般壳体的有限元分析通常也有三种类型的单元——平面壳元、曲面壳元和超参数单元，它们分别与轴对称壳体结构中的截锥单元、曲边单元和超参数单元类似。平面壳元，顾名思义其中面为平面，与弹性力有限元分析中用直线（平面）边界来近似实际结构的曲线（曲面）轮廓的方法相似。而曲面壳元则采用给定的曲面（由坐标插值函数确定的曲面）来近似结构的实际几何形状，其近似程度显然要高于平面壳元。与轴对称壳体结构有限元分析相似，超参数单元也是为了更精确地模拟中厚度或变厚度非轴对称壳体而创造出来的一种高精度壳体单元。

用平面壳元模拟实际工程的壳体结构，其几何上与用平板玻璃建造的曲面穹顶或幕墙相同（图 8.1），即用多个小平面形成的具有 C_0 连续性的折板来模拟具有高阶连续性的曲面壳体。因此，模拟精度受到影响。但它牺牲精度的代价换来的是表达格式相对简单的方便，只需对平板弯曲单元稍加扩展就可以用于壳体分析。至于牺牲的精度可以通过合理地加密网格来控制，以到达满足工程设计对计算精度的要求，如图 8.1 所示的三个由平板玻璃建造的曲面建筑，当一块平板玻璃的面积与结构曲面的面积相比逐渐减小时，其曲面形状也逐渐趋于光滑。因此，平面壳元在实际工程中仍有广泛的应用。

（a）平面与曲面比较大时

（b）平面与曲面比较小时

（c）平面与曲面比更小时

图 8.1　用平面模拟曲面的工程结构

曲面壳元比平面壳元能够更好地模拟壳体结构的几何形状，因此，在单元尺寸相同的条件下，其计算精度好于平面壳元。当然，提高精度是以牺牲计算资源为代价的。因为，它需要构造满足 C_1 连续性要求和完备性要求的插值函数（场函数），这往往是相当困难的工作。对于几何形状复杂的壳体，这将是更加困难的工作。虽然轴对称壳体结构可以采用平移和转动独立插值来避免构造 C_1 连续性的插值函数，但对于一般壳体结构，仍因几何形状描述的复杂性及壳体理论的选择而困难重重。

超参数壳体单元在理论上与曲面壳体单元等价，是从三维实体单元蜕化而来的，因此，在一般壳体结构的有限元分析中得到广泛的应用。但由于比实体单元增加了局部坐标与总体坐标的转换，因此，表达格式复杂，从而增加了计算工作量。

鉴于上述分析，本章主要介绍平面壳体单元和超参数壳单元，最后简要介绍一下壳体单元与实体单元的连接。

8.2　平板壳体单元

8.2.1　局部坐标系下的单元刚度矩阵

平面壳体单元可以看成是平面应力单元与平板弯曲单元的组合，因此，其单元刚度矩阵可由这两种单元的刚度矩阵组合而成。以图 8.2 所示的三结点三角形平板单元为例，局部坐标系 x-y-z 的坐标面 x-y 位于单元中面。

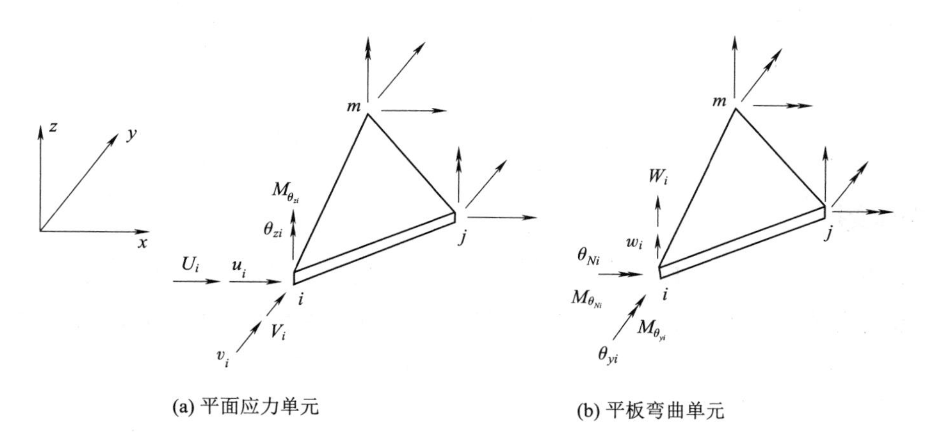

图 8.2　三结点三角形平面应力元和平面壳元示意图

需要说明的是，图 8.2(a)中的 θ_{zi} 并不是平面应力单元的局部坐标位移，而是为了局部坐标下的单元刚度矩阵向总体坐标转换将其包含在单元的结点位移向量中。

对于平面应力单元，其位移、应变和刚度矩阵可分别表示为：

$$\{u\} = \sum_{i=1}^{3} [N]_i^{(m)} \{a\}_i^{(m)} \tag{8.2.1}$$

$$\{\varepsilon\} = \sum_{i=1}^{3} [B]_i^{(m)} \{a\}_i^{(m)} \tag{8.2.2}$$

$$[K]_{ij}^{(m)} = \iint_{\Omega^e} ([B]_i^{(m)})^{\mathrm{T}} [D]^{(m)} [B]_j^{(m)} \mathrm{d}\Omega \quad (i,j=1,2,3) \tag{8.2.3}$$

式中：上标(m)表示面内变形状态；$\{u\}=[u\quad v]^{\mathrm{T}}$；$\{a\}_i^{(m)}=[u_i\quad v_i]^{\mathrm{T}}$；$\{\varepsilon\}=[\varepsilon_x\quad \varepsilon_y\quad \gamma_{xy}]^{\mathrm{T}}$；$[N]_i^{(m)}$ 和$[B]_i^{(m)}$ 分别见式(3.2.1)和例 3.2.1 的式(a)。

对于平板弯曲单元，其广义位移、广义应变和刚度矩阵可表示为：

$$w=\sum_{i=1}^{3}[N]_i^{(b)}\{a\}_i^{(b)} \tag{8.2.4}$$

$$\{\kappa\}=\sum_{i=1}^{3}[B]_i^{(b)}\{a\}_i^{(b)} \tag{8.2.5}$$

$$[K]_{ij}^{(b)}=\iint_{\Omega^e}([B]_i^{(b)})^{\mathrm{T}}[D]^{(b)}[B]_j^{(b)}\mathrm{d}\Omega\quad (i,j=1,2,3) \tag{8.2.6}$$

式中：上标(b)表示弯曲变形状态；$\{u\}=[u\quad v]^{\mathrm{T}}$；$\{a\}_i^{(b)}=[w_i\quad \theta_{xi}\quad \theta_{yi}]^{\mathrm{T}}$，$\theta_{xi}=(\partial w/\partial y)_i$，$\theta_{yi}=-(\partial w/\partial x)_i$；$\{\kappa\}=[\kappa_x\quad \kappa_y\quad \kappa_{xy}]^{\mathrm{T}}$，$\kappa_x=-\partial^2 w/\partial x^2$，$\kappa_y=-\partial^2 w/\partial y^2$，$\kappa_{xy}=-2\,\partial^2 w/\partial x\,\partial y$；$[N]_i^{(b)}$ 和$[B]_i^{(b)}$ 分别见式(5.3.30)和式(5.3.31)。

组合上述两种变形状态并将 θ_{zi} 补充到结点位移向量中

$$\{a\}_i=[u_i\quad v_i\quad w_i\quad \theta_{xi}\quad \theta_{yi}\quad \theta_{zi}]^{\mathrm{T}} \tag{8.2.7}$$

就可得到平面壳体单元的刚度矩阵

$$[K]_{ij}=\left[\begin{array}{cc|ccc|c} \multicolumn{2}{c|}{\multirow{2}{*}{$[K]_{ij}^{m}$}} & 0 & 0 & 0 & 0 \\ & & 0 & 0 & 0 & 0 \\ \hline 0 & 0 & & & & 0 \\ 0 & 0 & & [K]_{ij}^{(b)} & & 0 \\ 0 & 0 & & & & 0 \\ \hline 0 & 0 & 0 & 0 & 0 & 0 \end{array}\right]\quad (i,j=1,2,3) \tag{8.2.8}$$

8.2.2 坐标变换

图 8.3 所示为总体坐标系 $x'y'z'$ 中的一个三结点三角形平面壳体单元，其局部坐标 xyz 的原点 O 位于结点 1。则单元在总体坐标和局部坐标中的结点坐标可分别表示为：

$$\{X'\}_i=\begin{Bmatrix} x_i' \\ y_i' \\ z_i' \end{Bmatrix},\quad \{X\}_i=\begin{Bmatrix} x_i \\ y_i \\ z_i \end{Bmatrix}\quad (i=1,2,3) \tag{8.2.9}$$

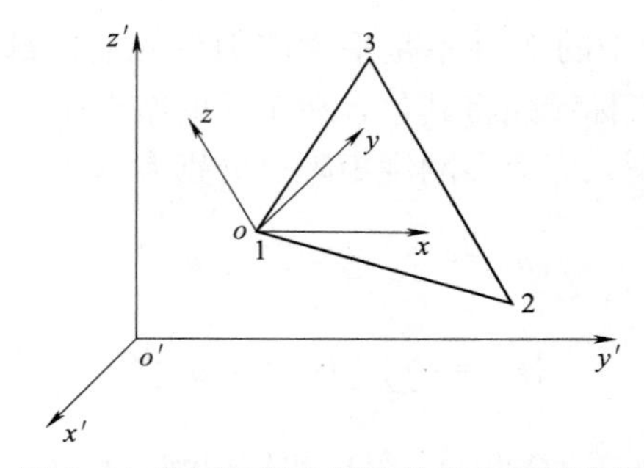

图 8.3　单元局部坐标和总体坐标示意图

局部坐标系的原点 $\{X'\}_0$ 可以选择单元的任一结点，图 8.3 的局部坐标原点位于结点 1，即 $\{X'\}_0=\{X'\}_1$。

令：

$$\{X'\}_{12}=\{X'\}_2-\{X'\}_1=\begin{Bmatrix} x_2'-x_1' \\ y_2'-y_1' \\ z_2'-z_1' \end{Bmatrix}=\begin{Bmatrix} x_{12}' \\ y_{12}' \\ z_{12}' \end{Bmatrix} \tag{8.2.10}$$

$$\{X'\}_{13}=\{X'\}_3-\{X'\}_1=\begin{Bmatrix} x_3'-x_1' \\ y_3'-y_1' \\ z_3'-z_1' \end{Bmatrix}=\begin{Bmatrix} x_{13}' \\ y_{13}' \\ z_{13}' \end{Bmatrix} \tag{8.2.11}$$

则 z 轴的方向余弦可表示为

$$\{\lambda\}_z=\begin{Bmatrix} \lambda_{x'z} \\ \lambda_{y'z} \\ \lambda_{z'z} \end{Bmatrix}=\frac{\boldsymbol{X}_{12}'\times\boldsymbol{X}_{13}'}{|\boldsymbol{X}_{12}'\times\boldsymbol{X}_{13}'|}=\frac{1}{l_{23}}\begin{Bmatrix} y_{12}'z_{13}'-y_{13}'z_{12}' \\ z_{12}'x_{13}'-z_{13}'x_{12}' \\ x_{12}'y_{13}'-x_{13}'y_{12}' \end{Bmatrix} \tag{8.2.12}$$

式中：

$$\lambda_{x'z}=\cos(x',z),\quad \lambda_{y'z}=\cos(y',z),\quad \lambda_{z'z}=\cos(z',z) \tag{8.2.13}$$

$$l_{23}=\sqrt{(y_{12}'z_{13}'-y_{13}'z_{12}')^2+(z_{12}'x_{13}'-z_{13}'x_{12}')^2+(x_{12}'y_{13}'-x_{13}'y_{12}')^2} \tag{8.2.14}$$

局部坐标系的 x 轴只要在单元平面内即可，具体方向是可以选择的。如选择沿单元边界 1-2 方向，则 x 轴的方向余弦可表示为

$$\{\lambda\}_x=\begin{Bmatrix} \lambda_{x'x} \\ \lambda_{y'x} \\ \lambda_{z'x} \end{Bmatrix}=\frac{1}{|\boldsymbol{X}_{12}'|}\{X'\}_{12} \tag{8.2.15}$$

式中：

$$\lambda_{x'x}=\cos(x',x),\quad \lambda_{y'x}=\cos(y',x),\quad \lambda_{z'x}=\cos(z',x) \tag{8.2.16}$$

另一种选择 x 轴方向的方法是令其与总体坐标系统的 x'-y' 坐标面平行，即 x 轴是局部坐标 x-y 平面与 $z'=z_1'$ 平面的交线。此时，x 轴的方向余弦可表示为

$$\{\lambda\}_x=\begin{Bmatrix} \lambda_{x'x} \\ \lambda_{y'x} \\ \lambda_{z'x} \end{Bmatrix}=\frac{1}{l_{12}}\begin{Bmatrix} z_{13}'x_{12}'-z_{12}'x_{13}' \\ y_{12}'z_{13}'-y_{13}'z_{12}' \\ 0 \end{Bmatrix} \tag{8.2.17}$$

式中：

$$l_{12}=\sqrt{(y_{12}'z_{13}'-y_{13}'z_{12}')^2+(z_{12}'x_{13}'-z_{13}'x_{12}')^2} \tag{8.2.18}$$

局部坐标系 y 轴的方向余弦可由 x,y,z 三个轴的右手螺旋法则确定：

$$\{\lambda\}_y=\begin{Bmatrix} \lambda_{x'y} \\ \lambda_{y'y} \\ \lambda_{z'y} \end{Bmatrix}=\boldsymbol{\lambda}_z\times\boldsymbol{\lambda}_x=\begin{Bmatrix} \lambda_{y'z}\lambda_{z'x}-\lambda_{z'z}\lambda_{y'x} \\ \lambda_{z'z}\lambda_{x'x}-\lambda_{x'z}\lambda_{z'x} \\ \lambda_{x'z}\lambda_{y'x}-\lambda_{y'z}\lambda_{x'x} \end{Bmatrix} \tag{8.2.19}$$

式中：

$$\lambda_{x'y}=\cos(x',y),\quad \lambda_{y'y}=\cos(y',y),\quad \lambda_{z'y}=\cos(z',y) \tag{8.2.20}$$

由此可得局部坐标轴与总体坐标轴之间的变换矩阵

$$[\lambda]=[\{\lambda\}_x \quad \{\lambda\}_y \quad \{\lambda\}_z]=\begin{bmatrix}\lambda_{x'x} & \lambda_{x'y} & \lambda_{x'z}\\ \lambda_{y'x} & \lambda_{y'y} & \lambda_{y'z}\\ \lambda_{z'x} & \lambda_{z'y} & \lambda_{z'z}\end{bmatrix} \tag{8.2.21}$$

从式(8.2.13)、式(8.2.16)和式(8.2.20)可以看出，三个坐标轴的变换矩阵$[\lambda]$是一个正交矩阵，因此，$[\lambda]^{-1}=[\lambda]^{\mathrm{T}}$。

有了坐标轴的变换矩阵，即可以方便地写出局部坐标系与总体坐标系之间的变换关系

$$\{X'\}=\{X'\}_0+[\lambda]\{X\} \tag{8.2.22}$$

或

$$\{X\}=[\lambda]^{\mathrm{T}}(\{X'\}-\{X'\}_0) \tag{8.2.23}$$

对于矩形单元，局部坐标的原点可设在单元的形心，由于矩形单元主要用于模拟柱形壳体结构，因此，令 x 轴与 x'轴（柱形壳体的母线）平行，如图 8.4 所示。此时，$\{X'\}_0$ 和 x,y,z 轴的方向余弦为：

$$\{X'\}_0=\begin{Bmatrix}x'_0\\ y'_0\\ z'_0\end{Bmatrix}=\frac{1}{4}\begin{Bmatrix}\sum\limits_{i=1}^{4}x'_i\\ \sum\limits_{i=1}^{4}y'_i\\ \sum\limits_{i=1}^{4}z'_i\end{Bmatrix} \tag{8.2.24}$$

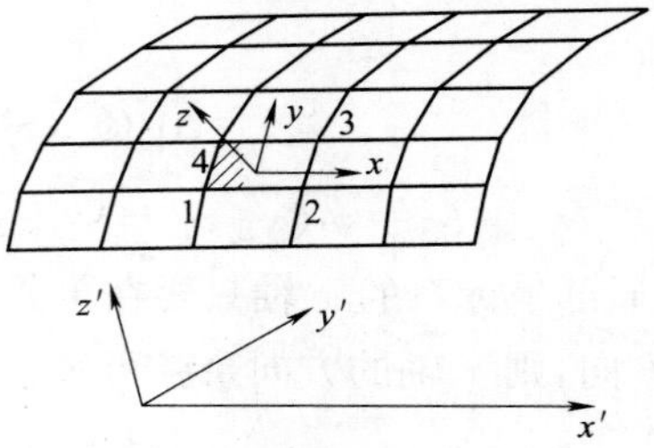

图 8.4　矩形单元的总体坐标和局部坐标

$$\{\lambda\}_x=\begin{Bmatrix}1\\0\\0\end{Bmatrix},\quad \{\lambda\}_y=\frac{1}{l_{14}}\begin{Bmatrix}0\\ y'_{14}\\ z'_{14}\end{Bmatrix},\quad \{\lambda\}_z=\frac{1}{l_{14}}\begin{Bmatrix}0\\ -z'_{14}\\ y'_{14}\end{Bmatrix} \tag{8.2.25}$$

式中：

$$y'_{14}=y'_4-y'_1,\quad z'_{14}=z'_4-z'_1$$

$$l_{14}=\sqrt{(y'_{14})^2+(z'_{14})^2}$$

有了局部坐标的方向余弦就可以实现结点参数的坐标变换

$$\{a\}'_i=[\lambda]\{a\}_i \tag{8.2.26}$$

进而完成单元矩阵和荷载向量的坐标变换

$$[\bar{K}]^{\mathrm{e}}=[T][K]^{\mathrm{e}}[T]^{\mathrm{T}}$$

$$\{\bar{Q}\}^{\mathrm{e}}=[T]\{Q\}^{\mathrm{e}} \tag{8.2.27}$$

式中：$\{a\}'_i$，$\{a\}_i$ 分别为总体坐标和局部坐标下的 i 结点位移向量：

$$\{a\}'_i=[u'_i \quad v'_i \quad w'_i \quad \theta'_{xi} \quad \theta'_{yi} \quad \theta'_{zi}]^{\mathrm{T}}$$

$$\{a\}_i=[u_i \quad v_i \quad w_i \quad \theta_{xi} \quad \theta_{yi} \quad \theta_{zi}]^{\mathrm{T}}$$

$[T]$为变换矩阵。三结点三角形壳单元的变换矩阵为：

$$[T]=\begin{bmatrix}[\lambda] & 0 & 0 & 0 & 0 & 0\\0 & [\lambda] & 0 & 0 & 0 & 0\\0 & 0 & [\lambda] & 0 & 0 & 0\\0 & 0 & 0 & [\lambda] & 0 & 0\\0 & 0 & 0 & 0 & [\lambda] & 0\\0 & 0 & 0 & 0 & 0 & [\lambda]\end{bmatrix}$$

$$[\lambda]=\begin{bmatrix}\lambda_{x'x} & \lambda_{x'y} & \lambda_{x'z}\\\lambda_{y'x} & \lambda_{y'y} & \lambda_{y'z}\\\lambda_{z'x} & \lambda_{z'y} & \lambda_{z'z}\end{bmatrix}$$

四结点矩形壳单元的变换矩阵则为：

$$[T]=\begin{bmatrix}[\lambda] & 0 & 0 & 0 & 0 & 0 & 0 & 0\\0 & [\lambda] & 0 & 0 & 0 & 0 & 0 & 0\\0 & 0 & [\lambda] & 0 & 0 & 0 & 0 & 0\\0 & 0 & 0 & [\lambda] & 0 & 0 & 0 & 0\\0 & 0 & 0 & 0 & [\lambda] & 0 & 0 & 0\\0 & 0 & 0 & 0 & 0 & [\lambda] & 0 & 0\\0 & 0 & 0 & 0 & 0 & 0 & [\lambda] & 0\\0 & 0 & 0 & 0 & 0 & 0 & 0 & [\lambda]\end{bmatrix}$$

需要指出的是，如果汇交于一个结点的若干个单元位于同一平面内，则由于已令局部坐标的 θ_{zi} 方向的刚度系数为零，如式(8.2.8)所示，因此，局部坐标系中的单元第六个平衡方程为 $0=0$。如果总体坐标系的 z' 轴与这些单元局部坐标系的 z 轴一致，则总体刚度矩阵的行列式 $|\bar{K}|=0$，有限元方程是一组线性相关的方程组。即使总体坐标系的 z' 轴与这些单元局部坐标系的 z 轴不一致，变换后的方程仍然是线性相关的，因为它们转过了相同的角度。解决上述问题的方法有两种：一是在局部坐标系内建立结点平衡方程，删去 θ_{zi} 方向的平衡方程 $0=0$，从而得到一组线性无关的方程。第二种方法是设定该结点的刚度系数 K_{θ_z}，从式(8.2.8)可以看出，该自由度的方程 $K_{\theta_z}\theta_{zi}=0$ 是独立的，即 θ_{zi} 与其他结点平衡方程无关，也不影响单元应力的计算，因此，K_{θ_z} 可以任意给定而不影响计算结果。比较而言，第二种方法在程序处理上较为方便。

8.2.3 单元插值函数

平板壳单元与平板弯曲单元的区别在于是否存在中面位移，而中面位移模式与平面弹性力学问题中的平面应力状态相同，因此，平板壳体单元相当于平面应力单元和平板弯曲单元的组合单元。这样，我们就可以利用前面讨论过的各种平面应力单元和平板弯曲单元来组合平板壳体单元。如此组合得到的平板壳体单元其切向位移 u，v 和法向位移 w 分别出现在膜应变 ε_x，ε_y，γ_{xy} 和弯曲应变 κ_x，κ_y，κ_{xy} 中，因此，在单元内这两种应变模式是不耦合的，其刚度矩阵是平面应力单元刚度矩阵和平板弯曲单元刚度矩阵的简单叠加。但是，由于相邻单元不在同一平面内，即在单元的交界面的垂直方向其切线是不连续的。因此，膜应力在交界面上将出现横向分量，从而引起弯曲效应。同时，单元的横向内力在交界面上也将出现切向分量，从而引起薄膜效应。这意味着，这两种应变模式在单元交界面上是相互耦合的。因此，这种由平面应力单元和平板弯曲单元组合成的平板壳体单元需要解决单元交界面上的位移协调性问题。

上述分析表明，尽管组成平板壳体单元的平面应力单元和平板弯曲单元均满足协调性条件，如果切向位移 u,v 和法向位移 w 的插值函数在交界面上不相同，则平板壳体单元在交界面上的位移将是不协调的。例如，三结点三角形平面应力单元的位移 u,v 在边界上是线性函数，而基于经典薄板理论的三结点三角形单元其位移 w 在边界上是三次或五次函数，因此，为了使交界面上位移协调，位移 u,v 也应是三次或五次函数。这意味着，u,v 的一阶导数也将包括在结点位移参数中。这无疑将增加系统的自由度，并使表达格式过于复杂。不仅如此，由于 u,v 的导数是单元的膜应变，如果相邻单元的厚度或物理性质不同，应变作为结点参数将导致内力不平衡，从而产生较大的计算误差。因此，平板壳体单元一般仍采用线性函数作为 u,v 的位移函数，当然，也可以采用与 w 同阶的函数作为 u,v 的位移函数。

尽管采用基于经典薄板理论的平板弯曲单元时，单元交界面上的位移协调条件不能得到满足。但是，这种不协调性将随着单元尺寸的不断缩小而降低，因为，随着单元尺寸的缩小，垂直于交界面的切线将趋于连续。在极限情况下，相邻单元将位于同一平面，平面应力单元的膜应变与平板弯曲单元的弯曲应变不再耦合，其各自的位移如果满足协调条件，则平板壳体单元的位移在交界面上也将是协调的。

由上述分析可知，采用位移和转角各自独立插值的 Mindlin 板单元与平面应力单元组合成平板壳体单元是较好的选择，因为，此时的 u,v 和 w 同为线性的位移函数，即插值函数是 C_0 阶的，从而单元交界面上的位移协调性得到满足。而且，Mindlin 板单元在单元交界面上的法向转动也满足协调性要求。

需要指出的是，与轴对称壳的截锥单元类似，平板壳体单元的另一个问题是单元交界面上切线不连续可能会对局部的应力产生一定的扰动，为此，实际应用时需控制单元尺寸，尽可能将单元划分的比较小。

8.3 超参数壳体单元

8.3.1 几何形状

图 8.5 所示为两种典型的厚壳单元，它们都是由上、下两个曲面与以壳体厚度方向的直线为母线的边界曲面组成，其几何形状由结点 i_{top}，i_{bot}（$i=1,2,\cdots,n$；n 为单元的结点数）的总体坐标确定。如果令自然坐标 ξ,η 为单元中面的曲线坐标，ζ 为厚度方向的直线坐标，则单元内任一点的总体坐标可近似地表示为：

$$\begin{Bmatrix} x \\ y \\ z \end{Bmatrix} = \sum_{i=1}^{n} N_i(\xi,\eta) \begin{Bmatrix} x_i \\ y_i \\ z_i \end{Bmatrix}_{\zeta=0} + \sum_{i=1}^{n} N_i(\xi,\eta) \frac{\zeta}{2} \{V\}_{3i} \tag{8.3.1}$$

式中：

$$\begin{Bmatrix} x_i \\ y_i \\ z_i \end{Bmatrix}_{\zeta=0} = \frac{1}{2} \begin{Bmatrix} x_i \\ y_i \\ z_i \end{Bmatrix}_{\zeta=1} + \frac{1}{2} \begin{Bmatrix} x_i \\ y_i \\ z_i \end{Bmatrix}_{\zeta=-1}$$

$$\boldsymbol{V}_{3i}=\begin{Bmatrix}x_i\\y_i\\z_i\end{Bmatrix}_{\zeta=1}-\begin{Bmatrix}x_i\\y_i\\z_i\end{Bmatrix}_{\zeta=-1}=\begin{Bmatrix}\Delta x_i\\\Delta y_i\\\Delta z_i\end{Bmatrix}$$

板厚可表示为：

$$t_i=|\boldsymbol{V}_{3i}|=\sqrt{(\Delta x_i)^2+(\Delta y_i)^2+(\Delta z_i)^2} \tag{8.3.2}$$

$\boldsymbol{V}_{3i}$的单位向量$\boldsymbol{v}_{3i}$的方向余弦l_{3i},m_{3i},n_{3i}可表示为

$$\boldsymbol{v}_{3i}=\begin{Bmatrix}l_{3i}\\m_{3i}\\n_{3i}\end{Bmatrix}=\frac{1}{t_i}\begin{Bmatrix}\Delta x_i\\\Delta y_i\\\Delta z_i\end{Bmatrix} \tag{8.3.3}$$

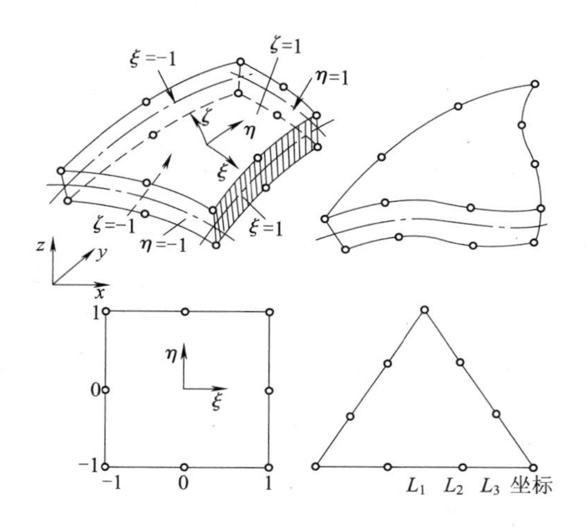

图 8.5 厚壳单元的总体坐标和局部坐标

8.3.2 位移函数

由壳体理论的基本假设可知，变形前的中面法线变形后仍保持为直线。因此，壳体内任一点的位移可由中面上对应点的 3 个位移分量 u,v,w 和 $\boldsymbol{V}_{3i}$绕与其垂直的两个正交向量的转动 α,β 确定。如果用 $\boldsymbol{v}_{1i}$和 $\boldsymbol{v}_{2i}$分别表示与 $\boldsymbol{v}_{3i}$垂直并相互正交的单位向量，$\boldsymbol{v}_{3i}$绕它们的转动分别为 β_i,α_i，如图 8.6 所示，则单元内的位移可表示为

$$\begin{Bmatrix}u\\v\\w\end{Bmatrix}=\sum_{i=1}^{n}N_i(\xi,\eta)\begin{Bmatrix}u_i\\v_i\\w_i\end{Bmatrix}_{\zeta=0}+\sum_{i=1}^{n}N_i(\xi,\eta)\zeta\frac{t_i}{2}\begin{bmatrix}l_{1i}&l_{2i}\\m_{1i}&m_{2i}\\n_{1i}&n_{2i}\end{bmatrix}\begin{Bmatrix}\alpha_i\\\beta_i\end{Bmatrix} \tag{8.3.4}$$

式中：l_{1i},m_{1i},n_{1i}和 l_{2i},m_{2i},n_{2i}分别为 $\boldsymbol{v}_{1i}$和 $\boldsymbol{v}_{2i}$的方向余弦。

式(8.3.4)可表示成我们熟悉的形式

$$\begin{Bmatrix}u\\v\\w\end{Bmatrix}=[[N]_1\quad[N]_2\quad\cdots\quad[N]_n]\begin{Bmatrix}\{a\}_1\\\{a\}_2\\\vdots\\\{a\}_n\end{Bmatrix} \tag{8.3.5}$$

式中：

$$[N]_i=\begin{bmatrix} N_i & 0 & 0 & N_i\zeta\frac{t_i}{2}l_{1i} & N_i\zeta\frac{t_i}{2}l_{2i} \\ 0 & N_i & 0 & N_i\zeta\frac{t_i}{2}m_{1i} & N_i\zeta\frac{t_i}{2}m_{2i} \\ 0 & 0 & N_i & N_i\zeta\frac{t_i}{2}n_{1i} & N_i\zeta\frac{t_i}{2}n_{2i} \end{bmatrix} \quad (i=1,2,\cdots,n)$$

$$\{a\}_i=[u_i \quad v_i \quad w_i \quad \alpha_i \quad \beta_i]^{\mathrm{T}} \quad (i=1,2,\cdots,n)$$

单位向量 $\boldsymbol{v}_{1i}$ 和 $\boldsymbol{v}_{2i}$ 可按下式确定

$$\boldsymbol{v}_{1i}=\frac{\boldsymbol{i}\times\boldsymbol{V}_{3i}}{|\boldsymbol{i}\times\boldsymbol{V}_{3i}|}, \quad \boldsymbol{v}_{2i}=\frac{\boldsymbol{V}_{3i}\times\boldsymbol{v}_{1i}}{|\boldsymbol{V}_{3i}\times\boldsymbol{v}_{1i}|} \tag{8.3.6}$$

即：

$$\boldsymbol{v}_{1i}=\begin{Bmatrix} l_{1i} \\ m_{1i} \\ n_{1i} \end{Bmatrix}=\frac{1}{\sqrt{(\Delta y_i)^2+(\Delta z_i)^2}}\begin{Bmatrix} 0 \\ -\Delta z_i \\ \Delta y_i \end{Bmatrix}$$

$$\boldsymbol{v}_{2i}=\begin{Bmatrix} l_{2i} \\ m_{2i} \\ n_{2i} \end{Bmatrix}=\frac{1}{t_i\sqrt{(\Delta y_i)^2+(\Delta z_i)^2}}\begin{Bmatrix} (\Delta y_i)^2+(\Delta z_i)^2 \\ -\Delta x_i\Delta y_i \\ -\Delta x_i\Delta z_i \end{Bmatrix}$$

式中：$\boldsymbol{i}$ 为总体坐标 x 方向的单位向量，如果 $\boldsymbol{V}_{3i}$ 与 $\boldsymbol{i}$ 平行，则用 y 方向的单位向量 $\boldsymbol{j}$ 替换 $\boldsymbol{i}$ 即可。

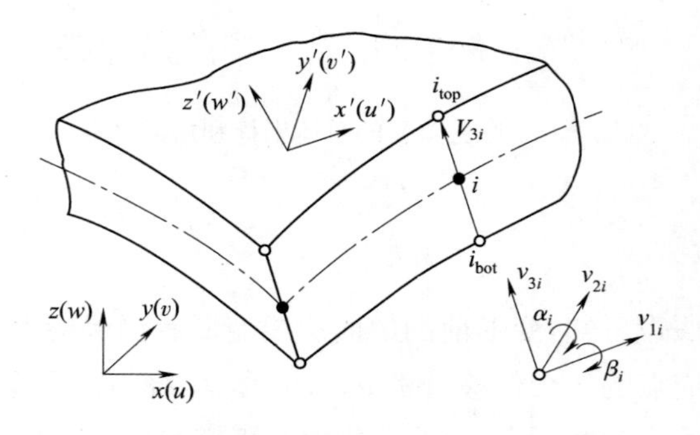

图 8.6　矩形单元的总体坐标和局部坐标

8.3.3　应变与应力

为了引入壳体理论中法线方向应力为零的假设，应在以法线方向为 z' 轴的局部坐标系 x',y',z' 中计算应变和应力。首先在 ζ 为常数的曲面上确定两个切向向量

$$\begin{aligned} \frac{\partial \boldsymbol{r}}{\partial \xi}&=\frac{\partial x}{\partial \xi}\boldsymbol{i}+\frac{\partial y}{\partial \xi}\boldsymbol{j}+\frac{\partial z}{\partial \xi}\boldsymbol{k} \\ \frac{\partial \boldsymbol{r}}{\partial \eta}&=\frac{\partial x}{\partial \eta}\boldsymbol{i}+\frac{\partial y}{\partial \eta}\boldsymbol{j}+\frac{\partial z}{\partial \eta}\boldsymbol{k} \end{aligned} \tag{8.3.7}$$

式中：$\boldsymbol{i},\boldsymbol{j},\boldsymbol{k}$ 为总体坐标 x,y,z 方向的单位向量。

由式(8.3.9)可计算出法线方向的向量

$$\boldsymbol{V}_3=\frac{\partial \boldsymbol{r}}{\partial \xi}\times\frac{\partial \boldsymbol{r}}{\partial \eta}=\begin{vmatrix} \boldsymbol{i} & \boldsymbol{j} & \boldsymbol{k} \\ \dfrac{\partial x}{\partial \xi} & \dfrac{\partial y}{\partial \xi} & \dfrac{\partial z}{\partial \xi} \\ \dfrac{\partial x}{\partial \eta} & \dfrac{\partial y}{\partial \eta} & \dfrac{\partial z}{\partial \eta} \end{vmatrix} \tag{8.3.8}$$

或

$$\boldsymbol{V}_3=\begin{Bmatrix} \dfrac{\partial x}{\partial \xi} \\ \dfrac{\partial y}{\partial \xi} \\ \dfrac{\partial z}{\partial \xi} \end{Bmatrix}\times\begin{Bmatrix} \dfrac{\partial x}{\partial \eta} \\ \dfrac{\partial y}{\partial \eta} \\ \dfrac{\partial z}{\partial \eta} \end{Bmatrix}=\begin{Bmatrix} \dfrac{\partial y}{\partial \xi}\dfrac{\partial z}{\partial \eta}-\dfrac{\partial y}{\partial \eta}\dfrac{\partial z}{\partial \xi} \\ \dfrac{\partial x}{\partial \eta}\dfrac{\partial z}{\partial \xi}-\dfrac{\partial x}{\partial \xi}\dfrac{\partial z}{\partial \eta} \\ \dfrac{\partial x}{\partial \xi}\dfrac{\partial y}{\partial \eta}-\dfrac{\partial x}{\partial \eta}\dfrac{\partial y}{\partial \xi} \end{Bmatrix} \tag{8.3.9}$$

$\boldsymbol{V}_3$ 确定后，x'，y'方向的单位向量 $\boldsymbol{v}_1$ 和 $\boldsymbol{v}_2$ 可参考式(8.3.8)确定，即：

$$\boldsymbol{v}_1=\frac{\boldsymbol{i}\times\boldsymbol{V}_3}{|\boldsymbol{i}\times\boldsymbol{V}_3|},\quad \boldsymbol{v}_2=\frac{\boldsymbol{V}_3\times\boldsymbol{v}_1}{|\boldsymbol{V}_3\times\boldsymbol{v}_1|} \tag{8.3.10}$$

而 z'方向的单位向量为

$$\boldsymbol{v}_3=\frac{\boldsymbol{V}_3}{|\boldsymbol{V}_3|} \tag{8.3.11}$$

由此可得总体坐标系 x,y,z 与局部坐标系 x',y',z'之间的转换关系

$$\{\bar{x}\}=[T]\{x\} \tag{8.3.12}$$

式中：

$$\{\bar{x}\}=[x\quad y\quad z]^{\mathrm{T}},\quad \{x\}=[x'\quad y'\quad z']^{\mathrm{T}}$$

$$[T]=[\boldsymbol{v}_1\quad \boldsymbol{v}_2\quad \boldsymbol{v}_3]=\begin{bmatrix} l_1 & l_2 & l_3 \\ m_1 & m_2 & m_3 \\ n_1 & n_2 & n_3 \end{bmatrix}$$

如果以 u',v',w'分别表示局部坐标系 x',y',z'方向的位移分量，根据壳体理论 $\sigma_{z'}=0$ 的假设，壳体单元的应变分量可表示为

$$\{\varepsilon'\}=\begin{Bmatrix} \varepsilon_{x'} \\ \varepsilon_{y'} \\ \gamma_{x'y'} \\ \gamma_{y'z'} \\ \gamma_{z'x'} \end{Bmatrix}=\begin{Bmatrix} \dfrac{\partial u'}{\partial x'} \\ \dfrac{\partial v'}{\partial y'} \\ \dfrac{\partial u'}{\partial y'}+\dfrac{\partial v'}{\partial x'} \\ \dfrac{\partial v'}{\partial z'}+\dfrac{\partial w'}{\partial y'} \\ \dfrac{\partial w'}{\partial x'}+\dfrac{\partial u'}{\partial z'} \end{Bmatrix} \tag{8.3.13}$$

将上式表示成结点参数插值的形式

$$\{\varepsilon'\}=[B]\{a\}^{\mathrm{e}} \tag{8.3.14}$$

即可得到单元的应变矩阵[B]。由式(8.3.5)可知，要实现式(8.3.13)到式(8.3.14)的转换，首先需要完成两次坐标变换 $u',v',w'\rightarrow u,v,w$ 和 $x,y,z\rightarrow\xi,\eta,\zeta$。

由式(8.3.12)可得局部坐标位移分量的偏导数与总体坐标位移分量偏导数的变换关系

$$\begin{bmatrix} \frac{\partial u'}{\partial x'} & \frac{\partial v'}{\partial x'} & \frac{\partial w'}{\partial x'} \\ \frac{\partial u'}{\partial y'} & \frac{\partial v'}{\partial y'} & \frac{\partial w'}{\partial y'} \\ \frac{\partial u'}{\partial z'} & \frac{\partial v'}{\partial z'} & \frac{\partial w'}{\partial z'} \end{bmatrix} = [T]^{\mathrm{T}} \begin{bmatrix} \frac{\partial u}{\partial x} & \frac{\partial v}{\partial x} & \frac{\partial w}{\partial x} \\ \frac{\partial u}{\partial y} & \frac{\partial v}{\partial y} & \frac{\partial w}{\partial y} \\ \frac{\partial u}{\partial z} & \frac{\partial v}{\partial z} & \frac{\partial w}{\partial z} \end{bmatrix} [T] \tag{8.3.15}$$

而位移分量对总体坐标的偏导数与对自然坐标的偏导数之间的变换关系为

$$\begin{bmatrix} \frac{\partial u}{\partial x} & \frac{\partial v}{\partial x} & \frac{\partial w}{\partial x} \\ \frac{\partial u}{\partial y} & \frac{\partial v}{\partial y} & \frac{\partial w}{\partial y} \\ \frac{\partial u}{\partial z} & \frac{\partial v}{\partial z} & \frac{\partial w}{\partial z} \end{bmatrix} = [J]^{-1} \begin{bmatrix} \frac{\partial u}{\partial \xi} & \frac{\partial v}{\partial \xi} & \frac{\partial w}{\partial \xi} \\ \frac{\partial u}{\partial \eta} & \frac{\partial v}{\partial \eta} & \frac{\partial w}{\partial \eta} \\ \frac{\partial u}{\partial \zeta} & \frac{\partial v}{\partial \zeta} & \frac{\partial w}{\partial \zeta} \end{bmatrix} \tag{8.3.16}$$

式中：$[J]$为雅可比矩阵

$$[J] = \begin{bmatrix} \frac{\partial x}{\partial \xi} & \frac{\partial y}{\partial \xi} & \frac{\partial z}{\partial \xi} \\ \frac{\partial x}{\partial \eta} & \frac{\partial y}{\partial \eta} & \frac{\partial z}{\partial \eta} \\ \frac{\partial x}{\partial \zeta} & \frac{\partial y}{\partial \zeta} & \frac{\partial z}{\partial \zeta} \end{bmatrix}$$

由式(8.3.1)、式(8.3.5)、式(8.3.14)、式(8.3.15)和式(8.3.16)可求得单元的应变矩阵$[B]$，并可以计算单元的刚度矩阵

$$[K]^{e} = \int_{-1}^{1}\int_{-1}^{1}\int_{-1}^{1} [B]^{\mathrm{T}}[D][B]\,|J|\,\mathrm{d}\xi\mathrm{d}\eta\mathrm{d}\zeta \tag{8.3.17}$$

式中：$[D]$为单元的弹性矩阵

$$[D] = \frac{E}{1-v^2} \begin{bmatrix} 1 & v & 0 & 0 & 0 \\ v & 1 & 0 & 0 & 0 \\ 0 & 0 & \frac{1-v}{2} & 0 & 0 \\ 0 & 0 & 0 & \frac{1-v}{2k_s} & 0 \\ 0 & 0 & 0 & 0 & \frac{1-v}{2k_s} \end{bmatrix}$$

其中，k_s为剪切不均匀系数。

单元在局部坐标下的应力可按下式计算

$$\{\sigma'\} = [D]\{\varepsilon'\} \tag{8.3.18}$$

式中：

$$\{\sigma'\} = [\sigma_{x'} \quad \sigma_{y'} \quad \tau_{x'y'} \quad \tau_{y'z'} \quad \tau_{z'x'}]^{\mathrm{T}}$$

第9章 非线性问题的有限单元法

9.1 概　　述

固体力学中的非线性问题包括两大类——几何非线性和物理非线性，几何非线性是指结构的大变形，导致组成结构的杆件产生了大位移，从而使结构某个自由度或某几个自由度甚至全部自由度的刚度发生了较大的变化(但组成结构的杆件仍处于弹性状态)，即结构的刚度随变形的增加而增大或减小。当然从理论上来说，刚度的这种变化在小变形时也是存在的，但小变形条件下，用变形前的结构刚度代替变形后的结构刚度所引起的计算误差是可以接受的，因此，我们才有了“简单”的线性方法。当这样的计算误差不可接受时，就必须还原问题的本来面貌，用结构在实际变形状态下的刚度来计算，由此而产生了非线性方法。物理非线性也称为材料非线性，是由于材料的力学性能进入塑性阶段而引起的非线性问题。

上述两类非线性问题的差异在于，几何非线性是一个可逆的过程，即卸载后，结构可恢复至初始状态，而材料非线性则是不可逆的。

尽管我们已经很少再自编程序进行有限元分析了，但非线性问题常常引起使用商用软件时遇到麻烦，因此，有必要对非线性问题的求解方法(包括非线性方程的求解)做一个简单的介绍。

9.2 非线性方程的求解方法

9.2.1 直接迭代法

非线性问题的有限元方法通常导出如下形式的方程

$$\{\psi(a)\}=\{P(a)\}+\{f\}=\{0\} \tag{9.2.1}$$

式中：$\{P(a)\}$为关于未知量$\{a\}$的多项式；$\{f\}$为常数。

直接迭代法将式(9.2.1)表示成线性方程的形式

$$[K(a)]\{a\}+\{f\}=\{0\} \tag{9.2.2}$$

然后设定一个未知量的初始值$\{a\}^0$代入式(9.2.2)的“系数矩阵”$[K(a)]$中，从而求出$\{a\}$的一次近似解

$$\{a\}^1=-[K(a^0)]^{-1}\{f\} \tag{9.2.3}$$

重复上述过程可以得到n次近似解

$$\{a\}^n=-[K(a^{n-1})]^{-1}\{f\} \tag{9.2.4}$$

直至前后两次迭代解的插值小于设定的容许值ε，即：

$$\| \{a\}^n - \{a\}^{n-1} \| \leqslant \varepsilon \tag{9.2.5}$$

时，迭代结束。

直接迭代法始于初始值$\{a\}^0$的选择，其中并无理论和技巧可言，但经验是一个很好的助手，基于经验选择初始值可以加快收敛速度。当然，对于现在的计算机能力而言，也许这并不会给计算带来多大的麻烦。因此，选择零初始值而从初始的切线刚度开始计算也是常见的做法。

从式(9.2.4)的迭代格式可以看出，直接迭代法简单，但每一次迭代都需要重新计算刚度矩阵并求其逆矩阵，因此，计算工作量较大。这其中还隐含着式(9.2.2)的“系数矩阵”$[K(a)]$可以表示成$\{a\}$的显式，故直接迭代法仅适用于几何非线性问题和非线性弹性问题以及可以利用形变理论分析的弹塑性问题。而对于与变形历史有关的材料非线性问题，如加载路径不断变化或有卸载和反复加载等必须利用增量理论分析的弹塑性问题，直接迭代法是不适用的。

除了适用性之外，还要注意直接迭代法的收敛性，简单地说，对于刚度退化的系统，直接迭代法是收敛的，而对于刚度硬化的系统，直接迭代法是不收敛的，图 9.1 给出了一维问题的收敛性示意图。

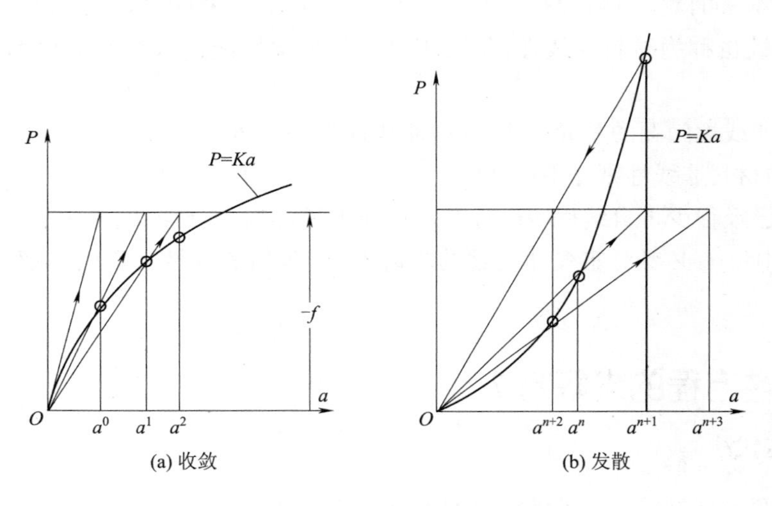

图 9.1　直接迭代法收敛示意图

9.2.2　牛顿—拉夫森方法

直接迭代法是一种割线刚度法(见图 9.1)，而牛顿—拉夫森(Newton-Raphson)方法(简称 N-R 方法)是一种切线刚度法。下面来推导它的迭代格式。

设方程(9.2.1)的第 n 次解$\{a\}^n$已经得到，但方程仍未精确地被满足，即$\{\psi(a^n)\}\neq 0$。如果$\{\psi(a^{n+1})\}$看作是$\{\psi(a)\}$在$\{a\}^n$点的 Taylor 展开

$$\{\psi(a^{n+1})\} = \{\psi(a^n)\} + \left[\frac{\mathrm{d}\psi}{\mathrm{d}a}\right]_n \{\Delta a\}^n + \cdots \tag{9.2.6}$$

式中：

$$\{a\}^{n+1}=\{a\}^n+\{\Delta a\}^n \tag{9.2.7}$$

设

$$\left[\frac{\mathrm{d}\psi}{\mathrm{d}a}\right]=\left[\frac{\mathrm{d}P}{\mathrm{d}a}\right]=[K_T(a)] \tag{9.2.8}$$

取式(9.2.6)的前两项并令其等于零，解得

$$\{\Delta a\}^n=-[K_T(a^n)]^{-1}\{\psi(a^n)\}=-[K_T(a^n)]^{-1}(\{P(a^n)\}+\{f\}) \tag{9.2.9}$$

由式(9.2.9)求得$\{\Delta a\}^n$再代入式(9.2.7)即可得到$\{a\}^{n+1}$，因此，两式组成了 N-R 方法的迭代格式，反复应用两式进行迭代即可求得满足精度要求的解答。图 9.2 给出了一维问题的 N-R 方法收敛性示意图。

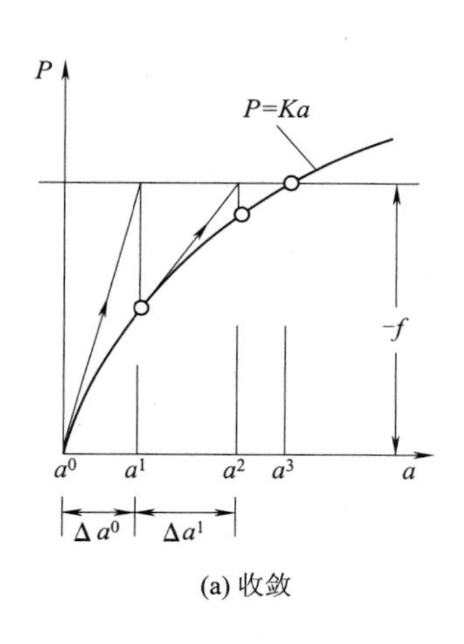

(a) 收敛

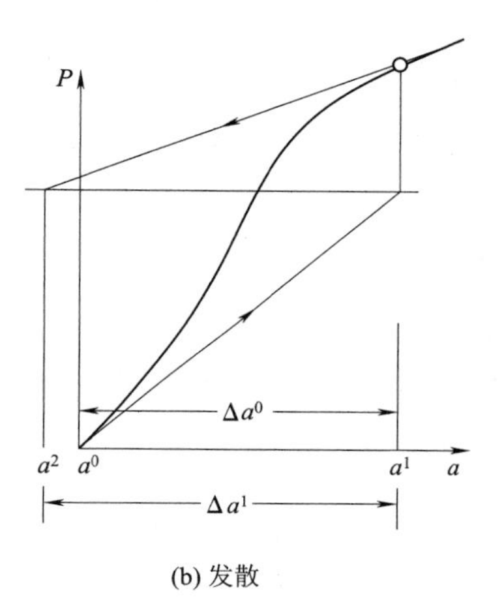

(b) 发散

图 9.2　N-R 方法的收敛示意图

9.2.3　修正的牛顿—拉夫森方法

由式(9.2.9)可知，N-R 方法的某一次迭代都需要重新计算系数矩阵并进行求逆运算，因此，计算工作量较大。为了避免繁琐的矩阵求逆运算，可以采用修正的 N-R 方法。该方法将第一次迭代的系数矩阵$[K_T(a^0)]$作为每一次迭代的系数矩阵，即

$$[K_T(a^n)]=[K_T(a^0)] \tag{9.2.10}$$

则修正 N-R 方法的迭代格式为

$$\{\Delta a\}^n=-[K_T(a^0)]^{-1}(\{P(a^n)\}+\{f\}) \tag{9.2.11}$$

由此一来，每一次迭代只需要重新计算多项式部分，即进行一次回代计算，显然计算工作量大大减少，不过其代价是降低了收敛速度，这一点通过比较图 9.3 和图 9.2(a)即可一目了然。当然，也可以迭代 m 次后，重新计算一次系数矩阵，即以$[K_T(a^m)]$作为后续若干次迭代的系数矩阵。

与直接迭代法相同的是，牛顿—拉夫森方法和修正的牛顿—拉夫森方法都隐含着其系数矩阵$[K_T(a)]$可以显示的表示为$\{a\}$的函数，因此，其适用性与直接迭代法相同。这三种方法都属于全量法，即迭代过程中原方程的常数项始终保持原值参与计算。对于它们不适用的非线性方程形式，则可以采用增量法求解。

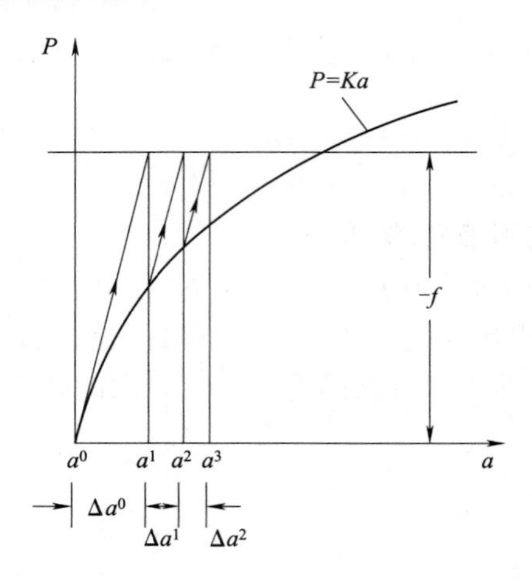

图 9.3 修正的 N-R 方法的收敛示意图

9.2.4 增量法

增量法是将非线性方程分成若干次求解，每次求解只将常数项的一部分(增量)添加到方程中去，只要这个增量相对于全值足够小，计算结果就可以满足精度要求。为此，将式(9.2.1)改写成

$$\{P(a)\}+\lambda\{f\}=\{0\} \tag{9.2.12}$$

上式对 λ 求导并代入式(9.2.8)得

$$\left[\frac{\mathrm{d}P}{\mathrm{d}a}\right]\left\{\frac{\mathrm{d}a}{\mathrm{d}\lambda}\right\}+\{f\}=[K_T(a)]\left\{\frac{\mathrm{d}a}{\mathrm{d}\lambda}\right\}+\{f\}=\{0\} \tag{9.2.13}$$

从上式得到：

$$\left\{\frac{\mathrm{d}a}{\mathrm{d}\lambda}\right\}=-[K_T(a)]^{-1}\{f\} \tag{9.2.14}$$

将上式表示成有限增量的形式

$$\{\Delta a\}=-[K_T(a)]^{-1}\Delta\lambda\{f\} \tag{9.2.15}$$

式中，$\{\Delta a\}$为一个增量步的计算结果，若分别以$\{a\}_m$和$\{a\}_{m+1}$表示第 m 次和第 $m+1$ 次的计算结果，则

$$\{\Delta a\}=\{a\}_{m+1}-\{a\}_m \tag{9.2.16}$$

这样，式(9.2.15)可进一步表示为

$$\{a\}_{m+1}=\{a\}_m-[K_T(a_m)]^{-1}\Delta\lambda_m\{f\}=\{a\}_m-[K_T(a_m)]^{-1}\{\Delta f\}_m \tag{9.2.17}$$

式中：

$$\Delta\lambda_m=\lambda_{m+1}-\lambda_m$$

$$\{\Delta f\}_m=f_{m+1}-f_m$$

式(9.2.17)就是增量法的求解方程，由于每一个增量步求解得到的都是近似解，因此，误差的累积效应将导致解的漂移，如图 9.4 所示。为了提高解的精度，可以对由式(9.2.17)得到的解$\{a\}_{m+1}$做一次改进，其改进值可表示为

$$\{\bar{a}\}_{m+1}=\{a\}_m-[K_T(a_{m+\theta})]^{-1}\{\Delta f\}_m \tag{9.2.18}$$

式中：

$$\{a\}_{m+\theta}=(1-\theta)\{a\}_m+\theta\{a\}_{m+1}\quad(0\leqslant\theta\leqslant1)$$

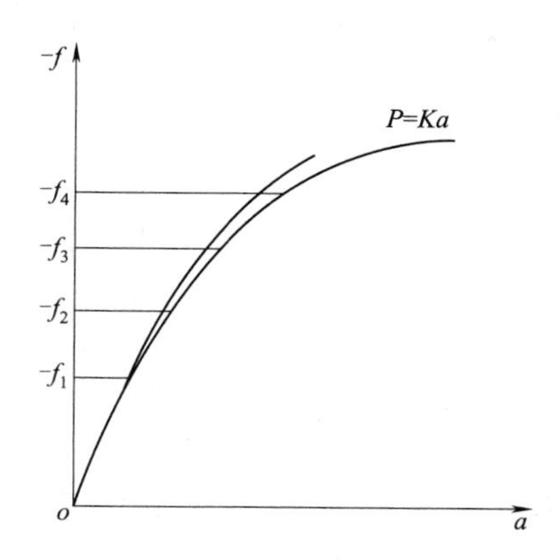

图 9.4 增量法的误差累积示意图

式(9.2.18)只是对式(9.2.17)解的一种改进,并不能解决解的漂移问题,因为我们没有直接解式(9.2.12),而是求解的式(9.2.15),它是微分方程式(9.2.14)的近似表示。解决漂移问题的方法一是对式(9.2.17)的解做多次改进,二是在一个增量步$\{\Delta f\}_m$的求解过程中引入N-R方法或修正的N-R方法,这也是目前常用的方法。例如,将N-R方法的迭代格式与增量法的求解方程组合就可以得到每个增量步内的N-R方法迭代格式

$$\{\Delta a\}_{m+1}^{n}=-[K_T(a_{m+1}^{n})]^{-1}(\{P(a_{m+1}^{n})\}+\lambda_{m+1}\{f\})\tag{9.2.19}$$

迭代的初始值就是上一个增量步最终的迭代结果,即$\{a\}_{m+1}^{0}=\{a\}_{m}^{k}$,$k$为$m$增量步的迭代次数。经过$n+1$次迭代后的改进值为

$$\{a\}_{m+1}^{n+1}=\{a\}_{m+1}^{n}+\{\Delta a\}_{m+1}^{n}\tag{9.2.20}$$

为了减小计算工作量,也可以采用修正的N-R方法来改进每个增量步的解的精度,即

$$\{\Delta a\}_{m+1}^{n}=-[K_T(a_{m+1}^{0})]^{-1}(\{P(a_{m+1}^{n})\}+\lambda_{m+1}\{f\})\tag{9.2.21}$$

9.3 几何非线性问题

9.3.1 问题的由来

几何非线性问题主要出自于杆系和板壳结构,由于结构变形引起构件的空间方位相对于初始位置发生了变化,导致其在同一自由度上为结构提供的抗力发生了变化,表现为结构的刚度发生了变化。由于杆件对结构刚度的贡献与其空间位置有关,因此,几何非线性问题的刚度矩阵中包含结构变形的信息。对于单纯的几何非线性问题,杆件自身的变形仍处于弹性范围,结构变形是可恢复的,因此,刚度矩阵只与结构的变形有关,表现为非线性弹性。经典的几何非线性例子,是由水平方向共线的三个铰与两根杆组成的在两杆铰接点受竖直方向集中力作用的系统,如图9.5所示。

在荷载作用的瞬间,系统在竖直方向的刚度为零。随着荷载作用点位移的增加,结构在竖直方向的刚度也随着两杆与初始位置夹角的增大而单调增大,且与变形一一对应,可表示为荷载作用点的函数

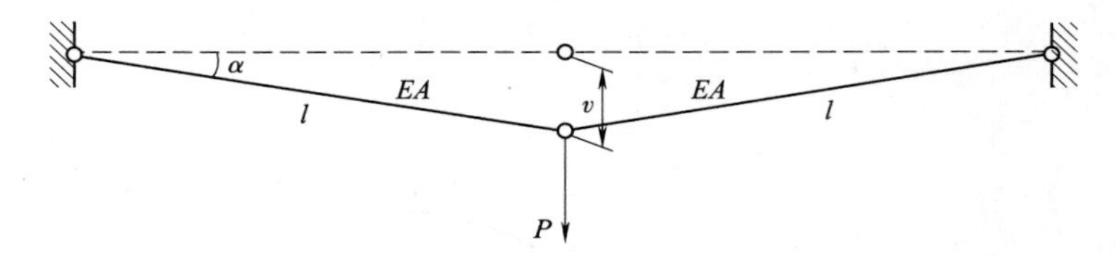

图 9.5　典型的几何非线性问题

$$K=2\frac{EA}{l}\tan\alpha=2\frac{EA}{l^2}v \tag{9.3.1}$$

式中，v 为该结构系统的未知量；l 为杆件原长；A 为杆件的横截面积；E 为材料的弹性模量；α 为变形后的杆件轴线与初始位置的夹角。

从式(9.3.1)中可以看出，图 9.5 所示结构系统的垂向刚度与系统的未知量 v 有关，因此，系统平衡方程 $Kv=P$ 是一个关于 v 的非线性方程

$$2\frac{EA}{l^2}v^2=P \tag{9.3.2}$$

9.3.2　非线性几何关系

在推导弹性力学的几何方程时，基于小变形假设，我们忽略了几何方程中的高阶小量从而得到了一组线性的几何方程。而对于大位移引起的几何非线性问题，可采用更新的 Lagrange 格式来表示非线性的几何关系

$$\begin{aligned}
\varepsilon_x&=\frac{\partial u}{\partial x}+\frac{1}{2}\left[\left(\frac{\partial u}{\partial x}\right)^2+\left(\frac{\partial v}{\partial x}\right)^2+\left(\frac{\partial w}{\partial x}\right)^2\right]\\
\varepsilon_y&=\frac{\partial v}{\partial y}+\frac{1}{2}\left[\left(\frac{\partial u}{\partial y}\right)^2+\left(\frac{\partial v}{\partial y}\right)^2+\left(\frac{\partial w}{\partial y}\right)^2\right]\\
\varepsilon_z&=\frac{\partial w}{\partial z}+\frac{1}{2}\left[\left(\frac{\partial u}{\partial z}\right)^2+\left(\frac{\partial v}{\partial z}\right)^2+\left(\frac{\partial w}{\partial z}\right)^2\right]\\
\gamma_{xy}&=\frac{\partial u}{\partial y}+\frac{\partial v}{\partial x}+\left(\frac{\partial u}{\partial x}\frac{\partial u}{\partial y}+\frac{\partial v}{\partial x}\frac{\partial v}{\partial y}+\frac{\partial w}{\partial x}\frac{\partial w}{\partial y}\right)\\
\gamma_{yz}&=\frac{\partial v}{\partial z}+\frac{\partial w}{\partial y}+\left(\frac{\partial u}{\partial y}\frac{\partial u}{\partial z}+\frac{\partial v}{\partial y}\frac{\partial v}{\partial z}+\frac{\partial w}{\partial y}\frac{\partial w}{\partial z}\right)\\
\gamma_{zx}&=\frac{\partial w}{\partial x}+\frac{\partial u}{\partial z}+\left(\frac{\partial u}{\partial z}\frac{\partial u}{\partial x}+\frac{\partial v}{\partial z}\frac{\partial v}{\partial x}+\frac{\partial w}{\partial z}\frac{\partial w}{\partial x}\right)
\end{aligned} \tag{9.3.3}$$

借助于弹性力学的几何方程，可将上式表示为

$$\{\varepsilon\}=\{\varepsilon^0\}+\{\varepsilon^L\} \tag{9.3.4}$$

式中：$\{\varepsilon^0\}$表示应变向量的线性部分，与弹性力学的几何方程相同；$\{\varepsilon^L\}$表示应变向量的非线性部分，可表示为

$$\{\varepsilon^L\}=\frac{1}{2}\begin{bmatrix}\{\theta_x\}^{\mathrm T}&0&0\\0&\{\theta_y\}^{\mathrm T}&0\\0&0&\{\theta_z\}^{\mathrm T}\\\{\theta_y\}^{\mathrm T}&\{\theta_x\}^{\mathrm T}&0\\0&\{\theta_z\}^{\mathrm T}&\{\theta_y\}^{\mathrm T}\\\{\theta_z\}^{\mathrm T}&0&\{\theta_x\}^{\mathrm T}\end{bmatrix}\begin{Bmatrix}\{\theta_x\}\\\{\theta_y\}\\\{\theta_z\}\end{Bmatrix} \tag{9.3.5}$$

其中：

$$\{\theta_x\}=\begin{bmatrix}\frac{\partial u}{\partial x} & \frac{\partial v}{\partial x} & \frac{\partial w}{\partial x}\end{bmatrix}^{\mathrm{T}}=\frac{\partial}{\partial x}[I]\{u\}$$

$$\{\theta_y\}=\begin{bmatrix}\frac{\partial u}{\partial y} & \frac{\partial v}{\partial y} & \frac{\partial w}{\partial y}\end{bmatrix}^{\mathrm{T}}=\frac{\partial}{\partial y}[I]\{u\} \tag{9.3.6}$$

$$\{\theta_z\}=\begin{bmatrix}\frac{\partial u}{\partial z} & \frac{\partial v}{\partial z} & \frac{\partial w}{\partial z}\end{bmatrix}^{\mathrm{T}}=\frac{\partial}{\partial z}[I]\{u\}$$

将式(9.3.6)代入式(9.3.5)得

$$\{\varepsilon^L\}=\frac{1}{2}\{u\}^{\mathrm{T}}[L][L']\{u\} \tag{9.3.7}$$

式中：

$$[L]=\begin{bmatrix}\frac{\partial}{\partial x}[I] & 0 & 0 & \frac{\partial}{\partial y}[I] & 0 & \frac{\partial}{\partial z}[I] \\ 0 & \frac{\partial}{\partial y}[I] & 0 & \frac{\partial}{\partial x}[I] & \frac{\partial}{\partial z}[I] & 0 \\ 0 & 0 & \frac{\partial}{\partial z}[I] & 0 & \frac{\partial}{\partial y}[I] & \frac{\partial}{\partial x}[I]\end{bmatrix}^{\mathrm{T}}$$

$$[L']=\begin{bmatrix}\frac{\partial}{\partial x}[I] & \frac{\partial}{\partial y}[I] & \frac{\partial}{\partial z}[I]\end{bmatrix}^{\mathrm{T}}$$

9.3.3　单元刚度矩阵

将单元位移函数 u,v,w 表示为结点插值函数的形式

$$u=\sum_{i=1}^{n}N_iu_i,\quad v=\sum_{i=1}^{n}N_iv_i,\quad w=\sum_{i=1}^{n}N_iw_i \tag{9.3.8}$$

或

$$\{u\}=[N]\{a\}^e \tag{9.3.9}$$

式中：

$$[N]=[[N]_1\quad [N]_2\quad \cdots\quad [N]_n]$$

$$\{a\}^e=[\{a\}_1\quad \{a\}_2\quad \cdots\quad \{a\}_n]^{\mathrm{T}}$$

其中

$$[N]_i=\begin{bmatrix}N_i & 0 & 0 \\ 0 & N_i & 0 \\ 0 & 0 & N_i\end{bmatrix}$$

$$\{a\}_i=[u_i\quad v_i\quad w_i]^{\mathrm{T}}$$

将式(9.3.9)代入式(9.3.7)得

$$\{\varepsilon^L\}=\frac{1}{2}[C][G]\{a\}^e=\frac{1}{2}[B]_L\{a\}^e \tag{9.3.10}$$

式中：

$$[C]=([N]\{a\}^e)^{\mathrm{T}}[L],\quad [G]=[L'][N]$$

$[B]_L$ 被称为非线性应变矩阵。

利用式(9.3.10)将式(6.3.4)表示成插值形式

$$\{\varepsilon\}=[B]\{a\}^e=\left([B]_0+\frac{1}{2}[B]_L\right)\{a\}^e \tag{9.3.11}$$

需要注意的是，在对单元应变能进行变分时，由于非线性应变矩阵$[B]_L$中包含结点位移参数$\{a\}^e$，因此，其变分不为零，由此得式(9.3.11)的变分

$$\{\delta\varepsilon\}=([B]_0+[B]_L)\{\delta a\}^e \tag{9.3.12}$$

将式(9.3.11)和式(9.3.12)代入单元应变能的变分得

$$\int_V \{\delta\varepsilon\}^{\mathrm{T}}[D]\{\varepsilon\}\mathrm{d}V=(\{\delta a\}^e)^{\mathrm{T}}\int_V ([B]_0+[B]_L)^{\mathrm{T}}[D]\left([B]_0+\frac{1}{2}[B]_L\right)\mathrm{d}V\ \{a\}^e \tag{9.3.13}$$

由此可得单元刚度矩阵

$$[K]^e=[K]_0^e+[K]_L^e \tag{9.3.14}$$

其中：

$$[K]_0^e=\int_V [B]_0^{\mathrm{T}}[D][B]_0\mathrm{d}V$$

$$[K]_L^e=\frac{1}{2}\int_V [B]_L^{\mathrm{T}}[D][B]_L\mathrm{d}V+\frac{1}{2}\int_V [B]_0^{\mathrm{T}}[D][B]_L\mathrm{d}V+\int_V [B]_L^{\mathrm{T}}[D][B]_0\mathrm{d}V$$

9.4 材料非线性问题

9.4.1 塑性力学的基本法则

1. 初始屈服条件

初始屈服条件给出了材料开始发生塑性变形的应力状态，常用的金属材料(各项同性)屈服条件有米塞斯(V. Mises)屈服条件和特雷斯卡(H. Tresca)屈服条件。

(1)米塞斯屈服条件

米塞斯屈服条件采用等效应力作为屈服函数

$$(\sigma_1-\sigma_2)^2+(\sigma_2-\sigma_3)^2+(\sigma_3-\sigma_1)^2=2\sigma_{s_0}^2 \tag{9.4.1}$$

或

$$(\sigma_x-\sigma_y)^2+(\sigma_y-\sigma_z)^2+(\sigma_z-\sigma_x)^2+6(\tau_{xy}^2+\tau_{yz}^2+\tau_{zx}^2)=2\sigma_{s_0}^2 \tag{9.4.2}$$

式中：σ_{s_0}为初始屈服应力。

引入应力偏量

$$\begin{aligned}\sigma_x'&=\sigma_x-\sigma_m & \tau_{xy}'&=\tau_{xy}\\ \sigma_y'&=\sigma_y-\sigma_m & \tau_{yz}'&=\tau_{yz}\\ \sigma_z'&=\sigma_z-\sigma_m & \tau_{zx}'&=\tau_{zx}\end{aligned} \tag{9.4.3}$$

式中：$\sigma_m=(\sigma_x+\sigma_y+\sigma_z)/3$被称为平均应力。

用应力偏量表示的米塞斯屈服条件为：

$$\sigma_x'^2+\sigma_y'^2+\sigma_z'^2+2(\tau_{xy}'^2+\tau_{yz}'^2+\tau_{zx}'^2)=\frac{2}{3}\sigma_{s_0}^2 \tag{9.4.4}$$

或

$$\left(\frac{3}{2}\{\sigma'\}^{\mathrm{T}}\{\sigma'\}\right)^{1/2}=\sigma_{s_0} \tag{9.4.5}$$

其中：

$$\{\sigma'\}=\begin{bmatrix}\sigma'_x & \sigma'_y & \sigma'_z & \sqrt{2}\tau'_{xy} & \sqrt{2}\tau'_{yz} & \sqrt{2}\tau'_{zx}\end{bmatrix}^{\mathrm{T}}$$

米塞斯屈服条件定义了一个以 $\sigma_1=\sigma_2=\sigma_3$ 为轴线的圆柱形屈服面，用垂直于直线 $\sigma_1=\sigma_2=\sigma_3$ 的平面在原点 O 处截此圆柱面将得到一个半径为 σ_{s_0} 的圆——屈服函数在此平面（π 平面）上的轨迹，如图 9.6 所示。

（2）特雷斯卡屈服条件

特雷斯卡屈服条件与第三强度理论相对应，其屈服函数可表示为

$$\max(|\sigma_1-\sigma_2|,|\sigma_2-\sigma_3|,|\sigma_3-\sigma_1|)=2\tau_{s_0} \tag{9.4.6}$$

或

$$[(\sigma_1-\sigma_2)^2-\sigma_{s_0}^2][(\sigma_2-\sigma_3)^2-\sigma_{s_0}^2][(\sigma_3-\sigma_1)^2-\sigma_{s_0}^2]=0 \tag{9.4.7}$$

特雷斯卡屈服函数在主应力空间是以 $\sigma_1=\sigma_2=\sigma_3$ 为轴线的内接米塞斯圆柱形屈服面的正六棱柱，在 π 平面上则为内接米塞斯屈服轨迹的正六边形，如图 9.6所示。

从图 9.6 可以看出，与米塞斯屈服条件相比，特雷斯卡屈服条件偏于安全。但特雷斯卡屈服函数在棱边处或屈服轨迹在棱角处的导数不连续，所以，从应用角度来说，米塞斯屈服条件更方便。因此有限元分析中通常只采用米塞斯屈服条件。

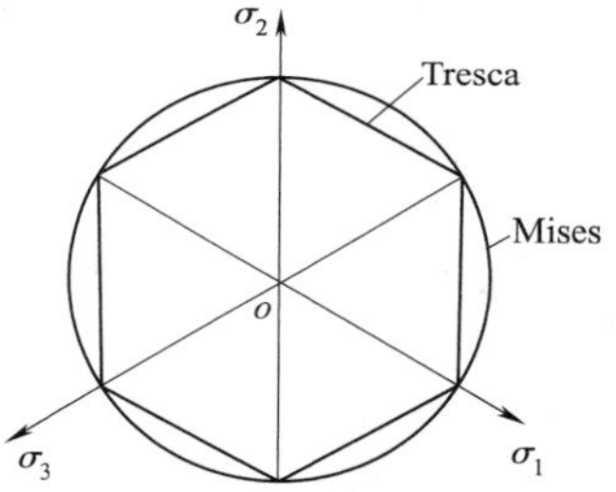

图 9.6 π 平面上的屈服轨迹

2. 流动法则

流动法则建立起了塑性应变增量与应力以及应力增量之间的关系，米塞斯流动法则假定塑性应变增量可以从塑性势函数导出，即：

$$\mathrm{d}\{\varepsilon\}^p=\mathrm{d}\lambda\frac{\partial Q}{\partial\{\sigma\}} \tag{9.4.8}$$

式中：$\mathrm{d}\{\varepsilon\}^p$ 为塑性应变增量，$\mathrm{d}\{\varepsilon\}^p=[\mathrm{d}\varepsilon_x^p \quad \mathrm{d}\varepsilon_y^p \quad \mathrm{d}\varepsilon_z^p \quad \mathrm{d}\gamma_{xy}^p \quad \mathrm{d}\gamma_{yz}^p \quad \mathrm{d}\gamma_{zx}^p]^{\mathrm{T}}$；$\mathrm{d}\lambda$ 是一个待定的正数，其具体数值与材料的硬化法则有关；Q 为塑性势函数，一般来说它是应力状态和塑性应变的函数。对于稳定的应变硬化材料，Q 通常取与后继屈服函数 F 相同的形式，称之为与屈服函数相关联的塑性势，此时，流动法则式（9.4.8）可表示为

$$\mathrm{d}\{\varepsilon\}^p=\mathrm{d}\lambda\frac{\partial F}{\partial\{\sigma\}} \tag{9.4.9}$$

由微分学可知，$\partial F/\partial\{\sigma\}$ 定义的向量与后继屈服面 $F=0$ 的法线方向一致，因此，米塞斯流动法则又称为法向流动法则，其后继屈服面方程为

$$F=\sigma_{eq}-H\left(\int\mathrm{d}\varepsilon_{eq}^p\right)=0 \tag{9.4.10}$$

式中：

$$\sigma_{eq}=\sqrt{\frac{3}{2}(\sigma'^2_x+\sigma'^2_y+\sigma'^2_z)+3(\tau'^2_{xy}+\tau'^2_{yz}+\tau'^2_{zx})} \tag{9.4.11}$$

$\mathrm{d}\varepsilon_{eq}^p$ 为塑性等效应变增量。

$$d\varepsilon_{eq}^{p}=\sqrt{\frac{2}{3}}\sqrt{(d\varepsilon_{x}^{p})^{2}+(d\varepsilon_{y}^{p})^{2}+(d\varepsilon_{z}^{p})^{2}+\frac{1}{2}[(d\gamma_{xy}^{p})^{2}+(d\gamma_{yz}^{p})^{2}+(d\gamma_{zx}^{p})^{2}]}$$

记

$$d\{\varepsilon'\}^{p}=\begin{bmatrix}d\varepsilon_{x}^{p} & d\varepsilon_{y}^{p} & d\varepsilon_{z}^{p} & \frac{d\gamma_{xy}^{p}}{\sqrt{2}} & \frac{d\gamma_{yz}^{p}}{\sqrt{2}} & \frac{d\gamma_{zx}^{p}}{\sqrt{2}}\end{bmatrix}^{T} \tag{9.4.12}$$

则塑性等效应变增量可表示为

$$d\varepsilon_{eq}^{p}=\left[\frac{2}{3}(d\{\varepsilon'\}^{p})^{T}d\{\varepsilon'\}^{p}\right]^{1/2} \tag{9.4.13}$$

式(9.4.10)的函数 H 反映了新的屈服应力对塑性等效应变总量的依赖关系，被称为后继屈服函数。

下面来求式(9.4.9)中的待定系数 $d\lambda$。对于米塞斯流动法则，式(9.4.9)可表示为

$$d\{\varepsilon\}^{p}=d\lambda\frac{\partial\sigma_{eq}}{\partial\{\sigma\}} \tag{9.4.14}$$

由式(9.4.11)可求得

$$\begin{aligned}&\frac{\partial\sigma_{eq}}{\partial\sigma_{x}}=\frac{3\sigma_{x}'}{2\sigma_{eq}},\quad \frac{\partial\sigma_{eq}}{\partial\sigma_{y}}=\frac{3\sigma_{y}'}{2\sigma_{eq}},\quad \frac{\partial\sigma_{eq}}{\partial\sigma_{z}}=\frac{3\sigma_{z}'}{2\sigma_{eq}}\\&\frac{\partial\sigma_{eq}}{\partial\tau_{xy}}=\frac{3\tau_{xy}}{\sigma_{eq}},\quad \frac{\partial\sigma_{eq}}{\partial\tau_{yz}}=\frac{3\tau_{yz}}{\sigma_{eq}},\quad \frac{\partial\sigma_{eq}}{\partial\tau_{zx}}=\frac{3\tau_{zx}}{\sigma_{eq}}\end{aligned} \tag{9.4.15}$$

将式(9.4.15)代入式(9.4.14)并注意到式(9.4.12)得

$$d\{\varepsilon'\}^{p}=d\lambda\frac{3}{2\sigma_{eq}}\{\sigma'\} \tag{9.4.16}$$

上式两端矢量的模为

$$\left[\frac{2}{3}(d\{\varepsilon'\}^{p})^{T}d\{\varepsilon'\}^{p}\right]^{1/2}=d\lambda\frac{1}{\sigma_{eq}}\left(\frac{3}{2}\{\sigma'\}^{T}\{\sigma'\}\right)^{1/2} \tag{9.4.17}$$

将式(9.4.13)代入上式并注意到式(9.4.5)和式(9.4.11)得

$$d\lambda=d\varepsilon_{eq}^{p} \tag{9.4.18}$$

由此得米塞斯流动法则

$$d\{\varepsilon\}^{p}=d\varepsilon_{eq}^{p}\frac{\partial\sigma_{eq}}{\partial\{\sigma\}} \tag{9.4.19}$$

3. 加卸载准则

加卸载准则是判断在某个给定的塑性状态，施加的下一个荷载增量是继续塑性加载还是弹性卸载的标准，它决定了下一步计算是采用弹塑性本构关系还是采用弹性本构关系。该准则可表述为：

(1)在 $F=0$ 的条件下，如果$\frac{\partial F}{\partial\{\sigma\}}d\{\sigma\}>0$，塑性加载；

(2)在 $F=0$ 的条件下，如果$\frac{\partial F}{\partial\{\sigma\}}d\{\sigma\}<0$，弹性卸载；

(3)在 $F=0$ 的条件下，如果$\frac{\partial F}{\partial\{\sigma\}}d\{\sigma\}=0$，对于理想弹塑性材料，则为塑性加载，因为，此时材料可以继续塑性流动；而对于硬化材料，则为中性变载，即仍保持塑性状态，但不继续塑性流动($d\varepsilon_{eq}^{p}=0$)。

9.4.2 应力应变关系

将应变增量表示为弹性应变增量与塑性应变增量之和

$$d\{\varepsilon\}=d\{\varepsilon\}^e+d\{\varepsilon\}^p \tag{9.4.20}$$

利用上式将弹性应力增量与应变增量的关系表示为:

$$d\{\sigma\}=[D]^e d\{\varepsilon\}^e=[D]^e(d\{\varepsilon\}-d\{\varepsilon\}^p) \tag{9.4.21}$$

式中:$[D]^e$ 为弹性矩阵

$$[D]^e=\frac{E}{1+\mu}\begin{bmatrix} \frac{1-\mu}{1-2\mu} & \frac{\mu}{1-2\mu} & \frac{\mu}{1-2\mu} & 0 & 0 & 0 \\ & \frac{1-\mu}{1-2\mu} & \frac{\mu}{1-2\mu} & 0 & 0 & 0 \\ & & \frac{1-\mu}{1-2\mu} & 0 & 0 & 0 \\ & & & \frac{1}{2} & 0 & 0 \\ \text{对} & \text{称} & & & \frac{1}{2} & 0 \\ & & & & & \frac{1}{2} \end{bmatrix} \tag{9.4.22}$$

式(9.4.21)的两端左乘$(\partial\sigma_{eq}/\partial\{\sigma\})^{\mathrm{T}}$得

$$\left(\frac{\partial\sigma_{eq}}{\partial\{\sigma\}}\right)^{\mathrm{T}} d\{\sigma\}=\left(\frac{\partial\sigma_{eq}}{\partial\{\sigma\}}\right)^{\mathrm{T}}[D]^e(d\{\varepsilon\}-d\{\varepsilon\}^p) \tag{9.4.23}$$

再由式(9.4.10)和式(9.4.11)得

$$\left(\frac{\partial\sigma_{eq}}{\partial\{\sigma\}}\right)^{\mathrm{T}} d\{\sigma\}=d\sigma_{eq}=H'd\varepsilon_{eq}^p \tag{9.4.24}$$

将式(9.4.24)和式(9.4.19)代入式(9.4.23)得

$$H'd\varepsilon_{eq}^p=\left(\frac{\partial\sigma_{eq}}{\partial\{\sigma\}}\right)^{\mathrm{T}}[D]^e d\{\varepsilon\}-\left(\frac{\partial\sigma_{eq}}{\partial\{\sigma\}}\right)^{\mathrm{T}}[D]^e\frac{\partial\sigma_{eq}}{\partial\{\sigma\}}d\varepsilon_{eq}^p \tag{9.4.25}$$

由此求得等效塑性应变增量 $d\varepsilon_{eq}^p$ 与全应变增量 $d\{\varepsilon\}$ 的关系

$$d\varepsilon_{eq}^p=\frac{\left(\frac{\partial\sigma_{eq}}{\partial\{\sigma\}}\right)^{\mathrm{T}}[D]^e}{H'+\left(\frac{\partial\sigma_{eq}}{\partial\{\sigma\}}\right)^{\mathrm{T}}[D]^e\frac{\partial\sigma_{eq}}{\partial\{\sigma\}}}d\{\varepsilon\} \tag{9.4.26}$$

将上式代入式(9.4.19)再代入式(9.4.21)得

$$d\{\sigma\}=[D]_{ep}d\{\varepsilon\} \tag{9.4.27}$$

式中,$[D]_{ep}$ 为弹塑性矩阵:

$$[D]_{ep}=[D]^e-[D]^p \tag{9.4.28}$$

其中,$[D]^p$ 为塑性矩阵:

$$[D]^p=\frac{[D]^e\frac{\partial\sigma_{eq}}{\partial\{\sigma\}}\left(\frac{\partial\sigma_{eq}}{\partial\{\sigma\}}\right)^{\mathrm{T}}[D]^e}{H'+\left(\frac{\partial\sigma_{eq}}{\partial\{\sigma\}}\right)^{\mathrm{T}}[D]^e\frac{\partial\sigma_{eq}}{\partial\{\sigma\}}} \tag{9.4.29}$$

将式(9.4.15)和式(9.4.22)代入得

$$[D]^p=\frac{9G^2}{(H'+3G)\sigma_{eq}^2}\begin{bmatrix}\sigma_x'^2 & \sigma_x'\sigma_y' & \sigma_x'\sigma_z' & \sigma_x'\tau_{xy} & \sigma_x'\tau_{yz} & \sigma_x'\tau_{zx}\\ & \sigma_y'^2 & \sigma_y'\sigma_z' & \sigma_y'\tau_{xy} & \sigma_y'\tau_{yz} & \sigma_y'\tau_{zx}\\ & & \sigma_z'^2 & \sigma_z'\tau_{xy} & \sigma_z'\tau_{yz} & \sigma_z'\tau_{zx}\\ & & & \tau_{xy}^2 & \tau_{xy}\tau_{yz} & \tau_{xy}\tau_{zx}\\ \text{对} & \text{称} & & & \tau_{yz}^2 & \tau_{yz}\tau_{zx}\\ & & & & & \tau_{zx}^2\end{bmatrix}$$

式中:$G=E/2(1+\mu)$

对于平面应力问题,$\sigma_z=\tau_{yz}=\tau_{zx}=0$,其弹性矩阵为:

$$[D]^e=\frac{E}{1-\mu^2}\begin{bmatrix}1 & \mu & 0\\ \mu & 1 & 0\\ 0 & 0 & \dfrac{1-\mu}{2}\end{bmatrix} \tag{9.4.30}$$

等效应力为:

$$\sigma_{eq}=\sqrt{\sigma_x^2+\sigma_y^2-\sigma_x\sigma_y+3\tau_{xy}^2} \tag{9.4.31}$$

将式(9.4.30)和式(9.4.31)代入式(9.4.29)得平面应力问题的塑性矩阵

$$[D]^p=\frac{E}{B(1-\mu^2)}\begin{bmatrix}(\sigma_x'+\mu\sigma_y')^2 & & \text{对称}\\ (\sigma_x'+\mu\sigma_y')(\sigma_y'+\mu\sigma_x') & (\sigma_y'+\mu\sigma_x')^2 & \\ (1-\mu)(\sigma_x'+\mu\sigma_y')\tau_{xy} & (1-\mu)(\sigma_y'+\mu\sigma_x')\tau_{xy} & (1-\mu)^2\tau_{xy}^2\end{bmatrix}$$

式中:

$$B=\sigma_x'^2+\sigma_y'^2+2\mu\sigma_x'\sigma_y'+2(1-\mu)\tau_{xy}^2+\frac{2H'(1-\mu)\sigma_{eq}^2}{9G}$$

对于平面应变问题,只要将式中的 E 和 μ 分别用 $E/(1-\mu)$ 和 $\mu/(1-\mu)$ 替换即可。

对于轴对称问题,其柱坐标下的应力分量为

$$\{\sigma\}=[\sigma_r \quad \sigma_\theta \quad \sigma_z \quad \tau_{rz}]^{\mathrm{T}}$$

因此,其塑性矩阵可表示为:

$$[D]^p=\frac{9G^2}{(H'+3G)\sigma_{eq}^2}\begin{bmatrix}\sigma_r'^2 & \sigma_r'\sigma_\theta' & \sigma_r'\sigma_z' & \sigma_r'\tau_{rz}\\ & \sigma_\theta'^2 & \sigma_\theta'\sigma_z' & \sigma_\theta'\tau_{rz}\\ & & \sigma_z'^2 & \sigma_z'\tau_{rz}\\ \text{对称} & & & \tau_{rz}^2\end{bmatrix}$$

9.5 弹塑性问题的求解方法

由于材料在弹性和塑性阶段的应力应变关系不同,因此,此类非线性问题只能采用增量法求解,将式(9.4.27)表示成有限增量的形式,就得到了增量形式的应力应变关系

$$\{\Delta\sigma\}=[D]_{ep}\{\Delta\varepsilon\} \tag{9.5.1}$$

其中的弹塑性矩阵$[D]_{ep}$包含应力的实时信息$\{\sigma\}_i$,因此,式(9.5.1)是个隐式方程,应采用迭代法求解。

9.5.1 切线刚度法

记开始屈服的单元进入弹塑性状态前的位移、应力和应变为$\{u\}_0$、$\{\sigma\}_0$、$\{\varepsilon\}_0$，记屈服后的第 i 个荷载增量步$\{\Delta P\}_i$计算得到的位移、应力和应变为$\{u\}_i$、$\{\sigma\}_i$、$\{\varepsilon\}_i$。由于所有单元并不是同时进入弹塑性状态，因此，对于尚未屈服的单元，其刚度矩阵仍采用第 3 章介绍的方法计算，而对于开始屈服及处于弹塑性状态的单元，则采用弹塑性矩阵计算单元刚度矩阵

$$[K]^e_{ep}=\int_V [B]^{\mathrm{T}}[D]_{ep}[B]\mathrm{d}V \tag{9.5.2}$$

其中的弹塑性矩阵应采用$\{\sigma\}_0$计算。记相应的系统矩阵为$[K]_0$，则增量形式的有限元方程可表示为：

$$[K]_0\{\Delta u\}_1=\{\Delta P\}_1 \tag{9.5.3}$$

由此可计算出第一批开始屈服的单元位移、应变和应力

$$\begin{aligned}\{u\}_1&=\{u\}_0+\{\Delta u\}_1\\ \{\varepsilon\}_1&=\{\varepsilon\}_0+\{\Delta\varepsilon\}_1\\ \{\sigma\}_1&=\{\sigma\}_0+\{\Delta\sigma\}_1\end{aligned} \tag{9.5.4}$$

此后，陆续有单元进入弹塑性状态，则式(9.5.3)和式(9.5.4)可表示为：

$$[K]_{i-1}\{\Delta u\}_i=\{\Delta P\}_i \tag{9.5.5}$$

和

$$\begin{aligned}\{u\}_i&=\{u\}_{i-1}+\{\Delta u\}_i\\ \{\varepsilon\}_i&=\{\varepsilon\}_{i-1}+\{\Delta\varepsilon\}_i\\ \{\sigma\}_i&=\{\sigma\}_{i-1}+\{\Delta\sigma\}_i\end{aligned} \tag{9.5.6}$$

需要指出的是，在一个荷载增量内，有些单元将从弹性状态进入弹塑性状态，姑且称之为过渡单元。对于这样的单元，如果其开始屈服所需的荷载小于荷载增量，则简单地按弹性或弹塑性计算将引起较大的误差，包括卸载再加载的单元。这个问题可以通过减小荷载增量的方法来解决，即对初次进入屈服或再次进入屈服(卸载再加载)的单元，计算其应力增量与达到屈服所需的应力增量比值，从而确定荷载增量的大小。也可以不改变荷载增量而采用下述方法计算应力增量

$$\{\Delta\sigma\}=\int[D]_{ep}\mathrm{d}\{\varepsilon\}=\int_0^{\{\Delta\varepsilon\}}[D]^{\mathrm{e}}\mathrm{d}\{\varepsilon\}-\int_{m\{\Delta\varepsilon\}}^{\{\Delta\varepsilon\}}[D]^{p}\mathrm{d}\{\varepsilon\} \tag{9.5.7}$$

式中，$m\{\Delta\varepsilon\}$表示从弹性进入塑性的那部分应变增量。为了确定 m 值，首先计算出单元应力达到屈服所需的等效应变增量 $\Delta\varepsilon_{eq}$，然后计算出下一荷载增量步引起的等效应变增量 $\Delta\varepsilon'_{eq}$，由此得：

$$m=\frac{\Delta\varepsilon_{eq}}{\Delta\varepsilon'_{eq}}\quad(0<m<1) \tag{9.5.8}$$

如果荷载增量足够小，式(9.8.7)可近似地表示为：

$$\{\Delta\sigma\}=([D]^{\mathrm{e}}-(1-m)[D]^{p})\{\Delta\varepsilon\}=(m[D]^{\mathrm{e}}+(1-m)[D]_{ep})\{\Delta\varepsilon\} \tag{9.5.9}$$

定义加权平均弹塑性矩阵

$$[\bar{D}]_{ep}=m[D]^{e}+(1-m)[D]_{ep} \tag{9.5.10}$$

则过渡单元和卸载再加载单元的应力增量与应变增量关系可表示为：

$$\{\Delta\sigma\}=[\bar{D}]_{ep}\{\Delta\varepsilon\} \tag{9.5.11}$$

因此，其刚度矩阵可按下式计算：

$$[K]^e=\int_V [B]^{\mathrm{T}}[\bar{D}]_{ep}[B]\mathrm{d}V \tag{9.5.12}$$

对于 $\Delta\varepsilon'_{eq}$ 的估计，第一次的计算结果往往是不准确的，因为，第一次计算采用的是弹性矩阵。为此，应进行几次修正，通常经过两三次修正即可得到比较满意的结果。

此外，切线刚度法的一次计算结果往往不能满足要求，且由于误差的累计可能造成计算失败。解决的方法一是采用尽可能小的荷载增量步，二是在每个荷载增量步内采用迭代法来提高计算精度，从而减小误差的累计，保证计算结果可靠。

9.5.2 初应力法

对于弹塑性问题，应力应变关系可以定义为：

$$\mathrm{d}\{\sigma\}=[D]^e\mathrm{d}\{\varepsilon\}+\mathrm{d}\{\sigma_0\} \tag{9.5.13}$$

由式(9.4.27)和式(9.4.28)可知：

$$\mathrm{d}\{\sigma_0\}=-[D]^p\mathrm{d}\{\varepsilon\} \tag{9.5.14}$$

相当于线弹性问题的初应力。式(9.5.13)和式(9.5.14)的增量形式为

$$\{\Delta\sigma\}=[D]^e\{\Delta\varepsilon\}+\{\Delta\sigma_0\} \tag{9.5.15}$$

$$\{\Delta\sigma_0\}=-[D]^p\{\Delta\varepsilon\} \tag{9.5.16}$$

单元增量形式的有限元方程可表示为：

$$[K]_0^e\{\Delta u\}=\{\Delta P\}+\{\bar{P}(\Delta\varepsilon)\} \tag{9.5.17}$$

式中，$[K]_0^e$ 是由弹性矩阵计算得到的单元刚度矩阵，即

$$[K]_0^e=\int_V[B]^{\mathrm{T}}[D]^e[B]\mathrm{d}V \tag{9.5.18}$$

而$\{\bar{P}(\Delta\varepsilon)\}$是由初应力$\{\Delta\sigma_0\}$转换得到的等效结点荷载

$$\{\bar{P}(\Delta\varepsilon)\}=\int_V[B]^{\mathrm{T}}[D]^p\{\Delta\varepsilon\}\mathrm{d}V \tag{9.5.19}$$

也称为矫正荷载。

式(9.5.17)是一个隐式方程，因此，必须采用迭代法来减小误差的累计。初应力法的迭代格式可表示为：

$$[K]_0^e\{\Delta u\}_i^{(k)}=\{\Delta P\}_i+\{\bar{P}(\Delta\varepsilon)\}_i^{(k-1)} \tag{9.5.20}$$

需要指出的是，对于过渡单元，初应力的计算不应计入屈服前的应变增量。当荷载增量足够小时，可按下式计算矫正荷载：

$$\{\bar{P}(\Delta\varepsilon)\}=\int_V[B]^{\mathrm{T}}[D]^p(1-m)\{\Delta\varepsilon\}\mathrm{d}V \tag{9.5.21}$$

式中的 m 由式(9.5.8)给出。

9.5.3 初应变法

初应变法是将应力应变关系定义为

$$\mathrm{d}\{\sigma\}=[D]^e(\mathrm{d}\{\varepsilon\}-\mathrm{d}\{\varepsilon_0\}) \tag{9.5.22}$$

由式(9.4.21)可知,其中的 $d\{\varepsilon_0\}=d\{\varepsilon\}^p$。

由式(9.4.19)和式(9.4.24)可知

$$d\{\varepsilon\}^p = d\varepsilon_{eq}^p \frac{\partial\sigma_{eq}}{\partial\{\sigma\}} = \frac{1}{H'}\frac{\partial\sigma_{eq}}{\partial\{\sigma\}}\left\{\frac{\partial\sigma_{eq}}{\partial\{\sigma\}}\right\}^{\mathrm{T}} d\{\sigma\} \tag{9.5.23}$$

式(9.5.22)和式(9.5.23)的有限增量形式为

$$\{\Delta\sigma\}=[D]^e(\{\Delta\varepsilon\}-\{\Delta\varepsilon_0\}) \tag{9.5.24}$$

$$\{\Delta\varepsilon_0\}=\{\Delta\varepsilon\}^p=\frac{1}{H'}\frac{\partial\sigma_{eq}}{\partial\{\sigma\}}\left\{\frac{\partial\sigma_{eq}}{\partial\{\sigma\}}\right\}^{\mathrm{T}}\{\Delta\sigma\} \tag{9.5.25}$$

初应变法的单元方程为

$$[K]_0^e\{\Delta u\}=\{\Delta P\}+\{\bar{P}(\Delta\sigma)\} \tag{9.5.26}$$

式中:

$$\begin{aligned}\{\bar{P}(\Delta\sigma)\}&=\int_V [B]^{\mathrm{T}}[D]^p\{\Delta\varepsilon_0\}dV\\&=\int_V \frac{1}{H'}[B]^{\mathrm{T}}[D]^p\frac{\partial\sigma_{eq}}{\partial\{\sigma\}}\left\{\frac{\partial\sigma_{eq}}{\partial\{\sigma\}}\right\}^{\mathrm{T}}\{\Delta\sigma\}dV\end{aligned} \tag{9.5.27}$$

与初应力法相同,式(6.5.26)也是一个隐式方程,必须采用迭代法求解,其迭代格式为

$$[K]_0^e\{\Delta u\}_i^k=\{\Delta P\}_i+\{\bar{P}(\Delta\sigma)\}_i^{k-1} \tag{9.5.28}$$

从式(9.5.5)、式(9.5.20)和式(9.5.28)可以看出,切线刚度法在每个荷载增量需要重新计算刚度矩阵,而初应力法和初应变法的整个计算过程采用相同的刚度矩阵,因此,切线刚度法一般比初应力法和初应变法的计算工作量大。就收敛性而言,切线刚度法的收敛性与非线性方程求解方法中的增量法相同,而初应力法是无条件收敛的,初应变法的收敛条件是 $3G/H'<1$。

第二篇　ANSYS 结构分析应用

第 10 章　结构静力分析

10.1　概　　述

ANSYS 软件是由总部位于美国宾夕法尼亚州的 ANSYS 公司于 20 世纪 70 年代开发的一款大型通用有限元分析软件包，它融结构分析、流体分析、电磁、热和声等多物理场分析于一体，成为当今功能最强大的有限元分析软件包，被广泛应用于土木与水利工程、海岸及海洋工程、地质与矿业工程、材料与机械工程、能源与热力工程、原子能与核工业、交通与航空航天、电子与生物医学等工程计算和科学研究。如今，ANSYS 软件可在大多数计算机上运行，从个人计算机到大型计算机，并可在不同操作系统（Windows、UNIX、Linux、Irix 和 HP-UX；64 位或 32 位）下运行。

ANSYS 软件由前处理模块、分析求解模块和后处理模块三部分组成。其中，前处理模块以图形用户界面的形式提供了强大的实体建模及网格划分工具，用户可通过参数化建模、布尔运算以及拖拉、旋转、拷贝和倒角等操作方便直观地构造分析对象的有限元模型，其多种网格划分工具使用户可通过自由/映射网格划分、智能网格划分和自适应网格划分以及复杂几何形状的 Sweep 映射和六面体向四面体自动过渡等操作进行单元形态和计算准确性检查及修正；分析求解模块提供了结构线性和非线性静/动力分析、流体动力学分析、电磁场分析、声学分析、压电分析以及多物理场耦合分析，可模拟多种物理介质的耦合作用，如热—结构耦合、磁—结构耦合、电—磁—热—流体耦合等，具有灵敏度分析及优化分析能力；后处理模块可将计算结果以彩色图像或图表/曲线的形式在屏幕上显示或输出，包括云图、等值线图、梯度图、矢量图、粒子流迹图和立体切片图以及可看到结构内部的透明或半透明图像。

结构分析功能是 ANSYS 软件的最强大也是最基本的功能，也是 ANSYS 软件开发的基础和支撑。从 20 世纪 70 年代发展至今，其结构分析功能可完成以下 7 类结构分析：

（1）静力分析可完成静荷载作用下的线性和非线性分析，其中非线性分析包括塑性、应力刚化、大变形、大应变、超弹性、接触面和蠕变。

（2）模态分析具有多种模态提取方法，可计算结构的频率和振型。

（3）简谐振动分析可计算结果对简谐时变荷载的动力响应。

（4）瞬态动力分析可计算结构对任意时变荷载的响应，包括静力分析中提到的所有非线性问题。

（5）谱分析用于计算结构对以谱形式或概率密度函数表示的随机荷载的动力响应。

（6）屈曲分析可计算屈曲荷载和屈曲模态，包括线性（特征值）屈曲和非线性屈曲分析。

（7）显示动力分析可计算大变形动力问题和复杂接触问题。

此外，ANSYS软件还具有以下4个特殊结构分析功能：

(1)断裂力学分析

(2)复合材料分析

(3)疲劳分析

(4)梁及其横截面分析

结构分析功能仅用于多物理场模块（ANSYS Multiphysics）、机械模块（ANSYS Mechanical）、结构模块（ANSYS Structural）和专业模块（ANSYS Professional）。

静力分析是计算稳态荷载（不引起明显惯性和阻尼效应的荷载）作用产生的结构响应——位移、应变与应力以及结构或构件的内力（力和力矩）与反力（约束反力和力矩），它忽略了时变荷载引起的惯性和阻尼影响。但是，静力分析可以包括诸如重力和转速引起的稳态惯性荷载（离心力），以及可以近似为等效静态荷载的时变荷载，如等效静风力和等效地震荷载。

ANSYS软件的稳态荷载及响应是指随时间缓慢变化的荷载和结构响应，包括：

(1)外力和压力

(2)稳态的惯性力

(3)施加的位移

(4)温度（热分析）

(5)能量密度（核膨胀）

10.2 非线性问题

10.2.1 分析功能

线性与非线性是对结构几何和物理性质的一种描述，线性是对结构小变形或小位移的一种假定和近似。由于非线性方程的求解方法耗时费力，在线性计算结果偏于安全且误差可接受的条件下，线性分析方法受到青睐，甚至被广泛应用，特别是在个人计算机还不足以支撑非线性分析的时代。随着计算机技术的发展，非线性分析不仅在科学研究中，而且在结构设计中得到广泛应用。

线性分析是我们再熟悉不过的方法，此处无意作任何说明，下面就ANSYS软件的非线性分析作一简单介绍，以便于读者更好地应用此项功能。

非线性的例子在我们的生活中随处可见，例如：书钉在将多张纸装订在一起时发生的弯曲，如图10.1(a)所示；一块两端支撑的木板在重物的长期作用下会发生挠曲，如图10.1(b)所示的书架；汽车装卸载过程中，充气轮胎与地面之间的接触面会发生变化，如图10.1(c)所示。当画出上述例子的荷载—变形曲线时，我们会发现非线性结构行为的基本特征——变化的结构刚度，如图10.2所示。

引起结构非线性响应的因素主要包括状态改变、几何非线性和材料非线性：

1. 状态改变

许多常见的结构特征显示出与状态有关的非线性行为，如张力缆的松弛或张紧和滚轮支撑的接触或非接触等。此类结构状态的变化可能直接与荷载有关，如张力缆，或由其他外部因素引起。接触问题是许多非线性问题中最常见的情况，接触形成了状态变化非线性问题的独特且重要的分支。

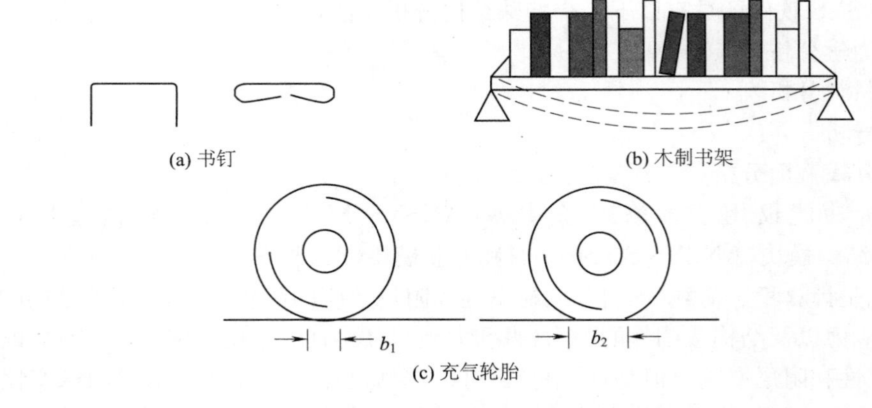

图 10.1 生活中的非线性实例

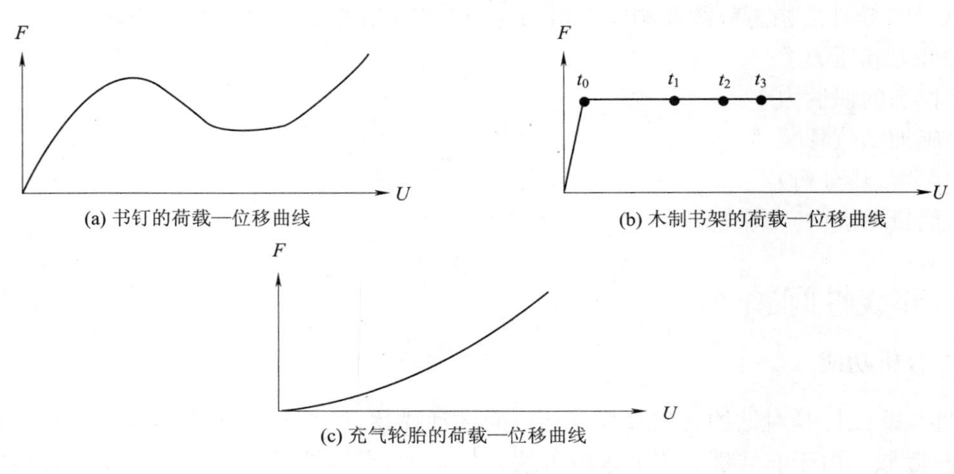

图 10.2 变化的结构刚度

2. 几何非线性

当结构发生大变形时，其改变的几何位形能够引起结构的非线性响应，如图 10.3 所示的跳板，几何非线性的特征是大位移和/或大转角。

3. 材料非线性

非线性的应力—应变关系是结构非线性行为的另一个主要因素，影响材料应力—应变性质的因素很多，包括加载历史（弹塑性响应）、环境因素（如温度）和荷载作用时长（蠕变问题）。

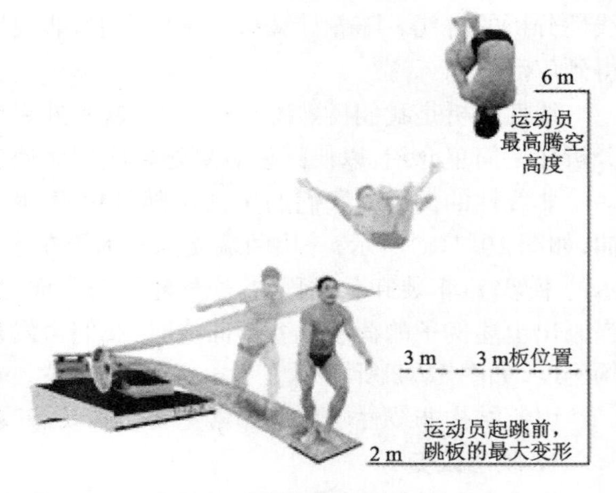

图 10.3 跳板的大变形示意图

10.2.2 非线性分析方法

ANSYS 软件采用牛顿—拉夫森（Newton-Raphson）方法求解非线性问题，程序将荷载分成一组荷载增量，可以分成若干个荷载步施加。

图 10.4是单自由度的牛顿—拉夫森方法增量迭代示意图，每次迭代求解前，程序首先计算不平衡荷载——恢复力与荷载的差值，然后，用不平衡荷载进行线性求解并检查收敛条件是否满足，如果不满足，则再次计算不平衡荷载、更新刚度矩阵并求解，直至满足收敛条件。程序还提供了一些加速收敛和修正方法，如线性搜索、自动划分荷载步和平分等，这些方法可用相应的命令激活。如果仍无法收敛，程序将通过减小荷载增量的方法来解决。

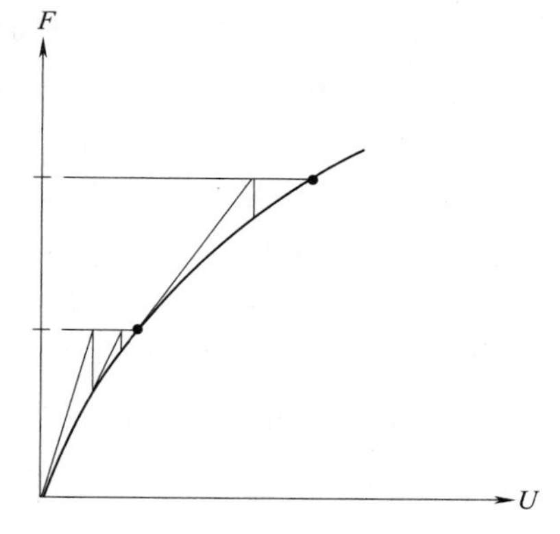

图 10.4　牛顿—拉夫森方法示意图

在一些非线性静力分析中，如果单纯使用牛顿—拉夫森方法，刚度矩阵可能变成奇异矩阵(或不唯一)，从而造成收敛困难。非线性屈曲分析就会遇到这样的问题，即结构完全压溃或快速变换到另一种稳定状态。此时，可激活另一种迭代格式——弧长法，以避开分叉点及跟踪卸载。弧长法使牛顿—拉夫森方法的平衡迭代沿弧长收敛，因此，可防止发散，甚至在荷载位移曲线的斜率小于等于零时仍有效，如图 10.5所示。

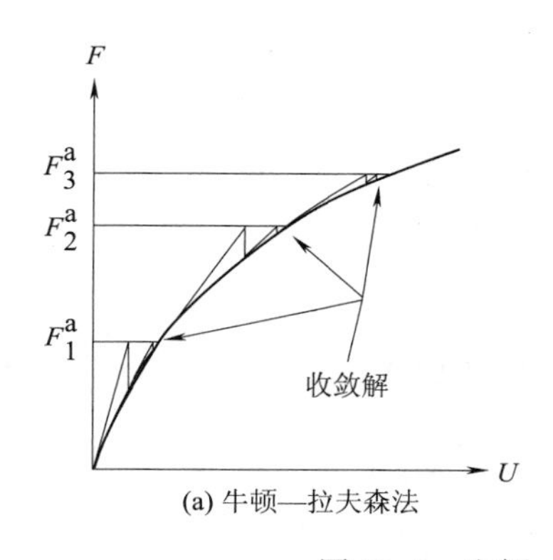

(a) 牛顿—拉夫森法

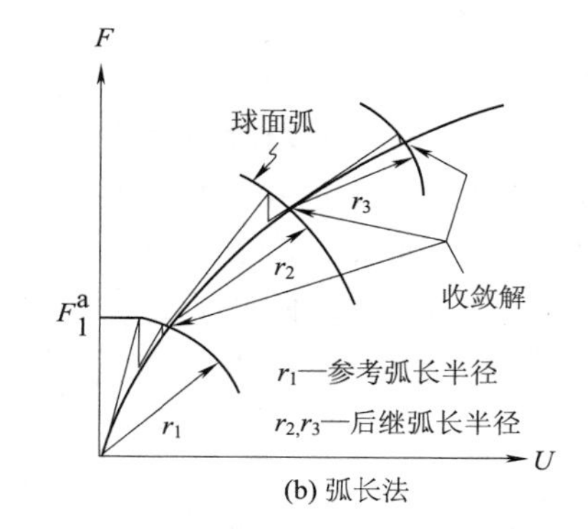

(b) 弧长法

图 10.5　牛顿—拉夫森法与弧长法

程序将非线性分析分为三个层次：第一层是用户显式定义的荷载步，程序假定荷载线性变化(见图 10.6)；第二层在每个荷载步内，用户可指令程序逐步加载进行多次求解(子荷载步或时间步)；第三层在子荷载步内，程序进行平衡迭代以获得收敛的解。用户可指定不同的收敛判据——力、力矩、位移、转动或它们的任意组合，这些参数可以有不同的收敛判据。对于多自由度问题，用户也可以选择收敛判据。收敛判据应首选力或力矩，如果需要，可以增加位移收敛判据，但是，一般情况下最好不要只采用位移单独作为收敛判据。

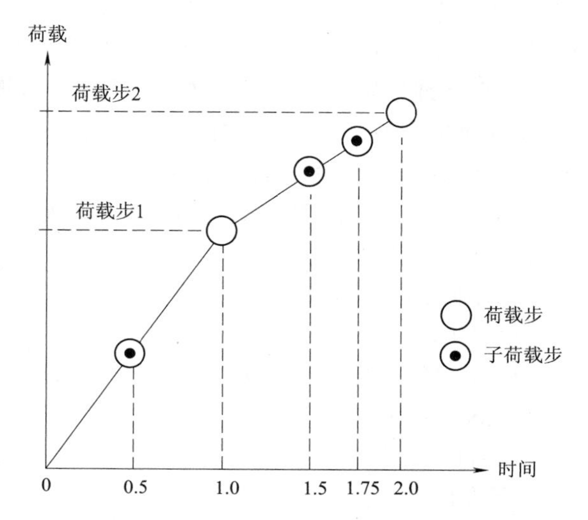

图 10.6　牛顿—拉夫森法与弧长法

非线性分析中一类特殊的问题是非保守系统分析。保守系统分析与荷载路径无关，荷载可以任意顺序和任何增量步数施加而不会影响最终的计算结果。而非保守系统分析与路径有关，必须精准的跟踪系统的实际荷载—响应历史，以获得精确的结果。如果一个给定的荷载水平有一个以上的解(如突跳分析)，分析与路径有关的问题一般要求缓慢的施加荷载。

采用多个子荷载步计算时，应寻求计算准确性和经济性之间的平衡。子荷载步越多(时间步长越小)、计算准确性越高，但计算成本增加。为此，程序提供了自动设置时间步长的功能。该功能按实际需要调整时间步长，同时可激活平分特征(缩小子荷载步)，以获得准确性和经济性之间的合理平衡。平分特征提供了从收敛失败自动恢复的手段，每当迭代不收敛时，它将时间步长减小一半，并从不收敛处重新计算。如果仍不收敛，则再减小一半时间步长重新计算直至收敛。如果用户规定了最小时间步长，则无论收敛与否，程序将终止在最小时间步长。

10.2.3 大变形分析能力

当结构发生大变形时，想象一下会发生什么。通常，无论结构如何变形，荷载的方向不变。但当结构发生大转动时，力的方向将随单元的位置变化。程序能够根据荷载类型模拟上述两种工况，加速度和向心力与单元位置变化无关，始终保持原来的方向，如图 10.7(a)和(b)所示。压力荷载始终垂直于变形后的单元表面，可用于模拟随动荷载，如图 10.7(c)所示。大变形分析时，结点坐标系统的方向是不实时更新的，因此，计算的位移是按原来的方向输出的。

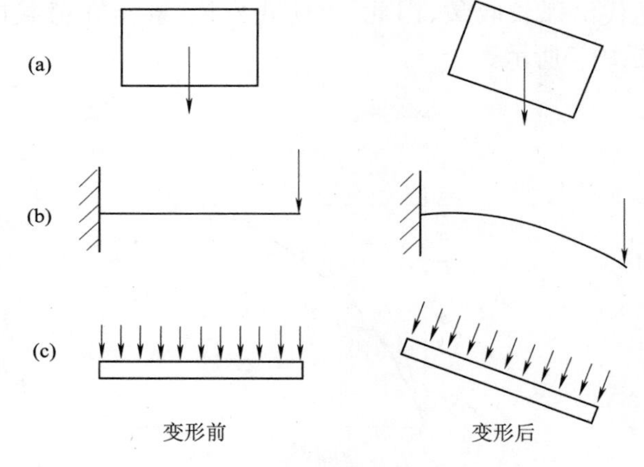

图 10.7 荷载与变形的关系

(a)重力加速度;(b)结点力;(c)压力

在某个荷载步施加一个转动(命令格式:D)是以矢量的形式定义的，只需在 D 命令中输入 ROTX、ROTY 和 ROTZ 即定义了它的大小和方向。对于阶梯式增量加载(命令格式:KBC,1)，施加的转动应用于荷载步的开始;对于线性增量加载(命令格式:KBC,0)，施加的转动在当前荷载步按线性变化施加。

对于施加到多个荷载步的组合转动，每个荷载步的转动是施加到前一步变形后的结构上的。例如，一结构先绕结点坐标的 x 轴转动，再绕结点坐标的 y 轴转动的命令可简单地表示为:

```
D,node(结点号),ROTX,value(转动角度)
D,node,ROTY,0.0
D,node,ROTZ,0.0
SOLVE(求解命令)
D,node(结点号),ROTY,value(转动角度)
D,node,ROTX,value
D,node,ROTZ,0.0
SOLVE
```

输出位移的转动分量 ROTX、ROTY 和 ROTZ 是所有转动增量的和，一般情况下，它们不是转动矢量。

分析非线性瞬态行为的过程与非线性静态分析类似，按增量形式加载，程序在每一个荷载步进行迭代求解。其主要区别是，瞬态分析时可以激活时间积分效应，且瞬态分析时的时间总是表示实际的时间过程。瞬态分析也具有自动时间步划分和平分时间步的功能。

10.2.4 几何非线性问题

小变形和小应变分析基于位移足够小而可以忽略变形引起的结构刚度变化，因此，得到了线性的荷载位移关系，而大应变分析则考虑了由于单元形状和位置的变化引起的刚度变化。程序提供了非线性选项（NLGEOM，ON）来激活具有该功能单元的大应变效应，大多数实体元以及壳和梁单元都支持大应变分析。在 ANSYS Professional 模块中，除壳和梁单元外，其他单元不能激活大应变效应。

ANSYS 的大应变分析理论上对总的转动或应变大小没有限制，但实际上某些类型的单元对于总的应变是有限制的。程序要求限制应变增量以保障计算准确性，这就要求将总的荷载分成较小的荷载步。

1. 应力与应变

大应变分析时，所有应力应变的输入和结果都是以真实应力和真实应变（或对数应变）的形式表示的，一维问题的真实应变也可以表示为 $\varepsilon=\ln(l/l_0)$。对于小应变区，真实应变和工程应变基本相同。工程应变（小应变）与真实应变（对数应变）的转换关系为：$\varepsilon_{\ln}=\ln(1+\varepsilon_{\text{eng}})$；工程应力与真实应力的转换关系为：$\sigma_{\text{true}}=\sigma_{\text{eng}}\ln(1+\varepsilon_{\text{eng}})$。其中，应力转换关系仅适用于不可压缩塑性应力应变关系。

一些结构的大变形具有小应变的特征，因此，程序提供了具有大变形效应而专门用于小应变分析的单元。所有梁单元和大多数壳单元以及一些非线性单元在进行小应变分析时，均可用 NLGEOM，ON 命令激活单元的大变形效应。

2. 应力刚化

结构的平面内应力对其平面外刚度有较大的影响，这种面内应力和横向刚度之间的耦合被称为应力刚化，在大多数高应力薄壁结构（如缆或膜结构）中最明显，如我们常见的鼓，其鼓面的侧向刚度就是通过张紧鼓面来获得的。

尽管应力刚化理论假定的是小转动和小应变，但在某些工况下，刚化应力只有在大变形条件下才能产生，如图 10.8(a)所示的固端梁。当然，对于图 10.8(b)所示的一端固定一端滑动支座的张力梁，在轴向力作用下，小变形或线性理论也同样产生刚化效应。如果要激活单元的应力刚化效应，必须在第一个荷载步用命令（PSTRE，ON）激活它。

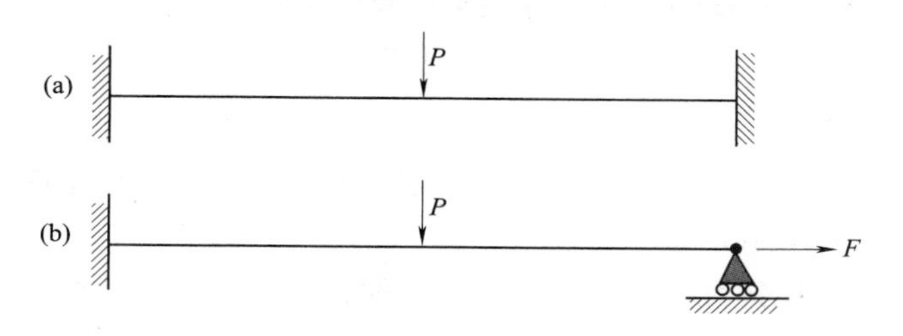

图 10.8 梁的应力刚化示意图

大应变和大变形分析考虑了初始应力的影响，对于大多数单元，激活大变形效应(NLGEOM,ON)就包括初始应力的影响。

10.2.5 材料非线性问题

分析过程中，一些与材料有关的因素可以引起结构刚度的变化。塑性、折线弹性和超弹性材料的非线性应力应变关系将造成结构的刚度在不同的荷载水平(不同的温度)发生变化；材料的蠕变、黏塑性和黏弹性引起的非线性通常与时间、应变速率、温度和应力有关；膨胀引起的应变可以是温度、时间和应力的函数。如果选用了相应类型的单元，程序将在分析时考虑这些材料性质，但ANSYS Professional模块不能使用非线性本构模型。

1. 非线性材料

如果材料的应力应变关系是非线性的，用TB命令组(TB、TBTEMP、TBDATA、TBPT、TBCOPY、TBLIST、TBPLOT、TBDELE)以数据表格的形式定义材料的非线性本构关系。这些命令的路径是：Main Menu > Preprocessor > Material Props > Material Models > Structural > Nonlinear，至于命令的具体格式，取决于用户定义的非线性材料类型。如定义3参数的Mooney-Rivlin超弹性模型的命令格式为：

```
TB,HYPER,1,,3,MOONEY          激活3参数Mooney-Rivlin模型
TBDATA,1,0.163498             定义c10
TBDATA,2,0.125076             定义c01
TBDATA,3,0.014719             定义c11
TBDATA,4,6.93063E-5           定义不可压缩参数
```

2. 组合材料模型

为了模拟复杂的材料行为，程序提供了多种材料模型选项。此外，程序还具有材料模型组合功能，用户可通过相应的TB命令组合这些材料模型，下面列出几个模型组合的命令流。

(1)双线性各向同性硬化(BISO)与Chaboche非线性运动硬化(CHAB)组合

```
MP,EX,1,185.0E3                 弹性常数
MP,NUXY,1,0.3

TB,CHAB,1                       Chaboche非线性运动硬化塑性参数表
TBDATA,1,180,100,3

TB,BISO,1                       双线性各向同性硬化塑性参数表
TBDATA,1,180,200
```

(2)黏塑性(RATE)与双线性各向同性硬化(BISO)组合

```
MP,EX,1,20.0E5                  弹性常数
MP,NUXY,1,0.3

TB,BISO,1                       双线性各向同性硬化塑性参数表
TBDATA,1,9000,10000
TB,RATE,1,,,PERZYNA             黏塑性参数表
TBDATA,1,0.5,1
```

(3)黏塑性(RATE)与 Chaboche 非线性运动硬化(CHAB)及双线性各向同性硬化(BISO)组合

```
MP,EX,1,185.0E3            弹性常数
MP,NUXY,1,0.3

TB,RATE,1,,,PERZYNA        黏塑性参数表
TBDATA,1,0.5,1

TB,CHAB,1                  Chaboche 非线性运动硬化塑性参数表
TBDATA,1,180,100,3

TB,BISO,1                  双线性各向同性硬化塑性参数表
TBDATA,1,180,200
```

10.3 静力分析步骤

10.3.1 创建模型

建立有限元模型对线性和非线性分析基本是相同的,当然,非线性分析的模型包括特殊单元和非线性材料性质。此外,如果考虑大应变效应,其应力应变数据必须以真实应力(考虑了缩颈效应,不考虑的为工程应力)和真实(对数)应变表达。

创建模型的重要步骤之一是网格划分,网格划分的最基本要求是,在应力或应变变化剧烈的区域,如应力集中位置,网格的尺寸应划分的相对小一些。此外,网格尺寸的确定还应考虑非线性的影响,合理的网格尺寸能够正确反映非线性的影响,因为,塑性计算要求在塑性变形梯度较大的区域有一个合理的积分点密度。

10.3.2 设置控制参数

设置控制参数包括定义分析类型和通用分析选项以及定义荷载步选项,用户可利用设置这些选项的流线型求解界面进行结构静力分析。计算控制对话框提供默认设置,对于大多数结构静力分析可以采用默认设置,从而大大减少选项设置。由于流线型求解界面是程序推荐的设置控制参数工具,因此,下面主要介绍求解界面每个标签的选项含义。

1. "Basic"标签

当打开对话框时,"Basic"标签处于激活状态。出现在"Basic"标签中的控制参数是分析所需的最小数据量,如果"Basic"标签的设置已满足要求,则用户不需要在设置其他标签,除非用户希望调整默认设置而采用更好的控制参数。一旦用户点击了对话框中任一个标签的"OK"按钮,设置即被输入 ANSYS 数据库且立即生效,对话框随即关闭。

"Basic"标签可设置的选项为:定义分析类型;控制时间设置,包括荷载步结束的时间、自动时间步划分和一个荷载步的子荷载步数;定义写入数据库的计算结果。

静态分析设置这些选项的特殊考虑:

(1)设置 ANTYPE 和 NLGEOM 时,如果是一个新的分析并希望忽略大变形效应(大挠度、大转角和大应变),请选择"Small Displacement Static";如果分析中可能出现大变形(如细长梁的弯曲)或大应变(如金属成型加工)时,请选择"Large Displacement Static";如果希望重

新计算一个已失败的非线性分析,或希望对已完成的分析增添荷载进行计算,或希望使用前一次 VT 加速度计运行的文件 Jobname. RSX 信息,请选择“Restart Current Analysis”。用户不能在第一个荷载步之后,即执行第一个 SOLVE 命令后改变设置。因为,这是进行一个新的分析,而不是重新开始原来的分析。

注意:在 VT 加速度计运行时,用户不能中途重新开始一个新任务,只能改变输入参数重新运行该任务。

(2)设置 TIME 时要记住,该荷载步选项定义的是荷载步的结束时间,在任何荷载步都不能改变。第一个荷载步结束时间的默认值为 1.0,而后续的荷载步为 1.0+前一个荷载步的时间。尽管静力分析的时间没有物理意义(蠕变、黏塑性或与应变率有关的其他材料行为例外),但用它来衡量荷载步和子荷载步却是一个极为方便的方法。

非线性分析要求将逐步加载的每个荷载步再划分成若干个子荷载步(或时间步),以便于渐进地施加指定的荷载,从而获得比较精确的解答。在这一点上,命令 NSUBST 和 DELTIM 具有同样的功能——设定荷载步的开始、定义最小和最大荷载步。它们的区别是,NSUBST 命令定义的是一个荷载步的子荷载步数,而 DELTIM 定义的是时间步的大小,二者互为倒数。如果关闭自动时间步功能,则开始的子荷载步大小将被用于整个荷载步。

(3)命令 OUTRES 控制结果文件(Jobname. RST)的数据,非线性分析时,程序默认仅写入最后一个子荷载步的计算结果。

在计算控制对话框中,用户可设置高级分析选项,包括:

(1)方程求解器

大多数情况下,自动求解激活稀疏直接求解器,其他选项为 PCG 和 ICCG 求解器。

对于实体单元,特别是三维实体单元,PCG 求解器的计算速度较快,也可以通过调用命令 MSAVE 节省内存。如果模型是由具有线性材料性质的 SOLID185、SOLID186、SOLID187、SOLID272、SOLID273 和/或 SOLID285 单元构成的模型区域,MSAVE 命令将激活逐个单元计算方法来求解,但 MSAVE 命令不支持 SOLID185 和 SOLID186 单元的层状单元选项。不过,只有在 PCG 分块的激活状态进行静力或模态分析才能使用 MSAVE 命令。对于 SOLID185、SOLID186 和/或 SOLID187 单元,只能进行小应变分析。不满足上述要求的模型其他区域,程序采用整体刚度矩阵求解。尽管使用 MSAVE 命令可能增加计算时间(取决于个案的计算机能力和所用单元),但它可以节省高达 70%的内存。

稀疏直接求解器是一个鲁棒性非常好的求解器,这一点与迭代求解器形成鲜明的对照。尽管 PCG 求解器可以解无限维的矩阵方程,但遭遇病态矩阵时,如果不收敛,则完成指定的迭代次数后终止计算。此时,它将激活平分功能。完成平分后,如果矩阵是非病态的,则求解器继续运行直至完成非线性荷载步的求解。

程序开发人员建议按下列情况选择求解器:

①对于梁或壳单元亦或是梁或壳+实体单元的结构模型,选稀疏直接求解器。

②对于三维实体单元的结构模型和自由度较多(>200,000)的结构模型,选择 PCG 求解器。

③对于可能产生病态矩阵(由单元形状不合理引起)或不同位置的材料性质差异较大亦或是位移边界条件不足的结构模型,应选择稀疏直接求解器。

(2)自动时间步

自动求解控制选项将开启自动荷载步,程序内的自动时间步方案可以确保时间步的变化即不过于冒进(造成太多的平分或缩减)也不过于保守(时间步太小)。一个时间步结束后,程序会根据下列因素确定下一个时间步的大小:

①上一个时间步的迭代次数。

②非线性单元状态变化的预测结果。

③塑性应变增量的大小。

④蠕变应变增量的大小。

(3)收敛准则

程序提供了两种收敛判据,一是前后两次迭代的误差,命令格式为CNVTOL;二是迭代次数,命令格式为NEQIT。如果默认设置不符合用户要求,用户可设置特殊判据,但默认判据完全可以满足一般的计算要求。

自动收敛检查采用误差为0.5%的力(力矩)L2准则,这适合大多数分析。一般情况下,除了力的收敛准则外,也采用误差为5%的位移准则,较宽的位移准则可以起到双重收敛检查的作用。程序默认的收敛准则是力(力矩),通过比较不平衡力的平方根之和(SRSS)与乘积 $VALUE \times TOLER$ 判定收敛与否,其中,$VALUE$ 的默认值是外荷载的SRSS和 $MINREF$(默认值为0.01)中的较大者。

建议尽量采用力作为收敛准则,必要时增加位移作为收敛准则,其收敛判据是前后两次迭代的位移差值 $\Delta u = u_i - u_{i-1}$。收敛准则越严格,解的准确性越高,但迭代次数将大幅度增加。一般而言,应通过调整 $TOLER$ 来改变收敛准则,而不要轻易调整 $VALUE$,最好使用默认的 $VALUE$ 值。用户需确认 $MINREF$ 的默认值0.01是有效的,当荷载水平较低时,应进一步减小 $MINREF$。

程序提供了3个不同的矢量准则:1)无限准则对每个自由度反复进行单自由度检查;2)L1准则检查所有自由度的不平衡力(力矩)的绝对值之和是否满足收敛条件;3)L2准则检查所有自由度的不平衡力(力矩)的平方根之和是否满足收敛条件。上述准则同样适用于位移收敛条件。一般而言,一个准则收敛,则其他准则也收敛。因此,建议采用程序默认的收敛准则。

(4)最大迭代次数

自动求解控制根据问题的物理性质设置迭代次数(NEQIT),一般为15～26次。时间步越小,迭代次数越少。该选项限制了每个子荷载步的最大迭代次数,如果达到最大迭代次数时收敛准则仍不满足,在自动时间步命令AUTOTS开启的状态下,程序将时间步减小一半继续计算。否则,程序将根据NCNV命令的设置或终止或跳至下一个荷载步运行。

(5)预测—控制器

如果模型中没有SOLID65单元,自动求解控制将激活预测功能。如果当前子荷载步的时间步长已有了相当大的减小,PRED功能将关闭。自由度求解时,用户可在每个子荷载步的第一次迭代激活预测功能,这样可以加速收敛,特别是比较平滑的非线性响应,如线性变化的荷载。

(6)VT加速器

VT加速器选项采用了一个基于变分技术的预测—修正算法来减少总的迭代次数,可用于大变形分析、超弹性分析、黏弹性分析和蠕变非线性分析。对于与应变率无关的塑性分析和非线性接触问题，该算法在收敛速度方面没有明显的改进。但是，当用户希望后续改变输入参数重新分析时，可利用该选项进行这两类分析。

(7)线性搜索

自动求解控制根据需要开启或关闭线性搜索功能。对于大多数接触问题，线性搜索命令 LNSRCH 处于开启状态；而对于大多数非接触问题，线性搜索命令 LNSRCH 处于关闭状态。当程序检测到刚化响应时，这个提高收敛的工具用程序计算的比例系数(介于 0 和 1 之间)乘以计算出的位移增量。由于线性搜索算法是自适应下降选项的一个备选方案，如果激活了线性搜索功能，则自适应下降功能自动关闭。程序开发人员不建议同时激活线性搜索和自适应下降功能。

当有输入位移时，至少一次迭代的线性搜索值等于 1 计算才能收敛。程序对整个 ΔU 矢量(包括输入的位移)进行乘比例系数的计算，否则，除了输入位移的自由度，其他位移都将出现“小位移”情况。程序不叠加位移的所有计算值，直至某次迭代的线性搜索值等于 1。

(8)缩减准则

对于时间步长的平分和缩减进行更细化的控制，可以采用命令 CUTCONTROL,*Lab*,*VALUE*,*Option*。当 *Lab*=PLSLIMIT(最大塑性应变增量极限)时，*VALUE* 的默认设置为 15%。该域之所以设置这么大的数，主要是为了避免局部奇异引起的大塑性应变造成的不必要平分。对于显式蠕变(Option=EXPRATIO)，*Lab*=CRPLIM(蠕变率极限)，此时，*VALUE* 值设置为 10%。对于蠕变分析，这是个合理的极限值。而对于隐式蠕变(Option=IMPRATIO)，程序默认没有蠕变率限制，用户可以设定任何的蠕变率控制。

对于二阶动力方程的每个循环点数，程序默认设置的 *VALUE* 值为：线性分析 13、非线性分析 5。点数越多，解的准确性越高，当然计算工作量也越大。

2.“Transient”标签

“Transient”标签含有瞬态分析的控制参数，仅当用户选择了瞬态分析时，该选项才是可选项，如果选择了静态分析，它将是灰色的不可选项。

3.“Sol'n Options”标签

“Sol'n Options”标签可设置的选项为：定义方程求解器[EQSLV]；定义多帧重新启动参数[RESCONTROL]。设置了 EQSLV 意味着定义了如下的一个求解器：

(1)程序选择的求解器(程序会根据问题的物理意义选择求解器)。

(2)稀疏直接法求解器(默认的线性和非线性静态及瞬态分析求解器)。

(3)预处理共轭梯度法求解器(建议用于大尺度模型、庞大的结构)。

(4)迭代法求解器(自动选择，建议用于线性静力/瞬态结构分析或稳态热分析)。

4.“Nonlinear”标签

用户可利用“Nonlinear”标签激活线性搜索功能、解的预报功能、先进的预报功能和平分功能；定义每个子荷载步的最大迭代步数和是否包括蠕变计算；设置收敛标准。

5.“Advanced NL”标签

用户可利用“Advanced NL”标签设置程序结束的条件；控制弧长法的激活与终止。

如果不用计算控制对话框，也可以使用标准的 ANSYS 求解命令集和标准的相应菜单路径：Main Menu> Solution> Unabridged Menu>Option。

10.3.3 设置其他分析选项

除上述选项外，用户还可以设置其他选项，由于这些选项不常用，其默认设置基本上可以满足用户的计算要求，因此，它们没有被纳入计算控制对话框。下面将介绍如何打开这些选项并改变程序赋予的默认设置，其中大多数选项是用于非线性分析的。

1. 应力刚化效应选项

当选项 NLGEOM 处于打开状态时(NLGEOM,ON)，所有几何非线性分析都考虑应力刚化效应(大多数类型的单元都支持应力刚化效应)，以便于分析屈曲和分叉行为。

2. 牛顿—拉夫森选项

该选项仅用于非线性分析，它定义了计算过程中如何更新切线刚度矩阵，用户可设置如下的选项值：

(1)程序选择(默认)。

(2)完全牛顿—拉夫森法。

(3)修正的牛顿—拉夫森法。

(4)初始刚度法。

(5)不对称矩阵的完全牛顿—拉夫森法。

当出现非线性时，自动求解控制采用完全牛顿—拉夫森法并关闭自适应下降功能。但是，当采用点对点或点对面接触单元进行接触分析并考虑摩擦时，自适应下降会自动开启，以确保接触对的低位单元收敛。

完全牛顿—拉夫森方法的命令格式为 NROPT,FULL，该方法每次迭代将更新刚度矩阵。当自适应下降功能处于开启状态时，如果迭代保持稳定(即每次迭代的余量减小，主对角线不出现负值)，程序将采用切线刚度矩阵。如果检测到迭代发散，程序将放弃发散的迭代，采用割线和切线刚度矩阵的加权组合重新开始求解。当迭代出现收敛趋势，程序恢复使用切线刚度矩阵。对于复杂的非线性问题，激活自适应下降(NROPT,FULL,,ON)通常可以提高收敛的稳定性。但是，只有输入总表中标有“特殊性质”的单元才支持该功能。

修正的牛顿—拉夫森方法的命令格式为 NROPT,MODI，程序对修正的牛顿—拉夫森方法采用了每个子荷载步修正切线刚度矩阵的方法，即每个子荷载步内的多次迭代采用子荷载步开始时的切线刚度矩阵。该方法不能用于大变形分析，不支持自适应下降功能。

初始刚度法的命令格式为 NROPT,INIT，该方法比完全牛顿—拉夫森方法更易于收敛，但需要更多的迭代次数。该方法不能用于大变形分析，不支持自适应下降功能。

非对称矩阵的完全牛顿—拉夫森法的命令格式为 NROPT,UNSYM，与完全牛顿—拉夫森方法不同的是，该方法每次迭代就更新一次刚度矩阵，并形成非对称矩阵。该方法的优势体现在：

(1)非对称的压力荷载刚度有助于压溃分析的收敛，用户可使用命令 CNVTOL,PRES 计入压力荷载刚度。

(2)如果用命令 TB,USER 定义不对称的材料模型，就需要该方法来应用用户定义的材料性质。

(3)接触分析时，非对称的接触刚度矩阵可以实现滑动刚度和法向刚度的全耦合。

遇到收敛问题时，先试完全牛顿—拉夫森方法，收敛仍有困难再试非对称矩阵的牛顿—拉夫森方法。因为,非对称矩阵的计算时长远大于对称矩阵。

如果模型中有多状态单元,则无论选择哪种牛顿—拉夫森方法,程序都将在状态变化的迭代步更新刚度矩阵。

3. 高级荷载步选项

高级荷载步选项不出现在计算控制对话框中,用户可通过一组标准的求解命令和相应的标准菜单路径来设置下列高级荷载步选项。

(1)蠕变准则

如果结构显示出了蠕变行为,用户可为自动时间步调整功能定义蠕变率极限,其命令格式为 CUTCONTROL,CRPLIMIT 或 CUTCONTROL,CRPLIM,路径是:Main Menu> Solution> Load Step Opts> Nonlinear> Cutback Control。如果自动时间步处于关闭状态(AUTOTS,OFF),则定义的蠕变率极限无效。

程序计算所有单元的蠕变应变增量 $\Delta\varepsilon_{cr}$ 与弹性应变 ε_{el} 比值(蠕变率),如果其中的最大值大于蠕变率极限,则程序减小下一个时间步长;如果所有单元中的蠕变率最大值仍小于极限值,程序可能会增大下一个时间步长(时间步长的调整依据还包括迭代次数、单元状态、塑性应变增量,根据这些参数计算出的最小时间步长是自动时间步调整的目标值)。

对于显示蠕变,默认的蠕变率极限为 0.1,许用值为 0~0.25。对于隐式蠕变,没有最大蠕变率极限的默认值,用户可任意定义。如果超过了该极限值,则时间步长达到最小值。此时,程序会发出警告,但分析仍将继续直至收敛,不过,计算结果不满足蠕变率极限。

如果不考虑蠕变效应,可用命令 RATE,OFF 或将时间步长设置得大于前一个时间步长(不要大于 1.0×10^{-6})。

(2)过程监测

该选项允许用户监测指定结点的某个自由度计算结果,其命令为 MONITOR;路径是:Main Menu> Solution> Unabridged Menu> Load Step Opts> Nonlinear> Monitor。该命令还提供了快速查看计算收敛情况的手段,而不是从一个冗长的输出文件中搜集这样的信息。例如,如果在一个子荷载步有太多这样的操作,输出文件将包含减小初始时间步长或增加最小子荷载步数量(可以通过命令 NSUBST 控制过多的平分操作)这样的信息线索。

此外,NLHIST 命令提供了计算过程中实时监测用户指定的计算结果。求解前,用户可指定诸如结点位移或反力等参数,也可以指定单元数据,如应力、应变和对接触数据。这些数据同时被保存在 Jobname.nlh 文件中。例如,当可能发生屈曲行为时,程序会显示反力变形曲线。在监测每个收敛子荷载步的结点结果和接触结果同时,单元的结点数据也以与 OUTRES 命令相同的格式写入文件。

在执行批处理命令时,用户可跟踪计算结果。可以从“Tool”菜单选择“File Tracking”,也可以在命令行输入 nlhist160 来实现跟踪计算结果。用程序提供的文件浏览器搜索用户的 Jobname.nlh 文件,选定该文件来激活跟踪功能。用户也可以利用该功能随时读取该文件,包括程序运行结束后。

(3)单元的静默与激活

用户可利用该功能命令指定单元退出计算并重新参与计算,用于模拟结构材料的移除或添加。另一种实现单元的静默与激活的方法是通过在荷载步之间改变指定单元的材料性质,但非线性分析应慎用,因为,改变材料性质,特别是非线性材料性质,可能产生意想不到的结果。

单元静默的命令为EKILL，其路径是：Main Menu> Solution> Load Step Opts> Other> Birth & Death> Kill Elements。单元激活的命令为EALIVE，其路径是：Main Menu> Solution> Load Step Opts> Other> Birth & Death> Activate Elem。改变材料性质参考码的命令为MPCHG，其路径是：Main Menu> Solution> Load Step Opts> Other> Change Mat Props> Change Mat Num。

单元静默是通过其刚度乘一非常小的数（设置命令：ESTIF）并从总体质量矩阵中删除该单元的质量来实现的，同时，被静默单元的荷载（包括压力和热应变等）被设置为零。用户必须在前处理中定义所有可能被静默的单元，并不能在求解过程中创建新的单元。如果需要在分析过程中添加单元，则应在前处理时创建这些单元，并在第一个荷载步令这些单元保持静默。当需要这些单元参与计算时激活它们，则这些单元也是从零应变状态进入的。对于非线性分析（NLGEOM，ON），这些单元的几何配置（长度和面积等）将被更新到与当前它们的结点位置匹配。

4. 预应力效应计算选项

当进行线性分析时（如预应力模态分析），可用该选项对同一个模型进行预应力分析。预应力计算产生应力刚度矩阵，该选项的程序默认值是OFF，即不包括预应力效应。因此，考虑预应力效应时必须改变该选项的设置。

该选项的命令格式为PSTRES，路径是：Main Menu> Solution> Unabridged Menu> Analysis Options。如果进行非线性分析，建议采用线性摄动程序。此时，程序自动考虑预应力效应，不需要再做任何设置。

5. 质量矩阵选项

如果要施加惯性力（如重力和离心力），用户可将该选项定义为如下的值：

（1）默认（与单元类型有关）。

（2）集中质量近似。

对于静力分析，该选项对计算准确性的影响不大（只要网格足够小）。但是，对于考虑预应力的动力分析，该选项可能是非常重要的。

该选项的命令为LUMPM，路径是：Main Menu> Solution> Unabridged Menu> Analysis Options。

6. 参考温度选项

该荷载步选项用于热应变计算，可用命令MP，REFT设置性能随温度变化的材料参考温度。其命令格式为TREF，路径是：Main Menu> Solution> Load Step Opts> Other> Reference Temp。

7. 模态数量选项

该选项用于轴对称简谐单元，其命令为MODE，路径是：Main Menu> Solution> Load Step Opts> Other> For Harmonic Ele。

8. 蠕变临界值选项

该选项定义自动时间步长分析的蠕变临界值。其命令为CRPLIM，路径是：Main Menu> Solution> Unabridged Menu> Load Step Opts> Nonlinear> Creep Criterion。

9. 打印输出选项

除了计算控制对话框中的OUTRES命令外，程序还提供了打印输出选项OUTPR。该选项可输出结果文件 Jobname. OUT 的任何数据，其命令的路径是：Main Menu> Solution> Unabridged Menu> Load Step Opts> Output Ctrls> Solu Printout。需要指出的是，多个 OUTPR 命令的合理使用有一些小的技巧。详见帮助文件中的 Setting Output Controls（在 Basic Analysis Guide 部分）。

10. 结果外推选项

结果外推是指将一个单元的积分点应力和弹性应变外推到该单元的结点，如果不出现材料非线性问题，程序默认外推。但如果出现了非线性应变（塑性、蠕变和肿胀），则程序将积分点的应力和弹性应变复制到结点而不是外推，积分点应变的非线性部分总是直接复制到结点的。结果外推的命令为 ERESX，路径是：Main Menu> Solution> Unabridged Menu> Load Step Opts> Output Ctrls> Integration Pt。

10.3.4 施加荷载

1. 荷载类型

静力分析可施加的荷载类型包括：

(1)位移(UX、UY、UZ、ROTX、ROTY 和 ROTZ)

这些位移一般是模型边界的约束条件，它们定义了边界上的刚性支撑点。当然，也可以定义对称边界条件和已知运动的点，这些约束条件定义在结点坐标系统。

(2)速度(VELX、VELY、VELZ、OMGX、OMGY 和 OMGZ)

位移约束可用其他的等效荷载形式代替，如相应的速度荷载。如果定义了速度荷载，当前时间步的位移约束等于上一时间步的位移约束＋速度乘以时间步。例如，输入 VELX$=v(t)$，则约束 ux 等于 $ux(t+\mathrm{d}t)=ux(t)+v(t)\mathrm{d}t$。速度荷载也定义在结点坐标系统。

(3)力(FX、FY、FZ)和力矩(MX、MY、MZ)

力和力矩一般是定义在模型外部的集中荷载，其方向由结点坐标系统确定。

(4)压力(PRES)

压力是表面荷载，也是作用在模型外部的荷载，正压力指向单元表面（产生压缩效应）。

(5)温度(TEMP)

施加温度荷载是考虑结构的热膨胀和收缩效应（即热应力），计算热应变必须定义热膨胀系数。温度可从热分析读取，命令格式为 LDREAD，也可用 BF 系列命令直接定义。

(6)能量密度(FLUE)

能量密度荷载用于研究肿胀效应（由于中子爆炸或其他原因引起的材料膨胀）或蠕变，只有输入了膨胀或蠕变方程时，该选项才可用。

(7)重力和离心力等

这些惯性荷载影响整体结构，考虑惯性效应时必须定义材料密度（或质量）。

2. 施加荷载

除惯性荷载（与模型无关）和速度荷载外，用户可在实体模型（关键点、线和面）或有限元模型（结点和单元）上定义荷载。还可以通过表单形式的参数组施加边界条件，或施加函数形式的边界条件。

上述 7 种荷载中，除能量密度外，均可用于结构静力分析。其中，位移和速度为约束类荷载；力和力矩为广义力集中荷载；压力为表面荷载；温度为体荷载；重力和离心力为惯性荷载。

在分析过程中，可以对这些荷载进行施加、移除、修改或列表。

结构分析时，有效的基本变量是时间TIME、温度TEMP和位置X、Y、Z。定义表格参数时，时间必须在表格索引中按升幂顺序排列。用户可利用命令流定义表单参数，也可采用交互式生成表单参数。

3. 计算惯性释放

用户可利用静力分析计算惯性释放，从而可获得平衡外荷载的加速度。惯性释放计算可看作是等效的自由体分析，为此，模型必须满足下列要求：

(1)模型不能有轴对称或广义平面应变单元，不能出现非线性。不建议使用二维和三维单元的混合模型。

(2)轴对称模型不能进行惯性释放分析。

(3)必须定义用于质量计算的数据。

(4)只能定义最少的位移约束数量(静定结构所需的约束)，即二维模型不超过3个，三维模型不超过6个。可以增加更多的约束，如满足对称条件所需的额外约束。程序将对所有约束进行校核，确认是否存在约束反力为零的情况，以保证不存在影响惯性释放的多余约束。

(5)应施加计算惯性释放所需的荷载。

IRLF命令是施加惯性荷载的命令之一，在执行SOLVE命令前先发出该指令。其命令格式为IRLF,1,路径是:Main Menu> Solution> Load Step Opts> Other> Inertia Relief。

对于子结构，程序通过自由度凝聚将其质量矩阵凝聚为主结点(MASTER)质量阵。因此，子结构的惯性释放计算与用凝聚的主结点质量阵是一致的。IRLF命令不影响生成超单元(generation pass)，如果要计算子结构的惯性释放，不要在生成超单元的过程中施加子结构的自由度约束，可以在使用超单元数据(use pass)时施加。否则，凝聚过程中将凝聚掉与约束自由度有关的质量，这样，在使用超单元数据时的惯性释放计算仍包括凝聚掉的质量贡献。

在扩展超单元模型(expansion pass)时，总结打印输出的质量预估仅包括属于子结构的单元。

用户可用命令IRLIST打印惯性释放计算结果，内容包括平衡外荷载所需的平动和转动加速度，这些结果可用于其他程序的运动学计算。输出的质量和求解过程中产生的惯性矩是精确的，不是近似的。由于计算的惯性力与外力平衡，因此，约束反力为零。

惯性释放计算的输出存放在数据库而不是结果文件中，当用户发出指令IRLIST时，程序从数据库调取包含来自最近一次执行SOLVE命令的惯性释放信息。

10.3.5 求　解

求解前将数据保存到用户命名的文件中，以便日后用命令RESUME调用。保存数据的命令格式为SAVE,路径是:Utility Menu> File> Save As。文件保存后，用户可随时启动求解计算，其命令格式为SOLVE,路径是:Main Menu> Solution> Solve> Current LS。

如果进行多荷载步分析，用户需要重复施加荷载的步骤，定义荷载步选项并保存，然后对每个荷载步进行求解。处理多荷载步的其他方法可参考ANSYS帮助文件的Basic Analysis Guide部分Loading一节。

非线性分析的求解命令与线性静力分析相同，如果需要定义多个荷载步，用户必须重新定义时间设置和荷载步选项等，然后保存并对每一个新增荷载步进行求解。详见ANSYS帮助文件的Basic Analysis Guide部分。

10.3.6 查看结果

静力分析的计算结果将被写入结果文件 Jobname. RST，内容包括：

(1)结点位移 UX、UY、UZ、ROTX、ROTY、ROTZ(基本数据)。

(2)单元和结点的应变及应力(导出数据)。

(3)单元内力(导出数据)。

(4)结点反力(导出数据)。

基本数据是有限元方程的未知量，因此，是求解方程直接得到的结果，而导出数据则是根据基本数据逐个单元进行二次计算得到的结果。这些结果可通过后处理模块 POST1 和 POST26 查看，其中，POST1 是通用后处理模块，可用于查看整体模型在指定子荷载步(指定时间点)的结果。POST1 一次只能查看一个子荷载步的结果，且必须是通过输出控制命令 OUTRES 已写入结果文件 Jobname. RST 的子荷载步结果。POST26 是时程处理模块，主要用于查看非线性静力分析结果，可以跟踪整个荷载作用时间段内指定的结果。

查看结果数据有三种方式：一是用 RESUME 命令(路径：Utility Menu> File> Resume from)读取数据库文件。二是用 SET 命令(路径：Main Menu> General Postproc> Read Results> By Load Step)仅读取指定的一组子荷载步结果。用 SET 命令读取指定的一组结果时，程序是通过荷载步和子荷载步的编号或时间来搜索这组数据的。如果用户定义的时间并无任何结果，程序将通过线性内插来计算该时间的结果。三是进行必要的 POST1 操作来查看想要得到的结果。

后处理模块提供了方便的图形处理功能，用户可通过图形或表单来查看计算结果，包括：

(1)显示结构变形，其命令为 PLDISP，路径是：Main Menu> General Postproc> Plot Results> Deformed Shape。其 KUND 域允许用户选择覆盖变形前的结构图。

(2)列出约束反力和约束反力矩，其命令为 PRRSOL，路径是：Main Menu> General Postproc> List Results> Reaction Solu。显示约束反力的命令格式为/PBC，RFOR，，1，然后，用命令 NPLOT 或 EPLOT 来确定显示结点反力还是显示单元反力。用 RMOM 替换上述命令中的 RFOR 即可显示约束反力矩。

(3)列出结点力和单元内力，其命令格式为 PRESOL，F 或 PRESOL，M，路径是：Main Menu> General Postproc> List Results> Element Solution。也可以列出选定一组结点的合力，利用该功能即可求出作用在若干结点上的合力，其命令格式为 FSUM，路径是：Main Menu> General Postproc> Nodal Calcs> Total Force Sum。

用户还可以校核每个选定结点的合力及合力距，其命令格式为 NFORCE，路径是：Main Menu > General Postproc> Nodal Calcs> Sum @ Each Node。用户也可以利用命令 FORCE(路径：Main Menu> General Postproc> Options for Outp)分别查看合力(默认)、静力、阻尼力和惯性力。

(4)查看一维单元(梁、杆和管单元)的导出数据，其命令为 ETABLE，路径是：Main Menu> General Postproc> Element Table> Define Table。这些数据是通过 ETABLE 命令中的标签+序号或分量名称来识别的。

(5)误差估计用于估计因单元离散引起的实体单元或壳单元线性静力分析误差，其命令为 PRERR，路径是：Main Menu> General Postproc> List Results> Percent Error。该命令基于结构能准则计算误差(与网格划分有关)，并以百分数的形式列出。

(6)结构能误差估计，其命令格式为 PLESOL，SERR，路径是：Main Menu> General Postproc> Plot Results> Contour Plot> Element Solu。该命令将逐个单元画出结构能误差(SERR)的等值线图，从而使用户可以选择误差较大的区域进行网格细化。当然，用户也可以使用命令 ADAPT 激活自动网格细化功能。

(7)画等值线图，其命令为 PLNSOL 和 PLESOL，路径是：Main Menu> General Postproc> Plot Results> Contour Plot> Nodal Solu or Element Solu。该命令可画出几乎任何结果数据的等值线图，如应力、应变和位移。该命令的 KUND 域提供是否覆盖变形前结构的选项。用户还可以用 PLETAB 和 PLLS 命令画单元表单数据和一维单元数据的等值线图，其命令的路径分别是：Main Menu> General Postproc> Element Table> Plot Element Table 和 Main Menu> General Postproc> Plot Results> Contour Plot> Line Elem Res。

需要指出的是，PLNSOL 命令得到的应力、应变等导出数据是结点的平均值，对于连接不同材料单元、不同厚度壳单元以及其他导致不连续的结点，其平均值是个模糊的数学概念。因此，使用 PLNSOL 命令时，应选择相同材料的单元、相同厚度的壳单元以及其他能够使结点几何及物理性质连续的单元。此外，程序还提供了更简单的方法——使用 AVRES 命令，其路径是：Main Menu> General Postproc> Options for Outp。该命令仅对相同材料的单元和/或相同厚度的壳单元作应力应变的平均处理，从而计算出结点的应力和/或应变。

(8)矢量显示是查看矢量结果的有效方法，其命令为：PLVECT 和 PRVECT，路径分别是：Main Menu> General Postproc> Plot Results> Vector Plot> Predefined 和 Main Menu> General Postproc> List Results> Vector Data。其中，PLVECT 命令是图形模式，PRVECT 命令是表单形式。

(9)数据列表，其命令为：PRNSOL、PRESOL 和 PRRSOL 等，路径是：Main Menu> General Postproc> List Results> Solution Option。其中，PRNSOL 命令列结点数据，PRESOL 命令逐个列出单元数据，PRRSOL 命令列反力数据。用户还可以使用 NSORT 和 ESORT 两个命令分类列出上述数据，其路径是：Main Menu> General Postproc> List Results> Sorted Listing> Sort Nodes 或 Sort Elems。

用户可在 POST26 中查看非线性结构的时程响应，比较两个变量的时程响应。查看的形式包括图形、曲线和表单，如一个结点的位移随荷载的变化曲线，一个结点的塑性应变及相应的时间。用户还可以在 POST26 中处理数据，如随机响应的响应谱。

POST26 可定义 200 个变量，需要用户为每个变量创建一个唯一的识别符，TIME 和 FREQ 已被程序作为时间和频率的识别符，不能再作他用。所有识别符必须是唯一的，每个识别符可由 32 个字母和字符组成。如果用户没有提供一个唯一的识别符，程序将为其赋予一个唯一的识别符。除了唯一的识别符外，程序使用数字索引(参考编号)来跟踪和处理变量。在命令域和一些界面操作中，这些数字可以与识别符交替使用。数字索引与用户在数据类型对话框中选择的任何名称同时显示在屏幕上。

一般情况下，用户在结果文件中得到的指定分析数据可以用 POST26 处理并生成提供有价值信息的变量组。例如，通过在瞬态分析中定义位移变量，用户可由位移的导数得到速度和加速度，从而生成一个全新的变量用于其他的分析。

用户也可以将一组其他文件的时程数据读入 POST26，并与 ANSYS 的计算结果比较并显示或输出。例如，读入一组与计算模型相同的结构试验数据并与计算结果比较。也可以将选定的时程数据写入 ASCII 文件或 APDL 数组/表单参数文件，从而形成多个函数，如其他程序的接口数据或易于恢复的存档数据。

POST26 使用 Jobname. RST 和 Jobname. PSD 文件处理随机分析结果，其中协方差和响应谱是主要的处理结果。用户可基于给定的位移时程生成位移、速度或加速度响应谱，并通过谱分析计算结构的总体响应。计算响应谱的命令为 RPSD，其路径是：Main Menu> TimeHist Postpro> Calc Resp PSD，用 PLVAR 命令可画出响应谱。程序在处理随机分析结果时提供了数据光滑功能，这是处理有噪声数据（如显示动力分析）的一个必要步骤。通过光滑掉局部的波动数据而保留响应的总体特征，使响应更易于理解。时程数据的光滑功能可用 n 阶多项式拟合实际的响应。该功能只能用于静态或瞬态分析结果，复数不能拟合。

10.4 算 例

本节以图 10.9 所示的角支撑板为例，介绍 ANSYS 的典型结构线性静力分析过程。该支撑板的尺寸如图所示，图中左上角的圆孔周边焊接固定，右下角的圆孔下半周承受 50～500 psi线性变化的平面内压力荷载作用（约 0.345～3.447 MPa，本例是 ANSYS 帮助文件中的例子，为了与对话框图片一致，故采用美制单位）。由于板厚(0.5 in)与平面内的最小尺寸(2 in)相比较小，且荷载作用在平面内，因此，属于平面应力问题，可采用平面单元来模拟。本例采用八结点四边形单元 PLANE183[如图 10.10(a)所示]模拟，该单元可根据需要退化为六结点三角形单元[如图 10.10(b)所示]，方便地模拟圆弧边界处的几何形状。

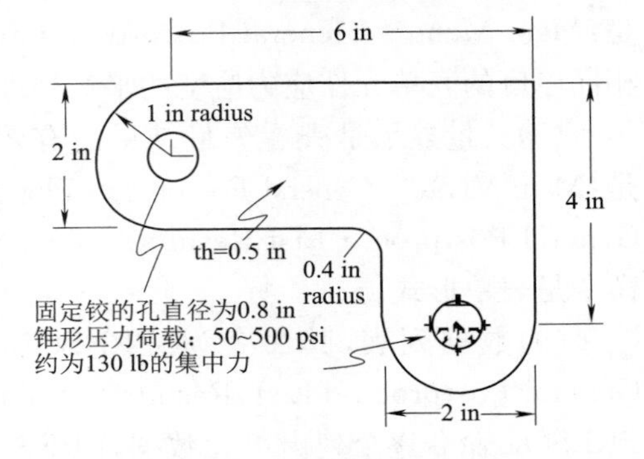

图 10.9 角支架示意图

由于是线性静力分析，本例采用单一荷载步计算。

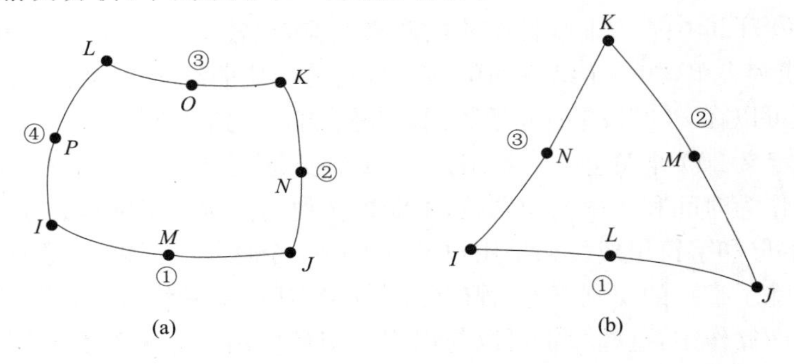

图 10.10 单元 PLANE183 示意图

10.4.1 创建模型

1. 定义矩形

ANSYS 结构分析是从创建结构的几何模型开始的。该角支撑板由平行的直线和圆弧构成，因此，可由矩形和圆这两种简单的几何形状拼接而成，在 ANSYS 中，这样简单的几何形状被称为基图元。我们首先来创建矩形，ANSYS 提供了多种创建矩形的方法，包括面积、4 条线或 4 个点，此例采用 4 条线方法。

ANSYS 创建几何模型需要先定义一个参考坐标，为创建模型的方便，参考坐标的 X 轴平行于结构的水平边，Y 轴平行于垂直边。参考坐标原点位置可以任意设置，ANSYS 称其为总体坐标原点。本例将其设置在左上角圆孔的圆心处，从而可以确定矩形 4 条线的坐标。上方矩形两条水平边的坐标分别为 Y1＝－1 和 Y2＝1；两条垂直边的坐标为分别 X1＝0 和 X2＝6。下方矩形则分别为 Y1＝－1 和 Y2＝－3 及 X1＝4 和 X2＝6。

在用户界面的“Main Menu”列表中依次展开“Preprocessor”、“Modeling”、“Create”、“Areas”和“Rectangle”菜单，选择“By Dimensions”弹出“Create Rectangle by Dimension”对话框。在“X-coordinates”标签的两个文本框分别输入“0”和“6”；在“Y-coordinates”标签的两个文本框分别输入“－1”和“1”，如图 10.11(a)所示，点击“Apply”按钮确认输入。然后，将“X-coordinates”两个文本框中的数字分别改为“4”和“6”；将“Y-coordinates” 两个文本框中的数字分别改为“－1”和“－3”，如图 10.11(b)所示。点击“OK”按钮完成两个矩形创建，如图 10.12所示。

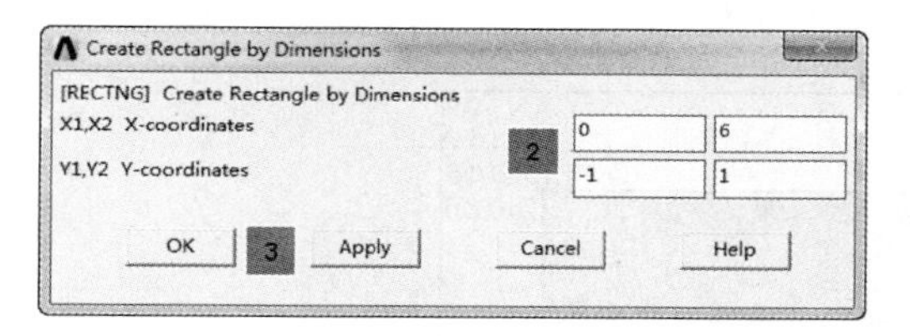

(a) 创建上方矩形

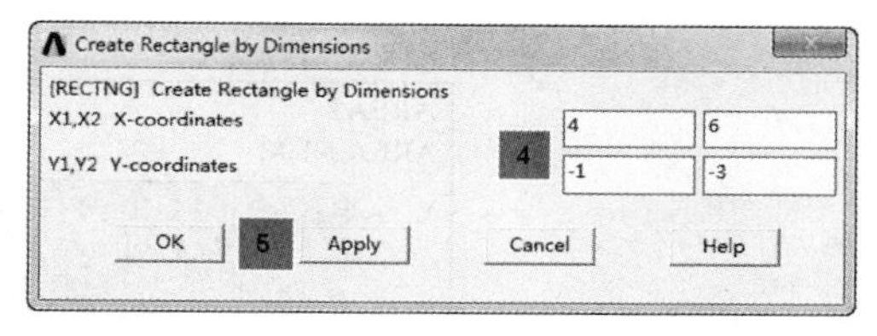

(b) 创建下方矩形

图 10.11 创建矩形的对话框输入条件

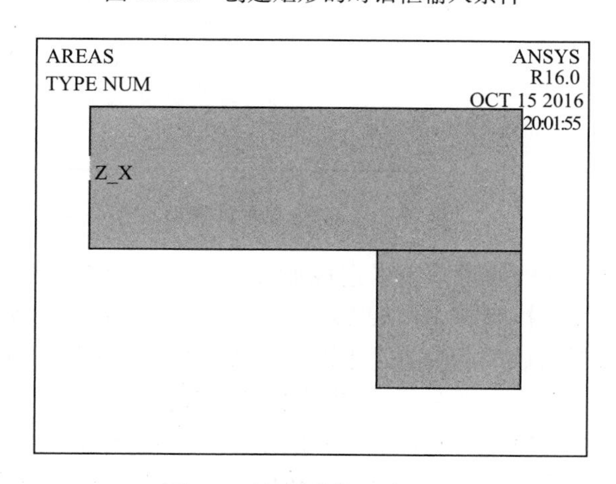

图 10.12 创建的两个矩形

2. 改变绘图控制重画图形

图 10.12 用相同的颜色显示两个矩形，用户也可以利用程序的图形编号控制功能来改变图形窗口的显示色彩，以便于更清晰地识别。

在用户界面的“Plot Ctrls”下拉菜单中点击“Numbering”选项，在弹出的“Plot Numbering Controls”对话框中选中“AREA Area numbers”开关项 On，如图 10.13 所示，点击“OK”按钮即得到图 10.14 所示的双色图形。

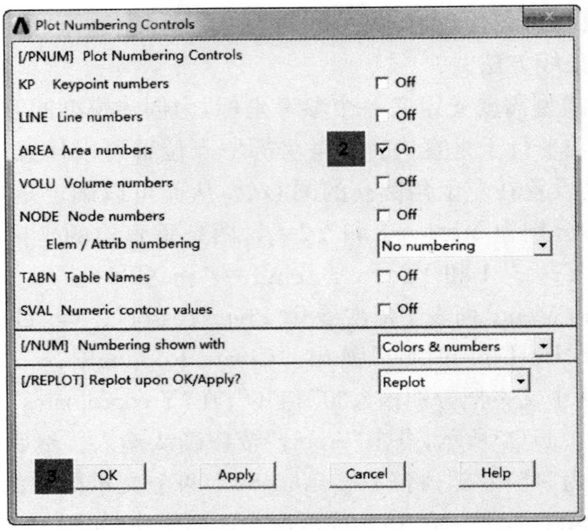

图 10.13　图形编号控制对话框

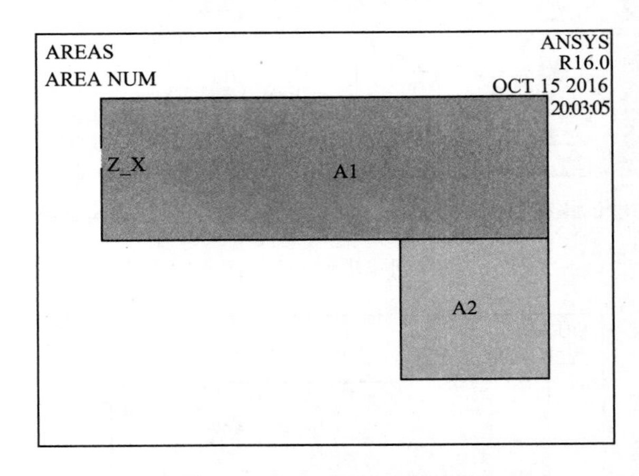

图 10.14　双色表示的模型

为了避免误操作或计算机故障等因素造成的损失，应适时保存已完成的工作。程序将用户输入的所有数据和命令执行后的结果均保存在 ANSYS 数据库中，数据库文件名为 Jobname. db。用户应及时将临时保存在数据库中的数据保存到指定的文件中，以便于发生意外后的修复或日后调用。程序在工具栏中提供了保存数据的命令“SAVE”，文件名 Jobname 是开始一个新的分析时由用户定义的，用户可由路径 Utility Menu> List> Status> Global Status 随时查看当前的文件。用户还可以在分析的特定关键步骤(如建模后和划分网格后)保存数据库数据并定义不同的文件名(如 model. db 和 mesh. db 等)，命令为 SAVE AS(路径：Utility Menu> File> Save As)。

3. 在极坐标平面创建圆形

完成 2 个矩形的建模后，就可以创建角支撑板左端和下端的 2 个半圆形了。程序是通过分别创建 2 个圆形，然后采用布尔运算(布尔加)将圆形与矩形组合来实现两端圆弧创建的。创建圆必须利用工作平面(working plane)，而在创建矩形时却是可选项。

在创建圆形时，先缩小显示对象，从而扩大显示范围，以便看到更完整的圆形。在用户界面的“PlotCtrls”下拉菜单中点击 Pan，Zoom，Rotate 选项，在弹出的“Pan-Zoom-Rotate”窗口（如图 10.15 所示）连续点击“▼”键直至满足要求，点击“Close”按钮关闭窗口。

图形调整结束后，切换到工作平面。在用户界面的“WorkPlane”下拉菜单选择“Display Working Plane”选项，此时，工作平面原点将出现在图形窗中，与总体坐标原点重合，如图 10.16 所示。

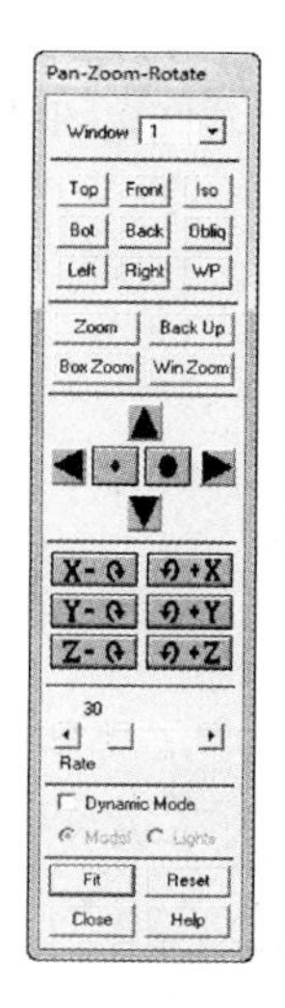

图 10.15　图形缩放对话框

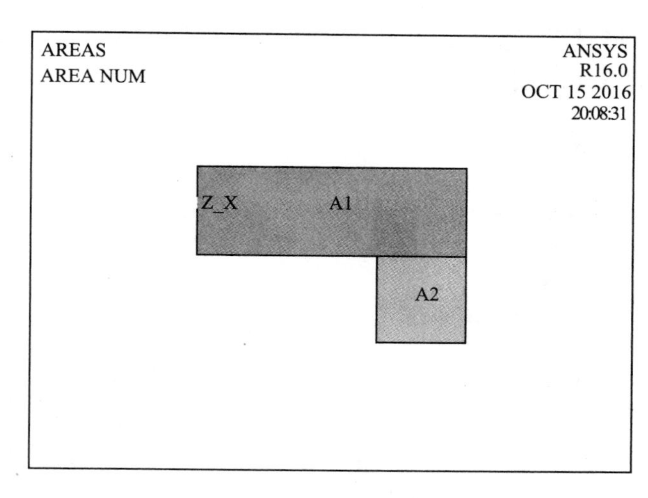

图 10.16　工作平面原点示意图

然后，打开工作平面设置窗口。在用户界面的“WorkPlane”下拉菜单选择“WP Settings”选项，在弹出的“WP Settings”窗口选中“Polar”和“Grid and Triad”选项，在“Snap Incr”文本框输入“0.1”作为构造线捕捉增量，如图 10.17 所示，点击“OK”按钮关闭窗口。执行这组命令的结果是将工作平面类型变换为极坐标平面，并改变构造线捕捉增量、显示网格，如图 10.18 所示。

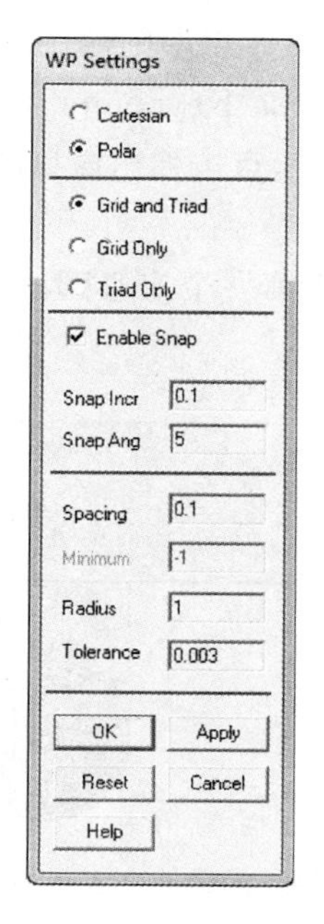

图 10.17　工作平面设置窗口

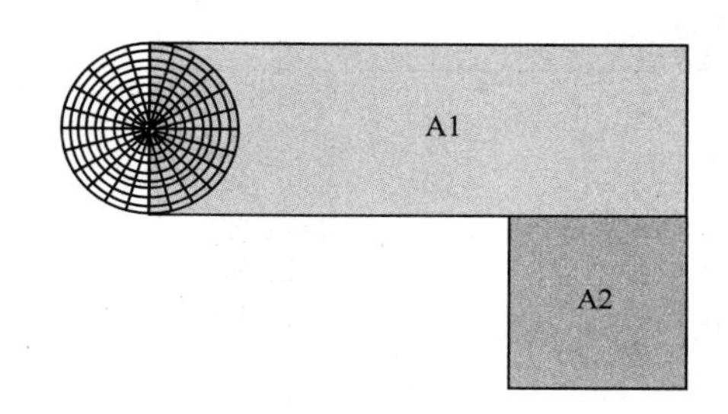

图 10.18　极坐标工作平面

在用户界面的“Main Menu”列表中依次展开“Preprocessor”、“Modeling”、“Create”、“Areas”和“Circle”菜单，选择“Solid Circle”弹出“Solid Circlar Area”对话框。在对话框的“Pick”选项被选中的情况下（如图 10.19 所示），点击屏幕上 X=0 和 Y=0 的点选择圆心，再将鼠标移到距圆心 1 in 的位置点击左键创建圆，如图 10.20 所示。当用户移动鼠标选择圆心和半径时，对话框会实时显示鼠标选择点的坐标。当然，用户也可以选中对话框的“Unpick”选项，通过在“WP X”、“WP Y”和“Radius”文本框直接输入圆心坐标及半径的方法创建实心圆。

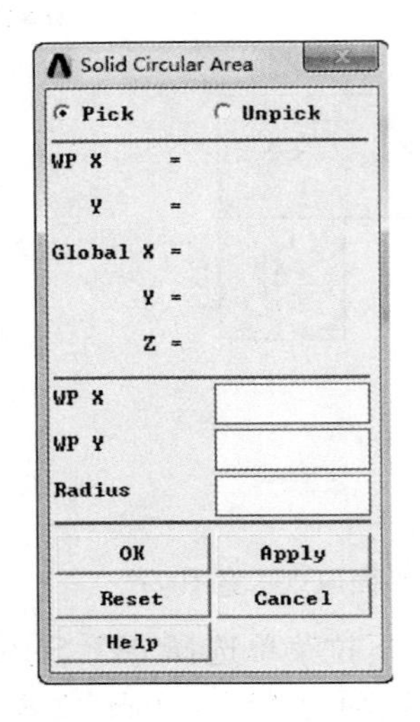

图 10.19　实心圆创建窗口

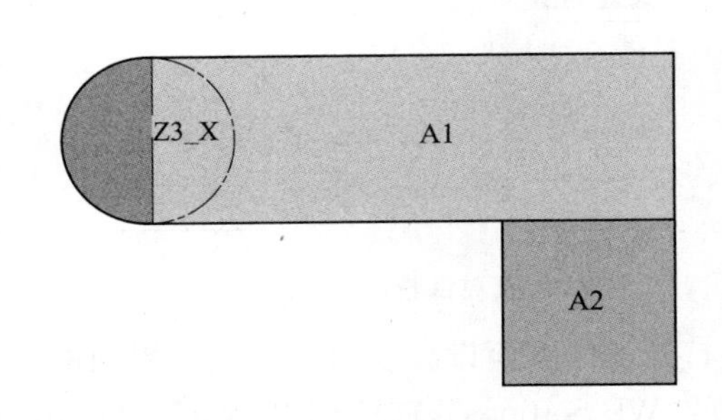

图 10.20　创建第一个圆

创建角支撑板另一个实心圆的方法与创建第一个实心圆完全相同，用户仅需要将工作平面的原点移到第二个圆的圆心位置。最简单的方法就是选择下方矩形的两个底角为关键点，方法是：在“WorkPlane”下拉菜单中依次选择“Offset WP to”和“Keypoints”，弹出选择窗口后，依次点击模型下方矩形的左角点和右角点选择关键点，然后，点击弹出窗口的“OK”按钮将工作平面移到两个关键点的平均位置，如图 10.21 所示。

打开创建实心圆对话框（如图 10.19 所示），按上一步创建第一个实心圆的方法创建第二个实心圆，如图 10.22 所示。

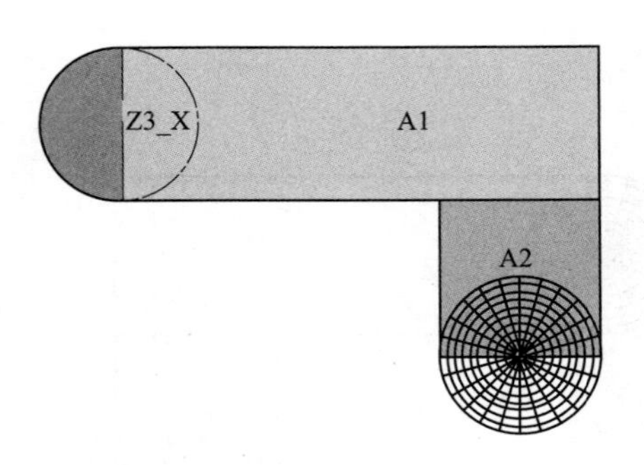

图 10.21　工作平面移至右下角

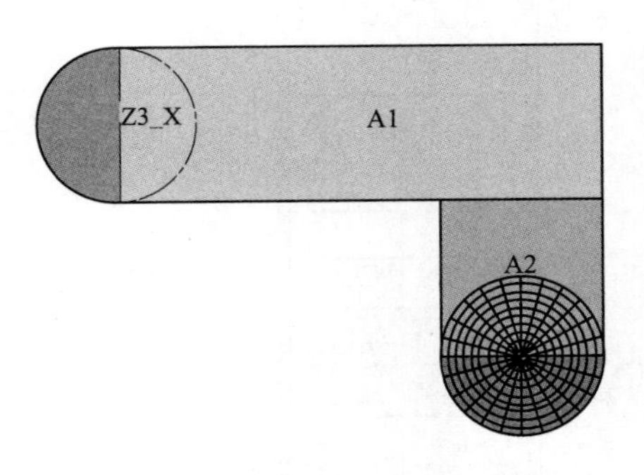

图 10.22　创建的第二个实心圆

4. 叠加面积

在上述 3 个步骤中，我们分别创建了 2 个矩形和 2 个圆形，且圆形和矩形有重叠的部分。接下来需要将这 4 个基本图元组合到一起以形成一个连续的模型，这个任务是由布尔运算进行面积叠加来完成的。

在用户界面的“Main Menu”列表中依次展开“Preprocessor”、“Modeling”、“Operate”、“Booleans”和“Add”菜单，选择“Areas”弹出“Add Areas”对话框，如图 10.23 所示，点击“Pick All”按钮选择所有需要求和的面积。

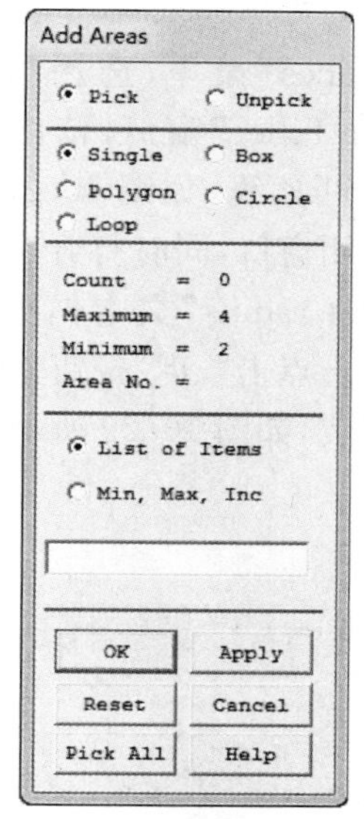

图 10.23 叠加面积对话框

5. 创建内圆角

(1)在用户界面的“PlotCtrls”下拉菜单点击“Numbering”选项，在弹出的“Plot Numbering Controls”对话框中点击“line numbers”开关项的“On”，如图 10.24 所示，点击“OK”按钮后改变原来的控制参数，同时，程序重新画出模型图(如图 10.25 所示)。然后，转换到工作平面，方法是：在用户界面的“WorkPlane”下拉菜单选择“Display Working Plane”选项，即可看到图 10.26 所示的模型图。

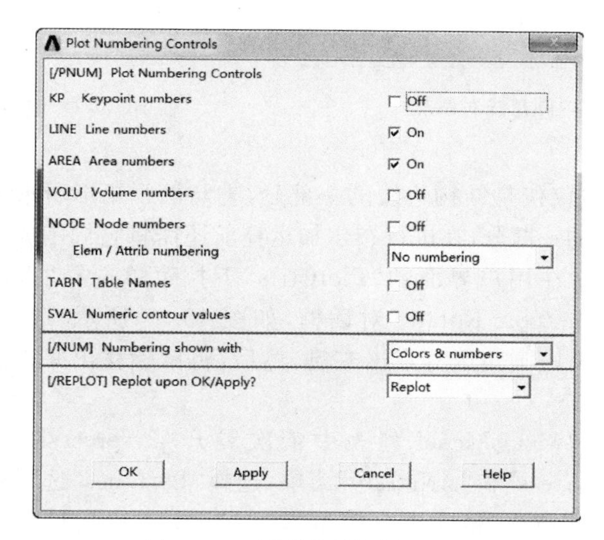

图 10.24 图形编号控制对话框

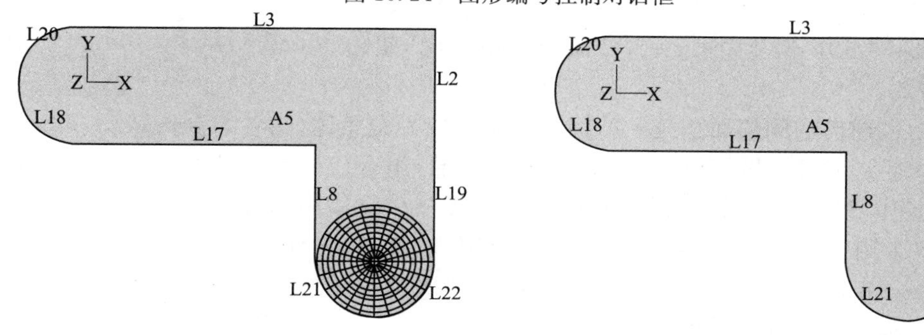

图 10.25 改变编号控制的模型

图 10.26 工作平面显示的模型

(2)在用户界面的“Main Menu”列表中依次展开“Preprocessor”、“Modeling”、“Create”和“Lines”菜单，选择“Line Fillet”选项弹出“Line Fillet”窗口，依次点击模型的“L17”和“L8”两条线(如图 10.27 所示)，点击“OK”按钮关闭窗口，同时打开“Line Fillet”对话框，在“Fillet radius”文本框输入“0.4”，如图 10.28 所示。点击“OK”按钮关闭对话框，内圆角线创建完成，如图 10.29 所示。

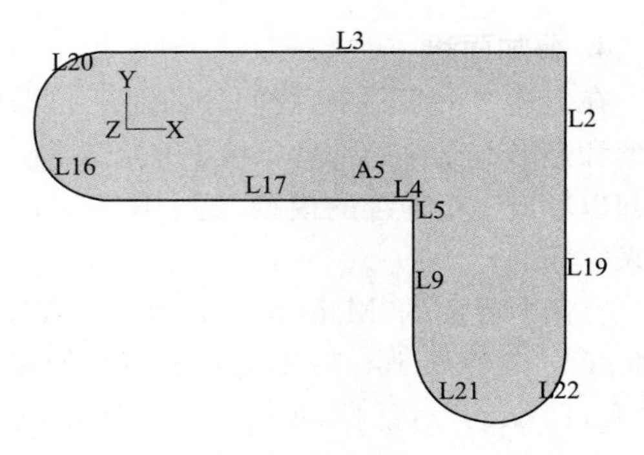

图 10.27　17 号线和 8 号线位置

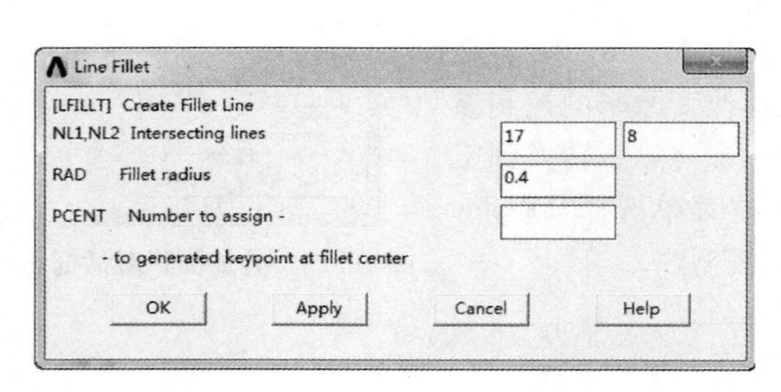

图 10.28　创建内圆角线对话框

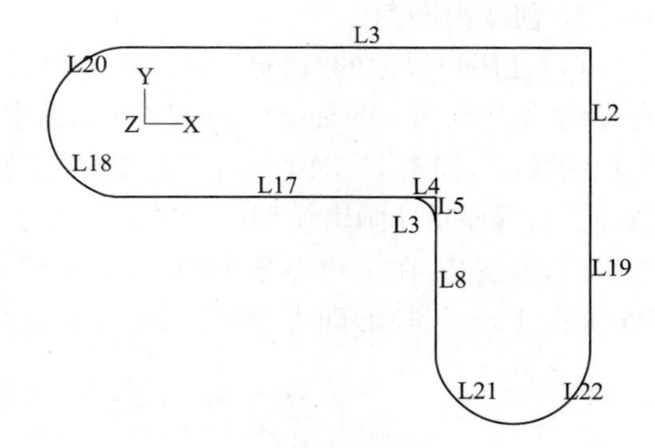

图 10.29　创建内圆角线后

(3)创建的内圆角线仅仅是结构边线的一部分，它与两个矩形所形成的内直角尚未组成结构的一部分，在进行布尔加运算前还需将它们围成的区域创建为面积。为此，在用户界面的“PlotCtrls”下拉菜单选择“Pan, Zoom, Rotate”打开“Pan-Zoom-Rotate”对话框，如图 10.30 所示。点击“Zoom”按钮，将鼠标移至内圆角区并点击左键，然后，将鼠标移出并再次点击左键。

(4)在用户界面的“Main Menu”列表中依次展开“Preprocessor”、“Modeling”、“Create”、“Areas”和“Arbitrary”菜单，选择“By Lines”选项弹出“Create Area by Lines”窗口，依次点击模型的“L4”、“L5”和“L1”三条线(如图 10.31 所示)，点击“OK”按钮关闭窗口。依次点击“Pan-Zoom-Rotate”对话框的“Fit”和“Close”按钮创建内圆角面积(如图 10.32 所示)并关闭对话框。

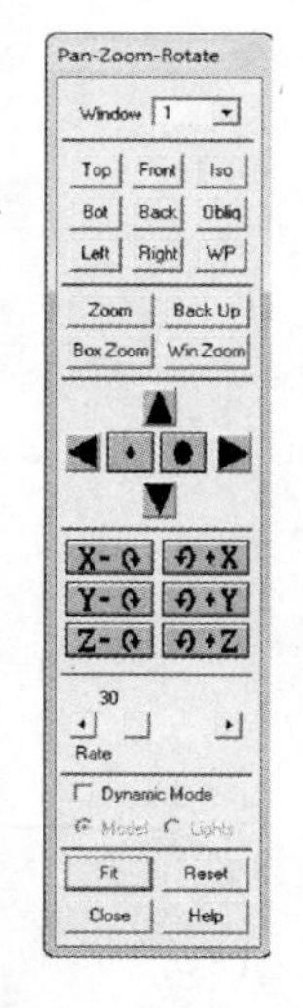

图 10.30　选择内圆角对话框

(5)此时，创建的内圆角面积与主结构并没有形成一个整体，与各自独立创建的 2 个矩形和 2 个圆形通过布尔运算(布尔加)组合成一个整体的方法相同，创建内圆角面积后，也需要利用布尔运算与角支撑板形成一个整体。为此，在用户界面的“Main Menu”列表中依次展开“Preprocessor”、“Modeling”、“Operate”、“Booleans”和“Add”菜单，选择“Areas”选项弹出“Add Areas”窗口，点击“Pick All”按钮，面积叠加后的模型如图 10.33 所示。

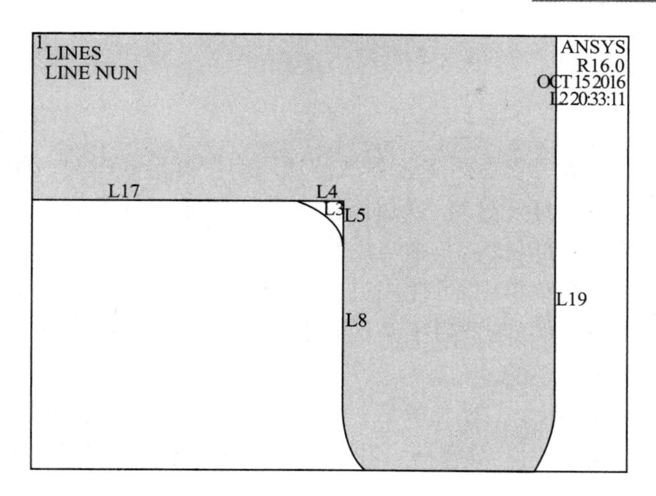

图 10.31　选择内圆角线

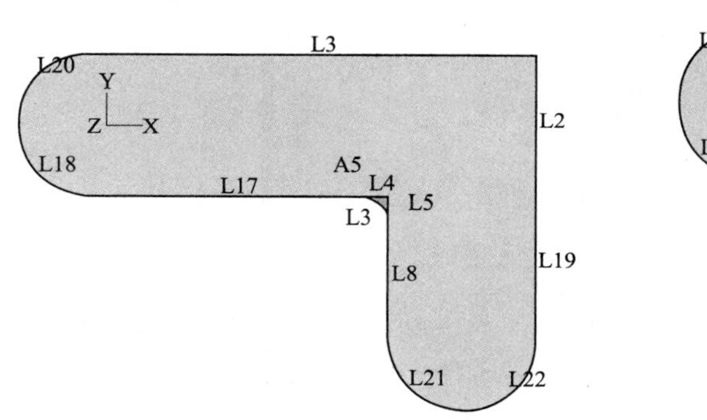

图 10.32　创建内圆角面积

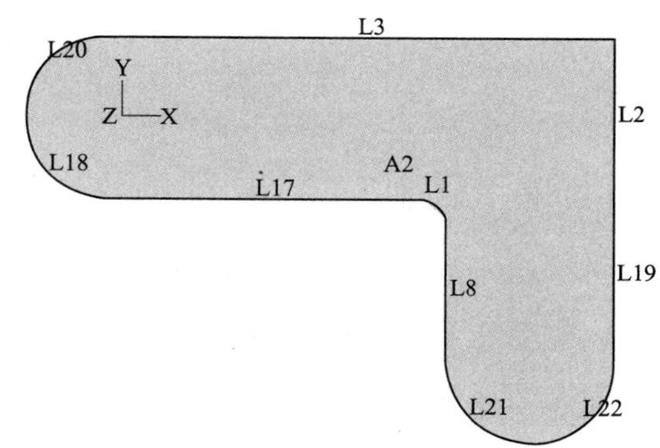

图 10.33　面积叠加后的模型

6. 创建圆孔

按照前述方法分别创建两个半径为 0.4 in 的实心圆，然后，利用布尔运算(布尔减)将 2 个新建实心圆从模型中扣除，从而形成 2 个圆孔，如图 10.34 所示。

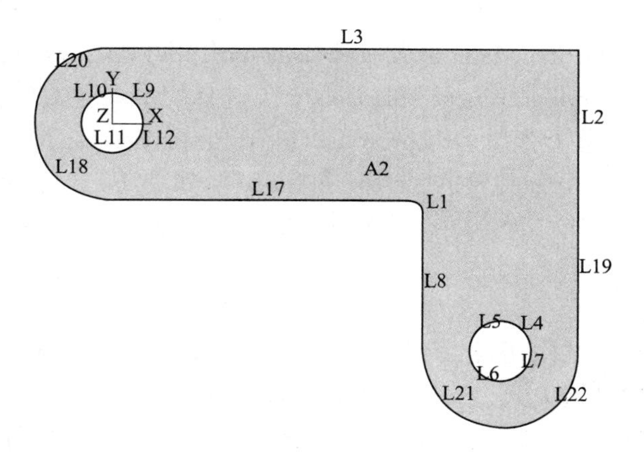

图 10.34　最终的模型

10.4.2 定义材料

1. 设置过滤器

由于 ANSYS 是一个适用于不同专业领域的通用有限元分析软件，因此，程序内嵌了多种专业所涉及的材料。当我们打开材料选项时，程序默认地显示其所涵盖的专业领域（结构、热物理、电磁和流体）涉及的全部材料，其中与用户模型的单元类型无关的呈暗淡色。如果希望这些暗淡色的内容不显示在菜单中，可使用过滤器优选对话框（Preferences for GUI filtering）指定分析所属的专业领域。例如，开启了结构过滤器，则所有与热、电磁和流体相关的菜单内容将不显示在材料菜单中。

在用户界面的“Main Menu”列表中选择“Preferences”，在弹出的“Preferences for GUI filtering”窗口中选择“Structural”过滤器，如图 10.35 所示，点击“OK”按钮关闭窗口。

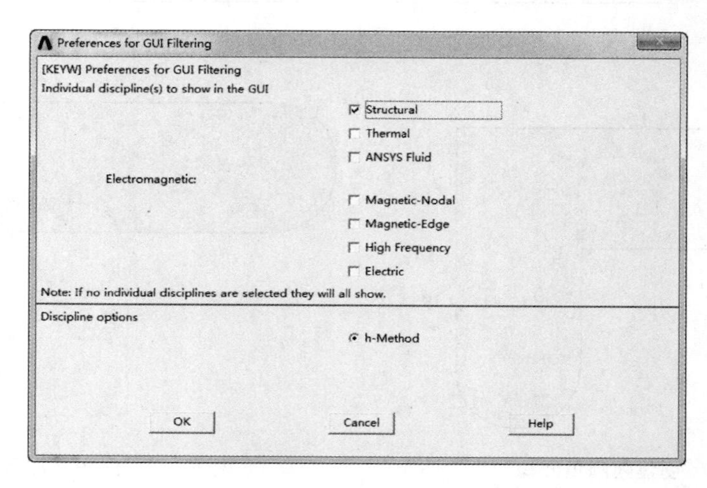

图 10.35 过滤器优选对话框

2. 定义材料性质

角支撑板的材料为美标的 A36 钢，其弹性模量 $E=30\times10^6$ psi、泊松比 $\mu=0.27$。在用户界面的“Main Menu”列表中依次展开“Preprocessor”和“Material Props”菜单，选择“Material Models”打开“Define Material Model Behavior”窗口，在“Material Models Available”列表中依次双击“Structural”、“Linear”和“Elastic”，选择“Elastic”文件夹中的“Isotropic”选项，如图 10.36所示。屏幕上弹出的“Linear Isotropic Properties for Material Number 1”对话框，在“EX”和“RXY”文本框分别输入“30e6”和“0.27”，如图 10.37 所示。然后，点击“OK”按钮关闭对话框，并点击“Define Material Model Behavior”窗口的“Material”下拉菜单栏，选择“Exit”关闭窗口。

3. 定义单元类型

角支撑板是一种均质结构，因此，可用一种单元来模拟。本例选择了 PLANE183 单元，该单元是一个二维的二次结构单元。选择高阶单元的好处（与低阶单元相比）是，在同样的计算准确性条件下，网格可以划分的粗一些，从而单元数量少一些。程序在网格划分时会根据模型的几何形状自动地划分一些三角形单元，此时，如果选用低阶单元，则计算准确性较低。

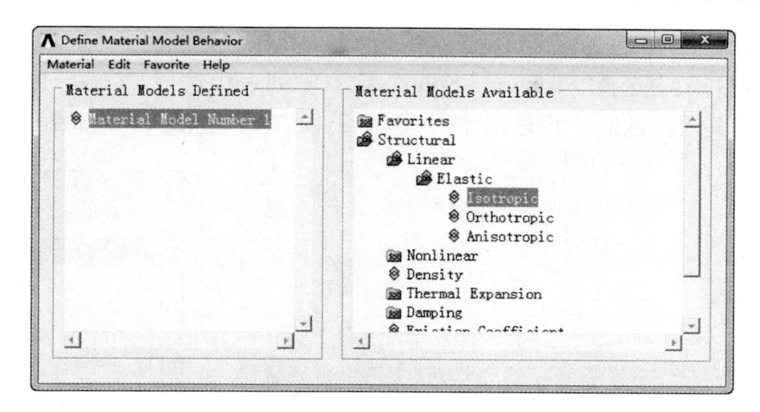

图 10.36 定义材料模型对话框

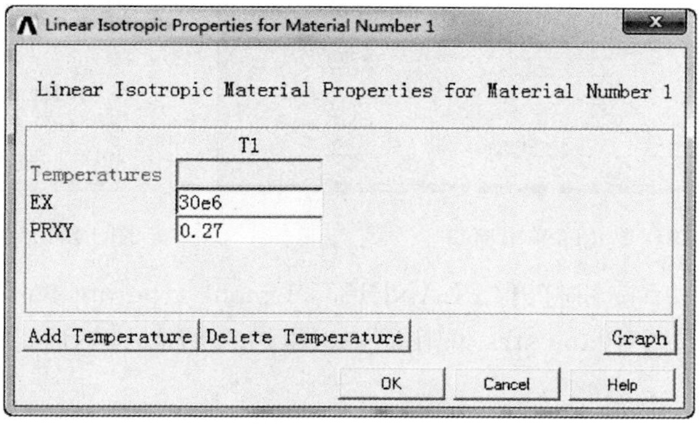

图 10.37 线性各向同性材料性质弹出窗口

(1)在用户界面的“Main Menu”列表中依次展开“Preprocessor”和“Element Type” 菜单，点击“Add/Edit/Delete”弹出 “Element Types”窗口，此时，窗口显示“NONE DEFINED”，如图 10.38 所示。

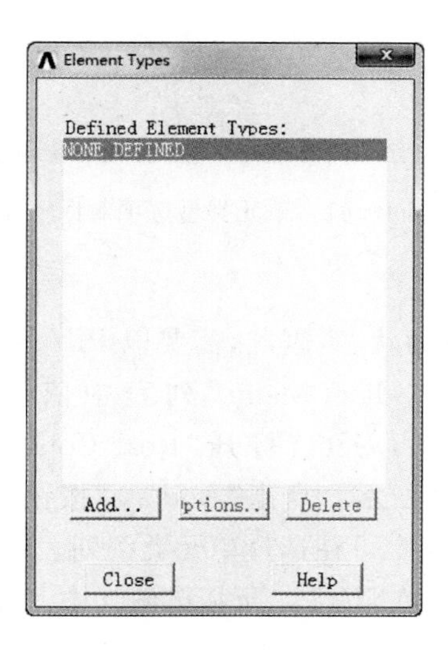

图 10.38 单元类型对话框

(2)点击“Add...”按钮打开“Library of Element Types”对话框，在“Library of Element Types”标签的左侧列表中选择“Structural Solid”；在右侧列表中选择“8 node 183”，如图 10.39所示，点击“OK”按钮关闭对话框。此时，窗口中显示“Type 1 PLANE183”，如图 10.40 所示。

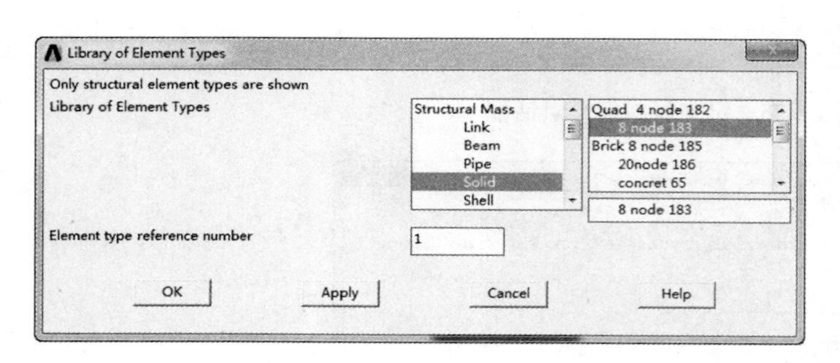

图 10.39　单元库弹出窗口

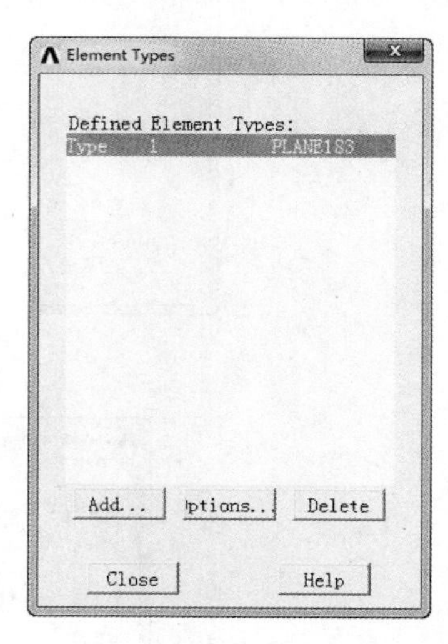

图 10.40　显示已定义的单元类型

(3)点击“Option...”按钮打开“PLANE183 element type options”对话框，在“Element behavior”下拉选项中选择“Plane strs w/thk”，如图 10.41 所示，然后，点击“OK”按钮接受其他默认值。

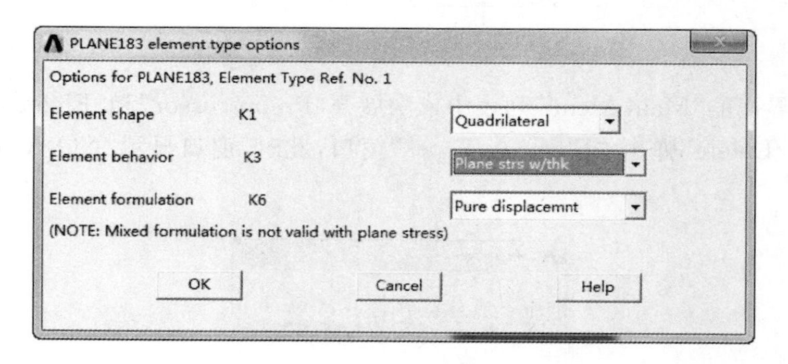

图 10.41　单元类型选项对话框

4. 定义实常数

由于选择了有厚度的平面应力状态，因此，需要以 PLANE183 单元实常数的形式输入单元厚度。为此，在用户界面的“Main Menu”列表中依次展开“Preprocessor”和“Real Constants”菜单，选择“Add/Edit/Delete”打开“Real Constants”窗口，此时，窗口中显示“NONE DEFINED”，如图 10.42 所示。点击“Add...”按钮添加实常数，此时弹出“Element Type for Real Constants”窗口，用户可在选择单元类型列表中选择需要添加实常数的相应单元类型。此例只有一种单元 PLANE183，所以，窗口中只显示“Type 1 PLANE183”，如图 10.43所示。选中“Type 1 PLANE183”，点击“OK”按钮关闭窗口，同时弹出输入选定单元类型(PLANE183)的实常数对话框“Real Constants Set Number 1. for PLANE183”，在

“Thickness THK”文本框中输入“0.5”，如图 10.44 所示，点击“OK”按钮关闭对话框。

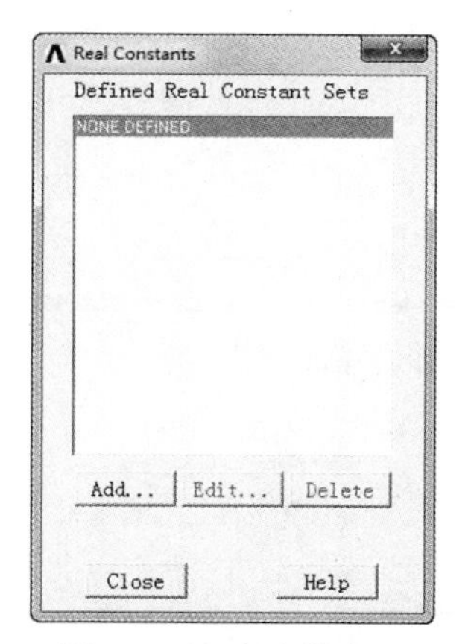

图 10.42 实常数窗口

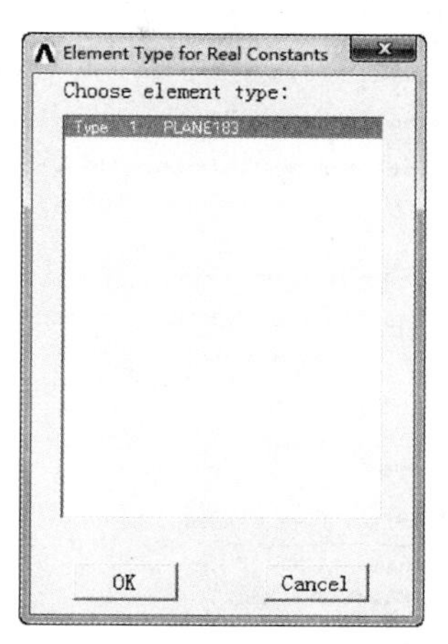

图 10.43 选择单元窗口

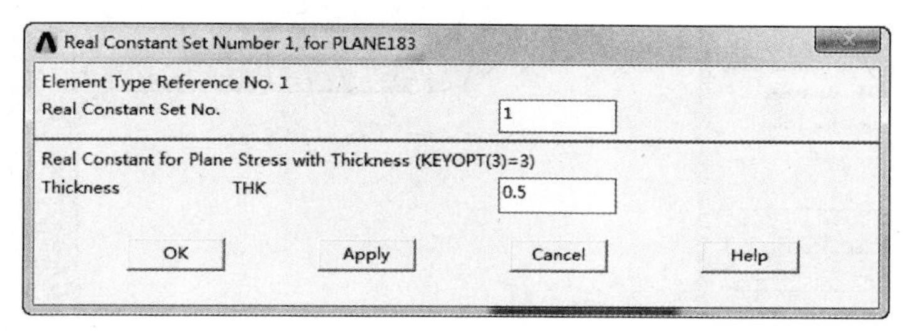

图 10.44 定义实常数对话框

10.4.3 网格划分

ANSYS 程序的一个突出特征是自动网格划分，无需用户控制网格尺寸，即“默认网格划分”。然而，对于该算例的模型，应人工干预定义总体单元尺寸来控制全局网格密度。

在用户界面的“Main Menu”列表中依次展开“Preprocessor”和“Meshing”菜单打开“Mesh Tool”窗口，如图 10.45 所示。点击“Global”标签的“Set”按钮弹出“Global Element Sizes”对话框，在“SIZE Element edge length”文本框输入“0.5”，如图 10.46 所示，点击“OK”按钮关闭对话框。

在“Mesh Tool”窗口的“Mesh”下拉选项中选择“Areas”(如图 10.45 所示)，点击“Mesh”按钮，在弹出的“Mesh Areas”窗口(如图 10.47 所示)点击“Pick All”按钮。关闭划分网格过程中弹出的警告信息，点击“Mesh Tool”窗口的“Close”按钮完成网格划分，网格划分结果如图 10.48所示。

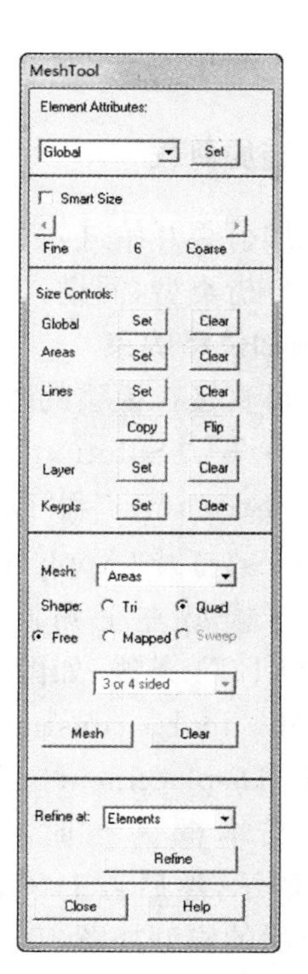

图 10.45 网格划分工具窗口

Global Element Sizes

[ESIZE] Global element sizes and divisions (applies only to "unsized" lines)

SIZE Element edge length 0.5

NDIV No. of element divisions - 0

- (used only if element edge length, SIZE, is blank or zero)

OK Cancel Help

图 10.46 输入单元尺寸对话框

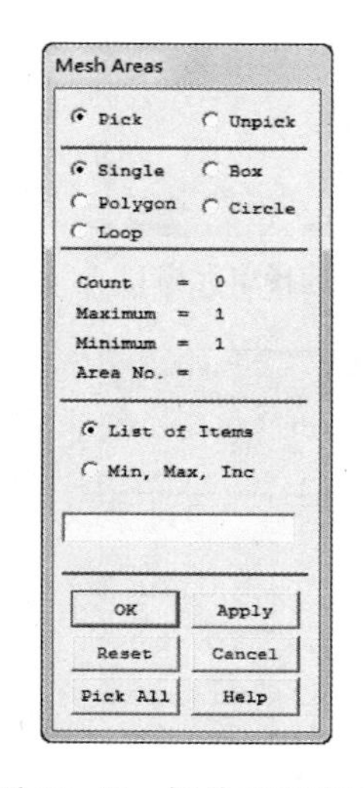

图 10.47 划分面积窗口

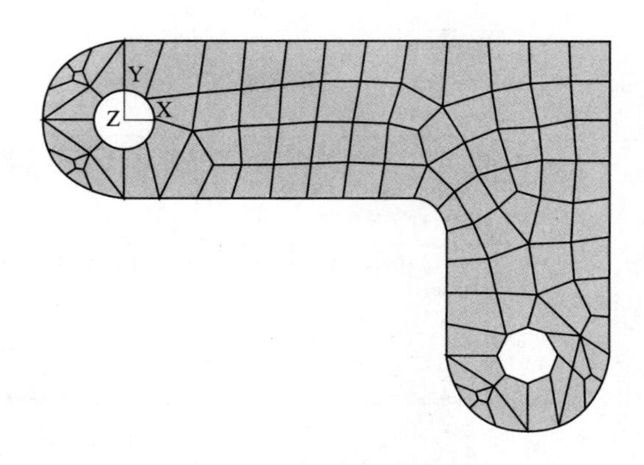

图 10.48 角支撑架的网格划分

10.4.4 施加荷载

从施加荷载开始进入求解阶段，程序默认的分析类型是静力分析，因此，用户不需要定义该算例的分析类型，而且，该算例也没有分析选项。

1. 施加位移约束

用户可直接在模型的线条上施加位移约束，具体方法是：在用户界面的“Main Menu”列表中依次展开“Solution”、“Define Loads”、“Apply”、“Structural”和“Displacement”菜单，选择“On Lines”打开“Apply U，ROT on Lines”对话框，点击模型左上角圆孔的“L9”、“L10”、“L11”和“L12”4 条线，如图 10.49 所示。在对话框的“DOFs to be constrained”窗口选择“All DOF”，在“Displacement value”文本框输入“0”或为空（文本框为空时，程序默认为 0），如图 10.50所示，然后点击“OK”键完成施加约束，施加约束后的模型如图 10.51 所示。

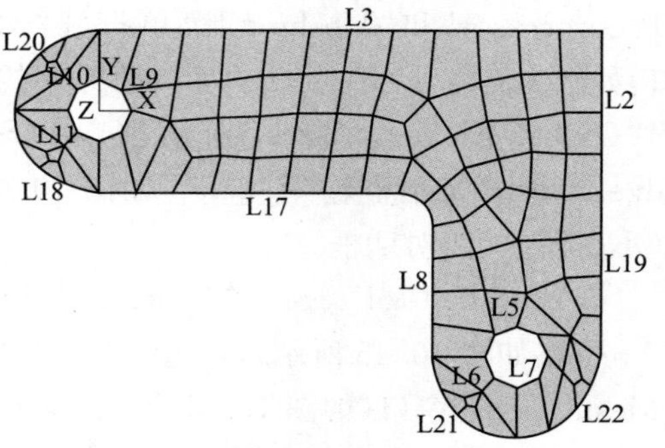

图 10.49 选择被约束的线

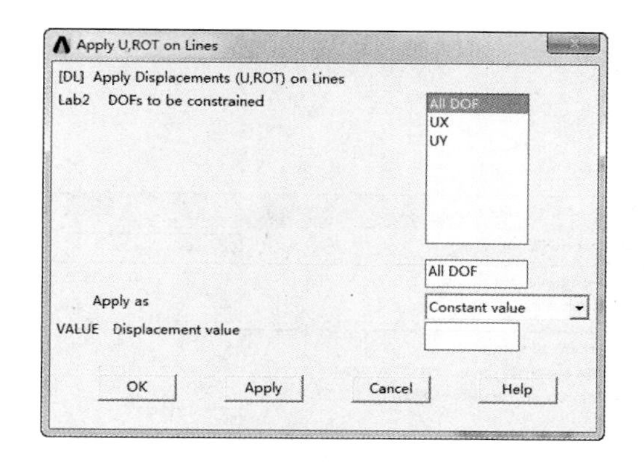

图 10.50 施加位移约束对话框

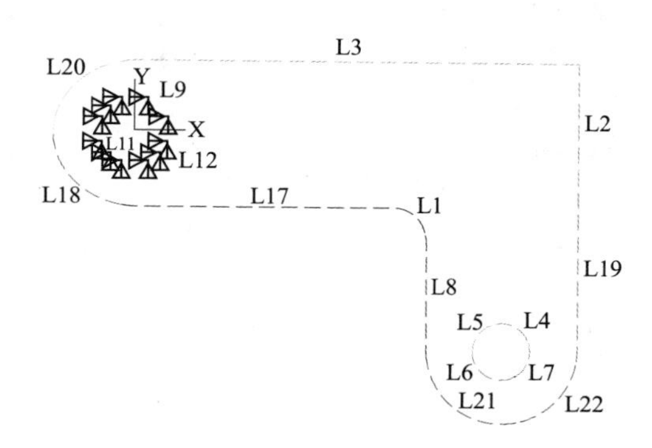

图 10.51 施加约束后的模型

2. 施加压力荷载

由施加约束的过程可知，程序创建的圆是由 4 条圆弧线组成的。本例的压力荷载作用在右下角圆孔的下半部分，因此，压力应施加到构成下部半圆弧的两条线上。由于压力是线性分布的，其最大值(500 psi)作用在圆弧的底部，最小值(50 psi)作用在半圆弧的两端，沿圆弧呈线性变化，因此，两条线上的压力荷载的变化趋势相反，需要分成两步施加。

在用户界面的“Main Menu”列表中依次展开“Solution”、“Define Loads”、“Apply”、“Structural”和“Pressure”菜单，选择“On Lines”打开“Apply PRES on Lines”窗口，选中“Pick”(默认)后(如图 10.52 所示)点击模型右下圆孔的左下 1/4 圆弧“L6”(如图 10.53 所示)，点击“Apply”按钮弹出“Apply PRES on Lines”对话框，在“Load PRES Value”文本框输入“50”，在可选项(均布压力无需输入)“value”的文本框输入“500”，点击“Apply”按钮完成左下 1/4 圆弧的压力荷载设置，如图 10.54(a)所示。然后，点击模型右下圆孔的右下 1/4 圆弧“L7”(如图 10.53所示)，点击“Apply PRES on Lines”窗口的“Apply”按钮，在弹出的“Apply PRES on Lines”对话框的“Load PRES Value”文本框输入“500”，在可选项“value”文本框输入“50”，点击“OK”按钮关闭对话框，如图 10.54(b)所示。

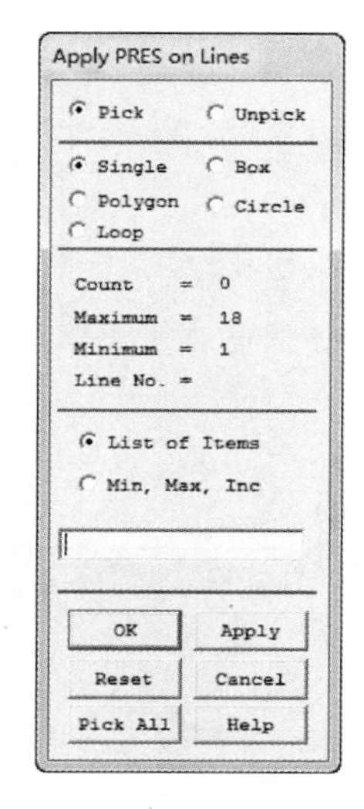

图 10.52 施加压力荷载对话框

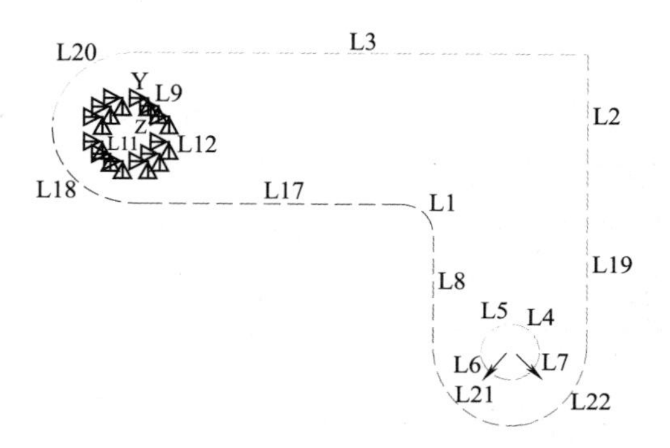

图 10.53 选择施加压力荷载的线

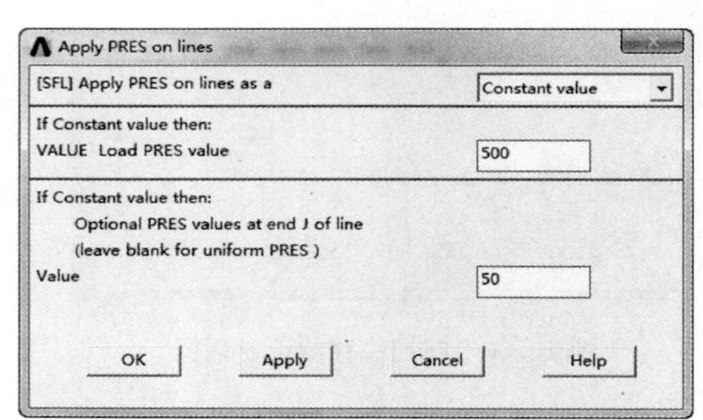

(a) 输入左下 1/4 圆弧压力荷载　　(b) 输入右下 1/4 圆弧压力荷载

图 10.54　输入荷载值的弹出窗口

10.4.5　求解

在用户界面的"Main Menu"列表中依次展开"Solution"和"Solve"菜单，选择"Current LS"弹出"/STATUS Command"状态窗和"Solve Current Load Step"求解命令窗，如图 10.55 和图 10.56 所示。核对状态窗的信息，确认后，点击状态窗"File"下拉菜单中的"Close"关闭状态窗，然后，点击命令窗的"OK"按钮开始分析。分析结束后，屏幕上会弹出求解结束的信息，如图 10.57 所示，点击"Close"关闭窗口。

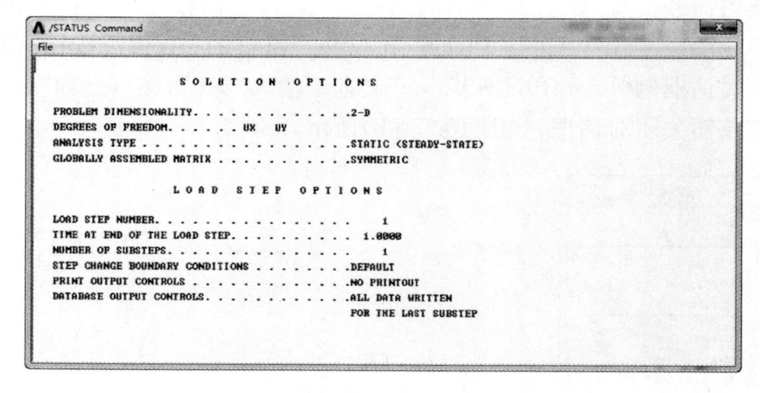

图 10.55　求解信息窗

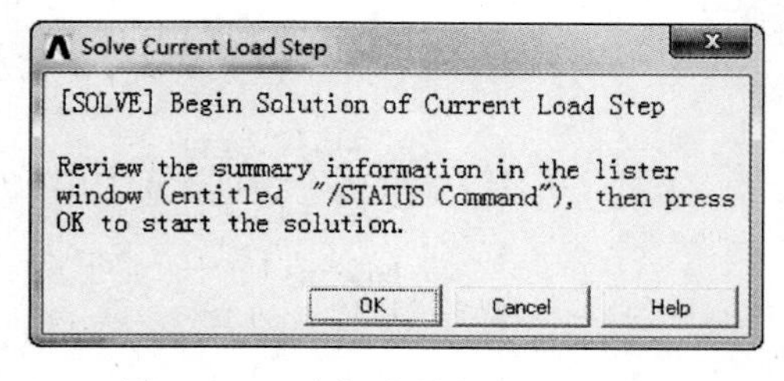

图 10.56　求解当前荷载步对话框

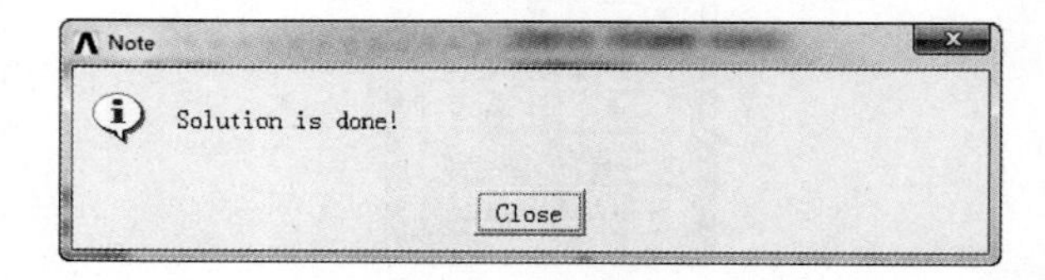

图 10.57　求解结束通知窗口

程序将计算结果存储在数据库和结果文件 Jobname. RST 中，数据库中只有给定时间的一组结果，对于多荷载步或多子荷载步的计算，数据库中仅有最终的计算结果，而结果文件中将存储全部结果。

10.4.6 查看结果

在用户界面的“Main Menu”列表中依次展开“General Postproc”和“Read Results”菜单，选择“First Set”选项打开通用后处理模块并读入数据，然后，以不同形式查看计算结果。

1. 显示变形图

在用户界面的“Main Menu”列表中依次展开“General Postproc”和“Plot Results”菜单，选择“Deformed Shape”打开“Plot Deformed Shape”对话框。对话框中有三个选项：仅画变形图“Def shape only”、叠合的变形前后图“Def + undeformed”和变形图与变形前的边线叠合图“Def+undef edge”，本例选中“Def+undeformed”，如图 10.58 所示，点击“OK”按钮后即可显示出如图 10.59 的变形图。

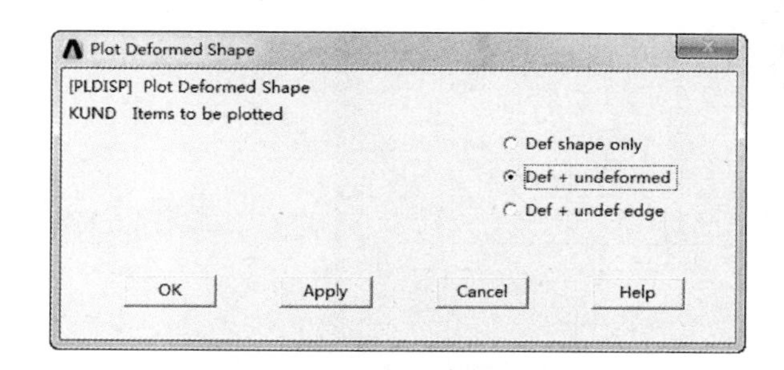

图 10.58 画结构变形图对话框

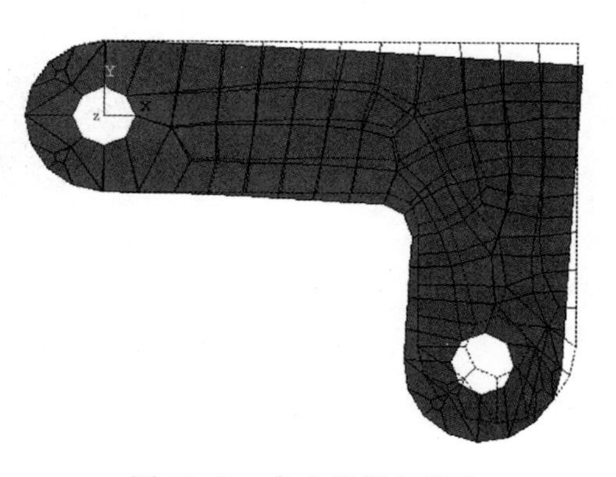

图 10.59 角支撑板变形图

此外，程序还提供了动画演示功能。在用户界面的“Plot Ctrls”下拉菜单依次选择“Animate”和“Deformed Shape”选项，弹出“Animate Deformed Shape”对话框。动画演示除了提供了上述 3 个选项外，还需要用户定义显示对象和动画时长，即在“Time delay”文本框中输入“0.5”，如图 10.60 所示。

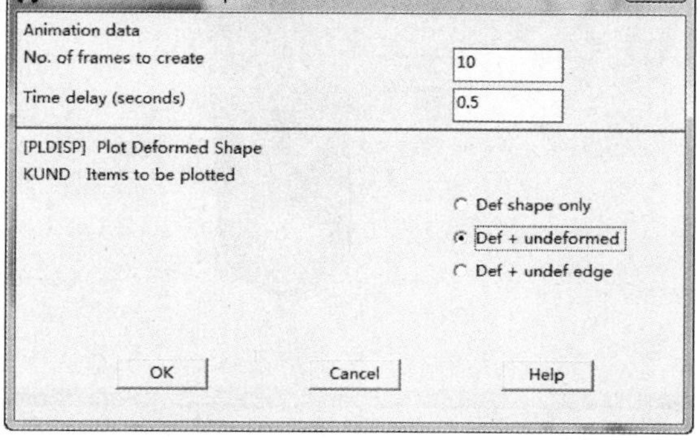

图 10.60 结构变形动画演示对话框

2. 显示等效应力云图

在用户界面的"Main Menu"列表中依次展开"General Postproc"、"Plot Results"和"Contour Plot"菜单，点击"Nodal Solu"打开"Contour Nodal Solution Data"对话框，依次选择"Stress"和"von Mises stress"，如图 10.61 所示，点击"OK"按钮画等效应力云图，如图 10.62 所示。

还可以动画演示应力云图，在用户界面的"Plot Ctrls"下拉菜单中依次选择"Animate"和"Deformed Results"打开"Animate Nodal Solution Data"对话框，在"Item to be contoured"标签的左、右滚动列表中分别选择"Stress"和"von Mises SEQV"，并在"No. of frames to be create" 文本框和"Time delay"文本框中分别输入动画演示模型"10"和演示时间"0.5"，如图 10.63所示。

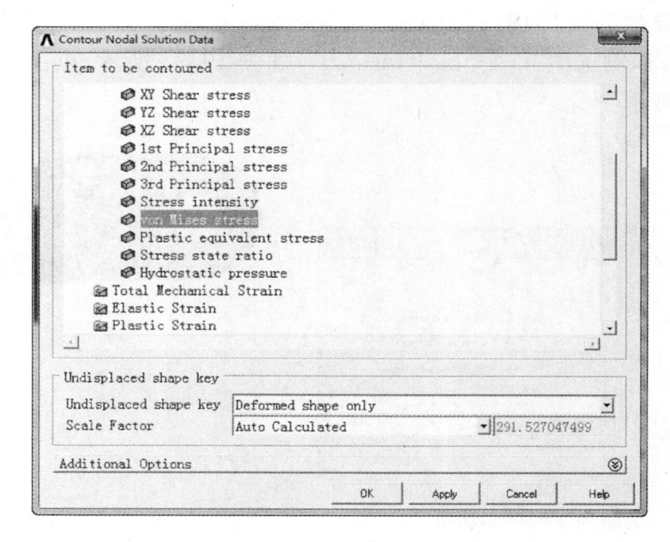

图 10.61　等值线数据类型选择窗口

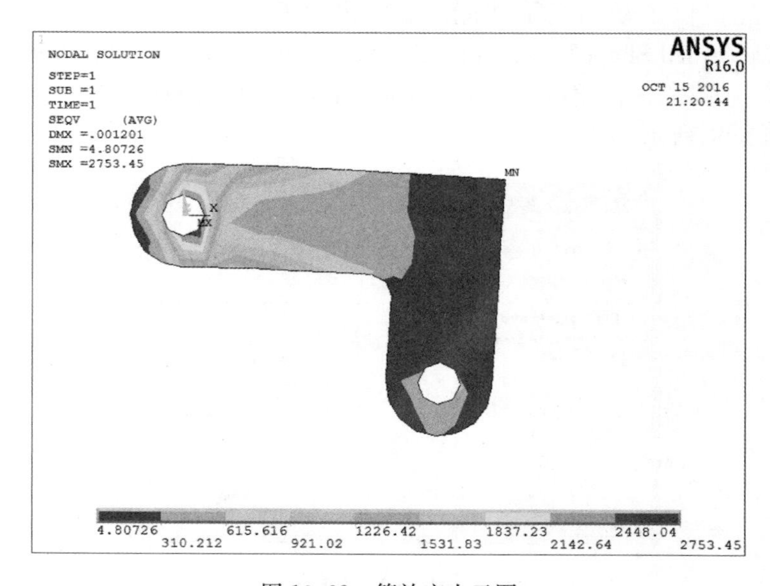

图 10.62　等效应力云图

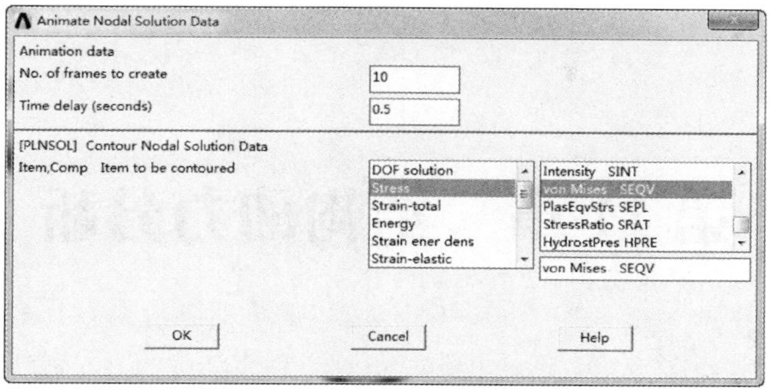

图 10.63 结点数据动画演示选项窗口

3. 查看约束反力

在用户界面的“Main Menu”列表中依次展开“General Postproc”和“List Results”菜单，选择“Reaction Solu”打开“List Reaction Solution”对话框，在“Item to be listed”的滚动选项中选择要查看的数据，本例选择“All items”，如图 10.64 所示，点击“OK”按钮显示所选数据表单，如图 10.65 所示。

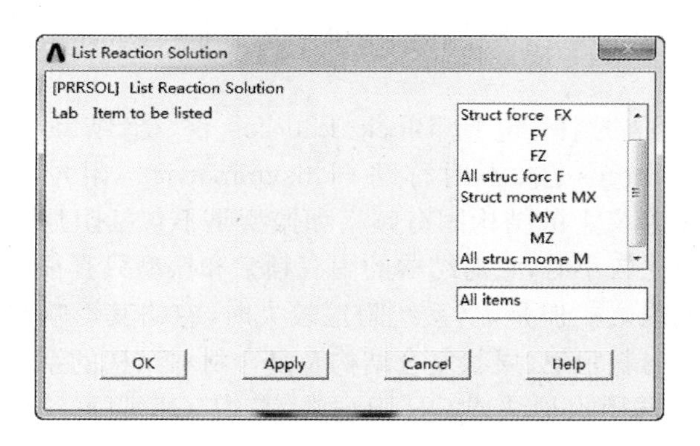

图 10.64 显示反力解对话框

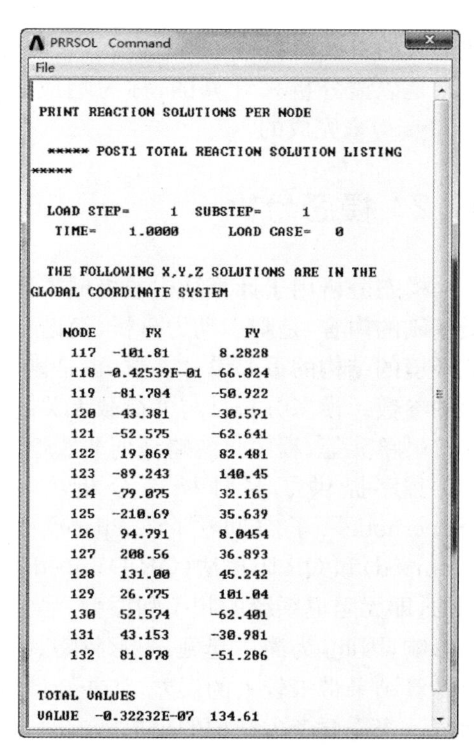

图 10.65 约束反力数据表

第 11 章　结构动力分析

11.1　概　　述

结构动力分析包括动力特性分析和动力响应分析，动力特性分析的计算结果是结构的频率和振型，动力响应分析的计算结果包括结构的位移、速度和加速度。由于动力荷载的不同，动力响应分析的方法也不同。这些方法在数学上分为两大类——解析方法和数值方法，其中，解析方法只能求解可以表示成简谐函数的交变荷载或具有简单函数形式的周期荷载或冲击荷载，其他只能表示成复杂函数形式的荷载或不能表示成函数形式的荷载则只能用数值方法求解。这些分析内容在 ANSYS 中分别由模态分析（Modal Analysis）、简谐分析（Harmonic Analysis）和瞬态动力分析（Transient Dynamic Analysis）来完成的。还有一类不能表示成函数形式的特殊荷载——随机荷载，它们可以表示成具有统计特征的谱，结构对这类荷载的响应通常是以谱分析来计算的，称为响应谱，ANSYS 对这类问题的处理是由谱分析（Spectrum Analysis）来完成的。

11.2　模态分析

模态分析用于计算结构或机械零部件的动力特性——固有频率和振型，它是结构动力学最基础的内容，是瞬态动力分析、简谐分析和谱分析的入门。固有频率和振型是服役于动力荷载环境的结构的重要设计参数，也是谱分析或用模态叠加法进行简谐分析或瞬态分析必不可少的参数。模态分析是与外荷载无关的线性分析，因此，即使在模型中定义了非线性，如塑性和接触单元等，程序将忽略任何非线性影响。

程序提供了多种模态分析方法供用户选择，包括 Block Lanczos 法、超结点法（Supernode）、子空间法（Subspace）、PCG Lanczos 法、不对称法（Unsymmetric）、阻尼法（Damped）和 QR 阻尼法（QR Damped）。一般意义上的结构固有频率和振型是不包括阻尼影响的，即无阻尼系统的频率和振型。当系统阻尼较小时，它对结构的固有频率和振型只有很小的影响，因此，为简单起见，通常忽略其影响而求之。但是，当系统阻尼较大时，忽略其影响将给计算结果带来较大的误差，如非金属材料的材料阻尼、层状复合结构及复合材料结构的系统阻尼。当需要考虑结构的阻尼影响时，用户可选用阻尼法或 QR 阻尼法，其中，QR 阻尼法可求解不对称刚度和阻尼矩阵。

模态分析主要包括创建模型、施加边界条件和分析求解三个步骤，当然，作为 ANSYS 程序的使用还包括查看结果。

11.2.1　创建模型

创建用于模态分析的结构模型时，应注意以下三个问题：

1. 线性模型

为了方便,用户可能将用于其他分析的包含非线性问题的模型直接用于模态分析,尽管模型中定义了非线性单元,程序仍将其作为线性系统来处理。例如,模型中定义了接触单元,则它们的刚度是基于初始状态计算的,分析过程中不会发生任何变化。对于预应力结构的模态分析,程序假定接触单元的初始状态与静态预应力分析结束时的状态相同。

2. 材料模型

创建用于模态分析的模型其材料性质包括线性、各向同性或正交各向异性以及常数或随温度变化,用户仅需要定义弹性模量(EX,或某些形式的刚度)和密度(DENS)(或某些形式的质量),程序将忽略材料性质的非线性部分。

3. 阻尼模型

如果希望计算结构的有阻尼频率和振型,可以通过定义特殊单元类型(COMBIN14 和 COMBIN37 等)所需的实常数来考虑阻尼的影响。程序提供了基于不同阻尼理论的多种阻尼模型,包括瑞雷阻尼(ALPHAD,BETAD)和材料依赖型瑞雷阻尼(MP,ALPD,MP,BETD)、比例阻尼(DMPRAT)和材料依赖型比例阻尼(MP,DMPR)、模态阻尼(MDAMP)、滞回阻尼(DMPSTR)和材料依赖型滞回阻尼(MP,DMPR,TB,SDAMP)、黏弹性材料阻尼(TB,PRONY)和单元阻尼(即 COMBIN14、COMBIN40、MATRIX27 和 MPC184)。阻尼法和 QR 阻尼法并不支持所有阻尼模型,阻尼法只能选择瑞雷阻尼和材料依赖型瑞雷阻尼、单元阻尼以及滞回阻尼和材料依赖型滞回阻尼。其中,滞回阻尼和材料依赖型滞回阻尼要求有复振型(命令 MODOPT 的 Cpxmod 域为 Yes,即 *Cpxmod*=Yes)。用模态叠加法进行简谐响应分析时,QR 阻尼法支持瑞雷阻尼和材料依赖型瑞雷阻尼、单元阻尼、比例阻尼、模态阻尼以及滞回阻尼和材料依赖型滞回阻尼;而进行瞬态分析时,不支持滞回阻尼和材料依赖型滞回阻尼。

11.2.2　施加约束

对于用户输入的非零位移约束,程序仍赋值给相应的自由度零位移。对于没有约束的自由度,程序不仅计算高阶弹性体模态(非零频率),而且计算刚体模态(零频率)。用户可以在划分网格前施加约束,施加在关键的点、线或面上;也可以在划分网格后的模型上施加约束,施加在结点和单元上。表 11.1 列出了施加位移约束的命令,这些命令可以对约束进行一系列的操作。

表 11.1　施加约束命令集

模型状态	位置	命令				
		施加	删除	列表	运算	应用设置
划分网格前	关键点	DK	DKDELE	DKLIST	DTRAN	—
	线	DL	DLDELE	DLLIST	DTRAN	—
	面	DA	DADELE	DALIST	DTRAN	—
划分网格后	结点	D	DDELE	DLIST	DSCALE	DSYM,DCUM

除列表的命令外,其他命令均可以在图形用户界面中通过一系列下拉菜单打开。用户可以在“Solution”菜单中选择所要做的操作,如施加和删除等,再从荷载类型中选择位移,最后选择施加约束的位置。例如,在网格划分前的线上施加位移约束命令的打开顺序是:Main

Menu> Solution> Define Loads> Apply> Structural> Displacement> On lines。而列表命令的路径是:Utility Menu> List>Loads> Load type。

如果希望采用模态叠加法在模态分析后继续进行简谐响应或瞬态响应分析,则可以在施加约束的同时也施加后续响应分析的荷载。由于模态叠加法分析过程中只能定义结点力,因此,其他荷载必须事先在模态分析时定义。模态叠加法分析时,再利用命令 LVSCALE 读取、并按比例施加。弹簧的初始荷载、初始应变、预张力荷载和温度荷载无效。

施加结点力的最有效方法是多荷载生成方法,为此,先指定一种振型提取方法生成荷载向量(MODOPT,LANB; LANPCG; SNODE; SUBSP; UNSYM; QRDAMP)。然后,开启多荷载向量生成功能(MODCONT,ON),可用命令 THEXPAND 忽略温度荷载。接下来便可以一组一组地依次定义荷载(命令 F、BF 和 SF 等),进行模态分析(SOLVE 命令)生成相应的荷载向量。

11.2.3 添加阻尼

阻尼法和 QR 阻尼法支持所有阻尼模型,不对称法仅支持滞回阻尼模型。其他模态分析方法忽略用户定义的阻尼。如果用户定义了模型阻尼并选用阻尼法提取模态,则计算得到的特征值(频率)是复数,特征向量(振型)可能是实数,也可能是复数(命令 MODOPT,Cpxmod)。实数特征向量用于模态叠加法计算响应。

如果模态分析后直接进行谱分析或模态叠加法响应分析,可以在无阻尼模态分析的模型中定义阻尼,其命令格式为:MP,DMPR。此时,阻尼不影响特征值计算,只用于计算后续分析需要的模态阻尼比。表 11.2 列出了添加阻尼的命令。

表 11.2 添加阻尼命令集

选　　项	命　　令
与系统质量成正比的阻尼	ALPHAD
与系统刚度成正比的阻尼	BETAD
与系统质量成正比的材料依赖型阻尼	MP,ALPD
与系统刚度成正比的材料依赖型阻尼	MP,BETD
单元阻尼(通过单元实常数或材料表单添加)	R,TB
滞回阻尼	DMPSTR
材料依赖型滞回阻尼	MP,DMPR

11.2.4 定义分析类型和选项

定义分析类型和选项设置是在求解处理器中完成的,因此,首先打开求解处理器,其命令为/SOLU,路径是 Main Menu > Solution。表 11.3 列出了模态分析的类型和选项。

表 11.3 模态分析的类型和选项

选　　项	命令	路　　径
新分析	ANTYPE	Main Menu> Solution> Analysis Type> New Analysis
分析类型	ANTYPE	Main Menu> Solution> Analysis Type> New Analysis> Modal
振型提取方法	MODOPT	Main Menu> Solution> Analysis Type> Analysis Options

续上表

选　　项	命令	路　　径
提取的模态个数	MODOPT	Main Menu> Solution> Analysis Type> Analysis Options
扩展模态个数	MXPAND	Main Menu> Solution> Analysis Type> Analysis Options
形成质量矩阵	LUMPM	Main Menu> Solution> Analysis Type> Analysis Options
预应力效应计算	PSTRES	Main Menu> Solution> Analysis Type> Analysis Options
结果文件输出控制	OUTRES	Main Menu> Solution> Load Step Opts > Output Ctrls > DB/Results Files
残余向量计算	RESVEC	该命令不能从菜单打开

定义模态分析会出现"Solution"菜单,"Solution"菜单有两种形式——缩略的或非缩略的,由此前完成的一步操作确定。缩略菜单是结构分析默认的"Solution"菜单形式,它仅列出用于或推荐用于模态分析的选项。非缩略菜单则会列出所有选项,包括其他分析类型选项,可用于模态分析的选项是可激活状态(黑色显示),其他则为不可激活状态(暗灰色显示)。如果用户希望使用缩略菜单以外的选项,可打开非缩略菜单,但程序开发人员不建议使用这些选项。

缩略菜单的所有变量都包含一个非缩略菜单选项,以备用户方便地使用。当用户开始一个与刚刚结束的分析类型相同的分析任务时,程序默认地显示与上一个分析相同的求解菜单。例如,刚刚完成的静态分析选用了非缩略菜单,当用户继续进行屈曲分析时,则程序同样会自动提供用于屈曲分析的非缩略菜单。在求解阶段,用户可随时在缩略菜单和非缩略菜单之间切换。

1. 新分析选项

当用户希望计算额外的荷载向量、残余向量或完成模态分析后的强迫振动,请选择"Restart"。

2. 分析类型选项

用该选项定义模态分析。

3. 分析方法选项

用该选项定义模态分析方法,表 11.4 列出了程序支持的模态分析方法。

表 11.4　模态分析方法

方　　法	说　　明	内存	硬盘
Block Lanczos 法	该方法用于维数较大的对称矩阵特征值问题求解,可提取大于 40 阶的模态。它采用稀疏矩阵求解器,覆盖 EQSLV 命令指定的任何求解器。当模型采用几何形状较差的实体单元和壳单元模拟时,建议采用该方法。因为,该方法对于壳单元或壳单元和实体单元模型有较好的性能	中	高
PCG Lanczos 法	该方法用于维数非常大(>1 000 000)的对称矩阵特征值问题小于 100 阶模态的求解,特别适用于求最低几阶模态。因为,该方法对于几何形状良好三维实体元模型具有较好的求解性能。它使用 PCG 迭代求解器,因此,不支持超单元、接触问题的 Lagrange 乘子选项和混合 u-P 公式单元。 PCGOPT 命令 Lev_Diff 域的各种值均可调用该方法,也可用 MSAVE 命令减少内存用量。 程序默认不作 Sturm 序列校核,为了确保不丢失模态,开发了内探索法。如果必须使用 Sturm 序列校核,可用 PCGOPT 命令激活	中	低

续上表

方　法	说　明	内存	硬盘
超结点法	该方法用于一次求解多个模态(<10,000)，当提取的模态数大于 200 时，该方法的计算速度比 Block Lanczos 法快，求解精度可用 SNOPTION 命令控制。 该方法可用于二维平面问题、壳单元或梁单元模型(>100 阶模态)和三维实体单元模型(>250 阶模态)	中	低
子空间法	该方法采用稀疏矩阵求解器，适用于大型对称矩阵的特征值求解，可提取大于 40 阶模态。当质量矩阵的部分元素为零或模型中有 u-P 公式单元，该方法鲁棒性更好。 该方法优于 Block Lanczos 法的特点是，矩阵[K]和[S][M]可同时是不定型，可用 SBUOPT 控制某些选项。 当适用分布式 ANSYS 时，建议使用该方法	中	高
不对称法	该方法用于不对称矩阵的特征值问题，如流体结构相互作用问题	—	—
阻尼法	该方法用于有阻尼模态分析，如轴承问题	—	—
QR 阻尼法	该方法采用减缩模态有阻尼矩阵在模态坐标下计算复有阻尼频率，因此比阻尼法计算速度更快，计算效率更高	—	—

(1)Block Lanczos 法

Block Lanczos 特征值求解器采用向量块进行 Lanczos 递推，故而得名。Block Lanczos 法采用稀疏矩阵求解器，覆盖 EQSLV 命令指定的任何求解器。当在系统特征值谱的指定范围内搜索特征频率时，该方法特别有效。在提取谱的中、高位模态时，特征频率的收敛速率与提取最低模态时相同。因此，当采用迁移频率(MODOPT 命令的 *FREQB* 域)提取 *FREQB* 给定的起始值之后的 n 个模态时，该算法提取之后的 n 个模态的速度与提取 n 个最低阶模态的速度相同。

Block Lanczos 特征值求解器在其宽泛的应用范围内通常都具有非常好的鲁棒性，但一些类型的单元可能使得该求解器在获得最终解的过程中遇到麻烦，包括使用 Lagrange 乘子的单元 MPC184 和使用对称单元矩阵公式作模态分析的单元 FLUID30、FLUID220 和 FLUID221。

(2)PCG Lanczos 法

PCG Lanczos 法将 Lanczos 算法与 PCG 迭代求解器组合使用，在下列情况下，比 Block Lanczos 法快很多：

①以三维实体元为主的大模型，且不存在因几何形状不良造成的病态矩阵。

②仅需提取最低阶的几阶模态。

如果用该方法求解病态矩阵或提取超过 100 阶模态，则计算时间会很长。

PCG Lanczos 法仅求最低阶的特征值，如果命令 MODOPT 要求提取一个范围内的特征频率，它将提取低于该范围下限频率的所有特征频率以及该范围内要求的特征频率数。因此，当输入的特征频率范围下限远大于零时，不建议使用该方法。

如何在 PCG Lanczos 法和 Block Lanczos 法之间作选择呢？程序开发人员的建议是，大多数问题选用 Block Lanczos 法，但是，对于满足下列条件的模型，PCG Lanczos 法更有效。

①模型在类似的静态或瞬态分析中适用 PCG 求解器。

②提取的模态数小于 100。

③MODOPT 命令中输入的起始频率为零或近似为零。

PCG Lanczos 特征值求解器(与所有迭代求解器一样)在收敛较快时最有效,因此,如果模型在类似的静态或瞬态分析中收敛较慢,则可以预见 PCG Lanczos 特征值求解器也将收敛较慢,从而效率较低。PCG Lanczos 特征值求解器在求系统最低阶固有频率时最有效,而当提取的模态数接近 100 时,或仅提取高阶模态时,Block Lanczos 特征值求解器成为较好的选择。

影响特征值求解器选择的其他因素是问题的大小和计算机硬件,例如,当 Block Lanczos 特征值求解器在一个硬件速度很慢(即输入/输出性能差)的系统中以核外模式运行求解问题时,PCG Lanczos 特征值求解器可能是较好的选择,因为,如果 PCGOPT 命令的 *Lev_Diff* 域的值是 1～4,它作相当少的输入/输出。另一个例子是求解具有 15 000 000 个自由度的模型,Block Lanczos 特征值求解器需要将近 300 GB 的驱动空间,如果计算机资源有限,PCG Lanczos 特征值求解器可能是求解此类问题的唯一可行的选择,因为,它比 Block Lanczos 特征值求解器的输入/输出次数少得多。PCG Lanczos 特征值求解器成功地用于超过 100 000 000 个自由度系统的模态分析。

(3)超结点法

超结点求解器用于求解大型对称矩阵的特征值问题,一次可提取 10 000 个模态。通常,求解大量模态的目的是用于后续的采用模态叠加法或谱分析求结构某个高频范围的响应。

一个超结点是一组单元的一组结点,模型的超结点是程序自动生成的。该模型首先计算每个超结点在 0.0～FREQE * *RangeFact*(*RangeFact* 由 SNOPTION 命令定义,默认值为 2.0)范围内的特征模态,然后用超结点特征模态计算模型在 FREQB 至 FREQE(FREQB 和 FREQE 由 MODOPT 命令定义)范围内的总体特征模态。

通常情况下,如果提取的模态数大于 200,该方法的计算速度比 Block Lanczos 法和 PCG Lanczos 法都快,其计算准确性可用 SNOPTION 命令控制。该方法不能用集中质量矩阵,因此,无论 LUMPM 命令如何设置,该方法都将选用一致质量矩阵选项。

选用超结点法应满足下列条件:

①模型在类似的静态或瞬态分析中适用稀疏矩阵求解器,即模型由梁或壳模拟亦或是薄壁结构。

②提取的模态数大于 200。

③MODOPT 命令中输入的起始频率为零或近似为零。

对于以实体单元为主的结构或几何形状比较粗壮的模型,超结点特征值求解器仍比其他特征值求解器更有效。但是,就性能而言,较高阶的模态才能凸显出超结点法的优势。硬件也是影响选择特征值求解器的因素,例如,使用输入/输出性能较差的计算机时,超结点特征值求解器可能是较快的特征值求解器(与 Block Lanczos 求解器相比)。

(4)子空间法

子空间法是一个迭代算法,适用于具有对称刚度和质量矩阵的系统。该方法采用稀疏求解器,如果用分布式 ANSYS 计算则采用分布式稀疏求解器。当在分布式并行模式下提取大型结构适量特征值时,子空间求解器表现良好。

子空间法可用 Sturm 序列校核(程序默认不校核),校核命令是 SUBOPT。SUBOPT 命令还可以配置该算法的内存使用。

(5)不对称法

不对称法使用完整的刚度和质量矩阵,用于求解刚度和质量矩阵不对称的问题,如声学流固耦合问题。该方法不能进行 Sturm 序列校核,因此,在提取高阶频率时可能会丢失模态。

不对称法求解得到的可能是实模态,也可能是复模态,程序自行决定解的形式,MODOPT 命令的 *Cpxmod* 值等于 AUTO。

(6)阻尼法

阻尼法用于求解必须考虑系统阻尼的特征值问题,如转子动力学。该方法采用完整的刚度、质量和阻尼矩阵,不能采用 Sturm 序列进行校核,因此,在提取高阶频率时可能会丢失模态。

在有阻尼系统中,特征值解是复数且不同结点的响应可能有相位差。在任一给定结点,特征向量是实部和虚部的矢量和。

(7)QR 阻尼法

QR 阻尼法利用了对称特征值解法和复 Hessenberg 法的优点,将两种方法巧妙地组合,其关键思想是用无阻尼系统大量特征向量的模态变换来表示复有阻尼特征值。在用实特征解估计无阻尼振型后,将运动方程变换到由这些特征向量组成的模态坐标。

QR 算法在模态子空间求解较小的特征值问题,对于小阻尼系统能够得到满意的结果。该方法可应用于任意形式的阻尼及其组合,如比例或非比例对称阻尼、非对称陀螺阻尼矩阵和结构阻尼。该方法也支持非对称刚度矩阵。

QRDAMP 特征值求解器适用于由少数不对称单元刚度矩阵造成的总体刚度矩阵不对称问题,例如,制动摩擦问题中的接触单元。当遇到不对称刚度矩阵时,程序将用不对称特征值求解器验证频率和振型,并且在对称特征解完成后 QRDAMP 特征值求解器会立即弹出一个警告信息。

QRDAMP 特征值求解器最适合较大的模态子空间收敛,因此,是大模型的最佳选择。由于该方法的计算准确性依赖于所用的模态数,因此,应采用足够数量的模态组成模态子空间,特别是大阻尼系统,以获得满意的计算结果。该方法输出实特征值和虚特征值,但仅输出实特征向量(默认),尽管用户可能用 MODOPT 命令计算了复振型。

程序开发人员不建议用 QR 阻尼法求解临界阻尼或过阻尼系统,并建议用阻尼法计算小模型。因为,对于有阻尼系统,阻尼法计算结果的准确性比 QR 阻尼法更好。

上述方法中,Block Lanczos 法、PCG Lanczos 法、超结点法和子空间法可应用于大多数问题,而不对称法、阻尼法和 QR 阻尼法应用于特殊问题。当用户定义模态分析方法时,程序会自动选择适当的方程求解器。

4. 提取模态数选项

所有模态提取方法值需要完成该选项设置,如果出现成组的重复频率,用户应确认提取了每组的所有解。对于不对称法和阻尼法,定义的模态数应大于所需的模态数,这样可以降低丢失模态的可能性,当然,代价是计算时间较长。

5. 展开模态数选项

用命令 MXPAND 定义用于后处理或后续模态叠加法分析(即,谱分析、功率谱密度分析、瞬态分析或简谐分析)的展开模态(写入结果文件)和单元参量计算(应力、应变、力和能量等)。由该命令可定义下列模态展开方法:

(1)输入展开模态的编号(*NMODE*)。

(2)用表单选择模态(用 *NMODE* 输入)。

(3)根据模态质量或振型系数选择模态(在 *ModeSelMethod* 域输入)。

(4)定义提取的频率范围(*FREQB*,*FREQE*)。

在模态叠加法分析中,结点自由度的计算结果可以在展开过程中组合并用组合后的结点自由度参数计算单元参量,也可以在模态展开过程中直接组合应力,从而减少计算时间。这个选择是模态分析时由 MXPAND 命令的 *MSUPkey* 域的值控制的。

如果 *MSUPkey* 的值是 YES(MXPAND,ALL,,,YES,,YES),单元参量被写入模态文件,然后在模态展开过程中直接组合。这也是程序默认的设置,它将减少计算时间,但对于后续的模态叠加法分析有下列限制:

(1)等效应变用 EFFNU=0 计算,用命令 AVPRIN 设置适当的泊松比。

(2)不支持温度荷载。

(3)不能用 NMISC 结果。

(4)不支持超单元(*MSUPkey* 域的值为 NO)。

(5)如果在简谐或瞬态响应分析中需要考虑阻尼和惯性的影响,则必须输出单元结点荷载(命令格式:OUTRES,NLOAD,ALL),否则,响应只是静态的结果。

(6)用 QRDAMP 特征值求解器进行模态叠加法的简谐分析时,单元的阻尼力和反力不可用。

(7)有压力荷载时不支持管单元的应变和应力计算。

(8)强迫振动问题不能应用惯性力和动能。

如果 *MSUPkey* 的值是 NO(MXPAND,ALL,,,YES,,NO),单元参量不写入模态文件。对于后续的模态叠加法分析,结点自由度的计算结果在模态展开过程中组合并以组合后的结点自由度的计算结果计算单元参量。该选项用于获取 NMISC 结果,或用于模态分析时计算温度荷载,以便后续模态叠加法的简谐分析或瞬态分析使用,但不能用于获取基于模态阻尼比的阻尼力。

6. 结果文件输出选项

用 OUTRES 命令输出感兴趣的参量和感兴趣的区域,以限制结果文件 Jobname.RST 的大小。对于后续的模态叠加法分析(即,谱、功率谱密度、瞬态或简谐分析),用户也应该在模态分析时用 OUTRES 命令控制输出。需要指出的是,OUTRES 和 OUTPR 命令的 *FREQ* 域的值只能是 ALL 或 NONE。即,可以获取所有模态数据或不获取任何模态数据。

7. 质量矩阵格式选项

用该选项定义默认格式(取决于单元类型)或集中质量矩阵,建议采用默认格式。当然,对于一些瘦小的结构,如梁或极薄的壳,集中质量矩阵也可以得到较好的结果。此外,集中质量矩阵所需的计算时间短且占内存少。

8. 预应力效应选项

用该选项计算预应力结构的模态,默认选项是不考虑预应力影响的,即假定结构处于无应力状态。如要考虑预应力影响,来自静态或瞬态分析的单元文件必须是可用的。如果开启了预应力效应功能,在模态分析和后续的分析过程中,集中质量矩阵设置必须与预应力静态分析相同。

对于 PLANE25 和 SHELL61 这样的预应力简谐单元，只能施加轴对称荷载。

9. 残余向量计算选项

用该选项来考虑高阶模态在后续模态叠加法分析中的影响，如果出现了刚体模态，用户必须用命令 D 定义虚拟约束(*Value*＝SUPPORT)。只能定义最少的约束，这些约束只在残余向量计算时起作用。

10. 其他选项

当完成模态分析选项对话框的设置后，点击"OK"按钮弹出特殊模态分析方法对话框，用户可以看到域 *FREQB*，*FREQE*，*PRMODE*，*Nrmkey* 的组合。其中，*FREQB* 是用户感兴趣的频率范围下限；*FREQE* 是用户感兴趣的频率范围上限；*Nrmkey* 是归一化模态。

当 *Method*＝LANB(Block Lanczos 法)、SUBSP(子空间法)、UNSYM(不对称法)、DAMP(阻尼法)或 QRDAMP(QR 阻尼法)时，*FREQB* 也表示特征值迭代的第一个移位点。如果 *Method*＝UNSYM 或 DAMP 时，*FREQB*＝0 或为空，默认值为－1.0，而对于其他方法，默认值是程序计算出来的。靠近移位点的特征值是最精确的，Block Lanczos 法、子空间法、不对称法和 QR 阻尼法采用多个移位点。对于 Block Lanczos 法、PCG Lanczos 法、子空间法、不对称法、阻尼法和 QR 阻尼法，如果 *FREQB* 是正值，特征值从移位点开始按递增顺序输出。对于不对称法和阻尼法，如果 *FREQB* 为负值，特征值从零开始按递增顺序输出。

对于 PCG Lanczos 法和超结点法，较大的 *FREQB* 值可能导致计算时间不经济的增加。因为，这些方法将在求出 *FREQB* 和 *FREQE* 之间的模态前，先计算 0 与 *FREQB* 之间的所有特征值。

除 *Method*＝SNODE(超结点法)外，无论该值是多少，程序都计算所有模态。而对于超结点法，*FREQE* 的默认值是 100 Hz。为了保证求解效率，不要将 *FREQE* 设置的太大，对于工程问题，一般不要超过 5 000 Hz。*FREQE* 越大，计算时间越长，提取的特征值越多。例如，如果 *FREQE*＝10^8，程序将求出每组超结点的所有特征值，因此，将消耗大量的计算时间。

11.2.5 求解及输出

输入命令 SOLVE 即可完成求解，其路径是：Main Menu＞ Solution＞ Solve＞ Current LS。输出的计算结果主要包括固有频率和振型。其中固有频率也是打印输出的一部分被写入输出文件 Jobname.OUT，振型则被写入振型文件 Jobname.MODE。打印输出可以包括振型及其参与系数，具体格式取决于分析选项和输出控制。用 MXPAND 命令将单元参量写入结果文件 Jobname.RST，如果不执行 MXPAND 命令，单元参量并不写入结果文件(默认)，从而无法进行后处理。

振型参与系数表单列出每个模态的参与系数、振型系数和质量分布百分数，参与系数和振型系数是基于总体直角坐标轴方向以及绕坐标轴转动的单位位移谱计算的。质量分布也在该表单中列出。

计算有效质量与总质量比的总质量在质量概要中可以找到，只有三维模型的精确质量总和准确地计算总的刚体质量，方向质量也是如此。用户可用 APDL Math 命令考虑边界条件和 CP/CE 对计算总质量的影响。

当使用实特征值求解器的模态分析方法(如 Block Lanczos 法、PCG Lanczos 法、超结点法或子空间法)时，程序将计算转动自由度参与系数。如果模态分析的目的是进行模态叠加法简谐响应分析，输出表单不包括转动参与系数。对于转动自由度，当计算精确质量总和时，参与系数表单将给出有效质量(等于参与系数的平方)与总质量之比。

用户可用命令 *GET 读取参与系数或振型系数。

11.2.6 查看结果

写入结果文件 Jobname. RST 中的数据包括固有频率、振型和应力。用户可在通用后处理模块 POST1 中查看这些结果，命令是 POST1。但要记住，如果希望用 POST1 查看结果，数据库必须有与求解时相同的模型，且结果文件 Jobname. RST 可用。

程序将每个模态作为一个子荷载步的计算结果存储在结果文件中，因此，读取数据时应指定相应的子荷载步，如：SET，LSTEP，SBSTEP(路径是：Main Menu> General Postproc> Read Results>By Load Step)。如果模态是以复数形式表示的，用户可用 SET 命令中的 KIMG 参数(SET，LSTEP，SBSTEP，，KIMG)查看它的实部、虚部、幅值和相位。

用户可用命令 SET，LIST(路径是：Main Menu> General Postproc> List Results)列出所有模态的频率，也可以用命令 PLDISP 显示振型，并利用该命令的 *KUND* 域重叠显示变形前的模型。

程序提供了查看等值线图的命令 PLNSOL 和 PLESOL，分别用于查看计算结果的结点数据和单元数据，包括应力(SX，SY，SZ...)、应变(EPELX，EPELY，EPELZ...)和位移(UX，UY，UZ...)等，其路径分别是：Main Menu> General Postproc> Plot Results> Contour Plot> Nodal Solu 和 Main Menu> General Postproc> Plot Results> Contour Plot> Element Solu。PLNSOL 和 PLESOL 命令的 *KUND* 域使用户可以选择是否在图上重叠显示模型原图。

对于梁单元、杆单元和管单元等一维单元，可用命令 ETABLE(路径是：Main Menu> General Postproc> Element Table> Define Table)打开应力和应变等导出数据(非有限元方程的未知量)。每个数据所代表的意义是由标签和序号或 ETABLE 命令的分项名称识别的，即 ETABLE，*Lab*，*Item*，*Com*，*Option*。

用户可用命令 PLETAB 和 PLLS 显示单元表单数据和一维单元数据的等值线图，其路径分别为：Main Menu> General Postproc> Element Table> Plot Element Table 和 Main Menu> General Postproc> Plot Results> Contour Plot> Line Elem Res。

需要指出的是，PLNSOL 命令显示的应力应变等导出数据的等值线图是结点的平均值，从而导致连接不同材料单元、不同厚度壳单元或其他几何或物理性质不同的单元的结点，该平均值是一个不准确的值。为了避免这样的问题，请在执行 PLNSOL 命令时选择相同材料的单元，选择相同厚度的壳单元进行结点或单元平均。

此外，用户也可以用命令 PRNSOL、PRESOL 和 PRRSOL(路径是：Main Menu> General Postproc> List Results>Solution Option)以表格的形式查看计算结果。PRNSOL 命令用于查看结点数据；PRESOL 命令用于查看单元数据；PRRSOL 命令用于查看反力数据。为便于分析数据，执行这些命令前，可用命令 NSORT(路径是：Main Menu> General Postproc> List Results> Sorted Listing> Sort Nodes)和 ESORT(Main Menu> General Postproc> List Results> Sorted Listing> Sort Elems)将数据归类。

11.3 瞬态动力分析

瞬态动力分析在结构动力学中称为时程分析，用于计算结构对随时间任意变化荷载的响应。瞬态分析可用于计算结构对静态、瞬态和简谐荷载以及任意组合荷载的响应，包括时变位移、应变、应力和内力。时间效应是瞬态分析的最大特征，从而惯性和阻尼影响变得非常重要。否则，就退化为静态分析了。

11.3.1 瞬态分析方法

ANSYS在瞬态分析中也提供了两种与简谐分析相同的方法——整体法和模态叠加法，但ANSYS Professional模块只能做模态叠加法瞬态分析。这两种各有其自身的特点，因此，适合于不同的分析目的。

1. 整体法

整体法采用整体的系统矩阵计算瞬态响应，可以考虑各种非线性问题（塑性、大变形、大应变等），因此，通用性较强。其优势在于：

(1)不用选择模态，更易于使用。

(2)可以考虑各类非线性问题。

(3)采用整体矩阵，不存在质量矩阵近似的问题。

(4)一次分析可计算所有（不是某一阶模态）位移和应力。

(5)可计算所有类型的荷载和边界条件，包括结点力、强加的非零位移（不推荐）和单元荷载（压力和温度）以及表单形式的边界条件。

(6)可有效地利用实体模型荷载。

整体法的主要劣势是比模态叠加法更耗时，因此，如果不存在非线性问题，建议采用模态叠加法。

2. 模态叠加法

模态叠加法的瞬态分析与简谐分析具有相同的原理——通过振型（特征向量）加权（振型参与系数）求和计算结构响应，这也是ANSYS Professional模块唯一可用的方法。其优势在于：

(1)对于许多问题，它比整体法计算速度更快、计算成本更低。

(2)可利用模态分析时施加的单元荷载。

(3)可用模态阻尼。

模态叠加法的劣势也体现在3个方面：

(1)在整个分析过程中，时间步只能是常数，不允许自动化分时间步。

(2)唯一可以考虑的非线性是简单的结点对接触（间隙条件）。

(3)不能施加非零的位移。

11.3.2 整体法

整体法瞬态动力分析主要包括建模、给定初始条件、设置控制条件及选项、施加荷载及边界条件、保存当前步的荷载配置、求解和查看结果。本节首先介绍如何进行整体法瞬态动力分析，然后，给出整体法的特殊步骤。

1. 建模

瞬态动力分析的建模基本过程与静态分析及前述的相关内容相同，此处不再赘述。但需要记住的是：

（1）可以采用线性和非线性单元。

（2）必须定义弹性模量 EX（或某种形式的刚度）和密度 DENS（或某种形式的质量）这两个参数，材料性质可以是线性或非线性的、各向同性或正交各向异性、常数或随温度变化。

（3）可以定义单元阻尼、材料阻尼和/或比例阻尼。

对于网格密度，建议：

（1）网格应足够小，以便于分辨高阶振型。

（2）应力或应变受关注的区域其网格应小于仅位移受关注的区域。

（3）如果考虑非线性，网格密度应满足捕捉非线性效应的需要。例如，物理非线性要求在塑性变形梯度较大的区域具有合理的积分点密度，因此，该区域的网格应划分得较细。

（4）如果关注波的传播效应，如杆竖直跌落时完全杆端着地所产生的波沿杆轴线传播，则网格应足够密以便于分辨波形，一般一个波长至少覆盖 20 个单元。

2. 给定初始条件

在进行整体法瞬态动力分析前，用户需要了解如何给定初始条件及如何使用荷载步。瞬态动力分析的荷载是时间的函数，定义此类荷载需要将荷载—时间曲线分成合理的荷载步，曲线上的“角”点应该是一个荷载步，如图 11.1 所示。

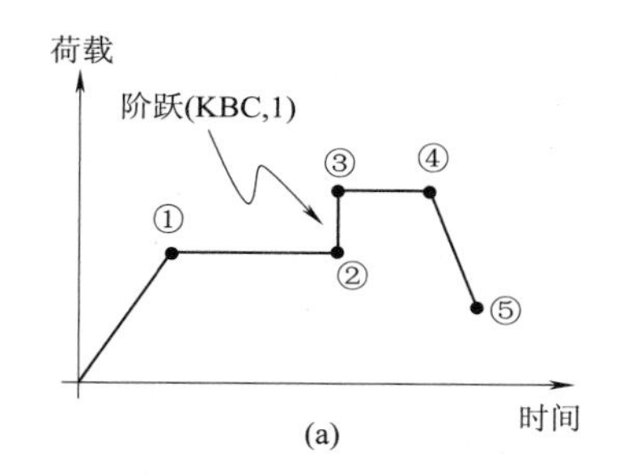

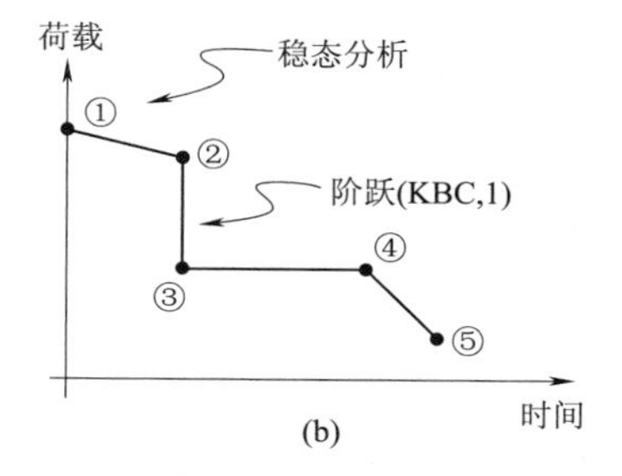

图 11.1　时变荷载示意图

第一个荷载步通常是建立初始条件，从第二个荷载步开始就是定义荷载及荷载步选项了。每个荷载步都需要定义荷载大小和时间两个参数以及其他荷载步选项，如：是阶梯荷载还是线性分布荷载、是否采用自动时间步长划分等。

由于动力学方程是二阶微分方程，因此，需要 2 个初始条件——初始位移 u_0 和初始速度 $\dot{u}_0$ 。除特殊情况外，一般假定初始位移 u_0 和初始速度 $\dot{u}_0$ 均为零。初始加速度总是被假定为零，但是，用户可通过在一个微小的时间间隔施加适当的加速度荷载来定义非零的初始加速度。

ANSYS 支持不同的初始条件组合——零初始位移和零初始速度、非零初始位移和/或非零初始速度、零初始位移和非零初始速度、非零初始位移和非零初始速度以及非零初始位移和零初始速度。其中，初始位移包括位移与力的组合。

零初始位移和零初始速度是程序默认的初始条件，即如果 $u_0 = \dot{u}_0 = 0$ ，用户不需要定义初始条件而直接施加荷载—时间曲线第一个荷载步的第一个“角”点的荷载值。

非零初始位移和/或非零初始速度可用命令 IC(路径:Main Menu> Solution> Define Loads> Apply> Initial Condit'n> Define)定义,但要注意是否定义了不一致的初始条件。例如,如果定义了某个自由度的初始速度,其他自由度的初始速度将为 0.0,这可能导致初始条件冲突。在大多数情况下,用户可能希望定义每个非约束自由度的初始条件,如果每个自由度的初始条件不相同,那么,很容易显式地定义这些初始条件,但不是用 IC 命令。

零初始位移和非零初始速度中的非零初始速度是通过在一个微小的时间间隔施加位移来实现的,例如,当 $\dot{u}_0 = 0.25$ 时,在时间间隔 0.004 上施加 0.001 的位移即可,如图 11.2 所示。

```
TIMINT,OFF            ! Time integration effects off
D,ALL,UY,.001         ! Small UY displ. (assuming Y-direction velocity)
TIME,.004             ! Initial velocity=0.001/0.004=0.25
LSWRITE               ! Write load data to load step file (Jobname.S01)
DDEL,ALL,UY           ! Remove imposed displacements
TIMINT,ON             ! Time integration effects on
```

图 11.2 定义非零初始速度的命令流

非零初始位移和非零初始速度的定义与上述组合相同,唯一的区别是施加的位移是实际的初始位移而不是“任意”值,从而时间间隔需根据初始速度的大小来调整。例如,当 $u_0 = 1.0$ 和 $\dot{u}_0 = 2.5$ 时,时间间隔应为 0.4,如图 11.3 所示。

```
TIMINT,OFF            ! Time integration effects off
D,ALL,UY,1.0          ! Initial displacement=1.0
TIME,.4               ! Initial velocity=1.0/0.4=2.5
LSWRITE               ! Write load data to load step file (Jobname.S01)
DDELE,ALL,UY          ! Remove imposed displacements
TIMINT,ON             ! Time integration effects on
```

图 11.3 定义非零初始位移和非零初始速度的命令流

非零初始位移和零初始速度施加位移时需要用两个子荷载步来完成,如果只用一个子荷载步,位移将随时间变化,从而导致非零的初始速度。例如,当 $u_0 = 1.0$ 和 $\dot{u}_0 = 0.0$,则其命令流如图 11.4 所示。

```
TIMINT,OFF            ! Time integration effects off for static solution
D,ALL,UY,1.0          ! Initial displacement=1.0
TIME,.001             ! Small time interval
NSUBST,2              ! Two substeps
KBC,1                 ! Stepped loads
LSWRITE               ! Write load data to load step file (Jobname.S01)
                      !   Transient solution
TIMINT,ON             ! Time-integration effects on for transient solution
TIME,...              ! Realistic time interval
DDELE,ALL,UY          ! Remove displacement constraints
KBC,0                 ! Ramped loads (if appropriate)
                      !   Continue with normal transient solution procedures
```

图 11.4 定义非零初始位移和零初始速度的命令流

非零初始加速度可以通过在一个微小的时间间隔上定义所需的加速度来近似，例如，施加初始加速度9.81的命令流如图11.5所示。

```
ACEL,,9.81          ! Initial Y-direction acceleration
TIME,.001           ! Small time interval
NSUBST,2            ! Two substeps
KBC,1               ! Stepped loads
                    !   The structure must be unconstrained in the initial load step,or
                    !   else the initial acceleration specification will have no effect.
DDELE,...           ! Remove displacement constraints (if appropriate)
LSWRITE             ! Write load data to load step file (Jobname.S01)

                    !   Transient solution
TIME,...            ! Realistic time interval
NSUBST,...          ! Use appropriate time step
KBC,0               ! Ramped loads (if appropriate)
D,...               ! Constrain structure as desired
                    !   Continue with normal transient solution procedures
LSWRITE             ! Write load data to load step file (Jobname.S02)
```

图11.5　定义非零初始加始速度的命令流

3. 设置求解控制条件

如果需要建立整体法瞬态动力分析的初始条件，分析的第一个荷载步必须定义初始条件。然后，可以通过求解控制对话框循环后续荷载步以设置每个荷载步的选项。因此，设置求解控制条件是从第二个荷载步开始的，完成求解控制对话框的操作。

打开求解控制对话框的路径是 Main Menu> Solution> Analysis Type> Sol'n Control，对话框中有不同的标签（“Basic”标签、）等待选择和设置。

1)“Basic”标签

在打开对话框时“Basic”标签被激活，其中的控制条件提供了完成分析所需的最基本数据。如果无需将默认设置改为高级控制，则只要完成“Basic”标签设置即可。一旦点击对话框任何标签的“OK”按钮，设置立即生效同时对话框关闭。

“Basic”标签可设置的选项为：定义分析类型[ANTYPE、NLGEOM]；控制时间设置，包括荷载步结束的时间[TIME]、自动时间步划分[AUTOTS]和一个荷载步的子荷载步数[NSUBST或DELTIM]；定义写入数据库的计算结果[OUTRES]。

整体法瞬态动力分析设置这些选项的特殊考虑：

(1)设置ANTYPE和NLGEOM时，如果是一个新的分析且用户希望忽略类似于大挠度、大转角和大应变等大变形效应时，请选择“Small Displacement Transient”；如果可能出现大变形(如细长梁弯曲)或大应变(如金属成型加工)，请选择“Large Displacement Transient”；如果是重新开始分析上一个非线性分析或静态预应力分析，或延长上一个瞬态动力分析的时程，亦或是希望利用上一个VT加速度计运行的Jobname.RSX文件信息，请选择“Restart Current Analysis”。需要指出的是，VT加速度计运行时，不能中途重新开始一个任务，而只能改变输入参数从头重新运行该任务。

(2)设置 AUTOS 时,记住该荷载步选项(在瞬态分析中也称其为时间步优化)根据结构响应增大或减小积分时间步长。对大多数问题,建议开启自动时间步设置,定义积分时间步的上下限。上下限是由命令 DELTIM 或 NSUBST 定义的,它限制了时间步的变化范围,默认值是开启状态。

(3)NSUBST 和 DELTIM 是定义瞬态分析积分时间步长的荷载步选项。积分时间步是用于运动方程时间积分的时间增量,可用于直接定义时间增量或通过定义子时间步数量间接定义时间增量。时间步长决定了解的准确性,时间步长越小,计算准确性越好。但时间步长越小,计算时间越长。而过大的时间步长引起的误差将影响高阶模态的响应,从而影响总的响应。

为了设置一个最优的时间步长,需要考虑以下因素:

①响应频率的分辨率。时间步长应足够小以便于分辨结构的响应,由于结构的动态响应可看做是各阶模态的组合,因此,时间步长应能够识别出对响应有贡献的高阶模态。对于 Newmark法,当积分时间步长的倒数大于所关心最高频率的 20 倍时,即可得到令人满意的结果,即:

$$\mathrm{ITS} \leqslant \frac{1}{20f}$$

式中 ITS——积分时间步长;

f——关心的最高频率。

如果需要加速度结果,则时间步长应取得更小。

图 11.6 给出了时间步长对单自由度质量—弹簧系统响应周期的影响,从图中可以明显地看出,随着时间步长的减小(图中每个周期时间步数量的增多),系统周期的延长率趋于零。当每个周期的积分时间步数大于 20 时,即:

$$\frac{T}{\mathrm{ITS}} \geqslant 20$$

式中 T —— 关心的最高频率对应的周期。

周期的延长率小于 1%。

对于 HHT 法,时间步长的取值方法与 Newmark 法相同,但在相同的时间步长和积分参数条件下,HHT 法比 Newmark 法的计算准确性更好。

时间步长取值的另一种方法是利用中间步残值标准,采用此标准时,程序默认响应频率标准无效。当然,用户也可以通过选项设置同时应用这两个标准,见第⑥点。

②时间—荷载曲线的分辨率。时间步长应足够小以利于跟踪荷载函数,因为,响应滞后于荷载,特别是阶梯荷载,如图 11.7 所示。阶梯荷载要求在时间步的节点采用较小的积分时间步长,一般要求小于 $1/(180f)$,以利于在荷载步转换时能够密切"跟踪"。

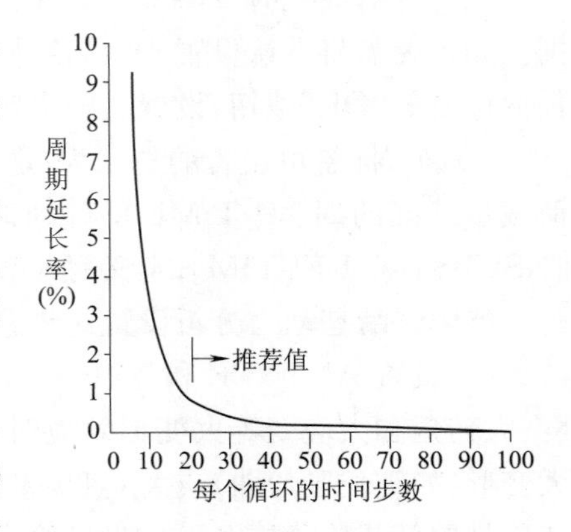

图 11.6 时间步长对计算周期的影响

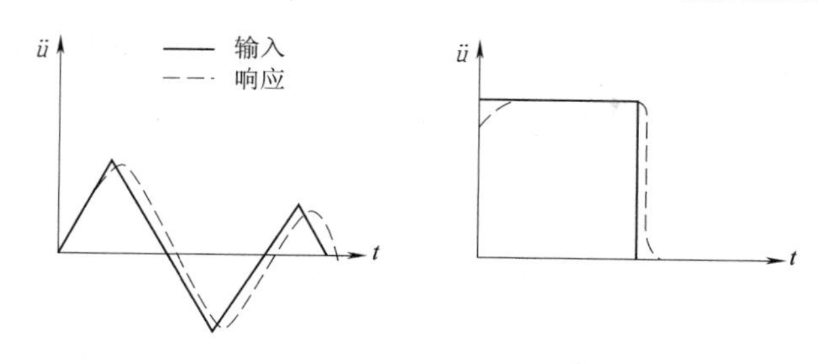

图 11.7 输入与响应的关系

③接触频率的分辨率。在有接触(冲击)的问题中,时间步长应足够小以捕捉两个接触面之间的动量传递。否则,将发生明显的能量损失,接触将不是完全弹性的。积分时间步长可根据接触频率 f_c 按下式确定:

$$\text{ITS}=\frac{1}{Nf_c}$$

式中 N——一个周期的时间步数;

f_c—— 接触频率。

$$f_c=\frac{1}{2\pi}\sqrt{\frac{k}{m}}$$

式中 k—— 间隙刚度;

m—— 作用于间隙的有效质量。

为了使能量损失最小,每个周期至少分为 30 个时间步($N=30$)。如果需要加速度结果,每个周期应取更多的时间步(更大的 N)。对于模态叠加法,N 必须大于 7 以确保稳定。如果冲击过程中接触周期和接触质量分别比冲击的总时间和系统质量小很多,则能量损失对总的响应影响较小,因此,每个周期的时间步可以小于 30。

④波扩展的分辨率。如果关心波的扩展效应,时间步长就应该足够小以便在它经过单元时能够被捕捉到。

⑤非线性的分辨率。对于大多数非线性问题,满足上述条件的时间步长完全可以达到令人满意的计算准确性。但是,如果结构在荷载作用下变得刚硬(如从弯曲承载到膜承载的大变形问题)时,就需要分辨对响应有贡献的高阶模态。

⑥满足时间步长的精度标准。动力方程在每个时间步结束时得到满足,确保了系统在这些离散时间点的平衡状态。但在时间步的其他点上,一般是不满足平衡条件的。如果时间步长足够小,这些点的误差不会太大。反之,如果时间步长较大,这些点的计算结果将与系统平衡状态有较大的偏差。为了估计这个误差,可用命令 MIDTOL 选择时间步长中间点的残差准则。

上述方法计算得到的时间步长是不相等的,在与分析对象相关的计算结果中,取最小的时间步长进行分析。当然,也不要采用过于小的时间步长,特别是设定初始条件时,更不应采用太小的时间步长。因为,太小的时间步长(如 10^{-10})将引起数值计算问题。

用户也可以用命令 AUTOTS 激活自动确定时间步长的功能,让程序来决定是否增大或减小时间步长。程序提供的自动确定时间步长功能可根据响应频率和非线性效应在求解过程中随时调整积分时间步长,其优点是可以减少子荷载步的数量,从而大大地减少计算时间、节省计算机资源。而且，还可以大大地减少由于调整时间步长和非线性等所必须重新运行的次数。如果是非线性问题，自动确定时间步长还有适当地调整增量荷载的优点并重新处理不收敛的问题。

当然，自动确定时间步长也有它的局限性，下列情况不适合使用该功能：

(1)系统只有局部的动力行为，如涡轮机叶片及轮毂总成。这样的系统是以低频能量为主的，高频能量处于从属的地位。

(2)系统受到不断的激扰(如地震荷载)，如果采用自动确定时间步长功能，随着不同频率荷载的激扰，时间步长趋于连续地变化。

(3)运动学问题(刚体运动)，此类问题的响应频率是以刚体模态为主导的。

(4)设置了 OUTRES 命令，因为，程序默认整体法瞬态动力分析只将最后一个时间步长结束时的计算结果写入结果文件 Jobname. RST，如果希望将全部中间结果写入结果文件，则必须设置"频率"。

2)"Transient"标签

"Transient"标签的选项包括 TIMINT 命令、KBC 命令、ALPHAD 和 BETAD 命令、TRNOPT 命令和 TINTP 命令。设置这些选项需要给予如下的特殊考虑：

(1)TIMINT 是一个动力荷载步选项，用于打开或关闭时间积分效应功能。当考虑惯性和阻尼效应时，必须激活时间积分效应功能，否则，程序只完成静态分析。程序默认时间积分效应功能处于激活状态。当从初始的静态解开始瞬态分析时，该选项是有用的，因为，解第一个荷载步时，时间积分效应功能处于关闭状态。

(2)ALPHAD 和 BETAD 是定义阻尼的动力荷载选项，它们分别定义了质量阻尼和刚度阻尼，统称为瑞雷(Rayleigh)阻尼。

(3)TRNOPT 是时间积分方法选项，程序默认的方法是 Newmark 法。

(4)TINTP 是动力荷载步选项，用于定义瞬态积分参数。这些参数控制了 Newmark 法和 HHT 法的性质。

3)其他标签

瞬态分析求解控制对话框中其他标签的选项如果与静态分析相同，则其功能和设置方法也与静态分析相同，但其中的"Advanced NL"标签不能定义弧长法。

4. 设置其他选项

瞬态分析可设置的其他选项大部分与静态分析相同，唯一特殊的选项是实时监测动态结果。其命令为 NLHIST，路径是：Main Menu> Solution> Results Tracking。求解前，用户可指定需要监测的特殊结点的位移或反力等参数，也可以指定需要图形显示的特殊单元的结点应力和应变等参数，也可以是对接触数据，这些结果将被写入名为 Jobname. nlh 的文件。例如，发生屈曲时，程序将以反力—变形曲线来报告。程序监测每个收敛的子荷载步的结点数据和接触数据，而单元的结点数据是按照 OUTRES 命令的定义写入文件的。

用户也可以在批处理时跟踪计算结果，方法是打开"Launcher"并在"Tools"菜单中选择"File Tracking"；也可以在命令行输入"nlhist160"。再利用文件搜索工具找到文件 Jobname. nlh 并点击以激活跟踪功能，用户也可以利用该工具随时读取该文件，哪怕是在分析结束后。

该选项还可以设置预应力效应、阻尼和质量矩阵形式。考虑预应力效应时需要利用上一次静态分析或瞬态分析的单元文件，其命令为 PSTRES，路径是：Main Menu> Solution> Unabridged Menu> Analysis Type> Analysis Options。瞬态分析可以设置多种形式的阻尼，除了在求解控制对话框中设置瑞雷阻尼外，还可以利用该选项设置材料依赖型瑞雷阻尼和单元(COMBIN14 等)阻尼，但不能定义常系数材料阻尼。设置材料依赖型瑞雷阻尼的命令为 MP，ALPD 或 MP，BETD，与静态分析相同，该选项不能在用户图形界面设置。

在该选项中设置的质量矩阵是集中质量矩阵，其命令为 LUMPM，路径是：Main Menu> Solution> Unabridged Menu> Analysis Type> Analysis Options。大多数情况下，程序开发人员建议使用默认质量矩阵(一致质量矩阵)。但是，对于细长梁或非常薄的壳结构，采用集中质量近似往往可以得到很好的结果，而集中质量可以缩短计算时间并节省内存。

5. 施加荷载及约束

瞬态动力分析除了可以施加静态分析的所有荷载外，还可以施加加速度荷载。除了惯性荷载、速度和加速度荷载外，其他荷载可施加在实体模型(划分网格前)的关键点、线和面上，也可以施加在有限元模型(划分网格后)的结点和单元上。在同一次分析中，用户可施加、移除、运算或删除荷载。对于基础扰动问题，建议采用输入加速度的方式来定义基础运动，加速度可采用定义 D，ACC 命令或 ACEL 命令的表单数组参数来输入。如果用位移定义基础运动，则输入的位移可能被程序解释为数值噪声，因为它意味着加速度不连续。如果遇到此类问题，可用数值阻尼(命令 TINTP 的 *GAMMA* 域)来改善加速度和力的计算结果。

用户也可以通过定义一维表单(表格类型的数组参数)来施加随时间变化的边界条件。

6. 保存当前荷载步配置

正如给定初始条件中所介绍的，用户需要施加荷载—时间曲线中每个角点的荷载并将荷载配置保存到一个荷载步文件中。用户也可以用命令 LSWRITE(路径：Main Menu> Solution> Load Step Opts> Write LS File)定义荷载作用结束后的额外时间步，以此来捕捉荷载结束后的结构响应。

瞬态动力分析的所有荷载步都需要经过上述 3～6 步的设置，即：每个荷载步均需重新设置求解控制及选项、施加荷载并保存荷载配置。图 11.8 列出了一个荷载步的配置文件。

```
TIME,...          ! Time at the end of 1st transient load step
Loads...          ! Load values at above time
KBC,...           ! Stepped or ramped loads
LSWRITE           ! Write load data to load step file
TIME,...          ! Time at the end of 2nd transient load step
Loads...          ! Load values at above time
KBC,...           ! Stepped or ramped loads
LSWRITE           ! Write load data to load step file
TIME,...          ! Time at the end of 3rd transient load step
Loads...          ! Load values at above time
KBC,...           ! Stepped or ramped loads
LSWRITE           ! Write load data to load step file
Etc.
```

图 11.8　一个荷载步的荷载配置文件

7. 求解

进入菜单 Main Menu> Solution> Solve> From LS Files，输入命令 LSSOLVE 求解。

求解结束后，用 FINISH 命令关闭求解菜单。

8. 查看结果

用户可采用时程后处理器 POST26 或通用后处理器 POST1 查看整体法瞬态动力分析结果。用 POST26 可查看模型上一个点的时程结果；而用 POST1 则查看指定时间点的某个计算结果在整体模型上的分布。

(1)用 POST26 查看结果

POST26 使用的数据是时间与计算结果的二维表单，每列数据（变量）有一个参考码，1 是时间的专用参考码。

首先，用命令 NSOL、ESOL、RFORCE、FORCE 和 SOLU 定义变量，其中，NSOL 命令定义基本数据——结点位移；ESOL 命令定义导出数据——单元应力等数据；RFORCE 命令定义反力；FORCE 命令定义合力或静力、阻尼力或惯性力分量；SOLU 命令定义时间不长、平衡迭代次数和响应频率等。这些命令的路径是：Main Menu> TimeHist Postpro> Define Variables。

然后，用命令 PLVAR、PRVAR 和 EXTREM 画图或列表查看结果，其中，PLVAR 是变量图形显示命令，路径是：Main Menu> TimeHist Postpro> Graph Variables；PRVAR 和 EXTREM 则为变量列表显示命令，路径分别是：Main Menu> TimeHist Postpro> List Variables 和 Main Menu> TimeHist Postpro> List Extremes。

(2)用 POST1 查看结果

首先，用命令 RESUME 从数据库读取模型数据，其路径是：Utility Menu> File> Resume from；其次，用命令 SET 定义所需的一组数据，可以用荷载步和子荷载步编号或时间来指定这组数据，其路径是：Main Menu> General Postproc> Read Results> By Time/Freq；然后，进行必要的 POST1 操作来查看结果，其方法与静态分析相同。

需要指出的是，如果用户定义的时间没有计算结果，则存储的结果将是与该时间相邻的两个时间结果的内插值。

11.3.3 模态叠加法

模态叠加法瞬态动力分析的基本原理也是对振型进行加权（振型参与系数）求和来计算，与模态叠加法简谐分析相同的是，它们都是采用模态分析得到的振型，不同的是得到振型参与系数的方法不同（由于荷载不同）。

ANSYS 的 Multiphysics、Mechanical、Structural 和 Professional 模块均支持模态叠加法瞬态动力分析，程序是通过下列 5 个步骤来完成响应计算的：

(1)建模

(2)获取模态

(3)求解

(4)解的扩展

(5)查看结果

其中建模与整体法相同，此处不再赘述，下面仅就其他步骤中的特殊操作一一进行介绍。

1. 获取模态

模态叠加法的瞬态动力分析也是通过模态分析来获取模态的，基本方法可以参考模态分析一节。作为模态叠加法瞬态动力分析需要特别说明的是：

(1)作为模态叠加法瞬态动力分析使用的振型应采用 Block Lanczos 法、PCG Lanczos 法、超结点法、子空间法或 QR 阻尼法提取模态，不能用不对称法和阻尼法。如果是有阻尼的结构模型，并且或者刚度矩阵不对称，应采用 QR 阻尼法提取模态。

(2)确保提取了可能对动态响应有贡献的所有模态。

(3)如果采用 QR 阻尼法提取模态，则必须定义一种形式的阻尼(瑞雷阻尼、材料依赖型瑞雷阻尼、材料依赖型比例阻尼或包括陀螺效应的单元阻尼)。除此之外，瞬态分析时还可以增加一种形式的阻尼，包括常模态阻尼比或随模态变化的模态阻尼比。

(4)定义位移约束，且在后续的模态叠加法瞬态动力分析时不能再施加额外的约束。

(5)如果在瞬态动力分析时需要施加单元荷载(压力、温度和加速度等)，必须在模态分析时定义这些荷载，它们并不影响模态分析，但是模态分析时会计算荷载向量并写入振型文件 Jobname. MODE，而单元荷载信息将写入 Jobname. MLV 文件。用户可创建多个荷载向量，用于瞬态动力分析计算各阶振型的参与系数。

(6)为了在后续的瞬态动力分析中计入高阶模态对响应的贡献，应在模态分析时计算残余向量。

(7)如果瞬态动力分析的荷载来自基础的扰动，可生成准静模态用于后续的瞬态动力分析。

(8)对瞬态动力分析结果进行扩展时，为了缩短计算时间，应先扩展模态并计算单元数据。在模态分析转入瞬态动力分析的过程中不要改变模态数据，如结点转动。

(9)用户可选择用于后续瞬态动力分析的模态进行模态扩展，而不是扩展全部模态，以节省计算时间。

(10)如果出现了重叠的频率组，必须确保提取了每一组的所有解。

2. 瞬态动力分析

瞬态动力分析时，程序使用模态分析得到的振型计算瞬态动力响应，其条件是：

(1)振型文件 Jobname. MODE 可读取。

(2)如果振型叠加过程中出现了线性加速度或模型中存在耦合方程和/或约束方程，包括求解过程中由某些类型的单元(接触单元 MPC184 等)创建的约束方程，完整的文件 Jobname. FULL 必须是可读取的。

(3)数据库必须有与模态分析相同的模型。

(4)如果模态分析时生成了荷载向量(MODCONT，ON)，且单元计算结果写入了模态文件 Jobname. MODE(命令 MXPAND 的 *MSUPkey* 域为 YES)，则单元模态荷载文件 Jobname. MLV 必须是可读取的。

模态叠加法瞬态动力分析的具体步骤是：

(1)进入求解模块，其命令为/SOLU，路径是：Main Menu> Solution。

(2)定义分析类型及选项。模态叠加法不能用“Solution Controls”对话框定义分析类型及选项，而必须用一组标准的求解命令及其标准的菜单路径来设置这些选项，除了整体法中介绍的选项外，模态叠加法瞬态动力分析还需要额外定义如下选项：

①分析类型定义为“Restarts”。

②选择“mode-superposition”。

③定义模态叠加法瞬态动力分析后会弹出定义分析类型的“Solution”菜单，根据用户此前的操作，该菜单可能是缩略的，也可能是完整的。缩略菜单将仅列出用于和/或推荐用于模态叠加法瞬态动力分析的选项，如果用户希望打开未列出的菜单（用户可以选择，但不建议用于模态叠加法瞬态动力分析），在“Solution”菜单中选择“Unabridged Menu”选项。

④定义参与计算的模态数决定了计算结果的准确性，最小的模态数应该等于用户估计对动力响应有贡献的所有模态。例如，如果认为更高阶的模态可能被激发出来，则定义的模态数应包括较高阶的模态。程序默认采用模态分析得到的全部模态进行瞬态动力分析。

⑤如果希望计入较高阶模态的贡献，模态分析时应计算残余向量（RESVEC，ON）。

⑥如果不希望刚体模态参与计算，在 TRNOPT 命令中设置 *MINMODE* 来跳过刚体模态。

⑦程序默认的反力和其他力的输出数据仅包含静态贡献，如果希望对速度、加速度和导出结果（应力和应变等）进行后处理，在 TRNOPT 命令中设置 *VAout*。

⑧不能定义非线性选项（NLGEOM 和 NROPT）。

（3）定义间隙条件。只能定义两个结点自由度之间或一个结点自由度与地面之间的间隙条件，其命令为 GP，路径是：Main Menu> Solution> Dynamic Gap Cond> Define。QR 阻尼法不支持间隙条件。

（4）施加荷载。模态叠加法瞬态动力分析的荷载受下列条件的限制：

①只能用命令 ACEL 施加结点力和加速度，对于一致的反作用力，应在模态分析时施加加速度，不能在瞬态分析时施加加速度。

②可以用命令 LVSCALE（路径：Main Menu> Solution> Define Loads> Apply> Load Vector> For Mode Super）将模态分析生成的荷载向量用于瞬态分析，如果 LVSCALE 命令的比例系数是零，则该荷载向量在指定的荷载步被移除。用户可用该荷载向量施加模型的单元荷载（压力和温度等）。使用 LVSCALE 命令时，确保模态分析时定义的所有结点力已被移除。一般而言，结点力应在瞬态动力分析时施加。

③如果扰力来自于基础运动且模态分析时设置了准静模态，则用户可用命令 DVAL 定义基础的位移和加速度。此时，用命令 D 施加的非零位移无效。

瞬态动力分析通常要求定义多个荷载步以形成荷载时程，第一个荷载步用于设定初始条件，从第二个荷载步开始是瞬态的强迫振动分析。

（5）设定初始条件。模态叠加法瞬态动力分析的第一个解计算 TIME=0 时的值，这就设定了整个瞬态动力分析的初始条件和时间步长。通常，只有第一个荷载可施加初始结点力。对于这样的准静态分析，如果施加了非零的荷载，则模态叠加法可能得到准确性较差的计算结果。

表 11.5 列出了模态叠加法瞬态动力分析的第一个荷载步选项。

表 11.5　第一个荷载步可选项

选　项	命　令	路　径
动力选项		
瞬态积分参数	TINTP	Main Menu> Solution> Load Step Opts> Time/Frequenc> Time Integration
阻尼	ALPHAD、BETAD、DMPRAT、MDAMP	Main Menu> Solution> Load Step Opts> Time/Frequenc> Damping Main Menu> Solution> Load Step Opts> Other> Change Mat Props> Material Models> Structural> Damping

续上表

选　　项	命　　令	路　　　径
通用选项		
积分时间步长	DELTIM	Main Menu> Solution> Load Step Opts> Time/Frequenc> Time-Time Step
输出控制选项		
打印输出	OUTPR	Main Menu> Solution> Load Step Opts> Output Ctrls> Solu Printout

瞬态积分参数选项控制 Newmark 法的性质，程序默认采用平均加速度格式。

阻尼选项用于定义阻尼类型，模态叠加法瞬态动力分析有 4 中形式的阻尼可选用：质量阻尼、刚度阻尼、比例阻尼和模态阻尼。

积分时间步长选项假定整个瞬态动力分析过程中，积分时间步为常数。程序默认的积分时间步长为 $1/(20f)$，其中的 f 是定义的最高频率。命令 DELTIM 只能用在第一个荷载步，在其他荷载步程序将忽略该命令发出的任何指令。即使用户在第一个荷载步用 TIME 命令发出了指令，程序也将忽略该指令，第一个荷载步的解始终是一个 TIME=0 的静态解。

打印输出是第一个荷载步的输出控制选项，用于控制结点解的打印输出。

(6)定义瞬态荷载及其荷载步。该选项包括通用选项和输出控制选项。通用选项的时间 TIME 用于定义荷载步结束的时间；而阶梯荷载或线性分布荷载用于定义荷载在时间步长中的变化形式，阶梯荷载在一个荷载步内是常数，而线性分布荷载在一个荷载步内呈线性变化。程序默认的是线性变化荷载。

输出控制选项包括打印输出和数据库及结果文件输出，分别用于控制打印输出数据和凝缩的位移文件数据。

表 11.5 中所有命令唯一有效的标签是 NSOL(结点结果)，命令 OUTRES 的默认输出结果是将每 4 个时间点的计算结果写入凝缩的位移文件，但定义了间隙条件则写所有时间点的计算结果。如果在模态分析时扩展了单元的计算结果，那么，OUTRES 命令不可用于模态坐标(振型参与系数)输出，且位移不写入 Jobname. RDSP 文件。

如果模态分析时采用了 Block Lanczos 法、PCG Lanczos 法、超结点法或子空间法提取模态，则模态坐标被写入 Jobname. RDSP 文件，任何输出控制无效。但是，如果用户显式地设置了不将单元结果写入模态文件 Jobname. MODE，则结点位移被写入 Jobname. RDSP 文件。这样，用户就可以通过命令 OUTRES, NSOL 用结点分离来限制写入凝缩位移文件 Jobname. RFRQ 的位移数据。扩展过程将仅生成全部结点已被写入凝缩位移文件 Jobname. RFRQ 的单元及其结点的计算结果。要使用该选项，先用 OUTRES, NSOL, NONE 命令抑制所有写入操作，然后，用命令 OUTRES, NSOL, FREQ, component(component 是用户希望输出的结点分量)定义希望写入文件的数据。对所有希望写入 Jobname. RDSP 文件的结点分量，重复使用上述命令 OUTRES, NSOL, FREQ, component 完成该选项设置。程序只能输出一个频率的数据，如果用 OUTRES 命令定义了多个频率，程序将输出最后一个设定的频率。

(7)备份数据库文件并求解。用户也可以用命令 LSWRITE 将每个荷载步写入荷载步文件 Jobname. s01，然后，用命令 LSSOLVE 开始瞬态动力分析。

无论模态分析采用哪种模态提取方法，模态叠加法的瞬态解都被写入凝缩位移文件

Jobname. RDSP。其中的位移解可以直接用 POST26 进行后处理，并可以在 POST1 中用命令 PLMC 画模态坐标曲线。对于其他结果(应力和速度等)，则需要对解进行扩展。

3. 解的扩展

解的扩展利用文件 Jobname. RDSP 中的瞬态解数据计算用户指定时间点的位移、应力和内力，因此，扩展前应采用 POST26 查看瞬态解，以便确定关键的时间节点。

扩展并不是必须的一个步骤，如果只关心结构特定点的位移，则文件 Jobname. RDSP 中的数据完全可以满足用户的需要。但是，要想得到应力或内力就必须进行扩展。扩展前应确认：

(1)瞬态动力分析结果文件 Jobname. RDSP 和 Jobname. DB 以及模态分析结果文件 Jobname. MODE、Jobname. EMAT、Jobname. ESAV 和 Jobname. MLV 必须是可读取的。

(2)如果瞬态动力分析时有线性加速度，或模型有耦合方程和/或约束方程，包括求解过程中由某些类型单元(如接触单元 MPC184)生成的约束方程，则完整文件 Jobname. FULL 必须是可读取的。

(3)数据库必须有与瞬态动力分析相同的模型。

扩展的具体步骤如下：

(1)重新进入求解模块 SOLUTION，其命令为 SOLU，路径是：Main Menu> Solution。此前，用户必须用命令 FINISH 显示地退出求解模块。

(2)激活扩展功能并设置选项，表 11.6 列出了它们的命令及其路径。

表 11.6 扩展选项

选 项	命 令	路 径
开关	EXPASS	Main Menu> Solution> Analysis Type> ExpansionPass
扩展数量	NUMEXP	Main Menu> Solution> Load Step Opts> ExpansionPass>Range of Solu's
单一扩展	EXPSOL	Main Menu> Solution> Load Step Opts> ExpansionPass> Single Expand> By Time/Freq

EXPASS 命令用于激活或关闭扩展功能。

NUMEXP 命令用于定义需要扩展的解的数量，其值将给定时间区间等分，程序将对最接近这些等分时间点的解进行扩展。该选项也定义了应力和内力计算与否。

如果用户只需要扩展某个时间范围的一个解，则可以使用 EXPSOL 命令定义需要扩展的解所在荷载步及子荷载步的编号或时间。该选项也定义了应力和内力计算与否，程序默认同时计算应力和内力。

(3)定义荷载步选项，该选项中唯一可用于瞬态动力分析扩展的是输出控制，包括打印输出控制、数据库和结果文件输出控制以及结果外推控制。

①打印输出将全部结果数据写入输出文件 Jobname. OUT，如果模态动力分析计算了单元数据，则扩展过程就没有单元数据输出，而只能用 POST1 查看单元数据。

②数据库和结果文件输出用于控制结果文件中的数据。

③结果外推用于查看单元积分点的结果，程序默认将其复制到结点上而不是外推。

记住：打印输出控制和数据库和结果文件输出控制命令 OUTPR 和 OUTRES 的 *FREQ* 域的值只能是 ALL 或 NONE。

(4)开始扩展,其命令为 SOLVE,路径是:Main Menu> Solution> Solve> Current LS。重复(2)～(4)可以完成任何瞬态分析解的扩展,程序会将每一次的扩展结果作为一个独立的荷载步写入结果文件。

(5)查看扩展结果,其方法与查看其他结构分析结果相同,可以用 POST1 查看指定时间点的扩展结果,也可以用 POST26 查看应力时程和应变时程等。当然,只有非单一扩展才能查看时程结果。

扩展结果包括位移、应力和反力时程,如果命令 TRNOPT 的 *VAout* 域设置为 YES,则结果中也包括速度和加速度。程序默认的反力和其他力只输出静态分量,不包括惯性和阻尼的影响。如果用户希望获得惯性和阻尼的贡献,就必须将 TRNOPT 命令的 *VAout* 域设置为 YES。如果单元的数据是用单元的模态数据直接计算的,则必须在模态分析时输出单元结点荷载。

11.4 谱分析

11.4.1 谱分析方法

谱分析模块提供了三种谱分析方法——响应谱法、动力设计与分析法(DDAM)和功率谱密度法,其中的响应谱法包括单点响应谱(SPRS)和多点响应谱(MPRS),ANSYS Professional 模块只能用单点响应谱。

1. 响应谱法

响应谱表示单自由度系统对时变荷载的最大响应,它是以响应 s—频率 f 曲线来表示的。此处的响应可以是位移、速度或加速度,也可以是力。有两种形式的响应谱——单点响应谱和多点响应谱。响应谱分析的输出数据是每阶模态对输入谱的最大响应,而最大响应已知时,其相应的相位却是未知的。有鉴于此,程序采用了不同模态组合的方法来解决它,而不是对最大模态响应简单求和。

在单点响应谱分析中,用户需要在模型的一组点[如所有支撑点,如图 11.9(a)所示]上定义一个响应谱曲线或曲线族;而在多点响应谱分析中,用户则需要在不同的点定义不同的谱曲线,如图 11.9(b)所示。

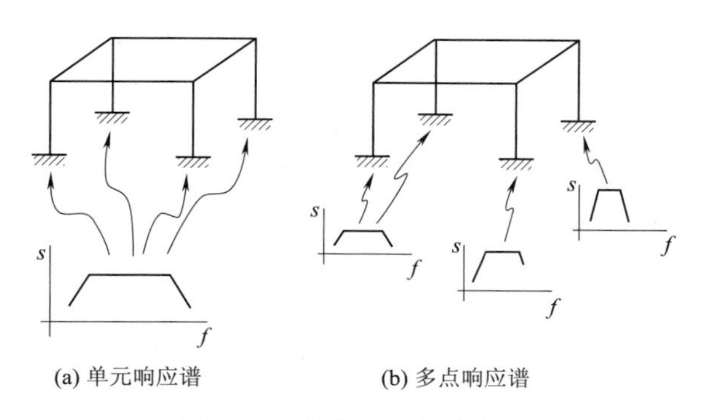

图 11.9 单点与多点响应谱

2. 动力设计与分析法

动力设计与分析法是一种用于估计船载设备抗冲击能力的方法,该方法实际上也是一种响应谱分析方法，只是获取谱的方法不同。动力设计与分析法的谱是基于美国海军研究实验室的研究报告 NRL-1396 所提供的一系列经验公式和冲击设计表格得到的。

3. 功率谱密度法

功率谱密度法是一种统计方法，定义为随机变量的极限均方根值。该方法主要用于随机振动分析，响应的瞬时值只能用概率分布函数（幅值取某一特定值的概率）来定义。该方法假定动力输入的均值为零（零均值随机过程），且幅值范围取高斯（Gaussian）分布或正态分布。

功率谱密度（PSD）是一条曲线，其横轴为频率，纵轴为功率谱密度，可以是位移 PSD、速度 PSD、加速度 PSD 或力的 PSD，表示输入振动的功率或强度以及频率成分，该曲线所包围的面积等于输入振动的方差。同样，输出也是具有零均值的高斯分布。功率谱分析的输出数据是响应的功率谱密度，其曲线下的面积是响应的方差。

与响应谱分析类似，随机振动分析也可以是单点或多点的。单点随机振动分析仅需在模型的一组点上定义一个功率谱密度，而多点随机振动分析则需在模型的不同点上定义不同的功率谱。

4. 确定性分析与概率分析

响应谱法和动力设计与分析法都是确定性分析，因为两种方法的输入和输出都是实际的最大值。功率谱密度法是随机振动分析，其性质是统计的概率，因为，其输入和输出量仅表示概率意义上的结果。

11.4.2 单点响应谱分析

单点响应谱分析包括 4 个步骤：建模、模态分析、谱分析和查看结果，其中建模与前述方法相同，此处不再赘述，但有几个需要注意的地方和建议给读者：

(1)谱分析是线性的，如果模型中有非线性单元，程序按线性单元处理。例如，用户定义了接触单元，这些单元的刚度将按其初始状态计算，且在谱分析过程中为常数。

(2)必须定义弹性模量 EX（或某种形式的刚度）和密度 DENS（或某种形式的质量），材料性质可以是线性的、各向同性或正交各向异性、常数或随温度变化，非线性材料性质将被忽略。

(3)用户可定义阻尼比、材料阻尼和/或比例阻尼。

1. 模态分析

由于计算响应谱需要结构的振型和频率，因此，响应谱分析前必须先进行模态分析。除了模态分析一节介绍的方法外，给用户的其他建议是：

(1)用 Block Lanczos 法、PCG Lanczos 法、超结点法、子空间法或要求实部解（MODOPT 命令的 *Cpxmod* 域设置为 REAL）的不对称法提取模态，因为，其他方法在后续的谱分析中无效。

(2)提取足够数量的模态，以能够反映结构在指定频率范围的响应特征。模态分析结束时，程序将打印有效质量与总质量的比值和振型参与系数，通常要求有效质量与总质量的比值大于 0.9。

(3)如果有成组的频率重复，确保已经提取了每个组的所有解。

(4)为了计入高阶模态的贡献，用户可在模态分析时计算残余向量用于谱分析，也可以直接在谱分析中考虑遗漏质量的影响。

(5)如果用户希望在后处理中计算合力及合力距，扩展所有模态（MXPAND，ALL）。如果结果文件 Jobname. RST 太大，也可以在谱分析后扩展模态。这就需要在模态分析时用命令(MXPAND,—1)阻止扩展模态。谱分析后扩展模态将只能扩展基于谱分析时定义的激扰方向的重要模态。如果考虑了遗漏质量的影响，则程序仅计算这些扩展模态。

(6)如果希望在谱分析时用材料依赖型阻尼，则必须在模态分析时定义该类型阻尼。

(7)约束施加的基础扰动谱的自由度。

如果打算进行多个独立的谱分析，复制模态分析得到的振型文件 Jobname. MODE。

2. 谱分析

程序采用模态分析得到的振型计算单点响应谱，其条件是：

(1)振型文件 Jobname. MODE 必须是可读取的，如果模态分析采用了不对称特征值求解器，左振型也必须可读取。

(2)数据库必须有与模态分析相同的模型。

(3)计算参与系数时，完整文件 Jobname. RULL 必须是可读取的。

(4)执行 LCOPER 命令计算时，结果文件 Jobname. RST 必须是可读取的。

(5)如果激活了遗漏质量计算功能，模态分析输出的单元矩阵文件 Jobname. EMAT 必须是可读取的。

谱分析的具体步骤如下：

(1)进入求解模块，其命令为/SOLU，路径是：Main Menu> Solution。

(2)定义分析类型及选项。表 11. 7 列出了谱分析的分析类型及选项命令，但不是所有的模态分析选项和所有的模态提取方法都可与所有谱分析选项同时备选的。

表 11. 7　谱分析的分析类型及选项命令

选　项	命　令	路　径
新分析	ANTYPE	Main Menu> Solution> Analysis Type> New Analysis
分析类型：Spectrum	ANTYPE	Main Menu> Solution> Analysis Type> New Analysis> Spectrum
谱分析类型：SPRS	SPOPT	Main Menu> Solution> Analysis Type> Analysis Options
求解的模态数	SPOPT	Main Menu> Solution> Analysis Type> Analysis Options

在分析类型菜单选择新分析(New Analysis)；在新分析的下一级菜单中选择谱分析(Spectrum)；在分析类型的下一级菜单中选择分析选项(Analysis Options)，然后在谱分析类型中选择单点响应谱分析；最后用命令 SPOPT 定义用于计算的模态数，计算准确性取决于使用的模态数，模态数越多，计算准确性越好。只有选择了能够覆盖频率范围的足够的模态数，计算的响应谱才能准确地反映结构的响应特征。

(3)选择模态组合方法。Mechanical APDL 模块提供了 6 种不同的模态组合方法用于单点响应谱分析：平方和开方法(SRSS)、完全二次型组合法(CQC)、二重和方法(DSUM)、分组法(GRP)、海军研究实验室求和法(NRLSUM)和统计矩法(ROSE)。其中，海军研究实验室求和法一般用于动力设计与分析法，而二重和方法允许输入地震或冲击的持续时间。如果考虑了刚体响应的影响，则程序仅支持平方和开方法、完全二次型组合法和统计矩法。

上述 6 种方法的命令 SRSS、CQC、DSUM、GRP、NRLSUM 和 ROSE 可通过下列路径设置：

Main Menu> Solution> Analysis Type> New Analysis> Spectrum(谱分析选项)。

Main Menu> Solution> Analysis Type> Analysis Opts> Single-pt resp(单点响应谱分析选项)。

Main Menu> Load Step Opts> Spectrum> Spectrum-Single Point-Mode Combine(模态组合方法选项)。

需要指出的是,如果选择了完全二次型组合法,则必须定义阻尼。

上述命令可以计算 3 种不同的响应:位移(*Label*=DISP)、速度(*Label*=VELO)和加速度(*Label*=ACEL)。其中,位移也包括应力和力等;速度也包括应力速度和力速度等;加速度也包括应力加速度和力加速度等。其中,位移是相对值,加速度是绝对值,速度结果中忽略了遗漏质量的影响。

这些命令还允许用户定义用于组合的模态力的类型,命令 *ForceType* 域的值为 STATIC 时(程序默认)组合模态静力(即刚度乘以振型力);命令 *ForceType* 域的值为 TOTAL 时组合模态静力之和与惯性力(即刚度和质量力)。

(4)定义荷载步选项。表 11.8 列出了用于单点响应谱分析的荷载步选项。

表 11.8 单点响应谱分析的荷载步选项

选 项	命 令	路 径
		谱选项
响应谱类型	SVTYP	Main Menu> Solution> Load Step Opts> Spectrum> Single Point> Settings
激扰方向	SED	Main Menu> Solution> Load Step Opts> Spectrum> Single Point> Settings
谱曲线	FREQ、SV	Main Menu> Solution> Load Step Opts> Spectrum> Single Point> Freq Table or Spectr Values
		动力选项
刚度阻尼	BETAD	Main Menu> Solution> Load Step Opts> Time/Frequenc> Damping
质量阻尼	ALPHAD	Main Menu> Solution> Load Step Opts> Time/Frequenc> Damping
比例阻尼	DMPRAT	Main Menu> Solution> Load Step Opts> Time/Frequenc> Damping
模态阻尼	MDAMP	Main Menu> Solution> Load Step Opts> Time/Frequenc> Damping

响应谱类型选项用于定义响应参数的类型,如位移、速度、加速度、力或功率谱密度。除了力谱之外,其他的都代表地震谱,程序假定它们定义在基础结点上;而力谱则是用命令 F 和 FK 定义在非基础的结点上,其方向是由变量 FX、FY 和 FZ 确定的。功率谱密度被程序转换成位移响应谱,并限于窄带谱。

谱曲线选项的两个命令 SV 和 FREQ 用于定义最大 100 个点的谱曲线,用户可定义一族谱曲线,每条曲线的阻尼比不同。用 STAT 命令可以列出当前谱曲线的值,而用命令 SVPLOT 则可以显示谱曲线。

遗漏质量效应可以减小由于忽略高阶模态而引起的误差;刚体响应效应可以使高频端的模态响应组合更准确;残余向量也可以减小忽略高阶模态引起的误差,与遗漏质量不同的是,残余向量是作为额外的模态在模态分析时计算的。因此,如果被组合,则残余向量和由模态组合方法确定的模态之间将存在耦合效应。既然是额外的模态,就一定与某个频率相关,同频率的输入谱应与零周期的加速度值相关,该频率也被用于计算速度和加速度。

如果用户定义了多于一种形式的阻尼,程序将计算每个频率的有效阻尼比。与该有效阻尼比对应的谱值是用谱曲线的对数内插计算的。如果未定义阻尼，程序采用具有最小阻尼的谱曲线计算。

需要指出的是，用户也可以定义材料依赖型阻尼比，但必须在模态分析时定义有效阻尼比并用于单元应变能计算，且必须在模态扩展时要求程序计算单元结果。

(5)求解

求解的命令为SOLVE，路径是：Main Menu> Solution> Solve> Current LS。其输出包括一张响应谱计算总结表"Response Spectrum Calculation Summary"，它也是打印输出的一部分。表中列出了参与系数，基于最小阻尼比的模态系数和每阶模态的质量分布。模态系数乘以振型就得到了每阶模态的响应，为此，用命令 * GET 读取模态系数并作为比例系数赋值给 SET 命令即可。

基于实际阻尼的模态系数在"Significant Mode Coefficients(Including Damping)"表中可以找到。

模态组合将生成一个 POST1 的命令文件 Jobname. MCOM，后处理时，可以在 POST1 中读取该文件，用模态扩展的结果文件 Jobname. RST 作模态组合。文件 Jobname. MCOM 含有组合最大模态响应的 POST1 命令集，POST1 用指定的模态组合方法计算结构的总响应。模态组合方法决定了如何组合结构的模态响应，响应类型分别选择位移、速度和加速度时，程序将分别组合每阶模态的位移和应力、速度和应力速度以及加速度和应力加速度。

退出求解模块后，用户仍可以随时用 * GET 命令读取频率、参与系数、模态系数和有效阻尼比等。

3. 查看结果

用户可用通用后处理器 POST1 查看结果。单点响应谱分析的结果以 POST1 的荷载工况组合命令形式被写入模态组合文件 Jobname. MCOM，这些命令通过组合最大模态响应计算结构的总响应。总响应包括总位移(或速度、加速度)，如果是扩展时写入结果文件的还包括总应力(或应力速度、应力加速度)、应变(或应变速度、应变加速度)和反力(或反力速度、反力加速度)。由于使用了荷载工况组合，POST1 中已有的荷载工况将被重新定义。

需要指出的是，如果用户希望对从结果文件导出的应力直接进行组合，在读取模态组合文件 Jobname. MCOM 前执行命令 SUMTYPE，PRIN。此处用了 PRIN 选项，则应力分量无效。

查看结果的具体步骤如下：

(1)读取文件 Jobname. MCOM，其命令为/INPUT，路径是：Utility Menu> File> Read Input From。例如：/INPUT，FILE，MCOM，这里假定默认的文件名为 Jobname。

(2)显示结果有不同的选项，包括：

①显示变形图的命令为：PLDISP，其路径是：Main Menu> General Postproc> Plot Results> Deformed Shape。

②显示等值线图的命令为：PLNSOL 或 PLESOL，其中 PLNSOL 命令显示结点结果，路径是：Main Menu> General Postproc> Plot Results> Contour Plot> Nodal Solu；PLESOL 命令显示单元结果，路径是：Main Menu> General Postproc> Plot Results> Contour Plot> Element Solu。等值线图可以是应力、应变和位移等，PLNSOL 命令显示的应力应变等导出数据是结点的平均值，因此，对于连接不同材料单元、不同厚度壳单元或具有其他几何或物理性质不连续的结点，该平均值是一个模糊值，因此，在发出 PLNSOL 命令前，应选择具有相同材

料单元和相同厚度壳单元以避免出现模糊的结点数据。

如果此前用户使用了SUMTYPE命令，则PLNSOL或PLESOL命令的执行结果受制于SUMTYPE命令的具体格式——SUMTYPE,COMP或SUMTYPE,PRIN。

位移、应力和应变是以单元坐标表示的，可以用命令PLETAB以表单形式显示单元等值线数据，一维单元则用命令PLLS显示等值线数据。

用户可以用命令SHELL,MID查看正确的板壳单元膜应力和膜应变等面内数据，对于SHELL181、SHELL208、SHELL209、SHELL281和ELBOW290单元，设置选项KEYOPT(8)=2，程序将直接将中面的结点结果写入结果文件，并允许直接对这些中面结果进行乘方运算。但是，用程序默认方法对顶面和底面数据的平方进行平均得到的中面值可能是不正确的。

③显示矢量图的命令为PLVECT，其路径是：Main Menu> General Postproc> Plot Results> Vector Plot> Predefined。

(3)结果列表的命令为PRNSOL、PRESOL、PRRFOR、FSUM、NFORCE和PRNLD。其中，PRNSOL命令列结点结果，其路径是：Main Menu> General Postproc> List Results> Nodal Solution；PRESOL命令列单元结果，其路径是：Main Menu> General Postproc> List Results> Element Solution；PRRFOR命令列反力数据，其路径是：Main Menu> General Postproc> List Results> Reaction Solution；FSUM、NFORCE和PRNLD命令则是对单元的结点力求和。

需要指出的是，单元力和反力以及用命令*GET,Par,ELEM,n,EFOR和*GET,Par,NODE,n,RF获取的值取决于SRSS和CQC等组合命令的*ForceType*域的值，单元结点力求和是在这些力组合前完成的。

4. 多重谱分析

多重谱分析功能可以计算多个谱各自的效应，或计算速度和/或加速度响应。

(1)计算多个谱各自的效应仅需重复步骤2：谱分析即可，每次谱分析结束后，用户都必须激活SPOPT命令的*modeReuseKey*域，以便数据库和所需的文件可用于下一个谱分析，每次谱分析的结果都将顺序添加到Jobname.MCOM文件中。

(2)计算不包括遗漏质量效应的速度和/或加速度响应时，可以在不同的求解阶段组合模态。为此，用户必须备份模态分析生成的文件Jobname.MCOM，并用该文件计算速度和/或加速度响应。

此外，用户必须备份谱分析生成的Jobname.MCOM文件，以确保用于创建后续模态组合的Jobname.MCOM文件仅采用来自独立输入谱的模态系数。如果没有保存文件备份，模态组合将基于谱的整体设置而不是每个独立的设置。需要指出的是，已有的Jobname.MCOM文件将被后续的模态组合覆盖。

(3)计算包括遗漏质量效应的速度和/或加速度响应时，也可以在不同的求解阶段组合模态。为此，用户必须备份模态分析生成的文件Jobname.MCOM和Jobname.RST，并用这些文件计算速度和/或加速度响应。

多重谱分析的具体步骤如下：

(1)进入求解模块，其命令为SOLU，路径是：Main Menu> Solution。

(2)定义分析类型的命令是ANTYPE，首先选择"New Analysis"，即：Main Menu> Solution> Analysis Type > New Analysis。然后，在分析类型中选择"Spectrum"，即：Main

Menu>Solution> Analysis Type> New Analysis> Spectrum。

(3)选择模态组合方法的命令为:SRSS、CQC、DSUM、GRP、NRLSUM 和 ROSE,其路径是:Main Menu> Solution。将这些命令的标签域设置为 VELO 或 ACEL,即:*Label*=VELO 或 ACEL。

(4)求解命令为 SOLVE,其路径是:Main Menu> Solution> Solve> Current LS。

11.4.3 多点响应谱分析

多点响应谱分析分为 5 个步骤:建模、模态分析、谱分析、组合模态和查看结果,其中建模和模态分析与前述方法相同,此处不再赘述。下面对照单点响应谱分析分别介绍其他 3 个步骤。需要指出的是,ANSYS Professional 模块不支持多点响应谱分析。

1. 谱分析

程序利用模态分析提取的振型进行多点响应谱分析,其条件是:

(1)振型文件 Jobname. MODE 必须是可读取的。

(2)数据库必须有与模态分析相同的模型。

(3)文件 Jobname. FULL、Jobname. ESAV 和 Jobname. EMAT 必须可用于参与系数计算。

(4)结果文件 Jobname. RST 必须可用于输出基础扰动的静态分析结果和遗漏质量的响应计算结果。

谱分析的具体步骤如下:

(1)进入求解模块的命令为 SOLU,路径是:Main Menu> Solution。

(2)定义分析类型和选项。依次选择"New Analysis"和"Spectrum"后,在谱分析类型中选择"Multi-Point Response Spectrum (MPRS)",其命令为 SPOPT,路径是:Main Menu> Solution> Analysis Type> Analysis Options。

(3)定义阻尼。多点响应谱分析可采用的阻尼形式有刚度阻尼、质量阻尼和模态阻尼,这 3 种阻尼均属于频率依赖型阻尼。如果定义了多于一种的阻尼,程序将计算每阶频率的有效阻尼比。

需要指出的是,材料依赖型阻尼比也可用于多点响应谱分析,但必须在模态分析时定义,因为,模态分析时的有效阻尼比是基于单元应变能计算的。

定义阻尼的路径是:Main Menu> Solution> Load Step Opts> Time/Frequenc> Damping,刚度阻尼的命令为 BETAD;质量阻尼的命令为 ALPHAD;模态阻尼的命令为 MDAMP。

(4)定义荷载步选项包括谱数据和遗漏质量及刚体响应两个子选项,谱数据包括输入谱的类型和谱值—频率表单。输入谱的类型可以是位移、速度、力、压力或加速度的一种。如果有压力谱,则应在模态分析时输入。谱值—频率表单则是频率及其对应的谱值组成的一个二维数据阵列。定义输入谱类型的命令 SPUNIT 不在图形用户界面的菜单中。

谱值—频率表单是谱曲线上的点对应的纵坐标和横坐标的值,用户可定义一族具有不同阻尼比的谱曲线。定义谱值—频率表单的命令有 SPFREQ、SPVAL、SPDAMP 和 SPGRAPH,它们也不在图形用户界面的菜单中。使用 STAT 命令可以显示表单,而使用 SPGRAPH 可以显示谱曲线。

遗漏质量及刚体响应子选项定义遗漏质量效应、刚体响应效应和残余向量。考虑遗漏质量效应可以减少忽略高阶模态引起的误差；考虑刚体响应效应将使高阶频率范围的模态响应组合更准确；而残余向量也可以减小忽略高阶模态带来的误差，但是，由于残余向量是在模态分析时计算的，并被看作是一个额外的模态而参与模态组合，从而存在残余向量与模态的耦合现象。既然程序把残余向量看作是一阶模态，那就一定有一个频率与其相关联，该频率的输入谱应有一个零周期的加速度值。该频率也被用于速度和加速度计算。

(5)施加激扰包括基础激扰、基础运动、结点激扰和压力激扰。

①对于基础激扰，用命令 D、DK、DL 或 DA 的 *UX*、*UY*、*UZ* 和 *ROTX*、*ROTY*、*ROTZ* 标签，这些标签的值如果为 0.0 或为空，则取消定义。除 1.0 之外的任何值都将作为参与系数用于计算。

②如果用命令 SED 设置基础运动，请定义 *SEDX*、*SEDY* 或 *SEDZ*。这些标签的值如果为 0.0 或为空，则取消定义。

③对于结点激扰，用命令 F 或 FK 的 *FX*、*FY* 和 *FZ* 标签，这些标签的值如果为 0.0 或为空，则取消定义。除 1.0 之外的任何值都将作为参与系数用于计算。

④对于压力激扰(模态分析时定义的压力分布 LVSCALE)，用模态分析得到的荷载向量，用其比例系数来计算参与系数。

需要指出的是，基础激扰只能施加在模态分析模型的约束结点上。如果是在实体模型(网格划分前的模型)施加的约束，则定义多点响应谱分析的激扰时必须采用相同的实体模型命令。任何模态分析时施加的荷载，都必须用删除命令或零值来取消定义。

施加激扰的命令路径是：Main Menu> Solution> Define Loads> Apply> Structural> Spectrum> Base PSD Excit> On Nodes。

(6)计算激扰的参与系数。用命令 PFACT 的 *TBLNO* 域设定使用的谱表，用命令 PFACT 的 *Excit* 域定义计算的激扰形式——基础激扰或结点激扰。PFACT 命令的路径是：Main Menu> Solution> Load Step Opts> Spectrum> PSD> Calculate PF。

上述(4)～(6)步是一个激扰的施加过程，如果需要在同一个模型上施加多个激扰，只需重复(4)～(6)步即可完成所有激扰的施加。

2. 组合模态

组合模态包括谱分析和组合模态两部分，其中的谱分析与单点响应谱分析中相同，而组合模态则采用绝对值求和的组合方法(命令 SRSS 的 *AbsSumKey* 域设置为 YES)。

需要指出的是，当用户执行多次多点响应谱分析时，如果不希望每次都作模态分析，则可以在第一次多点响应谱分析后，在后续的每一次分析时激活 SPOPT 命令的 *modeReusseKey* 标签，使数据库及相关文件可用于每一次新的分析。

3. 查看结果

查看结果的方法也与单点响应谱分析相同，程序将多点响应谱分析的直接结果写入结构的结果文件 Jobname. RST，其结果包括模态分析的扩展振型、基础激扰的静态解和丢失质量响应(如果用户需要)。

11.4.4 随机振动分析

随机振动分析也包括 5 个步骤：建模、模态分析、谱分析、组合模态和查看结果，其中，前两个步骤与单点和多点响应谱分析相同，此处不再赘述，下面仅就其他 3 个步骤中与多点响应谱分析不同的内容进行补充说明。ANSYS Professional 模块不支持随机振动分析。

1. 谱分析

随机振动的谱分析利用模态分析得到的振型计算响应的功率谱密度函数，其条件是：

(1)振型文件 Jobname. MODE 是可读取的，如果模态分析采用了不对称特征值求解器，左振型文件 Jobname. LMODE 也必须是可读取的。

(2)数据库必须有与模态分析相同的模型。

(3)文件 Jobname. FULL、Jobname. ESAV 和 Jobname. EMAT 必须可用于参与系数计算。

(4)结果文件 Jobname. RST 必须可用于写基础激扰的静态解和其他类型的解。

(5)如果模态分析时创建了荷载向量且单元荷载已写入模态文件 Jobname. MODE，则单元模态荷载文件 Jobname. MLV 必须是可读取的。

谱分析的具体步骤如下：

(1)进入求解模块的命令为/SOLU，路径是：Main Menu> Solution。

(2)定义分析类型和选项。依次选择“New Analysis”和“Spectrum”后，在谱分析类型(SPOPT)中选择“Power Spectral Density (PSD)”。如果用户关心单元结果和反力结果，将 SPOPT 命令的 *Elcalc* 域设置为 YES。只有在模态扩展时计算了单元结果和反力结果，谱分析时才能计算单元结果和反力结果。当然，只有在模态分析时计算了单元结果，后续这些计算才能完成。

(3)定义荷载步选项。随机振动分析需要设置下列荷载步选项：

①谱数据。

用命令 PSDUNIT 定义功率谱密度类型——位移、速度、力、压力或加速度，其路径是：Main Menu> Solution> Load Step Opts> Spectrum> PSD> Settings。基础激扰或结点激扰在下面的(4)和(5)步定义，如果要定义压力的功率谱密度，模态分析时应施加压力荷载。

用命令 PSDFRQ、PSDVAL 和 PSDGRAPH 定义一个分段线性(对数坐标 log-log)功率谱密度曲线的数据表单，其中，PSDFRQ 和 PSDVAL 命令用于定义功率谱密度-频率的数据，其路径是：Main Menu> Solution> Load Step Opts> Spectrum> PSD> PSD vs Freq；PSDGRAPH 命令用于画功率谱密度曲线，其路径是：Main Menu> Solution> Load Step Opts> Spectrum> PSD> Graph PSD Tables。

由于采用多项式作功率谱密度的闭曲线积分，用户应将输入数据画成曲线，该曲线将与多项式拟合的曲线重叠显示以确保拟合曲线的准确性。如果拟合结果不理想，可在输入数据点直接增加内插点直至拟合结果满意为止。对于一个理想的拟合结果，相邻两点直接的功率谱密度值的变化不会超过一个数量级。

②阻尼(动力选项)。

随机振动分析可用的阻尼选项包括质量阻尼、刚度阻尼、模态阻尼和比例阻尼，其命令分别为 ALPHAD(质量阻尼)、BETAD(刚度阻尼)、MDAMP(模态阻尼)和 DMPRAT(比例阻尼)，路径是：Main Menu> Solution> Load Step Opts> Time/Frequenc> Damping。如果定义了两种以上的阻尼，则程序将计算每阶频率的等效阻尼。如果用户没有定义阻尼，则程序将采用 1% 的比例阻尼。

用户也可以采用材料依赖型阻尼比，但必须在模态分析时定义，因为，模态分析模块基于单元的应变能计算等效阻尼。

③残余向量可以减小忽略高阶模态引起的误差，其命令为 RESVEC。

(4)施加激扰包括基础激扰、基础运动、结点激扰和压力激扰。

①对于基础激扰，用命令 D、DK、DL 或 DA 的 *UX*、*UY*、*UZ* 和 *ROTX*、*ROTY*、*ROTZ* 标签，这些标签的值如果为 0.0 或为空，则取消定义。除 1.0 之外的任何值都将作为参与系数用于计算。

②如果用命令 SED 设置基础运动，请定义 *SEDX*、*SEDY* 或 *SEDZ*。这些标签的值如果为 0.0 或为空，则取消定义。

③对于结点激扰，用命令 F 或 FK 的 *FX*、*FY* 和 *FZ* 标签，这些标签的值如果为 0.0 或为空，则取消定义。除 1.0 之外的任何值都将作为参与系数用于计算。

④对于压力激扰(模态分析时定义的压力分布 LVSCALE)，采用模态分析得到的荷载向量，利用其比例系数来计算参与系数。

需要指出的是，基础激扰只能施加在模态分析模型的约束结点上。如果是在实体模型(网格划分前的模型)施加的约束，则定义随机振动分析的激扰时必须采用相同的实体模型命令。任何模态分析时施加的荷载，都必须用删除命令或零值来取消定义。

施加激扰的命令路径是：Main Menu> Solution> Define Loads> Apply> Structural> Spectrum> Base PSD Excit> On Nodes。

(5)计算激扰参与系数。用命令 PFACT 的 *TBLNO* 域设定使用的谱表，用 *Excit* 域定义计算的激扰形式——基础激扰或结点激扰。PFACT 命令的路径是：Main Menu> Solution> Load Step Opts> Spectrum> PSD> Calculate PF。

上述(3)～(5)步是一个激扰的施加过程，如果需要在同一个模型上施加多个激扰，只需重复(3)～(5)步即可完成所有激扰的施加。

需要的话，用下列命令定义激扰之间的相关度：计算互谱和四次谱的命令分别为 COVAL 和 QDVAL，定义空间关系和波扩展关系的命令分别为 PSDSPL 和 PSDWAV，它们的路径是：Main Menu> Solution> Load Step Opts> Spectrum> PSD> Correlation。画功率谱密度曲线的命令为 PSDGRAPH，路径是：Main Menu> Solution> Load Step Opts> Spectrum> PSD> Graph Tables。

使用 PSDSPL 和 PSDWAV 命令时，必须将 PFACT 命令的 *Parcor* 域分别设置为 SPATIAL 或 WAVE，而且结点激扰和基础激扰的输入必须一致(FY 和 FZ 不能分别作用在不同的结点上)。对于多点基础激扰，执行这两个命令可能会占用相当多的 CPU。

这两个命令不能用于压力荷载作用下的随机振动分析。

(6)定义输出控制。随机振动分析的唯一输出控制命令是 PSDRES(路径：Main Menu> Solution> Load Step Opts> Spectrum> PSD> Calc Controls)，该命令定义了写入结果文件的数据量及格式。随机振动分析的计算结果包括位移、速度和加速度，可输出它们相对基础的值和绝对值。如果希望控制写入结果文件的数据量，请在模态扩展时使用 OUTRES 命令。

(7)求解并退出。用命令 SOLVE(路径：Main Menu> Solution> Solve> Current LS)启动随机振动分析，求解结束后，用命令 FINISH 退出求解模块并关闭求解菜单。

2. 组合模态

程序支持在不同的求解阶段组合模态，可组合的最大模态数为 10 000，具体步骤如下：

(1)进入求解模块。命令为/SOLU,路径是:Main Menu> Solution。

(2)定义分析类型。选择“New Analysis”和“Spectrum”。

(3)定义组合方法。随机振动分析只能采用 PSD(功率谱密度)模态组合方法,该方法计算一个响应(位移和应力等)标准差(1σ)。用户可定义用于计算的模态力类型,程序默认的是组合模态静力,即命令 PSDCOM 的 *ForceType* 域为 STATIC(即振型力乘以刚度)。如果将命令 PSDCOM 的 *ForceType* 域设置为 TOTAL,则程序组合模态静力和惯性力之和(即刚度和质量力)。此外,命令 PSDCOM 的 *SIGNIF* 和 *COMODE* 域提供了减少组合的模态数选项。PSDCOM 命令的路径是:Main Menu> Solution> Load Step Opts> Spectrum> PSD> Mode Combin。

(4)求解并退出。用命令 SOLVE(路径:Main Menu> Solution> Solve> Current LS)启动随机振动分析,求解结束后,用命令 FINISH 退出求解模块并关闭求解菜单。

需要指出的是,当用户执行多次随机振动分析时,如果不希望每次都作模态分析,则可以在第一次随机振动分析后,在后续的每一次分析时激活 SPOPT 命令的 *modeReusseKey* 标签,使数据库及相关文件可用于每一次新的分析。

3. 查看结果

随机振动分析写入结果文件 Jobname. RST 的数据包括模态分析的扩展振型和基础激扰的静态解,如果用 PSDCOM 命令组合了模态且设置了输出控制命令 PSDRES,则输出的内容包括:

(1)一个标准差的位移解(位移、应力、应变和力)。

(2)一个标准差的速度解(速度、应力速度、应变速度和力速度)。

(3)一个标准差的加速度解(加速度、应力加速度、应变加速度和力加速度)。

用户可在 POST1 中查看这些结果,并在 POST26 中计算响应的功率谱密度。

(1)在 POST1 中查看结果

表 11.9 列出了结果文件中数据的格式,如果用户仅定义了结点激扰,则表中的荷载步 2 为空;如果用户用 PSDRES 命令抑制了位移、速度和加速度解,相应的荷载步也必须为空;随机振动分析的超单元位移文件 Jobname. DSUB 不包括荷载步 3、4 或 5 的内容。

表 11.9　随机振动分析的输出数据格式

荷载步	子荷载步	内　容
1	1	一阶模态的扩展模态解
	2	二阶模态的扩展模态解
	3	三阶模态的扩展模态解
	⋮	⋮
2 (基础激扰)	1	功率谱密度表 1 的单位静力解
	2	功率谱密度表 2 的单位静力解
	⋮	⋮
3	1	1σ 位移解
4	1	1σ 速度解(由定义确定)
5	1	1σ 加速度解(由定义确定)

①读取数据。

用命令 SET 将所需的结果读入数据库，路径是：Main Menu> General Postproc> Read Results> First Set。例如：读取 1σ 位移解的命令格式为：SET，3，1。用户也可以用 SET 命令的 Fact 对读取的值进行乘运算，如 2σ 或 3σ 的值可设置 Fact=2 或 Fact=3 得到。

②显示结果。

显示结果与单点响应谱分析显示结果的步骤相同，见 11.4.2 中第 3 条的第(2)项显示结果。

需要指出的是，由于随机振动分析的结果不是实际的值而是标准差，因此，用 PLNSOL 命令计算的结点平均值在随机振动分析的结果中是不适用的，可以用 PLESOL 命令显示非平均的单元结果。此外，显示的位移、应力和应变是以结点或单元坐标系统表示的。

(2)在 POST26 中计算响应的功率谱

在结果文件 Jobname. RST 和功率谱密度文件 Jobname. PSD 可读取的条件下，用户可选择计算并显示结果文件中列出的任何响应(位移、速度或加速度)的功率谱密度。如果是在一个新的任务中进行后处理，随机振动分析结果的数据库文件 Jobname. DB 必须是可恢复的。

计算功率谱密度的具体步骤如下：

①进入 POST26，其命令为/POST26，路径是：Main Menu> TimeHist PostPro。

②存储频率向量，其命令格式为 STORE，PSD，NPTS，路径是：Main Menu> TimeHist Postpro> Store Data。其中，NPTS 为固有频率两侧添加的频率点数，目的是使频率向量更光滑，程序默认值是 5。频率向量是作为变量 1 存储的。

③定义变量用于存储用户关心的计算结果(位移、应力和反力等)，其命令为 NSOL、ESOL 和/或 RFORCE，路径是：Main Menu> TimeHist Postpro> Define Variables。

④计算功率谱密度并存储在指定的变量中，其命令为 RPSD，路径是：Main Menu> TimeHist Postpro> Calc Resp PSD。然后，用户可用命令 PLVAR 画功率谱曲线。

⑤计算方差，用户可通过积分功率谱曲线得到方差，其平方根就是一个标准差的值。但 POST26 计算功率谱密度时是对所有模态求和，而 POST1 仅对有效模态求和，因此，此处的一个标准差的值与 POST1 的相应值并不完全相等。通过这两个值的比较可以证明：命令 PSDCOM 的有效系数足够小，用于输入功率谱密度的曲线拟合是可行的。

(3)在 POST26 中计算协方差

在结果文件 Jobname. RST 和功率谱密度文件 Jobname. PSD 可读取的条件下，用户可选择计算结果文件中列出的任何两个响应(位移、速度和/或加速度)之间的协方差。

计算功率谱密度的具体步骤如下：

①进入 POST26，其命令为/POST26，路径是：Main Menu> TimeHist PostPro。

②定义变量用于存储用户关心的计算结果(位移、应力和反力等)，其命令为 NSOL、ESOL和/或 RFORCE，路径是：Main Menu> TimeHist Postpro> Define Variables。

③计算每个响应分量(相对值或绝对值)的贡献并存储在指定的变量中，其命令为 CVAR，路径是：Main Menu> TimeHist Postpro> Calc Covariance。然后，可以用命令 PLVAR 画模态贡献(相对响应)图及准静态响应和混合部分响应对总协方差的贡献。

④获取协方差，其命令格式为：*GET，NameVARI，*n*，EXTREM，CVAR，路径是：Utility Menu> Parameters> Get Scalar Data。

11.4.5 DDAM谱分析

DDAM谱分析有4个主要步骤：建模、模态分析、DDAM谱分析、查看结果，其中，前两个步骤与前面介绍的相同，此处不再赘述，下面仅就DDAM谱分析和查看结果作一简要的介绍。

1. DDAM谱分析

DDAM谱分析时，程序仍采用模态分析得到的振型计算求解，其条件是：

(1)振型文件Jobname.MODE是可读取的。

(2)数据库必须有与模态分析相同的模型。

(3)Jobname.FULL文件必须可用于计算参与系数。

DDAM谱分析的具体步骤如下：

(1)进入求解模块的命令为/SOLU，路径是：Main Menu> Solution。

(2)定义分析类型和选项。

表11.10列出了Mechanical APDL模块的谱分析选项及其命令和路径，在分析类型中依次选择"New Analysis"和"Spectrum"，并在谱分析类型(SPOPT)中选择"Dynamic Design Analysis Method (DDAM)"选项。然后，用相同的命令(SPOPT)定义参与计算的模态数。

表11.10 谱分析选项

选　项	命　令	路　径
New Analysis	ANTYPE	Main Menu> Solution> Analysis Type> New Analysis
分析类型：Spectrum	ANTYPE	Main Menu> Solution> Analysis Type> New Analysis> Spectrum
谱类型：DDAM	SPOPT	Main Menu> Solution> Analysis Type> Analysis Options
参与计算的模态数	SPOPT	Main Menu> Solution> Analysis Type> Analysis Options

参与计算的模态数应能够反映结构的响应特征且覆盖响应谱的频率范围，计算结果的准确性与参与计算的模态数直接相关。参与计算的模态越多，计算的准确性越好。

(3)定义荷载步选项。

①用SED命令定义总体激扰方向，DDAM谱分析仅支持SED命令定义的激扰。

②用命令ADDAM和VDDAM定义谱值和谱类型，程序用ADDAM和VDDAM命令定义系数计算模态系数。

③用户也可以用DDASPEC命令定义谱值，以便程序根据船型、设备位置、变形形式和最小加速度值计算谱系数并用于计算模态系数。

④命令ADDAM和VDDAM定义的谱值和谱类型中已经隐含了阻尼，因此，不需要另行定义。如果用户仍然定义了阻尼，则该阻尼被用于模态组合而不用于DDAM谱分析。

⑤DDAM谱分析不支持遗漏质量和刚体响应，但计算残余向量，以便减小忽略高阶模态引起的误差。

(4)组合模态。

单点响应谱分析中介绍了6种模态组合方法——SRSS、CQC、DSUM、GRP、NRLSUM和ROSE，这6种方法均可用于DDAM谱分析。其中，NRLSUM方法是DDAM谱分析的常用模态组合方法。此外，用命令NRLSUM，CSM也可调用密集模态法(CSM)，该方法利用NRL求和法计算不同相位的模态响应。DSUM方法则可以输入地震谱或冲击谱的持续时间。

6种模态组合方法的命令分别为：SRSS、CQC、DSUM、GRP、NRLSUM和ROSE，它们的路径是：

Main Menu> Solution> Analysis Type> New Analysis> Spectrum

Main Menu> Solution> Analysis Type> Analysis Opts> D. D. A. M

Main Menu> Load Step Opts> Spectrum> Mode Combine

上述命令可以计算 3 种不同类型的响应——位移(包括位移、应力、力等)、速度(包括速度、应力速度、力速度等)和加速度(包括加速度、应力加速度、力加速度等),计算这 3 种类型的响应是通过在相应命令的 *Label* 域分别设置 DISP、VELO 和 ACEL 来实现的。

上述命令也可以用于定义模态组合使用的模态力类型,程序默认(*ForceType*=STATIC)组合模态静力(振型力乘刚度),如果用户将命令的 *ForceType* 域设置为 TOTAL,则程序将组合模态静力与惯性力之和(刚度和质量力)。

模态组合会生成一个 POST1 的后处理文件 Jobname. MCOM,POST1 可用模态扩展后的结果文件 Jobname. RST 与 Jobname. MCOM 文件进行模态组合。Jobname. MCOM 文件中含有 POST1 组合最大模态响应的命令,而 POST1 组合最大模态响应的方法是用用户指定的模态组合方法计算结构的整体响应。

结构模态响应是按下列方式组合的:

①如果响应类型选择了位移(*Label*=DISP),则程序采用用户指定的模态组合方法组合每阶模态的位移和应力。

②如果响应类型选择了速度(*Label*=VELO),则程序采用用户指定的模态组合方法组合每阶模态的速度和应力速度。

③如果响应类型选择了加速度(*Label*=ACEL),则程序采用用户指定的模态组合方法组合每阶模态的加速度和应力加速度。

需要指出的是,DDAM 谱分析可分为两个求解过程,首先是谱分析,然后进行模态组合。模态组合所需的阻尼必须在谱分析前定义。

(5)求解。

求解的命令为 SOLVE,路径是:Main Menu> Solution> Solve> Current LS。求解的结果以表单的形式输出响应谱计算概要,包括参与系数、模态系数(基于最低阻尼比)和每阶模态的加权分布。用模态系数乘以振型即可得到每阶模态的响应,其方法是用命令 * GET(*Entity*=MODE)获取模态系数并设置为 SET 命令的比例系数。需要的话,也可以同样的命令 * GET(*Entity*=MODE)获取频率、参与系数、模态系数和有效阻尼比。

除此之外,输出结果还包括 DDAM 响应谱计算概要,以表单的形式列出了冲击设计值和每阶模态的荷载谱。用户也可以用命令 * GET(*Entity*=DDAM)获取上一次 DDAM 谱分析的冲击设计值。

(6)如果有其他方向的激扰,重复 DDAM 谱分析,但计算结果不写入结果文件 Jobname. RST。

(7)退出 SOLUTION 处理器,关闭求解菜单。

2. 查看结果

程序将 DDAM 谱分析的结果以 POST1 命令的形式写入模态组合文件 Jobname. MCOM,这些命令通过组合最大模态响应(由模态组合方法确定)计算结构的整体响应,包括整体位移、整体速度或整体加速度。如果模态扩展时计算了单元数据并存入结果文件,则整体响应也包括整体应力(或应力速度、应力加速度)、应变(或应变速度、应变加速度)和反力(或反力速度、反力加速度)。

11.5 算　例

该算例以一个飞机机翼模型为例来演示模态分析的具体方法,为了便于读者参考 ANSYS 帮助文件,此处仍采用美制单位系统。

该机翼模型是一个等截面结构,其横截面由两段直线和两段弧线组成,如图 11.10 所示。机翼模型为实体结构,材料为低密度聚乙烯,各向同性且为常数,其弹性模量 $E=38\times10^3$ psi、泊松比$\mu=0.3$、材料密度$\rho=8.3\times10^{-5}$ lb$-$sec^2/in^4。由于机翼一端固定于飞机的机身,另一端自由,故按悬臂结构计算固有频率和振型。

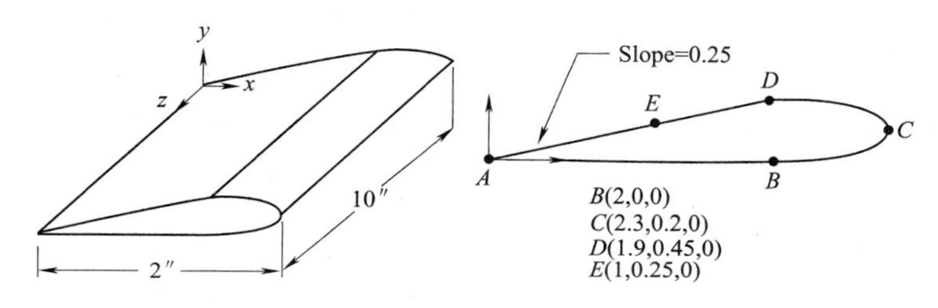

图 11.10　机翼模态分析模型

机翼横截面采用二维实体元模拟,并进行网格划分。然后,扩展为三维实体模型,扩展后的网格划分是程序自动完成的。本例选用的单元类型使得网格划分显得过于粗大,目的是可采用 ANSYS 教育版进行分析。

本例的基本求解步骤如下:

1. 输入几何参数

本例采用读取文件的方法输入几何参数,文件名为 wing. inp,存储在子文件夹 models 中,该子文件夹在 ANSYS 安装文件夹 ANSYS Inc 中。如果用户将程序安装在 d 盘的 ansys16 文件夹中,则在打开 ANSYS Mechanial APDL 模块后,在用户界面的"File"下拉菜单中单击"Read Input from",在弹出的"Read File"对话框中,选择输入文件"win. inp",点击"OK"按钮确认,在"Read File"对话框关闭的同时屏幕上显示机翼截面模型,如图 11.11 所示。

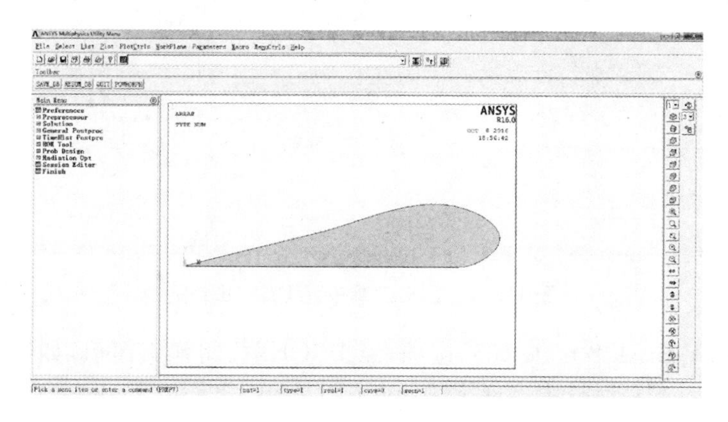

图 11.11　生成的机翼截面模型

2. 定义材料性质

在用户界面的“Main Menu”列表中依次展开“Preprocessor”和“Material Props”菜单，选择“Material Models”打开“Define Material Model Behavior”对话框，在对话框右侧窗口的列表中依次双击“Structural”、“Linear”、“Elastic”和“Isotropic”选项。在弹出窗口“Linear Isotropic Properties for Material Number 1”的“EX”文本框输入 38000，在“PRXY”文本框输入 0.3，如图 11.12 所示，点击“OK”按钮关闭窗口。然后，双击对话框右侧列表中的“Density”，在弹出窗口“Density for Material Number 1”的“DENS”文本框输入 8.3e-5，如图 11.13 所示，点击“OK”按钮关闭窗口并退出“Define Material Model Behavior”对话框。

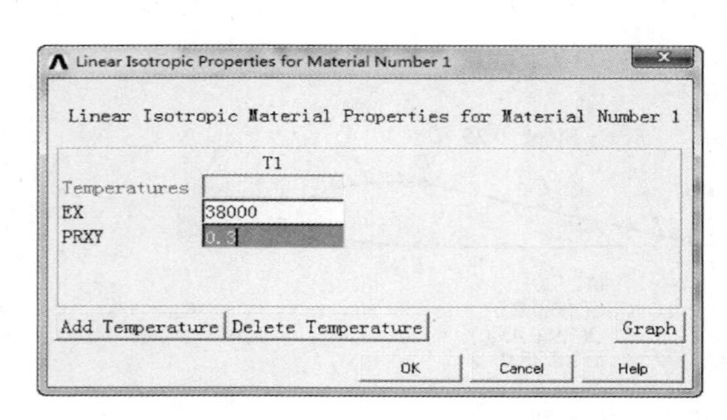

图 11.12　输入材料常数窗口

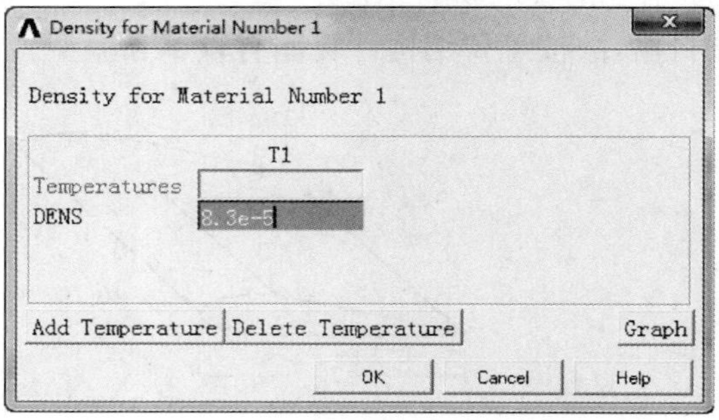

图 11.13　输入材料密度窗口

3. 定义单元类型

首先定义两个单元类型——二维单元和三维单元，然后用二维单元离散模型的横截面，并扩展横截面创建三维模型，扩展横截面几何形状的同时，网格也同步扩展，因此，三维单元是自动生成的。

(1)在用户界面的“Main Menu”列表中依次展开“Preprocessor”和“Element Type”菜单，选择“Add/Edit/Delete”打开“Element Types”对话框。点击对话框的“Add…”按钮，在弹出窗口“Library of Element Types”的左、右两栏分别选中“Structural Solid”和“Quad 4 node 182”选项，如图 11.14 所示，点击“Apply”按钮完成二维单元定义。

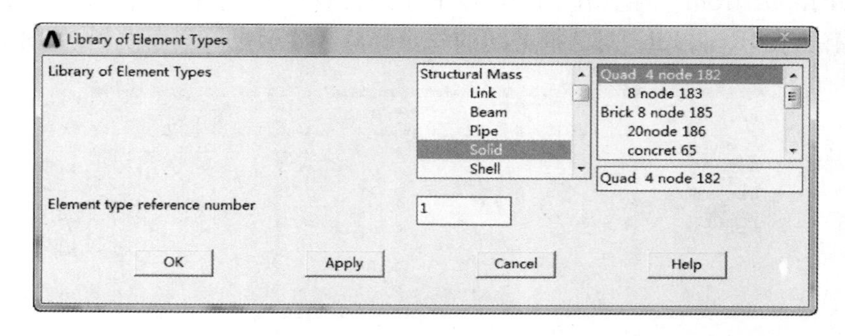

图 11.14　定义二维单元 PLANE182

(2)选择右栏的“Brick 8 node 185”选项，点击“OK”关闭弹出窗口，如图 11.15 所示。此时，在“Element Types”对话框中出现了“Type 1 PLANE182”和“Type 2 SOLID185”两个已定义的单元类型，如图 11.16 所示。

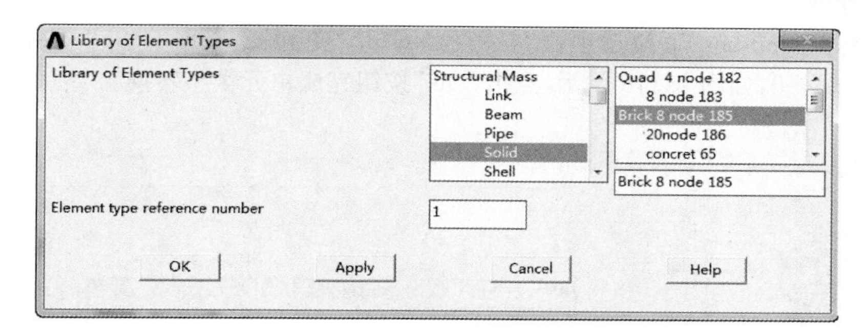

图 11.15　定义三维单元 SOLID185

(3)选择“Element Types”对话框中的“Type 2 SOLID185”并点击“Options”按钮,在弹出的“SOLID185 element type options”窗口中选择“Element technology K2”下拉列表的“Simple Enhanced Str”选项,如图 11.16 所示,依次点击弹出窗口的“OK”按钮和对话框的“Close”按钮关闭窗口和对话框。

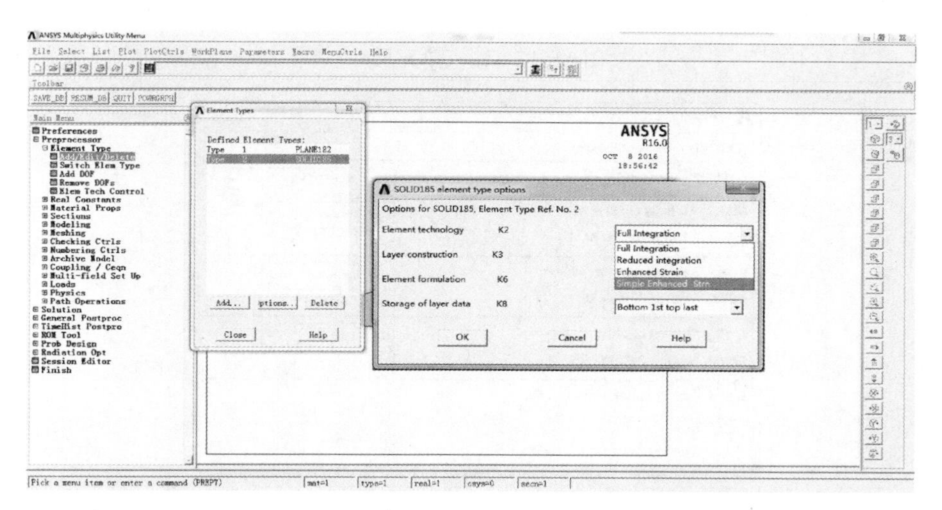

图 11.16　单元类型库弹出窗口

4. 划分平面网格

(1)在用户界面的“Main Menu”列表中依次展开“Preprocessor”和“Meshing”菜单,选择“Mesh Tool”弹出“Mesh Tool”对话框,在对话框的“Size Controls”选项下点击“Global”标签的“Set”按钮,在弹出窗口“Global Element Sizes”的“Element edge length”文本框输入 0.25,如图 11.17 所示,点击“OK”按钮关闭窗口。

(2)点击“Mesh Tool”对话框的“Mesh”按钮,在弹出的“Mesh Areas”窗口点击“Pick All”按钮,此时,屏幕上会出现一个警告信息,点击“Close”按钮忽略此信息。然后,点击快捷菜单中的 (“Raise Hidden”)按钮显示隐藏的“MeshTool”对话框,点击“Close”按钮关闭对话框。

5. 扩展三维模型

(1)在用户界面的“Main Menu”列表中依次展开“Preprocessor”、“Modeling”、“Operate”和“Extrude”菜单,选择“Elem Ext Opts”打开“Element Extrusion Options”对话框。将对话框

的“Element type number”下拉选项由“1 PLANE182”变为“2 SOLID185”，并在“No. Elem divs”文本框输入 10，如图 11.18 所示，点击“OK”按钮完成单元类型转换。

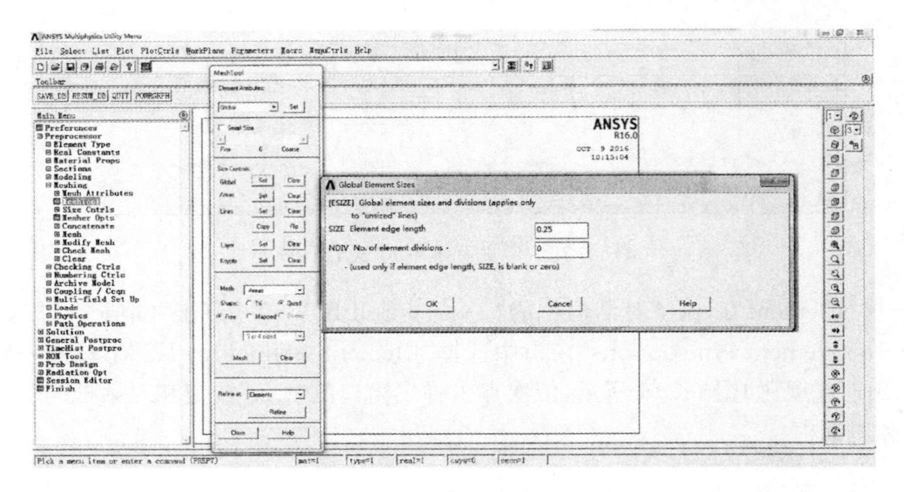

图 11.17　输入单元尺寸

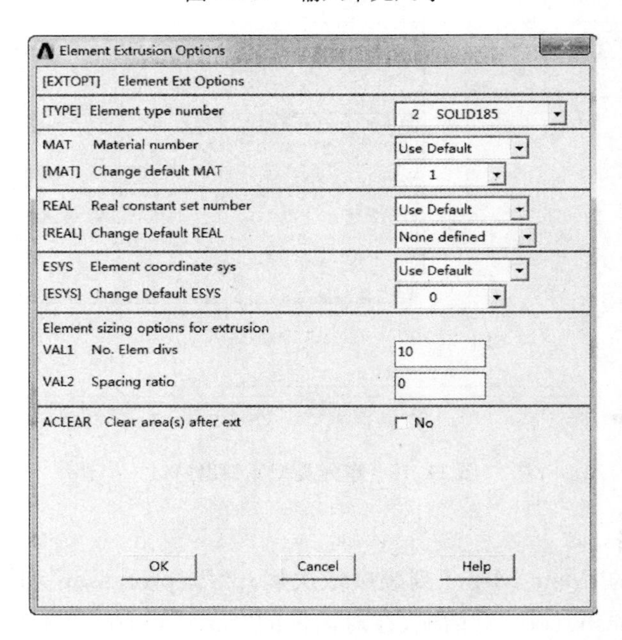

图 11.18　转换单元类型

(2)在用户界面的“Main Menu”列表中依次展开“Preprocessor”、“Modeling”、“Operate”、“Extrude”和“Areas”菜单，选择“By XYZ Offset”打开“Extrude Areas by Offset”对话框。点击“Pick All”按钮，在弹出窗口“Extrude Areas by XYZ Offset”的“Offset for extrusion”3 个文本框中依次输入 0，0，10，如图 11.19 所示，点击“OK”完成设置。

(3)在用户界面的“PlotCtrls”下拉菜单中点击“Pan，Zoom，Rotate”选项打开绘图控制对话框的缩放窗口“Pan-Zoom-Rotate”，依次点击“Iso”和“Close”完成模型扩展，如图 11.20 所示。

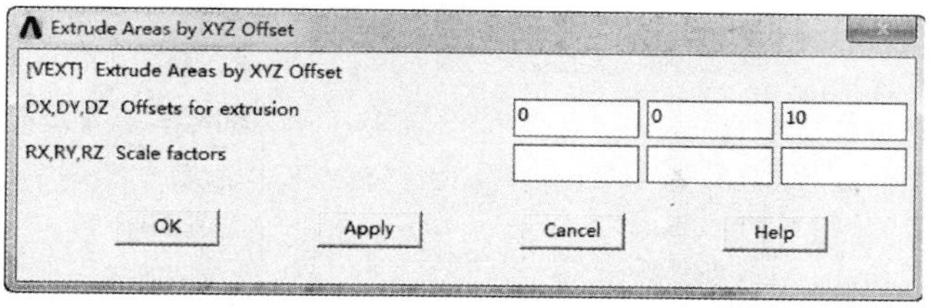

Extrude Areas by XYZ Offset
[VEXT] Extrude Areas by XYZ Offset
DX,DY,DZ Offsets for extrusion 0 0 10
RX,RY,RZ Scale factors
OK Apply Cancel Help

图 11.19 输入扩展的截面数

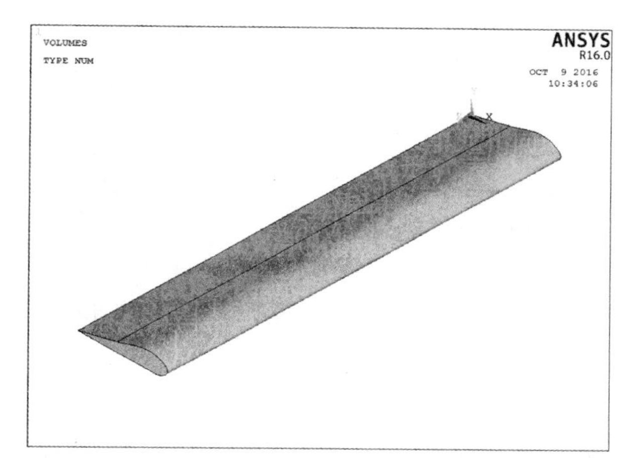

图 11.20 扩展后的模型

6. 施加约束

机翼模型的固定端截面位于 x-y 坐标面($z=0$),因此,对 $z=0$ 的所有结点施加位移约束。由于二维网格划分时选中的 PLANE182 单元不参与模态分析,因此,在施加机翼固定端约束前,需要先取消所有 PLANE182 单元的选择。

(1)在用户界面的“Select”下拉菜单中点击“Entities”打开“Select Entities”对话框,在对话框的前两个下拉选项窗口中分别选择“Element”和“By Attributes”,在第一个选项框中选择“Elem type num”并在“Min,Max,Inc”文本框输入“1”;在第二个选项框中选择“Unselect”,如图 11.21 所示,点击“Apply”按钮完成删除 PLANE182 单元的操作。

(2)在“Select Entities”对话框的前两个下拉选项窗口中分别选择“Nodes”和“By Location”,在第一个选项框中选择“Z coordinates”并在“Min,Max”文本框输入“0”;在第二个选项框中选择“From Full”,如图 11.22 所示,点击“Apply”按钮完成约束结点坐标设置。

(3)在用户界面的“Main Menu”列表中依次展开“Preprocessor”、“Loads”、“Define Load”、“Apply”、“Structural”和“Displacement”菜单,选择“On Nodes”弹出“Apply U,ROT on Nodes”窗口,如图 11.23 所示。点击弹出窗口的“Pick All”按钮弹出“Apply U,ROT on Nodes”对话框,在“DOFs to be constrained”的表单窗口选择“All DOF”,如图 11.24 所示(“Displacement value”文本框为空时,默认值是 0),点击“OK”按钮确认并关闭对话框。

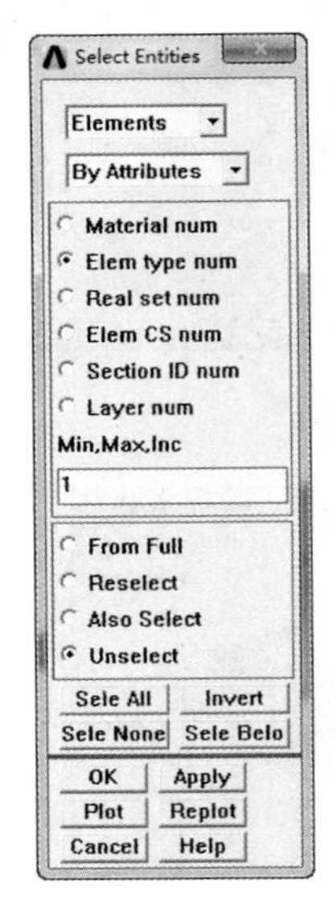

图 11.21　删除 PLANE182 单元

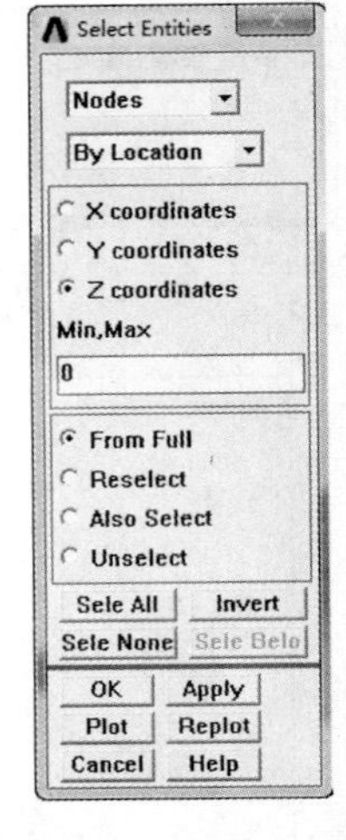

图 11.22　约束结点坐标设置

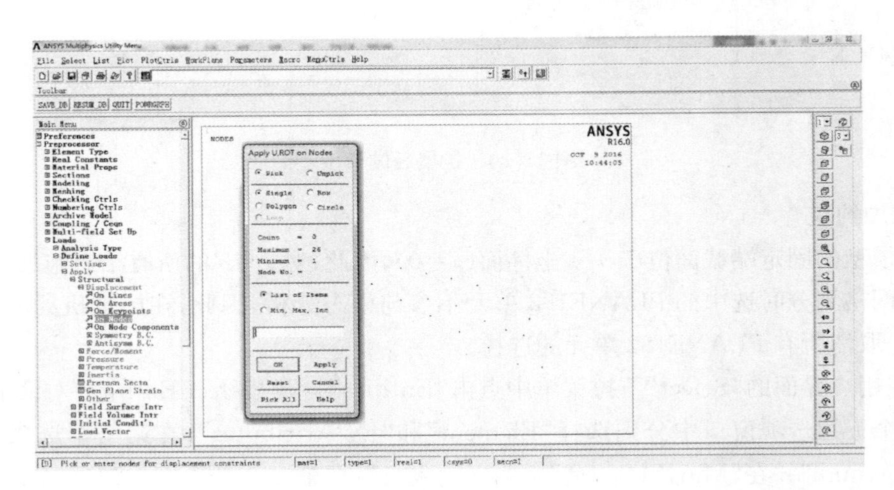

图 11.23　约束结点坐标设置

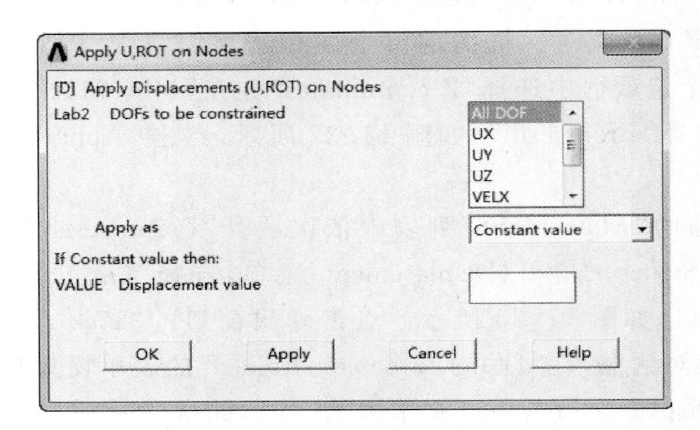

图 11.24　约束设置窗口

(4)在“Select Entities”对话框的第二个下拉选项中选择“By Num/Pick”，如图 11.25 所示，点击“Sele All”按钮选择所有结点并点击“Cancel”按钮关闭“Select Entities”对话框。

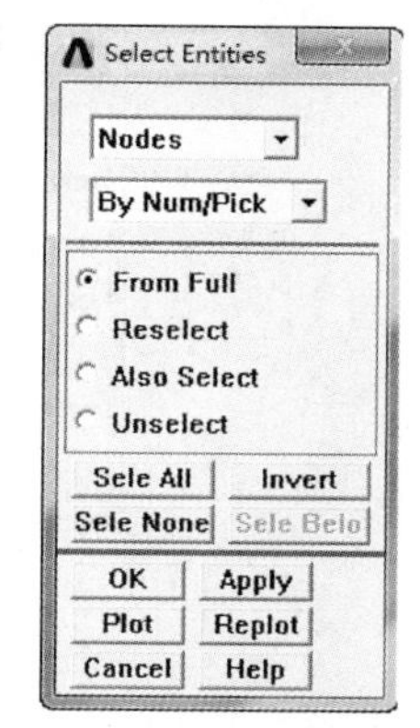

图 11.25 选择约束结点窗口

7. 求解

首先定义分析类型及选项，具体步骤是：

(1)在用户界面的“Main Menu”列表中依次展开“Solution”和“Analysis Type”菜单，选择“New Analysis”，在弹出的“New Analysis”对话框中选择“Modal”选项，如图 11.26所示，点击“OK”按钮关闭对话框。

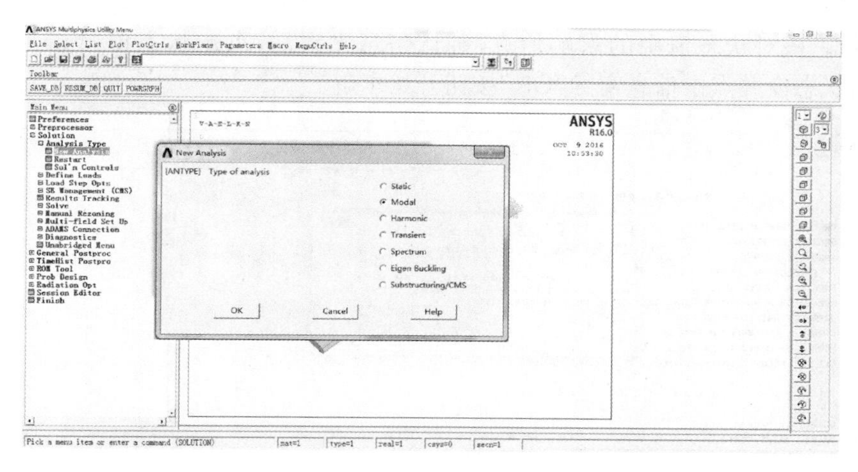

图 11.26 定义分析类型窗口

(2)在用户界面的“Main Menu”列表中依次展开“Solution”和“Analysis Type”菜单，选择“Analysis Options”弹出“Modal Analysis”对话框。本例采用 Block Lanczos 法提取模态，该方法是默认选项，故不作任何选择，只需在“No. of modes to extract”文本框和“No. of modes to expand”文本框分别输入“5”和“5”即可，如图 11.27 所示。然后，点击“OK”按钮关闭“Modal Analysis”对话框并弹出“Block Lanczos Method”对话框。在“Start Freq”文本框和“End Frequency”文本框分别输入“0”和“1000”，如图 11.28 所示，点击“OK”按钮接受其他默认值并关闭对话框。

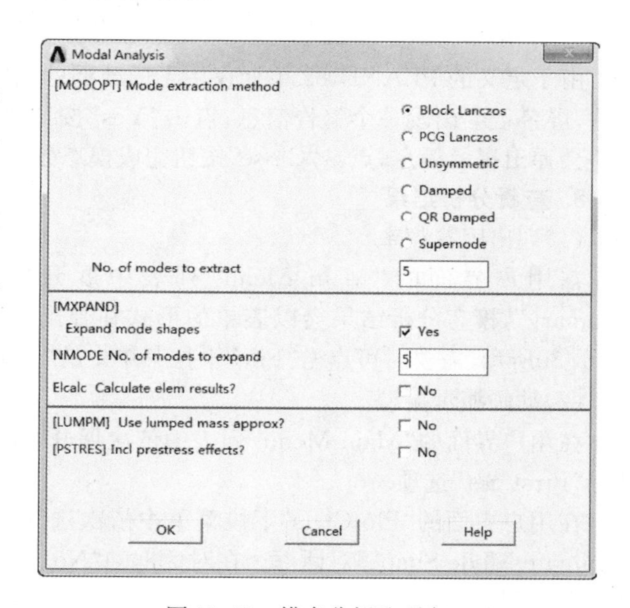

图 11.27 模态分析选项窗口

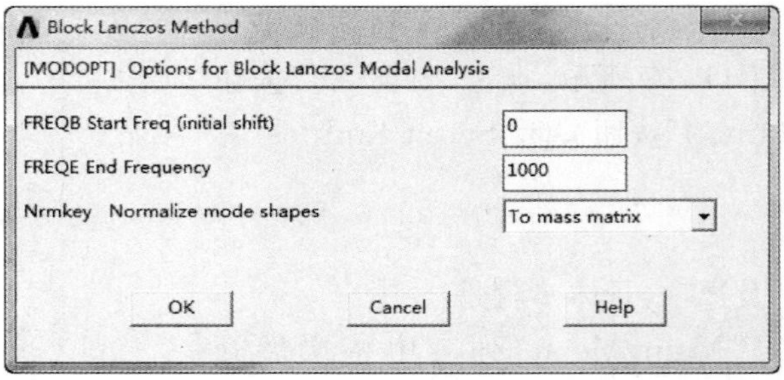

图 11.28 设置频率范围对话框

然后求解。在用户界面的“Main Menu”列表中依次展开“Solution”和“Solve”菜单，选择“Current LS”弹出“/STATUS Command”状态窗和“Solve Current Load Step”信息窗，如图 11.29所示。核对状态窗中的求解信息，确认信息无误后，点击状态窗“File”下拉菜单的“Close”关闭状态窗并点击信息窗的“OK”按钮开始求解。

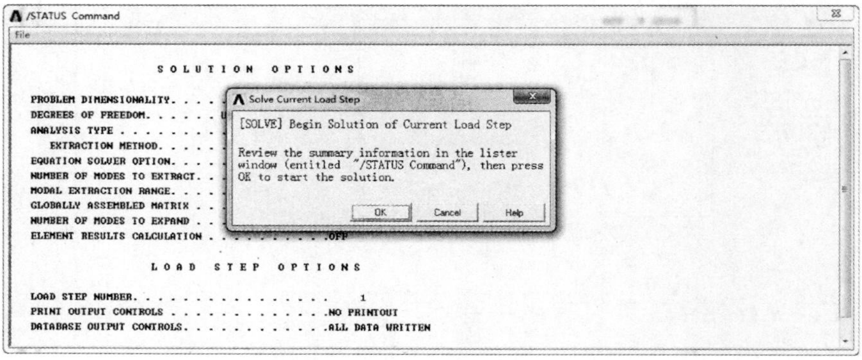

图 11.29 状态窗和求解当前步提示窗

由于定义的 PLANE182 单元仅用于横截面的网格划分而不用于分析，因此，求解指令发出后，屏幕上会出现一个警告信息，点击“Yes”按钮忽略此警告信息继续求解。求解结束后，屏幕会弹出提示信息，点击“Close”按钮完成模态分析。

8. 查看分析结果

(1)列出固有频率

在用户界面的“Main Menu”列表中展开“General Postproc”菜单，选择“Results Summary”，模态分析结果会以表单的形式在弹出的“SET. LIST Command”窗口中显示，如图 11.30所示，需要时可点击“File”下拉菜单中的“Close”关闭表单。

(2)动画演示振型

在用户界面的“Main Menu”列表中依次展开“General Postproc”和“Read Results”菜单，选择“First Set”选项。

在用户界面的“PlotCtrls”下拉菜单中依次选择“Animate”和“Mode Shape”，屏幕上出现“Animate Mode Shape”对话框。在对话框的“No. of frames to create”文本框和“Time delay”文本框分别输入“10”和“0. 5”；在“Display Type”的两个列表窗口分别选择“DOF solution”和“Deformed Shape”，如图 11.31 所示。然后，点击“OK”按钮观看一阶振型动画。点击

"Animation Controller"窗口的"Close"按钮可关闭动画演示窗口，以退出或依次演示其他振型。

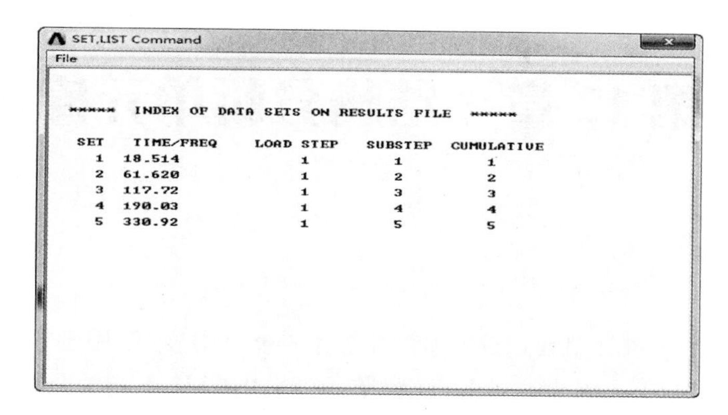

SET,LIST Command

File

***** INDEX OF DATA SETS ON RESULTS FILE *****

SET	TIME/FREQ	LOAD STEP	SUBSTEP	CUMULATIVE
1	18.514	1	1	1
2	61.620	1	2	2
3	117.72	1	3	3
4	190.03	1	4	4
5	330.92	1	5	5

图 11.30　模态分析结果表单

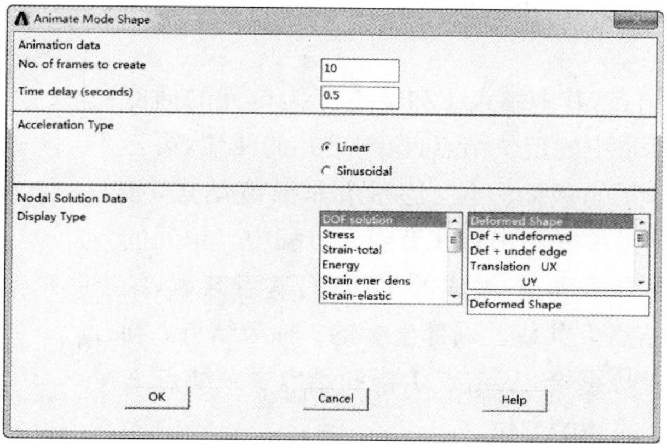

图 11.31　动画演示选项对话框

演示下一阶振型时，需在用户界面的"Main Menu"列表中依次展开"General Postproc"和"Read Results"菜单，选择"Next Set"选项。再从用户界面的"Plot Ctrls"下拉菜单中依次选择"Animate"和"Mode Shape"，点击弹出的"Animate Mode Shape"对话框的"OK"按钮查看二阶振型。以此类推，可依次演示其他三阶振型。

第 12 章　结构分析单元库

12.1 杆 单 元

12.1.1 LINK160

LINK160 是一个三维杆单元，它的每个结点有 3 个自由度，仅用于显式动力分析。该单元除承受的荷载形式与 Belytschko-Schwer 梁单元（见 BEAM161 相关介绍）不同外，其他均相同。该单元为一直杆单元，在杆端可承受轴向荷载，可用于桁架杆的模拟。整个单元的材料是均质的，包括各向同性弹性、随动塑性（与应变率相关）和双线性随动强化材料。

LINK160 有 3 个结点，其中结点 I 和结点 J 为单元的插值结点和单元在总体坐标系中的定位结点，位于单元的两端，第三个结点 K 用于定义单元的截面方位，是一个非插值结点，如图 12.1所示。因此，结点 K 并不出现在有限元方程中。单元的局部坐标 s 轴位于结点 I，J 和 K 组成的平面内，这意味着，结点 K 不能与结点 I 和结点 J 共线。局部坐标的 r 轴与结点 I 和结点 J 的连线（单元轴线）重合，从结点 I 指向结点 J。结点 K 的位置仅用于定义单元的初始方位。

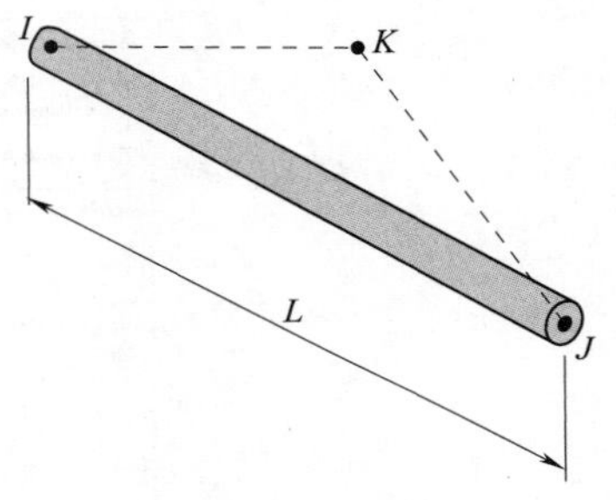

图 12.1　单元 LINK160 示意图

12.1.2 LINK167

LINK167 是一个仅承受拉力作用的三维杆单元，受压时单元内不会产生抗力，仅在显式动力分析中用于模拟缆结构。它与弹簧单元相似，力与位移的关系是由用户输入的。该单元需要通过 EDMP 命令来定义缆。

LINK167 也有 3 个结点，其中结点 I 和结点 J 为单元的插值结点和单元在总体坐标系中的定位结点，位于单元的两端，第三个结点 K 用于定义单元的截面方位，是一个非插值结点，因此，并不出现在有限元方程中。单元的局部坐标 s 轴位于结点 I，J 和 K 组成的平面内（如图 12.2 所示），这意味着，结点 K 不能与结点 I 和结点 J 共线。局部坐标的 r 轴与结点 I 和结点 J 的连线（单元轴线）重合，从结点 I 指向结点 J。结点 K 的位置仅用于定义单元的初始方位。

该单元的实常数是横截面面积和缆的偏移量（OFFSET），在松弛状态（负张力）下，偏移量应输入负数，而初始的张拉状态，偏移量应为正数。

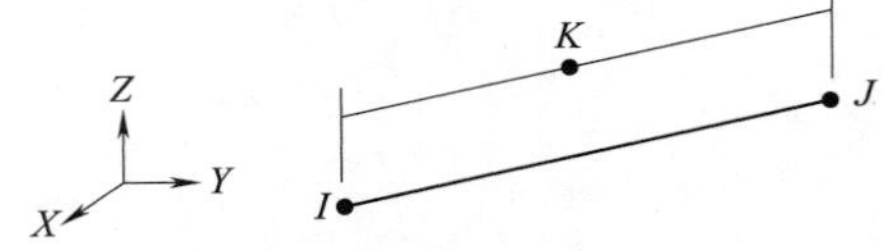

图 12.2　单元 LINK167 示意图

12.1.3 LINK180

LINK180 是一个三维的二力杆单元，因此，每个结点有 x，y 和 z 方向的 3 个线位移（u，v 和 w）自由度，如图 12.3 所示。该单元不具有弯曲能力，适用于模拟桁架杆、悬索、链、弹簧等构件，在工程结构分析中有着广泛的应用。该单元提供了仅受拉的缆（Cable）和仅受压的间隙（Gap）选项，并支持塑性、蠕变、转动、大变形和大应变分析。

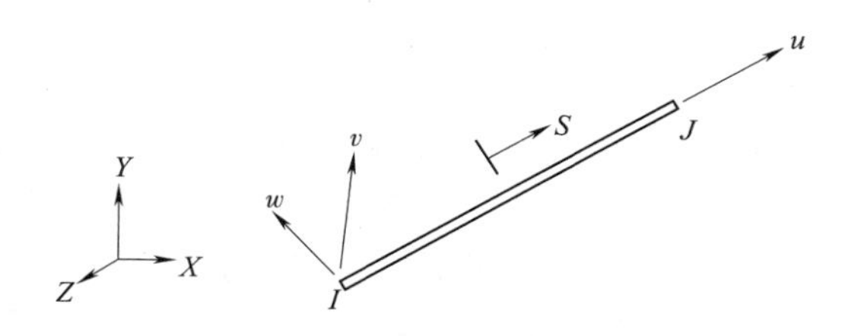

图 12.3 单元 LINK180 示意图

在包括大变形的任何分析中，LINK180 单元的应力刚化效应都是程序的默认选项。该单元还支持弹性、各项同性硬化、运动硬化、Hill 各向异性塑性、Chaboche 非线性硬化和蠕变。由于模拟杆件的仅受拉或仅受压状态需要采用非线性迭代方法求解，求解前必须将开关 NLGEOM设置为开启状态（NLGEOM，ON）以激活大变形功能。同时，该单元还可以施加附加质量、水动力附加质量及荷载和浮力。

LINK180 单元的理论是 BEAM189 单元理论的简化，包括减少 1 个结点、不考虑弯曲或剪切效应、不承受压力，且整个单元只有 1 个积分点。因此，该单元不能承受弯曲荷载，整个单元的应力是相同的。

该单元的几何形状、结点位置和坐标系统如图 12.4 所示，单元在总体坐标中的位置由结点 I 和结点 J 确定。单元的局部坐标 x 轴与单元轴线重合，原点位于结点 I。如果有海洋环境荷载，总体坐标的原点通常位于海平面，Z 轴以向上为正，其垂向位置可给 OCDATA 命令赋值 $Zmsl(Val6)$调整，该命令紧随 OCTYPE，BASIC 命令之后。

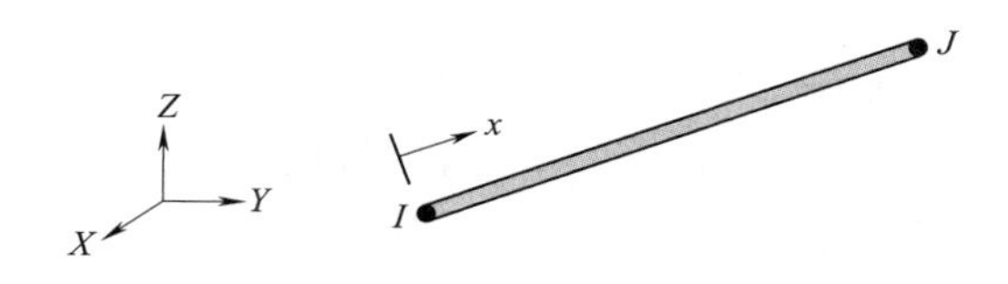

图 12.4 单元 LINK180 坐标系统

单元的横截面积由 SECTYPE 和 SECDATA 命令输入，单元的单位长度质量和材料属性由 SECCONTROL 命令输入。温度是作为单元体荷载施加在结点处的，结点 I 的温度 T(I)默认值为 TUNIF，结点 J 的温度 T(J)默认值为 T(I)。

LINK180 单元的横截面面积在分析过程中是可变的，是轴向坐标 x 的函数，但变形后的单元体积不变。该特征适用于弹塑性分析。当然，用户也可以通过 KEYOPT(2)选项来改变程序的这个默认设定，定义一个刚性的横截面（面积为常数）。

LINK180 单元提供“可拉压”、“仅受拉”和“仅受压”选项，通过 KEYOPT(3)选项命令来定义用户希望单元呈现的力学性能。由于海洋环境荷载的非线性性质，程序将默认采用完全牛顿—拉夫森方法(NROPT,FULL)求解以获得最优的结果,涉及大变形的分析,程序自动采用完全牛顿—拉夫森方法(NLGEOM,ON)求解,水动力附加质量及荷载和浮力可通过OCDATA和 OCTABLE 命令施加,初始应力状态可通过 INISTATE 命令设定。

12.2 梁单元

12.2.1 BEAM161

BEAM161 是仅用于显式动力分析的三维梁单元,适用于刚体转动分析,可处理工程中的大变形(有限应变)问题。该单元的特点是计算效率高且鲁棒性好,同时,可与六面体单元兼容。该单元包括有限的横向剪切应变,但计算该应变分量是相当耗时的。

该单元是三结点梁单元,其局部坐标系 r-t-s(x-y-z)如图 12.5 所示。3 个结点的编号分别为 I,J,K,其中,结点 I 和 J 是梁两端的结点,结点 K 位于 r-s(x-z)平面内,是用于定位的虚拟结点,并不出现在有限元方程中。

BEAM161 单元有两种基本算法:Hughes-Liu 和 Belytschko-Schwer,可用 KEYOPT(4)和 KEYOPT(5)来定义这两种算法的几种横截面。同时,通过 KEYOPT(2)可选择不同的积分方案。一般而言,采用 2×2 的二次高斯积分计算效率较高,且具有鲁邦性(缺省值)。

Hughes-Liu 梁单元(缺省值)是一个传统积分的单元,它可以模拟矩形和圆形梁截面,一组积分点位于单元跨中。当然,用户也可以自定义一个横截面积分规则来模拟任意的横截面。由于该单元是常力矩单元,因此,与实体单元和壳单元一样,必须合理地细化网格以达到满意的精度。由于积分点位于跨中,因此,只能在单元中点判断屈服状态。这意味着,悬臂梁模型的屈服荷载将高于其理论值,因为,固端梁的全塑性力矩一定出现在中点而不是外表面。

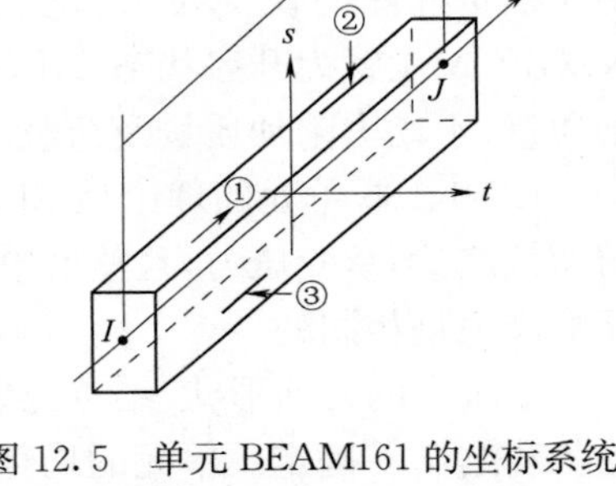

图 12.5 单元 BEAM161 的坐标系统

Belytschko-Schwer 梁单元(KEYOPT(1)= 2,4,5)的表达式是显式的,其力矩沿梁长呈线性分布。该单元的弹性应力较为接近真实应力状态,且在端部判断屈服状态。例如:对于端部加载的悬臂梁,仅用一个单元即可精确地表达它的弹性或(和)塑性状态。与 Hughes-Liu 梁单元相同,Belytschko-Schwer 梁单元也采用集中质量模型,由于质量分布对结构的动力分析有较大的影响,因此,动力分析时应取较小的单元尺寸。

12.2.2 BEAM188

BEAM188 是线性、二次或三次两结点三维梁单元(如图 12.6 所示),适用于大长细比的欧拉(Euler)梁以及具有中等高跨比的铁木辛柯(Timoshenko)梁分析。该单元基于铁木辛柯梁理论,考虑了剪切变形的影响,因此,有 3 个应变分量——1 个轴向正应变和 2 个横向剪应变。其中,横向剪应变在整个截面上是常量,即变形后的横截面不翘曲,仍保持为平面。剪应力分布的变化不是采用高阶理论来求解,而是利用剪切修正系数来考虑。

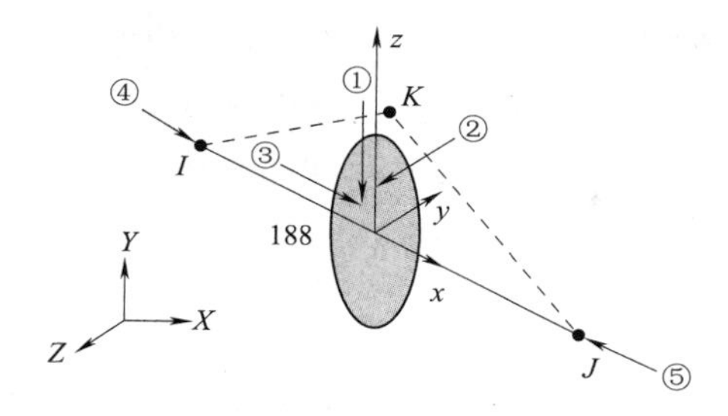

图 12.6　单元 BEAM188 坐标系统

由于铁木辛柯梁理论是一阶剪切变形理论，该单元仅适用于中等厚度的梁结构分析。可根据梁的刚度比(GAL^2/EI，E 为材料的弹性模量，$G=E/[2(1+\mu)]$为材料的剪切模量，L 为管子长度而不是单元长度，I 为管子横截面的惯性矩)来确定单元类型的选择，程序开发人员建议用于刚度比＞30 的梁结构分析。

BEAM188 仅支持剪应力和剪应变的弹性关系，可通过 BISO 和 MISO 两个指令选择双线性的正交各向异性或多线性的各向同性硬化材料，而横向剪切刚度可用实常数来定义。

BEAM188 单元的每个结点有 6 或 7 个自由度，包括 x、y 和 z 方向的平动和绕 x、y 和 z 轴的转动，第 7 个自由度(截面翘曲)是任选的，由 KEYOPT(1)的值确定。KEYOPT(1)的值为 0 或 1，其缺省值为 0，对应于 6 个自由度；当 KEYOPT(1)＝1 时，则每个结点的自由度增至 7 个，即记入了截面翘曲，可选择无约束翘曲和有约束翘曲两种分析模型。

BEAM188 单元适合于分析线性、大角度转动和/或大应变等非线性问题。非线性分析时，若 KEYOPT(2)＝0，则横截面尺寸将随轴向应变一致地改变以保持单元的体积不变。对于大变形问题，该单元还考虑了应力刚化效应(开关 NLGEOM 打开时的默认状态)，使其能够用于分析弯曲、横向变形和扭转稳定问题(如：特征值屈曲问题、弧长法或非线性安定分析压溃问题)。同时，该单元也支持压力刚化。

BEAM188 单元也支持弹性、塑性、蠕变和其他材料非线性问题。此外，该类型的单元也支持多种材料的组合截面。而且，可施加附加质量、水动力附加质量及荷载和浮力。

BEAM188 的横截面被划分成若干个子域，每个子域有 9 个结点和 4 个积分点，如图 12.7 所示。通过使用截面命令可以自动地提供一些截面点的相关参数(如：积分面积、位置、泊松函数、函数导数等)。当材料属性为非弹性的或截面上温度非均匀分布时，程序将计算截面每个积分点的本构关系。否则，程序将采用事先计算的每个单元积分点的截面性质计算。

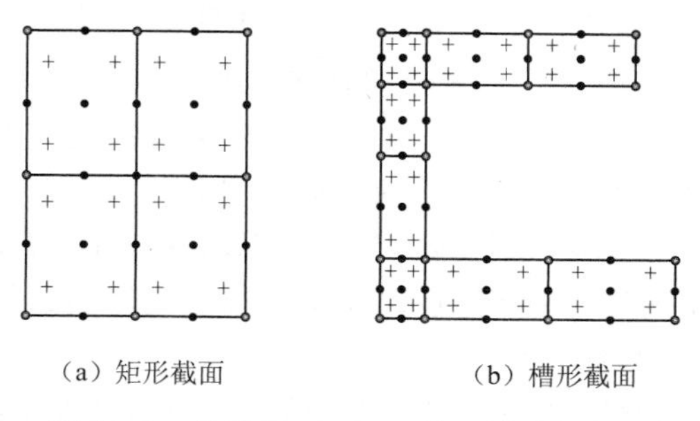

(a) 矩形截面　　(b) 槽形截面

图 12.7　单元 BEAM188 截面划分示意图

BEAM188 提供了多个应力计算选项，首先计算积分点的应变和广义应力，然后线性外推至单元结点。如果材料是弹性的，截面网格结点的应力和应变可采用外推法得到，而对于塑性材料，则无需外推，截面的结点应力和应变就等于相应截面的积分点应力和应变。

BEAM188 并不提供横截面扭转剪应力分布和部分塑性屈曲的二次计算，因此，应谨慎地处理扭转引起的非弹性大变形问题并小心求证。

12.2.3 BEAM189

BEAM189 在 BEAM188 的基础上增加了一个中间结点而成为三结点梁单元，如图 12.8 所示，因此，是三维的二次梁单元。除此之外，BEAM189 与 BEAM188 是相同的，因此，也适用于大长细比的欧拉(Euler)梁以及具有中等高跨比的铁木辛柯(Timoshenko)梁分析。

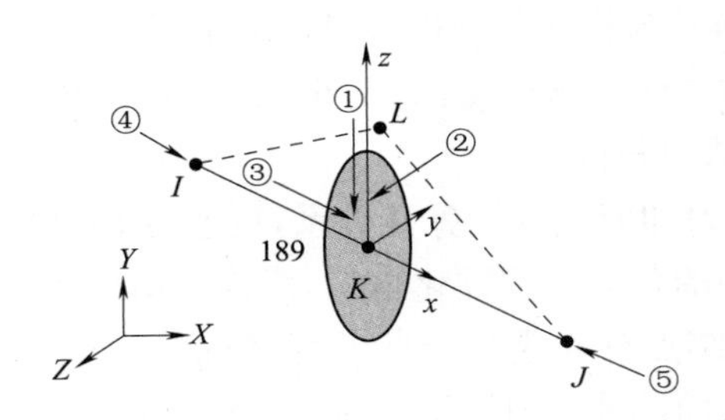

图 12.8 单元 BEAM189 坐标系统

该单元基于铁木辛柯梁理论，考虑了剪切变形的影响，因此，有 3 个应变分量——1 个轴向正应变和 2 个横向剪应变。其中，横向剪应变在整个截面上是常量，即变形后的横截面不翘曲，仍保持为平面。剪应力分布的变化不是采用高阶理论来求解，而是利用剪切修正系数来考虑。

由于铁木辛柯梁理论是一阶剪切变形理论，该单元仅适用于中等厚度的梁结构分析。可根据梁的刚度比(GAL^2/EI，E 为材料的弹性模量，$G=E/(2(1+\mu))$为材料的剪切模量，L 为管子长度而不是单元长度，I 为管子横截面的惯性矩)来确定单元类型的选择，程序开发人员建议用于刚度比>30 的梁结构分析。

BEAM189 仅支持剪应力和剪应变的弹性关系，可通过 BISO 和 MISO 两个指令选择双线性的正交各向异性或多线性的各向同性硬化材料，而横向剪切刚度可用实常数来定义。

BEAM189 单元的每个结点有 6 或 7 个自由度，包括 x、y 和 z 方向的平动和绕 x、y 和 z 轴的转动，第 7 个自由度(截面翘曲)是任选的，由 KEYOPT(1)的值确定。KEYOPT(1)的值为 0 或 1，其缺省值为 0，对应于 6 个自由度；当 KEYOPT(1)＝1 时，则每个结点的自由度增至 7 个，即记入了截面翘曲，可选择无约束翘曲和有约束翘曲两种分析模型。

BEAM189 单元适合于分析线性、大角度转动和/或大应变等非线性问题。非线性分析时，若 KEYOPT(2)＝0，则横截面尺寸将随轴向应变一致地改变以保持单元的体积不变。对于大变形问题，该单元还考虑了应力刚化效应(开关 NLGEOM 打开时的默认状态)，使其能够用于分析弯曲、横向变形和扭转稳定问题(如：特征值屈曲问题、弧长法或非线性安定分析压溃问题)。同时，该单元也支持压力刚化。

BEAM189 单元也支持弹性、塑性、蠕变和其他材料非线性问题。此外，该类型的单元也支持多种材料的组合截面。而且，可施加附加质量、水动力附加质量及荷载和浮力。

BEAM189 的横截面被划分成若干个子域，每个子域有 9 个结点和 4 个积分点，如图 12.7

所示。通过使用截面命令可以自动地提供一些截面点的相关参数(如:积分面积、位置、泊松函数、函数导数等)。当材料属性为非弹性的或截面上温度非均匀分布时,程序将计算截面每个积分点的本构关系。否则,程序将采用事先计算的每个单元积分点的截面性质计算。

BEAM189 提供了多个应力计算选项,首先计算积分点的应变及广义应力,然后线性外推至单元结点。如果材料是弹性的,截面网格结点的应力和应变可采用外推法得到,而对于塑性材料,则无需外推,截面的结点应力和应变就等于相应截面的积分点应力和应变。

BEAM189 并不提供横截面扭转剪应力分布和部分塑性屈曲的二次计算,因此,应谨慎地处理扭转引起的非弹性大变形问题并小心求证。

12.3 管单元

12.3.1 PIPE288

PIPE288 是一个三维的线性、二次或三次的两结点管单元,该单元基于铁木辛柯梁理论,考虑了剪切变形的影响。由于是一阶剪切变形理论,其横截面的剪应变为常数,变形后横截面无翘曲,仍保持为平面。与 BEAM188 相同,该单元适用于大长细比直至中等长细比的短粗管结构分析。受一阶剪切变形理论的限制,该单元仅适用于中等厚度的管结构分析。可采用刚度比 $GAL^2/EI=2L^2/[(1+\mu)(R_o^2+R_i^2)]$,$E$ 为材料的弹性模量,$G=E/[2(1+\mu)]$为材料的剪切模量,L 为管子长度而不是单元长度,I 为管子横截面的惯性矩,μ 为泊松比,R_o,R_i分别为管子的外半径和内半径;对于薄壁管,$GAL^2/EI\approx L^2/[(1+\mu)R^2]$,$R$ 为平均半径)来确定单元的适用性,程序开发人员建议用于刚度比>30 的管结构分析。

PIPE288 单元的几何形状和坐标系统如图 12.9 所示,其每个结点有 6 个自由度——x,y,z 方向的平动和绕 x,y,z 轴的转动,非常适合线性、大转角位移的几何非线性和(或)大应变的材料非线性问题的计算。当选项 NLGEOM 为开启状态("ON")时,任何分析均默认为包括应力刚化效应,这个特征使得 PIPE288 可用于分析弯曲、扭转和横向变形的稳定性问题(如:特征值屈曲、弧长法或非线性安定分析压溃)。

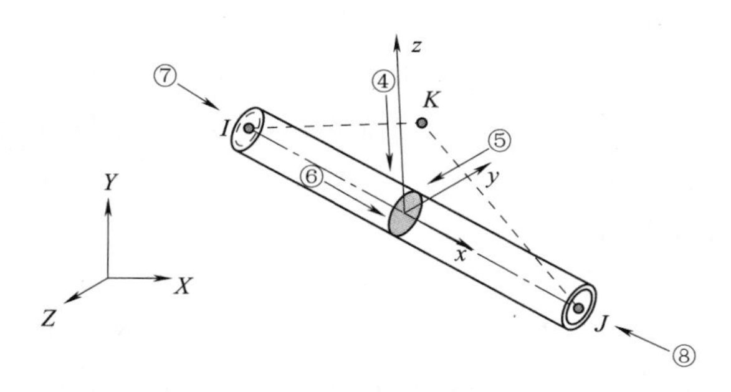

图 12.9 单元 PIPE288 坐标系统

PIPE288 还提供了弹性、超弹性、塑性和蠕变等其他材料非线性模型,但仅支持弹性的剪应力与剪应变关系。该单元也支持内部流体和外部保温条件,还可以施加附加质量、水动力附连质量及荷载和浮力。

当 KEYOPT(3)=0(缺省值)时,单元形函数为线性函数,因此,该选项定义了一个线性单元,其积分方案为沿轴向 1 个点的积分,从而单元的全部计算值沿长度方向均为常数。例如,当输出命令的参数为 SMISC 时，结点 I 和 J 的输出值均为质心处的值。当单元用于加强构件且必须与一阶壳单元（如 SHELL181）兼容时，建议使用该选项，而该选项仅能够准确地表示常弯矩状态。该选项一般要求较小的单元尺寸。

当 KEYOPT(3)＝2 时，单元内增加了一个插值点，即单元形函数是二次函数，因此，该选项定义了一个二次单元，其积分方案为沿轴向 2 个点的积分，从而单元的计算值沿轴向为线性变化。这意味着，该选项可以准确地表示线性变化的弯矩。

当 KEYOPT(3)＝3 时，单元内有 2 个内部结点，则单元形函数是三次函数，因此，该选项定义了一个三次单元，其积分方案为沿轴向 3 个点的积分，从而单元的计算值沿轴向为二次变化。这意味着，该选项可以准确地表示二次变化的弯矩。与典型的三次单元（采用 Hermite 插值函数的单元）不同，该选项定义的单元其位移和转角均为三次插值。

需要指出的是，尽管 PIPE288 可以选择高阶插值函数，但初始的几何形状仍为直线。此外，由于内部结点是不可读取的，因此，不能对内部结点施加边界条件、荷载和初始条件。

一般而言，单元插值函数的阶数越高，计算所需的单元数量越少。对于下列情况，建议采用二次或三次单元。

(1)单元上作用有非均布荷载（包括梯形分布荷载），此时，三次单元的计算结果优于二次单元。而对于部分分布荷载和非结点荷载，仅适于采用三次单元。

(2)单元的变形极度不均匀，例如，采用 1 个单元模拟土木工程结构中的单个框架杆件。

PIPE288 提供了薄壁管（KEYOPT(4)＝1）和厚壁管（KEYOPT(4)＝2）选项。薄壁管选项假定管壁的应力场为平面应力状态，忽略了径向应力；而厚壁管选项则考虑了径向应力，定义了一个三维应力状态。因此，对于径向应力不宜忽略的厚壁管，选项 KEYOPT(4)＝2 的计算结果更准确。在大变形分析时，该单元允许单元的横截面面积发生变化。其中，厚壁管选项（KEYOPT(4)＝2）可以利用实际材料的本构关系精确地计算出横截面面积的变化；而薄壁管选项（KEYOPT(4)＝1）则基于材料不可压缩的假定，因此，只能近似地计算横截面面积的变化。当然，薄壁管选项的计算速度比厚壁管选项略微快一些。应避免采用厚壁管选项来计算非常薄（例如，$D_o/T_w>200.0$，D_o为管子外径，T_w为壁厚）的管结构；同时，避免采用薄壁管选项计算 $D_o/T_w<100.0$ 的管结构。

对于质量矩阵和荷载向量的计算，程序采用了比刚度矩阵计算更高阶的积分方案。该单元支持一致质量矩阵和集中质量矩阵，其中一致质量矩阵是程序默认的。如果采用集中质量矩阵，则需打开 LUMPM 开关（LUMPM，ON）。用户可通过命令 SECCONTROL（SECCONTROL，*ADDMAS*）来增加单元的单位长度质量。

由于海洋环境荷载是非线性的，施加此类荷载时必须采用牛顿—拉夫森（Newton-Raphson）方法求解，以获得最优的计算结果。程序中的选项 NROPT：FULL 是完全牛顿—拉夫森方法（此处的“完全”是为了区别于修正的牛顿—拉夫森方法），分析大变形问题时，开关 NLGEOM呈开启状态（NLGEOM，ON），程序自动地采用完全牛顿—拉夫森方法求解。

此外，在 ANSYS Professional 模块中，该单元还支持应力刚化、大变形和海洋荷载环境功能。

12.3.2 PIPE289

与 PIPE288 不同的是，PIPE289 有 3 个结点 I，J，K，如图 12.10 所示，其中，单元中点的

结点 K 不仅仅是一个插值结点，也是参与计算的结点(其参数可读取，可施加边界条件、荷载和初始条件)。因此，PIPE289 是一个二次的三维管单元。

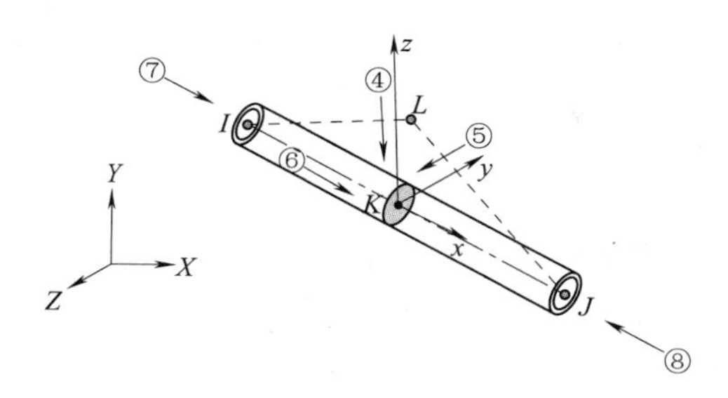

图 12.10　单元 PIPE289 坐标系统

与 PIPE288 相同的是，PIPE289 也是基于铁木辛柯梁理论(考虑了剪切变形的影响)建立起来的管单元。因此，适用于分析大长细比直至中等长细比的短粗管结构。一阶剪切变形理论导致其横截面的剪应变为常数，变形后横截面无翘曲，仍保持为平面。而且，受一阶剪切变形理论的限制，该单元仅适用于中等厚度的管结构分析。可采用刚度比($GAL^2/EI=2L^2/[(1+\mu)(R_o^2+R_i^2)]$，$E$ 为材料的弹性模量，$G=E/[2(1+\mu)]$为材料的剪切模量，L 为管子长度而不是单元长度，I 为管子横截面的惯性矩，μ 为泊松比，R_o，R_i 分别为管子的外半径和内半径；对于薄壁管，$GAL^2/EI\approx L^2/[(1+\mu)R^2]$，$R$ 为平均半径)来确定单元的适用性，程序开发人员建议用于刚度比>30 的管结构分析。

PIPE289 的每个结点也有 6 个自由度——x，y，z 方向的平动和绕 x，y，z 轴的转动，非常适合线性、大转角位移的几何非线性和(或)大应变的材料非线性问题的计算。当选项 NLGEOM为开启状态(“ON”)，任何分析均默认为包括应力刚化效应，这个特征使得 PIPE289 可用于分析弯曲、扭转和横向变形的稳定性问题(如：特征值屈曲、弧长法或非线性安定分析压溃)。

PIPE289 还提供了弹性、超弹性、塑性和蠕变等其他材料非线性模型，但仅支持弹性的剪应力与剪应变关系。该单元也支持内部流体和外部保温条件，还可以施加附加质量、水动力附连质量及荷载与浮力。

与其他具有三次多项式插值函数的单元不同，PIPE289 采用了二次多项式的插值函数，其弯矩是线性分布的。因此，该单元不能承受分布荷载。为了模拟分布荷载，可采用较小的单元尺寸，此时，该单元的计算效率仍很高，且具有良好的收敛性。因为，采用 2 点高斯积分的二次梁单元与 Hermite 梁单元具有同样的精度。

PIPE289 提供了薄壁管(KEYOPT(4)=1)和厚壁管(KEYOPT(4)=2)选项。薄壁管选项假定管壁的应力场为平面应力状态，忽略了径向应力；而厚壁管选项则考虑了径向应力，定义了一个三维应力状态。因此，对于径向应力不宜忽略的厚壁管，其计算结果更准确。在大变形分析时，该单元允许单元的横截面面积发生变化。其中，厚壁管选项(KEYOPT(4)=2)可以利用实际材料的本构关系精确地计算出横截面面积的变化；而薄壁管选项(KEYOPT(4)=1)则基于材料不可压缩的假定，因此，只能近似地计算横截面面积的变化。当然，薄壁管选项的计算速度比厚壁管选项略微快一些。应避免采用厚壁管选项来计算非常薄(例如，$D_o/T_w>200.0$，D_o为管子外径，T_w为壁厚)的管结构；同时，避免采用薄壁管选项计算 $D_o/T_w<100.0$

的管结构。

对于质量矩阵和荷载向量的计算，程序采用了比刚度矩阵计算更高阶的积分方案。该单元支持一致质量矩阵和集中质量矩阵，其中一致质量矩阵是程序默认的。由于该单元为高阶单元，应避免采用集中质量矩阵（LUMPM, ON）。用户可通过命令 SECCONTROL（SECCONTROL,*ADDMAS*）来增加单元的单位长度质量。

由于海洋环境荷载是非线性的，施加此类荷载时必须采用牛顿—拉夫森（Newton-Raphson）方法求解，以获得最优的计算结果。程序中的选项 NROPT:FULL 是完全牛顿—拉夫森方法（此处的“完全”是为了区别于修正的牛顿—拉夫森方法），分析大变形问题时，开关 NLGEOM 呈开启状态（NLGEOM,ON），程序默认完全牛顿—拉夫森方法。

此外，在 ANSYS Professional 模块中，该单元仅支持应力刚化和大变形功能。

12.3.3 ELBOW290

从该单元的名称也可以知道，该单元是一个弯曲的管单元，即其轴线是二次曲线。因此，ELBOW290 是一个三维的二次（三结点）管单元，如图 12.11 所示。不同于 PIPE288 单元和 PIPE289 单元的几何特征是，PIPE288 单元和 PIPE289 单元的初始形状是直线，而 ELBOW290 单元的初始形状是曲线；不同于 PIPE288 单元和 PIPE289 单元的力学特征是，PIPE288 单元和 PIPE289 单元没有考虑横截面变形，而 ELBOW290 单元则考虑了横截面变形，即可以计算由于弯曲引起的横截面椭圆效应。

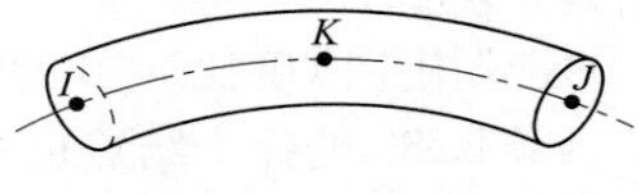

该单元的横截面变形（径向膨胀、椭圆和翘曲）采用傅里叶级数来模拟，相应的未知量（幅值）以内部自由度处理（注：为了达到一定的计算精度，可能需要取更多项的傅里叶级数。而且，为了扑捉材料的非线性行为或确保足够的数值积分精度，可能需要沿管壁的环向取更多的积分点）。

K
I
J

图 12.11 单元 ELBOW290 示意图

ELBOW 290 单元的每个结点也有 6 个自由度——x,y,z 方向的平动和绕 x,y,z 轴的转动，非常适合线性、大转角位移的几何非线性和/或大应变的材料非线性问题的计算。在几何非线性分析时，还考虑了壁厚的变化和分布压力作用下的随动刚化效应。该单元还可以模拟层状复合管，并假定层间无滑移，其计算精度受制于一阶剪切变形理论（Mindlin-Reissner 壳理论）。

该单元考虑了剪切变形，然而，假定垂直于管壁表面的直线变形后仍为直线，但可以不垂直于表面。因此，定义了一个沿管壁为常量的横向剪切模式。关于剪切的修正，该单元采用了等效能量方法计算剪切修正系数，这些修正系数是基于分析开始时的横截面结构计算得到的。

ELBOW 290 有两种形式的应用——“结构弯管”和“广义结构管”，其中结构弯管适用于模拟弯曲管线（弯头和膨胀弯等）和可能发生大变形的直管线，且横截面必须是圆形的，一个单元只能有相同的外径和壁厚；广义结构管适用于模拟任意横截面形状的管线，且一个单元的横截面几何形状和壁厚可以是不同的，壁厚范围从薄壁直至中等厚壁。

1. 结构弯管

结构弯管的坐标系统包括梁坐标系统（x-y-z）、截面坐标系统（A-R-T）和管壁及分层坐标系统（e_1-e_2-e_3 及 L_1-L_2-L_3），如图 12.12～图 12.14 所示。

梁坐标系统用于定义梁的偏移和径向温度分布，x 轴沿单元的轴线，从结点 I 指向结点

J，定位结点 L 是可选项。如果不选用定位结点，则 z 轴垂直于单元曲线轴所在平面，即结点 I、J 和 K 组成的平面，如图 12.12(a)所示。如果选用了该结点，则在结点 K 定义了一个包括 x 和 z 轴在内的平面，如图 12.12(b)所示。大变形分析时，定位结点 L 仅用于定义单元的初始位置。如果结点 I、J 和 K 共线，则程序自动计算出平行于总体坐标系 X-Y 平面的 y 轴。如果单元平行于总体坐标系的 Z 轴(或倾角小于 0.01%)，则 y 轴平行于总体坐标 Y 轴。

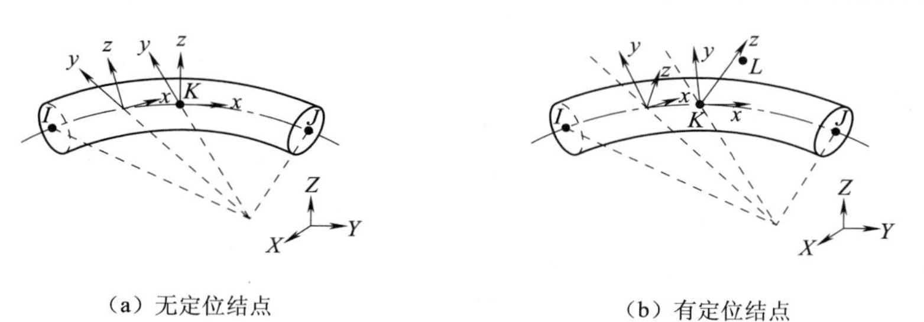

图 12.12　单元 ELBOW290 的结构弯管梁坐标系统

截面坐标系统采用柱坐标(A-R-T)定义截面的变形(即轴向 A、径向 R 和环向 T 的位移和转角)，其坐标轴始终以程序默认的梁坐标系统(无定位结点 L)为基准来创建，其中，A 轴与梁坐标系的 x 轴重合，R 轴与梁坐标系的 y 轴的夹角 α($0<\alpha<360°$)从 y 轴逆时针度量，如图 12.13所示。

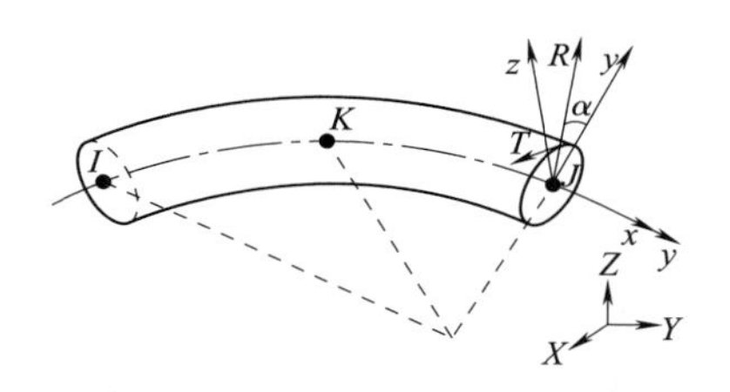

图 12.13　单元 ELBOW 的结构弯管截面坐标系统

管壁坐标系统定义在管壁的中面上，e_1、e_2 和 e_3 轴分别平行于变形前的柱坐标 A、T 和 R 轴，如图 12.14 所示。在几何非线性分析中，每个管壁坐标系统独立地更新以便于描述大转角。该单元不支持用户定义的管壁坐标系统。如果不规定分层定位角，分层坐标系统与管壁坐标系统重合。否则，分层坐标系统可通过绕 e_3 轴旋转相应角度的管壁坐标系统得到。由于材料属性是在分层坐标系统中定义的，因此，分层坐标系统也被称为材料坐标系统。

此外，应用于 ANSYS Professional 模块时，该单元仅支持应力刚化和大变形功能。

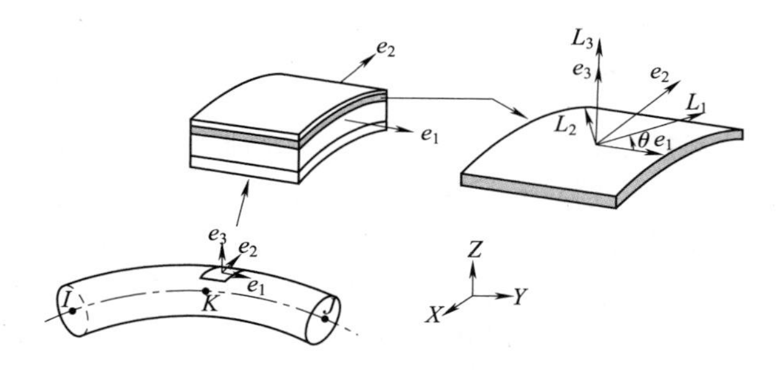

图 12.14　单元 ELBOW 的结构弯管管壁及分层坐标系统

2. 广义结构管

不同于结构弯管选项，广义结构管选项不仅横截面可以是任意形状(如图 12.15 所示)，而且一个单元的横截面形状和壁厚沿轴向可以是变化的，但在一个横截面上壁厚必须是相同的，管壁可以是均值材料或层状复合材料。广义结构管的坐标系统包括梁坐标系统(x-y-z)、截面坐标系统(A-R-T)和管壁坐标系统(e_1-e_2-e_3)，如图 12.16～图 12.18所示。

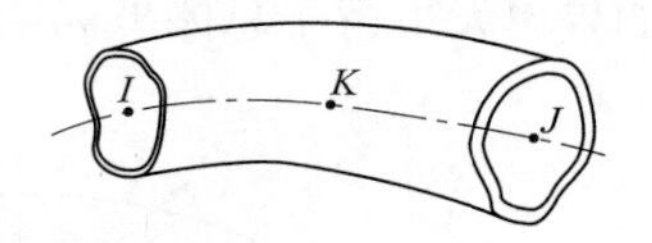

图 12.15　单元 ELBOW290 的广义结构管示意图

梁坐标系统用于定义广义管段、梁偏移和径向温度梯度，其中，x 轴沿单元的轴线，从结点 I 指向结点 J；定位结点 L 是可选项。如果不选用定位结点，则 z 轴垂直于单元曲线轴所在平面，即结点 I,J 和 K 组成的平面，如图 12.16(a)所示。如果选用了该结点，则在结点 K 定义了一个包括 x 和 z 轴在内的平面，如图 12.16(b)所示。大变形分析时，定位结点 L 仅用于定义单元的初始位置。如果结点 I,J 和 K 共线，则程序自动计算出平行于总体坐标系 X-Y 平面的 y 轴。如果单元平行于总体坐标系的 Z 轴(或倾角小于 0.01%)，则 y 轴平行于总体坐标 Y 轴。

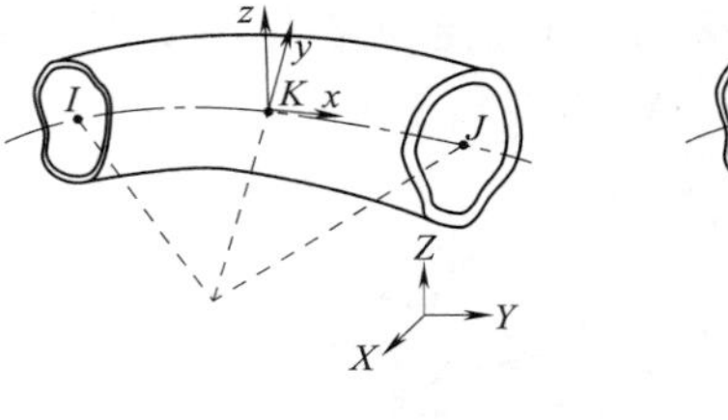

(a) 无定位结点

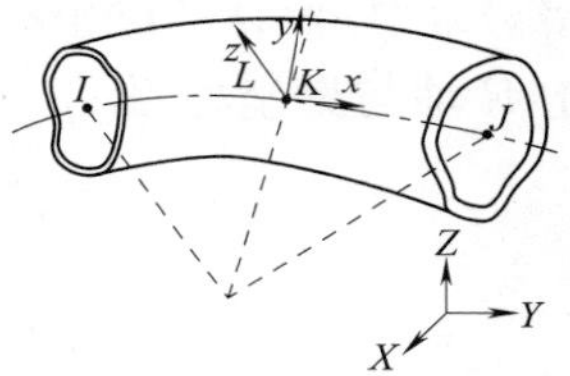

(b) 有定位结点

图 12.16　单元 ELBOW290 的广义结构管梁坐标系统

截面坐标系统采用柱坐标(A-R-T)定义截面的变形(即轴向 A、径向 R 和环向 T 的位移和转角)，其坐标轴始终以程序默认的梁坐标系统(无定位结点 L)为基准来创建，其中，A 轴与梁坐标系的 x 轴重合，R 轴与梁坐标系的 y 轴的夹角 α($0<\alpha<360°$)从 y 轴逆时针度量，如图 12.17所示。

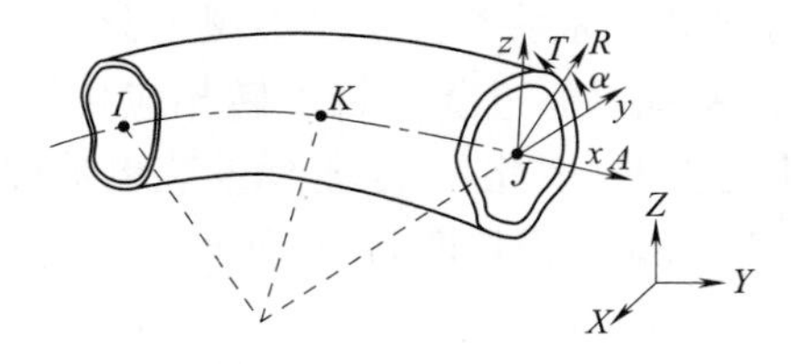

图 12.17　单元 ELBOW290 的广义结构管截面坐标系统

管壁坐标系统定义在管壁的中面上，e_1，e_2 和 e_3 轴分别平行于变形前的柱坐标 A,T 和 R 轴，如图 12.18 所示。在几何非线性分析中，每个管壁坐标系统独立地更新以便于描述大转角。该单元不支持用户定义的管壁坐标系统。如果不规定分层定位角，分层坐标系统与管壁坐标系统重合。否则，分层坐标系统可通过绕 e_3 轴旋转相应角度的管壁坐标系统得到。由于材料属性是在分层坐标系统中定义的，因此，分层坐标系统也被称为材料坐标系统。

此外，应用于 ANSYS Professional 模块时，该单元仅支持应力刚化和大变形功能。

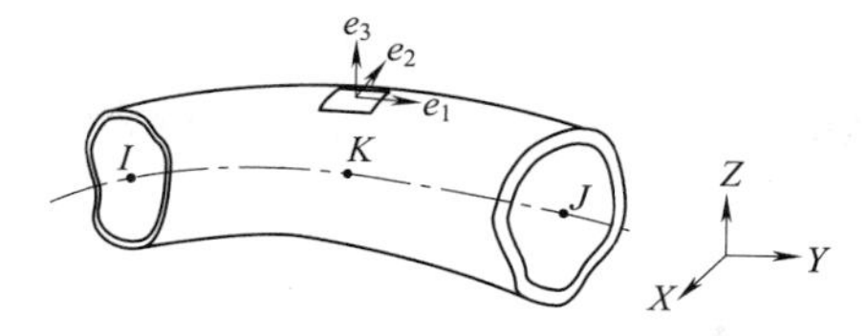

图 12.18 单元 ELBOW290 的广义结构管管壁坐标系统

12.4 平面单元

12.4.1 PLANE162

PLANE162 是一个二维的显式单元，其几何形状、结点位置和坐标系统如图 12.19 所示。显式意味着该单元仅用于显式动力分析，因此，是 ANSYS LS-DYNA 模块的专用单元，可用于平面问题（X-Y 平面）和轴对称问题（Y 为对称轴，X 为径向坐标）的分析。该单元由 4 个结点定义（图 12.19），每个结点有 x 和 y 方向 2 个自由度，每个自由度有 3 个参数——位移、速度和加速度。该单元还提供了三结点三角形单元的选项，但不建议使用该选项，因为，它往往呈现出过于刚硬的特点。

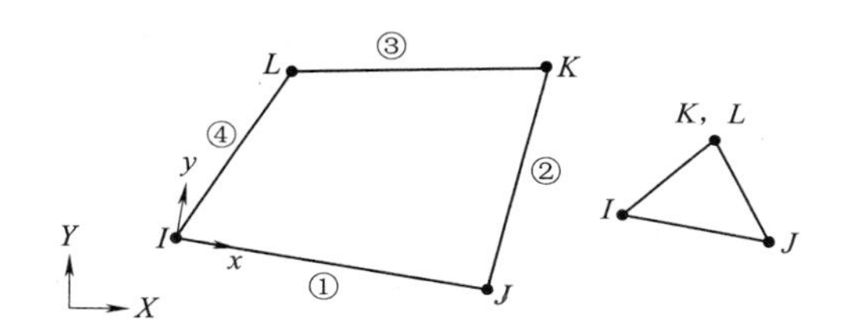

图 12.19 单元 PLANE162 示意图

PLANE162 只能独立使用，不能在同一个有限元模型中与三维显式单元混合使用，而且，一个模型中的所有 PLANE162 单元必须具有相同的类型（平面应力或平面应变亦或是轴对称）。用户可通过 KEYOPT(3) 选项来定义平面应力、平面应变或轴对称单元，而轴对称单元（KEYOPT(3)＝1）还需通过 KEYOPT(2) 选项来定义面积加权或体积加权的轴对称单元。

该单元提供了两个不同的动量计算方法——拉格朗日法（Lagrangian）和任意拉格朗日—欧拉法（Arbitrary Lagrangian-Eulerian，缩写为 ALE），其中拉格朗日法是程序默认方法。如果选用 ALE 法，除了设置 KEYOPT(5)＝1 外，还必须给 EDALE 和 EDGCALE 命令设置适当的参数。

需要指出的是，如果选择轴对称问题（KEYOPT(3)＝1）的面积加权（KEYOPT(2)＝0），结点荷载应按周向单位长度的荷载输入；而如果选择体积加权（KEYOPT(2)＝1），则结点荷载应按径向单位长度的荷载输入。轴对称问题的压力荷载与 KEYOPT(2) 选项无关，始终按 360°施加。压力可作为表面荷载施加在单元边界上，图 12.19 中数字标示的线。正压力垂直作用于边界，指向单元内侧。此外，该单元可施加的其他荷载包括 x 和 y 方向的基础加速度、角速度和位移以及刚体荷载，这些荷载均可通过 EDLOAD 命令施加。该单元也可施加多种温度荷载。

该单元可用的材料模型取决于选项 KEYOPT(3) 的设置，KEYOPT(3)＝0，1，2 分别对应平面应力、轴对称单元、平面应变。这 3 个选项均可选择的材料模型为：

(1)各向同性弹性

(2)正交各向异性弹性

(3)弹性流体

(4)黏弹性

(5)双线性各向同性

(6)温度依赖型双线性各向同性

(7)双线性运动硬化

(8)塑性运动硬化

(9)幂指数型塑性

(10)应变率敏感型幂指数塑性

(11)应变率依赖型塑性

(12)分段线性塑性

(13)组合损伤

(14)黏塑性和多段线性塑性(Johnson-Cook Plasticity)

(15)Bamman 塑性

此外，平面应力单元(KEYOPT(3)=0)还可选择下列材料模型：

(1)3 参数 Barlat 塑性

(2)Barlat 各向异性塑性

(3)横向各向异性弹塑性

(4)横向各向异性 FLD

而轴对称和平面应变单元(KEYOPT(3)=1,2)还支持下列材料模型：

(1)Blatz-Ko 橡胶

(2)Mooney-Rivlin 橡胶

(3)弹塑性水动力

(4)闭孔泡沫

(5)低密度泡沫

(6)可压扁泡沫

(7)蜂窝板

(8)Null 材料(如空气和水等无刚度和屈服强度的材料)

(9)Zerilli-Armstrong 材料

(10)Steinberg 材料

12.4.2 PLANE182

PLANE182 是一个二维的四结点结构单元，可用于平面问题(平面应力、平面应变或广义平面应变)或轴对称问题分析。该单元由 4 个结点定义(如图 12.20 所示)，每个结点有 x 和 y 方向 2 个平动自由度。该单元支持塑性、超弹性、应力刚化、大变形和大应变分析，也具有模拟准不可压缩弹塑性材料和完全不可压缩超弹性材料的能力。

PLANE182 单元的几何形状和结点位置如图 12.20 所示，其输入数据包括结点坐标、厚度(仅平面应力选项输入此参数)和正交各向异性的材料参数。程序默认的单元坐标与总体坐标一致,用户也可以通过 ESYS 命令定义单元的局部坐标(如图 12.21 所示),以便于定义正交各向异性材料的方向。

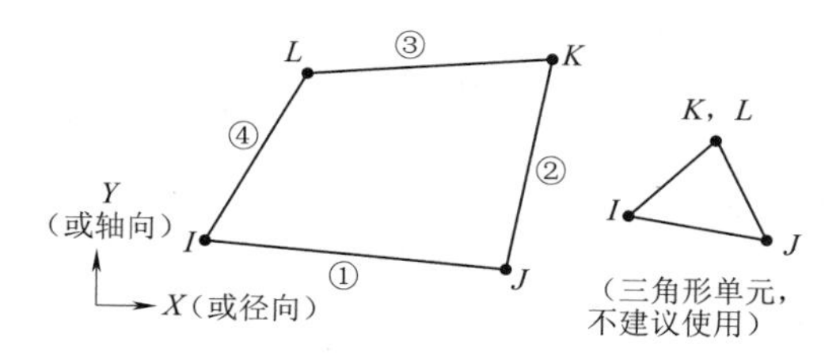

图 12.20　单元 PLANE182 示意图

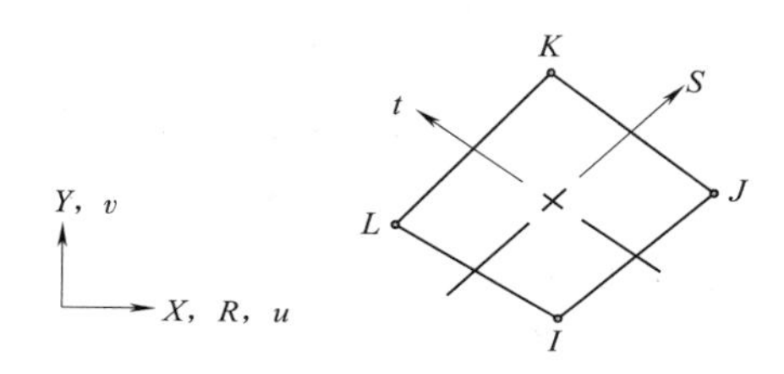

图 12.21　单元 PLANE182 坐标系统

压力可作为表面荷载施加在单元边界上,如图 12.20 中数字标示的线,正压力指向单元内侧。温度是作为单元体荷载在结点处输入的,结点 I 的温度 $T(I)$ 默认值为 TUNIF。如果不设定其他结点温度,则程序默认它们等于 $T(I)$。对于任何其他输入方式,未设定的结点温度其默认值为 TUNIF。

对于平面问题分析(除 KEYOPT(3)=3,5 外),结点力按单位厚度输入。对于轴对称分析,则结点力按 360°输入。用户可通过 ESYS 命令定义材料属性和应力应变输出的坐标系统,利用 RSYS 命令来选择按单元坐标系统或总体坐标系统输出应力应变。对于超弹性材料,应力应变只能按总体笛卡尔坐标系统输出而不能按单元局部坐标系统输出。

该单元支持压力荷载刚化效应,这是单元的默认功能。压力荷载刚化效应所需的非对称矩阵是通过设置 NROPT 选项的值为 UNSYM 来实现。

选项 KEYOPT(1)可供用户选择积分方案。KEYOPT(1)=0 时,程序采用选择性减缩积分方案进行体积分;KEYOPT(1)=1 为一致减缩积分方案;KEYOPT(1)=2 或 3 时,程序采用增强应变公式。KEYOPT(1)=2 时,该公式引入了 5 个内部自由度以防止剪切和体积锁死;KEYOPT(1)=3 时,该公式引入了 4 个内部自由度以防止剪切锁死。如果增强应变公式采用混合的 u-P 表达式,则只激活 4 个克服剪切锁死的自由度。

12.4.3　PLANE183

PLANE183 是一个二维的八结点或六结点单元,如图 12.22 所示。因此,其位移模式是二次的,是一个高阶单元,适用于模拟各种 CAD/CAM 系统产生的不规则网格形状。该单元的每个结点有 x 和 y 方向的 2 个平动自由度,可用于模拟平面问题(平面应力、平面应变和广义平面应变)或轴对称问题。该单元支持塑性、超弹性、蠕变、应力刚化、大变形和大应变分析,也具有模拟准不可压缩弹塑性材料和完全不可压缩超弹性材料的能力。此外，该单元还支持初始状态设定，并具有不同的打印输出选项。

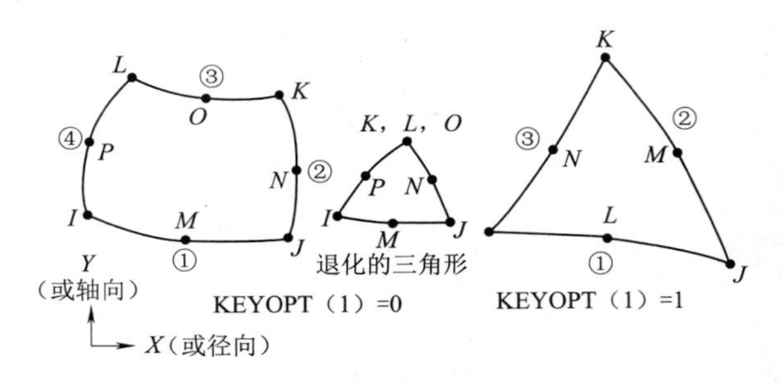

图 12.22　单元 PLANE183 示意图

PLANE183 的几何形状、结点位置和坐标系统如图 12.22 所示，用户在选项 KEYOPT(1)＝1 时，可通过定义结点 K、结点 L 和结点 O 为相同的结点编号来形成退化的矩形单元（三角形单元），但最好在 KEYOPT(1)＝1 时采用矩形单元。除结点信息外，该单元的输入数据还包括厚度 TK（只用于平面应力选项）和正交各向异性材料属性。正交各向异性材料的方向与单元局部坐标方向一致，如图 12.23 所示。

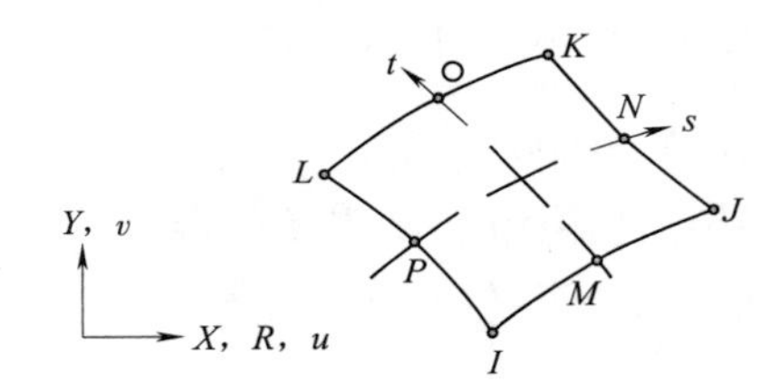

图 12.23　单元 PLANE183 坐标系统

压力可作为表面荷载施加在单元边界上，如图 12.22 中数字标示的线，正压力指向单元内侧。温度是作为单元体荷载在结点处输入的，结点 I 的温度 $T(I)$ 默认值为 TUNIF。如果不设定其他结点温度，则程序默认它们等于 $T(I)$。如果设定了所有角结点温度，则边中结点的温度默认为相邻角结点温度的平均值。对于任何其他输入方式，未设定的结点温度其默认值为 TUNIF。

对于平面问题分析（除 KEYOPT(3)＝3，5 外），结点力按单位厚度输入。对于轴对称分析，则结点力按 360°输入。用户可通过 ESYS 命令定义材料属性和应力应变输出的坐标系统，利用 RSYS 命令来选择按单元局部坐标系统或总体坐标系统输出应力应变。对于超弹性材料，应力应变只能按总体笛卡尔坐标系统输出而不能按单元局部坐标系统输出。

该单元支持压力荷载刚化效应，这是单元的默认功能。压力荷载刚化效应所需的非对称矩阵是通过设置 NROPT 选项的值为 UNSYM 来实现。

12.5　空间单元

12.5.1　SOLID164

SOLID164 是一个显式的三维结构单元，因此，仅用于三维结构的显式动力分析。该单元有 8 个结点，其单元的几何形状、结点位置和坐标系统如图 12.24 所示，它的每个结点有 x，y 和 z 方向的 3 个平动自由度和位移、速度和加速度 9 个参数。该单元支持正交各向异性材料，可通过 EDMP 命令输入材料属性，通过 EDLCS 命令规定正交各向异性材料的方向。

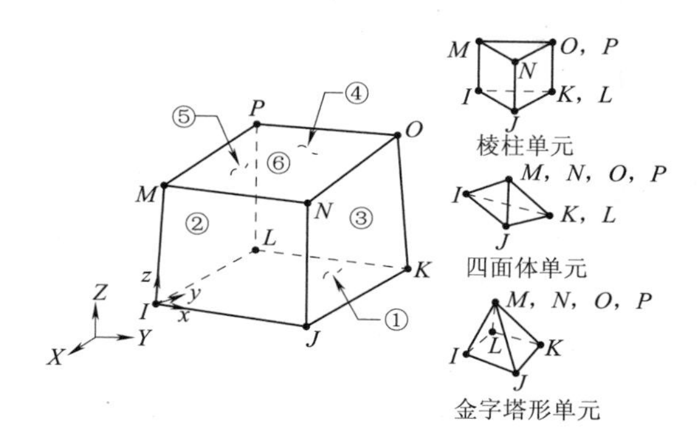

图 12.24 单元 SOLID164 坐标系统

对于较快的单元公式，SOLID164 单元的默认积分方案是 1 个点的减缩积分加黏性沙漏控制，1 点积分具有计算速度快及大变形分析的鲁棒性好等优点。此外，该单元还支持实体单元完全积分公式(KEYOPT(1)=2)。如果沙漏现象明显，如泡沫材料，则完全积分效果更好，因为它不需要沙漏控制，但 CPU 时间将增加 4 倍。

该单元提供了两个不同的动量计算方法——拉格朗日法(Lagrangian)和任意拉格朗日—欧拉法(Arbitrary Lagrangian-Eulerian，缩写为 ALE)，其中拉格朗日法是程序默认方法。如果选用 ALE 法，除了设置 KEYOPT(5)=1 外，还必须给 EDALE 和 EDGCALE 命令设置适当的参数。

压力可作为表面荷载施加在单元边界面上，如图 12.24 中数字标示的面，正压力指向单元。x，y 和 z 方向的基础加速度和角速度可通过 EDLOAD 命令施加到结点上，施加此类荷载时，用户需首先选择结点并创建一个分量，然后，将这些荷载施加到相应的分量上。用户也可以通过 EDLOAD 命令将荷载(位移和力等)施加到刚体上。该单元也支持多种温度荷载。

1. 该单元支持的材料模型如下，其中标星号(*)的是 ALE 公式不支持的(KEYOPT(5)=1)：

(1)各向同性弹性

(2)正交各向异性弹性 *

(3)各向异性弹性 *

(4)双线性运动硬化

(5)塑性运动硬化

(6)黏弹性 *

(7)Blatz-Ko 橡胶 *

(8)双线性各向同性

(9)温度依赖型双线性各向同性

(10)幂指数型塑性

(11)应变率依赖型塑性

(12)复合材料损伤 *

(13)混凝土损伤 *

(14)地质盖帽模型
(15)分段线性塑性 *
(16)蜂窝板 *
(17)Mooney-Rivlin 橡胶 *
(18)Barlat 各向异性塑性
(19)弹塑性水动力
(20)应变率敏感型幂指数塑性
(21)弹性黏塑性热材料
(22)闭孔泡沫 *
(23)低密度泡沫
(24)黏性泡沫 *
(25)可压扁泡沫
(26)黏塑性和多段线性塑性(Johnson-Cook Plasticity)
(27)Null 材料(如空气和水等无刚度和屈服强度的材料)
(28)Zerilli-Armstrong 材料
(29)Bamman 塑性 *
(30)Steinberg 材料
(31)弹性流体

2. SOLID164 单元的假定和限制:

(1)单元体积不能为零。

(2)单元不能扭曲成两部分,该问题是由于单元编号不合理造成的。

(3)单元必须有 8 个结点。

(4)如果用相同的编号和坐标定义结点 K 和 L、用同样的方法定义结点 O 和 P,则 8 结点的 6 面体单元退化为 6 结点的棱柱单元,如图 12.24 所示。还可以用相同的编号和坐标定义结点 M,N,O 和 P、用同样的方法定义结点 K 和 L,则八结点的六面体单元退化为四结点的四面体单元,如图 12.24 所示。不过,使用退化单元时应谨慎选择单元公式。因为这些单元往往呈现较大的抗弯刚度,从而引发问题,因此,应避免使用退化单元。如果需要使用四面体单元进行网格划分,最好用 SOLID168 代替退化的 SOLID164。

12.5.2 SOLID168

SOLID168 是一个 10 结点的显式四面体单元,因此,是一个具有二次位移模式的高阶显式动力分析单元,适用于模拟各种 CAD/CAM 系统和 ANSYS Workbench 生成的形状不规则网格。该单元的每个结点有 x,y 和 z 方向的 3 个平动自由度,采用 5 点积分(KEYOPT(1)=0 或 1)。也可以将该单元看作是线性四面体单元的组合体(KEYOPT(1)=2),以克服二次单元固有的集中质量计算困难和体积锁定问题。

SOLID168 单元的几何形状、结点位置和坐标系统如图 12.25 所示,该单元支持正交各向异性材料,用户可通过 EDMP 命令设定正交各向异性材料,用 EDLCS 命令设定正交各向异性材料的方向。

压力可作为表面荷载施加在单元边界面上,如图 12.25 中数字标示的面,正压力指向单元。x,y和z方向的基础加速度和角速度可通过EDLOAD命令施加到结点上,施加此类荷载时,用户需首先选择结点并创建一个分量,然后,将这些荷载施加到相应的分量上。用户也可以通过EDLOAD命令将荷载(位移和力等)施加到刚体上。

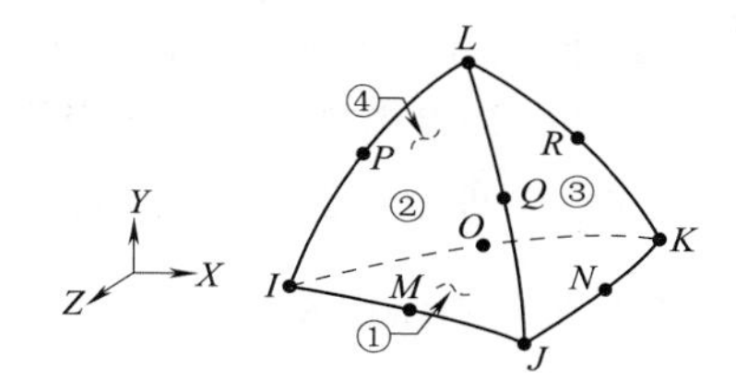

图12.25 单元SOLID168坐标系统

该单元支持多种温度荷载。

该单元支持下列材料:

(1)各向同性弹性材料
(2)正交各向异性弹性材料
(3)各向异性弹性材料
(4)双线性运动硬化材料
(5)塑性运动硬化材料
(6)黏弹性材料
(7)Blatz-Ko橡胶
(8)双线性各向同性材料
(9)温度依赖型双线性各向同性材料
(10)幂指数型塑性材料
(11)应变率依赖型塑性材料
(12)复合材料损伤
(13)混凝土损伤
(14)地质盖帽模型
(15)分段线性塑性材料
(16)蜂窝板
(17)Mooney-Rivlin橡胶
(18)Barlat各向异性塑性材料
(19)弹塑性水动力
(20)应变率敏感型幂指数塑性材料
(21)弹性黏塑性热材料
(22)闭孔泡沫
(23)低密度泡沫
(24)黏性泡沫
(25)可压扁泡沫
(26)黏塑性和多段线性塑性(Johnson-Cook Plasticity)
(27)Null材料(如空气和水等无刚度和屈服强度的材料)
(28)Zerilli-Armstrong材料
(29)Bamman塑性 *
(30)Steinberg材料
(31)弹性流体

需要指出的是,全部由SOLID168单元组成的模型可能不如六面体单元(SOLID164)组成的模型精确，为此，建议最好是用 SOLID168 和 SOLID164 两种单元来构建模型。用 SOLID168 来离散结构的形状不规则部分，而用 SOLID164 来离散形状较为规则的部分。但应注意两种单元交界面的过渡，因为 SOLID168 单元含有边中结点，而 SOLID164 单元没有。

12.5.3 SOLID185

SOLID185 是一个 8 结点的六面体单元(如图 12.26 所示)，因此，其位移函数是线性的。该单元的每个结点有 x，y 和 z 方向的 3 个平动自由度，支持塑性、超弹性、应力刚化、蠕变、大变形和大应变分析。该单元也具有模拟准不可压缩弹塑性材料和完全不可压缩超弹性材料的能力。

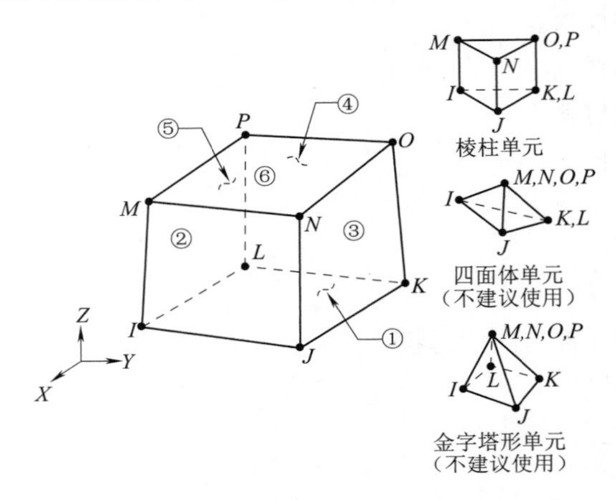

图 12.26　单元 SOLID185 示意图

SOLID185 单元有两种形式——均质实体元(KEYOPT(3)＝0，默认值)和层状组合实体元(KEYOPT(3)＝1)。均质实体元适用于模拟一般的三维实体结构，应用于不规则区域时，可退化为棱柱单元、四面体单元和五面体(矩形锥)单元，如图 12.26 所示。层状组合实体元(如图 12.27 所示)适用于模拟正交各向异性材料结构，如层状厚壳或一般固体结构。

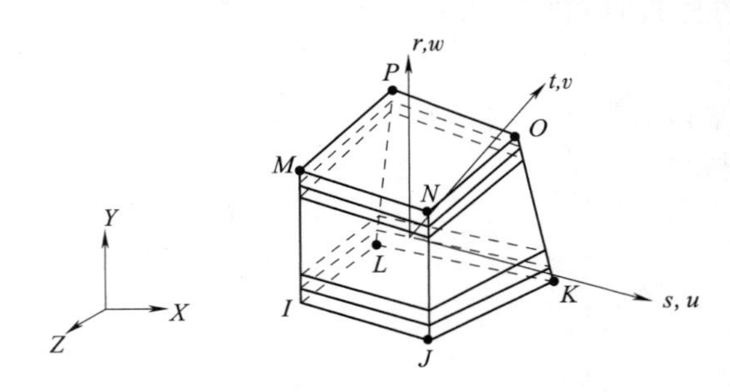

图 12.27　单元 SOLID185 的层状组合实体元

均质实体元支持各种单元技术，如选择减缩积分、一致减缩积分和增强应变等。当 KEYOPT(2)＝0 时(层状组合结构没有此选项)，体积分采用选择型减缩积分(完全积分 $\bar{B}$ 方法)；当 KEYOPT(2)＝1 时(层状组合结构没有此选项)，采用一致减缩积分；当 KEYOPT(2)＝2 或 3 时，采用增强应变公式。如果 KEYOPT(2)＝2，则引入 13 个内部自由度来避免剪切锁死和体积锁死，其中，9 个用于处理剪切锁死，4 个用于处理体积锁死；如果 KEYOPT

(2)=3,则为 9 个内部自由度避免剪切锁死。如果采用增强应变公式与 u-P 公式的混合表达式,则仅激活 9 个内部自由度来避免剪切锁死。

均质实体元的几何形状、结点位置和坐标系统如图 12.28 所示,默认的单元局部坐标系统与总体坐标系统一致,用户也可以通过 ESYS 命令设置自定义的单元局部坐标系统,以便设定正交各向异性材料的方向以及应力应变输出,而 RSYS 命令则提供了按单元局部坐标或按总体坐标输出的选项。对于超弹性材料,应力应变只能按总体笛卡尔坐标而不按单元的局部坐标输出。

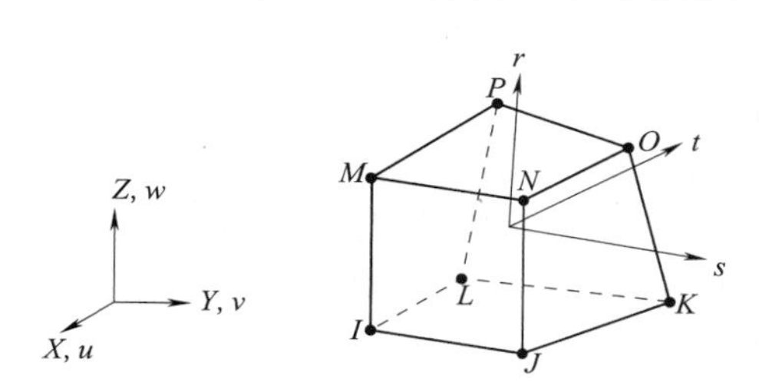

图 12.28 单元 SOLID185 的均值结构实体元

压力可作为均质实体元的表面荷载施加在单元边界面上,如图 12.26 中数字标示的面,正压力指向单元。温度可作为体积荷载由结点输入,结点 I 的温度 $T(I)$ 其默认值为 TUNIF。如果不设定其他结点温度,则程序默认它们等于 $T(I)$。对于任何其他输入方式,未设定的温度默认值为 TUNIF。该单元支持压力刚化效应,可通过给 NROPT 命令赋值 UNSYM 来创建压力刚化效应的非对称矩阵。

x,y 和 z 方向的基础加速度和角速度可通过 EDLOAD 命令施加到结点上,施加此类荷载时,用户需首先选择结点并创建一个分量,然后,将这些荷载施加到相应的分量上。用户也可以通过 EDLOAD 命令将荷载(位移和力等)施加到刚体上。

层状组合实体元是通过截面命令 SECXXX 定义其层状横截面的,其退化的几何形状仅支持棱柱,这是通过对结点 K 和 L 以及结点 O 和 P 分别设置相同的结点编号来实现的(如图 12.29所示)。该单元支持各向异性材料,其材料的方向即层坐标方向是基于单元局部坐标系统设置的,而单元局部坐标系统服从壳体坐标规则,即 z 轴垂直于壳体表面。该单元的结点编号顺序必须符合约定俗成的规则,即 I-J-K-L 和 M-N-O-P 分别为壳体单元底面和顶面的结点编号顺序,用户可通过 ESYS 命令改变各层平面内的方向。为了改正已绘制网格区域的结点顺序,在执行 VMESH 命令前,用户可通过 VEORIENT 命令设定该区域的方向。用户也可以在自动划分网格后,通过 EORIENT 命令来重新定位该单元与另一个单元方向一致,或尽可能与一个自定义的 ESYS 轴平行。

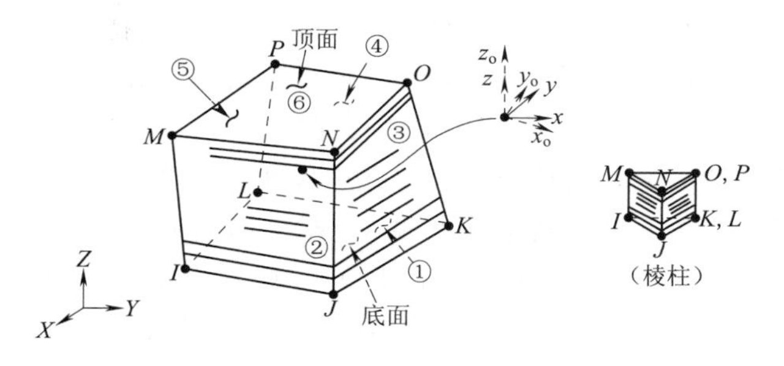

图 12.29 单元 SOLID185 的层状组合实体元坐标系统

用户可以通过 SECTYPE 命令将层状组合实体元与一个壳截面联系起来，并通过壳截面命令 SEC*XXX* 定义层状复合材料的性质(包括层厚、材料、方向和厚度方向的积分点数)，该命令也可用于单层的单元。通过映射变换，程序将输入的层厚变换为单元计算所需的实际层厚(与结点间的厚度一致)。沿厚度方向的积分点数由用户确定，有 1,3,5,7,9 五种选择。该单元要求至少有两个点，上下表面各有一个点，其他的沿厚度均匀分布。如果用户不自行定义壳截面，程序将作为单层截面处理，采用 2 个点的积分。

压力可作为层状组合实体元的面荷载施加在单元边界面上，如图 12.29 中数字标示的面，正压力指向单元。如果用户不是用 BFE 命令设置的温度，即没有用于定义温度的单元体荷载，则层状组合单元采用一种整个单元分布的温度模式，只需 8 个角结点温度。结点 I 的温度 $T(I)$其默认值为 TUNIF，如果不设定其他结点温度，则程序默认它们等于 $T(I)$。对于任何其他输入方式，未设定的温度其默认值为 TUNIF。所有层间界面温度均通过结点温度插值得到。

当然，用户也可以在单元外表面的角结点和层间界面的角结点处，以单元体荷载的形式输入温度。此时，程序采用整个层均匀分布的温度模式。温度 T_1,T_2,T_3,T_4 赋值给第一层底面的角结点温度；T_5,T_6,T_7,T_8 赋值给第一层和第二层交界面处的角结点温度，以此类推。如果用户精确地输入了 $N+1$ 个温度，则前 N 个温度赋值给每层底面的 4 个角结点，即每层具有相同的温度，最后一个温度将赋值给顶层的 4 个上表面角结点。第一个角结点温度 T_1 的默认值为 TUNIF，如果不设定其他结点温度，则默认它们等 T_1。对于任何其他输入形式，没有设定的温度一律默认为 TUNIF。

该单元支持压力荷载刚化效应，可通过给 NROPT 命令赋值 UNSYM 来创建压力荷载刚化效应的非对称矩阵。该单元不支持层间剪切修正。

12.5.4 SOLID186

SOLID186 是一个 20 结点的三维结构单元，因此，其位移函数是二次的，是比 SOLID185 高一阶的单元。该单元的每个结点有 x,y 和 z 方向的 3 个平动自由度，支持塑性、超弹性、蠕变、应力刚化、大变形和大应变分析。该单元可采用混合公式分析准不可压缩弹塑性材料和完全不可压缩超弹性材料的变形问题。与 SOLID185 相同，SOLID186 也有两种形式的单元——均质实体元(KEYOPT(3)=0，默认值)和层状组合实体元(KEYOPT(3)=1)。

均质实体元适用于模拟不规则区域(如各种 CAD/CAM 系统生成的不规则网格)，其空间方位可以是任意的。当结点 K,L 和 S 具有相同的结点编号，结点 A 和 B 具有相同的结点编号，结点 O,P 和 W 具有相同的结点编号时，SOLID186 退化为棱柱单元，同理还可以创建四面体单元和五面体(矩形锥)单元，如图 12.30 所示。均质实体元支持各向异性材料，其材料属性的方向与单元局部坐标一致(如图 12.31 所示)。层状组合实体元(如图 12.32 所示)适用于模拟正交各向异性材料结构，如层状厚壳或一般固体结构。

压力可作为均质实体元的面荷载施加在单元边界面上，如图 12.30 中数字标示的面，正压力指向单元。温度可作为单元体荷载由结点输入，结点 I 的温度 $T(I)$其默认值为 TUNIF，如果不设定其他结点温度，则程序默认它们等于 $T(I)$。如果设定了所有角结点温度，每个边中结点的温度默认为相邻两个角结点温度的平均值。对于任何其他输入方式，未设定的温度其默认值为 TUNIF。

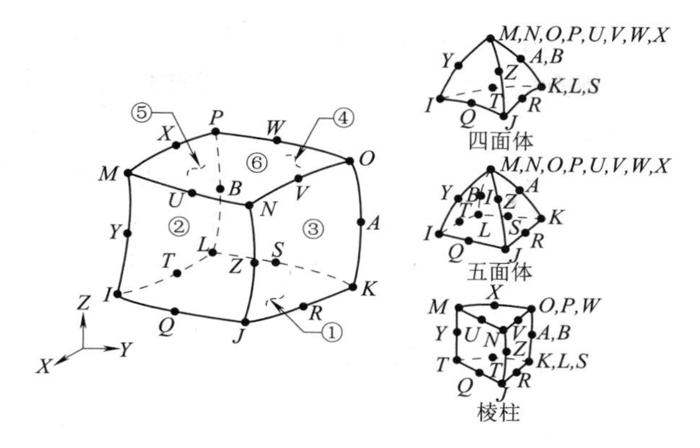

图 12.30　单元 SOLID186 示意图

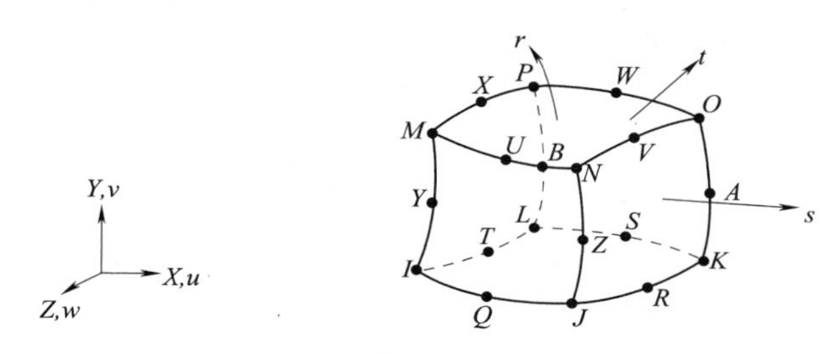

图 12.31　单元 SOLID186 的均质实体元坐标系统

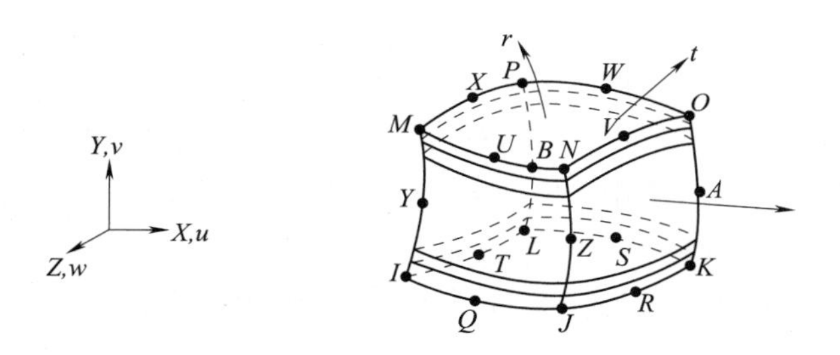

图 12.32　单元 SOLID186 的层状组合实体元示意图

用户可以通过 ESYS 命令设置自定义的单元局部坐标系统，以便设定正交各向异性材料的方向以及应力应变输出，而 RSYS 命令则提供了按单元局部坐标或按总体坐标输出的选项。对于超弹性材料，应力应变只能按总体笛卡尔坐标而不是单元的局部坐标输出。

该单元支持压力荷载刚化效应，可通过给 NROPT 命令赋值 UNSYM 来创建压力荷载刚化效应的非对称矩阵。

均质实体元采用一致减缩积分或完全积分两种积分方案。对于准不可压缩材料，一致减缩积分可以防止体积锁死。但是，如果每个方向的单元层数少于 2 个，则模型中的沙漏模式可能被放大。完全积分方案不会引起沙漏模式，但却可能引起体积锁死。该积分方案主要用于纯线性分析，或每个方向只有一层单元的模型分析。

层状组合实体元是通过截面命令 SEC*XXX* 定义其层状横截面的，其退化的形式仅支持棱柱单元，即结点 K，L 和 S 具有相同的结点编号，结点 A 和 B 具有相同的结点编号，结点 O，P 和 W 具有相同的结点编号(如图 12.33 所示)。该单元支持各向异性材料，其材料的方向即层坐标方向是基于单元局部坐标系统设置的，而单元局部坐标系统服从壳体坐标规则，即 z 轴垂直于壳体表面。该单元的结点编号顺序必须符合约定俗成的规则，即 *I-J-K-L* 和 *M-N-O-P* 分别为壳体单元底面和顶面的结点编号顺序，用户可通过 ESYS 命令改变各层平面内的方向。为了改正已绘制网格区域的结点顺序，在执行 VMESH 命令前，用户可通过 VEORIENT 命令设定该区域的方向。用户也可以在自动划分网格后，通过 EORIENT 命令来重新定位该单元与另一个单元方向一致，或尽可能与一个自定义的 ESYS 轴平行。

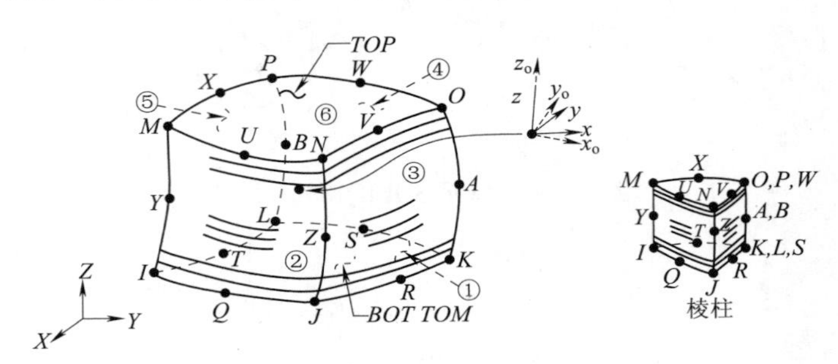

图 12.33　单元 SOLID186 的层状组合实体元坐标系统

用户可以通过 SECTYPE 命令将层状组合实体元与一个壳截面联系起来，并通过壳截面命令 SEC*XXX* 定义层状复合材料的性质（包括层厚、材料、方向和厚度方向的积分点数），该命令也可用于单层的单元。通过映射变换，程序将输入的层厚变换为单元计算所需的实际层厚（与结点间的厚度一致）。沿厚度方向的积分点数由用户确定，有 1，3，5，7，9 五种选择。该单元要求至少有两个点，上下表面各有一个点，其他的沿厚度均匀分布。如果用户不自行定义壳截面，程序将作为单层截面处理，采用 2 个点的积分。

压力可作为层状组合实体元的面荷载施加在单元边界面上，如图 12.33 中数字标示的面，正压力指向单元。如果用户不是用 BFE 命令设置的温度，即没有用于定义温度的单元体荷载，则层状组合单元采用一种整个单元分布的温度模式，只需 8 个角结点温度。结点 *I* 的温度 $T(I)$ 其默认值为 TUNIF，如果不设定其他结点温度，则程序默认它们等于 $T(I)$。如果设定了所有角结点温度，则边中结点的温度就等于其相邻角结点温度的平均值。对于任何其他输入方式，未设定的温度其默认值为 TUNIF。所有层间界面温度均通过结点温度插值得到。

当然，用户也可以在单元外表面的角结点和层间界面的角结点处，以单元体荷载的形式输入温度。此时，程序采用整个层均匀分布的温度模式。温度 T_1，T_2，T_3，T_4 赋值给第一层底面的角结点温度；T_5，T_6，T_7，T_8 赋值给第一层和第二层交界面处的角结点温度，以此类推。如果用户精确地输入了 $N+1$ 个温度，则前 N 个温度赋值给每层底面的 4 个角结点，即每层具有相同的温度，最后一个温度将赋值给顶层的 4 个上表面角结点。第一个角结点温度 T_1 的默认值为 TUNIF，如果不设定其他角结点温度，则默认它们等 T_1。对于任何其他输入形式，没有设定的温度一律默认为 TUNIF。

用户可以通过 ESYS 命令设置自定义的单元坐标系统，以便设定材料属性和应力应变输出，而 RSYS 命令则提供了按单元局部坐标或按总体坐标输出的选项。对于超弹性材料，应力应变只能按总体笛卡尔坐标而不是单元的局部坐标输出。

该单元支持压力荷载刚化效应，可通过给 NROPT 命令赋值 UNSYM 来创建压力荷载刚化效应的非对称矩阵。该单元不支持层间剪切修正。

层状组合实体元仅支持一致减缩积分(KEYOPT(2)=0)。对于准不可压缩材料,它可以防止体积锁死。但是,如果每个方向的单元层数少于2个,则模型中的沙漏模式可能被放大。

12.5.5 SOLID187

SOLID187是一个10结点的四面体单元,如图12.34所示,其位移函数是二次的,因此,是一个二阶的三维实体单元,适用于模拟由各种CAD/CAM系统创建的不规则网格形状。该单元的每个结点有x,y和z方向的3个平动自由度,支持塑性、超弹性、蠕变、应力刚化、大变形和大应变分析。该单元可采用混合公式分析准不可压缩弹塑性材料和完全不可压缩超弹性材料的变形问题,支持正交各向异性材料和各向异性材料,正交各向异性材料和各向异性材料的方向与单元的局部坐标方向一致。

压力可作为均质实体元的面荷载施加在单元边界面上,图12.34中数字标示的面,正压力指向单元。温度可作为单元体荷载由结点输入,结点I的温度$T(I)$其默认值为TUNIF,如果不设定其他结点温度,则程序默认它们等于$T(I)$。如果设定了所有角结点温度,每个边中结点的温度默认为相邻两个角结点温度的平均值。对于任何其他输入方式,未设定的温度默认值为TUNIF。

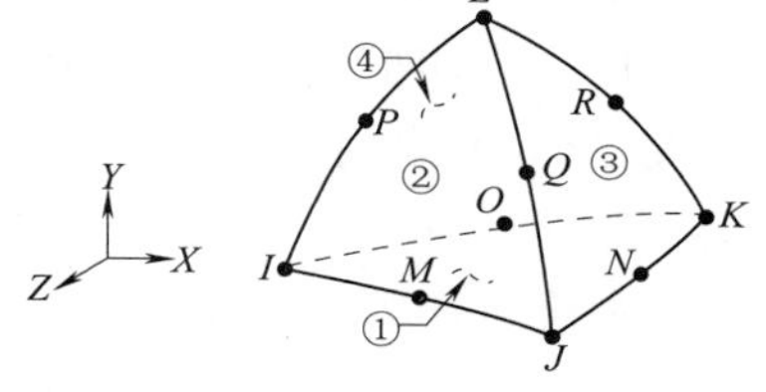

图12.34 单元SOLID187示意图

用户可以通过ESYS命令设置自定义的单元局部坐标系统,以便设定材料的方向以及应力应变输出,而RSYS命令则提供了按单元局部坐标或按总体坐标输出的选项。对于超弹性材料,应力应变的输出只能是按总体笛卡尔坐标而不是按单元的单元坐标。

该单元支持压力荷载刚化效应,可通过给NROPT命令赋值UNSYM来创建压力荷载刚化效应的非对称矩阵。

12.5.6 SOLID272

SOLID272是一个广义的三维轴对称单元,其几何形状、结点位置和坐标系统如图12.35所示,默认的坐标系统是柱坐标,对称轴为z轴,环向坐标为θ。该单元由基平面上的4个结点定义,基于这4个基平面结点,程序会根据用户赋予选项KEYOPT(2)的值沿环向自动创建其他结点,单元的结点总数等于基平面的结点数×结点平面数(选项KEYOPT(2)的值)。因此,用户可通过选项KEYOPT(2)来设置结点平面数,从而确定单元的结点数量。图12.35的KEYOPT(2)=3,即单元有3个结点平面,因此,结点总数$n=4\times3=12$。

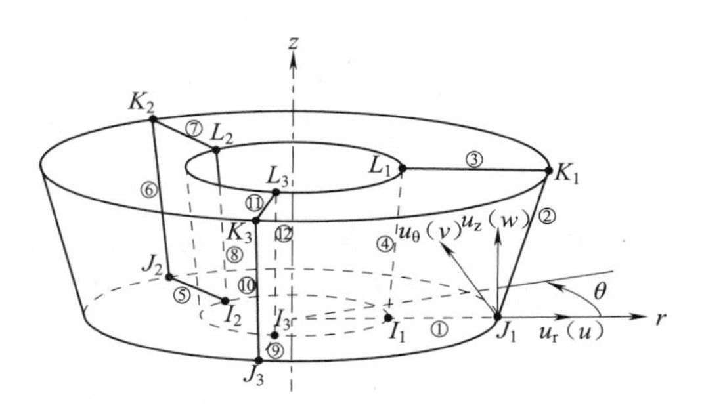

图12.35 单元SOLID272示意图

与其他三维实体元相同，SOLID272 单元的每个结点有 x，y 和 z 方向的 3 个平动自由度。该单元也支持三角形的基平面作为该单元的退化几何形状，以便于模拟结构的不规则形状部分。该单元也支持塑性、超弹性、应力刚化、大变形和大应变分析，支持正交各向异性材料，并可采用混合公式分析准不可压缩弹塑性材料和完全不可压缩超弹性材料的变形问题。用户可通过 ESYS 命令设定单元的局部坐标系统，其坐标方向也是正交各向异性材料的方向。

压力必须作为单元面荷载施加到结点平面的边界(图 12.35 中以数字标示的线)上，正压力指向单元，一个单元最多有 $4m$ 个(m 为结点平面数，即 KEYOPT(2)的值)这样的边界。当结点平面的边界数≤4，且压力荷载作用边界以外的其他边界没有荷载时，则单元表面的压力是轴对称的。而当结点平面的边界数大于 4 时，如果仅在一条边界上施加了压力，则程序将忽略此压力。如果施加压力的边界编号为 p 和 $4q+p(q=1,2,\cdots,m-1)$，则在边界 p 和 $4q+p$ 之间，单元的表面压力沿环向呈线性变化，即压力是环向坐标 θ 的线性函数，而在其他区域压力为零。

温度可作为单元体荷载由结点输入，当基平面有 4 个结点时，结点 I_1的温度 $T(I_1)$默认值是 TUNIF，如果不设定其他结点的温度，则程序全部默认为 $T(I_1)$。对于任何其他的输入方式，未设定的温度一律默认为 TUNIF。对于通过基平面结点创建的其他结点平面的结点，如果未设定温度，则其默认值是基平面相应结点的温度 $T(I_1)$，$T(J_1)$，$T(K_1)$和 $T(L_1)$。同样，采用任何其他的输入方式输入这些结点温度时，未设定的温度被默认为 TUNIF。

用户可以通过 ESYS 命令设置单元坐标系统，以便设定材料属性的方向以及应力应变输出，而 RSYS 命令则提供了按单元局部坐标或按总体坐标输出的选项。

该单元支持压力荷载刚化效应，可通过给 NROPT 命令赋值 UNSYM 来创建压力荷载刚化效应的非对称矩阵。对于存在收敛性问题的几何非线性分析，尽管初始的刚度矩阵是对称的，但变形后的刚度矩阵是非对称的，因此，应采用非对称的刚度矩阵。位移是基于插值函数在单元坐标系内计算的，用户也可以自定义任何方向的结点位移。

12.5.7 SOLID273

SOLID273 也是一个广义的三维轴对称单元，其几何形状、结点位置和坐标系统如图 12.36所示，默认的坐标系统是柱坐标，对称轴为 z 轴，环向坐标为 θ。与 SOLID272 单元不同的是，该单元的基平面有 8 个结点，这意味着其位移函数是二次的，因此，SOLID273 单元是比 SOLID272 单元高一阶的单元。基平面上的结点又称为基结点，基于这些结点，程序会根据用户赋予选项 KEYOPT(2)的值沿环向自动创建其他结点，单元的结点总数等于基结点数×结点平面数(选项 KEYOPT(2)的值)。因此，用户可通过选项 KEYOPT(2)来设置结点平面数，从而确定单元的结点数量。图 12.31 的 KEYOPT(2)=3，即单元有 3 个结点平面，因此，结点总数 $n=8\times3=24$。

与 SOLID272 单元相同，该单元的每个结点有 x，y 和 z 方向的 3 个平动自由度。该单元也支持三角形的基平面作为该单元的退化几何形状，以便于模拟结构的不规则形状部分。该单元也支持塑性、超弹性、应力刚化、大变形和大应变分析，支持正交各向异性材料，并可采用混合公式分析准不可压缩弹塑性材料和完全不可压缩超弹性材料的变形问题。用户可通过 ESYS 命令设定单元的局部坐标系统，其坐标方向也是正交各向异性材料的方向。

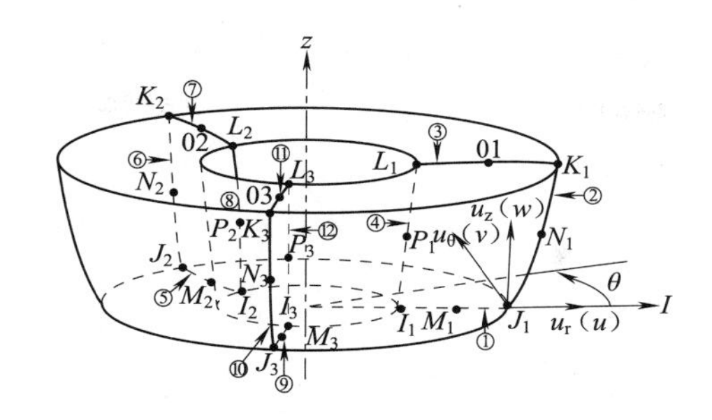

图 12.36　单元 SOLID273 示意图

压力必须作为单元面荷载施加到结点平面的边界(图 12.36 中以数字标示的线)上,正压力指向单元,一个单元最多有 $4m$ 个(m 为结点平面数,即 KEYOPT(2)的值)这样的边界。当结点平面的边界数≤4,且压力荷载作用边界以外的其他边界没有荷载时,则单元表面的压力是轴对称的。而当结点平面的边界数大于 4 时,如果仅在一条边界上施加了压力,则程序将忽略此压力。如果施加压力的边界编号为 p 和 $4q+p(q=1,2,\cdots\cdots,m-1)$,则在边界 p 和 $4q+p$ 之间,单元的表面压力沿环向呈线性变化,即压力是环向坐标 θ 的线性函数,而在其他区域压力为零。

温度可作为单元体荷载由结点输入,当基平面有 8 个结点时,结点 I_1的温度 $T(I_1)$默认值是 TUNIF,如果不设定其他结点的温度,则程序全部默认为 $T(I_1)$。如果设定了所有角结点的温度,则程序默认边中结点的温度等于相邻两角结点温度的平均值。对于任何其他的输入方式,未设定的温度一律默认为 TUNIF。对于通过基平面结点创建的其他结点平面的结点,如果未设定温度,则其默认值是基平面相应结点的温度 $T(I_1)$,$T(J_1)$,$T(K_1)$,$T(L_1)$,$T(M_1)$,$T(N_1)$,$T(O_1)$和 $T(P_1)$。同样,采用任何其他的输入方式输入这些结点温度时,未设定的温度被默认为 TUNIF。

用户可以通过 ESYS 命令设置单元的局部坐标系统,以便设定材料属性的方向以及应力应变输出,而 RSYS 命令则提供了按单元局部坐标或按总体坐标输出的选项。

该单元支持压力荷载刚化效应,可通过给 NROPT 命令赋值 UNSYM 来创建压力荷载刚化效应的非对称矩阵。对于存在收敛性问题的几何非线性分析,尽管初始的刚度矩阵是对称的,但变形后的刚度矩阵是非对称的,因此,应采用非对称的刚度矩阵。位移是基于插值函数在单元局部坐标系内计算的,用户也可以自定义任何方向的结点位移。

12.5.8　SOLID285

SOLID285 是一个四结点的四面体压力杂交元(如图 12.37 所示),其每个结点除 x,y 和 z 方向 3 个位移自由度外,还有 1 个静水压力(HDSP)自由度,因此,采用了混合的 u-P 公式。该单元适用于模拟由各种 CAD/CAM 系统创建的不规则网格和除准不可压缩超弹性材料以外的所有材料(包括不可压缩材料在内的各种材料),对于准不可压缩材料,用结点的体积变化率替代静水压力即可。非线性分析时,用户可以通过 CNVTOL 命令独立地控制各结点的静水压力允差。

该单元支持塑性、超弹性、蠕变、应力刚化、大变形和大应变分析;支持准不可压缩弹塑性材料、准不可压缩和完全不可压缩超弹性材料;支持正交各向异性材料和各向异性材料,正交各向异性材料和各向异性材料的材料方向与单元局部坐标一致。

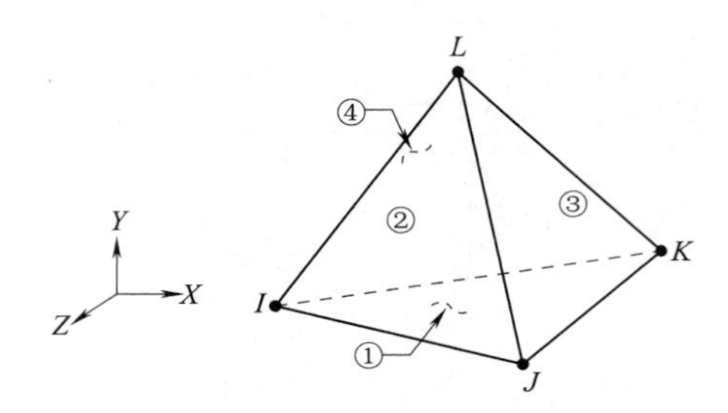

图 12.37　单元 SOLID285 示意图

压力荷载可作为面荷载施加在单元边界面上，如图 12.37 中数字标示的面，正压力指向单元。温度可作为单元体荷载由结点输入，结点 I 的温度 $T(I)$ 其默认值为 TUNIF，如果不设定其他结点温度，则程序默认它们等于 $T(I)$。对于任何其他输入方式，未设定的温度其默认值为 TUNIF。

用户可以通过 ESYS 命令设置单元的局部坐标系统，以便设定材料属性的方向以及应力应变输出，而 RSYS 命令则提供了按单元局部坐标或按总体坐标输出的选项。对于超弹性材料，应力应变只能按总体笛卡尔坐标而不是单元的局部坐标输出。

该单元支持压力刚化效应，可通过给 NROPT 命令赋值 UNSYM 来创建压力刚化效应的非对称矩阵。

12.6 壳单元

12.6.1 SHELL28

SHELL28 是一个四结点的平面剪切和扭转单元，其理论依据是剪切效应可以用均匀的剪力流和对角线方向的结点力来表示，因此，该单元只能够承受剪应力而不能承受正应力，适用于承受剪切荷载的框架结构分析。该单元的每个结点有 3 个自由度——x，y 和 z 方向的平动或绕 x，y 和 z 轴的转动。

该单元的几何形状、结点位置和坐标系统如图 12.38 所示，除了结点信息之外，单元厚度和材料属性也是定义该单元必不可少的参数。该单元所需的材料属性只有 x-y 面的剪切模量 GXY 和密度 DENS，其中 GXY 可直接输入或用 x 方向的弹性模量 EX 和 x-y 面的泊松比 NUXY 计算。

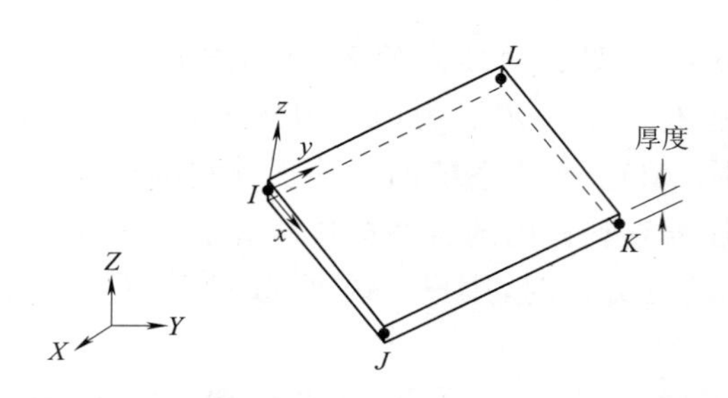

图 12.38　单元 SHELL28 示意图

选项 KEYOPT(1)用于定义单元的剪切或扭转性质，剪切单元的边界上只有剪应力，扭转单元的边界上只有扭矩，没有弯矩。该单元不能创建一致质量阵只能采用集中质量阵。

温度可作为单元体荷载由结点输入，结点 I 的温度 $T(I)$ 其默认值为 TUNIF，如果不设定其他结点温度，则程序默认它们等于 $T(I)$。对于任何其他输入方式，未设定的温度其默认值为 TUNIF。该单元的温度仅用于材料属性计算。

除矩形外，该单元不能模拟其他几何形状的网格。如果模拟了非矩形网格，剪应力的计算结果是非均匀的，因此，不能通过分片试验。例如图 12.39(a)所示的矩形单元，其边界受均匀剪力作用，现在沿 45°将其分割成 2 个梯形部分，如图 12.39(b)所示。分析图 12.39(b)可知，在均匀剪力的作用下，仅有剪力是不能维持各部分平衡的，还需要法向力的参与。而如果是非均匀剪力，则沿四边形边缘的剪应力能够满足四边形的平衡条件。

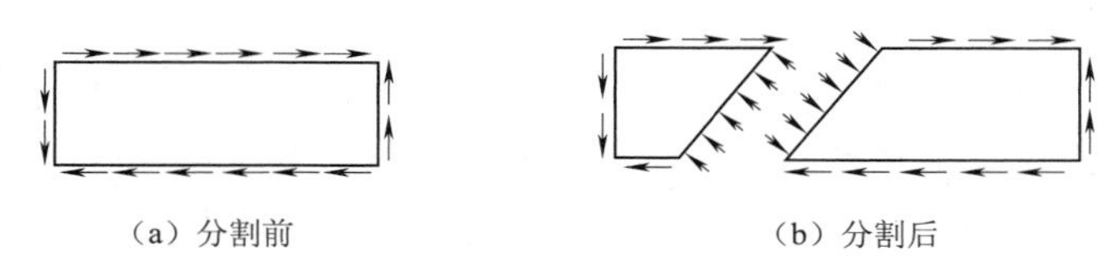

图 12.39 受均匀剪力的矩形单元

12.6.2 SHELL41

SHELL41 是一个四结点的三维膜应力单元，即只有面内(膜)刚度而不具有出平面的抗弯刚度，这一点与平面应力单元相同。该单元是 ANSYS 的保留单元，适用于模拟受弯作用较小的壳结构。该单元的每个结点有 x，y 和 z 方向的 3 个平动自由度，支持变厚度壳、应力刚化、大变形分析，还提供了布类材料选项，其几何形状、结点位置和坐标系统如图 12.40 所示。应力刚化效应将有利于受张力作用的单元在第一个子步后解的稳定。

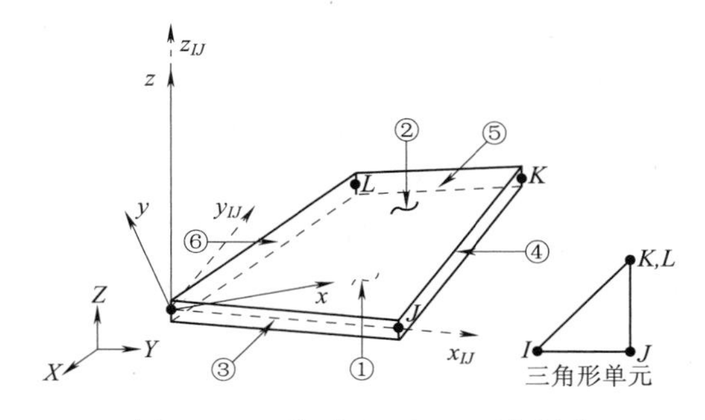

图 12.40 单元 SHELL41 示意图

SHELL41 单元由 4 个结点、4 个结点处的厚度、材料的方向角和正交各向异性材料属性来定义，可以通过设置结点 K 和结点 L 具有相同的结点编号来得到一个退化的三角形单元，如图 12.40 所示。正交各向异性材料的方向与单元局部坐标一致，单元局部坐标的 x 轴可旋转一个角度 THETA(单位：°)。

该单元采用可变厚度，由用户输入 4 个结点处的厚度，程序假定：在整个单元上厚度是连续变化的，即单元表面是光滑的。如果用户仅输入结点 I 的厚度 $TK(I)$，则用户定义了一个等厚度单元。而变厚度单元则必须输入 4 个结点的厚度。

单向基础刚度(EFS)定义为基础产生单位法向变形所需的压力,如果 EFS≤0,则忽略弹性基础刚度。

压力可作为面荷载施加在单元边界面上,如图 12.40 中数字标示的面,正压力指向单元。由于壳单元边界面上的压力是以单位长度的荷载输入的,因此,单位面积的压力必须再乘以壳单元的厚度。然后,压力荷载再被转换为单元的等效节点荷载。温度可作为单元体荷载由结点输入,结点 I 的温度 $T(I)$ 其默认值为 TUNIF,如果不设定其他结点温度,则程序默认它们等于 $T(I)$。对于任何其他输入方式,未设定的温度其默认值为 TUNIF。

用户可通过选项 KEYOPT(1)来定义仅具有抗拉能力的单元,该单元可模拟布等只能承受拉力而不能承受压力的材料,在压力荷载作用下,单元将发生皱曲。不建议用户用此选项来模拟布材料,因为,真实的布材料具有一定的抗弯能力。而该选项用于模拟发生皱曲的结构是有效的,如飞机结构的剪切板,此类皱曲可能发生在一个(或两个)正交各向异性方向。如果确实需要模拟真实的布材料,用户可采用该选项模拟荷载的拉力部分,但需要与一个非常薄的常规壳单元组合来提供材料的抗弯刚度,这样的组合也可以提高解的稳定性。

单元内的任何出平面效应或结点处的舍入误差都可能引起位移解的不稳定,为了弥补这一不足,可利用 EFS 的实常数使单元略有一些法向刚度。选项 KEYOPT(2)提供了生成或抑制极端位移的选择,而 KEYOPT(4)则提供了各种输出选项。

使用一组 SHELL41 单元模拟平面时,应确保被模拟平面是一个不折不扣的平面,否则,在垂直于单元面的方向将产生奇异点。模拟曲面时,一个单元的跨越弧度应小于 15°。

12.6.3 SHELL61

SHELL61 是一个两结点的简谐形轴对称壳单元,所谓简谐形轴对称单元,是指结构形状是轴对称的,而荷载是由一系列简谐函数(傅里叶级数)组成的。因此,该单元模拟的结构必须是轴对称的,但其荷载可以是轴对称的,也可以是非轴对称的。

SHELL61 单元的几何形状、结点位置和坐标系统如图 12.41 所示,其每个结点有 4 个自由度——x,y 和 z 方向的平动,以及绕 z 轴的转动。由图 12.41 可以看出,该单元是一个圆锥形壳体单元,其极限位置是圆柱形壳体单元或环形圆盘单元。由单元的梯形形状可知,其厚度可以是线性变化的。该单元由 2 个结点、两端的厚度、荷载项数(级数的项数)、对称性条件和正交各向异性材料属性定义,荷载项数和对称性条件分别由 MODE 命令的 MODE 和 ISYM 选项输入。

该单元支持正交各向异性材料,共有 9 个弹性常数。单元的荷载可以是任何的简谐变化的温度和压力组合,简谐变化的结点荷载应 360°输入。

简谐变化的压力可作为单元的面荷载施加到边界面(图 12.41中以数字标示的面)上,正压力指向单元。为了考虑厚度的影响,压力作用在单元表面而不是质心所在平面。这些影响包括荷载作用面的面积变化,以及泊松比不为零时两表面相同压力引起的单元伸长或缩短。此时,需要输入 y 方向弹性模量 EY、x-y 平面泊松系数 NUXY 和 y-z 平面泊松系数 NUYZ。

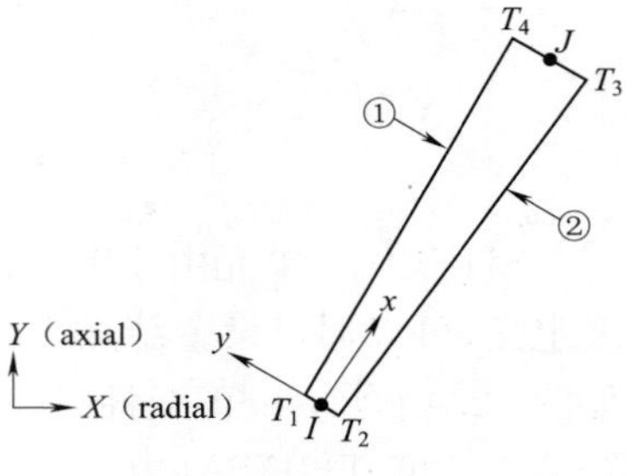

图 12.41 单元 SHELL61 示意图

简谐变化的温度可作为单元体荷载由单元的 4 个顶角输入，如图 12.41 所示。第一个顶角的温度 T_1 的默认值为 TUNIF，如果不设定其他顶角的温度，则它们的默认值均为TUNIF。如果仅输入第一个和第二个顶角的温度 T_1 和 T_2，则默认 T_3 等于 T_2、T_4 等于 T_1。对于任何其他输入方式，未设定的温度其默认为 TUNIF。

该单元采用可变厚度，并假定厚度呈线性变化。如果单元的厚度是常数，则仅需输入结点 *I* 的厚度 *TK*(*I*)。实常数 ASMSUA 用于定义单位面积的附加质量。

选项 KEYOPT(1)用于定义 *MODE*>0 的温度荷载和温度依赖型材料属性，材料属性只有当温度是常数(非简谐变化)时才能由计算得到。如果 *MODE*＝0，则材料属性是根据单元的平均温度计算的。KEYOPT(3)则提供了生成或抑制极端位移的选择。

12.6.4 SHELL163

SHELL163 是一个四结点薄壳显式单元，其几何形状、结点位置和坐标系统如图 12.42 所示，其中的单元局部坐标 *x*-*y* 面位于单元平面内。该单元具有弯曲和面内刚度，可承受平面内荷载和法向荷载。显式意味着该单元是仅用于显式动力分析的单元，因此，每个结点有 12 个结点参数——*x*，*y* 和 *z* 方向的位移、速度和加速度，以及绕 *x*，*y* 和 *z* 轴的转动。

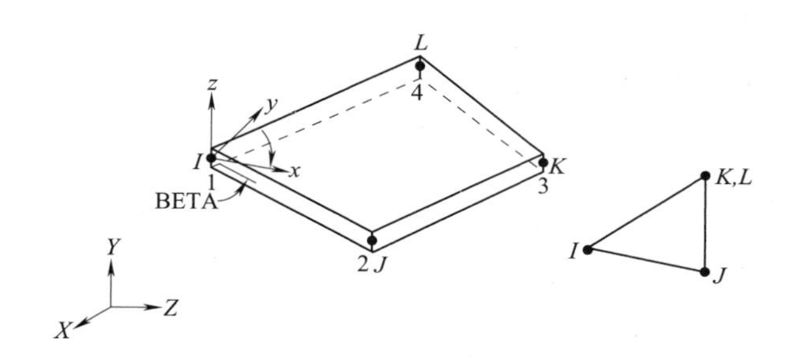

图 12.42　单元 SHELL163 示意图

该单元提供了下列实常数：剪切系数 SHRF、沿厚度方向的积分点数 NIP(最大为 100)，如果 NIP 输入了 0 或为空，程序默认的值为 2。$T_1 \sim T_4$ 为 4 个结点的单元厚度。选项 KEYOPT(1) ＝1,6 或 7 时，NLOC 定义了参考面的位置，参考面用于创建单元刚度矩阵。NLOC 不能定义接触面的位置，如果 NLOC＝1 或－1(单元的上下表面)，必须设置 EDSHELL命令的 *SHUN* 值等于－2。

选项 KEYOPT(4)>0 时，ESOP 提供了积分点间距的选项，其值为 0 或 1。如果 ESOP＝0，必须利用实常数 S(*i*)和 W(*i*)来定义积分点的位置。如果 ESOP＝3，则必须定义每个积分点的 BETA(*i*)和 MAT(*i*)。如果积分点沿厚度等间距布置，从而将壳分成相等的 NIP 层(最多 100 层)，则设置 ESOP＝1。

该单元假定其厚度是连续变化的，由 4 个结点的厚度来定义。如果单元厚度为常数，则只需输入 *I* 结点的厚度 *TK*(*I*)。否则，必须输入 4 个结点的厚度。

如果 ESOP＝0，并用 S(*i*)和 WF(*i*)定义积分点，可能还需要定义 BETA(*i*)和 MAT(*i*)，注意：如果 KEYOPT(1) ＝1，6，7 或 11，则用户定义的厚度将用于整个分析过程；如果 KEYOPT(1)＝2,3,4,5,8,9,10 或 12，那么程序将以用户输入厚度的平均值覆盖用户的输入值。其中，S(*i*)是积分点的无量纲坐标(－1≤S(*i*)≤1)，WF(*i*)是第 *i* 个积分点的权系数，等于积分点厚度除以实际的壳体厚度(即：$\Delta t_i/t$)。用户定义积分点时，积分点的顺序是任意的。如果用这些实常数定义积分点，则必须在每个积分点定义 S(i)和 WF(i)。BETA(i)是第 i 个积分点的材料方向角(单位：°)，每个积分点必须设定。

尽管用 MAT(i)定义的材料属性可能是不同的，但一个单元的材料模型(BKIN、MKIN 和 MISO 等)必须是相同的。而且，沿厚度方向的材料密度是常数。如果多于一种材料，且所用材料的密度不同，则将以第一层材料的密度作为整个单元的密度。

如果 KEYOPT(4)=0，则积分规则由 KEYOPT(2)定义。高斯积分(KEYOPT(2)=0)对于≤5 层(5 个积分点)的积分是有效的。梯形积分(KEYOPT(2)=1)可有 100 个积分点，建议不少于 20 个积分点，特别是受弯构件。

用户可通过 EDLOAD 命令施加结点荷载和其他类型的荷载。压力可作为面荷载施加在单元的中面，法向正压力指向单元(即正压力与 z 轴反向)。x，y 和 z 方向的基础加速度和角速度可作用在结点上，为了施加这些荷载，首先需要选择结点并生成一个分量，然后，令荷载作用在该分量方向上，每个结点的该分量将有指定的荷载。用户也可以通过 EDLOAD 命令给刚体施加荷载(位移、力等)。该单元还支持多种温度荷载。

1. 该单元支持下列材料：

(1)各向同性弹性材料

(2)正交各向异性弹性材料

(3)双线性运动硬化材料

(4)塑性运动硬化材料

(5)Blatz-Ko 橡胶

(6)双线性各向同性材料

(7)温度依赖型双线性各向同性材料

(8)幂指数型塑性材料

(9)应变率依赖型塑性材料

(10)复合损伤材料

(11)分段线性塑性材料

(12)修正分段线性塑性材料

(13)Mooney-Rivlin 橡胶

(14)Barlat 各向异性塑性材料

(15)3 参数 Barlat 塑性材料

(16)横向各向异性弹塑性材料

(17)应变率敏感型幂指数塑性材料

(18)横向各向异性 FLD

(19)弹性黏塑性热材料

(20)黏塑性和多段线性塑性(Johnson-Cook Plasticity)

(21)Bamman 塑性 *

正交各向异性弹性材料模型不支持积分点角度(BETA(i))，因此，模拟复合材料时，只能采用复合材料损伤模型。如果不想用该材料模型的损伤特征，可设置所需的强度值为零。

2. 用户可通过选项 KEYOPT(1)来设定 SHELL163 单元的 12 个单元公式，这些公式包括：

(1)Belytschko-Tsay 单元公式(默认,KEYOPT(1)=0 或 2)是计算效率最高的显式动力分析壳单元公式,该公式基于 Mindlin-Reissner 假定,因此,考虑了横向剪切变形。该公式用于翘曲问题的精度较差,因此,不适用粗网格模型。该公式采用具有沙漏控制的一点积分方案,沙漏参数为默认值。如果出现沙漏问题,可以通过增大沙漏参数来避免。该公式不能通过分片试验。

(2)Hughes-Liu 单元公式(KEYOPT(1)=1)基于退化的连续性方程,该方程对大变形问题十分有效,但非常耗时。该方程处理翘曲问题非常准确,但不能通过分片试验。该公式采用了具有与 Belytschko-Tsay 单元公式相同的沙漏控制的一点积分方案,但耗时却增加了 250%。

(3)BCIZ 三角形壳元公式(KEYOPT(1)=3)基于柯西霍夫(Kirchhoff)板理论,并采用三次速度场。每个单元有 3 组积分点,因此,计算速度比较慢。当用 3 组平行线生成网格时,该公式可以通过分片试验。

(4)C^0 三角形壳元公式(KEYOPT(1)=4)基于 Mindlin-Reissner 板理论,并采用线性速度场。该公式采用一点积分方案,单元略显刚硬,因此,不适用于创建全部网格,仅用于网格间的过渡。

(5)Belytschko-Tsay 膜单元公式(KEYOPT(1)=5)除不具有弯曲刚度外,其他与 Belytschko-Tsay 单元公式相同。

(6)S/R Hughes-Liu 单元公式(KEYOPT(1)=6)除了积分方案与 Hughes-Liu 单元公式不同外,其他均相同。该公式采用具有沙漏控制的一点选择减缩积分。致使计算时长增加了 3~4 倍,但避免了一定的沙漏模式,不过仍可能出现弯曲沙漏模式。

(7)S/R 共旋 Hughes-Liu 单元公式(KEYOPT(1)=7)除了应用共旋系统外,其他与 S/R Hughes-Liu 单元公式相同。

(8)Belytschko-Leviathan 壳公式(KEYOPT(1)=8)与 Belytschko-Wong-Chiang 公式相似,也采用一点积分,但采用了物理沙漏控制,因此,不需要用户设置沙漏控制参数。

(9)完全积分 Belytschko-Tsay 膜单元公式(KEYOPT(1)=9)除了积分方案外,其他与 Belytschko-Tsay 膜单元公式相同。该公式采用 2×2 的 4 点积分方案而不是 Belytschko-Tsay 膜单元公式的一点积分方案,因此,处理翘曲问题的鲁棒性更好。

(10)Belytschko-Wong-Chiang 公式(KEYOPT(1)=10)克服了 Belytschko-Tsay 单元公式处理翘曲问题的缺点,其他与 Belytschko-Tsay 单元公式相同,但计算时间增加了 10%。

(11)快速(共旋)Hughes-Liu 公式(KEYOPT(1)=11)除了采用共旋系统外,其他与 Hughes-Liu 公式相同。

(12)完全积分 Belytschko-Tsay 壳单元公式(KEYOPT(1)=12)采用了壳平面内的 2×2 积分方案,对于克服沙漏模式很有效。但是,计算速度比 KEYOPT(1)=2 时的 Belytschko-Tsay 单元公式慢 2.5 倍。通过引入假设横向剪切应变,该公式修复了剪切锁死。

上述 12 个壳单元公式中,对于显式到隐式的顺序解,仅 Hughes-Liu 单元公式、Belytschko-Tsay 单元公式(KEYOPT(1)=2)、S/R Hughes-Liu 单元公式、S/R 共旋 Hughes-Liu 单元公式、Belytschko-Leviathan 壳公式、完全积分 Belytschko-Tsay 膜单元公式、Belytschko-Wong-Chiang 公式、快速(共旋)Hughes-Liu 公式和完全积分 Belytschko-Tsay 壳单元公式是有效的,对于金属成型分析,为了适当地考虑翘曲,建议使用 Belytschko-Wong-

Chiang 公式和完全积分 Belytschko-Tsay 壳单元公式。

当模拟 Mooney-Rivlin 橡胶材料模型时，LS-DYNA 模块自动采用 Belytschko-Tsay 公式的全拉格朗日修正而不是用户通过 KEYOPT(1)选项指定的公式。

12.6.5 SHELL181

SHELL181 是一个四结点壳单元，其每个结点有 6 个自由度——x，y 和 z 方向的平动和绕 x，y 和 z 轴的转动。如果选择了膜应力选项，单元只有平动自由度。该单元可用于分析从薄壳至中等厚度的壳结构，支持线性、大转角和/或大应变的几何非线性分析。非线性分析时，单元的厚度是可以变化的。同时，单元域内积分支持完全积分和减缩积分。该单元还考虑了分布压力的跟随效应(荷载刚化)。

SHELL181 单元可用于模拟复合材料或夹芯板的层状组合壳结构，模拟复合材料壳结构的精度受制于一阶剪切变形理论(Mindlin-Reissner 壳理论)。单元公式基于对数应变和真实应力测量，单元的运动允许有限膜应变(伸长)，但是，假定一个时间增量内曲率的变化是小量。

该单元的几何形状、结点位置和单元坐标系统如图 12.43 所示，程序默认的单元坐标为 x_0-y_0-z_0，用户通过 ESYS 命令自定义的单元坐标系统是 x-y-z。该单元由截面信息和 4 个结点(I，J，K 和 L)的总体坐标定义。对单层壳截面，其厚度由 SECTYPE 和 SECDATA 命令设定，如 SECTYPE，SHELL、SECDATA，THICKNESS。此外，程序还提供了定义单层壳截面的其他选项，如积分点数和各向异性材料的方向。程序默认的积分点数是 3，但求解过程中一旦出现塑性，则最少的积分点数为 5。对于多层壳截面，需分别定义各层的厚度、材料及其方向和积分点数，每层沿厚度方向的积分点数有 1，3，5，7，9 五个选项，程序默认的积分点数是 3。如果选择 1 个积分点，则该积分点位于 1/2 厚度处。否则，上、下表面各有 1 个积分点，其他积分点沿厚度等间距分布。

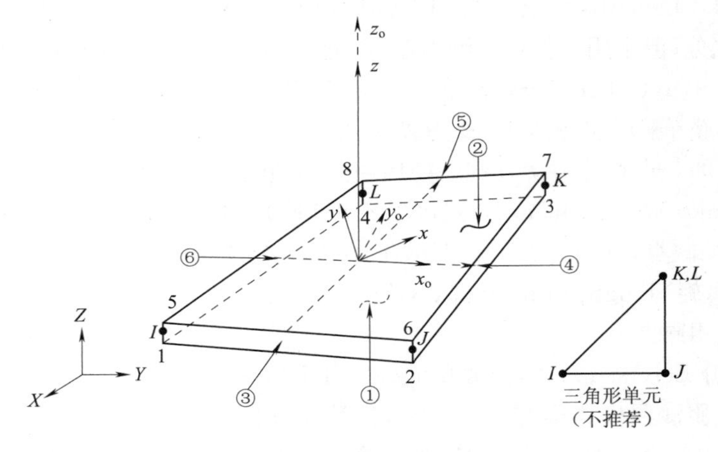

图 12.43　单元 SHELL181 示意图

定义壳截面层数时，程序还具有下列功能：

(1)支持预集成壳截面(SECTYPE：GENS)，使用该类型的壳截面时，不需要定义厚度或材料。

(2)用户可通过函数工具(SECFUNCTION)将壳截面的厚度定义为总体/单元局部坐标

或结点的函数。

(3)用户可设置偏移(SECOFFSET)。

该单元的默认方位是，表面坐标(如图 12.44 所示)S_1 轴与单元形心的第一个参数方向一致，即 L-I 边和 J-K 边的中点连线方向，如图 12.43 中的 x_0。一般情况下，S_1 轴可表示为：

$$S_1=\frac{\partial\{x\}}{\partial s}\bigg/\left|\frac{\partial\{x\}}{\partial s}\right| \tag{12.6.1}$$

式中：

$$\{x\}=\sum_i h^i(s,r)\{x\}^i \quad (i=I,J,K,L)$$

(s,r)——等参元的两个坐标；

$h^i(s,r)$——单元形函数；

$\{x\}^i$——结点的总体坐标。

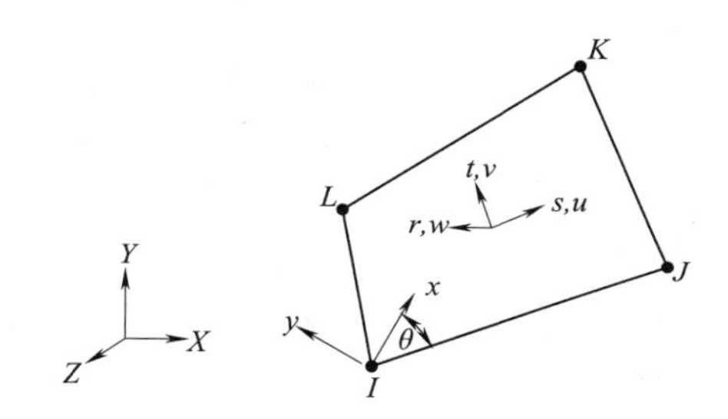

图 12.44　单元 SHELL181 的表面坐标系统

对于无扭曲的单元，默认的方位是表面坐标的第一根轴与 I-J 边平行，如图 12.44 所示。对于部分翘曲或扭曲的单元，由于单元域内采用了一点积分，默认的方位较好地呈现了应力状态。

对于用 SECDATA 命令设置的层，表面坐标的第一根轴 S_1 可旋转 θ 角(单位：°)。用户可在一个单元的平面内指定一个方位值，该单元也支持逐层设置方位，用户还可以通过 ESYS 命令自定义单元方位。

该单元可退化为三角形单元，但退化的三角形单元仅用于网格划分时的填充单元或膜应力单元(KEYOPT(1)=1)，退化的三角形单元作为膜应力单元用于大变形分析时，鲁棒性较好。

计算外表面应力应变的选项为 KEYOPT(1)=2，当作为三维单元的贴面单元使用时，选项 KEYOPT(1)=2 与表面应力选项相似，但更具有普遍性，更适用于非线性分析。当 KEYOPT(1)=2 时，该单元不提供任何刚度、质量或荷载贡献，仅用于单层壳。无论其他的选项如何设置，该单元均支持层形心处的应力和应变输出。

SHELL181 单元采用罚函数法将绕壳表面法向旋转的独立自由度与面内的位移分量联系起来。程序选用了适当的刚度作为默认的罚函数，用户也可通过 SECCONTROL 命令定义一个平面内的旋转刚度系数。

压力可作为面荷载施加在单元边界面上，图 12.43 中数字标示的面，正压力指向单元。由于壳单元边界面上的压力是以单位长度的荷载输入的，因此，单位面积的压力必须再乘以壳单元的厚度。温度可作为单元体荷载由单元外表面的角点和层间交界面的角点输入，第一个角点的温度 T_1 默认值为 TUNIF，如果不设定其他结点温度，则程序默认它们等于 T_1。如果选项 KEYOPT(1)=0 且输入了 $NL+1$ 个温度，则前 NL 个温度依次赋值给各层底面的 4 个角点，最后一个温度赋值给顶层上表面的 4 个角点；如果选项 KEYOPT(1)=1 且输入了 NL 个温度，则 NL 个温度依次赋值给各层的 4 个角点，即：第一个输入温度赋值给 T_1，T_2，T_3 和 T_4；第二个输入温度赋值给 T_5，T_6，T_7 和 T_8；……以此类推。对于任何其他输入方式，未设定的温度默认值为 TUNIF。

SHELL181 单元支持一致减缩积分和非协调模式的完全积分，非线性分析时程序默认的积分方法是一致减缩积分，用户可通过 KEYOPT(3)选项来选择。应用具有沙漏控制的减缩积分时有一些很小的限制条件，如：为了扑捉悬臂梁或加劲梁的平面内弯曲，沿梁高必须划分若干个单元，而采用一致减缩积分则仅需 1 个单元即可获得满意的计算结果。如果网格划分的比较细，则可以忽略沙漏问题。

如果采用减缩积分，用户可通过沙漏控制产生的算法能量(ETABLE 命令的值为 AENE)与总能量(ETABLE 命令的值为 SENE)之比来检查解的精度。如果该比值小于 5%，则解的精度是可接受的。总能量和算法能量也可以在求解过程中通过命令 OUTPR：VENG 来监测。如果采用完全积分，双线性单元的平面内弯曲刚度太大，因此，SHELL181 单元采用非协调模式来提高以弯曲支配问题的分析精度，也使该单元能够通过分片试验。当分析包括非协调模式(KEYOPT(3)=2)时，必须采用完全积分，选项 KEYOPT(3)=2 设定了 2×2 的完全积分，不会产生任何虚能量。而且，即使网格划分较粗，该选项也具有较高的计算精度。

如果采用程序默认方法遇到任何与沙漏有关的问题，请选择 KEYOPT(3)=2。不仅如此，如果网格划分较粗且单元的变形以平面内弯曲为主时，必须选择 KEYOPT(3)=2。程序开发人员建议：所有层状截面的壳结构均选择此选项。因为，该选项的应用限制条件最少。当然，用户也可以根据具体问题选择最适合的选项来改进单元的性能。

悬臂梁和用壳单元模拟截面的梁结构是典型的弯曲支配的平面内弯曲问题，对于此类问题，选择 KEYOPT(3)=2 是最有效的。减缩积分将要求网格划分的较细，例如，悬臂梁的减缩积分要求梁高方向至少划分 4 个单元，而非协调模式的完全积分则只需要 1 个单元，如图 12.45所示。

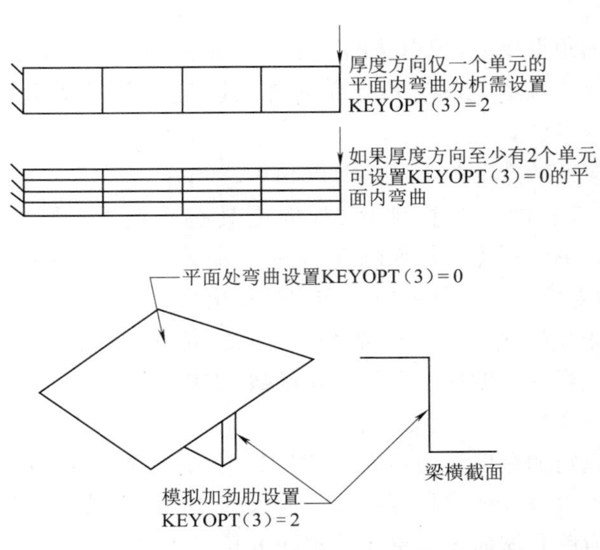

图 12.45　单元 SHELL181 的弯曲分析示意图

对于具有加劲肋的壳，最有效的方法是：壳采用 KEYOPT(3)=0 的选项，而加劲肋采用 KEYOPT(3)=2 的选项。如果选择了 KEYOPT(3)=0 的选项，膜应变和弯曲变形模式采用沙漏控制方法。程序默认计算金属和超弹性材料的沙漏参数，用户可通过 SECCONTROL 命令设置沙漏刚度比例系数。

如果设置 KEYOPT(5)=1，则单元考虑初始曲率影响。有效壳曲率变化的计算考虑了膜应变和厚度方向的应变，该公式在模拟曲壳结构时通常可以改善计算精度，特别是对于厚度应变较大或厚度方向的材料各向异性不能忽略的问题，或具有不平衡层状结构/壳偏置的厚壳。每个单元的初始曲率是根据结点的法线计算的，每个结点的法线是相邻单元法线的平均值。网格划分的太疏或过于扭曲可能导致较大的误差，因此，应用该选项时，网格划分应尽量光滑和细化。为了能够合理地表示初始网格，如果结点法线和单元法线的圆周角大于 25°，则计算曲率时可用单元法线代替结点法线。

SHELL181 单元考虑了横向剪切变形的影响，采用 Bathe-Dvorkin 剪切应变公式以规避剪切锁死问题。单元的横向剪切刚度矩阵是一个 2×2 的矩阵：

$$[K]_s^e=\begin{bmatrix}k_{11} & k_{12}\\ k_{21} & k_{22}\end{bmatrix}$$

式中：$k_{12}=k_{21}$。

用户可通过 SECCONTROL 命令设置剪切刚度矩阵的值。分析开始时，程序基于截面布置采用等效能方法计算截面的剪切修正系数，计算用到的材料属性是根据求解时的参考温度确定的。计算该材料属性时，用户字段的变量和频率全部设置为零。

对于各向同性材料的单层壳，默认的横向剪切刚度矩阵为：

$$[K]_s^e=\begin{bmatrix}kGh & 0\\ 0 & kGh\end{bmatrix}$$

式中：k 为剪切修正系数，$k=5/6$；G 为剪切模量；h 为壳单元厚度。

SHELL181 单元支持线弹性、弹塑性、蠕变或超弹性材料属性。弹性材料只能输入各向同性、各向异性和正交各向异性的线弹性材料属性。von Mises 各向同性硬化塑性模型可以用 BISO(双线性各向同性硬化)、MISO(多线性各向同性硬化)和 NLISO(非线性各向同性硬化)选项激活。运动硬化塑性模型可以用 BKIN(双线性运动硬化)、MKIN 和 KINH(多线性运动硬化)以及 CHABOCHE(非线性运动硬化)选项激活。激活这两个塑性模型假定弹性性质是各向同性的(即：如果激活了正交各向异性弹性材料的塑性模型，ANSYS 仍采用各向同性弹性模量 EX 和泊松比 NUXY)。

该单元支持超弹性材料属性(2、3、5 或 9 参数的 Mooney-Rivlin 材料模型、Neo-Hookean 模型、多项式模型、Arruda-Boyce 模型和用户自定义模型)。泊松比用于定义材料的可压缩性，如果输入值<0，则 NUXY=0；如果≥0.5，则 NUXY=0.5(完全不可压缩)。

各向同性和正交各向异性材料的热膨胀系数可通过命令 MP：ALPX 输入，对于超弹性材料，默认为各向同性热膨胀。用户可以通过 TREF 命令定义参考温度的全局值，如果用 MP：REFT 命令定义单元的材料编号，则它取代 TREF 命令的值用于定义单元。但是，如果 MP：REFT 定义的是层的材料编号，则它取代全局或单元的值。

采用具有沙漏控制的减缩积分(KEYOPT(3)=0)时，如果质量矩阵与积分方案不一致，则可能产生低频虚模态。SHELL181 单元采用了一种能够有效地过滤惯性对单元沙漏模式贡献的映射格式，为了使该方法更有效，必须采用一致质量矩阵。程序开发人员建议，用该单元进行模态分析时设置 LUMPM:OFF。而完全积分方案(KEYOPT(3)=2)可采用集中质量矩阵。

对于单层或多层壳单元，用户可通过 KEYOPT(8)=2 选项储存结果文件中的中面数据。如果用户设置了 SHELL:MID 命令，就可以看到这些计算结果，而不是顶面(TOP)和底面(BOTTOM)结果的平均值。对于那些顶面(TOP)和底面(BOTTOM)平均值不能合理表示中面结果的分析(如:具有非线性材料性能的中面应力应变和谱分析中经过平方处理的模态综合得到的中面结果。)，应采用该选项打开正确的中面(膜)结果。

用户可通过 INISTATE 命令输入单元的初始应力状态，也支持压力荷载刚化效应，并通过 NROPT:UNSYM 命令激活压力荷载刚化效应所需的非对称矩阵，还可以通过 KEYOPT(9)=1 选项读取用户子程序输入的单元初始厚度。

12.6.6 SHELL208

SHELL208 是一个两结点的轴对称壳单元，适用于薄壁直至中等厚度的轴对称壳结构，如油罐、管线和冷却塔等。该单元的几何形状、结点位置和坐标系统如图 12.46 所示，总体坐标的 X 轴为轴对称结构的径向，Y 轴为对称轴；单元局部坐标的 x 轴为轴对称结构的经向(与单元结点 I 和 J 的连线重合)，y 轴为轴对称结构的环向，z 轴为单元厚度方向。该单元的结点自由度包括 X,Y 方向的平动和绕 Z 轴的转动，模拟均匀扭转时，可用选项 KEYOPT(2)=1 激活 Z 方向的平动自由度。因此，该单元共有(3+1)×(2+1)个自由度。当选择了膜选项时，绕 Z 轴的转动自由度被删除。

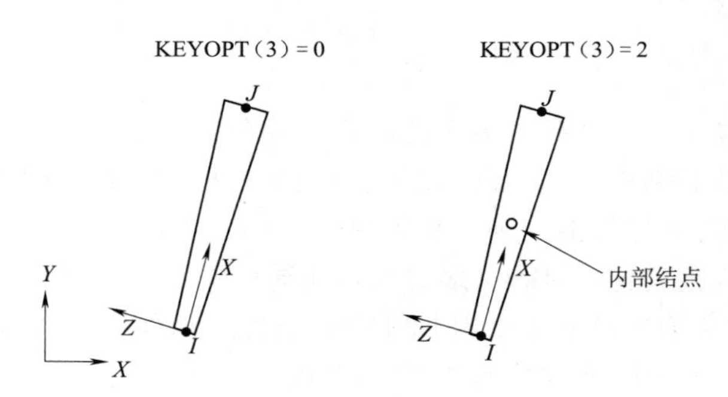

图 12.46 单元 SHELL208 坐标系统

SHELL208 单元由结点 I 和 J 定义，通过设置 KEYOPT(3)=2 可以激活 1 个内部结点(如图 12.46 所示)，这也是程序的默认选项。该单元采用基于真实应力测量的对数应变公式，支持有线膜应变(伸长)，但在一个增量步内，假设其曲率变化较小。该单元支持大应变、横向剪切变形、超弹性材料和层状截面，设计目标是用纯轴对称位移模拟有限应变，但假设横向剪切应变较小。该单元可用于模拟层状复合材料壳或夹层结构，材料属性的方向由单元局部坐标定义。

SHELL208 单元的厚度和其他属性，如材料和沿壁厚的积分点数等可通过截面命令 SECTYPE、SECDATA 和 SECCONTROL 定义。用这些命令可定义单层壳和复合材料壳结构，指定每层厚度方向的积分点数(1,3,5,7,9)。如果指定了 1 个积分点，则该积分点一定位于上、下面的中点；如果指定了 3 个以上的积分点，则其中的 2 个点分别位于上、下面，其他积分点在这两点之间均匀分布。每层默认的积分点数是 3，如图 12.47 所示。该单元可以是非等厚度的，单元厚度可通过命令 SECFUNCTION 以总体或单元局部坐标、亦或是结点编号的表格函数输入。

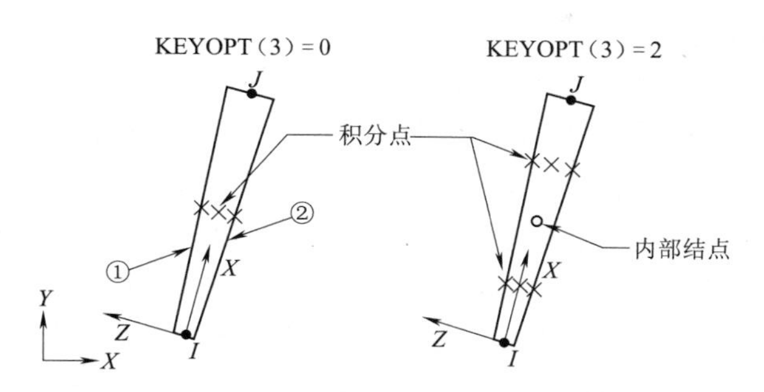

图 12.47 单元 SHELL208 积分点设置示意图

压力可作为单元面荷载由单元上、下面(图 12.47 中标有数字的面)输入，正压力指向单元。温度则是按单元体荷载由外表面的角点和层间交界面的角点输入的，第一个角点的温度 T_1 默认值为 TUNIF。如果不设定其他角点的温度，则它们的默认值为 T_1。如果定义选项 KEYOPT(1)＝0 并输入了 $NL+1$(NL 为截面的层数)个温度，则其中的 NL 个温度分别赋值给每层底面的 4 个角点，即 4 个角点温度相同，剩下的 1 个温度赋值给顶层的上表面 4 个角点。如果定义选项 KEYOPT(1)＝1 并输入了 NL 个温度，则每层的 2 个角点赋值相同的温度，即输入的第一个温度 $T(1)$赋值给 T_1 和 T_2、$T(2)$赋值给 T_3 和 T_4、……。对于任何其他的输入方式，未指定的温度一律默认为 TUNIF。结点力则应按 360°输入。

膜选项命令是 KEYOPT(1)，当 KEYOPT(1)＝1 时，单元的积分点数是 1，即只考虑单元面内的刚度(忽略弯曲和横向剪切刚度)。单元的扭转能力是由 KEYOPT(2)选项来定义的，当 KEYOPT(2)＝1 时，只允许单元有均匀扭转模式，即单元有环向的平动自由度 UZ。内部结点的激活和抑制命令是 KEYOPT(3)，当 KEYOPT(3)＝2 时，单元的内部结点被激活，采用两点积分方案，而默认的是一点积分方案。内部结点不面向用户，即用户无法对内部结点作任何定义或输入，如边界条件及荷载等。

SHELL208 单元考虑了横向剪切变形的影响，用户可通过命令 SECCONTROL 来设置横向剪切刚度 E11。对于各向同性的单层壳单元，默认的横向剪切刚度为 kGh，其中，剪切不均匀系数 $k=5/6$，G 为剪切模量，h 为单元壁厚。该单元也支持线弹性、弹塑性、蠕变和超弹性材料。

对于单层或多层壳单元，用户可通过 KEYOPT(8)＝2 选项储存结果文件中的中面数据。如果用户设置了 SHELL:MID 命令，就可以看到这些计算结果，而不是顶面(TOP)和底面(BOTTOM)结果的平均值。对于那些顶面(TOP)和底面(BOTTOM)平均值不能合理表示中面结果的分析(如：具有非线性材料性能的中面应力应变和谱分析中经过平方处理的模态综合得到的中面结果。)，应采用该选项打开正确的中面(膜)结果。

用户可通过 INISTATE 命令输入单元的初始应力状态，也支持压力荷载刚化效应，并通过 NROPT:UNSYM 命令激活压力荷载刚化效应所需的非对称矩阵，还可以通过 KEYOPT(9)＝1 选项读取用户子程序输入的单元初始厚度。

12.6.7 SHELL209

SHELL209 是一个三结点的轴对称壳单元，适用于薄壁直至中等厚度的轴对称壳结构，如油罐、管线和冷却塔等。该单元的几何形状、结点位置和坐标系统如图 12.48 所示，总体坐标的 X 轴为轴对称结构的径向，Y 轴为对称轴；单元局部坐标的 x 轴为轴对称结构的径向，y 轴为轴对称结构的环向，z 轴为单元厚度方向。该单元的结点自由度包括 X,Y 方向的平动和绕 Z 轴的转动，模拟均匀扭转时，可用选项 KEYOPT(2)＝1 激活 Z 方向的平动自由度。因此，该单元共有$(3+1)^2$个自由度。当选择了膜选项时，绕 Z 轴的转动自由度被删除。该单元的计算效率低于 SHELL208，因此，计算效率问题突出时，最好选择 SHELL208 单元。

SHELL209 单元支持线性、大转角和/或大应变的几何非线性，非线性分析考虑了厚度变化和分布压力的跟随效应。该单元可用于模拟层状复合材料和夹层壳结构。

SHELL209 单元的厚度和其他属性，如材料和沿壁厚的积分点数等可通过截面命令 SECTYPE、SECDATA 和 SECCONTROL 定义。用这些命令可定义单层壳和复合材料壳结构，指定每层厚度方向的积分点数(1,3,5,7,9)。如果指定了 1 个积分点，则该积分点一定位于上、下面的中点；如果指定了 3 个以上的积分点，则其中的 2 个点分别位于上、下面，其他积分点在这两点之间均匀分布。每层默认的积分点数是 3，如图 12.49 所示。该单元可以是非等厚度的，单元厚度可通过命令 SECFUNCTION 以总体或单元局部坐标、亦或是结点编号的表格函数输入。

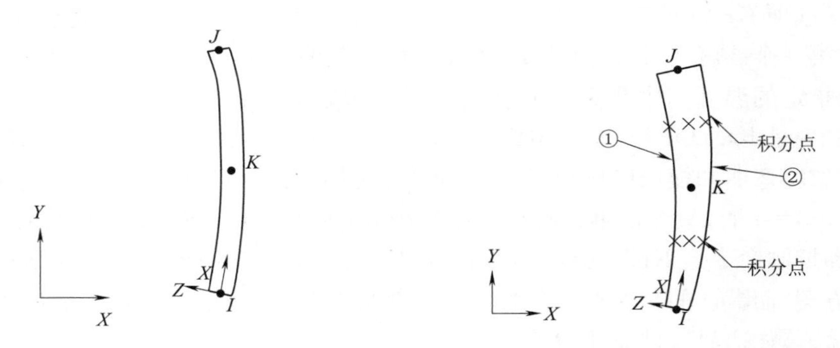

图 12.48　单元 SHELL209 坐标系统　　　图 12.49　单元 SHELL209 积分点设置示意图

压力可作为单元面荷载由单元上、下面(图 12.49 中标有数字的面)输入，正压力指向单元。温度则是按单元体荷载由外表面的角点和层间交界面的角点输入的，第一个角点的温度 T_1 默认值为 TUNIF。如果不设定其他角点的温度，则它们的默认值为 T_1。如果定义选项 KEYOPT(1)＝0 并输入了 $NL+1$(NL 为截面的层数)个温度，则其中的 NL 个温度分别赋值给每层底面的 4 个角点，即 4 个角点温度相同，剩下的 1 个温度赋值给顶层的上表面 4 个角点。如果定义选项 KEYOPT(1)＝1 并输入了 NL 个温度，则每层的 2 个角点赋值相同的温度，即输入的第一个温度 $T(1)$赋值给 T_1 和 T_2、$T(2)$赋值给 T_3 和 T_4、……。对于任何其他的输入方式，未指定的温度一律默认为 TUNIF。结点力则应按 360°输入。

膜选项命令是 KEYOPT(1)，当 KEYOPT(1)＝1 时，单元的积分点数是 1，即只考虑单元面内的刚度(忽略弯曲和横向剪切刚度)。单元的扭转能力是由 KEYOPT(2)选项来定义的，当 KEYOPT(2)＝1 时，只允许单元有均匀扭转模式，即单元有环向的平动自由度 UZ。

SHELL209 单元考虑了横向剪切变形的影响，用户可通过命令 SECCONTROL 来设置横向剪切刚度 E11。对于各向同性的单层壳单元，默认的横向剪切刚度为 kGh，其中，剪切不均匀系数 $k=5/6$，G 为剪切模量，h 为单元壁厚。该单元也支持线弹性、弹塑性、蠕变和超弹性材料。

对于单层或多层壳单元，用户可通过 KEYOPT(8)=2 选项储存结果文件中的中面数据。如果用户设置了 SHELL，MID 命令，就可以看到这些计算结果，而不是顶面(TOP)和底面(BOTTOM)结果的平均值。对于那些顶面(TOP)和底面(BOTTOM)平均值不能合理表示中面结果的分析(如：具有非线性材料性能的中面应力应变和谱分析中经过平方处理的模态综合得到的中面结果。)，应采用该选项打开正确的中面(膜)结果。

用户可通过 INISTATE 命令输入单元的初始应力状态，也支持压力荷载刚化效应，并通过 NROPT，UNSYM 命令激活压力荷载刚化效应所需的非对称矩阵，还可以通过 KEYOPT(9)=1 选项读取用户子程序输入的单元初始厚度。

12.6.8　SHELL281

SHELL281 是一个八结点壳单元，适用于薄壁直至中等壁厚的壳结构分析。该单元的几何形状、结点位置和坐标系统如图 12.50 所示。如果用户不定义坐标方位，则 x_0是单元坐标的 x 轴，否则，x 为单元坐标 x 轴。该单元由 8 个结点(I，J，K，L，M，N，O 和 P)和截面信息定义，如果给结点 K，L 和 P 赋以相同的结点编号，则单元退化为三角形壳单元。

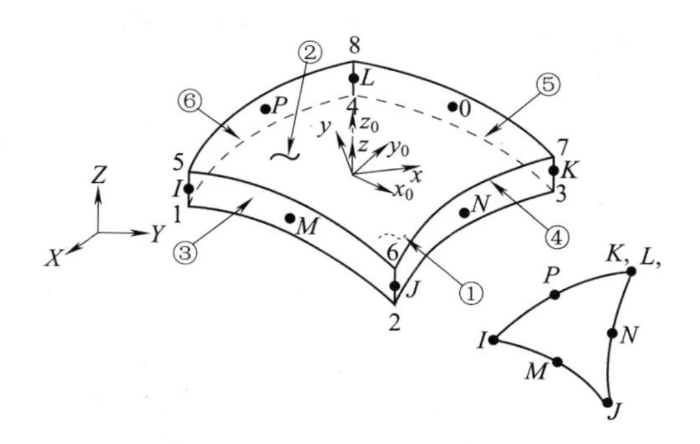

图 12.50　单元 SHELL281 坐标系统

SHELL281 单元的每个结点有 6 个自由度——x，y 和 z 方向的平动及绕 x，y 和 z 轴的转动。当选择了膜选项时，则仅剩下 3 个平动自由度。该单元支持线性、大转角和/或大应变非线性分析，非线性分析时，壳的厚度是可变的，并考虑了分布压力的跟随(压力荷载刚化)效应。

SHELL281 单元可用于模拟层状复合材料或夹层结构，模拟复合材料的精度受一阶剪切变形理论(也称为 Mindlin-Reissner 壳理论)控制。该单元采用了基于真实应力测量的对数应变公式，可用于有限膜应变(伸长)的动力分析，但假定一个时间步内的曲率变化是微小的。

对于单层截面的壳结构，仅需要定义它的厚度。其壳截面定义的命令格式为 SECTYPE，SHELL 和 SECDATA，THICKNESS，……。单层壳截面定义提供了多个选项，用户可以设置积分点数量和材料方向等。

对于多层结构的壳截面，用户可通过壳截面命令分层定义厚度、材料、材料方向和厚度方向的积分点数量，每一层可设置的积分点数量为 1，3，5，7，9。如果只设置了 1 个积分点，则该点位于上、下面的中点。当积分点超过 3 个时，则上、下面各有一个积分点，其他均匀分布在这两点之间。程序默认的积分点数是每层 3 个，但对于材料进入塑性后的单层截面，程序自动将积分点数改为最少 5 个。

定义壳截面的分层时，该单元支持预积分壳截面类型，其命令格式为 SECTYPE，GENS，此时不需要定义厚度或材料。此外，用户可采用函数工具将厚度定义为总体/单元局部坐标或结点编号的函数，其命令格式为：SECFUNCTION。当然，用户还可以指定偏移。

该单元的默认方位是 S_1 轴（壳表面坐标）与 4 个平面内积分点的第一个参数方向一致：

$$S_1=\frac{\partial\{x\}}{\partial s}\bigg/\left|\frac{\partial\{x\}}{\partial s}\right| \tag{12.6.2}$$

式中：

$$\{x\}=\sum_i h^i(s,r)\{x\}^i \quad (i=I,J,K,L,M,N,O,P)$$

(s,r)——等参元的两个坐标；

$h^i(s,r)$——单元形函数；

$\{x\}^i$——8 个结点的总体坐标。

对于无扭曲的单元，默认方位是表面坐标 S_1 轴与 I,J 边一致，用户可通过 SECDATA 命令将 S_1 轴旋转（单位：°）。一个单元可指定一个平面内的方位值，各层的方位均可如此设置。用户还可以通过命令 ESYS 来定义单元方位。

尽管该单元可退化为三角形单元，但为了得到较好的计算结果，ANSYS 公司还是建议使用四边形单元。三角形单元仅仅是在大变形的膜结构分析时具有较好的鲁棒性。

计算外表面的应力应变命令为 KEYOPT(1)＝2，当作为三维实体元的贴面单元使用时，该命令类似于表面应力选项，一般用于非线性分析。此时，该单元不提供任何刚度、质量或荷载贡献，仅用于单层壳结构。无论其他选项如何设置，该单元提供平面内 4 个积分点的应力和应变。

SHELL281 单元采用罚函数法将绕壳表面法线转动的独立自由度与位移的平面内分量联系起来，程序默认的是罚刚度，用户可通过 SECCONTROL 命令设置定轴转动的刚度系数。

压力可作为单元面荷载由 6 个单元面（图 12.50 中标有数字的面）输入，正压力指向单元。由于壳边缘压力是按单位长度输入的，因此，单位面积上的压力必须乘以壳厚度。温度则是按单元体荷载由外表面的角点和层间交界面的角点输入的，第一个角点的温度 T_1 默认值为 TUNIF。如果不设定其他角点的温度，则它们的默认值为 T_1。如果定义选项 KEYOPT(1)＝0 并输入了 $NL+1$（NL 为截面的层数）个温度，则其中的 NL 个温度分别赋值给每层底面的 4 个角点，即 4 个角点温度相同，剩下的 1 个温度赋值给顶层的上表面 4 个角点。如果定义选项 KEYOPT(1)＝1 并输入了 NL 个温度，则每层的 4 个角点赋值相同的温度，即输入的第一个温度 $T(1)$ 赋值给 T_1、T_2、T_3 和 T_4，$T(2)$ 赋值给 T_5、T_6、T_7 和 T_8、……。对于任何其他的输入方式，未指定的温度一律默认为 TUNIF。

SHELL281 单元考虑了横向剪切变形的影响，其横向剪切刚度矩阵是一个 2×2 的矩阵：

$$[K]_s^e=\begin{bmatrix}k_{11} & k_{12}\\ k_{21} & k_{22}\end{bmatrix}$$

其中：$k_{12}=k_{21}$。

用户可通过 SECCONTROL 命令设置剪切刚度矩阵的值。分析开始时，程序基于截面布置采用等效能方法计算截面的剪切修正系数,计算用到的材料属性是根据求解时的参考温度确定的。计算该材料属性时,用户字段的变量和频率全部设置为零。

对于各向同性材料的单层壳,默认的横向剪切刚度矩阵为:

$$[K]_s^e=\begin{bmatrix} kGh & 0 \\ 0 & kGh \end{bmatrix}$$

其中:剪切修正系数 $k=5/6$,G 为剪切模量,h 为壳单元厚度。

该单元支持线弹性、弹塑性、蠕变和超弹性材料。弹性材料只能输入各向同性、各向异性和正交各向异性的线弹性材料属性。von Mises 各向同性硬化塑性模型可以用 BISO(双线性各向同性硬化)、MISO(多线性各向同性硬化)和 NLISO(非线性各向同性硬化)选项激活。运动硬化塑性模型可以用 BKIN(双线性运动硬化)、MKIN 和 KINH(多线性运动硬化)以及 CHABOCHE(非线性运动硬化)选项激活。激活这两个塑性模型假定弹性性质是各向同性的(即:如果激活了正交各向异性弹性材料的塑性模型,程序仍采用各向同性弹性模量 EX 和泊松比 NUXY)。

该单元支持超弹性材料属性(2、3、5 或 9 参数的 Mooney-Rivlin 材料模型、Neo-Hookean 模型、多项式模型、Arruda-Boyce 模型和用户自定义模型)。泊松比用于定义材料的可压缩性,如果输入值<0,则 NUXY=0;如果≥0.5,则 NUXY=0.5(完全不可压缩)。

各向同性和正交各向异性材料的热膨胀系数可通过命令 MP,ALPX 输入,对于超弹性材料,默认为各向同性热膨胀。用户可以通过 TREF 命令定义参考温度的全局值,如果用 MP,REFT 命令定义单元的材料编号,则它取代 TREF 命令的值用于定义单元。但是,如果 MP,REFT 定义的是层的材料编号,则它取代全局或单元的值。

SHELL281 单元采用了一个新的壳公式,该公式精确地计入初始曲率的影响,计算有效壳曲率变化时考虑了膜应变和厚度方向的应变。模拟曲面壳结构时,该公式的计算结果在精度上有所提高。特别是厚度方向的应变较大或厚度方向的材料各向异性不能忽略时,一般可得到较好的计算结果。

对于单层或多层壳单元,用户可通过 KEYOPT(8)=2 选项储存结果文件中的中面数据。如果用户设置了 SHELL,MID 命令,就可以看到这些计算结果,而不是顶面(TOP)和底面(BOTTOM)结果的平均值。对于那些顶面(TOP)和底面(BOTTOM)平均值不能合理表示中面结果的分析(如:具有非线性材料性能的中面应力应变和谱分析中经过平方处理的模态综合得到的中面结果。),应采用该选项打开正确的中面(膜)结果。

该单元考虑了压力荷载刚化效应,用户可通过 NROPT,UNSYM 命令获得压力荷载刚化效应所需的非对称矩阵,还可以通过 KEYOPT(9)=1 选项读取用户子程序输入的单元初始厚度。

12.6.9 SOLSH190

SOLSH190 是一个三维八结点厚壳单元,每个结点有 x,y 和 z 方向的 3 个平动自由度,因此,与其他连续体单元连接无需额外的措施。该单元拥有实体单元的拓扑结构及特征,适用于模拟从薄壳至中等厚度的壳结构。该单元支持退化的三棱柱形状,但只能应用于网格划分产生的填充单元。该单元支持塑性、超弹性、应力刚化、蠕变、大变形和大应变分析,具有模拟准不可压缩弹塑性材料和完全不可压缩超弹性材料的混合 u-P 模型,该模型基于对数应变和真实应力测量。

SOLSH190 单元可用于层状结构分析，如层状壳或夹层结构。定义层状截面的命令是 SEC*XXX*，模拟复合材料壳结构的精度受制于一阶剪切变形理论（Mindlin-Reissner 壳理论）。

该单元的几何形状、结点位置和单元坐标如图 12.51 所示，单元坐标的 z 轴垂直于壳表面，符合壳结构的习惯做法。结点编号也必须符合壳的习惯做法，即 *I-J-K-L* 面和 *M-N-O-P* 面分别表示壳单元的底面和顶面，用户可在分层面内通过命令 ESYS 改变方位。为了给六面体网格正确编号，可在执行 VMESH 命令前用 VEORIENT 命令定义六面体的方位。也可以在自动网格划分后用 EORIENT 命令改变单元的方位，以使其与另一单元的方位一致，或尽可能平行于用 ESYS 命令定义的轴。

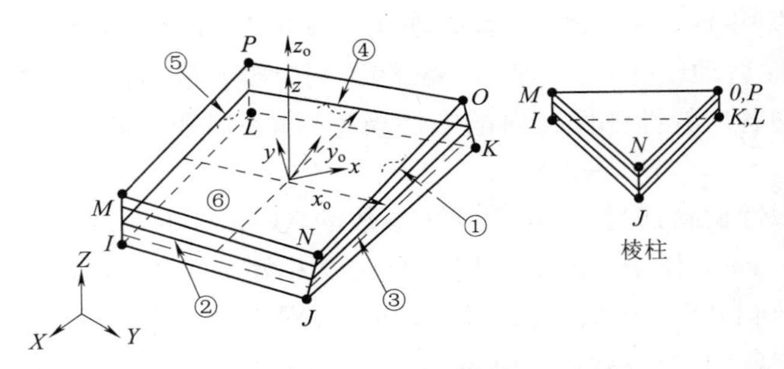

图 12.51 单元 SOLSH190 示意图

用户可用命令 SECTYPE 定义单元的截面，用壳截面命令 SEC*XXX* 定义层状复合材料规格，包括层厚、材料、方位、厚度方向的积分点数。即使是单层 SOLSH190 单元，也可以使用壳截面命令。程序通过对输入的层厚按比例计算使其与结点之间的厚度一致来确定实际的层厚，该层厚将用于单元计算。

用户可指定每层厚度方向的积分点数（1，3，5，7，9），单元的上、下表面分别有一个积分点，其他的积分点则在这两点之间等间距分布。因此，该单元的厚度方向至少有 2 个积分点。如果用户没有定义壳截面，则程序默认单元是单层截面，厚度方向采用 2 个积分点。该单元不支持通过输入实常数来定义层状截面。

程序默认的单元方位是：壳表面坐标的 S_1 轴与位于单元形心的第一参数方向一致，如图 12.51中的 x_o轴，可表示为：

$$S_1=\frac{\partial\{x\}}{\partial s}\bigg/\left|\frac{\partial\{x\}}{\partial s}\right| \tag{12.6.3}$$

式中：

$$\{x\}=\sum_i h^i(s,r)\{x\}^i \quad (i=I,J,K,L,M,N,O,P)$$

(s,r)——等参元的两个坐标；

$h^i(s,r)$——单元形函数；

$\{x\}^i$——8 个结点的总体坐标。

用户可用命令 ESYS 在单元参考平面内改变默认的表面第一方向 S_1，并用 SECDATA 命令将每一层的 S_1 轴旋转一个角度 θ（单位：°），从而创建层坐标系统。

压力可作为面荷载施加到图 12.51 中数字标示的单元面上，正压力指向单元。如果未规定用于定义温度的单元体荷载，即用除 BFE 命令以外的命令定义了温度，程序将采用整个单元同一的温度模式，只需要8个结点温度。未定义的结点温度默认为均匀温度TUNIF，程序采用结点温度T_1～T_8插值的方法计算所有层界面温度。

温度也可以作为单元体荷载由单元外表面的角结点和层间界面角结点输入，此时，单元采用的是层模式。温度T_1、T_2、T_3和T_4被赋值给第一层的底面4个角结点，而T_5、T_6、T_7和T_8则赋值给第一层和第二层交界面的4个角结点，以此类推，最后的4个温度是顶层NL的上表面温度。如果用户输入$NL+1$个温度，则每层的底面4个角结点共用一个温度，最后一个温度赋值给顶层上表面的4个角结点。第一个角结点温度的默认值为TUNIF，如果未定义其他角结点温度，则程序默认它们等于T_1。对于任何其他输入方式，未定义的温度默认值为TUNIF。

用户可用命令MP定义各向同性或正交各向异性弹性材料的属性，而定义各向异性弹性材料属性的命令格式为TB,ANEL，其他材料属性包括密度、阻尼比和热膨胀系数。也可以用TB命令定义塑性、超弹性、黏弹性、蠕变和黏塑性等材料的非线性性质。

选项KEYOPT(2)＝1用于激活单元横向剪应变的内应变增强功能，使单元横向剪应变沿厚度方向呈二次分布。因此，沿厚度方向至少需要3个积分点，请用壳截面命令沿厚度方向定义更多的积分点。

选项KEYOPT(6)＝1是使用u-P混合模式的命令，选项KEYOPT(16)＝1则是激活由SSTATE命令定义的稳态分析，用户也可以通过INISTATE命令定义单元的初始应力状态。而压力荷载刚化效应是该单元的固有性质，用户可通过命令NROPT,UNSYM来获取压力荷载刚化效应所需的非对称矩阵。

参考文献

[1] 王勖成,邵敏．有限单元法基本原理和数值方法[M]. 北京:清华大学出版社,1997.
[2] Zhangxin Chen. THE FINITE ELEMENT METHOD-Its Fundamentals and Applications in Engineering[M]. World Scientific Publishing Co. Pte. Ltd. ,Singapore,2011.
[3] ANSYS,Inc. ANSYS Element Introduction Release 16. 0. ,2014.
[4] ANSYS,Inc. ANSYS Structural Analysis Guide Release 16. 0. ,2014.
[5] ANSYS,Inc. ANSYS Mechanical APDL Introductory Tutorials Release 16. 0. ,2014.